12판

Tillery의 기초물리학

PHYSICAL SCIENCE TWELFTH EDITION

BILL W. TILLERY
STEPHANIE J. SLATER
TIMOTHY F. SLATER
지음

이지우
심경무
문걸
옮김

McGraw Hill

교문사

Physical Science, 12th Edition

1 2 3 4 5 6 7 8 9 10 GMS 20 20

■ Original: Physical Science, 12th Edition © 2020
By Bill W. Tillery
ISBN 978-1-260-15054-4

This authorized Korean translation edition is jointly published by McGraw-Hill Education Korea, Ltd. and Gyomoonsa. This edition is authorized for sale in the Republic of Korea.

This book is exclusively distributed by Gyomoonsa.

When ordering this title, please use ISBN 978-89-363-1985-4

Printed in Korea

역자 머리말

애리조나 주립대학교에서 뛰어난 교육자로 명성이 높은 B. W. Tillery 교수가 물리 과학을 전공하지 않는 학생들을 위해 집필한 교재, 《Physical Science》는 현재 12판이 나올 정도로 인기가 높습니다. 《Physical Science》는 Tillery 교수가 여러 해 동안 가르치면서 얻은 경험과 관찰의 결과를 바탕으로 하고, 수천 명의 온라인 학습 도구 이용자의 학습 과정을 세밀하게 분석하여 자연과학에 대한 배경 지식과 이해력이 부족한 학생들도 쉽게 핵심을 파악할 수 있도록 구성되어 있으며, 기술 용어와 세부 사항이 최소화되어 있습니다. 더구나 환경 문제와 같은 일상생활과 관련이 깊은 예들을 풍부하게 열거하고, 역사적 연대기와 흥미로운 과학 인물에 대해 소개함으로써 인문학 전공 학생들에게도 흥미와 호소력을 유발합니다. 특히 전문 실험실 장비가 아닌 일상 재료를 사용하여 간단하게 실험하여 개념을 확인할 수 있는 활동들이 곳곳에 배치되어 있습니다. 또한 최첨단 과학 연구뿐만 아니라 인간적 또는 환경적 관심사와 같은 과학, 기술, 사회를 둘러싼 쟁점과 실례를 소개하여 학생들이 그에 대한 토론을 하고, 과학과 실생활의 밀접성을 좀 더 생생하게 느낄 수 있습니다.

《기초물리학》은 《Physical Science》가 다루는 물리학, 화학, 천문학, 지구과학 중에서 물리학과 깊은 관련이 있는 장들을 발췌하여 번역한 것입니다. 물리학의 핵심 내용을 아주 쉽고 간명하게 설명하면서도 최대한 일관성 있게 서술하고 있습니다. 물리학에 대한 어떠한 사전 학습도 가정하지 않았고, 수학뿐만 아니라 용어도 간단하여 물리학을 전공하지 않는 학생을 위한 일반 대학 수준의 과학 강좌에 적합합니다. 또한 전통적인 개념 문제, 연습 문제 외에 동형 연습 문제, 분석 및 탐구 문제가 수록되어 있어서 다양한 배경의 학생들에게 적절한 과제를 부여할 수 있습니다. 특히 비판적 사고 능력과 사회적 쟁점을 강조하고 토론 및 조사 활동을 포함하는 분석 문제와 탐구 문제는 과학과 관련된 사회적 쟁점을 이해하고 비판할 필요가 있는 비과학 전공자에게도 적합한 활동입니다. 그러므로 《기초물리학》은 물리학을 전공하지 않는 이공학 전공자뿐만 아니라 인문사회 계열의 비과학 전공자에게도 적합한 물리학 교재라고 생각합니다.

역자 일동

2020.6

저자 머리말

《기초물리학》은 물질과 에너지의 근본적인 행동을 간단하고 읽기 쉽게 그리고 충실하게 소개합니다. 이것은 물리학 과정을 이수해야 하는 비과학 전공자의 요구에 부응하기 위한 것입니다. 기본 개념과 핵심 아이디어를 소개하면서 학생들이 추론 기술을 배우고 그들의 환경에 대해 새로운 사고를 할 수 있는 기회를 제공합니다. 과학에 대한 어떠한 사전 학습도 가정하지 않았고, 수학뿐만 아니라 용어도 될 수 있으면 간단하게 하여 일반 대학 수준의 과학 강좌에 적합합니다.

구성

《기초물리학》의 장 배열은 유연하므로 강사는 필요에 따라 주제 순서와 범위를 결정할 수 있습니다. 또한 교재는 개념적 접근이나 개념 및 문제 해결의 복합적 접근을 지원하도록 설계되어 있습니다. 강사가 선택 가능하도록 충분히 많은 자료와 실험 조사가 교재에 포함되어 있습니다.

학생들의 요구 충족

《기초물리학》은 이 과정을 여러 해 동안 가르치면서 얻은 경험과 관찰의 결과로 도달한 두 가지 근본적인 가정에 기초하고 있습니다. 첫 가정은 이 과정을 수강하는 학생들은 종종 자연과학에 대한 배경 지식과 이해력이 매우 제한되어 있다는 것입니다. 두 번째 가정은 이러한 유형의 학생들은 기술 용어와 세부 사항을 최소한으로 사용하여 논의할 경우에 물리학의 개념과 원리를 더 잘 파악할 것이라는 것입니다. 또한 학생들이 일상생활에서 적절한 응용을 보는 것이 매우 중요합니다. 환경 문제와 같이 이러한 일상생활 응용의 대부분은 개별 장에 국한되지 않고 교재 전체에서 자연스럽게 등장하는 곳에서 논의됩니다.

각 장은 적절한 곳에서 역사적 배경을 제시하고, 일상의 예들을 사용하여 개념을 전개하며, 논리적인 흐름에 따라 제시합니다. 인문주의적인 비과학 전공자에게 특별히 흥미로운 역사적 연대기는 제시되는 과학을 인간화하고 부드럽게 하는 역할을 합니다. 일상적 예들을 사용하는 것은 일반적으로 과학적 글이 아닌 서술에 익숙한 비과학 전공자에게 높은 호소력을 발휘하며 제시되는 내용에 관련성을 부여합니다. 논리적 흐름에 따른 제시는 지금 읽고 있는 것과 이전에 배운 지식 사이의 관계에 대해 생각하는 데 익숙하지 않은 학생들에게 도움이 되는데, 이것은 물리학을 이해하는 데 유용한 기술입니다. 예제는 학생들이 개념을 통합하고 방정식이라고 하는 관계를 어떻게 사용하는지 이해하는 데 도움이 됩니다. 이러한 예들은 문제를 해결하는 본보기 역할도 합니다. 그래서 풀이를 완성하고 사용하는 수학을 명확하고 완전하게 표현하는 것에 특별히 주의했습니다. 각 장의 적절한 곳에 전문 실험실 장비가 아닌 일상 재료를 사용하는 실험인 개념 활용 활동이 하나 이상 포함되어 있습니다. 이러한 활동으로 과학 개념이 학생의 세계에 더 가까워질 것입니다. 이 활동은 보충적 성격을 띠므로 선택적 학생 활동이나 시범으로 활용할 수 있습니다.

학생 중심의 개정

제12판에서는 수천 명의 LearnSmart 이용자들로부터 얻은 실제 학생들의 자료를 사용하여 개정을 이끌었습니다. LearnSmart Heat Maps는 교재의 부분별 활용도와 내용에 숙달되는 데 경험한 상대적인 어려움을 시각적 스냅 사진으로 제공합니다. 이 자료를 활용하여 교재 내용을 다음과 같이 다듬었습니다.

- LearnSmart 조사에서 부정확하게 반응하는 학생의 비율이 높게 나타난 부분은 다루는 주제가 교재의 다른 부분보다 더 어렵다는 뜻입니다. 자료가 가리키는 대로 해당 내용을 가능한 한 명확하고 이해하기 쉽도록 대폭 수정하거나 개편하였습니다.
- 소수의 학생들이 내용을 배우는 데 어려움을 겪는 것으로 자료가 나온 부분은 학생들의 문제해결 능력을 강화할 수 있도록 그 절을 고쳐 쓰거나 추가적인 예제 문제를 제공했습니다.

이 과정과 더불어 다른 강사 및 학생의 피드백의 도움을 받아 새 판을 개정하였습니다. 다음의 "이 판의 새로운 내용"은 주요 추가와 개선을 요약 열거합니다.

이 판의 새로운 내용

현재의 중요한 사고에 대한 내용을 갱신하고 교재를 더욱 더 사용자 친화적이고 학생들에게 적합하게 만들기 위해 수많은 수정을 했습니다.

다음 목록은 장별로 갱신한 것입니다.

- 교재 전체에서 과학, 기술, 사회를 둘러싼 쟁점과 실례를 많이 갱신하였고, 시대에 뒤떨어진 기술들을 더 새롭고 관련 있는 기술들로 대체하였습니다.
- 사진과 삽화들을 대대적으로 새로 바꾸었고, 80여 점의 새로운 사진과 삽화들을 추가했습니다.
- 본문, 그림, 삽화의 가독성을 높이기 위해 모든 장들을 개정했습니다.

학습 시스템

《기초물리학》은 혁신적인 학습 보조 도구들을 효과적으로 조합하여 학생들이 과학을 더 효과적이고 즐겁게 공부할 수 있게 합니다. 학생들이 물리학의 기초가 되는 개념과 원리를 명확하게 이해하도록 돕기 위해 이러한 다양한 보조 도구가 포함되어 있습니다.

개요

1장에서는 물리 과학의 전반적인 연구 대상, 특히 본 교재가 무엇에 관한 것인지에 대한 개요나 방향을 제시합니다. 우리 주변의 세계를 연구하고 이해하기 위해 과학자들이 사용하는 기본적인 방법과 기술에 대해 논의합니다. 또한 학생들이 배운 것을 보다 효과적으로 적용할 수 있도록 교재 전체에 사용되는 문제해결 접근법을 설명합니다.

장 길라잡이 도구

핵심 개념과 보조 개념

핵심 개념 및 보조 개념은 장의 개념과 개요를 통합합니다. 핵심 개념과 보조 개념은 그 장의 수준에서 개념들을 개략적으로 설명하고 강조합니다. 개념 목록은 장 개요에서 가장 중요한 주제를 식별하여 학생들이 학습에 집중할 수 있도록 설계되었습니다.

차례

각 장 차례에는 장의 본문에 있는 모든 주요 주제의 제목과 하위 제목들이 포함됩니다. 그래서 장의 내용을 빠르게 대충 파악할 수 있으며, 특정 주제를 다루는 부분을 쉽게 찾을 수 있습니다.

개요

각 장의 도입부는 개요로 시작합니다. 개요는 장의 내용과 장을 읽어가면서 배우게 될 것을 미리 알려줍니다. 장의 전반적인 차례에 추가함으로써 여러분에게 다뤄야 할 개념을 소개하고, 주제의 통합을 촉진하며, 장을 처음 읽으면서도 집중력과 조직력을 유지하도록 도와줍니다. 도입부를 읽고 나서, 특별히 주제 제목과 실례에 주의를 기울이면서 그 장을 살펴보면 장에 포함된 개념에 대한 느낌을 얻을 수 있습니다.

예제

장에서 논의되는 주제마다 당면한 주제에 적용되는 하나 이상의 구체적인 문제의 예제 및 풀이가 있습니다. 이러한 예제들에 대한 세심한 학습을 통해 학생들은 물리학에서 많은 문제 해결 방안을 더 잘 이해할 수 있습니다.

과학을 현실 세계에 적용하기

개념 활용

각 장에는 하나 이상의 개념 활용 상자가 있습니다. 이것은 중요한 개념을 보여주고 이해를 강화할 수 있도록 학생들이 가정이나 교실에서 수행할 수 있는 간단한 조사 활동입니다. 이러한 특징은 또한 그러한 개념들을 일상생활에 적용할 수 있게 합니다.

자세히 알아보기

《기초물리학》의 각 장마다 하나 이상의 자세히 알아보기 상자형 기사를 찾을 수 있습니다. 이 읽을거리는 특별한 인간적 또는 환경적 관심사(예를 들어 안전벨트 사용, 대기오염 등)의 주제를 제시합니다. 환경적 관심사 외에도 흥미로운 기술 응용(자연형 태양열 주택, 태양 전지 등) 및 최첨단 과학 연구(예를 들어 암흑 에너지 등) 분야에 대한 주제가 실려 있습니다. 모든 상자형 기사는 보충적 특성을 가진 유익한 내용들로 채워져 있습니다. 자세히 알아보기 읽을거리는 우리가 매일 접하고 있는 많은 문제들을 직면하는 데 있어서 물리학의 연관성을 강조하는 역할을 합니다.

과학 스케치

12판 교재의 각 장에서 발견되는 이 기능은 학생들이 시각적 개념 표현을 만들도록 고무해서 그들 자신의 설명과 비유를 만들도록 학생들을 유도합니다.

과학과 사회

이 읽을거리는 장의 내용과 현재의 사회적 쟁점을 연관시킵니다. 또한 대다수 읽을거리에 포함되어 있는 토론 문제는 여러분이 동료들과 쟁점을 논의할 기회를 제공합니다.

미신, 착각, 오해

이 짧은 상자들은 사회적 미신을 없애는 간단한 과학적 설명을 제시하거나 여러분이 자신의 미신을 일소할 수 있는 통렬한 실험이나 프로젝트를 제시합니다.

과학 인물

많은 장에는 과거나 현재의 유명한 과학자들을 조명하는 매혹적인 전기가 실려 있습니다. 이러한 과학 인물들로부터 학생들은 과학의 인간적인 측면에 대해 배우게 됩니다. 물리학은 실제와 관련성이 있으며 실제 사람들이 연구하고 발견합니다. 이 읽을거리에서는 학생들이 알아보고 이해할 수 있는 실생활 용어로 물리학을 제시합니다.

장 끝의 특징

각 장의 끝에는 다음과 같은 내용이 있습니다.

- 요약: 장의 핵심 요소를 강조합니다.
- 방정식 요약: 제시된 방정식의 기억을 강화합니다.
- 핵심 용어: 장의 내용에서 정의된 용어가 있는 쪽수 정보를 제공합니다.
- 개념 적용: 다중 선택 퀴즈로 내용의 이해도를 시험합니다.
- 개념 문제: 주제에 대한 이해를 보여주도록 학생들을 자극합니다.
- 동형 연습 문제: 문제 해결 능력을 강화합니다. 동형 연습 문제에는 A형과 B형의 두 종류 문제가 있습니다. A형 동형 연습 문제는 부록 E에 유용한 주석과 함께 완전한 풀이를 제공합니다. B형 동형 연습 문제는 A형 문제와 비슷하지만 답을 제공하지 않습니다. A형 동형 연습 문제를 풀어내고 부록 E에서 풀이를 확인함으로써 학생들은 B형 동형 연습 문제를 해결할 자신

감을 얻고, 문제 해결 능력을 강화하게 됩니다.

- 분석 문제: 비판적 사고 능력과 사회적 쟁점을 강조하고 장의 내용을 더 깊게 이해할 수 있도록 계획된 분석, 토론 질문, 독립적인 조사와 활동을 포함하는 연습 문제가 포함되어 있습니다.
- 탐구 문제: 장의 내용에 대해 조사 기술을 적용할 수 있는 개방적인 활동들로 이루어진 연습 문제가 포함되어 있습니다.

권말 내용

교재 뒷부분에 있는 부록에서는 수학 개관, 추가적인 배경 세부 사항, 각 장의 후속 예제의 풀이, A형 동형 연습 문제의 풀이가 있습니다. 또한 참고용으로 표지의 안쪽에 인쇄된 특수한 표와 색인, 모든 핵심 용어의 용어 풀이가 있습니다.

보충 자료

Presentation Tools

강사용 전자책 이미지와 자산 일체.
언제든, 어디서든, 어떻게든 여러분이 원하는 대로 교육용 자료를 만드세요!

교재의 Connect Instructor's Resources에서 접근 가능한 Presentation Tools는 맞춤형 강의, 시각적으로 향상된 시험 및 퀴즈, 강력한 강의 웹사이트 또는 매력적인 지원 인쇄 자료를 만드는 데 사용할 수 있는 사진, 삽화, 애니메이션의 온라인 컬렉션입니다. 모든 자산은 McGraw-Hill Higher Education에 저작권이 있지만 강사는 강의 목적으로 사용할 수 있습니다. 이 컬렉션의 시각적 자원은 다음과 같습니다.

- **삽화 및 사진 자료:** 교재에 있는 모든 삽화와 대다수 사진의 총 천연 디지털 파일들을 강의 프레젠테이션이나 시험 또는 맞춤 제작 강의 자료에 쉽게 통합할 수 있습니다.
- **예제 자료, 표 자료, 번호달린 방정식 자료:** 교재에서 풀이된 예제, 표, 방정식을 전자 형식으로 제공합니다. 이것에 접근하여 여러분의 강의 자원에 포함할 수 있습니다.
- **애니메이션 자료:** 물리학의 많은 주제를 다루는 애니메이션과 비디오 파일이 포함되어 있으므로 강의 환경에서 이러한 애니메이션을 쉽게 사용할 수 있습니다.

또한 다음과 같은 것을 교재의 웹사이트에서 제공합니다.

- **파워포인트 슬라이드:** 강의를 처음부터 직접 만드는 것을 선호하는 강사를 위해 모든 삽화, 사진, 표가 장별로 빈 파워포인트 슬라이드에 미리 삽입되어 있습니다.
- **강의 개요:** 12판 교재에 대한 삽화, 예제, 표를 통합하여 만들어진 강의 노트를 파워포인트 형식으로 제공합니다. 이것을 그대로 사용하거나 여러분의 강의 내용에 맞게 고쳐 사용할 수 있습니다.

실험 매뉴얼

저자가 만들고 학급에서 시험한 실험 매뉴얼은 비과학 전공자의 관심과 능력을 고려해 특별히 작성된 실험 실습을 제공합니다. 보다 구조화된 학습 환경에서 측정, 자료 분석, 사고가 필요한 실험 실습이 있으며, 덜 구조화된 접근법을 원하는 강사를 위해 개방형 "탐구 문제"인 대안 실험이 제공됩니다. 《기초물리학》과 함께 실험 매뉴얼을 사용할 경우 학생들은 기초과학 원리와 개념을 숙달하고 새로운 문제 해결 능력과 사고력을 익히며 직접 해보는 경험의 관점에서 과학 탐구의 본질을 이해할 수 있는 기회를 갖게 됩니다. 강사용 실험 매뉴얼은 Physical Science Connect Instructor's Resource에서 찾을 수 있습니다.

차례

1 과학이란 무엇인가?

2 운동

3 에너지

4 열과 온도

5 파동과 소리

6 전기

7 빛

8 원자와 주기적 특성

물리 과학이란 우리 주변의 물리적 환경과 이러한 환경에 대한 개념과 이해와 관련된 것이다.
출처: ©Steve Satushek/Getty

1 과학이란 무엇인가?

핵심 개념 과학이란 우리 주변의 환경에 대해 생각하고 이해하는 방식이다.

차례

대상과 성질
성질이란 어떤 대상이나 사건을 기술하는 데 사용되는 질이나 특성이다.

양적 성질
측정은 대상이나 사건의 성질을 정확하게 기술하는 데 사용된다.

자료
자료는 개체, 조건, 사건, 혹은 변화를 기술하는 데 사용되는 측정 정보이다.

기호와 방정식
방정식은 변수들 간의 관계를 진술하는 것이다.

과학적 방법
과학적 조사는 관측을 모으는 것, 설명을 개발하는 것, 설명을 시험하는 것을 포함한다.

모형과 이론
과학 이론이란 방대한 실험 증거에 기반한 작동하는 폭넓은 가정이며, 자연에서 어떤 것이 왜 일어나는지를 기술한다.

법칙과 원리
과학 법칙은 시시각각 일어나는 사건들 간의 관계를 기술하며, 자연에서 무엇이 일어나는가를 기술한다.

개요

우리가 생각하는 것과 알고 있는 것에 대해 생각해 본 적이 있는가? 매우 간단한 수준에서 우리가 아는 모든 것들은 감각을 통해서 인지하게 된다고 말할 수 있을 것이다. 우리는 우리가 선택한 것들을 보고, 듣고, 만진다. 그리고 주위의 사물들의 냄새를 맡고 맛을 볼 수 있다. 감각 기관에 의해 정보가 모아지고 뇌로 보내어진다. 어찌어찌하여, 뇌는 질서를 찾거나 논리적으로 타당하게 파악하려는 시도에서 이러한 모든 정보를 처리한다. 질서를 찾는 것은 다음에 무슨 일이 일어날지 예측하는 데 도움을 준다. 그리고 여러 상황에서 이는 매우 중요할 것이다.

이 책은 물리적 환경에 대해 생각하고 이해하는 데에 관한 책이다. 이러한 환경은 그림 1.1의 풍경과 매일의 날씨와 같은 분명한 것에서부터 그리 분명하게 드러나지 않는, 예를 들면 어떻게 원자들이 서로 결합하는지 등까지 생각할 수 있다. 이전에 사고를 필요로 하는 상황에 대한 무슨 경험을 했던지 간에, 어떻게 주변 환경에 대해 생각해야 하는지에 대해 배울 것이다. 이 첫 장은 사고 과정에서 여러분이 사용할 "도구와 법칙"에 관한 장이다.

1.1 사물과 성질

물리 과학은 물리적 환경을 논리적으로 이해하는 것을 다루는 것이다. 이러한 "타당성의 추구"라는 초기 단계는 주변 환경에서 보통 사물(object)과 관계된다. 즉, 보이거나 만져질 수 있는 것들 말이다. 이러한 것들은 우리가 매일 보는 사물일 수 있다. 예를 들면, 물이 들어있는 유리컵이나 움직이는 자동차, 또는 휘날리는 깃발 등등. 그것들은 태양, 달, 심지어 태양계와 같이 매우 클 수도 있고, 아니면 다른 도움을 받지 않는 인간의 눈에 보이지 않을 수도 있다. 물리 과학자는 살아 있지 않은 것들을 연구하는 데 보통 초점을 맞춘다. 살아 있는 것들의 영역은 생명 과학자에게 맡긴다.

그림 1.1 물리적 환경은 사람들이 만든 것과 자연적으로 발생한 풍경들을 포함한다. 출처: ©John Giustina/Getty Images/Photodisc

우리는 그동안 개념(concept)이라고 불리는 객체에 대한 일반화된 심상을 형성하는 것을 배워왔다. 물체에 대한 개념은 일반적으로 그것이 무엇인가에 대한 생각이거나, 또는 생각에 따라 그것이 무엇이어야 하는가에 대한 생각이다. 보통 어떤 개념을 표현하는 단어를 마음속에 잘 가지고 있다. 예를 들어 의자(chair)라는 말은 "무엇인가 위에 앉을 수 있는"이란 개념을 깨운다. 의자라는 단어와 함께 가는 개념에 대한 우리의 일반화된 심상은 아마도 등받이를 가진 네 개의 발이 있는 문제를 포함한다. 자세히 들여다보면, 우리

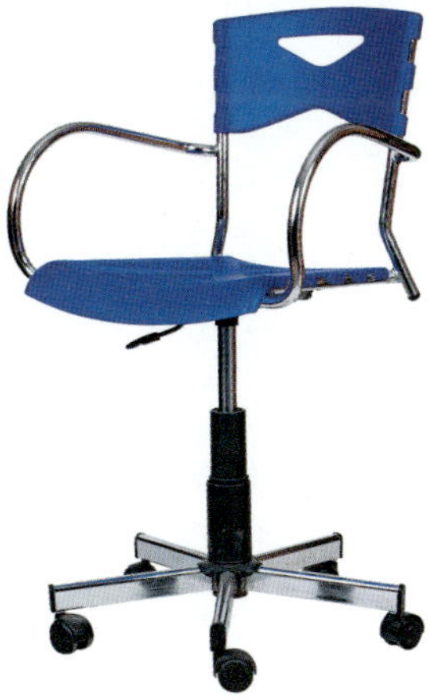

그림 1.2 의자에 대한 여러분의 개념은 무엇인가? 이것은 의자의 그림인가, 아니면 팔걸이 없는 의자인가? 대부분의 사람들은 일반적으로 사물이 어떠해야 하는지에 대한 엄밀하지 않게 정의된 개념이나 생각을 갖고 있다. 의자의 개념은 하나의 예이고, 이것은 팔걸이가 있는 회전의자의 그림이다. 출처: ©Ingram Publishing

그림 1.3 당신은 전화로 다른 사람에게 당신이 보고 있는 것을 정확하게 알도록 이 바위에 대해 묘사할 수 있는가? 함축된 비교, 가정, 부정확한 묘사 등으로 가득 찬 일상 언어로는 가능해보이지 않는다. 출처: ©McGraw-Hill Education/Bill Tillery, photographer

의(그리고 다른 모든 사람들의) 개념들은 꽤 모호하다는 것을 알 수 있다. 예를 들어, 만약 의자라는 단어가 네 다리와 등받이와 관련된 무언가의 심상을 나오게 한다면 "높은 의자"나 "바에 있는 작은 의자"의 차이는 무엇인가? 어떤 때 의자는 의자이고, 작은 의자가 아닌가?(그림 1.2) 이러한 종류의 의문은 많은 사람들에게 문제가 될 수 있다.

여러분의 개념의 모든 것이 물질적인 개체에 관한 것만은 아니다. 시간, 운동, 사건 사이의 관계와 같이 만질 수 없는 것에 대한 개념 또한 가지고 있다. 물질적인 개체의 개념의 경우와 마찬가지로 단어들은 만질 수 없는 개념의 존재를 나타낸다. 예를 들어, 초(second), 시간(hour), 일(day), 월(month)의 단어들은 시간의 개념을 표현한다. 비행기를 타는 동안의 운동의 변화에 따른 미는 것과 당기는 것의 개념은 가속(accelerate)이나 낙하(falling)와 같은 단어로 표현될 수 있을 것이다. 만질 수 없는 것에 관한 개념은 그것들이 물질적인 개체를 표현하지 않기 때문에 더 추상적인 것처럼 보일 수 있다.

성인이 되었을 때, 말 그대로 수천 개의 개념을 표현하기 위해 수천 개의 단어들을 갖게 된다. 하지만 조사해보면 대부분은 꽤 모호하고, 전혀 명백하지 않다. 그것이 일이 분 동안 어떤 개념에 대해서 다른 사람들도 당신과 같이 단어에 대한 같은 "개념"을 갖고 있는지 알아보기 위해 이야기하는 것이 왜 필요한지 알게 되는 이유이다. 그것이 어떤 사람이 "뜨거웠어!"라고 말하면, 다른 사람은 답하길 "그게 얼마나 뜨거웠어?"라고 대답할 지도 모른다. "뜨겁다"라는 의미는 두 사람에게 꽤 다를 수 있다.

단어, 개념, 심상과 관련된 문제는 당신과 다른 사람이 관련된 상황을 상상하면 설명할 수 있다. 당신이 북엔드로 쓸 좋은 돌을 찾았다고 하자. 더 나아가 다른 사람에게 전화로 그 돌의 북엔드로서의 안정성에 대해서 논의하고 싶은데, 그 돌의 이름을 모른다고 하자. 만약, 돌의 이름을 안다면 간단히 "____"를 찾았다고 이야기할 것이다. 그러면 아마도 일분 정도 남짓 돌에 대해서 논의하면, 다른 사람이 정말로 당신이 무엇에 대해 이야기하고 있는지를 이해하는지 알 수 있을 것이다. 그러나 돌의 이름을 모르고 그 물체의 북엔드로서의 안정성에 대해 소통하려고 한다면 어떻게 하겠는가? 아마도 당신은 그 돌의 특징이나, **특성(property)**을 기술하려고 할 것이다. 특성이란 우리가 고려하는 보통 어떤 개체의 특이한 성질이나 속성이다. 예를 들면, 그 돌이 "크고, 노란색이고, 한쪽 면이 광택이 나는 금빛 정육면체로 이루어진 매끄러운 돌"이라고 말할 수 있다. 그러나 이러한 성질들을 기술할 때 전화상의 다른 사람이 형성하는 마음의 상을 생각해 보라. 당신이 기술하는 것과 매우 다른 것을 생각하게 될 수 있다(그림 1.3).

일상 언어로 주어진 북엔드의 성질을 열거함으로써 기술하는 예는 필요한 것이 많음을 보여 준다. 그러한 기술은 다른 편 사람이 그 돌의 정확한 심상을 형성하는 것에는 실제 도움이 되지 않는다. 이렇게 시도된 커뮤니케이션의 문제는 어떠한 성질을 기술하는 것도 어떤 종류의 "견줌 대상(referent)"을 함의한다는 사실이다. "**견줌 대상**"의 의미는 주어진 성질을 다른 말로, 보다 친숙한 개체를 가리키거나(refer), 생각하는 것을 의미한다. 예를 들어 색은 "견줌 대상"으로 종종 언급되는데, 예를 들면 "하늘색 파랑", "잔디색 녹색" 또는 "레몬색 노랑"같은 것이다. 파랑, 녹색, 노랑의 견줌 대상들은 각각 하늘, 살아있는 잔디, 익은 레몬이다.

성질에 대한 견줌 대상은 색의 경우처럼 항상 드러나는 것은 아니지만 어떤 비교가 항상 함축되어 있다. 비교가 함축되어 있기 때문에, 의사소통시에 종종 말하여지지 않고, 미리 가정된다. 예를 들면, 돌이 "크다"라고 말할 때, 듣는 사람이 집이나, 자전거처럼 큰 것을 의미하지 않는다는 것을 미리 가정한다. 돌이 책이나, 그보다 조금 큰 것을 의미한다는 것을 듣는 사람이 안다고 가정할 것이다.

돌의 특성에 대한 열거된 성질의 또 다른 문제는 "매끄럽다(smooth)"는 말의 사용이다. 듣는 사람은 돌이 매끄럽게 보이는 것인지 혹은 만졌을 때 매끄럽게 느껴지는 것을 의미하는지 알 수가 없다. 결국 어떤 것들은 매끄럽게 보이면서 만지면 거칠 수도 있다. 또 다른 것들은 거칠게 보이지만 만지면 매끄러울 수도 있다. 따라서 여기에 또 다른 가정이 있으며, 아마도 모든 특성들은 함축된 비교, 가정, 그리고 그다지 정확할 수 없는 의사소통을 야기한다. 이것은 일상용어의 자연스런 본질이고, 의사소통을 하고자 할 때 그것의 본질이다.

1.2 양적 성질

전형적인 일상에서의 의사소통은 종종 모호하고, 많은 가정을 필요로 한다. 두 사람이 의사소통을 할 때, 예를 들면, 한 사람이 어떤 사람, 물체, 사건 등을 두 번째 사람에게 기술한다고 하자. 이 기술은 두 번째 사람이 마음속에 갖고 있거나 혹은 마음속에 없는 "견줌 대상"과 비교 대상을 사용하여 행해진다. 따라서 "긴" 손톱이나 "짧은" 머리와 같은 속성은 대화에 속한 서로 다른 사람들에게 서로 다른 의미를 갖는다. 가정과 모호함은 물체를 기술할 때 **측정(measurement)**을 사용함으로써 피할 수 있다. 측정은 잘 정의되고 사람들이 합의한 "견줌 대상"에 성질을 비교하는 과정이다. 잘 정의되고 사람들이 합의한 견줌 대상은 **단위(unit)**라고 불리는 표준으로서 사용된다. 측정 과정은 세 단계를 포함한다. (1) 견줌 단위를 기술할 성질에 비교하는 것 (2) 비교를 어떻게 할지를 정하는 과정, 또는 작동을 따르는 것 (3) 얼마나 많은 표준 단위가 고려하고자 하는 성질을 기술하는지 세는 것

측정 과정은 측정되는 성질에 비교할 정해진 견줌 단위를 사용한다. 성질의 값(value)은 견줌 단위의 수를 세어서 결정된다. 단위라는 이름은 숫자로 결과를 주는 과정을 의미한다. 측정에 관한 진술은 항상 수(number)와 견줌 단위의 이름(name)을 포함한다. 수는 "얼마나?"라는 질문에 대한 답을 주고, 이름은 "무엇이?"라는 질문에 답한다. 따라서 측정이란 항상 "무엇이 얼마나"에 대해서 말해준다. 측정을 사용하는 것이 의사 소통을 예리하게 할 것이라는 것을 알게 될 것이다. 측정을 사용하는 것은 물리적 환경을 이해하는 첫 번째 단계가 됨을 알게 될 것이다.

1.3 측정 시스템

측정은 어떤 특정한 상황에서 성질의 "얼마나 많이", "어떤 것의"를 정하는 것으로서 어떤 기술에 대해서 정확도를 가져다 주는 과정이다. 어떤 숫자는 성질의 값을 표현하고, 단위의 이름은 "견줌 대상"이 무엇인지에 대해서 이야기해주고, 또한 그 숫자를 얻는 과정을 의미한다. 그러나 다른 사람들이 측정을 이해하고 재생산하기 위해서는, 견줌 단위는 정의가 되어야 하고, 성립되어야 한다. 표준이 성립하면, 견줌 단위는 **표준 단위**(standard unit)라고 불린다(그림 1.4). 표준 단위의 사용은 측정에 대해 서로 소통하게 하고, 측정을 다시 재현할 수 있게 한다. 표준 단위는 보통 정부나 그러한 목적을 위해 만들어진 조직에 의해 정의되고 성립된다. 미국에서는 측정 표준과 관련된 조직이 국가 표준 기술원이다. 캐나다에서는 국가 표준계를 캐나다 표준 위원회에서 관리·감독한다.

오늘날 사용되는 표준 단위계는 크게 두 가지가 있다. 하나는 영국식 단위계(English system)이고, 다른 것은 미터법(metric system)이다. 미터법은 두 가지 계가 모두 쓰이는 미국을 제외하고 전 세계에 걸쳐 사용된다. 영국식 단위계가 미국에서 계속 사용되는 것은 국제 무역에 있어 문제를 야기하고, 따라서 미터법으로의 완전한 교체에 대한 압력이 존재한다. 미터법이 일상의 측정에서 더욱더 많이 사용되고 있지만, 완전한 교체는 아주 큰 대가가 필요할 것이다. 부록 A에서는 하나의 계에서 다른 계로 변환하는 방법을 보여준다. 한 미터법에서 다른 미터법으로 변환할 필요가 있거나, 영국식 단위계에서 미터법으로 또는 그 반대로 변환한다면, 이 장을 참조하라.

사람들은 역사를 통하여 사물의 성질에 대해 의사소통을 하기 위해 "견줌 대상"을 사용해 왔다. 예를 들면, 고대 그리스 문명은 거리와 높이에 대해 소통하기 위해 스타디아(stadia) 단위를 이용하였다. 스타디움은 지역 경기장에 있는, 125 페이스 길이에 기반을 둔 경주 트랙의 길이 단위였다(스타디아(stadia)는 스타디움(stadium)의 복수형이다).

고대 로마 문명 같은, 그 후의 문명들은 고대 그리스 문명으로부터 스타디아나 다른 견줌 단위들을

그림 1.4 나열된 단위들 중 어떤 단위가 이 가상 도시 사이의 거리를 기술하는 데 사용될까? 특정 단위를 사용하는 것이 이점이 있는가? 어떤 단위라도 사용될 수 있고, 특정한 단위가 공식적으로 받아들여지면, 그것이 표준 단위로 알려지게 된다.

차용했다. 이러한 동일한 견줌 단위 중 몇몇은 초기 영국 문명에 의해 차용되었다. 그리고 이것이 결국 **영국식 측정 단위계(English system)**를 가져 왔다. 차용된 영국식 단위계의 몇몇은 원래 인간의 몸의 부분들에 기반하는데, 생각해보면 항상 여러분 안에 이러한 견줌 단위들을 가지고 있기 때문이다(그림 1.5).

예를 들어 인치라는 양은 견줌으로 엄지손가락의 양끝을 사용하였다. 피트(단수 foot)는 자연스럽게 발의 길이였다. 그리고 야드는 코끝에서 팔을 똑바로 펼쳤을 때 손가락 끝까지의 길이였다. 큐빗(cubit)은 팔꿈치에서 손가락 끝까지의 길이였고, 패덤(fathom)은 두 팔을 펼쳤을 때, 두 팔의 손가락 끝 사이의 거리였다. 여기서 알 수 있듯이, 모든 사람들이 서로 다른 크기의 몸의 부분들을 갖고 있기 때문에 이러한 초기 단위들은 문제가 있었다. 1300년대부터 시작하여 다양한 단위들의 크기가 점차 영국 왕들에 의해 표준화되었다.

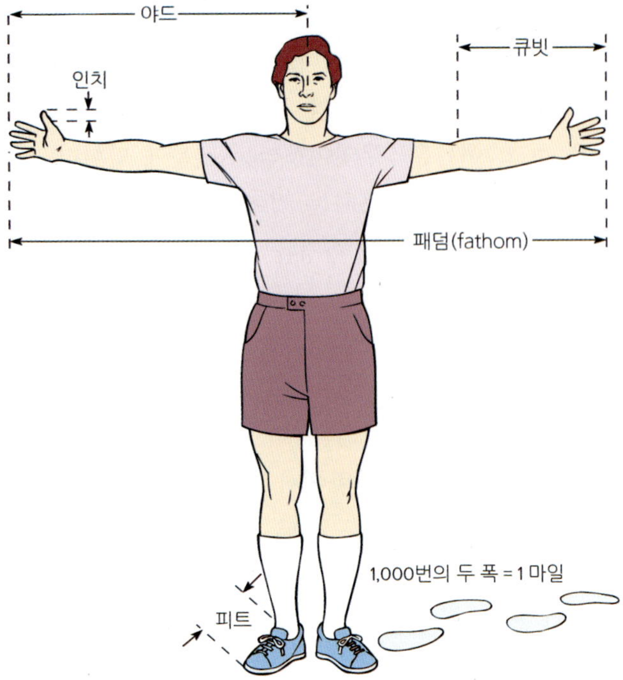

그림 1.5 대부분의 측정 단위들은 원래 사람의 몸에 기반한다. 단위들 중 몇몇은 정부에 의해 표준화되면서 영국식 단위계의 기초가 되었다.

표 1.1 SI 기본 단위

성질	단위	기호
길이	미터	m
질량	킬로그램	kg
시간	초	s
전류	암페어	A
온도	켈빈	K
물질의 양	몰	mol
조도	칸델라	cd

미터법(metric system)은 1791년 프랑스 과학 학회에 의해 제정되었다. 학회는 인간의 몸이 아닌, 자연에서 변화하지 않는 견줌 대상에 기초하여 측정계를 만들었다. 이런 견줌 대상들은 시간의 흐름에 따라 표준 단위들을 보다 재현 가능하게 만들기 위해서 재정의 되어 왔다. 국제단위계(International System of Units, SI)는 미터법의 현대화된 버전이다. 오늘날, SI 단위계는 길이, 질량, 시간, 전류, 온도, 물질의 양, 조도라는 성질에 대한 표준을 정의하는 7개의 기본 단위를 가지고 있다(표 1.1). 이 7개의 기본 단위 이외의 모든 단위들은 파생 단위들이다. 예를 들면 면적, 부피, 속도 등은 모두 파생단위로 표현 가능하다. 길이, 질량, 시간이라는 성질에 대한 단위들은 이 장에서 소개된다. 나머지 단위들은 그것이 재는 성질이 논의될 때, 추후에 소개될 것이다.

1.4 측정계에 대한 표준 단위

만약 여러분이 주위 환경에 있는 모든 사물과 사건들의 성질을 전부 생각한다면, 그 숫자는 엄청날 것으로 보인다. 그러나 막상 성질들의 측정 방식을 자세히 조사해보면 어떤 성질들은 다른 성질들의 조합인 것을 알 수 있다(그림 1.6). 예를 들어, 부피는 세 개의 길이, 가로, 세로, 높이의 측정으로 기술된다. 한편, 면적은 단지 두 개의 길이, 가로, 세로의 측정으로 기술된다. 그러나 길이 자체는 다른 성질의 간단한 형태로 정의되어지지 않는다. 더 간단한 말로 기술되지 않는 네 개의 특성이 있는데, 다른 모든 성질들은 이 네 개의 특성으로 구성된다. 이런 이유로, 그것들은 **기본 성질**(fundamental properties)이라고 불린다. 기본 성질은 그것들을 재는 것을 기술하는 것 이외에 다른 간단한 말로 정의되지 않는다. 이 네 개의 기본 성질은 (1) 길이(length) (2) 질량(mass) (3) 시간(time) (4) 전하(charge)이다. 개별적으로 혹은 조합으로 이러한 네 개의 성질은 자연에서 관찰하는 것들을 기술하거나 측정한다. 길이, 질량, 시간의 기본적인 성질을 재는 미터법에 대해서는 다음에 설명한다. 네 번째 기본 성질인 전하는 전기와 관련되어 있고, 이 성질의 단위는 6장에서 논의할 것이다.

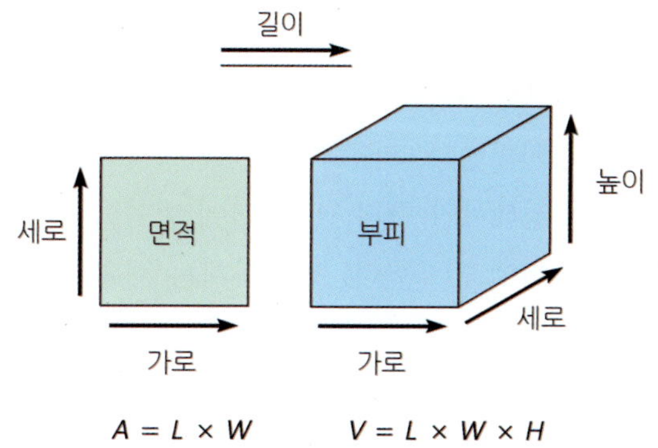

그림 1.6 면적, 혹은 면이 차지하고 있는 범위는 두 개의 길이 측정으로 기술할 수 있다. 부피, 또는 어떤 물체가 차지하고 있는 공간은 세 개의 길이 측정으로 기술할 수 있다. 그러나 길이는 그것이 재어지는 방법 외에는 기술할 수 없다. 따라서 그것은 기본 성질이다.

길이

미터법에서 길이에 대한 표준 단위는 **미터**(meter, 기호 또는 축약형은 m)이다. 미터는 빛이 진공에서 어떤 시간 간격, 1/299,792,458초 동안 진행하는 거리로 정의된다. 어쨌든, 여기서 기억해야 할 중요한 것은 미터는 길이의 표준 단위(standard unit)라는 것이다. 미터는 야드, 39.3인치보다 약간 길다. 미터는 대략 오른팔을 뻗었을 때, 왼쪽 어깨부터 오른손까지의 거리이다. 대부분의 문손잡이는 바닥에서 1미터 높이에 있다. 미터 길이를 시각화하려고 할 때, 이러한 길이를 생각해보라.

질량

미터법에서 질량의 표준 단위는 **킬로그램**(kilogram, kg)이다. 이 단위만 유일하게 어떤 물체로 정의되어 있다. (역주: 이 물체는 프랑스 파리 근교의 세브르 국제도량형국(BIPM) 금고에 보관되어 있는 가로·세로 각 39 mm 크기의 1 kg 원기원통이다. 2019년부터는 자연 법칙으로부터 도출되는 불변의 상수인 플랑크 상수를 기반으로 kg의 새 정의를 채택하였다. 빛의 속도와 초가 정의되면, 에너지 등가 법칙으로부터 kg을 정의할 수 있다). 질량이라는 특성은 무게라는 특성과 곧잘 혼동된다. 지표면의 주어진 위치에서 그 두 양이 정확히 비례하기 때문이다. 그러나 그 두 양은 완전히 다른 특성이고, 다른 단위로 측정된다. 모든 사물은 정지해 있거나 직선 운동을 하는 상태를 유지하려고 하는데, 이 특성을 "관성"이라고 한다. 사물의 질량(mass)은 사물의 관성을 측정할 수 있는 양이다. 사물의 무게(weight)는 그것에 작용하는 중력의 크기를 재는 양이다. 무게와 질량의 구분은 2장에서 자세히 논의될 것이다. 당분간 무게와 질량이 같은 특성이 아니라는 것만 기억하자.

시간

시간에 대한 표준 단위는 **초**(second, s)이다. 초는 원래 태양일(1/60×1/60×1/24)의 1/86,400으로 정의되었다. 지구의 회전이 생각보다 일정하지 않다는 것이 발견되어 1초에 대한 이 예전 정의를 수정해야만 했다. 1967년에 받아들여진 새로운 정의는 원자시계(atomic clock)라고 알려진 정밀한 장비에 기초한다. 원자시계는 세슘-133원자의 특정한 진동에 의해 초에 대한 견줌 대상을 가지고 있다. 콜로라도 불더의 표준연구원에 지어진 원자시계는 2천만 년이 지나도 1초도 더 빨라지거나 느려지지 않는다.

1.5 미터 접두어

미터법은 10의 인수로 더 크거나 작은 양을 표시하기 위해 접두어를 사용한다. 가장 흔히 사용하는 접두어들과 그것의 기호와 뜻이 표 1.2에 나타나 있다. 여러분이 표준 길이 단위인 미터보다 더 작은 무엇인가를 재고 싶어 한다고 하자. 미터는 10개의 같은 크기의 하위 단위인 데시미터(decimeter)로 쪼개어질 수 있다. 데시(deci) — 라는 접두어는 10분의 1이라는 것을 의미하고 10데시미터(dm)는 1미터와 같다.

더 작은 측정을 위해서, 각각의 데시미터는 열 개의 같은 크기의 센티미터(centimeter)라는 하위 단위로 쪼갤 수 있다. 1데시미터가 되기 위해서는 10센티미터가 필요하고, 1미터가 되기 위해서는 100센티미터가 필요하다. 같은 방식으로, 미터 축척을 위로 올리거나 아래로 내리는 접두어는 10배로 커지거나 1/10로 작아지는 간단한 증감을 표현한다(그림 1.7).

미터법이 1791년에 제정되었을 때, 질량의 표준 단위는 특정한 부피의 물의 양으로 정의되었다. 섭씨 4도의 순수한 물 1큐빅데시미터(1 dm^3)의 물이 1 kg의 질량을 갖는 것으로 정의되었다. 이 정의는 꽤 편리했는데, 왜냐하면 길이, 질량, 부피의 관계를 만들어주기 때문이었다. 그림 1.8에 나타난 대로, 1큐빅데시미터는 각 변이 10 cm이다. 따라서 이 정육면체의 부피는 10 cm×10 cm×

표 1.2 미터 접두어의 종류

접두어	기호	뜻	10의 승수 단위
exa-	E	quintillion	10^{18}
peta-	P	quadrillion	10^{15}
tera-	T	trillion	10^{12}
giga-	G	billion	10^{9}
mega-	M	million	10^{6}
kilo-	k	thousand	10^{3}
hecto-	h	hundred	10^{2}
deka-	da	ten	10^{1}
deci-	d	one-tenth	10^{-1}
centi-	c	one-hundredth	10^{-2}
milli-	m	one-thousandth	10^{-3}
micro-	μ	one-millionth	10^{-6}
nano-	n	one-billionth	10^{-9}
pico-	p	one-trillionth	10^{-12}
femto-	f	one-quadrillionth	10^{-15}
atto-	a	one-quintillionth	10^{-18}

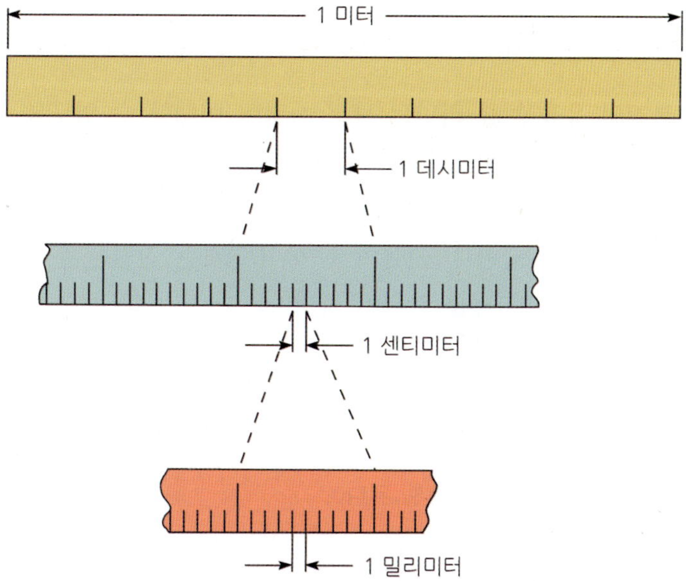

그림 1.7 여기에 나타난 단위들을 비교해 보라. 1센티미터가 차지하는 공간에는 얼마나 많은 밀리미터가 있어야 하는가? 1데시미터의 공간에는 얼마나 많은 밀리미터가 있어야 하는가? 1미터의 공간에는 얼마나 많은 밀리미터가 있어야 하는가? 이 모든 것은 10의 배수로 표현할 수 있겠는가?

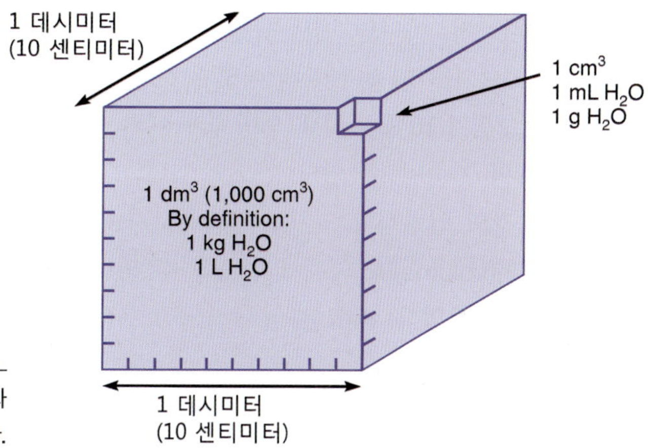

그림 1.8 1입방 데시미터의 물(1,000 cm^3)에는 1 L (1,000 mL), 1 kg(1,000 g)의 액체(물)를 지닌다. 따라서 1 cm^3의 물은 1 mL의 부피와 1 g의 질량을 가진다.

10 cm, 즉, 1,000 큐빅센티미터(cc, cm^3가 축약형이다)이다. 따라서 물 1,000 cm^3은 질량이 1 kg이다. 1 kg이 1,000 g이므로, 1 cm^3의 물은 1 g이 된다.

1,000 cm^3의 부피는 액체의 부피를 재는 미터법 단위인 **리터**(liter, L)를 정의한다. 보다 작은 양의 액체 부피는 밀리리터(mL)가 사용된다. 따라서 액체 부피, 물의 부피와 질량의 관계는

$$1.0\ \text{L} \Rightarrow 1.0\ \text{dm}^3, \quad 질량\ 1.0\ \text{kg}$$

이다. 또한 보다 작은 양에 대해서는 다음과 같다.

$$1.0\ \text{mL} \Rightarrow 1.0\ \text{cm}^3, \quad 질량\ 1\ \text{g}$$

1.6 측정으로부터 이해하기

측정을 하는 것의 기본적인 유용함 중 하나는 모든 사람이 이해할 수 있도록 어떤 것을 정확히 기술하는 것이다. 예를 들어, 만약 한 친구가 여러분에게 다른 도시의 날씨가 "따뜻하다"라고 말한다면, 어떤 온도를 말하는지 이해하기 어렵다. 기온이 화씨 70도라고 말하는 진술은 "따뜻한 날씨"라는 진술보다 더 정확한 정보를 전달한다. 기온이 화씨 70도라는 진술은 두 가지 중요한 개념을 갖고 있다. (1) 숫자 70이라는 값 (2) 견줌 단위인 화씨라는 온도가 그것이다. 수치와 단위는 측정에 대해 옳게 소통하는 데 필요하다는 것을 주목하라. 따라서 날씨 정보는 수치적으로 정해진 단위와 함께 날씨 상황들을 기술한다. 예를 들면 기온은 화씨 70도, 풍속은 5마일/시, 강수량은 0.5인치(그림 1.9)와 같이 말이다. 이렇게 수치적으로 정해진 단위가 어떤 기술이나, 날씨 정보에 사용될 때, 모든 사람들이 상황을 정확히 이해하게 된다.

자료

측정 정보는 **자료**(data)라고 하는 무엇인가를 기술하는 데 사용된다. 자료는 일어날 수 있는 사물, 상태, 사건, 또는 변화 등을 기술하는 데 사용될 수 있다. 연간 날씨 자료를 비교하기 전까지는 날씨가 매년 바뀌고 있는지 정말로 알 수가 없다. 예를 들면, 자료는 날씨가 더 뜨거워지고 있는지, 더 건조해지는지, 아니면 매년 동일한지에 대해 말해준다.

자료가 무언가를 기술하는 데 어떻게 사용되고, 보다 심화된 이해를 위해 어떻게 해석될 수 있지 알아보자. 그림 1.10에 나타낸 입방체가 예가 될 것이다. 각각의 입방체는 크기와 표면적의 특성을 측정함으로써 기술될 수 있다.

먼저, 각각의 입방체의 크기를 생각해보자. 크기는 어떤 물체가 얼마나 공간을 차지하는가를 의미하는, **부피**(volume)에 의해서 기술될 수 있다. 입방체의 부피는 길이, 폭, 높이를 측정하고 곱함으로써 얻을 수 있다. 자료는

날씨 보고서

금요일 (24시간은 오후 5시에 끝난다)
최고 .... 공항 73°F, 시내 76°F
최저 .... 공항 68°F, 시내 70°F
강수량 .... 0.25 인치
평균 풍속 .... 5.2 mph
상대 습도 ..... 최고 85%, 최저 75%
현재까지의 강수량 0.94인치

그림 1.9 날씨 보고서는 각각의 기술하고자 하는 상태에 대해 수치적으로 정해진 단위를 나타냄으로써 날씨를 기술하는 정확한 정보와 자료를 준다.

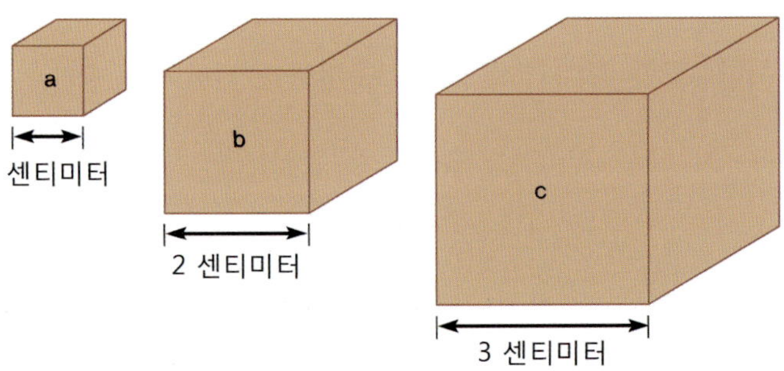

그림 1.10 입방체 a는 각 변이 1 cm이고 입방체 b는 2 cm, 입방체 c는 3 cm이다. 이 세 입방체는 자료 즉 측정 정보로 기술되고 비교될 수 있다. 한편 경향성이나 자료에서의 의미를 찾기 위해 어떤 형태의 해석을 필요로 한다.

입방체 a의 부피	$1\ cm^3$
입방체 b의 부피	$8\ cm^3$
입방체 c의 부피	$27\ cm^3$

이다.

이제 각각의 입방체의 표면적을 생각해보라. **면적(Area)**은 표면이 차지하고 있는 양을 의미하고, 입방체는 여섯 개의 표면, 또는 면(위, 아래, 네 개의 옆)을 가진다. 어떤 면의 면적은 길이와 폭을 재고 곱함으로써 얻을 수 있다. 표면적을 기술하는 세 입방체의 자료는 다음과 같다.

	부피	**표면적**
입방체 a	$1\ cm^3$	$6\ cm^2$
입방체 b	$8\ cm^3$	$24\ cm^2$
입방체 c	$27\ cm^3$	$54\ cm^2$

비율과 일반화

그림 1.10의 세 입방체에 대한 부피와 표면적의 자료는 입방체를 기술하는데, 그것들이 입방체의 부피와 표면적과의 관계에 대해서 무언가 말하고 있는지는 말하기 어렵다. 자연은 관계를 은닉하는 경향이 있는데, 이는 원천 자료로부터 의미를 추출하는 것을 어렵게 만든다. 이러한 보호색을 꿰뚫어 보는 것은 어떤 경향성을 나타나게 하는 수학적 기교의 사용을 필요로 한다. 그런 기교들이 세 입방체에 대한 자료에 어떻게 응용될 수 있고, 경향성이 무엇을 의미하는지 알아보자.

자료를 우리가 좀 더 다룰 수 있는 형태로 줄이는 한 가지 수학적인 기교는 **비율(ratio)**을 사용하여 경향성을 드러내는 것이다. 비율이란 두 수가 있을 때, 한 수로 다른 한 수를 나누어 얻는 두 수의 관계이다. 예를 들어 선생님이 25명의 학생들이 있는 실험실 집단에 50장의 그래프 용지를 가지고 있다고 하자. 종이의 수와 학생수의 관계, 즉 비율은 25명에 대한 50장 용지이고 이것은 50 용지/25 학생이라고 쓸 수 있다. 비율은 50을 25로 나눔으로써 단순화될 수 있고 비율을 2용지/1 학생이 된다. 여기서 1은 보통(말하지 않는데) 무슨 의미인지 알기 때문에, 비율은 간단히 2용지/학생이라고 쓴다. 각각의 학생에 대해 2용지 또는 학생당 2용지라고 읽는다. 비율을 간단하게 만드는 개념은 중요한 것이고 과학을 공부할 때 종종 보게 될 것이다. 숫자와 단위를 함께 사용할 때 "~당, 각각 ~에 대해"의 의미를 이해하는 것은 중요하다.

그림 1.10에 있는 세 입방체에 대해서 비율 개념을 적용하면, 가장 작은 입방체 a에 대하여 부피에 대한 표면적의 비율은 $1\ cm^3$에 대해 $6\ cm^2$이다.

$$\frac{6\ cm^2}{1\ cm^3} = 6\frac{cm^2}{cm^3}$$

즉 이것은 각각의 부피 $1\ cm^3$당 $6\ cm^2$가 있다는 것을 의미한다.

중간 크기의 입방체 b는 표면적 $24\ cm^2$, 부피 $8\ cm^3$이다. 이 입방체의 부피에 대한 표면적의 비는 따라서

$$\frac{24\ cm^2}{8\ cm^3} = 3\frac{cm^2}{cm^3}$$

이다. 이것은 각각의 부피 1 cm^3당 3 cm^2의 표면적이 있다는 것을 의미한다.

가장 큰 입방체 c는 54 cm^2의 표면적과 27 cm^3의 부피를 갖고 있다. 비율은

$$\frac{54\ cm^2}{27\ cm^3} = 2\frac{cm^2}{cm^3}$$

또는 각각의 부피 1 cm^3당 2 cm^2의 표면적이 있다는 것을 의미한다. 부피에 대한 표면적의 비율을 요약하면,

작은 입방체	$a-6:1$
중간 입방체	$b-3:1$
큰 입방체	$c-2:1$

이제 비율을 통하여 자료를 단순화했기 때문에 정보가 무엇을 의미하는 것에 대해 일반화할 준비가 되어 있다. 입방체의 부피가 커질수록 입방체의 부피-표면적 비율을 줄어든다는 것을 일반화할 수 있다. 이런 일반화로부터의 논증은 많은 관련된 관측에 대해 설명을 제공한다. 예를 들면, 왜 쪼개진 얼음이 같은 부피를 가진 큰 하나로 된 큰 얼음 덩어리보다 빨리 녹을까? 설명은 이렇다. 쪼개진 얼음은 큰 덩어리보다 표면적-부피 비율이 크다. 따라서 보다 많은 면적이 따뜻한 공기에 노출된다. 입방체 말고도 다른 모양에 대해서 이 일반화가 진실이라면, 작은 조각으로 쪼개진 통나무가 전체 통나무보다 빨리 불에 타는지도 설명할 수 있다. 더 일반화한다면, 같은 무게의 작은 감자들보다 큰 감자들은 껍질을 조금 벗겨내도 된다는 것을 예측할 수 있게 해준다. 일반화된 설명이 경험에 의해 검증될 수 있는 예측을 가져온다면 여러분들은 그 설명에 확신을 얻을 수 있다. 관계들의 경향성을 찾는 것은 종종 실용적인 이해와 일반화로 이끄는 지적인 모험심을 만족시키고 있다.

밀도 비율

설명하는 것을 좀 더 손쉽게 만드는, 무엇이든 간단히 하는데 비율을 사용하는 것의 장점은 비율을 사용하지 않고 뒤죽박죽인 숫자들과 간단한 비율 6 : 3 : 2를 비교해보면 분명하다. 비율을 사용하는 기술이 갖는 능력은 또한 물질의 다른 특성들을 고려할 때에도 분명하다. 부피는 가끔 질량과 혼동되는 특성이다. 큰 물체가 반드시 작은 물체보다 많은 물질을 많이 포함할 필요는 없다. 예를 들면, 큰 풍선은 이 책보다 무척 크지만, 이 책이 풍선보다 더 큰 무게를 가진다. 특정한 부피에 대한 질량을 비교하는 간단한 방법은 부피에 대한 질량의 비를 구하는 것이다. 이 비율을 **밀도(density)**라고 하는데, 단위 부피당 질량으로 정의된다. "~당"이라는 말은 이미 논의했듯이 "각각의 ~에 대해서"라는 뜻이다. 또한 "단위"란 하나, 또는 각각이라는 뜻이다. 따라서 "단위 부피당 질량"의 의미는 말 그대로 "1 부피의 질량"(그림 1.11)이라는 뜻이다. 이 관계는

$$\text{밀도} = \frac{\text{질량}}{\text{부피}}$$

또는

$$\rho = \frac{m}{V} \qquad \textbf{식 1.1}$$

(ρ는 그리스 문자 rho를 나타내는 기호이다.)

다른 비율과 마찬가지로, 밀도는 어떤 수와 단위를 다른 수와 단위로 나누어서 얻는다. 따라서 부피 5 cm^3, 질량 10 g인 어떤 물체의 밀도는

$$\text{밀도} = \frac{10\ \text{g}}{5\ \text{cm}^3} = 2\frac{\text{g}}{\text{cm}^3}$$

이다. 이 예에서 밀도는 5 cm^3에 대한 10 g의 비율이고, 즉, 10 g/5 cm^3, 따라서 2 g/cm^3이다. 예의 물체의 밀도는 1 부피(단위 부피)의 질량, 또는 각각의 1 cm^3당 2 g이다.

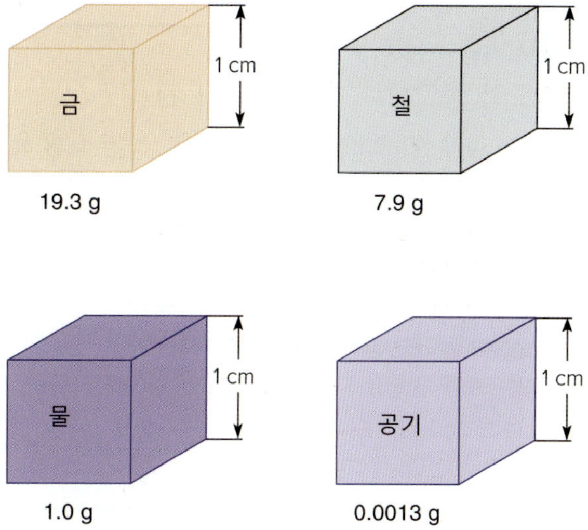

그림 1.11 이 입방체 단위에서와 같이 다른 물질로 이루어진 같은 부피는 같은 질량을 갖지 않는다. 밀도를 g/cm^3의 단위로 구하여라. 다른 물질로 이루어진 같은 부피가 같은 밀도를 갖는가? 설명해 보아라.

밀도를 표현하기 위해 어떤 단위 질량과 어떤 단위 부피도 사용할 수 있다. 고체, 액체, 기체의 밀도는 보통 cm^3당 그램수(g/cm^3)로 나타낸다. 그러나 액체의 밀도는 가끔 밀리리터당 그램(g/mL)으로 나타낸다. SI 표준 단위를 사용하면 밀도는 kg/m^3으로 나타낸다. 몇몇 일반적인 물질의 밀도를 표 1.3에 나타내었다.

어떤 물질이 부피 전반에 걸쳐 같게 분포하고 있다면, 부피에 대한 질량의 비율은 어느 질량, 부피를 측정해도 같을 것이다. 따라서 같은 온도의 민물 한 티스푼이나, 한 컵, 호수는 모두 대략 1 g/cm^3, 1 kg/L의 밀도를 가질 것이다. 주어진 재료는 그 자신의 유일한 밀도를 가진다. 예제 1.1은 무엇인지 모르는 물질을 판별할 때 밀도를 어떻게 이용하는지 보여 준다.

표 1.3 몇몇 물질들의 밀도(ρ)

	g/cm^3
알루미늄	2.70
구리	8.96
철	7.87
납	11.4
물	1.00
바닷물	1.03
수은	13.6
가솔린	0.680

개념 활용

밀도의 중요성 — 상어와 콜라 캔

상어와 콜라 캔 하나의 공통점이 뭘까? 상어는 내부 뼈가 모두 연골조직으로 이루어진 해양 동물이다. 이 동물은 물에서의 위치를 유지하기 위해 몸의 밀도를 조절하는 부레가 없다. 따라서 계속 수영하지 않으면, 가라앉는다. 한편, 뼈가 있는 물고기는 뼈로 된 골조직을 갖고 있다. 또한 대부분 부레를 가지고 있다. 이들 물고기들은 부레에 있는 기체의 양을 조절하여 밀도를 조정할 수 있다. 따라서 물고기들은 많은 에너지를 방출하지 않고도 주어진 물 깊이에 머무를 수 있다.

탄산이 들어간 콜라 음료와 다이어트 콜라는 물에 떠있는 모양이 다르다는 것을 눈치 챈 적이 있는가? 놀라운 결과는 보통 콜라는 대개 가라앉는데, 다이어트 콜라는 대개 뜬다는 것이다. 이것은 두 가지 음료에 들어 있는 이산화탄소의 양과는 아무 관계가 없다. 보통 콜라에 첨가된 설탕의 밀도 때문이다. 다이어트 콜라에는 설탕보다 훨씬 단 합성감미료가 훨씬 적은 양이 들어가 있다. 따라서, 상어와 보통 콜라는 둘 다 물에서 가라앉는다.

예제 1.1

블럭 두 개가 탁자 위에 있다. A블럭은 부피가 30.0 cm^3, 질량이 81.0 g이다. B블럭은 부피가 50.0 cm^3, 질량은 135 g이다. 어떤 블럭이 더 큰 밀도를 갖는가? 만약, 두 블럭이 같은 밀도를 갖는다면, 그들은 어떤 물질인가?(표 1.3 참조)

풀이

밀도는 단위 부피당 물질의 질량 비율이다. 질량이 부피 전반에 걸쳐 균일하게 분포한다고 가정하면 어느 부분의 질량과 밀도를 떼어내서 측정하든지 간에 부피에 대한 질량비는 같다. 이 가정을 받아들일 수 있다면, 식 1.1을 이용하여 밀도를 결정할 수 있다.

블럭 A

질량(m) = 81.0 g

부피(V) = 30.0 cm^3

밀도 = ?

$$\rho = \frac{m}{V} = \frac{81.0\ \text{g}}{30.0\ \text{cm}^3} = 2.70\frac{\text{g}}{\text{cm}^3}$$

블럭 B

질량(m) = 135 g

부피(V) = 50.0 cm^3

밀도 = ?

$$\rho = \frac{m}{V} = \frac{135\ \text{g}}{50.0\ \text{cm}^3} = 2.70\frac{\text{g}}{\text{cm}^3}$$

보는 대로, 두 블럭은 같은 밀도를 갖는다. 표 1.3을 찾아보면, 알루미늄은 2.70 g/cm^3의 밀도를 갖는다는 것을 알 수 있다. 따라서 두 블럭은 알루미늄일 것이다.

예제 1.2

부피 4.50 cm^3의 돌멩이가 질량이 15.0 g이다. 이 돌멩이의 밀도는?(답: 3.33 g/cm^3)

개념 활용

꽉 찬 교과서?

이 책의 밀도는 얼마인가? 이 책의 길이와 폭, 높이를 cm로 측정하고, 곱하여 부피를 cm^3으로 구하여라. 저울을 사용하여 이 책의 질량을 그램으로 구하고, 질량을 부피로 나누어 책의 밀도를 계산한다. 표 1.3에 열거된 다른 물질들과 밀도를 g/cm^3 단위로 비교한다.

미신, 착각, 오해

캔 두드리기

몇몇 사람들은 탄산음료 캔의 옆면을 두드리면, 열 때 거품이 생기는 것을 방지할 수 있다고 믿는다. 이것은 사실인가 아니면 미신인가? 두드렸을 때와 안 두드렸을 때 탄산음료의 차가운 캔을 여는 것을 비교하기 위해 실험에 필요한 변수들을 잘 조정하여 설계하시오. 다른 변수들을 모두 조사했다는 것을 확신하는가?

기호와 방정식

이전 절에서 밀도와 질량, 부피의 관계를 기호를 이용하여 적었다. 밀도는 그리스 문자 ρ의 소문자 ρ로 적었고, 질량은 m으로 표기하였으며, 부피는 V로 표기하였다. 그런 기호의 사용은 관습적으로 정해지고 받아들여지며, 이러한 기호들은 외국어의 어휘와 비슷하다. 각각의 기호는 정해진 특성이나 개념을 대표한다는 이해를 하면서 사용하고 연습함으로써 기호가 무엇을 의미하는지 배우게 된다. 기호는 실제로 **양(quantities)**을 나타내거나, 혹은 측정한 특성을 나타낸다. 기호 m은 수와 단위로 정해진 질량의 양을 나타내는데, 예를 들면 16 g과 같다. 기호 V은 수와 단위로 정해진 부피의 양을 대표하며, 예를 들면 17 cm^3와 같다.

기호

기호는 보통 어떤 양들이 무엇을 대표하는가에 대한 단서를 제공한다. 예를 들면 질량은 m으로, 부피는 V로 대표하듯이 말이다. 그러나 어떤 경우에는 두 양이 같은 글자로 시작할 수도 있다. 예를 들면 부피(volume)와 속도(velocity)처럼. 그러면 하나는 대문자(부피에는 V)를 사용하고 다른 하나는 소문자(속도에는 v)를 사용한다. 대문자나 소문자보다 더 많은 양들이 있다. 그래서 그리스 문자 또한 쓰이는데, 예를 들면, 질량 밀도에 대해서는 ρ를 사용한다. 때로는 아래 첨자를 사용하여 특정한 상황에 있는 양을 구분한다. 예를 들어 v_i는 처음 속도, v_f는 나중 속도를 의미한다. 몇몇 기호들은 어떤 메시지를 전달하는 데 쓰이기도 한다. 예를 들면 그리스 문자 Δ는 어떤 값의 "변화"라는 메시지이다. 이 외에도 "$\therefore$"은 "따라서", "$\propto$"는 "~에 비례한다."를 의미한다.

방정식

기호들은 **방정식(equation)**에서 사용되는데, 방정식이란 등호의 한 변의 양들이 다른 한 변의 양과 같거나 동일하다는 관계를 기술하는 진술이다. "동일하다"라는 것은 수와 단위가 모두 같다는 것을 말한다. 따라서 밀도의 특성을 나타내는 방정식, $\rho = m/V$에서 동일한 부호 양변의 숫자는 동일하다(예를 들면 $5 = 10/2$). 등호의 양변의 단위 또한 동일하다(예를 들면 $g/cm^3 = g/cm^3$).

방정식은 (1) 특성을 기술하는 데 (2) 개념을 정의하는 데 (3) 어떤 양들이 상대적으로 어떻게 변화하는지를 기술하는 데 사용된다. 이 세 가지 분류에 대해 방정식이 어떻게 사용되는지는 물리 과학의 문제를 잘 풀거나 이해하는 데 기초가 된다.

특성 기술하기 여러분은 이미 물질의 빽빽한 정도가 밀도라는 특성에 의해 기술된다는 것을 배웠다. 밀도는 단위 부피에 대한 질량의 비율이고, 즉 $\rho = m/V$이다. 이 특성을 이해하는 열쇠는 비율의 의미를 이해하는 것과 "~당" "각각의 ~에 대하여"가 무슨 의미인지 이해하는 것이다. 비율로 정의되는 다른 특성의 예로 얼마나 사물이 빨리 움직이는가(속력) 또는 얼마나 빠르게 속력이 변하고 있는가(가속도)가 있다.

개념 정의하기 물리 과학은 측정 방법을 정하는 것에 의해 종종 정의된다. 이것은 작동적 정의라고 불리는데, 그것은 어떤 개념을 정의하고 당신이 어떻게 그것을 재는가에 대한 과정이 제정되기 때문이다. 힘이 무엇을 의미하는가에 대한 개념은 측정 과정에서 정의될 수 있다.

물리량들이 서로 상대적으로 어떻게 변화하는지 기술하기 **변수(variable)**라는 말은 다른 값들을 가질 수 있는 사물의 특정한 양이나 사건을 말한다. 예를 들어, 체중은 다른 날마다 다른 값을 가질 수 있는 변수이다. 심장 박동수, 일분 동안의 호흡수, 혈압 또한 변수이다. 사물이나 사건을 기술하는 어떠한 양도 변수로 생각할 수 있다. 현재 체중, 맥박, 호흡량, 혈압과 같은 상황도 포함된다.

변수 간의 관계의 예로, 다른 변수, 즉 섭취하는 음식량에 반응하여 체중의 크기가 변하는 것을 생각해 보자. 이 경우 음식량과 체중은 같은 비율로 증가한다. 그래프는 여러분이 변수들 사이의 관계를 생각해내도록 도와준다(A6쪽의 단순 선형 그래프 참조).

두 변수가 함께 같은 비율로 증가(혹은 감소)할 때, **정비례(direct proportion)** 관계에 있다고 말한다. 두 변수가 정비례할 때, 한 변수가 증가하거나 감소할 때 두 번째 변수 또한 같은 비율로 증가하거나 감소한다. "$\propto$" 기호는 "비례한다"를 의미하고 이 관계는

$$\text{소비된 음식의 양} \propto \text{몸무게 증가량}$$

이다.

변수들이 항상 정비례 관계로 증가하거나 감소하는 것은 아니다. 때로는 어떤 변수는 다른 변수가 같은 비율로 감소할 때 증가하기도 한다. 이것은 **반비례(inverse proportion)** 관계이다. 흔히 나타나는 다른 관계는 어떤 변수가 다른 변수의 제곱에 정비례하거나 다른 변수의 역수의 제곱에 정비례하는 관계이다. 서로 다른 종류의 비례 관계의 형태들은 다음과 같다.

정비례	$a \propto b$
반비례	$a \propto 1/b$
제곱에 비례	$a \propto b^2$
역제곱에 비례	$a \propto 1/b^2$

비례 진술

비례 진술은 일반적으로 변수들이 서로에 상대적으로 어떻게 변화하는지를 기술한다. 그러나 비례 진술은 방정식은 아니다. 예를 들면, 여러분이 자동차 연료를 마지막으로 채운 것을 생각해보자(그림 1.12). 빈 연료통에 채운 가솔린의 양은 연료 펌프가 동작하는 시간에 비례한다고 말할 수 있다. 따라서

$$\text{부피} \propto \text{시간}$$

이다. 이것은 방정식이 아닌데, 그 이유는 수와 단위가 양쪽으로 같지 않기 때문이다. 예를 들어 단위를 생각해보면 "분"이 "리터"와 같은 수는 없다. 그들은 두 개의 서로 다른 양이다. 비례 진술을 방정식으로 바꾸기 위해서 보통 k라는 기호인 **비례 상수(proportionality constant)**를 적용할 필요가 있다. 예를 들어 연료 펌프의 예에서

$$\text{부피} = (\text{시간})(\text{상수})$$

또는

$$V = tk$$

이다. 이 예에서 상수는 펌프로부터 나오는 분당 가솔린의 유량으로 단위는 L/min(비율)이다. 유량의 속도가 40 L/min이라고 가정하자. 단위로 볼 때, 왜 이 진술이 이제 방정식이 되는지 알 수 있다.

$$L = (\text{min})\left(\frac{L}{\text{min}}\right)$$

$$L = \frac{\cancel{\text{min}} \times L}{\cancel{\text{min}}}$$

$$L = L$$

방정식에서 비례 상수는 그냥 **숫자(numerical constant)**, 단위 없는 상수일 수도 있다. 그러한 숫자는 차원이 없다고 하고, 예를 들면 2나 3이 될 수 있다.

다른 숫자보다 더 중요한 수치 상수들 몇몇은 그들 자신의 기호를 갖는다. 예를 들면 원주의 지름에 대한 비율은 π(pi)라고 알려져 있다. π의 수치 상수는 단위가 없는데, 이는 나눗셈에 의해 비율이 단순화될 때, 단위가 서로 약분되기 때문이다(그림

그림 1.12 연료통에 주입한 연료의 부피는 연료 펌프가 작동하는 시간에 정비례한다. 이 관계는 비례 상수를 이용하여 어떤 방정식으로 기술될 수 있다.

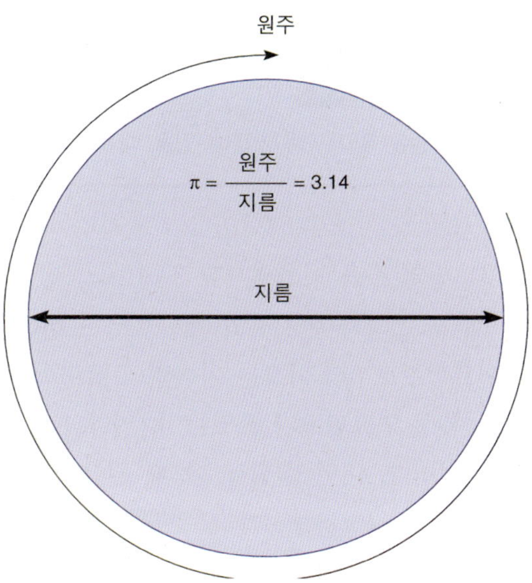

그림 1.13 원의 지름에 대한 원주의 비율은 항상 π이고, 이 값은 약 3.14인 상수이다. 비율에서 단위가 약분되게 때문에 pi는 단위가 없다.

개념 활용

역제곱 관계

에너지와 거리의 역제곱 관계는 빛, 소리, 중력, 전기장, 핵반응에서 찾을 수 있다. 또한 어떤 근원에서 모든 방향으로 퍼져 나가는 현상에서도 찾을 수 있다.

상자 그림 1.1은 역제곱 관계를 갖는 모든 현상을 대표할 수 있다. 여기에서는 빛의 원천에서 특정 거리, d, $2d$, $3d$까지 빛이 어떻게 퍼지는가를 보여주는 것으로 가정하자. 그림에서 보듯, 원천에서 두 배의 거리에 있는 곳은 네 배의 면적으로 퍼져나간다. 따라서 밝기는 1/4로 줄 것이다. 이것은 $1/2^2$, 즉 1/4이다.

원천에서 세 배의 거리에 떨어진 곳에서는 빛이 9배의 면적으로 퍼지고, 따라서 $1/3^2$, 즉 1/9의 세기를 가지고 역제곱 관계를 보여준다.

벽에 빛을 비추는 프로젝터를 움직여서 역제곱 관계를 확인할 수 있다. 광측정 장비를 이용하여라. 프로젝터를 벽으로부터 떨어진 거리(d)보다 두 배 멀리 움직여라. 이제 프로젝터는 벽으로부터 두 배의 거리만큼에 있다. 벽에 프로젝터의 빛이 비추는 넓이를 측정하고, 빛의 세기를 측정한다. 빛의 세기와 거리는 어떤 관계에 있음을 알 수 있는가?

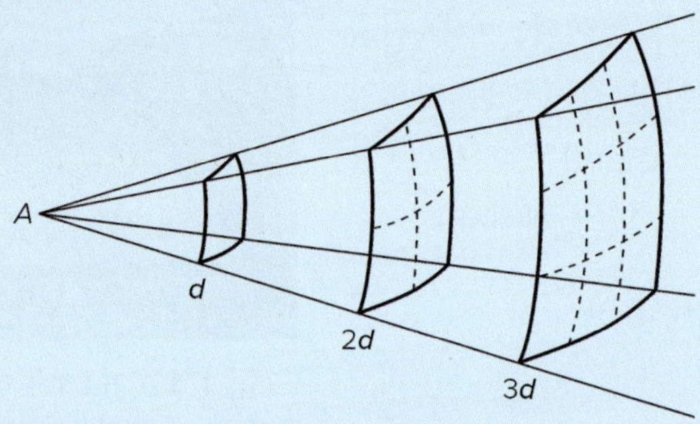

상자 그림 1.1 점 A로부터 방출되는 빛이 거리가 2배, 또는 3배로 늘어날 때, 얼만큼 퍼져 나가는가? 이것이 빛의 밝기와는 어떤 관계가 있는가?

과학 스케치

얼마나 많은 빛이 5배 거리에 있을 때 퍼져나가는지 상자 그림 1.1에 그리시오.

1.13). π의 값은 반올림하면 3.14이고, 방정식에서 이 수치 상수를 사용하는 예로 원의 면적을 구할 때 π 곱하기 반지름의 제곱으로 표현한다($A = \pi r^2$).

연료펌프로부터 나오는 가솔린의 유량속도는 차원이 있는 상수의 예이다(40 L/분). 물론 이런 상수는 특정 연료펌프가 쓰였는지, 얼마나 펌프 호스의 핸들이 얼마나 눌렸는지와 같은 상황에 따라 변할 것이다. 어떤 실험을 할 때 같은 조건이라면 상수로 생각할 수 있다.

어떻게 문제를 푸는가

문제를 푸는 활동은 사고를 조직화하는 어떤 기술에 의해 쉬워진다. 그러한 기술 중 하나는 다음의 과정과 같이 정해진 포맷을 따르는 것이다.

1단계 문제를 천천히 읽고, 한 페이지의 왼쪽에 변수들을 나열한다. 값을 모르는 변수는 물음표를 해놓는다.

2단계 변수들과 미지수를 조사하고 이 변수들 간의 관련성을 표현하는 방정식을 파악한다. 각 장에 논의된 방정식의 목록을 각 장의 끝에서 찾을 수 있다. 기호와 양들이 적혀 있는 반대편, 즉 페이지의 오른편에 방정식을 적어라.

3단계 필요하다면, 문제 삼고 있는 변수에 대한 방정식을 풀어라. 이 과정은 방정식에 어떤 숫자나 단위를 대입하기 전에 완료되어야 한다. 이는 문제를 단순화하고, 안 했을 경우에 오는 혼란을 줄여준다. 방정식을 푸는 데 도움이 필요하다면 부록 A에 이 주제에 대한 절을 보라.

4단계 필요하다면, 다르게 보이는 단위들을 변형하여 같게 만들어라. 예를 들면, 시간이 초로 주어져있고 속력은 km/h로 주어져 있다면, km/h를 m/s로 변환해야 한다. 다시 말하면, 이 단계는 나중 단계에서 혼동이나 부정확한 계산을 방지하는 과정에서 이때 수행되어야 한다. 단위를 변환하는 데 도움이 필요하다면, 부록 A에 있는 이 주제에 대한 절을 보라.

5단계 이제 여러분은 숫자와 단위를 대입할 준비가 되었다(미지의 변수를 제외하고). 빠진 수치와 단위를 찾기 위하여 때로는 하위단계를 수행할 필요가 있음을 주의하여라.

6단계 숫자와 단위에 대한 지시된 수학 연산(mathematical operations)을 수행하여라. 뒤이어 나오는 예제나, 본서의 전체에 걸친 예제들에서 보여주듯이, 여러분이 숫자와 단위를 먼저 분리한다면 이것은 따라가기에 더 쉽다. 그러고 난 다음, 모든 풀이과정에 대해 숫자와 단위에 대한 수학 연산을 각각 수행하여라. 만약 지시된 연산을 해독하는데 확신이 없다면, 부록 A의 "기호와 연산"에 대한 절을 보라.

7단계 이제 숫자가 질문한 문제에 대하여 합리적인지 자기 자신에게 물어보라. 그리고 단위가 옳은지도 물어보라. 예를 들면, 250 m/s는 달리는 학생에게는 너무 빠르다. 또한 속력의 단위는 리터가 될 수 없다.

8단계 찾고자 하는 답을 찾았다는 것을 표시하기 위해 여러분의 답(숫자와 단위)에 상자를 그려라. 상자는 이 문제에 대해 풀이를 완료했다는 것을 의미한다.

예를 들어보자. 연료 펌프에 대한 변수를 기술하는 이전 절의 방정식, $V = tk$를 이용하여 비어있는 80리터 연료 탱크를 채우는 데 얼마의 시간이 필요한지 예측하여라. $k = 40$ L/min으로 가정하여라.

1단계

$V = 80\ \text{L}$ | $V = tk$ — **2단계**

$k = 40\ \text{L/min}$, $t = ?$ | $\frac{V}{k} = \frac{tk}{k}$ — **3단계**

$$t = \frac{V}{k}$$

(이 문제에 대해서는 변환이 필요없다.) — **4단계**

$$t = \frac{80\ \text{L}}{40\frac{\text{L}}{\text{min}}}$$ **5단계**

$$= \frac{80}{40}\frac{\text{L}}{1} \times \frac{\text{min}}{\text{L}}$$ **6단계**

$$= \boxed{2\text{분}}$$ **7단계**

4단계는 이 풀이에서 필요하지 않다는 것을 주의하라.

이런 정형화된 풀이과정은 이 책 전체에 걸쳐 있는 예제 문제와 부록 E에 있는 문제에 대한 풀이에서 보일 것이다. 심화 문제가 있는 각 장들은 비슷한 연습문제가 있음을 주의하여라. A와 B그룹에 있는 연습문제들은 같은 개념들을 다룬다. 만약 B그룹에 있는 문제들을 풀지 못한다면, A그룹에 있는 비슷한 문제를 찾아보아라. 그 문제에 대해서는 앞에서 기술한 형태의 해답을 부록 E에서 찾을 수 있을 것이다. 이 비슷한 문제풀이를 B그룹에 있는 문제를 푸는 데 도움이 되는 본보기로 사용하여라. 여기서 제시된 정형화된 풀이과정을 따르고 필요한 만큼 부록으로부터 도움을 받으면, 문제풀이가 새로운 방법으로 사고하는 것을 배우는 데 도움이 되는 간단하고, 즐거운 활동임을 알게 될 것이다. 여기에 도움이 될 만한 좀 더 많은 고려할 점들을 제시한다.

1. 문제의 상황을 이해하기 위해 문제를, 어쩌면 여러 번 반복해서, 주의 깊게 읽어라. 실제 세상에서의 문제라는 것을 시각화하고 이해하는 데 도움이 되기 위해서 그림을 그려 보아라.
2. 직접 언급하지 않은 정보들에 주의하여라. 예를 들면, 움직이는 물체가 "멈추었다"면, 직접적으로 진술되지 않았더라도, 마지막 속도가 0이라는 것을 안다. 마찬가지로 "얼마나 멀리"에 대한 질문은 보통 거리에 대한 질문이고, "얼마나 오래"에 대한 질문은 보통 시간에 대한 질문이다. 그런 정보들은 1단계, 물리량과 기호를 나열하는 단계에서 매우 중요하다. 간과했거나 빼먹은 양들과 기호들은 적당한 방정식을 파악하는 것을 어렵게 한다.
3. 방정식이 나타내는 의미나 개념을 이해하여라. 방정식은 변수들 간에 관련성(relationship)을 보여준다. 관련성을 이해하는 것은 알고 있는 변수와 미지의 변수들을 조사함으로써 적당한 방정식을 파악하는데 도움이 된다(2단계). 각 장의 마지막에서 고려할 방정식들의 목록을 확인할 수 있다. 방정식이 나타내는 의미와 개념에 대한 정보는 각 장 안에서 찾을 수 있다.
4. 기호에 숫자나 단위를 대입하기 전에 방정식을 풀어라(3단계). 요구되는 수학적 연산에 도움이 될 만한 논의가 예와 함께 부록 A에 있다.
5. 물리량들이 같은 단위인지 아닌지 주의하여라. 수학적 연산은 단위가 같아야 한다. 예를 들면, 5센트, 10센트, 25센트의 동전을 모두 같은 단위로 변환하지 않으면 그냥 더할 수 없다. 마찬가지로 어떤 시간 단위는 초인데, 다른 시간 단위는 시라면 문제를 정확하게 풀 수 없다. 물리량들은 뭔가 하기 전에 같은 단위로 변환되어 있어야 한다(4단계). 변환 비율을 사용하는 방법에 도움될 만한 것들이 부록 A에 있다.
6. 숫자와 단위에 대해 필요한 수학적 연산을 마치 그 둘이 분리된 문제인 것처럼 따로 수행하여라(6단계). 여러분이 얻은 단위로 문제를 제대로 풀었는지 알 수 있기 때문에, 이 단계를 통해 문제 풀이과정을 원활히 해나갈 수 있다. 만약 여러분이 답에 나타나야 한다고 생각하는 것을 단지 적기만 한다면, 이 중요한 자가 검증을 빼먹은 셈이다.
7. 모든 배움이 어떤 주어진 시간 틀 안에 꼭 일어나야 하는 것은 아니라는 것을 경계하고, 문제에 대한 해답이 "주어진 시간"에 꼭 도달하는 것이 아니라는 것을 경계하여라. 만약, 여러분이 어떤 특정한 문제를 푸려고 대략 30분 정도 소비를 했다면, 다른 문제로 넘어가거나, 잠시 완전히 다른 일을 해라. 문제를 푸는 것은 종종 여러분의 두뇌에서 뭔가 일어나는 것을 필요로 한다. 다른 활동을 한다면 막혀 있던 문제의 해가 그 문제를 생각하고 있지 않더라도, "갑자기" 떠오르는 것을 알게 될 것이다. 이 예상하지 않던 해의 등장은 사고와 관련된 실제 세상의 직업이나 활동에서 보편적으로 나타난다.

예제 1.2

수은은 질량 밀도가 13.6 g/cm^{3}인 액체 금속이다. 수은 10.0 cm^{3}의 질량은 얼마인가?

풀이

문제에서 두 개의 양을 알 수 있다. 수은의 질량밀도(ρ)와, 부피(V)이다. 그리고 그 부피의 질량(m)은 미지의 값이다. 이 양들의 목록을 만들어라.

$$\rho = 13.6\ \mathrm{g/cm^3}$$
$$V = 10.0\ \mathrm{cm^3}$$
$$m = ?$$

이 문제에 적당한 방정식은 밀도(ρ), 질량(m), 부피(V)의 관계이다.

$$\rho = \frac{m}{V}$$

이 경우 미지수는 질량 m이다. 양변에 V를 곱하여, m에 대한 방정식을 풀면, 다음과 같다.

$$V\rho = \frac{mV}{V}$$
$$V\rho = m,\ \text{또는}$$
$$m = V\rho$$

이제 알려진 양을 방정식에 대입한다.

$$m = \left(13.6\frac{\mathrm{g}}{\mathrm{cm^3}}\right)(10.0\ \mathrm{cm^3})$$

그리고 숫자와 단위에 수학 연산을 수행한다.

$$m = (13.6)(10.0)\left(\frac{\mathrm{g}}{\mathrm{cm^3}}\right)(\mathrm{cm^3})$$
$$= 136\frac{\mathrm{g}\cdot\mathrm{cm^3}}{\mathrm{cm^3}}$$
$$= \boxed{136\ \mathrm{g}}$$

1.7 과학의 본성

대부분의 사람들은 적어도 어릴 때는 주변 환경을 이해하려는 동기를 갖는다. 이러한 성향은 고대부터 있어왔고, 매우 강한 동기임이 증명되어왔다. 최근에는 무언가 발견하고자 하는 필요가 “저 너머에” 무엇이 있는지 알기 위해 우주 관측 장비를 발사하는 데 동기를 부여해왔다. 그래서 인간은 그들의 호기심을 충족하기 위해 달을 방문하였다. 자연을 이해하고자 하는 호기심과 동기는 과거에도 오늘날 못지않게 강했다. 이천 년 전 그리스 사람들은 현재의 장비와 기술을 가지고 있지 않아서, 자연이 작동하는 것에 대한 가설만을 만들어 내었다. 이러한 초창기 자연을 이해하고자 하던 구도자들은 자연 철학자(natural philosophers)라고 알려져 있다. 또한 그들은 자연의 모든 것의 작동 원리에 대해서 관찰하고, 사고하고, 저술을 남겼다. 그들은 철학자라고 불렸는데, 그것은 그들의 이해가 실험적 증거 없이, 단지 논증으로부터 비롯되었기 때문이다. 그럼에도 불구하고, 그들의 생각 중 몇몇은 정말로 옳았고, 현재에도 사용된다. 예를 들어, 물질이 원자(atom)들로 구성되어 있다는 생각은 기원전 5세기 그리스 사람들에 의해 처음 논증되었다. 물질을 이루는 기본 구성물인 원소(element)에 대한 생각은 훨씬 더 오래 전에 개발되었지만, 기원전 4세기 고대 그리스 사람들에 의해 정교화되었다. 원소라는 것의 무엇인가에 대한 개념과 원자의 본성에 대한 개념은 시대에 따라 변해왔지만, 처음 그것을 생각한 것은 고대 자연철학자들로부터 비롯되었다.

과학적 방법

어떤 역사학자들은 약 300년 전인 갈릴레오와 뉴턴의 시대를 현대 과학의 시초로 파악한다. 고대 그리스 사람들처럼, 갈릴레오와 뉴턴은 자연의 모든 것을 연구하는 데 관심을 가졌다. 갈릴레오와 뉴턴의 시대부터 물리 과학의 내용은 그 범위와 특화에서 증가해왔으나, 이해를 얻는 기본적인 방법, 즉 과학적 조사 방법은 거의 변하지 않았다. 과학적 조사 방법(scientific investigation)은 고대 자연 철학자들의 접근법이었던 "오로지 사고함"에 기반을 둔 가설들에 반대하여 실험적 증거(experimental evidence)를 통한 이해를 제공한다.

예를 들어, 2장에서 어떤 그리스 사람들이 사고하고, 논증하여 얻은 설명으로 물체가 어떻게 지구를 향에 떨어지는가를 어떻게 기술했는지 배울 것이다. 반면, 갈릴레오는 창의적인 사고와 자신의 설명에 대한 실험적 증거를 제공하는, 물리량의 정확한 측정으로부터 설명을 만들어 내어 어떻게 사물들이 지구를 향해 떨어지는지에 대한 사람들의 사고를 바꾸었다. 실험적 증거는 갈릴레오 시대와 마찬가지로 현대에도 설명을 제공하며, 물리량을 정확히 측정함으로써 관계를 찾을 수 있다. 따라서 어떤 측정과 조사들이 그것들보다 더 나은 측정과 조사의 바탕이 될 사물에 대한 이해를 가져옴에 따라 자연에 대한 과학적 지식은 점점 증가해 왔다.

과학적 조사 방법은 무엇이고, 그를 수행하기 위해서는 어떤 방법들이 이용되는가? 과학적 방법을 단계별로 기술하는 시도가 있어왔지만(문제를 정의하고, 자료를 모으고, 가설을 세우고, 검증하고, 결론을 짓는) 모든 문제를 만족시키는 과학자들은 과학 조사에서 비슷한 것을 수행하지만, 발견된 것을 평가하는 접근법과 방법들은 서로 다르다. 설명은 단 한 개도 없었다. 전반적으로 그 비슷한 것들은 다음과 같다.

1. 자연의 어떤 면을 관찰한다.
2. 관찰한 것에 대한 설명을 제시한다.
3. 그 설명의 이용하여 예측을 한다.
4. 실험을 수행하거나 보다 많은 관찰을 하여 예측을 검증한다.
5. 필요한 만큼 설명을 수정한다.
6. 3단계로 돌아간다.

사용되는 정확한 접근법은 그 조사를 수행하는 개인에 의존하고 또한 연구하는 과학의 분야에 의존한다.

과학적 조사 중에 어떤 일이 일어나는가를 기술하는 또 다른 방법은 무엇이 일반화될 수 있는가를 고려하는 것이다. 과학자들이 과학 조사를 할 때, 서로 다른 분야에서 공통적으로 나타나는 것으로 보이는 세 가지 활동들이 있다. 이러한 일반화는 다음과 같다.

- 관찰을 수집한다.
- 설명을 개발한다.
- 설명을 검증한다.

어떤 특정 순서나 과정이 이 공통된 요소에 대해 일반화될 수 없다. 실제, 과학자들 개개인은 이런 세 가지 모든 활동에 관련되지 않을 수도 있다. 예를 들면, 어떤 과학자들은 자연으로 나가서, 즉 "현장에서" 자료를 모으고, 그들의 발견을 일반화하면서 자신들의 모든 시간을 보내는 경우도 있다. 특정 분야의 과학에서는 이런 것이 받아들여지는 조사 방법이다. 다른 과학자들은 또 다른 과학자들이 만든 일반화된 것을 설명하기 위해 이론적인 방정식을 개발하면서 컴퓨터 터미널 앞에 머물며 집안에서 모든 시간을 보낼 수도 있다. 다시 말하면 컴퓨터 터미널에서 일하는 것도 과학적 조사 방법으로 받아들여지는 것이다. 따라서 오늘날의 특화된 많은 과학자들은 5단계 과정에 속하지 않는다. 이것이 많은 과학 철학자들이 유일한 과학적 방법이란 존재하지 않는다고 주장하는 이유이다. 서로 다른 분야에서 과학적 방법에는 관찰, 설명, 검증의 공통된 활동이 존재한다. 이러한 활동들은 다음에 논의될 것이다.

설명과 조사

자연과학에서 설명이란 관찰하는 사물이나 사건에 관련이 있고, 설명을 개발하고 창조하는 몇몇 서로 다른 방법들이 있을 수 있다. 일반적으로 설명은 실험 결과, 교육받은 추측이나 또는 단지 상상력이 풍부한 생각으로부터 나온다. 사실, 과학사에서는 꿈으로부터 유효한 설명을 얻은 예도 여러 개 있다.

설명은 정해진 목적을 가진 사용법이나 개발 단계에 따라 각기 다른 이름으로 불린다. 예를 들면, 초기 개발단계에서는 때때로 가설(hypothesis)이라고 불린다. **가설(hypothesis)**이란 생각이나 실험에서 유도된 시험적인설명을 말한다. 그것은 관찰과 일관되며, 자연의 어떤 측면을 이해하는 것을 제공한다. 그러나 여기서 중요한 단어는 "시험적인(tentative)"이란 단어이다. 가설은 실험에 의해 검증되거나 만약 어떤 관찰이나 시험이 맞지 않으면, 거부되거나 수정된다.

가설의 성공적인 검증은 실험의 설계를 가져올 수도 있고, 또 다른 가설을 가져와서 다시 또 다른 실험의 설계를 가져올 수도 있다. 아시다시피, 이것은 파생하고, 진행하는 특정한 말로 기술하기 매우 어려운 과정이다. 추가로, 결론이라고 할 수 있는 과정의 맨 끝을 파악해 내는 것은 어려울 수 있다. 실험적인 증거를 설명하기 위한 새로운 개념들을 찾는 것은 가설로부터 새로운 아이디어로 이끌 수 있다. 또 이 아이디어는 새로운 가설을 낳을 수 있다. 이는 과학적 방법을 이해하는 가장 좋은 방법 중의 하나가 과학사를 연구하는 것인 이유이다. 또는 계획을 세워서 스스로 과학 활동을 하고, 실험을 해보는 것도 좋은 방법이다.

가설의 검증

어떤 경우에는 가설이 간단한 관찰로서 검증될 수도 있다. 예를 들면, 되튀는 공의 높이는 그 공이

과학과 사회

기초 연구와 응용 연구

과학은 여러분이 처한 환경을 이해하는 과정이다. 그것은 관찰, 설명을 만들어내는 것, 연구 실험을 수행하는 것으로부터 시작한다. 새로운 정보나 결론은 연구 결과에 뿌리를 둔다.

과학 연구에는 두 종류가 있다. 하나는 기초 연구이고, 다른 하나는 응용 연구이다. 기초 연구는 이해를 추구하는 것에 의해 추동되는데, 실제 응용성은 가지지 못할 수도 있다. 기초 연구의 예는 어떻게 태양계가 생성되었는가를 이해하는 연구, 연구실에서 새로운 원소를 만들어서 물질에 대해 새로운 정보를 찾는 연구, 또는 체사피크 만(Chesapeake Bay)의 바닥의 온도 분포를 그림으로 나타내는 연구 등이 있을 수 있다. 그러한 기초 연구는 우리의 지식을 확장해 주지만 실용적인 결과로 이어지지는 않는다.

응용 연구는 오로지 답을 찾는 것보다는 어떤 실용적인 문제를 푸는 것을 목적으로 한다. 응용 연구의 예는 수소 연료를 사용하는 자동차를 작동시키기 위한 새롭고 고효율인 연료 전지를 만들고 점검하는 것, 또는 새로운 소재로 더 빠른 컴퓨터 칩을 만드는 것이 있다.

연구가 기초인지 응용인지 구분하는 것은 시간틀에 의존한다. 만약 미래에 실현될 수 없다면, 그것은 분명 기초 연구이다. 실용적인 사용이 즉각 이루어질 수 있다면, 그 일은 분명히 응용 연구이다. 실용적인 사용이 미래 어느 순간에 개발된다면, 그 연구는 부분적으로는 기초이며 부분적으로는 응용이다. 예를 들면, 레이저가 발명되었을 때, 실용적인 사용이 없었다. 그것은 "문제를 기다리는 답"이라고 불렸다. 오늘날, 레이저는 너무나 많은 실용적인 응용이 있다.

기초 연구에 의해 얻어진 지식은 때로 기술적인 돌파의 개발을 낳는다. 반대로 다른 기초 연구는 — 어떻게 태양계가 형성되었는가를 공부하는 것과 같은 — 우리의 호기심을 충족시키는 것 이외에 실용적인 가치는 없다.

논의할 문제

1. 연구 개발비는 기초 연구와 응용 연구 둘 중 하나, 또는 둘 모두 중에서 어디에 우선권을 주어야 하는가?
2. 대학은 기초 연구에, 기업은 응용 연구에, 아니면, 두 기관 모두 두 가지 연구를 수행해야 하는가?
3. 연구비 지원 기관들은 지원 받을 연구의 종류를 특정해야 하는가?

어느 높이에서 떨어졌는가에만 의존한다는 가설을 세웠다고 하자. 이것은 여러 높이에서 서로 다른 여러 공들을 떨어뜨리고, 되튀는 높이가 얼마인지 기록함으로써 검증될 수 있다.

가설을 검증하는 또 다른 보편적인 방법은 실험을 설계하는 것이다. **실험(experiment)**은 과학자가 가설을 지지하거나 반대할 수 있도록 사건이나 발생을 재창조하는 것이다. 어떤 사건은 많은 것들에 의해 영향을 받으므로, 이것은 어려울 수 있다.

예를 들어 어느 사람이 물이 끓을 때까지 가열되는 것보다 수프가 끓는 것이 훨씬 빠르다고 한다면, 이것은 사실일까? 여러분은 어떻게 이것에 대한 답을 구할까? 수프 캔 하나를 끓이는 데 드는 시간은 여러 가지에 의존한다. 수프의 구성, 팬에 수프가 얼마나 있는지, 어떤 종류의 팬을 사용했는지, 스토브의 성격, 버너의 크기, 지정된 온도가 얼마인지, 습도나 온도와 같은 환경적인 요인, 그리고 또 다른 인자들이 그것이다. 수프를 끓이는 시간에 대한 간단한 문제에 답하는 것은 불가능한 작업이다. 이런 상황을 타개하는 것을 돕기 위해 과학자들은 두 집단 통제 실험(controlled experiment)이라고 알려진 것을 이용한다. **통제 실험(controlled experiment)**은 한 인자 이외의 영향을 주는 모든 다른 인자들이 동일한 두 가지 상황을 비교한다. 비교의 기반으로서 사용되는 상황을 "통제(control)"라고 부르고, 다른 것들은 "실험 수행(experimental)"이라고 부른다. 실험 수행 그룹에서 통제 그룹과 다르도록 허가된 딱 한 가지 영향 인자를 실험적 변수(experimental variable)라고 부른다.

수프와 물을 끓이는 시간과 관련된 상황은 많은 단순한 질문들로 나눠질 수 있을 것이다. 각각의 문제는 실험과정이 일으킬 기반을 제공할 것이다. 각각의 실험은 액체를 가열하는 전 과정의 작은 부분에 대한 정보를 제공할 것이다. 예를 들어, 수프가 물보다 먼저 끓기 시작할 것이라는 가정을 검증하기 위해 수프가 끓여지도록 하는 실험이 행해질 수 있고(실험 수행 그룹), 통제 그룹에서는 물이 끓여지도록 한다. 통제 그룹에서 모든 인자들은 실험적 변수 — 여기서는 수프 인자 — 를 제외하고 실험 수행 그룹의 인자들과 동일하다(identical). 실험 후에 새로운 자료(사실)가 모아지고 분석된다. 만약, 두 그룹 사이에 아무 차이가 없다면, 수프 변수는 끓는 데 필요한 시간과 인과 관계가 없다는 것을 명백하게 결론지을 수 있다(즉, 수프는 끓는 시간과 관련이 없다). 그러나 차이가 있다면, 이 변수가 통제 그룹과 실험 수행 그룹 간의 차이의 원인일 가능성이 있다. 끓는 데 필요한 시간의 경우, 수프가 물보다 빠르게 끓는다는 것을 알 수 있다. 만약 이것을 의심한다면, 실제로 직접 실험을 수행해 보라.

결과의 수용?

과학자들은 실험 하나의 결과를 수용하기 꺼릴 것이다. 왜냐면 실험과 전혀 무관한 임의의 사건이 결과에 영향을 주어서 사람들로 하여금 존재하지 않는 인과관계가 있는 것으로 생각하게 만들 수도 있기 때문이다. 예를 들면, 수프의 밀도는 물의 밀도보다 크다. 그리고 이것이 중요한 인자일 수도 있다. 이 어려움을 극복하는 한 가지 방법은 서로 다른 밀도의 서로 다른 종류의 수프를 시험하는 것이다. 한 가지 변수만 있는 경우, 같은 실험을 반복하여 수행하고, 그 결과의 일관성으로 얼마나 그 실험이 믿을 만한지 결정한다.

더 나아가, 과학자들은 얻은 결과가 유효(valid)(의미 있는, 다른 지식과 맞는)한지, 믿을 수 있는지(reliable)(반복되었을 때 같은 결과를 주는지), 인과관계를 보이는지, 또는 단지 임의의 사건들의 결과인지 공정하게 결정하는 것을 돕기 위해서 통계적인 검증을 종종 적용한다.

경향성과 실험 결과들은 과학적 소통(scientific communication)을 통해 공유된다. 이것은 이메일로 실험 결과를 공유하는 과학자들과 같이 단순한 것이다. 결과들은 과학 저널에 발표된 논문에 의해서 검토되고 확증된다. 그러한 논문들은 과학자들이 다른 과학자들이 무엇을 수행했는지 알게 해주고, 사고 과정뿐만 아니라 아이디어를 교환하게 해준다. 과학적 소통은 결과와 사고 과정을 다른 과학자들에 의해 확증하게 해준다. 또한 다른 사람의 성과에 기반을 둔 새로운 발견을 이끌기도 한다.

생각할 점들

과학의 본성에 대한 논의로부터 알 수 있듯이, 세계에 대한 과학적 접근은 어떤 사고방식을 필요로 한다. 아주 강하게 진술된 의견을 쉽게 받아들이는 것보다 수많은 연구에 의해서 충분한 양의 지지되는 증거에 대한 주장이 있다. 과학자들은 의견과 사실의 진술을 반드시 구분해야 한다. 과학자는 건강한 회의론자이다.

세부사항에 대한 신중한 주의 또한 중요하다. 과학자들은 그들의 발견을 출판하고 그들의 동료들이 그들의 성과를 검토하기 때문에 쉽게 방어될 수 있는 신중한 일을 생산하고자 하는 강한 욕구가 있다. 이것은 과학자들이 의견을 생각해내고 말하지 않는다는 것을 의미하지는 않는다. 그들이 그럴 때는, 사실과 의견을 분명하게 구분하기 위해 매우 신중을 기한다.

정직함에 대한 강한 윤리의식이 있다. 과학자들은 성인들은 아니다. 그러나 과학이 다른 동료들 앞에서 공개된 곳에서 수행되어진다는 사실은 부정직한 사건들을 줄이는 경향을 갖게 한다. 추가로, 과학 집단은 다른 사람의 아이디어를 훔치거나 싸구려 과학을 하거나 자료를 조작하는 것을 강하게 비난하고 벌을 준다. 이러한 범죄들은 직업이나 평판을 잃게 할 수도 있다.

과학은 자연 세계로부터 이해를 뽑아내는 사람들의 능력에 의해 제한된다. 사람들은 실수하기 쉽고, 항상 옳은 결론에 이르는 것은 아니다. 왜냐하면 정보가 모자라거나, 잘못 해석되기 때문이다. 그러나 과학은 스스로 오류를 수정한다. 새로운 정보가 모아지면, 낡고 잘못된 사고방식은 바뀌거나 폐기되어야 한다. 예를 들면, 과거에는 사람들이 태양이 지구 주위를 돈다고 확신했다. 그들은 태양이 동쪽에서 떠서 하늘을 지나 서쪽에서 지는 것을 관찰했다. 지구가 움직이는 것을 느낄 수 없었기 때문에 태양이 지구를 돈다는 것은 완벽히 논리적이었다. 지구가 자전한다는 것을 이해한 순간, 사람들은 태양이 뜨고 지는 것을 다른 방식으로 이해할 수 있다는 것을 이해하기 시작했다. 태양과 지구의 관계에 대한 완전히 새로운 개념이 전개되었다.

이러한 연구가 현재의 우리에게는 매우 원시적으로 보이지만, 태양과 지구에 대한 생각의 변화는 우주와 우주의 많은 부분들이 어떻게 서로 연관되어 있는지를 이해하는 데 매우 중요한 단계였다. 이런 배경 정보들은 천문학자와 우주 과학자들의 많은 세대에 걸쳐 만들어졌고, 결국 우주 탐사로 이어졌다.

사람들은 과학이 우리 시대의 모든 문제에 대해 답할 수 없다는 것을 이해할 필요가 있다. 과학이 강력한 도구지만, 과학이 답할 수 없는 많은 문제와 과학이 풀 수 없는 많은 문제가 있다. 사람들의 행동과 욕망은 사회가 직면한 대부분의 문제들을 야기한다. 기근, 약물 과용, 오염은 인간에게 기인한 것이며, 인간에 의해 해결되어야만 한다. 과학은 사회 운동가, 정치가, 윤리학자들에게 몇 가지 도구를 제공할 수 있을지 모르나, 과학이 인간 종이 가진 문제에 대해 답을 가지고 있지도 않고 답을 제공하려는 시도 또한 하지 않는다. 과학은 단지 우리가 사용할 수 있는 수단 중의 한 가지일 뿐이다.

유사 과학

유사 과학(Pseudoscience)이란 과학의 모습이나 언어를 사용하여 사람들로 하여금 어떤 것이 실제로는 가지고 있지 않은 과학적인 유효성을 가지고 있다고 믿게 하고, 혼동시키고, 잘못된 길로 이끄는 거짓된 행위를 말한다. 유사 과학적인 주장을 주의 깊게 살펴보면, 그것들은 공평한 시험에 의해 지지되지 않는다는 것을 알 수 있다. 예를 들어, 영양은 존중받는 과학의 분야이지만, 많은 개인들과 단체들이 과학에 의해 지지되지 않는 그들의 영양학적 생산품이나, 식습관에 대해 주장한다. 영양학 연구 때문에 우리는 모두 비타민과 미네랄을 우리가 먹는 음식에서 얻지 않으면 병이 든다는 것을 알고 있다. 많은 과학적 실험이 이 정보에 대한 신빙성을 믿을 만하게 보여 준다. 그러나 대부분의 경우, 아주 강하게 증진된 영양 보충제가 광고처럼 유용하고 바람직한지는 증명되지 않았다. 오히려, 선택된 과학 정보(비타민과 미네랄이 건강에 필수적이다)는 추가적인 영양 공급이 필요하다는 느낌을 만들거나, 혹은 그것들이 건강을 증진시킬 수 있다는 느낌을 만든다. 실제로 다양한 식습관을 가진 평균적인 사람은 적당한 양의 이런 영양소를 얻으며, 영양 보충제는 필요로 하지 않는다.

관련된 또 다른 예는 유기농 또는 자연적 생산물이라는 딱지가 붙은 것이다. 영업하는 사람들은 유기농이나 자연산 제품이 유기농으로 재배했기 때문에(살충제나, 합성비료 없이 자란) 혹은 자연으로부터 직접 왔기 때문에 영양학적으로 더 우월하다고 주장한다. 음식물 안에 살충제 잔량이 건강에 미치는 효과에 대한 의문은 있지만, 자연산이나 유기농식이 다른 식이법보다 더 낫다는 것을 보인 과학적 연구는 없다. 큐라레, 스트리크닌, 니코틴은 모두 유기농으로 재배가능한 식물에서 자연적으로 생산되는 유기 분자들이지만 우리 식이법에서는 포함시키고 싶지 않은 물질들이다.

분명한 유사 과학이라는 어리석은 주장들은 때때로 대중들로부터 받아들여지는데, 이것은 언론에서 떠들기 때문이다. 그래서 몇몇 사람들은 정신 이상자가 범죄를 해결하는 데 실제로 도움이 될 수도 있다고 믿기도 하고, 영구기관이 존재하고, 혹은 포크 모양의 막대를 가진 사람이 물이 있는 수원지를 찾을 수 있다고 믿는다. 그러한 주장들은 과학적 시험을 거쳐야 하고, 실패할 경우 폐기되어야 하는데, 이런 과정은 일반적으로 무시된다. 유사 과학으로 보이는 그러한 주장을 실험적으로 검증하는 것에 추가로, 어떤 것이 유사 과학이라고 의심될 때 고려해야 할 몇 가지 질문들은 다음과 같다.

1. 그러한 주장을 하는 사람의 배경이나 과학적 경험은 무엇인가?
2. 그 사람이 동료 과학자들이 심사하는 과학 저널에 얼마나 많은 논문을 발표했는가?
3. 그 사람이 대학이나 국가 전문가 조직 모임에서 과학적인 연설에 초청받은 적이 있는가?
4. 주장이 동료 심사가 있는 과학 저널에서 연구되어지고 출판된 적이 있는가 또는 다른 과학자들이 독립적으로 그 주장을 검증했는가?
5. 그 사람이 그런 주장을 함으로써 무언가 얻을 것이 있는가?

개념 활용

유사 과학을 찾는 사람들

직접적인 과학적 검증을 견디지 못할 최근의 주장에 대해서 무엇을 알아낼 수 있는지 본다. 상온 핵융합, 인간 복제, 수원지를 찾는 포크 모양의 막대를 들고 다니는 사람, 경찰서에 고용된 정신 이상자, 빅풋, 버뮤다 삼각지대, 등등 여러분이 조사하고 싶은 것과 관련된 주장들 뒤에 있는 과학적 검증, 또는 검증의 부족함을 자세히 조사하시오.

법칙과 원리

때때로, 반복해서 일어나는 것 같은 관계의 연속을 관찰할 때가 있다. 예를 들어 흔히 말하는 "만약 뭔가가 잘못되어 갈 수 있다면, 반드시 그렇다" 말이 있다. 이것을 머피의 법칙이라고 한다. 그것을 법칙(law)이라고 부르는 이유는 그것이 시간에 따라 일어나는 사건들 사이의 관계를 기술하기 때문이다. 만약, 예를 들어, 버터 바른 빵을 떨어뜨린다면, 그 빵은 두 가지 형태로 땅에 떨어질 것이다. 버터 바른 쪽이 위를 향하거나, 아래를 향하거나. 머피의 법칙을 따르면, 빵은 버터 바른 쪽이 아래쪽으로 떨어진다. 이 예로부터 머피의 법칙의 유효성을 검증할 최소한 한 가지 방법은 아는 것이다.

또 다른 예로 관엽식물의 값과 그것의 생존 기간에 대해 존재하는 듯하다. 그것을 "관엽식물 생

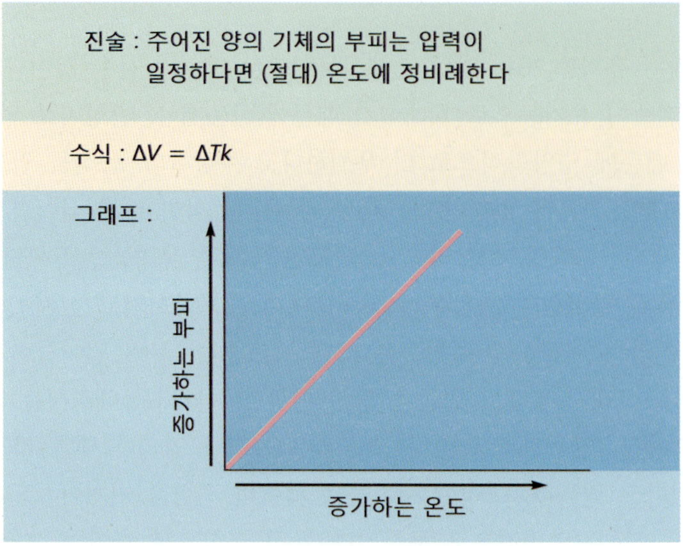

그림 1.14 변수들 사이의 관계는 세 가지 서로 다른 방식으로 기술될 수 있다. (1) 말로 (2) 방정식으로 (3) 그래프로 이 그림은 샤를의 법칙으로 알려진 관계를 기술하는 세 가지 방법을 보여준다.

존의 법칙"이라고 부를 수 있다. 즉, 관엽식물의 생존 기간은 그것의 구매 가격에 반비례한다는 것이다. 이 "법칙"은 10달러짜리 관엽식물은 한 달 안에 시들어서 죽지만, 50센트짜리 관엽식물은 수 년간 살 것이라고 예언한다. 변수들 (1) 가격 (2) 생존기간 사이는 반비례 관계인데, 이는 식물에 더 많은 돈을 지불할수록 그것이 더 짧은 시간 동안만 생존하다는 것을 의미한다. 이것은 또한 비싸지 않은 식물은 더 긴 시간 살 것을 의미한다. 이 관계는 지속적으로 일어나는 것처럼 보이기 때문에 "법칙"이라고 불린다.

과학 법칙(scientific law)은 자연에서 지속적으로 일어나는 것으로 관측되는 중요한 관계를 기술한다. 기본적으로 과학 법칙은 자연에서 무엇이 일어나는가를 기술한다. 법칙은 그 법칙을 만든 사람과 관련된 이름으로 종종 구별된다. 예를 들면, 모든 다른 인자들이 동일하다면, 풍선 안의 공기의 온도가 증가하면 풍선의 부피의 증가를 야기한다. 마찬가지로 온도 감소는 풍선 전체의 부피가 감소하는 것을 야기한다. 풍선의 부피는 풍선 속의 공기의 온도에 직접적으로 변화한다. 그리고 이것은 지속적으로 일관되게 나타나는 것으로 관찰된다. 이 관계는 18세기 후반 두 명의 프랑스 과학자들, A. C. 샤를과 J. 게이뤼삭에 의해 발견된다. 오늘날, 이 관계는 때때로 샤를의 법칙(Charles' law)이라고 불린다(그림 1.14). 여러분이 과학 법칙에 관하여 읽을 때, 자연에서 지속적으로 관측할 수 있는 관계에 관한 무언가를 의미하는 진술이라고 기억해야 한다.

여러분은 누군가 과학적 원리나 법칙 때문에 무언가가 그런 방식으로 행동한다고 말하는 것을 들어본 적이 있는가? 예를 들면, 뉴턴의 운동 법칙 때문에 큰 트럭은 느리게 가속된다던가. 어쩌면 이 사람은 과학적 원리나 법칙을 잘못 이해하고 있을 수도 있다. 과학적 원리와 법칙은 사물의 행동을 지배하지 않는다. 단순히 그것을 기술하는 것이다. 그것들은 사물이 어떻게 행동(do)해야 한다고 말

과학 스케치

두 개의 공기로 차 있는 풍선을 그려서 샤를의 법칙을 보여주는 그림을 그리시오. 부피와 온도 사이의 관계를 나타내기 위해 한 풍선은 온도가 두 배가 되도록 그림 1.14 위에(또는 종이에) 그리시오.

하지 않고, 어떻게 사물이 행동하는지에 대해 말해준다. 과학적 원리나 법칙은 기술적(descriptive)이다. 그것은 어떻게 사물들이 행동하는지를 기술한다.

과학적 원리(scientific principle)는 보통 법칙이라고 파악되는 관계보다 더 특정한 관계의 집합을 기술한다. 과학적 원리와 과학적 법칙의 차이는 보통 어떤 현상이 설명에 의해 규정되는 현상의 범위의 차이지만 항상 둘 사이에 분명한 구분이 있는 것은 아니다. 과학적 원리의 예로서 아르키메데스의 원리를 생각해 보라. 이 원리는 물체, 유체, 부력 사이의 관계를 다루는데, 이것은 매우 특정한 현상이다.

모형과 이론

종종 고려 대상인 자연의 일부는 인간의 눈으로 보기에 너무 작거나 혹은 너무 커서 모형(model)의 사용이 필요하다. **모형(model)**(그림 1.15)은 모든 알려진 특성을 설명하는 이론 혹은 개념을 기술하는 것이다. 기술하는 것은 다양한 형태를 띠는데, 물리적 모형, 컴퓨터 모형, 스케치, 비유, 방정식 같은 형태들이 그것이다. 예를 들면 아무도 태양계 전체를 본 적이 없고, 실제 세상에서 여러분이 보는 것은 별들을 배경으로 하는 태양과 달과 행성들이다. 그러나 물리적 모형 또는 태양계를 스케치한 것은 태양계가 어떻게 보이는지에 대한 꽤 좋은 아이디어를 제공할 것이다. 물리적 모형과 스케치는 모두 모형인데, 이것은 그것들이 태양계에 대한 마음속에 그릴 수 있는 모습을 제공하기 때문이다.

크기의 축척의 다른 한 끝에 있는 원자와 분자의 모형은 종종 이 다른 쪽에 보이지 않는 세계에서 무엇이 일어나는지 이해하는 것을 돕는데 이용된다. 작고, 벽에 되튀는 고무공은 샤를의 법칙의 관계를 설명하는 모형으로 이용된다. 이 모형은 온도, 부피, 또는 기체의 압력이 변할 때, 공기의 보이지 않는 입자들에게 무엇이 일어나는지 알도록 도와준다. 어떤 모형은 다른 모형들보다 더 낫고, 우리의 이해가 진화함에 따라 모형은 계속 변한다. 예를 들면, 21세기 초반의 원자의 모형은 "행성 모형"에 기초했다. 이 모형에서는 전자가 행성이 태양 주위를 움직이는 것과 같이 핵 주위를 움직였다. 오늘날, 원자의 본성에 대한 이해가 바뀜에 따라 그 모형은 바뀌었다. 이제 전자는 원자에서 특정한 거리에 있을 때만 정상파를 만들 수 있는 특정한 파장을 가지고 진동하는 것으로 그려진다(역주: 이 모형은 보어 모형이고, 양자 역학의 초창기 모형이고, 다시 변화하였다). 따라서, 원자의 모형은 전자를 단단한 입자로 보는 모형에서에서 진동으로 보는 모형으로 변하였다.

가장 최근에 개발된 과학이론은 1970년대에 정제되고 확장되었다. 이 이론은 지구 표면에 관한 것인데, 지구가 어떤 것인지에 대한 우리의 모형을 변화시켰다. 처음에, 현재 받아들여지는 이론의 기본 아이디어는 순수했고, 단순한 가설이었다. 가설(conjecture)이라는 말은 생각에 기반을 둔, 또는 실제 증거 없이 뻔한 근거에 기반을 둔 설명이나, 아이디어를 의미한다. 예를 들면 과학자들은 아프리카와 남아메리카의 지도를 보다가 어떻게 두 대륙이 분리되어 움직인 그림 퍼즐 조각 같이 보이는지 곰곰이 생각하게 되었다(그림 1.16). 대륙이동에 대한 주장은 가설로 생각되었는데, 그것이 실제 증거로 받아들일만한 무엇인가에 기초하지 않았기 때문이었다.

움직이는 대륙에 대한 초기의 고뇌로부터 많은 시간이 흐른 후에, 심해 드릴 잠수정으로부터 아프리카와 남아메리카 대륙으로 갈수록 대양의 바닥이 점차 더 오래되었다는 증거를 발견하였다. 이것은 해저바닥이 확장한다는 가설을 세우기에는 충분한 증거가 되었다. 이는 두 대륙이 서로 분리되어 움직였다는 것을 기술한다.

A

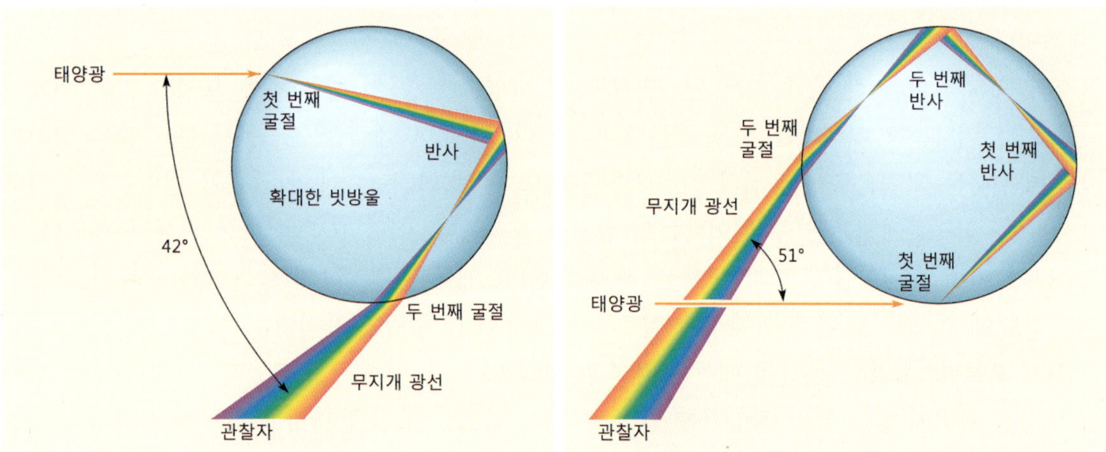

B

그림 1.15 모형은 관찰할 수 없는 무언가를 시각화하는 데 도움을 준다. 예를 들면, 여러분은 쌍무지개를 만드는 것이 무엇인지를 관찰할 수는 없지만, 빗방울의 윗쪽 표면과 아래쪽 표면에 입사한 빛의 모형은 무엇이 일어나는지 시각화하는 것을 도와준다. B의 그림은 어떻게 쌍무지개가 생기는지를 설명하는 모형으로 사용된다(7장의 "무지개" 참조).

가설이 많은 실험적 검증을 이겨내고, 다시 검증될 수 있는 새로운 가설의 생성과 함께 새로운 실험의 설계를 가져온다면, 여러분은 이제 제대로 된 이론(theory)을 가지게 된 것이다. **이론(theory)**은 상당한 양의 실험 증거에 기초한 넓은 범위에서 작동하는 가설로 정의된다. 과학 이론은 왜 어떤 것이 일어나는지 말해준다. 예를 들면, 판이론은 그림 조각처럼 어떻게 대륙들이 분리되어 움직였는지 기술한다. 같은 아이디어가 예전에는 가설이라고 생각했던 것이지 않았는가? 그렇다. 하지만 이번에는 실험 증거에 의해 지지되고 있다.

과학 이론(scientific theory)이라는 말은 매우 오랜 기간 동안 세밀한 시험의 검증을 이겨낸 역사적인 생각의 방식이다. 예를 들면, 원자 이론(atomic theory)은 1800년대 후반에 개발되었지만, 지

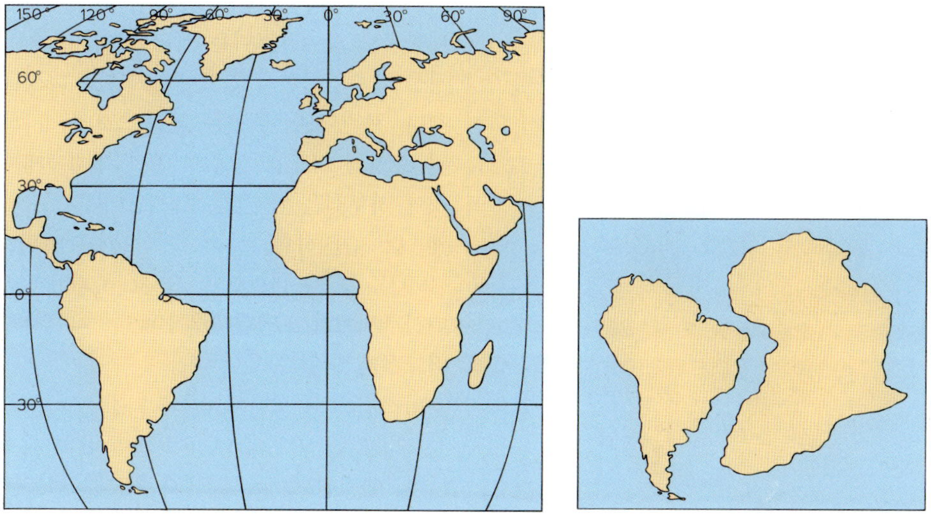

A B

그림 1.16 (A) 세계 지도 위의 대륙들의 정상적인 위치 (B) 남아메리카와 아프리카 대륙의 스케치. 이는 그들이 예전에 같이 붙어있었고, 나중에 대륙이동에 이해 분리되었다는 것을 암시한다.

난 세기에 걸쳐 상당한 조사와 실험의 주제였다. 원자 이론과 다른 과학 이론들은 오늘날 과학적 사고와 실험의 틀을 형성한다. 과학 이론은 자연의 행동에 관한 새로운 아이디어를 향하고, 이 아이디어들은 더 많은 실험, 모아야할 더 많은 자료, 개발할 더 많은 설명을 낳는다. 이 모든 것은 현존하는 이론에 대한 작은 수정, 중대한 수정, 또는 완전히 새로운 이론의 창조를 가져올 수도 있다. 이러한 활동들은 모두 자연에 대한 우리의 호기심을 만족시키기 위한 지속적인 시도의 일부이다.

과학 인물

플로렌스 바스컴(1862-1945)

미국의 지질학자 플로렌스 바스컴은 암석과 광물 연구의 전문가였고, 펜실베이니아 브린 모어 대학의 지질학과를 세웠다. 이 학과는 20세기 초반의 가장 앞선 여성 지질학자들의 훈련을 맡았다.

바스컴은 1862년, 매사추세츠의 윌리엄스타운에서 태어나 여성 참정권 운동가이자 학교 선생님이었던 엠마 커티스 바스컴과 윌리엄스 대학의 철학 교수였던 윌리엄 바스컴의 여섯 아이 중 막내였다. 여성 참정권과 여성의 교육의 지지자였던 그녀의 아버지는 후일 1875년에 여성이 입학이 허용된 위스콘신 대학교의 총장이 되었다. 플로렌스 바스컴은 1877년 그 대학에 입학하였고 다른 여성들과 함께 학교 시설에 제한된 접근이 허용되었으나 남성으로 가득 찬 교실에의 접근은 허용되지 않았다. 이럼에도 불구하고, 그녀는 1882년 문학 학사, 1884년 이학사, 1887년 이학 석사 학위를 땄다. 1889년 존스 홉킨스 대학이 여성에게 대학원 입학을 허용하자, 바스컴은 남자 학생들의 주의를 분산시키지 않기 위해 스크린 뒤에 앉아 수업을 듣는 조건으로 지질학 연구를 위해 등록하였다. 지도교수 조지 헌팅턴 윌리엄스와 아버지의 지지 속에 그녀는 1893년에 여성으로서는 두 번째로 지질학 이학 박사가 되었다(첫 번째는 1888년 미시건 대학의 매리 홈즈였다).

바스컴의 지질학에 대한 흥미는 아버지와 아버지 친구 오하이오 대학의 지질학 교수였던 에드워드 오르트와 함께 자동차 여행을 하다가 불이 붙게 되었다. 새로운 지역이 항상 열려있었던 지질학자에게는 매우 흥분되는 시대였다. 바스컴은 또한 위스콘신과 존스 홉킨스의 선생님들에 의해서도 영감을 받았다. 그들은 변성학과 결정학 분야에서 전문가들이었다. 바스컴의 박사 학위 논문은 이전에

출처: USGS Photo Library.

는 퇴적암이라고 생각되었던 암석들이 실제로는 변성된 용암의 흐름이라는 것을 증명한 암석에 대한 연구였다.

박사 논문을 위한 연구를 하는 동안 바스컴은 유명한 선생님이 되었고 그녀의 열정과 엄밀함을 제자들에게 나누어 주었다. 그녀는 흑인과 아메리칸 인디언을 위한 햄튼 연구소에서 가르쳤고 1892년부터 1895년까지 오하이오 주립대학의 전임 강사와 부교수가 되기 전까지 록포드 대학에서 강사로 가르쳤다. 지질학이 다른 과학에 종속된 브린 모어 대학으로 옮겨, 그녀는 상당한 양의 화석과 암석, 광물을 수집하면서 창고에서 2년간 학생들을 가르쳤다. 브린 모어에 있는 동안, 그녀는 자신의 지식과 훈련을 미래에 성공할 여성 세대에게 전수하는 것에 자부심을 가졌다. 브린 모어에서 그녀는 빠르게 더 승진하여, 수석 전임강사(1898), 부교수(1903), 정교수(1906), 그리고 마지막으로 그녀가 매사추세츠의 노템턴에서 1945년 사망하기까지 석좌교수가 되었다.

바스컴은 1896년에, 미국 지질 조사국의 지질학자로서 일한 최초의 여성이 되었다. 이때 펜실베이니아, 메릴랜드, 뉴저지에서 지도를 만들면서 여름을 보냈고, 겨울에는 슬라이드를 분석하면서 보냈다. 그 결과들은 미국 지질 학회 연례 회보에 발표되었다. 1924년 그녀는 지질학회의 최초의 여성으로 뽑혔고, 이후 1930년 최초의 여성 부회장이 되었다. 그녀는 "아메리칸 지질학자"의 부편집장(1896-1905)이었고, 미국 과학자 첫 번째 판(1906)에서 별 네 개의 자리에 올랐는데, 이는 그녀가 얼마나 자신의 분야에서 높게 평가되는지 보여주는 표지였다.

바스컴은 40여 편의 논문의 저자였다. 그녀는 애팔라치안 피드몬트 대지의 결정 암석에 관한 전문가였고, 피드몬트 지형학에 관하여 연구를 발표하였다. 피드폰트 지역의 지질학자들은 아직도 그녀의 기여를 높게 평가하며, 그녀는 오늘날 지질학 분야에서 성취하고자 하는 여성들에게 강력한 영향을 주는 롤모델이다.

출처: 허친슨 과학 전기사전(Hutchinson Dictionary of Scientific Biography)에서 발췌. 헬리콘 출판사(Helicon Publishing)는 리서치 머신(Research Machines) 회사의 한 부문이다.

요약

자연 과학은 우리의 물리적 환경에 있는 질서를 찾는 것이다. 사람들은 주변의 물질적 개체와 만질 수 없는 사건에 관하여 개념, 또는 마음속에 그리는 이미지를 가지고 있다. 개념은 사고와 의사소통에 이용된다. 개념은 특성, 또는 사물이나 사건을 기술하는 성질에 기초한다. 모든 특성은 특성을 기술하는 견줌 대상을 함의한다. 견줌 대상은 항상 드러나지 않고, 대부분의 의사소통은 가정들을 필요로 한다. 측정은 "정확히 무엇이 얼마만큼"에 대해 소통하기 위한 견줌 대상에 숫자와 표준 단위를 사용함으로써 기술에 정밀함을 가져온다.

측정이란 표준 단위를 기술하는 잘 정의되고 동의된 견줌 대상을 사용한다. 단위는 하나하나 세어서 그 단위의 값을 정하는 작용에 의해 정의되는 어떤 특성이라고 할 수 있다. 측정은 언제나 숫자나 값, 그리고 그 단위의 이름과 함께 보고된다.

두 개의 주요 표준 단위계는 영국식 단위계와 미터법이다. 영국식 단위계는 본래 인간의 몸에 기초한 표준 단위를 사용하고, 미터법은 자연에서 찾은 견줌 대상에 기초한다. 미터법은 단위의 양이 크거나 작은 것을 표현하기 위해 접두어의 체계를 사용한다. 길이, 질량, 시간의 미터법 표준 단위는 각각 미터, 킬로그램, 초이다.

측정 정보는 자료라고 불리는 무엇인가를 기술하는

데 사용된다. 자료로부터 의미와 일반화된 지식을 뽑아내는 하나의 방법은 두 숫자 사이의 간단한 관계인 비율(역주: 비)을 사용하는 것이다. 밀도는 부피에 대한 질량의 비로, $\rho = m/V$이다.

기호는 양, 또는 측정된 특성을 대표하는 데 쓰인다. 기호들은 방정식에 사용되는데, 방정식은 양들이 방정식의 등호 기호 양변이 동일하다는(숫자와 단위 모두) 관계를 기술하는 축약된 진술이다. 방정식은 (1) 특성을 기술하거나 (2) 개념을 정의하거나 (3) 양들이 어떻게 함께 변화하는지를 기술하는 데 쓰인다.

다른 시간에 다른 값을 가지는 양들은 변수라고 부른다. 같은 비율로 함께 증가하거나 감소하는 변수들 변수들은 정비례 관계에 있다고 말한다. 만약, 다른 변수가 어느 변수가 같은 비율로 감소할 때 증가한다면, 그 변수들은 반비례한다고 말한다. 비례 관계는 반드시 방정식일 필요는 없다. 비례 상수는 그런 진술을 방정식으로 만드는데 쓰일 수 있다. 비례 상수는 단위 없이 숫자 값만 가질 수도 있고 값과 단위를 모두 가질 수도 있다.

현대 과학은 갈릴레이와 뉴턴의 시대인 300년 전부터 시작했다. 그때부터 과학적 조사는 자연에 대해 실험적 증거를 제공하는 데 사용되었다. 과학적 조사를 수행하는데 사용되는 방법들은 관찰 결과 수집, 설명의 개발, 실험의 검증으로 일반화될 수 있다.

가설은 실험 자료에 기초하여 받아들여지거나 거부되는 잠정적인 설명이다. 실험 자료는 관찰이나 통제 실험으로부터 나온다. 통제된 실험은 하나만 제외하고 모든 영향을 미치는 인자들이 동일한 두 개의 상황을 비교한다. 검증되는 하나의 영향 변수는 실험적 변수라고 불리고, 비교의 기반을 형성하는 변수들의 무리들은 통제 그룹이라고 부른다.

받아들여진 가설은 특정한 범위의 현상과 관련된 설명인 원리를 만들거나, 중요하고 범위가 넓은 현상과 관련된 설명인 법칙이 될 수도 있다. 법칙은 때때로 과학자의 이름으로 구분되는데, 말이나 방정식, 또는 그래프로 표현될 수 있다.

모형은 직접적으로 관찰할 수 없는 무엇인가를 이해하는 것을 도와 이미 알고 있는 것들의 언어로 모르는 것을 설명한다. 물리적 모형, 정신적 모형, 방정식들은 모두 어떻게 자연이 행동하는가를 설명하는 모형의 예이다. 이론은 어떤 연구 분야에서 실험을 개발하고 해석하는 것에 지침을 주는 범위가 넓고 상세한 설명이다.

방정식 요약

1.1 $$\text{밀도} = \frac{\text{질량}}{\text{부피}}$$

$$\rho = \frac{m}{V}$$

핵심 용어

가설 (23쪽)
견줌 대상 (4쪽)
과학 법칙 (28쪽)
기본 성질 (7쪽)
단위 (4쪽)
리터 (9쪽)
면적 (11쪽)
모형 (29쪽)
미터 (7쪽)
미터법 (6쪽)
반비례 (16쪽)
방정식 (16쪽)
변수 (16쪽)
부피 (11쪽)
비례 상수 (17쪽)
비율 (11쪽)
숫자 (17쪽)
실험 (24쪽)
양 (15쪽)
영국식 측정 단위계 (6쪽)
유사 과학 (26쪽)
이론 (30쪽)
자료 (10쪽)
정비례 (16쪽)
초 (7쪽)
측정 (4쪽)
킬로그램 (7쪽)
통제 실험 (24쪽)
특성 (4쪽)
표준 단위 (5쪽)

개념 적용

1. 어떤 물체의 일반화된 심상은 무엇인가?
   a. 정의
   b. 인상
   c. 개념
   d. 정신적인 그림
2. 다음 중 견줌 대상을 사용하는 가장 좋은 예는?
   a. 빨간색 자전거
   b. 덤프트럭만큼 큰 물체
   c. 행성 화성

d. 교과서

3. 모든 측정 시스템에서 표준으로 사용되는 잘 정의되어 있고, 동의된 견줌 대상은 무엇인가?
   a. 야드막대
   b. 단위
   c. 양
   d. 기본 법칙
4. 인간의 몸의 부분에 대한 것이 아니라 자연에서 견줌 대상에 기반을 둔 측정 시스템은 무엇인가?
   a. 자연 단위계
   b. 영국식 단위계
   c. 미터법
   d. 미국식 단위계
5. 잘 정의되어 있고 사람들이 동의하는 견줌 대상에 어떤 성질을 비교하는 과정은 무엇이라 하는가?
   a. 측정
   b. 빗대어 말하기
   c. 크기
   d. 비교
6. 다음 중 기본적인 양에 해당하지 않는 것은?
   a. 무게
   b. 길이
   c. 시간
   d. 전하
7. 어떤 것이 차지하고 있는 공간은?
   a. 질량
   b. 부피
   c. 밀도
   d. 무게
8. 하나의 수를 다른 수로 나누어서 얻는 두 수의 관계를 무엇이라 하는가?
   a. 비(율)
   b. 나누어진 크기
   c. 숫자 나무
   d. 방정식
9. 어떤 물질의 부피당 질량을 그 물질의 ____이라 한다.
   a. 무게
   b. 무게-부피
   c. 질량-부피
   d. 밀도
10. 문제를 푸는 과정에서 적당한 방정식을 알아낸 후 그 다음 과정은 ____이다.
    a. 기호에 아는 양을 대입하기
    b. 문제가 되는 변수에 대한 방정식을 풀기
    c. 수와 단위를 구분하기
    d. 모든 양을 미터법으로 변환하기
11. 어떤 문제 상황에서 속력은 km/h이고 길이는 m라고 하자. 기호에 양을 대입하기 전에 변환해야 할 것은?
    a. km/h를 km/s로
    b. m를 km로
    c. km/h를 m/s로
    d. 이 상황에서는 어떤 변환도 하면 안 된다.
12. 방정식은
    a. 양변의 숫자와 단위가 비례하지만 같지는 않은 관계를 기술한다.
    b. 양변의 숫자는 같지만 단위는 같지 않은 관계를 기술한다.
    c. 양변의 단위는 같지만 숫자가 같지 않은 관계를 기술한다.
    d. 양변의 숫자와 단위가 같은 관계를 기술한다.
13. 방정식 $\rho = \frac{m}{V}$는
    a. 성질을 기술하는 진술이다.
    b. 어떻게 변수가 변하는지 정의하는 진술이다.
    c. 어떻게 성질이 변화하는지 기술하는 진술이다.
    d. 비례 상수를 파악하는 진술이다.
14. 어떤 것을 기술하는 데 쓰이는 측정 정보를 ____이라 한다.
    a. 견줌 대상
    b. 특성
    c. 자료
    d. 과학적인 조사
15. 전체적으로 모두 동일한 재료의 매우 작은 부분을 고려한다면 작은 샘플의 밀도는
    a. 매우 작다.
    b. 약간 작다.
    c. 같다.
    d. 더 크다.
16. 기호 Δ는
    a. "~에 비례한다"는 뜻이다.
    b. "~에서의 변화"를 의미한다.
    c. "따라서"를 의미한다.
    d. "그러나"를 의미한다.
17. 모형은
    a. 어떤 물체의 물리적 복제 또는 작은 축척으로 만든 계이다.
    b. 문제를 풀기 위해 사용하는 복잡한 무엇인가의 묘사이다.
    c. 방정식을 사용하여 이론을 해석하는 것이다.
    d. 위 모든 것이 모형이다.
18. 어떤 성질을 기술하는 데 있어서 견줌 대상의 사용은 항상

a. 측정을 함의한다.
b. 자연적으로 발생하는 개념을 함의한다.
c. 다른 물체의 비슷한 성질과의 비교를 함의한다.
d. 사람들이 똑같은 개념에 대한 이해를 가지고 있음을 함의한다.

19. 5 km의 거리는 미터로는 얼마와 같은가?
a. 0.005 m
b. 0.5 m
c. 500 m
d. 5,000 m

20. 절반 리터의 물의 부피는 ____와 같다.
a. 5,000 mL
b. 0. 5 cc
c. 500 cm^3
d. 5 dm^3

21. 다음 중 측정이 아닌 것은?
a. 24℃
b. 65 mph
c. 120
d. 0. 50 ppm

22. 정육면체의 부피가 커질수록 면적 대 부피의 비율은 어떻게 되는가?
a. 같다.
b. 증가한다.
c. 감소한다.
d. 답은 변화한다.

23. 하나의 변수의 값이 증가할 때, 두 번째 관련된 변수의 값이 감소한다면, 그 관계를 ____이라 한다.
a. 정비례 관계
b. 반비례 관계
c. 제곱 관계
d. 제곱에 반비례 관계

24. 어떤 방정식에 비례 진술을 바꾸기 위해서는 무엇이 필요한가?
a. 비례 상수를 포함시킨다.
b. 미지의 수로 나누어 같은 기호의 왼쪽으로 기호를 옮긴다.
c. 한쪽에 단위를 더하여 양쪽의 단위를 같게 한다.
d. 한쪽에 수를 더하여 양쪽을 같게 한다.

25. 비례 상수는
a. 항상 단위가 있다.
b. 단위가 없다.
c. 단위가 있을 수도 있고 없을 수도 있다.

26. 과학적 조사는
a. 논리적 사고 과정에만 기반하여 설명하여 이해를 제공한다.
b. 실험적 증거를 통하여 이해를 제공한다.
c. 관찰에 기반한 이성적인 설명을 통하여 이해를 제공한다.
d. 과학 법칙을 성실하게 지킴으로써 이해를 제공한다.

27. 자연이 어떻게 일관되게 행동하는지 기술하는 진술은 종종 과학적 ____이라고 불린다.
a. 이론
b. 법칙
c. 모형
d. 가정

28. 두 가지 상황을 비교하는 통제된 실험은
a. 실험적인 변수를 제외하고 동일한 영향 인자를 갖는다.
b. 조정 변수를 제외하고 동일한 영향인자를 갖는다.
c. 반비례 변수를 제외하고 동일한 영향인자를 갖는다.
d. 정비례 변수를 제외하고 동일한 영향인자를 갖는다.

29. 일반적으로, 과학적 조사는
a. 문제를 말하고, 자료를 모으고, 가설을 세우고, 검증하고, 결론을 맺는 것을 공통으로 갖는다.
b. 관찰을 모으고, 설명을 개발하고, 설명을 검증하는 것을 공통으로 갖는다.
c. 자연을 관찰하고, 관찰한 것에 대한 설명을 논증하는 것을 공통으로 갖는다.
d. 자연을 관찰하고, 자료를 모으고, 과학 모형에 맞게 데이터를 변형하는 것을 공통으로 갖는다.

30. 값이 변할 수 있는 양, 즉 측정된 성질들은 ____이다.
a. 자료
b. 변수
c. 비례 상수
d. 차원이 없는 상수

31. $a \propto 1/b$로 표현되는 비례 관계는 다음 중 어느 것인가?
a. 정비례
b. 반비례
c. 제곱 정비례
d. 제곱 반비례

32. 특정한 현상에 관련된 가설이 오랜 기간 동안 많은 실험을 통하여 받아들여졌다. 이 가설은 보통 ____(이)라고 불린다.
a. 과학 법칙
b. 과학 원리
c. 이론
d. 모형

33. 과학 법칙은 ____(으)로 표현된다.

a. 쓰인 개념
b. 방정식
c. 그래프
d. 위 모든 것

34. ∝ 기호는
a. "거의 무한"의 뜻이다.
b. "~의 변화"의 뜻이다.
c. "~에 비례한다."는 뜻이다.
d. "따라서"라는 뜻이다.

35. 다음 중 물질의 빽빽한 정도를 재는 성질을 대표하는 기호는 무엇인가?
a. m
b. ρ
c. V
d. Δ

36. 어떤 무게를 가진 초가 오븐에서 녹았다. 그 결과 생긴 왁스의 무게는
a. 작다.
b. 같다.
c. 크다.
d. 경우에 따라 다르다.

37. 얼음의 밀도와 물의 밀도를 비교하여라. 얼음의 밀도는
a. 작다.
b. 같다.
c. 크다.
d. 경우에 따라 다르다.

38. 음료수 잔이 차가운 물과 얼음 큐브로 가득 채웠다. 어떤 얼음 큐브는 물 높이보다 높이 있다. 얼음이 녹을 때, 잔의 물은
a. 넘친다.
b. 같은 높이에 있다.
c. 얼음이 녹기 전보다 높이가 낮아진다.

40. 컵 안의 주스의 부피와 주스 따르는 기구가 작동하는 시간의 비례관계는 어떻게 되는가?
a. 정비례
b. 반비례
c. 제곱 비례
d. 제곱 반비례

41. 쿠키 그릇 안의 쿠키 개수와 쿠키를 먹은 시간과의 관계는 어떻게 되는가?
a. 정비례
b. 반비례
c. 제곱 비례
d. 제곱 반비례

42. 영화 영사기는 스크린으로부터 1 m 떨어져 있을 때, 1 m의 상을 만들고, 2 m 떨어져 있을 때, 2 m의 상을 만들고, 3 m 떨어져 있을 때, 3 m의 상을 만든다. 스크린까지의 거리와 상의 면적과의 관계는 어떻게 되는가?
a. 정비례
b. 반비례
c. 제곱 비례
d. 제곱 반비례

43. 영화 영사기는 스크린으로부터 1 m 떨어져 있을 때, 1 m의 상을 만들고, 2 m 떨어져 있을 때, 2 m의 상을 만들고, 3 m 떨어져 있을 때, 3 m의 상을 만든다. 스크린까지의 거리와 빛의 밝기와의 관계는 어떻게 되는가?
a. 정비례
b. 반비례
c. 제곱 비례
d. 제곱 반비례

44. 과학적 방법에 의하면, 어떤 사람의 물리적 환경에 대한 이해에 있어서 가정이나, 단순한 가설을 넘어서 진행하기 위해서는 무엇이 필요한가?
a. 교육적인 추론하기
b. 통제된 실험 수행
c. 답이 있는 알려진 모형을 찾기
d. 인터넷에서 답을 찾기

[답]

1. c 2. b 3. b 4. c 5. a 6. a 7. b 8. a 9. d 10. b
11. c 12. d 13. a 14. c 15. c 16. b 17. d 18. c
19. d 20. c 21. c 22. c 23. b 24. a 25. c 26. b
27. b 28. a 29. b 30. b 31. b 32. a 33. d 34. c
35. b 36. b 37. a 38. a 39. b 40. a 41. b 42. c
43. d 44. b

개념 문제

1. 개념이란 무엇인가?
2. 측정 진술의 두 가지 요소는 무엇인가? 각각의 요소는 무엇을 말해주는가?
3. 영국식 단위계가 익숙하다는 것 외에 영국식 단위계의 장점은 무엇인가?
4. 길이, 질량, 시간의 미터법 표준을 정의하시오.
5. 용기의 모양에 따라 액체의 밀도가 바뀌는지 설명하시오.
6. 납작한 팬케이크 모양의 진흙이 공 모양으로 만든 진흙과 밀도가 같은지 설명하시오.
7. 방정식이란 무엇인가? 어떻게 방정식이 물리 과학에 이용되는가?
8. 과학적 원리와 과학적 법칙을 비교하고, 대조하시오.
9. 모형이란 무엇인가? 어떻게 모형이 쓰이는가?
10. 모든 이론은 항상 완벽하게 받아들여지는가? 혹은

완벽하게 거부되는가? 이를 설명하시오.

분석 문제

1. 유사 과학을 대표하는 진술을 선택하시오. 여러분의 선택을 지지하거나 반박하는 에세이를 작성하고 한 쪽을 지지하는 사실들에 주의하시오.
2. 과학이 환경오염과 같은 인간이 만든 문제를 풀 수 없다는 진술을 검토하시오. 인간에 의해 야기된 오염은 인간에 의해서만 해결될 수 있다고 말하는 것이 무슨 의미인가? 여러분이 택한 의견을 지지하는 증거를 제시하시오.
3. 부피가 더 커질 때, 물질의 밀도는 어떻게 되는지 실험적인 검증을 해보아라.
4. 여러분의 임금이 노동시간의 제곱에 의존할 때, 노동 시간을 두 배로 늘리면, 임금이 어떻게 되는가?
5. 미리엄-웹스터의 11번째 사전은 과학을 "특별히 과학적인 방법을 통하여 얻어지고 검증된 일반적인 진실이나 일반적 법칙의 작용에 관한 지식이나 지식의 체계"라고 부분적으로 정의하였다. 여러분은 과학을 어떻게 정의할 것인가?
6. 상식적인 논증 방법과 과학적인 방법이 서로 다른 방식이 있는가?
7. 미국은 미터법을 사용하지 않는 세계에서 유일한 국가이다. 이것을 이해한다면, 미국에서 미터법을 도입하는 것이 장점과 단점을 열거하시오.

탐구 문제

종이 헬리콥터

종이 헬리콥터 만들어서, 그것을 날리는 데 여러 가지 변수들의 효과를 연구한다. 여러분이 검증하고 싶은 크기를 고려한 수, 공책 종이에 그림 1.17에 나와 있는 패턴을 베끼고 실선은 자르는 선이고 점선은 접는 선임에 주의한다. 실선을 따라 가위로 세 번 자른 뒤, A를 여러분 쪽으로 접고 B를 날개로 만들기 위해 여러분에서 멀리 가도록 접는다. 그러고 나서 C와 D를 안쪽으로 접어서 겹치게 하여 몸체를 만들고 마지막으로 아랫부분을 위로 접어서 클립으로 함께 고정한다. 마지막으로 만든 것은 그림 1.17에서와 같이 헬리콥터와 같이 생겼다. 의자나 계단에 서서 떨어뜨려서 먼저 비행 연습을 한다.

여러분이 원하는 전체 비행시간에 영향을 미치는 변수들을 결정한다. 한 번에 한 가지 변수를 변화시키고 다른 변수들은 어떻게 고정을 할지 생각해본다. A와 B의 날개 부분의 면적을 변화시킨 새로운 헬리콥터를 만들어서 날개 면적을 바꿀 수 있다. 클립을 더 더해서 무게를 변화시킬 수도 있다. 이런 것들과 다른 변수들을 연구하여 가장 오랫동안 공중에 떠 있을 수 있는 헬리콥터를 누가 제작할 수 있는지 알아보자. 누가 어떤 목표에 닿을 수 있는 정확한 헬리콥터를 제작할 수 있는가?

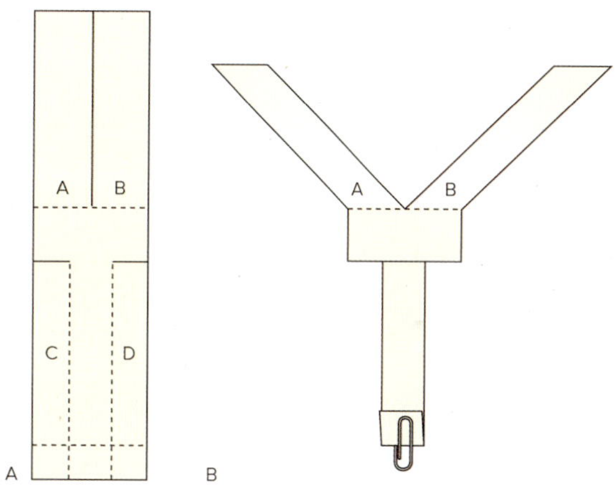

그림 1.17 종이 헬리콥터의 패턴

동형 연습문제

A형과 B형 연습문제는 동일한 개념을 포함한다. A형 연습문제에 대한 해답은 부록 E에 있다.

주의: 다음의 연습문제를 완성하기 위해 표 1.3을 참조한다.

A형

1. 여러분의 키는 몇 m인가? 센티미터로는 얼마인가?
2. 20.0 cm^3의 수은이 272 g의 질량을 가질 때, 밀도는?
3. 납 10.0 cm^3의 질량은 얼마인가?
4. 밀도가 3.00 g/cm^3이고, 질량이 600 g인 암석의 부피는 얼마인가?
5. 50.0 cm^3의 질량이 34.0 g인 표 1.3의 어떤 물질이 있을 때, 그 물질은 무엇인가?
6. 40 L의 아쿠아리움에 있는 물의 질량은?
7. 2.1 kg의 알루미늄 캔 덩어리를 녹였다. 그리고 나서 고체 입방체로 냉각했다. 입방체의 부피는 얼마인가?
8. 정육면체 상자가 1,000 g의 물을 담고 있다. 상자의 한 쪽 면의 길이는 몇 m인가? 여러분의 논증을 설명하여라.
9. 밀도가 0.2 g/cm^2 빵 덩어리를(부피 3,000 cm^3)

1,500 cm^3의 식품백에 구겨 넣었다. 구겨진 빵의 밀도는 얼마인가?

10. 표 1.3에 따르면, 평형 저울의 한쪽에 1.00 cm^3의 납 표본과 평형을 이루게 하는 데 필요한 구리의 부피는 얼마인가?

B형

1. 여러분의 질량은 몇 kg인가? 그램으로는 얼마인가?
2. 5.0 cm^3의 철이 39.5 g의 질량을 가질 때, 밀도는?
3. 구리 입방체 10.0 cm^3의 질량은 얼마인가?
4. 얼음의 밀도가 0.92 g/cm^3일 때, 질량이 5,000 g인 얼음의 부피는 얼마인가?
5. 표 1.3의 어떤 물질이 부피 50.0 cm^3의 질량이 51.5 g일 때, 그 물질은 무엇인가?
6. 94.6 L의 가솔린(밀도 $\rho = 0.680\ g/cm^3$)의 질량은?
7. 2.00 kg의 철 덩어리를 녹였다. 그러고 나서 고체 입방체로 냉각했다. 입방체의 부피는 얼마인가?
8. 정육면체 탱크가 1,000 g의 물을 담고 있다. 탱크의 한 쪽 면의 길이는 몇 m인가? 여러분의 논증을 설명하시오.
9. 밀도가 0.15 g/cm^3 핫도그 빵을(부피 240 cm^3) 195 cm^3의 소풍 냉장백에 구겨 넣었다. 빵의 새로운 밀도는 얼마인가?
10. 표 1.3에 따르면, 평형 저울의 한쪽에 1.00 cm^3의 납 표본과 평형을 이루게 하는 데 필요한 철의 부피는 얼마인가?

2 운동

뜨거운 공기 풍선의 질량과 가해지고 있는 힘에 대한 정보는 풍선이 올라갈지, 내려갈지, 어떤 면에서 떠다닐지 예측하게 해 준다. 이 장은 힘, 질량, 운동의 변화 사이의 관계에 대한 장이다.
출처: ©Patrick Foto/Shutterstock

핵심 개념 운동 상태를 변화시키려면 알짜 힘이 필요하다.

차례

힘
관성은 알짜 힘이 0일 때, 운동을 바꾸지 않으려는 상태로 남아 있으려는 경향이다.

뉴턴의 운동 제1법칙
모든 물체는 균형이 깨진 힘이 가해지지 않는 한 정지해 있거나 직선 운동하고 있는 상태를 유지한다.

뉴턴의 운동 제3법칙
힘은 자기 혼자 존재하지 않는다. 항상 크기가 같고 방향은 정반대인 힘이 동시에 일어난다.

낙하하는 물체
중력은 떨어지는 물체를 균일하게 가속한다.

뉴턴의 운동 제2법칙
물체의 가속도는 알짜 힘과 질량에 의존한다.

뉴턴의 중력 법칙
우주의 모든 물체는 우주의 다른 모든 물체에 끌린다.

개요

1장에서 여러분은 물리적 환경에 있는 질서를 찾기 위한 몇몇 "도구와 규칙", 몇몇 기교들을 배웠다. 질서는 종종 패턴의 형태나, 방정식으로 표현되는 양들 사이의 관계의 형태로 발견된다. 방정식이 (1) 패턴을 기술하거나 (2) 개념을 정의하거나 (3) 어떻게 양들이 다른 양과 상대적으로 변화하는 것을 기술하는 데 사용된다는 것을 기억하라. 이 세 가지 모든 사용에 있어, 패턴은 수량화되고 개념화되며, 자연에서 무엇이 일어나는지에 대해 일반적인 이해를 얻는 데 사용된다.

물리 과학을 학습할 때 어떤 자연의 부분은 종종 편의상 함께 고려되고 연구되어진다. 보다 분명한 집단화는 "운동"을 포함한다. 여러분 주위의 대부분의 물체는 운동 없이 멈춰 있는 데 상당한 시간을 소비한다. 빌딩, 바위, 전봇대, 나무들은 거의 한 곳에서 다른 장소로 움직이지 않는다. 심지어 때때로 움직이는 것들도 상당한 시간동안 가만히 앉아 있다. 이것은 여러분, 자전거, 서핑 보드 등을 포함한다(그림 2.1). 한편, 태양, 달, 별로 가득한 하늘은 결코 가만히 있지 않고, 항상 움직이는 것처럼 보인다. 왜 사물들은 멈춰있는가? 왜 사물들은 운동하는가?

운동에 대한 질문은 수천 년간 사람들의 관심사였다. 그러나 고대 사람들은 신화의 이야기나 사물에 살고 있는 영혼(spirit)으로 운동에 대한 질문에 답을 했다. 사람들이 마술과 영혼을 넘어서 보기 시작한 것은 기원전 600년에서 300년 사이의 고대 그리스 문명 동안이었다. 특히 아리스토텔레스라는 그리스 철학자는 운동과 같은 것에 대한 설명뿐 아니라 미적 감각, 질서, 완전함을 제공하는 우주에 대한 이론을 저술하였다. 그 이론은 그 당시 사람들이 가졌던 생각과 잘 맞는 것처럼 보였고, 저술 후 2천 년 가까이 맞는 것으로 여겨졌다. 1600년대의 갈릴레이와 뉴턴의 연구에 이르러서야 운동에 대해 새롭고, 올바른 이해가 등장하였다. 운동에 대한 생각의 개발은 놀랍고 빠져드는 이야기이다. 여러분의 이 장에서 운동의 몇 가지 특성을 어떻게 기술하고 사용하는지 배우게 될 것이다. 이것은 운동에 대해 몇몇 기본적인 이해를 제공할 것이고, 살아있는 것들의 운동뿐 아니라 천문학과 지구 과학의 몇 가지 중요한 면을 이해하는 데 매우 도움이 될 것이다.

그림 2.1 윈드서핑하는 사람의 운동과 다른 움직이는 사물의 운동은 어떤 시간 간격동안 주파한 거리로 기술할 수 있다.

2.1 운동의 기술

운동은 여러분의 환경에서 아주 보편적인 사건들 중 하나이다. 구름의 이동, 비나 눈이 떨어지는 것, 물의 수증기가 움직이는 것, 끝없이 반복되는 모든 것들과 같은 자연의 사건들에서 운동을 본다. 운동은 또한 걷고, 뛰고, 여러 기계를 여기저기로 운전하는 사람들의 활동에서도 볼 수 있다. 운동은 너무나 흔해서 여러분은 모든 사람들이 직관적으로 운동의 개념을 이해하고 있다고 생각할지도 모르지만, 역사는 사람들이 운동을 정확하게 이해하게 된 것은 단지 300년 정도의 과거의 기간이었다는 것을 말해준다. 어쩌면, 올바른 개념은 미묘하고 상식과 반하는데, 복잡한 상황에서 간단하고, 명확한 개념들을 필요로 한다. 측정 가능한 자료를 얻어서 수많은 감각에 남는 인상들에서 그러한 질서를 찾고 무엇이 일어나고 있는지 기술하는 개념을 발명하는 과정이 **과학(science)**이라고 불리는 활동이다.

운동이란 무엇인가? 어느 날 아침 여러분이 눈치 챈 잔디밭 가운데 있는 공을 생각해보자. 오후에 그 공이 잔디밭 끝, 벽에 기대어 있다는 것을 알게 되었고 바람이나, 어떤 사람이 그 공을 움직였는가 궁금해진다. 바람이 지속적인 비율로 그것에 불었는지, 아니면 갑자기 분 여러 바람들이 그것을 움직였는지, 또는 어떤 아이들이 마당의 건너편으로 차버렸는지 알 수 없다. 확실히 알고 있는 것은 그 공이 움직였고, 그것은 시간이 어느 정도 흐른 후에 다른 위치에 있기 때문이다. 이런 것들은 다음과 같은 운동의 두 가지 측면이다. (1) 위치의 변화 (2) 시간의 경과

만약, 바람이 불어 그 공이 잔디밭을 지나 굴러가는 것을 우연히 보았다면, 여러분은 두 위치 말고도 여러 위치에 있는 공을 보게 될 것이다. 공이 연속적으로 움직이는 것을 본 것이다. 그러나 연속적인 운동 상태에 있는 공은 매우 작은 시간 간격으로 각각의 위치에 있는 것의 연속으로 생각할 수도 있다. 이런 점에서, 운동은 오직 두 가지 양으로 특정되는데, 그것은 위치의 전체적인 변화와 운동에 드는 시간의 양이다.

물체의 운동을 기술하는 가장 쉬운 방법은 그것을 움직이지 않는 — 정지한 상태에 있는 — 물체와 비교하는 것이다. 다른 사람과 함께 자동차로 여행을 하고 있다고 상상해보라. 여러분의 위치가 순간순간 고속도로 위에서 변화하기 때문에 차 바깥의 땅을 지나 이동하고 있다는 것을 안다. 그러나 당신의 동료를 관찰하면, 위치의 변화가 전혀 없다. 여러분은 차 밖의 고속도로에 대해 이동하고 있다. 여러분의 동료에 대해서는 움직이고 있지 않다. 여러분의 운동과 다른 물체나 사물의 운동은 어떤 기준 물체나 위치에 대해 상대적인(relative) 위치의 변화 과정이다. 따라서 운동은 어떤 시간 간격동안 어떤 기준에 대해 상대적으로 위치를 바꾸는 행위나 과정으로 정의될 수 있다.

2.2 운동의 측정

물체들이 질량과 길이와 같은 기본적인 양들을 측정함으로써 기술될 수 있다는 것을 배웠다. 운동이 (1) 위치(position)의 변화 (2) 시간(time)의 경과와 관련되므로, 물체의 운동은 길이와 시간의 기본적인 특성의 조합을 사용함으로써 기술될 수 있다. 이 측정의 조합은 세 가지 운동의 특성을 기술한다. 이것은 속력(speed), 속도(velocity), 가속도(acceleration)이다.

속력

여러분이 똑바로 나있는 길을 따라 움직이는 차에 타고 있다고 하자. 여러분은 당신의 운동을 어떻게 기술할 수 있는가? 적어도 두 가지 측정을 할 필요가 있다. (1) 이동한 거리 (2) 이 거리를 가는 동안 흐른 시간. 그러한 거리와 시간은 운동을 기술하는 비율로 표현될 수 있다. 이 비율은 **속력(speed)**이라고 불리는 운동의 특성이다. 이것은 얼마나 빠르게 운동하는가에 대한 척도이다. 속력(speed)은 단위 시간당 거리, 또는

$$\text{속력} = \frac{\text{거리}}{\text{시간}}$$

속력을 기술하는 단위는 보통 마일/시(mi/h), 킬로미터/시(km/h), 미터/초(m/s) 들이다.

똑바른 고속도로를 달리고 있는 차로 다시 돌아가, 같은 시간 동안 같은 거리만큼 주파하고 있다고 상상해보자. 고속도로 거리 표지판(주요 고속도로를 따라 있는 숫자가 표시된 작은 표지판) 사이의 거리를 주파하는 데 걸리는 시간을 측정하기 위해 스톱워치를 사용한다면, 시간 간격은 모두 동일할 것이다. 예를 들어, 각각의 거리 표지판 사이에 1분이 지나간 것을 발견하게 될지도 모른다. 같은 시간 동안 같은 거리를 주파하는 일정한 직선 운동은 가장 단순한 운동의 한 종류이다.

만약, 여러분의 차가 가속하거나 감속하지 않는다면, 그것은 일정한 속도(constant speed)를 갖는다(그림 2.2). 이것은 그 차가 같은 시간 동안 같은 거리를 이동한다는 것을 의미한다.

차를 모는 동안 일정한 속력을 유지하는 것은 보통 매우 어렵다. 다른 차들과 흥미로운 풍경과 같은 주의를 산만하게 하는 것들이 속력을 줄이게 만든다. 다른 경우에는 속력을 증가시킨다. 만약, 전체 여행에 걸쳐 속력을 계산한다면, 두 장소 사이의 먼 거리와 전체 지나간 시간을 고려할 것이다. 속력이 증가한 것과 감소한 것은 평균이 된다. 따라서 대부분의 속력 계산은 평균 속력(average speed)에 대한 것이다. 어떤 순간의 속력은 순간 속력(instantaneous speed)이라고 한다. 순간 속력을 계산하기 위해서는, 매우 짧은 시간 — 0으로 접근하는 — 을 고려할 필요가 있다. 보다 편한 방법은 속력계를 사용하는 것이다. 이는 어느 순간에나 속력을 보여준다.

일정한 속력, 순간 속력, 평균 속력은 여러 거리와 시간 단위로 측정될 수 있다. 영국식 단위계에서 흔한 단위는 마일/시, 피트/초이다. 속력에 대한 미터법 단위는 보통 킬로미터/h, m/s이다. 시간에 대한 어떤 길이 비율은, 마일/시와 같이 보통 시간당 거리로 읽혀진다. "/, per"는 "~당"을 의미한다.

전체 용어를 쓰는 대신에 기호를 사용하면, 양들 사이의 관계를 공부하는 것이 더 쉽다. v라는

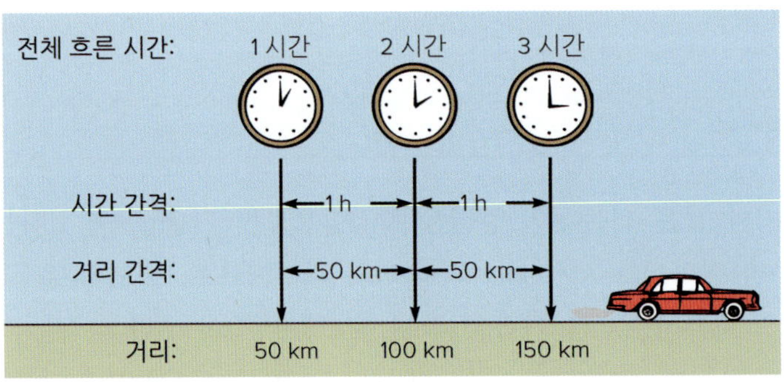

그림 2.2 만약 거리, 시간, 속력 중 두 가지의 값을 안다고 하면, 나머지 하나를 알 수 있다. 이 차의 평균 속력은 얼마인가? 답을 찾는 두 가지 방법이 그림 2.3에 나와 있다.

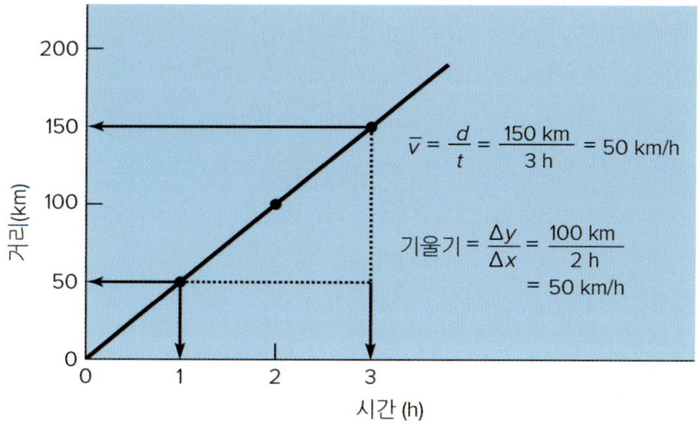

그림 2.3 속력은 단위 시간당 이동거리이며, 방정식이나, 거리-시간 그래프의 기울기를 구함으로써 계산할 수 있다. 이것은 그림 2.2에 나온 자동차의 속력을 구하는 두 가지 방법을 보여준다.

글자는 속력을 대표하는 데 쓰이고, d는 거리, t는 시간을 대표하는 데 쓰인다. v위에 있는 작대기는 평균을 뜻하는 기호(브이 바, 또는 평균 브이라고 읽는다.)이다. 평균 속력, 거리, 시간 사이의 관계는 따라서

$$\bar{v} = \frac{d}{t} \qquad \text{식 2.1}$$

이다.

이것은 17쪽에서 논의한 세 종류의 방정식 중 한 가지이고, 이 경우, 방정식은 운동의 특성을 정의한다. 이 관계식을 이용하여 평균 속력을 구할 수 있다. 예를 들어, 어떤 차가 3시간 동안 150 km를 이동했다고 하자. 평균 속력은 얼마인가? $d = 150$ km이고, $t = 3$ h이므로,

$$\bar{v} = \frac{150\text{ km}}{3\text{ h}}$$
$$= 50\frac{\text{km}}{\text{h}}$$

이다.

다른 방정식과 마찬가지로 두 변수가 알려져 있는 한 어떤 항이라도 수학적으로 풀 수 있다(그림 2.3). 예를 들면, 속력과 시간을 알고 있다고 하고, 이동한 거리를 알고 싶다고 하자. 먼저 관계식

$$\bar{v} = \frac{d}{t}$$

를 적고, 양변에 t를 곱하면(d를 얻기 위해서)

$$(\bar{v})(t) = \frac{(d)(\not{t})}{\not{t}}$$

오른변의 t는 약분되고 남는 것은

$$\bar{v}t = d \quad \text{또는} \quad d = \bar{v}t$$

이다. 만약, $\bar{v}$가 50 km/h이고 이동한 시간이 2 h라면

$$\begin{aligned} d &= \left(50\frac{\text{km}}{\text{h}}\right)(2\ \text{h}) \\ &= (50)(2)\left(\frac{\text{km}}{\text{h}}\right)(\text{h}) \\ &= 100\frac{(\text{km})(\cancel{\text{h}})}{\cancel{\text{h}}} \\ &= 100\ \text{km} \end{aligned}$$

이다.

어떻게 숫자 값과 단위가 수학적으로 다루어졌는지에 주목한다. 더 많은 정보는 1장의 "어떻게 문제를 푸는가"를 참고한다.

예제 2.1

72.0 km/h의 속력으로 달리는 자동차의 운전자가 지도를 바닥에 떨어뜨린다. 지도를 다시 잡아 들어올리는 데 3.00초가 걸렸다. 그동안 운전자는 얼마만큼의 거리를 이동하였는가?

풀이

차는 72.0 km의 속력이고, 시간 인수는 3.00초이므로, km/h는 m/s로 변환되어야 한다. 이 책의 앞표지 안쪽에서 변환 상수는 1 km/h = 0.2778 m/s이다. 따라서

$$\begin{aligned} \bar{v} &= \frac{0.2778\dfrac{\text{m}}{\text{s}}}{\dfrac{\text{km}}{\text{h}}} \times 72.0\frac{\text{km}}{\text{h}} \\ &= (0.2778)(72.0)\frac{\text{m}}{\text{s}} \times \frac{\text{h}}{\text{km}} \times \frac{\text{km}}{\text{h}} \\ &= 20.0\frac{\text{m}}{\text{s}} \end{aligned}$$

$\bar{v}, t, d$ 세 변수의 관계는 식 2.1($\bar{v} = d/t$)에서 찾을 수 있다.

$\bar{v} = 20.0\dfrac{\text{m}}{\text{s}}$

$t = 3.00\ \text{s}$

$d = ?$

$$\begin{aligned} \bar{v} &= \frac{d}{t} \\ \bar{v}t &= \frac{d\cancel{t}}{\cancel{t}} \\ d &= \bar{v}t \\ &= \left(20.0\frac{\text{m}}{\text{s}}\right)(3.00\ \text{s}) \\ &= (20.0)(3.00)\frac{\text{m}}{\text{s}} \times \frac{\text{s}}{1} \\ &= \boxed{60.0\ \text{m}} \end{aligned}$$

예제 2.2

자전거가 평균 속력 8.00 km/s이다. 10.0초 동안 얼마나 이동하는가?(답: 22.2 m)

개념 활용

걷는 모양과 속력

캠퍼스를 걸어다니는 학생들의 걷는 모양을 구분하여 얼마나 다른 형태가 있는지 관측하시오. 각각의 모양을 서술하는 말이나 구문으로 구분하시오.

어떤 특정한 걷는 모양과 걷는 속력 사이에 어떤 관계가 있는가? 두 나무 사이의 거리와 같은 거리를 재고, 그 학생이 그 거리를 가는 데 걸리는 시간을 측정하여 걷는 속력을 찾을 수 있다.

여러분이 찾아낸 걷는 모양과 각각의 모양을 가진 사람들의 평균 속력 사이의 관계를 작성하시오. 측정, 자료 수집, 결론 도출에서 알아낸 어떤 문제라도 포함시킨다.

개념 활용

시냇물은 얼마나 빠른가?

시냇물은 물이 움직이는 것이다. 어떻게 시냇물의 속력을 측정할 수 있겠는가? 떠다니는 나뭇잎이 측정된 거리를 움직이는 데 얼마나 시간이 걸리는지가 도움이 되겠는가?

무엇인가 있다면, 시냇물의 속력과 최근의 강수량에 대해서 어떤 관련성이 있는지 예측할 수 있겠는가? 정비례 관계를 예측할 수 있는가? 시냇물의 속력을 측정하고 최근의 강수량과 그 결과를 비교하시오.

속도

일상 대화에서 속도(velocity)라는 말은 속력이라는 말과 때때로 바뀌어서 쓰인다. 그러나 중요한 차이가 있다. **속도(velocity)**는 움직이는 물체의 속력과 방향(speed and direction)을 기술한다. 예를 들면, 속력은 60 km/h로 기술될 수 있지만, 그것은 특정 운동 방향을 포함하지 않는다. 속도는 서쪽으로 60 km/h라고 기술될 수 있다.

속도를 변화시키기 위해서는 속력이나 방향이 바뀔 수 있다(또는 둘 다). 지구 주위를 원 궤도로 일정한 속력으로 움직이는 위성은 방향이 계속 바뀌고 있기 때문에 일정한 속도를 가질 수 없다. 속도는 그림으로 나타내면 화살표로 나타낼 수 있다. 화살표의 길이는 크기에 비례하고 화살표의 머리는 방향을 지시한다(그림 2.4).

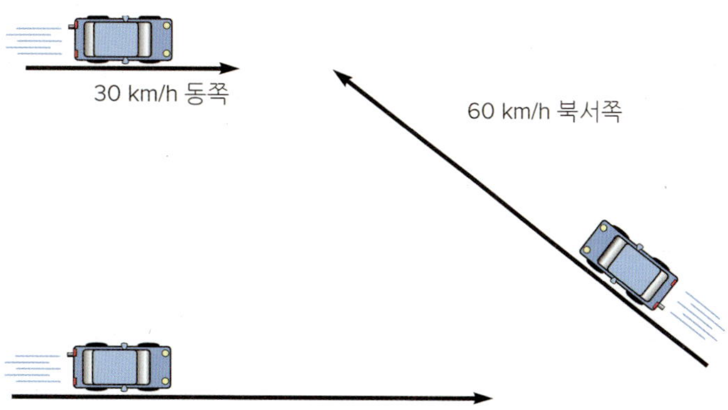

그림 2.4 세 가지 화살표로 세 가지 다른 속도를 표현하였다. 각각의 화살표의 길이는 속력이 비례하고 화살촉은 이동 방향을 나타낸다.

가속도

운동은 (a) 속력의 변화 (b) 이동 방향의 변화 (c) 속력과 방향을 동시에 변화시키는 복합적인 경우 등 세 가지 방법으로 변화될 수 있다.

과학 스케치

그림 2.4에 나타난 차들에 덧붙여 세 개의 차들을 그리고 표시하시오. (i) 음의 속도 (ii) 북쪽 방향 속도 (iii) 50%의 속도

속도가 속력과 이동 방향을 기술하기 때문에 이 세 가지 중 어떤 것이라도 속도의 변화를 가져온다. 적어도 운동의 변화를 기술하기 위해 한 가지 더 측정할 것이 필요하다. 즉, 얼마나 그 변화가 일어나는 동안 시간이 흘렀는가이다. 속도의 변화와 시간을 합하여 운동이 변화하는 빠르기를 정의할 수 있다. 이 빠르기가 가속도이다. 가속도는 단위 시간당 속도의 변화로 정의되고,

$$\text{가속도} = \frac{\text{속도의 변화}}{\text{걸린 시간}}$$

속도의 변화의 다른 말은 나중 속도에서 처음 속도를 빼는 것이다. 따라서 그 관계는

$$\text{가속도} = \frac{\text{나중 속도} - \text{처음 속도}}{\text{걸린 시간}}$$

속력의 변화에 의한 가속도는 다음과 같이 계산될 수 있다. 일정한 속도로 직선을 따라 60 km/h의 속도로 움직이는 차에서 운전자가 80 km/h로 가속한 경우를 생각해 보자. 60 km/h의 속도에서 80 km/h의 속도까지 증가시키는 데 시간이 4 s 걸렸다고 하자. 속도의 변화는 따라서 80 km/h − 60 km/h이다. 가속도는

$$\text{가속도} = \frac{80\frac{\text{km}}{\text{h}} - 60\frac{\text{km}}{\text{h}}}{4\ \text{s}}$$

$$= \frac{20\frac{\text{km}}{\text{h}}}{4\ \text{s}}$$

$$= 5\frac{\text{km/h}}{\text{s}} \quad \text{또는}$$

$$= 5\ \text{km/h/s}$$

이다.

자동차의 평균 가속도는 초당 5 km/h였다. 이것은 매초에 평균 5 km/h씩 속력이 증가했다는 것을 말하는 또 다른 방법이다. 가속이 시작했을 때 차의 속도는 60 km/h였다(처음 속도). 1초 후 65 km/h, 2초 후 70 km/h, 3초 후 75 km/h, 4초 후 80 km/h(나중 속도)이다. 시간에 따라 얼마나 빨리 속도가 변화하는지 주목하라. 요약하면 다음과 같다.

그림 2.5 (A) 이 그래프는 직선에서 일정한 70 km/h로 달리는 동안 단위 시간당 얼마나 속도가 변하는지 보여준다. 위에서 보듯이, 속력은 일정하고 직선 운동에 대해서 가속도는 0이다. (B) 이 그래프는 5 s 동안 60 km/h에서 80 km/h까지 속력이 증가하는 것을 보여준다. 가속도, 또는 단위 시간당 속도의 변화는 방정식이나, 직선 그래프의 기울기를 계산하는 것으로부터 계산될 수 있다. 둘 다 얼마나 시간에 따라 운동이 빠르게 변화하는지 말해 준다.

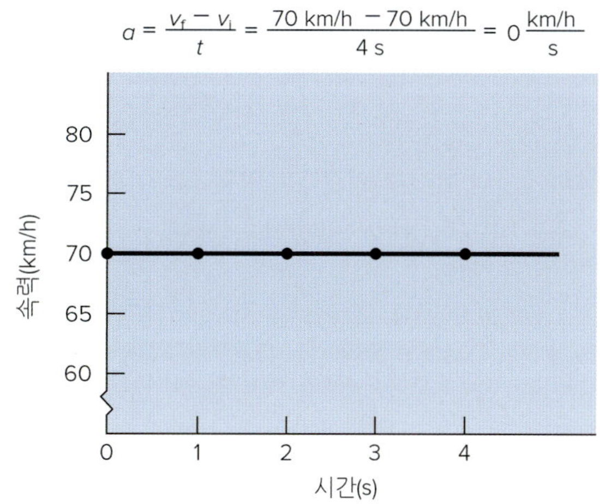

A

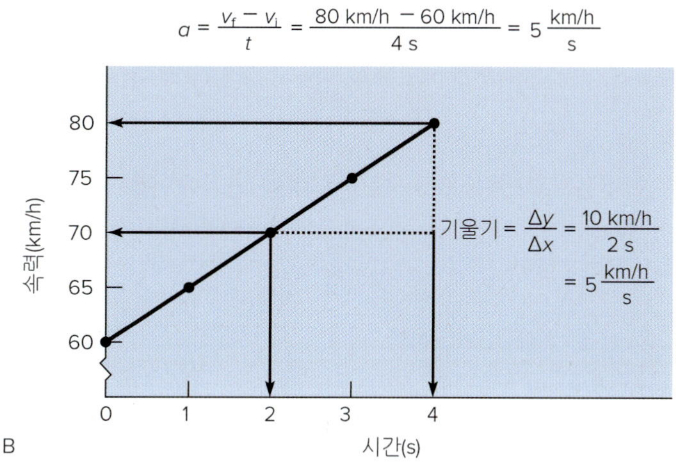

B

시작(처음 속도)	60 km/h
1초 후	65 km/h
2초 후	70 km/h
3초 후	75 km/h
4초 후(나중 속도)	80 km/h

위에서 보듯이, 가속도는 얼마나 빨리 속력이 변화하는지 기술하는 것이다(그림 2.5). 이 경우 매초 5 km/h씩 증가한다.

보통 모든 단위가 똑같기를 바라기 때문에 km/h를 m/s로 바꾸고 싶어한다. 5 km/h의 속도 변화는 1.4 m/s이고, 가속도는 1.4 m/s/s가 될 것이다. 초당 m/s라는 단위는 속도 변화(1.4 m/s)가 매초마다 일어나고 있다는 것을 의미한다. m/s/s의 조합은 매우 번잡스러워서 통상 수학적으로 다루어져서 그 표현을 단순화한다(비율을 간단하게 하기 위하여 분모를 바꾸어 곱하면 $\text{m/s} \times 1/\text{s} = \text{m/s}^2$이다). 1.4 m/s^2이라는 표현이 초당 1.4 m/s, 즉 주어진 시간 간격당 속도의 변화를 의미한다는 것을 기억하라.

가속도와 관련된 양들 사이의 관계는 평균 가속도에는 a라는 기호를, 나중 속도에는 v_f, 처음 속도에는 v_i, 시간은 t라는 기호로 나타내며, 그 관계는

$$a = \frac{v_f - v_i}{t} \qquad \text{식 2.2}$$

이다.

다른 방정식에서와 마찬가지로 이 양들 중 어떤 것도 다른 것들이 알려져 있다면 구할 수 있다. 예를 들면, 나중 속도에 대한 방정식을 풀면,

$$v_f = at + v_i$$

가 된다. Δ라는 기호가 어떤 값의 변화를 의미한다는 것을 기억하라. 따라서 속력에 대한 식 2.1은

$$\bar{v} = \frac{\Delta d}{t}$$

로 쓸 수 있고, 가속도에 대한 식 2.2는

$$a = \frac{\Delta v}{t}$$

로 쓸 수 있다.

이것은 두 식이 모두 시간에 대한 변화율임을 보여준다. 속력은 거리(distance)의 시간 변화율이고, 가속도는 속도(velocity)의 시간 변화율이다. 어떤 양의 시간 변화율은 매우 중요한 개념이고, 3장에서 다시 만나게 될 것이다.

예제 2.3

자전거가 정지 상태에서 5초가 지난 후 5 m/s로 움직인다. 가속도는 얼마인가?

풀이

$v_i = 0\ \text{m/s}$

$v_f = 5\ \text{m/s}$

$t = 5\ \text{s}$

$a = ?$

$$a = \frac{v_f - v_i}{t} = \frac{5\ \text{m/s} - 0\ \text{m/s}}{5\ \text{s}} = \frac{5}{5}\,\frac{\text{m/s}}{\text{s}} = 1\left(\frac{\text{m}}{\text{s}}\right)\left(\frac{1}{\text{s}}\right) = \boxed{1\,\frac{\text{m}}{\text{s}^2}}$$

예제 2.4

자동차가 정지상태로부터 6초 동안 5 m/s^{2}의 균일한 가속도로 가속한다. 나중 속도는 m/s로 얼마인가?(답: 30 m/s)

과학과 사회

교통과 환경

환경과학은 지구환경에 대한 학제간 연구다. 이 연구의 관심사는 인간에 의한 환경 파괴와 그 손상에 대한 구제책에 관한 전반적인 문제이다. 환경에 대한 연구 주제로, 교통수단의 이용과 관련된 현재 인간 활동에 의한 손상을 고려해 보라. 연구자들은 추정하건대, 전체적인 교통 활동은 매일 대기에 추가되는 미국 전체의 탄소 배출의 약 1/3의 원인이라고 한다. 탄소 배출은 일산화탄소의 형태로 직접적인 해가 되기 때문에 문제이다. 또한 그것은 간접적으로 해로운데, 이는 이산화탄소가 지구 온난화와 기후 변화라는 결과에 기여하기 때문이다.

여기에 사람들이 교통으로 인한 환경 손상의 양을 줄이기 위해 할 수 있는 일들의 목록이 있다.

A. 가능한 경우 자전거, 카풀, 걷기, 대중교통 이용하기

B. 상점, 마트, 직장에 한 번에 가도록 하여, 가능한 한 차를 주차시켜 놓기

C. 가능한 경우 하이브리드나 연료전지 차를 구매하기

D. 자동차의 사용이 덜 필요하고, 덜 바람직한 계획적인 공동체로 이주하기

논의할 문제

사고와 느낌 사이의 관련성에 대한 다음 질문들을 여러분의 집단과 토론하시오.

1. 목록에 있는 각각의 항목과 관련하여 긍정적이거나 부정적인 느낌이 있다면 무엇인가?
2. 전지구적 문제를 보다 잘 이해한다면, 그 느낌이 다를까?
3. 여러분의 느낌이 어떤 결론에 이르렀다는 것을 의미하는가?
4. 이 목록에 더해서 어떤 새로운 항목이 추가될 수 있겠는가?

지금까지, 여러분은 속도를 증가시키는 직선상의, 균일한 가속도에 대해 배워왔다. 가속도와 관련된 물체의 운동에서 다른 변화들도 존재한다. 가장 분명한 것 중의 하나는 속도를 감소시키는 변화이다. 예를 들면, 여러분의 차의 브레이크는 차를 느리게 하거나, 완전히 멈추게 할 수 있다. 이것은 음의 가속도(negative acceleration)이고, 때때로 감속도(deceleration)라고 불린다. 물체의 운동에 있어서 또 다른 변화는 방향의 변화이다. 속도는 운동의 빠르기와 방향을 포함하므로, 방향의 변화도 가속도이다. 지구 주위의 원 궤도를 일정한 속력으로 움직이는 위성은 계속 운동 방향을 바꾸고 있다. 따라서 운동에 있어서 이런 지속되는 변화 때문에 계속 가속 운동을 하고 있음을 알 수 있다. 자동차는 운동의 상태를 바꿀 수 있는 세 가지 장비를 가지고 있다. 가스 페달(속도의 크기를 증가시키는), 브레이크(속도의 크기를 감소시키는), 운전대(속도의 방향을 바꿀 수 있는)(그림 2.6 참조)이다. 기억해야 할 중요한 것은 물체의 운동에 있어서 어떤 변화라도 가속 운동을 일으킬 수 있다는 점이다.

나중 속도(v_f)와 처음 속도(v_i)는 평균 속도($\bar{v}$)와는 다른 변수들이다. 나중 속도와 처음 속도를 이용하여 평균 속도를 구할 수는 없다. 그러나 가속도가 처음 속도와 나중 속도 사이에서 일정하다면 평균 속도($\bar{v}$)를 구할 수 있다. 일정한 직선 가속을 하는 동안의 자동차가 그런 균일한 변화의 예가 될 것이다. 일정 가속도 동안 평균 속도를 구하고 싶다면, 처음 속도와 나중 속도를 더해서 2로 나누면 된다. 이 평균은 속도를 증가시키거나, 또는 감소시키는 일정한 가속도의 경우 할 수 있다. 기호로 나타내면

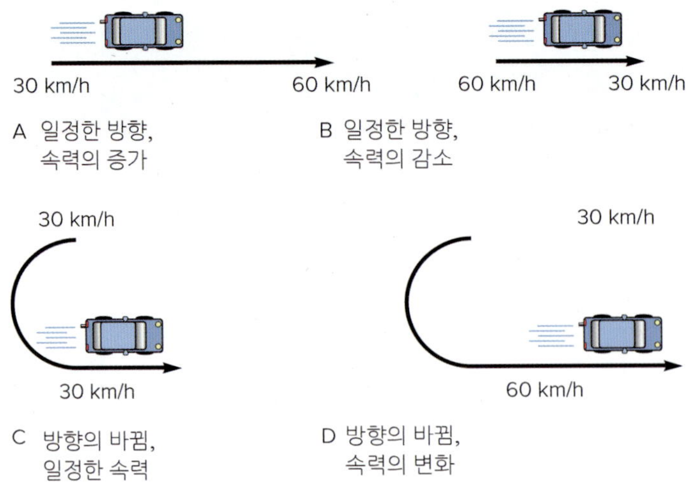

그림 2.6 차를 가속하는 4가지 방법(A–D)

$$\bar{v} = \frac{v_f + v_i}{2} \qquad \text{식 2.3}$$

이다.

예제 2.5

25.0 m/s로 움직이는 자동차가 운전자가 브레이크를 밟았을 때, 10.0초가 지난 후 정지한다. 정지할 때까지 차는 얼마의 거리를 이동하였는가?

풀이

차는 처음 속도 25.0 m/s(v_i)를 가지고 있었고, 나중 속도는 0 m/s라는 것이 함축되어 있다. 시간 10.0 s(t)가 주어져 있다. 문제는 거리(d)를 물어보았다. $\bar{v}, t, d$ 사이의 관계는 식 2.1($\bar{v} = d/t$)에 주어져 있고, 이는 d에 대해서 풀 수 있다. 평균 속도($\bar{v}$)가 주어져 있지 않더라도, 식 2.3으로부터 구할 수 있다.

$\bar{v} = \dfrac{v_f + v_i}{2}$

$v_i = 25.0 \text{ m/s}$

$v_t = 0 \text{ m/s}$

$t = 10.0 \text{ s}$

$\bar{v} = ?$

$d = ?$

$\bar{v} = \dfrac{d}{t} \qquad \therefore\ d = \bar{v} \cdot t$

$\bar{v} = \dfrac{v_f + v_i}{2}$ 이므로

$\bar{v}$를 $\left(\dfrac{v_f + v_i}{2}\right)$로 대치하면

$$d = \left(\frac{v_f + v_i}{2}\right)(t)$$

$$= \left(\frac{0\dfrac{\text{m}}{\text{s}} + 25.0\dfrac{\text{m}}{\text{s}}}{2}\right)(10.0 \text{ s})$$

$$= 12.5 \times 10.0 \frac{\text{m}}{\text{s}} \times \text{s}$$

$$= 125 \frac{\text{m} \cdot \cancel{\text{s}}}{\cancel{\text{s}}}$$

$$= \boxed{125 \text{ m}}$$

예제 2.6

예제 2.5에서 자동차의 가속도는 얼마인가?(답: $-2.50\ \text{m/s}^2$)

개념 활용

가속하는 패턴

여러분 자동차의 냉각기가 새서 냉각수 방울이 계속 매초 떨어진다고 가정한다. 정지 신호등에서 차가 가속할 때 떨어진 냉각수는 도로에 어떤 무늬를 만들겠는가? 일정한 속도로 주행할 때는 어떤 무늬를 만들겠는가? 차가 멈추게 될 때에는 어떤 무늬를 관측하겠는가? 종이 위에 점을 찍기 위해 표시할 펜을 사용하여 (1) 가속할 때 (2) 일정한 속력일 때 (3) 음의 값으로 가속할 때를 설명하시오. 각각의 상황에서 가속도를 말로 기술하시오.

힘

그리스 철학자 아리스토텔레스는 기원전 4세기에 운동의 원인에 대해 처음으로 아이디어를 생각해 냈다. 그러나 그는 떨어지는 물체는 일정한 속력으로 떨어지고, 그 속력은 물체의 무게에 의해 결정된다고 하여 완전히 잘못된 주장을 하였다. 또한 지표면에서 움직이는 물체가 계속 운동하려면 지속적으로 물체에 힘이 작용할 필요가 있다고 잘못 생각하였다. 이러한 생각들은 관찰과 생각에 기반을 두었지만, 측정에 기반을 두지 않았으며, 아무도 그것들이 옳은지 검증하지 않았다. 사람들이 운동을 올바르게 이해하기 시작한 것은 그로부터 약 2천 년의 세월이 필요했다.

아리스토텔레스는 힘과 운동 사이의 연관성에 대해서는 인지하였으며, 이것은 매우 받아들일 만했다. 힘은 어떤 운동 변화와 밀접한 관계를 갖기 때문에 부분적으로 그것은 옳다. 이 절은 힘의 개념을 소개하고, 이것은 힘과 운동의 관련성을 고려할 때보다 더 자세히 알아볼 것이다.

힘(force)은 물체에 작용하는 밀어냄이나 당김이다. 예를 들어, 두 예인선이 밀어서 배를 움직이는 것을 생각해 보라(그림 2.7). 예인선들은 배에 작용하는 힘의 세기를 변화시킬 수 있지만, 또한 서로 다른 방향으로 밀 수 있기도 하다. 물체에 작용하는 두 힘에 방향이 미치는 영향은 무엇인가? 만약, 예인선들이 나란히 같은 방향으로 민다면, 전체 힘은 두 힘의 합이 될 것이다. 만약, 그들이 정반대 방향으로, 즉 각각 배의 양 끝에서 배를 밀어서 힘을 작용한다면, 전체 힘은 두 힘의 크기 사이의 차이가 될 것이다. 만약 두 힘의 크기가 같다면, 전체 효과는 서로 상쇄되어 어떤 움직임도 만들지 않을 것이다. **알짜 힘**(net force)은 어떤 물체에 작용하는 모든 힘의 합이다. 알짜 힘은 힘들이 모두 더해진 다음의 "최종"을 의미한다(그림 2.8).

두 개의 평행한 힘이 같은 방향으로 작용하면, 단순히 더하면 된다. 이 경우 두 힘의 합과 같은 알짜 힘이 있다. 두 개의 평행한 힘이 반대 방향으로 작용하면, 알짜 힘은 더 센 힘의 방향으로 힘의 세기의 차이에 해당한다. 두 개의 힘이 같은 방향도 정확히 반대 방향도 아니라면, 결과는 새로운 방향과 크기를 갖는 새롭고 위와는 다른 알짜 힘이 될 것이다.

힘은 힘 화살표로 나타낼 수 있는 세기와 방향을 가진다. 화살표의 꼬리가 힘을 느끼는 물체에 놓여지고, 화살촉은 힘이 가해지고 있는 방향을 가리킨다. 화살표의 길이는 힘의 크기에 비례한다. 힘 화살표의 사용은 모든 힘과 그것들이 알짜 힘에 얼마나 기여하는지를 보여주고 이해하게 해 준다.

다른 힘으로 설명할 수 없는 네 가지 **기본적인 힘**(fundamental forces)에는 중력, 전자기력, 약

그림 2.7 이 배의 움직이는 빠르기와 운동 방향은 각 예인선으로부터 작용되는 힘의 방향과 크기의 조합에 의해 결정된다. 두 예인선이 어느 방향으로 밀고 있는가? 한 예인선이 보다 큰 힘으로 미는 것을 보여주는 증거는 무엇인가? 만약 숫자 옆에 있는 예인선이 더 큰 힘으로 밀고, 뒷쪽의 예인선이 배의 뒷쪽이 움직이지 못하게 하고 있다면, 어떤 일이 벌어질까? 출처: ©McGraw-Hill Education/Bill Tillery, photographer

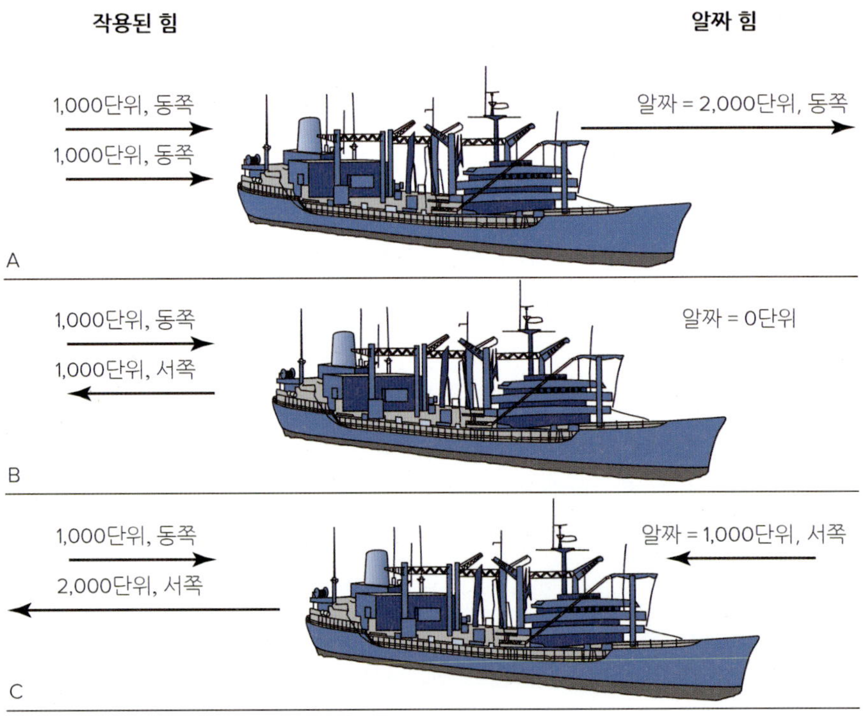

그림 2.8 (A) 두 평행한 힘이 같은 방향으로 배에 작용하고 있을 때, 알짜 힘은 두 힘이 더해진 것이다. (B) 두 힘이 반대 방향이고 크기가 같으면, 알짜 힘은 0이다. (C) 두 힘이 반대 방향이고, 크기가 다르면, 알짜 힘은 더 큰 힘 방향으로의 두 힘의 차이 만큼이다.

력, 강력이 있다. 중력은 우주의 모든 물체 사이에 작용한다. — 여러분과 지구 사이에, 지구와 태양 사이, 태양계내의 행성 사이에, 그리고, 사실 은하라고 불리는 거대한 모임에 있는 별들을 붙잡아 두고 있다. 매우 큰 은하에서 원자 내로 축척을 바꾸면, 원자의 전하를 띤 부분, 전자나 양성자 — 끼리 작용하는 전자기력을 발견하게 된다. 전자기력은 원자의 구조, 화학적 변화, 전기와 자기 현상의 원인이다. 약력과 강력은 원자의 핵 안에서 작용하므로, 중력이나 전자기력과 같이 쉽게 관찰하기 어렸다. 약력은 특정 핵반응에 관련되어 있다. 강력은 핵자를 가까운 거리로 붙잡는 것에 관련되어 있다. 일반적으로, 입자 사이의 강력은 전자기력의 약 10^2배, 중력의 약 10^{39}배 세다.

기본적인 힘들은 우주에서 일어나고 있는 모든 것의 원인이며, 전기, 빛, 핵에너지, 화학, 지질학, 천문학에 관한 장에서 더 많이 배울 것이다.

2.3 지면 위에서의 수평운동

일상생활의 경험은 지구상의 모든 물체의 자연적인 상태는 움직이지 않고 정지한 상태라는 아리스토텔레스의 잘못된 생각이 맞아야 하는 것처럼 보인다. 결국, 밀거나 당기지 않는 모든 움직이는 물체는 짧은 시간이 지나면 정제하게 된다. 힘이 계속 밀 때만, 물체가 움직임을 계속 유지하는 것처럼 보인다. 만약 자동차의 시동은 끈다면, 움직이는 자동차는 멈추게 될 것이다. 마찬가지로, 바닥에서 굴리는 공은 정지할 때까지 감속할 것이다. 물체의 자연적 상태는 정지해 있는 것이고, 물체가 계속 운동하게 하려면 힘이 필요한 것인가? 이것이 갈릴레오가 1638년에 그가 운동에 대해 발견한 것을 기술하는《두 개의 새로운 과학(Two New Sciences)》이라는 책을 출판하기까지 사람들이 믿고 있었던 것이다. 갈릴레오는 그가 운동의 정의와 개념을 개발하면서 간단한 실험, 측정, 계산, 사고 실험의 세부사항을 기술하였다. 그의 사고 실험 중 하나에서는 물체가 운동 상태를 유지하기 위해서 힘이 필요하다는 아리스토텔레스의 관점에 반하는 주장을 제시하였다. 갈릴레오는 마찰력이 없는 수평면에서 움직이는(공 같은) 물체를 상상했다. 그는 운동을 변화시키는 균형이 깨진 힘이 존재하지 않는 한 물체가 일정한 속도로 영원히 움직일 것이라고 결론지었다.

왜 굴러가는 공은 감속되어 멈추는가? 여러분은 공이 카펫이 깔려있는 바닥을 지날 때보다 볼링레인 같은 매끄럽고 왁스칠한 바닥을 지날 때 더 멀리 굴러간다는 것을 알고 있다. 거친 카펫은 구르는 공에 더 많은 저항을 가한다. 바닥의 운동을 방해하는 마찰력의 저항은 그림 2.9에서 F_{floor}라는 힘 화살표로 나타나 있다. 이 힘은 공기 저항의 힘 화살표, F_{air}와 함께 공이 움직이는 방향과 반대이다. 그림 2.9의 A부분에 있는 점선 화살표에 주의하라. 공에 작용하는 힘은 없다. 따라서 공이 완전히 정지할 때까지 굴러가는 속력은 줄어든다. 이제 여러분이 공을 일정한 빠르기로 구르게 하기 위해서 손으로 밀면서 어떤 힘을 주어야 하는지 생각해보라. 그림 2.9의 B부분의 힘들을 조사하는 것이 그 힘의 크기를 결정하는 것을 도와줄 것이다. 여러분이 작용하는 힘, $F_{applied}$는 저항력들에 반대로 작용해야 한다. 그것은 화살표 방향에 의해 표시된 것처럼 공을 감속하는 힘들에 반대이다. 얼마나 큰 힘을 작용해야 하는지 결정하기 위해서, 화살표 방정식을 들여다보라. $F_{applied}$힘은 두 저항력의 합과 같은 길이를 가져야 하지만, 저항력에 대해서 반대 방향이어야 한다. 따라서, 전체 힘, F_{net}은 0이다. 여러분이 공의 운동에 반대되는 힘의 균형을 잘 맞추면 공은 일정한 빠르기로 계속 굴러간다. 만약, 반대하는 힘이 없다면, 공을 계속 굴리기 위해서 힘을 가할 필요가 없을 것이

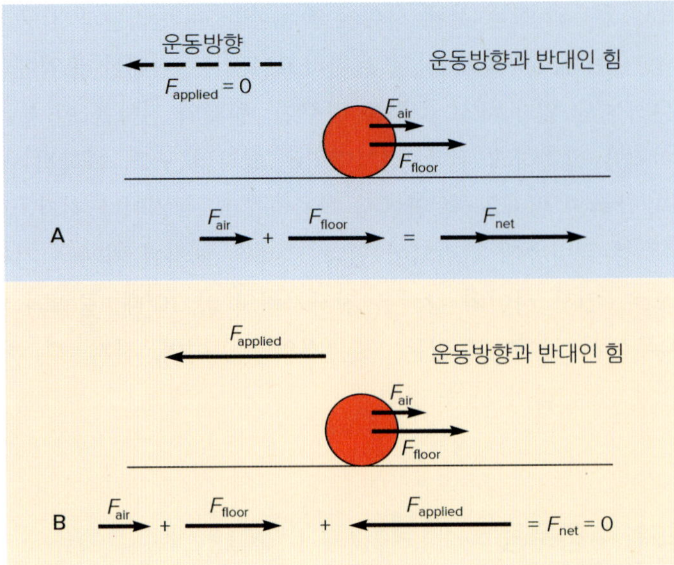

그림 2.9 다음은 수평 방향의 힘이 초점이다. (A) 공이 운동 방향으로 어떤 힘도 없이 여러분의 왼쪽으로 굴러가고 있다. 바닥의 마찰력(F_{floor})과 공기 저항력의 합은 운동 방향과 반대인 알짜 힘을 야기한다. 따라서 공은 느려져서 멈추게 된다. (B) 어쩌면 공과 함께 움직이는 손에 의해 힘이 움직이는 공에 가해진다. 가한 힘 ($F_{applied}$)이 운동을 방해하는 힘들의 합과 같다면, 공은 일정한 속도로 계속 움직인다.

다. 이것이 갈릴레오가 어떤 물체를 계속 움직이게 하기 위해서 힘이 필요하다는 아리스토텔레스의 관점을 믿지 않는다고 선언할 때 취한 논증 방식이다. 갈릴레오는 만약 어떤 균형이 깨는 힘도 작용하지 않는다면, 즉, 알짜 힘이 0이라면, 움직이는 물체는 일정한 속도로 계속 움직인다고 결론지었다.

힘을 가하는 운동에 대한 아리스토텔레스와 갈릴레오의 관점의 차이가 해석의 정도 차이라고 주장할 수도 있다. 지구상의 움직이는 물체들은 당겨지거나 밀어지지 않는 한 결국 정지하게 된다. 그러나 갈릴레오의 결론은 왜 물체가 당겨지거나 밀어져야 하는지 기술하고, 물체의 운동의 진정한 본성을 드러내준다. 아리스토텔레스는 물체의 자연적인 상태는 정지 상태에 있는 것이라고 했고, 물체가 왜 움직이는지 설명하고자 했다. 반면, 갈릴레오는 물체가 운동하고 있는 것은 마찬가지로 자연스러우며, 왜 물체가 정지하는지 설명하고자 했다. 갈릴레오는 물질이 그것의 운동 상태를 지속하고자 하는 행동을 **관성(inertia)**이라고 불렀다. 관성은 어떤 물체가 균형을 깨는 힘(마찰력, 중력, 또는 다른 어떤 힘이라도)이 없을 때 서있건 운동하건 간에 변화하지 않는 운동 상태로 남아 있으려는 경향이다. 이 개념이 발전하면서 사람들이 물체의 자연적인 상태를 보는 관점을 바꾸었고 운동에 대한 더 깊은 이해로의 길을 열었다. 오늘날, 빈 공간을 통과하여 움직이는 우주선이 균형을 깨는 힘이 없을 때, 계속 운동하는 것을 이해하고 있다(그림 2.10A). 우주선을 느리게 하거나, 우주선의 속력을 증가시키거나(그림 2.10B), 또는 진행 방향을 바꾸기 위해(그림 2.10C) 어떤 균형을 깨는 힘이 필요하다(그림 2.10D).

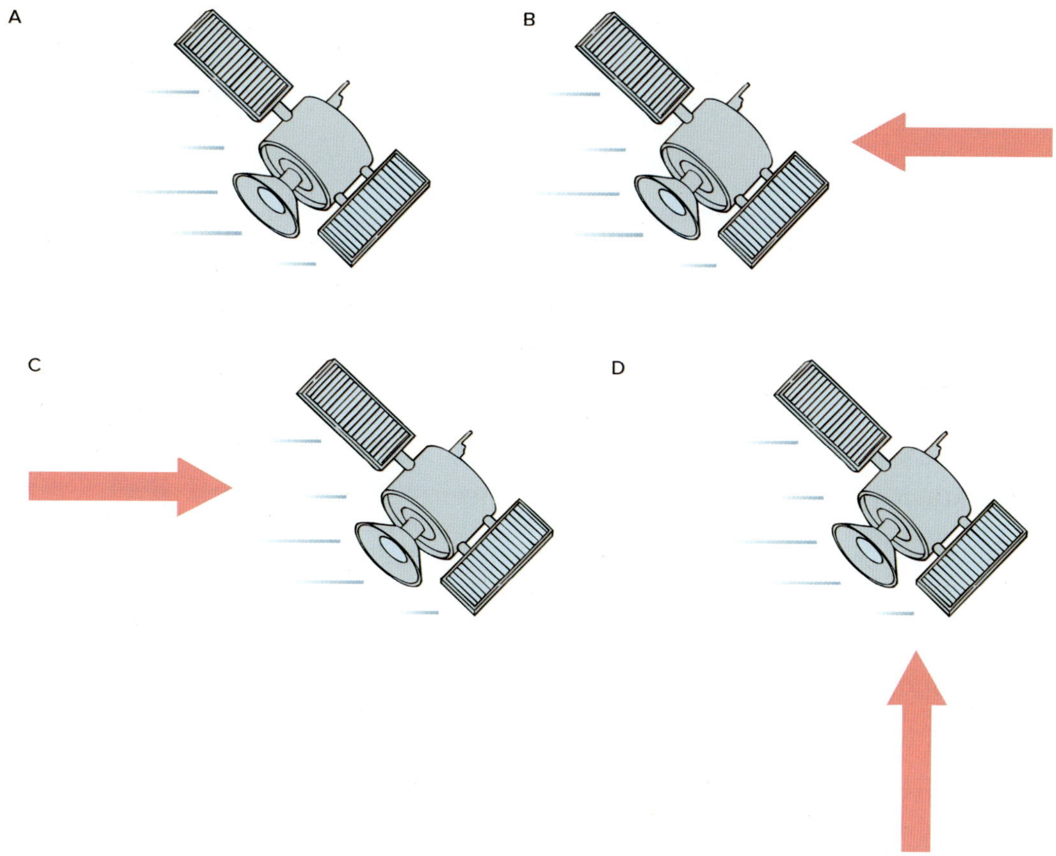

그림 2.10 4개의 그림을 검토하고, 이들이 어떻게 관성을 보여주는지 설명해본다.

미신, 착각, 오해

빗속에서 걷거나 뛰기

좀 더 마른 상태가 되려면 빗속에서 뛰는 것은 착각인가? 어떤 이는 빗속에서 있는 시간을 줄이기 위해 뛰어야 하고, 그러면 좀 더 마른 상태로 있게 될 것이라는 생각을 한다. 반면, 비가 머리와 어깨 위에 떨어질 경우에만 이것이 옳다고 생각할 수 있다. 만약 뛴다면, 얼굴, 가슴, 다리 앞쪽까지 더 넓은 면적에 더 많은 빗방울을 맞닥뜨리게 될 것이다.

두 명의 노스캐롤라이나 연구자들은 면으로 된 추리닝을 입고 실험을 하였다. 한 사람은 미리 측정한 거리를 걷고, 한 사람은 뛰어보았다. 그러고 나서 옷의 무게를 재었고, 걸었던 사람의 추리닝이 무게가 더 많이 나갔다. 이것은 좀 더 마른 상태로 있으려면, 뛰어야 한다는 것을 의미한다.

2.4 낙하하는 물체

돌이 떨어지는 동안 이 돌에 무슨 일이 생기는지 궁금해본 적이 있는가? 아리스토텔레스는 돌이 그것의 무게에 비례하는 만큼의 일정한 속력으로 떨어진다고 생각했다. 따라서 무거운 돌은 가벼운 돌보다 더 빠른 일정한 속력으로 떨어질 것이다. 유명한 일화에서와 같이 갈릴레오는 단단한 철 공과 나무 공을 동시에 피사의 사탑의 꼭대기에서 떨어뜨림으로써 아리스토텔레스의 생각이 옳지 않음을 보였다(그림 2.11). 일화에 따르면, 두 공 모두 거의 같은 시간에 땅에 부딪혔다. 이것이 가능하려면, 공들은 같은 속도로 떨어졌어야만 한다. 다시 말하면, 떨어지는 물체의 속도는 그것의 무게와는 관계가 없다(자유 낙하하는 물체들의 차이점이 있다면 공기 저항으로 설명할 수 있다).

여러분은 공기 중에서 동전과 깃털을 함께 떨어뜨렸을 때, 동전이 깃털보다 빨리 떨어진다는 것을 알고 있다. 방 안의 공기는 저항하는 마찰력 — 작은 동전보다 큰 깃털을 느리게 하는 공기 저항력을 제공한다. 공기 저항 없이 지표면으로 떨어지는 물체를 고려하면, **자유 낙하 상태(free fall)**에 있다고 말한다. 자유 낙하는 오직 중력만 생각하고 공기 저항은 무시하는 것이다.

그림 2.11 일화에 따르면, 갈릴레오는 피사의 사탑에서 무게가 다른 두 물체를 떨어뜨렸다. 그것들은 지면에 거의 같은 시간에 도달하는 것으로 보고되었고, 이는 떨어지는 동안의 속력이 무게에 비례한다는 아리스토텔레스의 관점을 부인하였다.

갈릴레오는 가벼운 물체와 무거운 물체가 자유 낙하에서 함께 떨어진다고 결론지었다. 그러나 그는 물체가 떨어질 때 무슨 일이 벌어지는지에 대한 세부적인 것을 알고 싶어 했다. 그는 자유 낙하에서 물체의 속도는 물체의 무게에 비례하지 않는다는 것을 알았다. 그는 자유 낙하하는 물체의 속도는 물체가 떨어짐에 따라 증가한다는 것을 관찰하였고, 이로부터 떨어지는 물체의 속도는 (1) 어쨌든 낙하시간(time)에 비례하고, (2) 물체가 떨어진 거리(distance)에 비례한다고 논증하였다. 만약에 시간과 거리가 주어진 시간과 거리에서 떨어지는 물체의 속도에 관련되어 있다면, 그들은 어떻게 서로 연관되어 있는가? 이 질문에 대해 답을 하기 위해서, 갈릴레오는 거리, 속도, 시간과 관련된 계산을 만들었고, 사실 가속도의 개념을 도입하였다. 이러한 변수 사이의 관계는 여러분이 이미 배운 같은 세 개의 방정식에서 발견할 수 있다. 어떻게 방정식들이 자유 낙하하는 물체에 대해서 가속도, 거리, 시간을 연결하도록 재배치되는지 보자.

1단계 식 2.1은 평균속도($\bar{v}$)와 거리(d), 시간(t) 사이의 관계를 보여준다. 거리에 대해서 이 방정식을 풀면

$$d = \bar{v}t$$

개념 활용

떨어지는 물체

갈릴레오는 위로 작용하는 공기 저항력을 무시할 때, 모든 물체는 같은 가속도로 함께 떨어진다고 결론지었다. 방에서 모든 공기를 제거하는 것은 대개 어렵지만, 어떻게 공기가 떨어지는 물체에 영향을 미치는지에 대한 몇 가지 증거를 제공하는 실험을 행할 수 있다.

1. 종이 한 장과 교과서를 가져와 나란히 같은 높이에서 떨어뜨리고 결과를 기록하시오.
2. 교과서 위에 종이 한 장을 놓고 같은 시간에 떨어뜨리시오. 이들은 함께 떨어지는가?
3. 종이를 뭉쳐서 느슨한 공을 만들어, 공과 교과서를 나란히 같은 높이에서 떨어뜨리시오.
4. 종이를 뭉쳐서 매우 꽉 뭉쳐진 공을 만들어 다시 공과 교과서를 나란히 같은 높이에서 떨어뜨리시오.

물체가 어떻게 떨어지는지에 대해 찾아낸 증거를 설명하시오.

이다.

2단계 자유 낙하하는 물체는 등가속도 운동을 해야 한다. 따라서 평균 속도는 식 2.3으로부터 계산된다.

$$\bar{v} = \frac{v_f + v_i}{2}$$

이 식을 재배열된 식 2.1에 대입하면, 거리 관계는

$$d = \left(\frac{v_f + v_i}{2}\right)(t)$$

가 된다.

3단계 낙하하는 물체의 처음 속도는 떨어뜨리는 순간 항상 0이다. 따라서 v_i는 생략할 수 있다.

$$d = \left(\frac{v_f}{2}\right)(t)$$

4단계 이제 여러분은 속도 대신 가속도를 식에 넣어야 한다. 마지막 속도(v_f)에 대한 식 2.2를 풀고 대입한다. 처음 속도(v_i)는 0이기 때문에 다시 제거된다.

$$a = \frac{v_f - v_i}{t}$$

$$v_f = at$$

$$d = \left(\frac{at}{2}\right)(t)$$

5단계 이를 단순화하면, 식은 다음과 같다.

$$d = \frac{1}{2}at^2 \qquad \textbf{식 2.4}$$

따라서 갈릴레오는 자유낙하하는 물체는 떨어진 시간의 제곱에 비례하는 거리를 간다고 논증하였다($d \propto t^2$). 다시 말하면, 물체는 2초 동안에는 1초 동안 간 거리의 4배를 떨어져야 하고($2^2 = 4$), 3초 동안에는 9배($3^2 = 9$)로 떨어져야 한다. 이 예측을 그림 2.12와 비교하여라.

갈릴레오는 속에 매끄러운 홈이 있는 기울어진 판 위에서 공을 굴려서 이 계산을 검증하였다. 그는 거리와 시간의 관계를 측정하기 위하여 내려가는 운동을 천천히 하게 하려고 기울어진 판을 사용하였다.

이는 오늘날 존재하는 정확한 시간 측정 장비가 없었기 때문에 필요한 요구였다. 그는, 예측한 바대로, 떨어지는 공은 낙하 시간의 제곱에 비례하여 거리를 이동한다는 것을 발견하였다. 이것은 또한 떨어지는 물체의 속력이 그림 2.13에 나타나 있듯이 일정한 빠르기로 증가한다는 것을 의미한다. 어떤 시간 간격 동안 속도의 변화가 가속도임을 기억하라. 다른 표현으로는, 떨어지는 물체는 지표면을 향해서 가속한다.

떨어지는 물체의 속도가 더 빠르게, 더 빠르게, 더 빠르게 떨어지면서 일정한 비율로 증가하기 때문에 이는 떨어지는 물체가 중력에 의해서 일정하게 가속한다는 것을 의미해야만 한다. 자유 낙하하는 모든 물체는 일정한 가속도를 겪는다. 떨어지는 매 초마다, 지표면으로 떨어지는 물체는 속

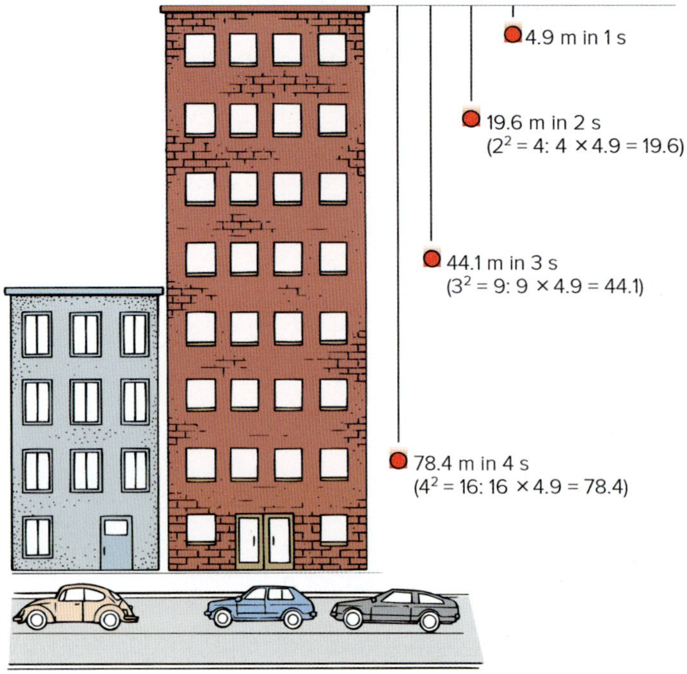

그림 2.12 높은 빌딩에서 떨어진 물체는 떨어지는 시간이 지날수록 더 먼 거리를 간다. 이동한 거리는 떨어진 시간의 제곱에 비례한다($d \propto t^2$).

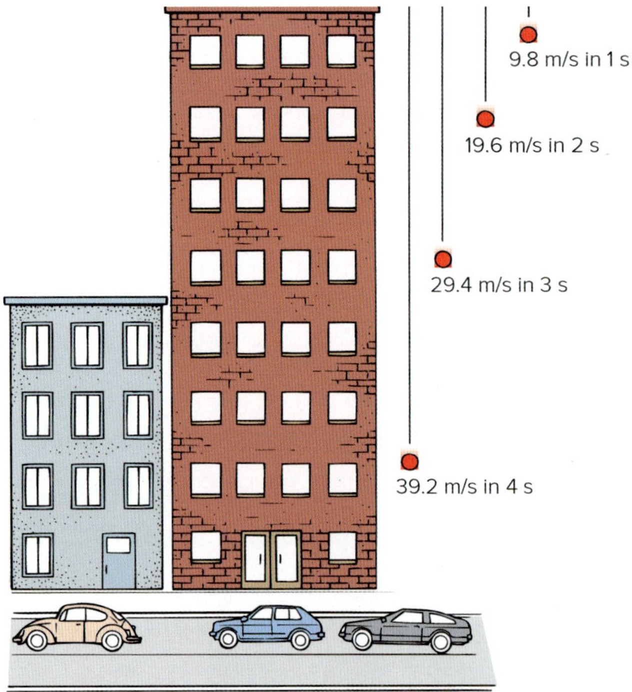

그림 2.13 떨어지는 물체의 속도는 일정한 비율 9.8 m/s^{2}으로 증가한다.

도로 9.8 m/s(32 ft/s)씩 얻는다. 이 증가가 떨어지는 물체의 가속도, 9.8 m/s^2(32 ft/s^2)이다.

중력에 의한 가속도는 여러 경우에 중요하다. 따라서 이 힘에 의한 가속도는 특정한 기호 ***g***가 사용된다.

자세히 알아보기

자전거 선수의 선두

갈릴레오는 운동을 방해하는 마찰력의 역할을 처음으로 인지한 사람 중의 하나이다. 그림 2.9에서 보이듯이, 표면과 공기 저항은 표면에서 움직이는 어떤 것이라도 그에 반해서 작용하는 알짜 힘을 만든다. 이 소절은 공기 저항과 자전거 선수가 저항력을 줄이기 위해 사용하는 몇몇 기술 — 어쩌면 아주 치열한 경주에서 선두로 나가게 하는 — 에 관한 것이다.

상자 그림 2.1의 자전거 선수들은 페이스라인(faceline)이라고 불리는 한 줄을 이룬다. 왜냐하면, 앞선 선수 뒤의 공기 흐름이 바짝 붙는 선수에 대해서 공기 저항을 줄여주기 때문이다. 자전거 선수들은 다른 선수들 뒤의 공기 흐름에서 주행하는 것이 에너지를 많이 아껴준다고 말한다. 그들은 같은 에너지를 사용하면서 혼자 탈 때보다, 8 km/h만큼 빨리 움직일 수 있다.

어떤 의미로는, 선수 뒤의 공기흐름은 가는 길에서 공기를 많이 밀 필요가 없다는 뜻이기도 하다. 32 km/h로 주행할 때, 자전거 선수는 분당 1.5톤의 공기보다 약간 적은 양을 밀어내야 한다고 측정되었다. 공기를 밀어내는 것과 함께 공기 저항에는 두 가지 관련된 인자가 있다. (1) 와류와 공기의 부드러운 흐름 (2) 마찰의 문제. 공기의 와류는 공기 저항에 기여하게 되는데, 그것은 공기가 뒷쪽에서 갈라져서 움직이는 물체의 앞부분에 압력을 증가시키기 때문이다. 이것이 경주용 자동차나, 비행기, 보트, 그리고 다른 경주용 탈 것들이 눈물 모양으로 유선형인 이유이다. 이 모양은 공기 흐름을 매끄럽게 하기 때문에 뒷부분에 낮은 압력을 생산하는 와류를 만들어낼 것 같지 않다.

상자 그림 2.1 경주의 목적은 맨 앞에 서서 처음으로 결승선을 넘는 것이다. 이것이 사실이라면, 경주자들은 왜 한 줄을 형성하는가? 출처: ©Fredrick Kippe/Alamy Stock Photo

공기의 마찰 저항은 여러분이 거친 탁자 위로 책을 밀 때 생기는 마찰 저항과 비슷하다. 거친 탁자 표면을 매끄럽게 하는 것이 책에 가해지는 마찰 저항을 줄인다는 것을 알고 있다. 마찬가지로, 움직이는 공기에 노출된 표면을 매끄럽게 하는 것은 공기 마찰을 줄일 것이다. 자전거 선수들은 매끄러운 라이크라(Lycra) 옷을 입고, 움직이는 공기에 노출되는 팔과 다리 표면의 털을 제거함으로써 공기 마찰을 줄인다. 각각의 털은 전체적인 마찰 저항에 기여하므로, 팔과 다리의 털을 제거하는 것은 몇 초를 아끼는 결과를 가져온다. 이것은 접전인 경주를 이기기 위한 충분한 시간이 될 수 있다. 다리와 팔의 제모와 라이크라와 같은 다른 조이고 매끄러운 옷을 입는 것은 자전거 선수가 조금이라도 앞서기 위해서 할 수 있는 단지 몇 가지일 뿐이다. 어쩌면 여러분이 운동을 반대하는 힘들을 줄이기 위한 더 많은 방법을 생각해낼 수도 있을 것이다.

예제 2.7

우물로 떨어진 돌이 3.0초만에 물에 닿았다. 공기 저항을 무시한다면, 물까지의 거리는 얼마인가?

풀이 1

이 문제는 자유 낙하하는 돌에 관련된 것이다. 떨어진 시간(t)이 주어졌고, 문제는 거리(d)를 묻는다. 돌이 자유 낙하하기 때문에 중력에 의한 가속도(g)를 염두에 둔다. g에 대한 미터법 값과 단위는 9.8 m/s^{2}이고, 영국식 값과 단위는 32 ft/s^{2}이다. 미터로 답을 얻으려면 미터법 g값을 쓰고, 피트로

자세히 알아보기

자유 낙하

자유 낙하(free fall)라는 말에는 두 가지 다른 의미가 있다. 물리에서 자유 낙하는 중력장 내에서 공기 저항을 고려하지 않은 어떤 물체의 제한을 받지 않는 운동을 의미한다. 공기 저항이 없으면 모든 물체는 지표면을 향해 9.8 m/s^{2}의 가속도로 가속하게 된다.

스카이다이빙 스포츠에서 자유 낙하는 낙하산과 같은 저항을 일으키는 장비 없이 대기 중에서 떨어지는 것을 의미한다. 공기는 떨어지는 물체의 운동에 대해 반대하는 저항력을 제공하고, 알짜 힘은 아랫방향의 힘(무게)과 윗방향의 공기 저항력 간의 차이이다. 떨어지는 물체의 무게는 질량과 중력에 의한 가속도에 의존하고, 이것이 아래 방향의 힘이다. 저항력은 적어도 다음과 같은 두 가지 변수에 의해 결정된다.

(1) 공기의 흐름에 노출된 물체의 면적 (2) 떨어지는 물체의 속력이 그것이다. 공기 흐름, 공기 온도, 와류와 같은 다른 변수들도 역할을 하긴 하지만 가장 큰 효과는 드러난 면적과 속력이 증가함에 따라 증가하는 저항이다.

스카이다이버의 무게는 상수이고, 따라서 아래 방향의 힘은 상수이다. 현대 스카이다이버들은 지표면 위에서 보통 약 3,650 m(12,000 ft)정도에서 낙하산을 펴는 약 750 m(2,500 ft) 상공까지 자유 낙하를 한다. 비행기로부터 뛰어내린 후, 다이버는 처음에 지표면을 향해서 가속하며, 185에서 215 km/h 정도의 속력까지 이른다. 공기 저항은 증가된 속력에 따라 증가하고, 알짜 힘은 점점 작아진다. 결국에는 아랫방향의 무게 힘은 윗방향의 공기 저항력과 같게 되고, 알짜 힘은 0이 된다. 이제 사람은 일정한 속력으로 떨어지고, 우리는 종단 속도에 이르렀다고 말한다. 떨어지는 속력을 위아래 32 km/h (20 mi/h)까지 몸의 위치를 변화시켜서 변화시킬 수 있다. 그러나 자유낙하에서 곧바로 떨어지거나 똑바로 서서 떨어지면 경험 많은 스카이다이버들은 290 km/h(약 180 mi/h)까지의 속력에 도달할 수 있다. 자유 낙하 속력의 최고 기록은, 어떤 특별한 장비 없이 517 km/h(약 321 mi/h)이다. 낙하산이 펴지면, 약 16 km/h(10 mi/h)의 어지간한 속력이 전형적이다.

답을 얻으려면 영국식 단위를 쓸 것이다. 식 2.4($d = 1/2at^2$)는 거리(d)와 시간(t)과 평균 가속도(a) 사이의 관계를 나타낸다. 이 경우 가속도는 중력에 의한 가속도이므로,

$t = 3.0$ s

$g = 9.8$ m/s^2

$d = ?$

$$d = \frac{1}{2}gt^2 \qquad (a = g = 9.8 \text{ m/s}^2)$$

$$d = \frac{1}{2}(9.8 \text{ m/s}^2)(3.0 \text{ s})^2$$

$$= (4.9 \text{ m/s}^{2)}\,(9.0 \text{ s}^{2)}$$

$$= 44 \frac{\text{m} \cdot \cancel{\text{s}^2}}{\cancel{\text{s}^2}}$$

$$= \boxed{44 \text{ m}}$$

풀이 2

각각의 단계를 나누어서 할 수 있다. 세 단계의 과정으로 해를 검증하시오.

1. 돌의 마지막 속도 v_f를 구하여라. $v_f = at$이다.
2. 마지막 속도로부터 평균 속도를 계산하시오.

$$\bar{v} = \frac{v_f + v_i}{2}$$

3. 평균 속도($\bar{v}$)와 시간(t)를 이용하여 거리(d), $d = \bar{v}t$를 구하시오.

하나의 단계가 세 단계 과정보다는 선호되는 것은 단계가 적을수록 실수할 가능성이 작기 때문이다.

2.5 복합 운동

지금까지 우리는 두 가지 종류의 운동을 고려하였다. (1) 지표면에서 움직이는 물체의 수평방향 직선 운동과 (2) 지표면의 향에 가속하는 떨어진 물체의 수직 방향 운동이 그것이다. 세 번째 종류의 운동은 물체가 공기 중으로 던져지거나 발사되었을 때이다. 필연적으로 그러한 포사체(돌, 축구공, 총알, 골프공, 그 외)들은 수직 방향으로 곧바로 위로 향할 수도 있고, 수평 방향으로 곧바로 나갈 수도 있고, 수직과 수평 사이의 어떤 각으로 향할 수도 있다. 그러한 복합 운동을 이해하는 기본은 (1) 중력이 물체가 어디에 있는지간에 항상 물체에 작용한다는 점, (2) 중력에 의한 가속도(g)는 물체가 어떤 운동을 하는지에 상관없다는 점이다.

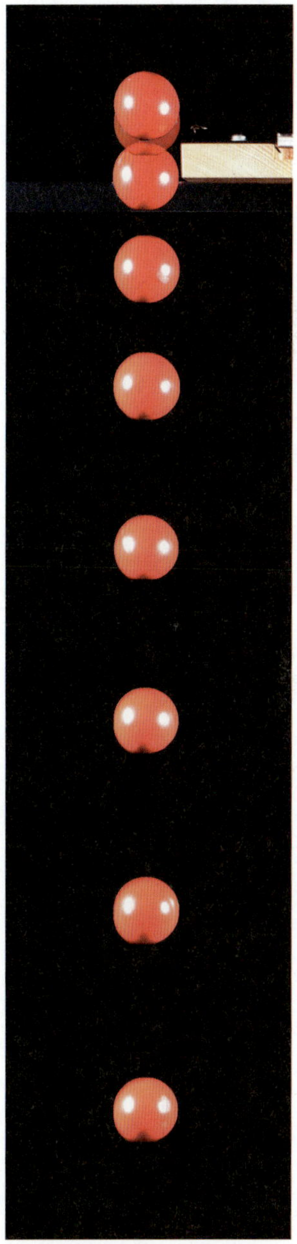

그림 2.14 자유 낙하하는 당구공의 고속촬영 카메라 사진. 출처: ©Matt Meadows/McGraw-Hill Education

수직 발사궤적

먼저 연직 위 방향으로 던진 공을 생각해보라. 공은 처음 속도를 가지지만, 가장 높은 지점에 도달하여, 순간적으로 멈춘 다음 지구로 향해 다시 가속된다. 중력은 물체가 올라갈 때, 멈출 때, 떨어질 때 전 구간에서 공에 작용한다. 공이 올라가고 있을 때, 일정한 중력은 지속적으로 공의 속도를 감소시킨다. 올라가는 동안 전체적인 효과는 감속이고, 공이 순간적으로 멈출 때까지 공의 속력을 느리게 한다. 그 다음 공은 일정한 가속운동을 계속하여 공을 떨어뜨린 경우와 마찬가지로 지표면으로 다시 돌아온다(그림 2.14). 위로 곧바로 던진 공에 대한 속도 화살표가 그림 2.15에 나타나 있다.

수평 발사궤적

수평 발사는 전체 운동을 수직 방향과 수평 방향으로 나누면 이해하기가 쉽다. 예를 들어, 활에서 수평 방향으로 발사한 화살을 생각해보자. 중력은 화살을 아래쪽으로 가속할 것

그림 2.15 수직 발사는 올라가는 동안 순간적으로 멈출 때까지 중력에 의해 감속한다. 그러고 나서 공이 같은 높이에서 떨어질 때와 마찬가지로 지표면으로 다시 가속된다. 연직 위로 갈 때와 아래로 갈 때 움직인 공은 그림에서 무슨 일이 일어나는지 분명하게 알기 위해 옆으로 옮겨 그렸다. 떨어지는 공은 그 자리에서 공이 올라갈 때 가졌던 속도와 방향은 반대이고 크기는 같다.

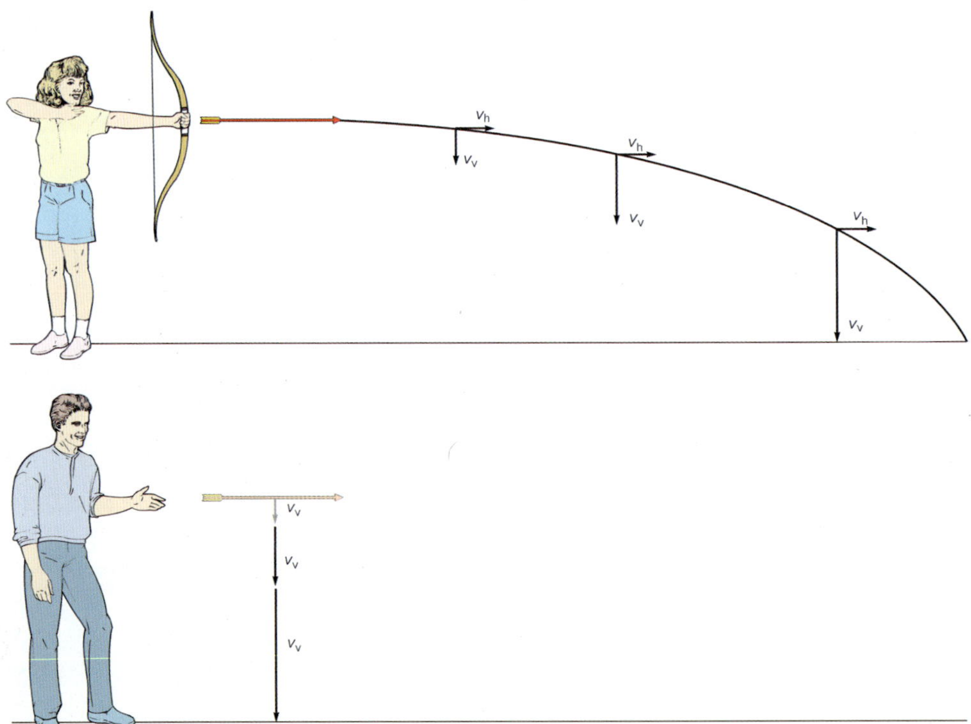

그림 2.16 수평 방향의 발사는 떨어지는 동안 같은 수평 속도를 갖는다. 동시에 수직 방향의 속도는 변하는데, 그것은 지표면으로 가속하기 때문이다. 이것을 합한 효과가 휘어진 길을 만든다. 공기 저항을 무시하면, 수평으로 발사한 화살은 지표면 위에서 같은 높이에서 떨어진 화살과 동일한 시간에 땅에 닿는다. 이는 증가하는 수직 방향의 속도 화살표로 여기 나타나 있다.

이고, 따라서 화살이 공기를 지나 움직임에 따라 아래 방향의 속도는 증가할 것이다. 이러한 아래 방향으로 증가하는 속도는 그림 2.16에 점점 더 증가하여 길어지는 속도 화살표(v_v)로 나타나 있다. 공기 저항을 무시하면 수평 방향으로는 힘이 없다. 따라서 날아가는 동안 화살의 수평 방향의 속도는 동일한 크기의 v_h 속도 화살표로 나타나 있듯이 항상 같다. 증가하는 수직(v_v) 방향의 운동과 변화하지 않는 수평(v_h) 방향의 운동을 종합한 것은 화살이 땅에 닿을 때까지 곡선 경로를 따른다.

쏜 화살은 분석으로부터 만들 수 있는 흥미로운 예측은 활에서 수평 방향으로 쏜 화살은 같은 높이에서 단순히 떨어뜨린 두 번째 화살과 같은 시간에 지면에 닿는다는 점이다(그림 2.16). 이것이 총에서 총알을 수평으로 발사할 때 동시에 떨어뜨린 총알에도 적용할 수 있는가? 답은 그렇다는 것이다. 두 총알은 같은 시간에 지면에 닿을 것이다. 정말로, 공기 저항이 없다면, 모든 총알과 화살들은 같은 높이에서 떨어뜨렸건 쏘아졌건 간에 모든 총알과 화살들은 지면에 같은 시간에 도달할 것이다.

골프공, 축구공, 야구공들은 수평면과 어느 정도의 각도로 위 방향으로 쏘아진다. 이 포사체의 수평 운동은 이전과 같이 일정한데, 그것은 수평 방향의 힘이 개입하지 않았기 때문이다. 수직 방향의 움직임은 위로 던져진 공의 움직임과 같다. 이 두 운동의 조합은 그림 2.17에 보이듯이 포사체가 포물선(parabola)이라고 불리는 휘어진 경로를 따르게 한다. 다음에 기회가 있을 때, 어떤 각으로 발사된 공의 경로를 관찰해보라. 발사각에 따른 공이 이동한 거리에 주목하라. 공기 저항을 무시하고 발사하는 높이와 도달하는 곳이 같은 높이일 때, 45°의 발사각에서 최대 거리를 이동하게 된다.

과학 스케치

그림 2.17 위에(또는 종이에) 그려서 포사체가 (i) 45도보다 크게 (ii) 45도보다 작게 던져질 때, 포사체의 경로가 어떻게 되는지 설명하시오.

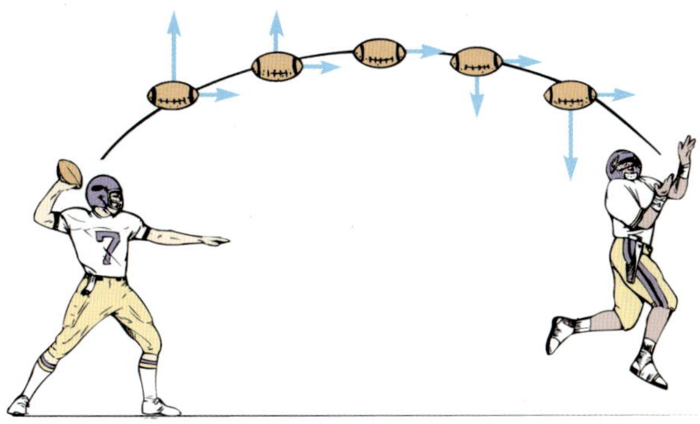

그림 2.17 축구공이 다운필드로 패스할 때, 수평에 대해서 어떤 각으로 던져진다. 공기 저항을 무시할 때, 수평 방향의 속도는 상수이고, 수직 방향으로 쏜 포사체의 경우와 같이 수직 방향의 속도는 감소했다가 증가한다. 합쳐진 운동은 포물선 경로를 만든다. 어떤 프로 쿼터백의 능력에 대한 스포츠캐스터 중계와는 반대로, 축구공을 평평한 경로로 던지는 것은 불가능한데, 그것은 쿼터백의 손을 떠나자마자 지표면 방향으로 가속하기 시작하기 때문이다.

2.6 운동 3법칙

그림 2.18 움직이는 비행기에서, 비행기가 운동을 바꿀 때 여러 방향으로 힘을 느낀다. 운동의 변화가 있을 때, 힘이 관련된 것을 알아챌 수밖에 없다. 출처: ©bkindler/Getty Images

이전 절에서, 여러분은 거리, 시간, 속도, 가속도로 어떻게 운동을 기술하는지를 배웠다. 추가로 직선 운동, 낙하하는 물체의 운동, 지표면에서 위로 발사한 물체의 복합 운동과 같은 서로 다른 종류의 운동에 대해서 배웠다. 또한 일반적으로 운동과 밀접하게 관련된 두 가지 개념을 배웠다. (i) 물체들은 관성 즉, 운동에서의 변화를 거부하는 경향을 갖는다. (ii) 운동의 변화에는 힘이 관련된다.

힘과 운동의 변화의 관계는 많은 일상생활에서 분명하게 알 수 있다(그림 2.18). 차, 버스, 또는 비행기가 움직이기 시작할 때, 등에 힘을 느낀다. 마찬가지로, 엘리베이터가 움직이기 시작할 때, 발아래에 힘이 작용하는 것을 느낀다. 반면, 차가 갑자기 멈춘다면, 대쉬보드 쪽으로 힘이 가해지는 것을 느끼고, 엘리베이터가 빠르게 떨어지는 순간 발에서 바닥이 밀려가는 것처럼 느낀다. 이러한 예들은 모두 힘과 운동 사이의 패턴에 관련되고, 패턴들은 양적으로 표현할 수 있고, 개념화 될 수 있고, 왜 사물들이 움직이거나 정지해 있는가에 대한 질문에 대한 답하기 위해서 사용될 수 있다. 이러한 패턴들은 뉴턴 운동 3법칙의 주제이다.

뉴턴의 운동 제1법칙

뉴턴의 운동 제1법칙은 갈릴레오가 운동에 대해 발견한 것들 중 하나와 매우 유사하다. 갈릴레오가 운동의 변화에 저항하는 물체의 경향을 기술하기 위해 관성(inertia)이란 말을 사용한 것을 기억하라. 현대에(뉴턴의 말이 아닌) **운동 제1법칙(first law of motion)**은 다음과 같다:

모든 물체는 어떤 균형을 깨는 힘이 작용하지 않는 한 정지해 있거나 등속 직선 운동의 상태를 유지한다.

이것은 서있는 물체는 균형을 깨는 힘에 의해 운동 상태가 되지 않는 한 계속 정지해 있을 것이라는 것을 의미한다. 즉, 알짜 힘이 0보다 커야 한다. 마찬가지로, 등속 직선 운동을 하고 있는 물체는 알짜 힘이 그 물체를 가속, 감속, 또는 방향을 바꾸게 하지 않으면, 그 운동 상태를 유지한다. 따라서 뉴턴 제1법칙은 운동 상태를 바꾸는 것에 대해 저항하는 물체의 경향을 기술하며, 관성의 법칙(law of inertia)이라고도 알려져 있다.

버스의 통로에 서 있을 때 뉴턴 제1법칙을 생각해 보라. 버스가 움직이기 시작하고, 독립적인 질량인 여러분은 서 있고 싶어 한다. 여러분은 밖에 있는 땅에 대해 기존 위치를 유지하려는 경향을 가지므로, 몇 걸음 뒤로 물러나게 된다. 뒷좌석이나 버스의 다른 부분으로 몸이 움직이게 된다. 버스의 특정 부분을 잡고 있으면, 버스와 같은 운동을 할 수 있는 필요한 힘을 제공하고, 더 이상 뒤로 물러서지 않아도 된다는 것을 알게 된다. 이제 여러분은 적어도 버스가 커브를 돌 때까지는 버

개념 활용

제1법칙 실험

작은 공을 보통 차나, SUV나, 픽업 트럭의 바닥의 평평한 부분에 놓아라. 먼저, 다음 각각의 상황에서 공에 무슨 일이 생길지 예측해 보시오. (1) 정지한 상태에서 차가 앞으로 움직이는 경우 (2) 차가 일정한 속도로 움직이는 경우 (3) 일정한 속력으로 움직이다가 우회전하는 경우 (4) 일정한 속도로 가다가 멈추는 경우. 이제 여러분의 예측을 검증하고, 각각에서 알아낸 것을 뉴턴 제1법칙을 이용하여 설명하시오.

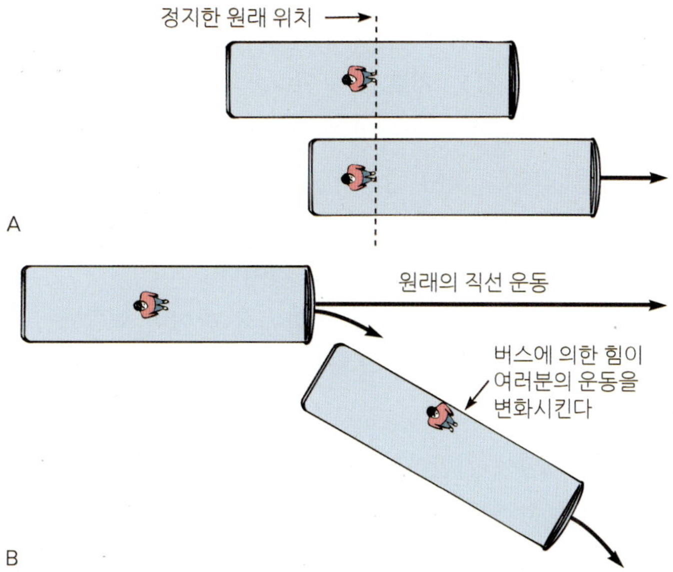

그림 2.19 버스의 통로에 서 있는 사람을 위에서 본 모습 (A) 버스가 정지해 있다가 앞으로 움직이기 시작한다. 관성이 사람을 원래 위치에 계속 있게 하는데, 마치 뒤로 넘어지는 것처럼 보인다. (B) 버스기 우회전하는데, 관성이 사람을 원래의 직선 운동을 유지하게 하려고 하므로 결국 버스 옆면으로부터 힘을 받아서 새로운 방향을 갖게 된다.

스와 같은 운동을 하고 어떤 힘도 작용하지 않는다. 이제 버스 옆으로 움직이는 경향을 느낀다. 버스는 직선운동을 바꾸었지만, 여러분은 다시 독립적인 질량이기 때문에 곧바로 가려고 한다. 좌석의 옆 부분이 버스가 가는 휘어진 운동을 따라가도록 힘을 가한다. 버스가 움직이기 시작하거나, 회전할 때 느끼는 힘은 그 힘들이 버스의 운동과 일치되도록 여러분의 운동을 정정할 때까지 여러분의 멈춰 있으려고 하거나 일직선을 따라가려는 경향의 결과이다(그림 2.19).

뉴턴의 운동 제2법칙

뉴턴은 운동의 본성을 기술하는 데 갈릴레오의 아이디어를 성공적으로 사용했다. 뉴턴 제1법칙은 어떤 물체라도 일단 운동이 시작되면 힘이 운동하는 물체에 가해지기 전까지 일직선상에서 일정한 속도로 운동을 지속한다는 것을 설명한다. 이 법칙은 운동을 기술할 뿐만 아니라 힘의 역할도 또한 성립시킨다. 운동의 변화는 따라서 알짜 힘이 작용한다는 증거가 된다. 힘과 운동의 변화를 연결 짓는 것은 일상 경험에서 보편적이다. 여러분은 가속하는 자동차에서 등에 작용하는 힘을 느낀다. 또한 자동차가 회전하거나 정지할 때 다른 힘들도 느낀다. 여러분은 지표면을 향해서 물체를 가속시키는 중력에 대해서도 배웠다. 균형이 깨진 힘과 가속도는 모든 운동의 변화와 관련이 있다. 뉴턴 운동 제2법칙은 운동의 변화의 원인을 기술하는 알짜 힘(net force), 가속도(acceleration), 질량(mass) 사이의 관계이다.

자전거를 탈 때, 여러분과 타고 있는 자전거의 운동을 고려하라. 평평한 땅에서 직선으로 10 mi/h로 타고 있다고 하자. 뉴턴 제1법칙은 외부의 균형이 깨진 힘이 여러분과 자전거에 작용하지 않는다면 일정한 속도로 운동을 지속할 것이라고 말한다. 여러분이 페달을 밟는 힘은 여러분과 자전거를 움직이고 있는 어떤 외부 힘(이에 관해서는 나중에 좀 더 설명하겠다)과 같은 것으로 보인다. 여러분이 움직이면서 작용하는 힘들은 타이어의 마찰과 공기 저항의 저항력과 균형을 맞추는 것이 필요하다. 만약 이러한 저항력이 없다면, 여러분은 일정한 속도로 운동을 지속하는 데 어떠한 힘도 작용할 필요가 없을 것이다.

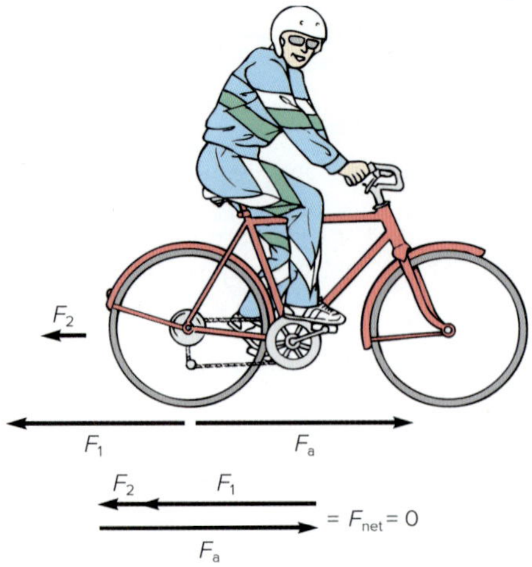

그림 2.20 일정한 속도일 때, 마찰력(F_1)과 공기 저항력(F_2)의 합은 작용하는 힘(F_a)과 크기가 같다. 따라서 알짜 힘은 0이다.

알짜 힘(net force)은 따라서 여러분이 작용하는 힘에서 타이어 마찰과 공기 저항을 뺀 것이다. 따라서 여러분이 직선에서 일정한 속력으로 움직이고 있을 때, 알짜 힘(net force)은 0이다(그림 2.20).

만약 여러분이 더 큰 힘을 페달에 가한다면, 여러분이 작용하는 여분의 힘(extra force)은 마찰과 공기 저항에 의해 균형을 잡을 수가 없게 된다. 따라서 0보다 큰 알짜 힘이 존재하고, 따라서 여러분은 가속하게 된다. 여러분은 알짜 힘이 0보다 클 때만 가속할 것이다. 마찬가지로, 만약 또 다른 저항하는 마찰인 브레이크에 힘을 가하면, 감속할 것이다. 여러분의 속도를 변화시키기 위한 세 번째 방법은 핸들에 힘을 가하는 것이다. 이는 속도의 방향을 바꾼다. 따라서 여러분과 자전거에 가해지는 균형이 깨진 힘(unbalanced forces)은 가속도(acceleration)를 만든다.

정지한 상태에서 자전거를 출발시키는 것은 힘과 가속도 사이의 관계를 말해준다. 더 세게 페달을 밟을수록, 가속도는 더 크다. 어떤 양들이 같은 비율로 함께 증가하거나 감소하는 경우 정비례(directly proportional)한다고 한 것을 기억하라. 따라서 가속도는 작용하는 알짜 힘에 정비례한다.

여러분의 자전거가 두 개의 좌석이 있다고 하고 여러분과 함께 타지만 페달을 밟지 않는 친구가 있다고 하자. 또한 자전거에 친구를 태우는 것이 자전거와 탄 사람의 질량의 두 배가 된다고 하자. 여러분이 전과 같은 알짜 힘을 사용한다면 자전거는 훨씬 작은 가속도를 갖게 된다. 사실, 다른 모든 인자들이 같다면, 질량을 두 배로 하고 힘은 같게 한다면, 그 전보다 절반의 가속도를 갖게 된다(그림 2.21). 더 질량이 큰 친구라면 가속도를 더 줄어들게 할 것이다. 두 양 사이의 관계가 하나의 양이 증가할 때 다른 양이 감소하는 것을 보여주면 그 두 양이 반비례(inversely proportional)한다고 한다는 것을 기억하라. 따라서 물체의 가속도는 그것의 질량에 반비례한다.

만약 힘을 적당한 단위로 표현한다면 우리는 이러한 관계를

$$a = \frac{F}{m}$$

의 식으로 종합할 수 있다.

F에 대해서 풀어보면, 식을 다음과 같이 가장 많이 표현되는 형태로 재배열할 수 있다.

$$F = ma \qquad \text{식 2.5}$$

미터법에서는, 힘의 단위가 질량(m)의 단위와 가속도(a)의 단위를 곱한 것임을 알 수 있다. 질량 단위는 kg이고, 가속도 단위는 m/s^2이다. 이 단위들의 조합, (kg)(m/s^2)은 아이작 뉴턴(Isaac newton)을 기념하여 **뉴턴(N)**이라고 불리는 힘의 단위이다. 따라서

$$1 \text{ newton} = 1 \text{ N} = 1 \ \frac{\text{kg} \cdot \text{m}}{\text{s}^2}$$

뉴턴 운동 제2법칙은 그의 운동에 관한 연구의 핵심적인 아이디어이다. 이 법칙에 따르면, 가속도와 알짜 힘, 물체의 질량 사이에는 항상 관련성이 있다. 이 진술에 함의된 세 가지 이해는 (1) 우리가 알짜 힘, 즉 물체에 작용하는 외부 힘의 전체 합에 대해 이야기하고 있다는 점 (2) 운동의 진술은 가속도가 속도 그 자체가 아니라 물체 속도를 어떻게 변화시키고 있는가에 관련된다는 점 (3) 특별한 언급이 없는 한 질량이 변화하지 않는다는 것이다.

그림 2.21 같은 힘이 작용할 때 더 많은 질량은 더 작은 가속도를 가져온다. 같은 힘이 작용할 때, 두 배 질량의 타는 사람들과 자전거는 다른 모든 인자가 같을 때, 절반의 가속도를 가질 것이다. 두 번째 타는 사람은 페달을 밟지 않는 것을 주의한다.

물체의 가속도는 작용하는 알짜 힘(net force applied)과 물체의 질량(mass)에 의존한다. **운동 제2법칙(second law of motion)**은 다음과 같다.

물체의 가속도는 작용하는 알짜 힘에 정비례하고, 물체의 질량에 반비례한다.

지금까지, 방정식들은 밀도, 속도, 가속도와 같은 물질의 성질을 기술하는 데 쓰였다. 이 식은 어떤 개념을 정의하는, 특별히 힘이라는 것이 무엇을 의미하는가에 대한 개념을 정의하는 데 쓰이는 첫 번째 예다. 개념은 측정 과정을 정하는 것에 의해 정의되므로, 작용하는 정의(operational definition)의 예가 된다. 힘 1뉴턴이 무엇인지 배웠을 뿐만 아니라, 어떻게 재야하는지도 배웠다. 뉴턴이 kg으로 잰 질량과, m/s^2으로 잰 가속도로 정의된다는 것을 주의하라. 뉴턴 단위의 힘으로 풀기 전에 다른 단위들은 모두 kg과 m/s^2의 단위로 변환해야 한다.

예제 2.8

60 kg인 자전거와 타는 사람이 0.5 m/s^2로 가속한다. 여분의 힘이 얼마나 작용하는가?

풀이

질량(m) 60 kg와 가속도(a) 0.5 m/s^2가 주어졌다. 문제는 그 질량에 그 가속도를 주기 위해 필요한 여분의 힘(F)에 대해 묻고 있다. 관계는 식 2.5($F = ma$)에서 찾을 수 있다.

$m = 60\ \text{kg}$

$a = 0.5\,\dfrac{\text{m}}{\text{s}^2}$

$F = ?$

$$\begin{aligned} F &= ma \\ &= (60\ \text{kg})\left(0.5\,\frac{\text{m}}{\text{s}^2}\right) \\ &= (60)(0.5)(\text{kg})\left(\frac{\text{m}}{\text{s}^2}\right) \\ &= 30\,\frac{\text{kg}\cdot\text{m}}{\text{s}^2} \\ &= \boxed{30\ \text{N}} \end{aligned}$$

일정한 속력을 유지하는 데 필요한 힘보다 30 N의 여분의 힘이 자전거와 타는 사람이 가속도 $0.5\ \text{m/s}^2$을 유지하게 하기 위해서 작용되어야 한다(단위 $\text{kg}\cdot\text{m/s}^2$이 힘의 뉴턴 단위를 만드므로, 기호 N을 사용하였다).

예제 2.9

알짜 힘이 40 N일 때, 20 kg의 카트의 가속도는 얼마인가?(답: $2\ \text{m/s}^2$)

개념 활용

제2법칙 실험

실의 한쪽 끝에 책을 매고, 다른 끝은 큰 탄성이 있는 밴드로 연결한다. 검지로 탄성 밴드를 둘둘 말아서 매끄러운 책상 위에서 책을 끌어본다. 탄성 밴드가 얼마나 늘어났는지가 여러분이 작용하고 있는 힘의 대략적인 척도를 제공할 것이다. (1) 책상 위에서 일정한 속도로 책을 끌어본다. 서로 다른 일정한 속도일 때 필요한 힘을 비교하시오. (2) 책을 서로 다른 비율로 가속하시오. 서로 다른 가속도를 유지하기 위해 필요한 힘을 비교하시오. (3) 좀 더 질량이 큰 책을 사용하고, 다시 다른 비율로 책을 가속하시오. 더 많은 질량이 결과를 어떻게 바꾸는가?

여러분의 관찰에 근거하여, 힘, 가속도, 질량 사이의 관계를 유추할 수 있겠는가?

무게와 질량

무게는 무엇을 의미하는가? 그것은 질량과 같은 개념인가? 무게는 대부분의 사람들에게 익숙한 개념이고, 일상 언어에서, 그 단어는 질량과 같은 의미를 가지는 것으로 종종 사용된다. 그러나 물리에서는 무게와 질량은 근본적인 차이가 있고, 그 차이는 뉴턴의 운동과 운동의 원인에 대한 설명에서 매우 중요하다.

질량(mass)은 얼마나 물체가 운동에 있어서의 변화에 저항하는지를 결정하는 성질로 정의된다. 질량이 클수록 관성(inertia), 즉 운동의 변화에 대한 저항이 크다. 예를 들어 작은 차를 움직이도록 미는 것은 큰 트럭을 움직이도록 미는 것보다 더 쉽다. 트럭은 더 큰 질량을 가지고 있으며, 따라서 더 큰 관성을 갖는다. 뉴턴의 원래 질량을 어떤 물체에 있는 "물질의 양"으로 정의했고, 이 정의는 직관적으로 알 수 있다. 그러나 뉴턴은 관성의 운동에 있어서 명백한 역할 때문에 관성을 잴 필요가 있었고, 그는 질량을 관성의 척도로 재정의하였다.

여러분은 질량에 힘을 가하고 그 결과인 가속도를 측정함으로써 뉴턴 제2법칙을 이용하여 질량을 측정할 수 있다. 이것은 매우 편리하지는 않아서, 질량은 보통 표준 질량에 작용하는 중력을 모르는 질량에 작용하는 중력과 비교함으로써 어떤 저울에서 측정된다.

어떤 질량에 작용하는 중력이 그 물체의 무게(weight)이다. 무게는 힘이고, 질량(kg)과는 다른 단위(N)를 갖는다. 중력이 물체에 작용하는 중력의 척도이므로, 그 힘은 뉴턴 운동 제2법칙으로부터 계산될 수 있다.

$$F = ma$$

또는

$$\text{아래 방향의 힘} = (\text{질량})(\text{중력에 의한 가속도})$$

또는

$$\text{무게} = (\text{질량})(g)$$

$$w = mg \qquad \textbf{식 2.6}$$

낙하하는 물체에 대한 절에서 g는 중력에 의한 가속도를 나타내는 데 쓰이는 기호라는 것을 배웠다. 지표면 근처에서 g는 약 9.8 m/s^{2}의 값을 가진다. 어떻게 움직이지 않는 물체에 g를 적용할 수 있는지를 이해하기 위해 손에 들고 있는 공을 생각해 보라. 공의 무게를 지탱함으로써 그것이 정지해 있도록 지지하고 있다. 따라서 여러분의 손이 위로 작용하는 힘과 공의 내려가려는 힘(무게)은 알짜 힘이 0이 되도록 더해져야만 한다. 여러분이 공을 놓으면, 중력은 공에 작용하는 유일한 힘이다. 공의 무게는 공을 중력에 의한 가속도, g로 가속하는 알짜 힘이다. 따라서 $F_{\text{net}} = w = ma = mg$이다. 공의 무게는 주어진 장소에서는 절대로 변하지 않는다. 따라서 공의 무게는 공이 가속하지 않는다 하더라도 항상 $w = mg$와 같다.

미터법에서는 질량(mass)은 킬로그램으로 나타낸다. 중력에 의한 가속도는 9.8 m/s^{2}이다. 식 2.6에 따르면, 무게는 질량 곱하기 가속도이다. 킬로그램과 m/s^{2}로 나타내는 가속도를 곱하면 kg · m/s^{2}를 얻는다. 이는 이제 뉴턴이라고 인지하는 힘이다. 미터법에서 무게의 단위(unit of weight)는 따라서 뉴턴(N)이다.

기억해야 할 중요한 것은 파운드(pounds)와 뉴턴(newtons)이 힘의 단위라는 것이다(표 2.1). 한편, 킬로그램(kilogram)은 질량(mass)의 척도이다. 따라서 영국식 단위계의 1파운드는 미터법 단위로는 4.5 N에 해당한다(또는 0.22 lb는 1.0 N과 동등하다). 변환표는 가끔 어떻게 파운드(무게의 단위)를 킬로그램(질량의 단위)로 바뀌는지를 보여준다. 이것은 무게와 질량이 지표면의 주어진 장소에서는 비례하기 때문에 가능하다. 이 책의 표지 안쪽의 변환 인수를 이용하여, 여러분의 무게를 파운드와 뉴턴으로 여러분의 질량을 kg으로 표현할 수 있는지 보라.

표 2.1 미터법과 영국식 단위계에서의 질량과 무게의 단위

	질량	×	가속도	=	힘
미터법	kg	×	m/s^2	=	$\frac{\text{kg}\cdot\text{m}}{\text{s}^2}$ (뉴턴)
영국식 단위계	$\left(\frac{\text{lb}}{\text{ft/s}^2}\right)$	×	ft /s^2	=	lb (파운드)

예제 2.10

지표면에서 60.0 kg인 사람의 무게는 얼마인가?

풀이

질량(m) 60 kg이 주어졌고, 중력에 의한 가속도(g)는 9.8 m/s²이다. 문제는 무게(w)를 물었다. 식 2.6에서 찾을 수 있는 관련성은 $w = mg$이다. 이것은 $F = ma$의 형태이다.

$m = 60.0\ \text{kg}$

$g = 9.8\ \dfrac{\text{m}}{\text{s}^2}$

$w = ?$

$$
\begin{aligned}
w &= mg \\
&= (60.0\ \text{kg})\left(9.8\ \frac{\text{m}}{\text{s}^2}\right) \\
&= (60.0)(9.8)(\text{kg})\left(\frac{\text{m}}{\text{s}^2}\right) \\
&= 588\ \frac{\text{kg}\cdot\text{m}}{\text{s}^2} \\
&= \boxed{590\ \text{N}}
\end{aligned}
$$

예제 2.11

60.0 kg인 사람은 달에서는 100 N의 무게가 된다. 달에서 중력에 의한 가속도의 크기는 얼마인가?
(답: 1.67 m/s²)

뉴턴의 운동 제3법칙

뉴턴의 운동 제1법칙은 물체가 알짜 힘이 0일 때 그것의 운동 상태를 유지한다는 것을 나타낸다. 두 번째 법칙은 알짜 힘이 0이 아닐 때, 즉 주어진 힘이 작용되었을 때 질량을 가진 물체가 어떻게 움직이는지 기술한다. 두 가지 법칙은 힘의 개념의 한 측면을 제공한다. 즉, 여러분이 물체가 움직이기 시작하거나 가속하거나 감속하거나 운동 방향을 바꾸는 것을 관찰할 때, 균형이 깨진 힘이 물체에 작용한다고 결론지을 수 있다. 따라서 어떤 물체의 운동 상태의 어떠한 변화라도 균형이 깨진 힘이 작용한다는 증거이다.

뉴턴의 운동 제3법칙도 또한 힘과 관련되어 있다. 먼저, 힘이 어디서 오는지 생각해 보라. 힘은 항상 두 물체의 상호 작용에 의해서 생성된다. 때때로 우리는 무엇이 힘을 만드는지 알지 못하지만, 그것들이 항상 쌍으로 온다는 것은 잘 알고 있다. 힘이 가해질 때마다 동시에 일어나는 쌍인 반대의 힘이 항상 존재한다. 예를 들면, 만약 벽을 민다면, 벽이 크기는 같고 방향은 반대인 힘으로 밀어낸다. 이 두 힘은 서로 크기는 같고 방향은 반대이다. $F = ma$ 공식과 여러분이나 벽 모두 가속하지 않는다는 것을 알고 있다. 만약 가속도가 0이면, $F = ma$에서 알짜 힘이 0(0은 0이다.)이다. 두 힘이 두 개의 서로 다른 물체 사이에 있다는 것을 주의하라. 뉴턴의 운동 제3법칙은 항상 두 개의 다른 물체 사이에 무슨 일이 일어나는지 기술한다.

지구상에서 일어나는 많은 상호작용을 단순화하기 위해서 우주에 있는 우주선을 생각해보라. 뉴턴의 운동 제2법칙($F = ma$)에 따르면, 우주선의 운동 상태를 변화하기 위해서 반드시 힘이 작용해

그림 2.22 크기는 같고 방향이 반대인 쌍으로 힘이 생긴다.

야만 한다. 그런 힘의 원천은 무엇이겠는가? 어쩌면 우주인이 1초 동안 우주선을 밀 수도 있다. 우주선은 힘이 작용하는 동안 가속할 것이고, 처음 위치에서 어떤 일정한 속도로 움직일 것이다. 우주인 또한 원래 위치에서 움직일 텐데 반대 방향으로 움직일 것이다(그림 2.22). 어떤 힘도 단독으로 존재하지 않는다. 항상 동시에 일어나는 크기가 같고 방향은 반대인 힘이 존재한다. 따라서 우주선이 우주선에 잠깐 힘을 작용하고, 우주선도 또한 분명 우주인에게 잠깐 힘을 가하는데, 우주인은 반대 방향으로 원래의 위치에서 멀어진다. 뉴턴은 생각할 우주인이나 우주선이 없었다. 그러나 이것은 크기가 같고 방향은 반대인 쌍으로 힘이 항상 일어난다고 결론 지었을 때, 그가 수행한 논증의 방식이다. 따라서 **운동 제3법칙(third law of motion)**은 다음과 같다.

> **두 물체가 상호작용을 할 때는 항상, 하나의 물체에 작용한 힘은 다른 물체에 작용한 힘과 크기는 같고 방향은 반대이다.**

제3법칙은 힘이 서로 다른 두 물체에 반대로 작용하는 쌍으로 일어난다는 것을 나타낸다. 여러분은 이 법칙을 기호로

$$F_{\text{B에 의해 A에 작용}} = F_{\text{A에 의해 B에 작용}} \qquad \text{식 2.7}$$

으로 표현할 수 있고, 여기서 예를 들면, 우주인에 작용하는 힘은 B에 의한 A에 작용이고, 위성에 작용하는 힘은 A에 의한 B에 작용이 될 것이다.

때때로 제3법칙은 다음과 같이 표현된다. "모든 작용에 대해서 크기가 같고 방향은 반대인 반작용이 존재한다." 그러나 이것은 오해를 불러 올 수 있다. 힘들 중 어떤 것도 다른 것의 원인이 아니다. 힘들은 각 순간에 서로의 원인이 되고, 동시에 나타나고 사라진다. 만약, 우주인에 의해 위성에 가해진 힘을 기술하려고 한다면, 위성에 의해서 우주인에게 작용되는 동시의 힘이 존재한다는 것을 깨달아야만 한다. 힘들(위성에 우주인이, 그리고 우주인이 위성에 작용하는)은 크기는 같고 방향은 반대이다.

어쩌면 위성을 작은 로켓으로 움직이는 것이 보다 보편적일 수 있겠다. 어떤 사람이 위성을 움직이고 싶은 반대 방향으로 로켓을 분사하는 것으로 위성이 조종된다. 분사된 기체(또는 압축된 기체)는 한 방향으로 가속되고, 위성을 반대 방향으로 가속시키는 크기는 같고 방향은 반대인 힘을 위성에 작용한다. 이것은 제3법칙의 또 다른 예이다.

그림 2.23 축구 선수들의 발은 땅을 밀어낸다. 그리고 땅은 선수를 앞으로 가속하는 발을 밀어낸다. 출처: ©Ilene MacDonald/Alamy Stock Photo

어떻게 힘의 쌍이 지표면에서 작동하는지 생각해 보라. 우리는 걸을 때 발을 밀어서 땅을 딛는다(그림 2.23). 물론, 마찰이 없다면 이것을 할 수 없다. 마찰이 없는 미끄러운 얼음 위에서는 미끄러질 것이다. 하지만 마찰이 존재하므로, 지면에 뒷방향의 수평 힘을 가하고, 제3법칙이 설명하듯이 땅은 크기가 같고 방향이 반대인 힘을 우리에게 가한다. 제2법칙이 설명하듯이 알짜 힘으로부터 앞으로 가속된다. 만약 지구가 우리와 같은 질량이라면, 지구는 우리가 앞으로 가속되는 것과 같은 비율로 뒤로 가속할 것이다. 지구는 우리보다 훨씬 더 질량이 크므로, 전체 효과는 땅이 우리에게 가하는 힘에 의해 우리만 앞으로 가속된다.

이제 이전에 논의한 자전거 타기의 예로 돌아가라. 여러분과 자전거를 가속하는 외부의 힘(external)의 근원은 무엇인가? 페달을 밟는 것은 여러분과 자전거에 대해 외부에서 온 것은 아니다. 따라서 힘은 여러분과 자전거를 앞으로 가속시키지 않는다. 이 힘은 자전거의 구조를 통해 지면을 미는 뒷바퀴로 전달된다. 여러분을 앞으로 가속하는 것은 여러분과 자전거에 크기는 같고 방향은 반대인 힘을 작용하는 땅이다. $F = ma$를 적용하기 전에 자전거와 여러분의 계(system)에 작용하는 힘들을 고려해야만 한다. 자전거계의 앞으로 나가는 운동에 영향을 미치는 유일한 힘은 바닥이 그것을 앞으로 미는 힘과 앞으로 나가는 운동에 반대하는 마찰력뿐이다. 이것은 제3법칙의 또 다른 예이다.

예제 2.12

60 kg인 우주인이 우주에 자유롭게 떠다니다가 자유롭게 떠다니는 120.0 kg인 우주선을 30.0 N의 힘으로 1.50초 동안 민다. (a) 우주인과 우주선에 작용하는 힘들을 비교하고 (b) 우주인의 가속도를 우주선의 가속도와 비교하시오.

풀이

(a) 뉴턴 운동 제3법칙(식 2.7)에 따르면,

$$F_{\text{B에 의한 A에 작용하는}} = F_{\text{A에 의한 B에 작용하는}}$$
$$30.0\ \text{N} = 30.0\ \text{N}$$

이다. 둘 다 1.5초 동안 30.0 N을 느끼는데, 방향은 반대이다.

(b) 뉴턴 운동 제2법칙은 힘, 질량, 가속도 사이의 관계($F = ma$)를 기술한다.

우주인에 대하여:

$m = 60.0$ kg　　$F = ma$　　$\therefore\ a = \dfrac{F}{m}$

$F = 30.0$ N

$a = ?$

$$a = \frac{30.0\dfrac{\text{kg}\cdot\text{m}}{\text{s}^2}}{60.0\ \text{kg}} = \frac{30.0}{60.0}\left(\frac{\text{kg}\cdot\text{m}}{\text{s}^2}\right)\left(\frac{1}{\text{kg}}\right) = 0.500\frac{\cancel{\text{kg}}\cdot\text{m}}{\cancel{\text{kg}}\cdot\text{s}^2} = \boxed{0.500\frac{\text{m}}{\text{s}^2}}$$

우주선에 대하여:

$m = 120.0$ kg　　$F = ma$　　$\therefore\ a = \dfrac{F}{m}$

$F = 30.0$ N

$a = ?$

$$a = \frac{30.0\dfrac{\text{kg}\cdot\text{m}}{\text{s}^2}}{120.0\ \text{kg}} = \frac{30.0}{120.0}\left(\frac{\text{kg}\cdot\text{m}}{\text{s}^2}\right)\left(\frac{1}{\text{kg}}\right) = 0.250\frac{\cancel{\text{kg}}\cdot\text{m}}{\cancel{\text{kg}}\cdot\text{s}^2} = \boxed{0.250\frac{\text{m}}{\text{s}^2}}$$

예제 2.13

예제 2.12에서 기술한 우주인과 우주선이 상호작용과 가속 후에, 모두 원래 위치에서 멀어지면서 움직인다. 각각에 대하여 새로운 속력은 얼마인가?(답: 우주인 $v_f = 0.750$ m/s; 우주선 $v_f = 0.375$ m/s) (힌트: $v_t = at + v_i$)

2.7 운동량

스포츠중계자는 종종 어떤 팀의 운동량을 이야기하고, 뉴스진행자는 때때로 후보자들 중 한 명이 운동량을 가지는 선거를 언급한다. 두 상황 모두 어느 쪽이 승리를 향해 움직이고 멈추기 힘든 경쟁을 기술한다. 이 말은 물리 과학에서 빌려온 것이 적당해 보이는데, 그것은 운동량이 운동에 관한 성질이기 때문이다. 물체가 많은 운동량을 가지고 있을 때 그것을 멈추는 것은 더 오래 걸린다. 운동량의 물리 과학의 개념은 뉴턴은 운동 법칙과 밀접한 관련이 있다. **운동량**(momentum, p)은 질량(m)과 속도(v)의 곱으로 정의된다.

$$\text{운동량} = \text{질량} \times \text{속도}$$

또는

$$p = mv \qquad \text{식 2.8}$$

예제 2.12의 우주인은 우주선과의 상호작용의 결과로 질량 60.0 kg이고, 속도는 0.750 m/s이다. 이 운동량은 따라서 (60.0 kg) (0.750 m/s)이다. 즉, 45.0 kg · m/s이다. 여기서 보이듯이, 우주인이 더 빠른 속도를 얻었거나, 같은 속도이면서 더 큰 질량을 가지고 있다면, 더 큰 운동량을 가진다. 운동량은 움직이는 물체의 관성과 속도 둘 다에 관계한다.

운동량 보존

예제 2.12에서 우주선이 얻은 운동량도 또한 45.0 kg · m/s임을 주목하라. 우주인은 한 방향으로 운동량을 얻고, 우주선은 정확히 반대 방향으로 같은 크기의 운동량을 얻는다. 뉴턴은 원래 2법칙을 운동량의 변화율이 물체에 작용하는 알짜 힘에 비례한다는 말로 정의하였다. 제3법칙이 우주인과 우주선에 작용하는 힘들이 크기는 같고 반대라는 것을 설명하기 때문에 두 물체가 반대 방향으로 같은 크기의 운동량을 얻는다고 기대할 것이다. 이 결과는 어떤 계 안에 물체들이 상호작용하고, 관련된 유일한 힘들이 상호작용하는 물체들 사이에서만(그림 2.24) 일어날 때, 항상 관측할 수 있다. 이 진술은 보존 법칙(a law of conservation)이라는 특별한 종류의 관계를 야기한다. 이 경우, 법칙은 운동량에 적용되고, **운동량 보존 법칙**(law of conservation of momentum)이라고 불린다.

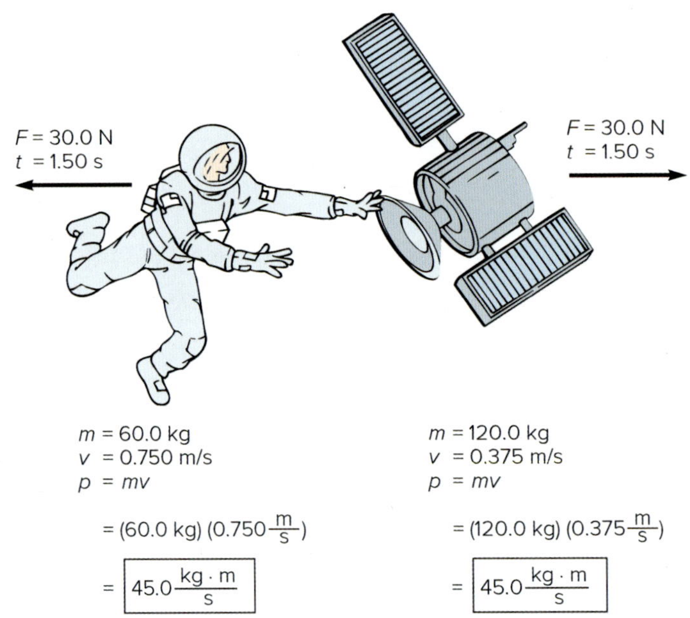

그림 2.24 우주인과 우주선은 서로 밀 때, 1.50초 동안 30.0 N의 힘을 받는다. 그러면 둘 다 반대 방향으로 45.0 kg · m/s의 운동량을 가진다. 이것은 운동량 보존 법칙의 한 예이다.

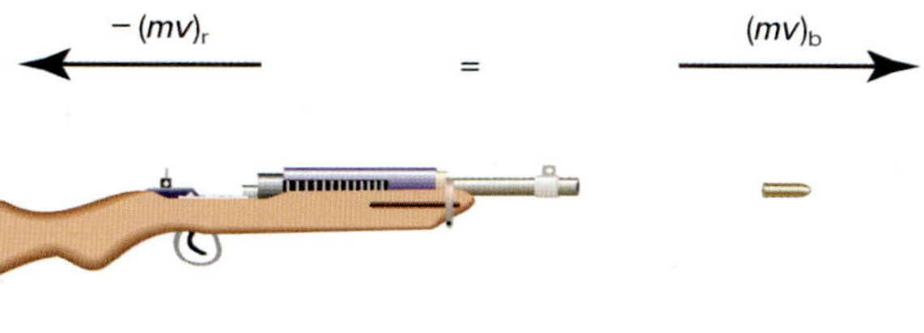

그림 2.25 총과 총알은 운동량 보존의 한 예를 제공한다. 쏘기 전에 총과 총알은 전체 운동량이 0인데, 그것은 운동이 없기 때문이다. 쐈을 때, 총알은 앞으로 진행하는 운동량 $(mv)_b$으로 한 방향으로 날아간다. 동시에 총은 총알의 운동량의 반대 방향의 운동량으로 뒤로 밀린다. 따라서 운동량은 음의 부호, 즉 $-(mv)_r$를 가지고 있는 것으로 나타냈다. $(mv)_b$ 더하기 $-(mv)_r$는 0과 같으므로, 총과 총알의 전체 운동량은 총을 쏘기 전이나 총을 쏜 후나 0이다.

상호 작용하고 부딪히는 물체들의 집단의 전체 운동량은 외부 힘이 없을 때 같도록 유지된다.

운동량, 에너지, 전하의 보존은 일상 상황에 적용되는 보존 법칙의 예이다. 이러한 상황들은 항상 두 가지 개념을 설명한다. (1) 각각의 보존 법칙은 관측 가능한 물리적 원리를 기술하는 표현이다. (2) 각각의 법칙은 상호작용의 세부사항이나, 그것이 어떻게 일어나는가에 관계없이 성립한다. 보존 법칙은 항상 일어나는 무언가를 표현하기 때문에 그것들은 주어진 상황에서 어떤 일이 일어나고 일어나지 않을지 말해준다. 보존 법칙은 또한 분석에 의해 발견되는 미지의 양들을 알게 해준다. 예를 들어 운동량 보존은 당구공, 자동차, 기차와 같은 충돌계에서 운동을 분석할 때 유용하다. 또한 배출한 기체의 뒤 방향의 운동량이 반대 방향의 로켓에 주어지는 운동량과 크기가 같을 때와 같은 로켓 추진과 같은 작용과 반작용을 측정하는 데 유용하다. 이런 분석을 하면, 운동량은 항상 보존됨을 알 수 있다.

총에서 총알을 발사하는 것과 동시에 발생하는 총의 반동은 물체 사이의 상호작용이 반대 방향의 운동량을 발생시키는 운동량 보존의 예로 사용된다. 총을 쐈을 때, 폭발하는 화약은 총알을 앞으로 향하는 운동량으로 추진한다. 동시에 폭발하는 화약으로부터의 힘은 총을 총알의 운동량과 반대인 방향의 뒷쪽으로 총을 민다. 뉴턴 운동 제3법칙에 따르면, 그 힘들은 크기가 같지만, 두 물체의 크기가 다르기 때문에 그 효과는 동일하지 않다. 총알은 앞으로 $(mv)_b$의 운동량으로 움직이고, 총은 총알과 반대 방향으로 움직이므로 운동량은 $-(mv)_r$이다. 운동량 보존의 법칙에 따르면, 총알의 운동량 $(mv)_b$는 반대 방향 총의 운동량 $-(mv)_r$과 크기가 같아야만 한다. 만약 총알이 총과 질량이 같다면, 총을 쐈을 때, 그들은 각각 같은 속력으로 움직일 것이다. 그러나, 총은 총알보다 매우 질량이 크므로 따라서 총알이 총보다 훨씬 큰 속도를 갖는다. 총의 운동량은 그럼에도 불구하고 총알의 운동량과 같고, 어깨에 단단히 고정되어 있지 않으면 반동이 클 수 있다. 어깨에 단단히 공정되어 있을 때는 총과 사람의 몸이 한 물체가 된다. 증가된 질량은 반동 속도를 그에 비례하게 줄일 수 있다.

예제 2.14

20,000 kg의 열차가 3 m/s로 움직이고 있는데, 정지해 있는 동일한 차에 부딪혀 함께 붙어간다. 붙여진 차들의 속도는 결과적으로 얼마인가?

풀이

움직이는 열차 → $m_1 = 20{,}000$ kg, $v_1 = 3$ m/s

정지해 있는 열차 → $m_2 = 20{,}000$ kg, $v_2 = 0$

붙여진 차들 → $v_{1\&2} = ?$ m/s

운동량이 보존되기 때문에 차들의 전체 운동량은 충돌 전과 후가 같아야 한다. 따라서

충돌 전 운동량=충돌 후 운동량

열차 1+열차 2=합쳐진 열차들

$$m_1 v_1 + m_2 v_2 = (m_1 + m_2) v_{1\&2}$$

$$v_{1\&2} = m_1 \frac{v_2}{m_1 + m_2}$$

$$v_{1\&2} = \frac{(20{,}000\ \text{kg})\left(3\frac{\text{m}}{\text{s}}\right)}{(20{,}000\ \text{kg}) + (20{,}000\ \text{kg})}$$

$$= \frac{20{,}000\ \text{kg} \cdot 3\frac{\text{m}}{\text{s}}}{40{,}000\ \text{kg}}$$

$$= 0.5 \times 3 \frac{\text{kg} \cdot \text{m}}{\text{s}} \times \frac{1}{\text{kg}}$$

$$= 1.5 \frac{\text{m}}{\text{s}}$$

$$= \boxed{2 \frac{\text{m}}{\text{s}}}$$

(답은 유효숫자까지 반올림하였다.) 열차 2는 속도가 0으로서 운동량이 없고, 따라서 식의 왼편의 $m_2 v_2$는 0과 같다. 열차들이 붙여지면, 질량은 두 배가 되고($m+m$), 붙여진 차의 속도는 2 m/s이다.

예제 2.15

학생과 보트의 질량을 합하면 100.0 kg이다. 학생이 잔잔한 물 위에서 움직이지 않는 보트에 서서 5.0 kg의 돌을 배 뒤편으로 5.0 m/s의 속도로 던졌다. 보트의 속력은 결과적으로 얼마인가?
(답: 0.25 m/s)

충격량

공을 칠 때, 죽 밀어 쳐야 한다는 말을 들은 적이 있는가? 밀어 칠 때 배트는 공에 좀 더 오랜 시간 동안 접촉하게 된다. 치는 힘도 물론 중요하다. 그러나 힘과 얼마나 오래 그 힘이 작용하는지가 결과를 결정짓는다. 힘과 작용하는 시간의 곱을 **충격량(impulse)**이라 한다. 이 양은

충격량$= Ft$

와 같이 표현될 수 있다. 여기서 F는 접촉 시간 t동안 작용하는 힘이다. 여러분이 공에 준 충격량

은 얼마나 빠르게 공이 움직일 것인가를 결정하고, 따라서 얼마나 멀리 날아갈 것인지 결정한다.

충격량은 주어진 공의 운동의 변화와 관련되어 있으며, 따라서 운동량(mv)의 변화는 충격량에 의해 일어난다. 이것은 운동량의 변화량=(작용한 힘)(접촉 시간)으로 표현된다.

$$\Delta p = Ft \qquad \text{식 2.9}$$

여기서 Δp는 운동량의 변화이다. 여러분은 접촉 시간을 증가시키기 위해서 공을 칠 때, "죽 밀어서" 친다. 만약 같은 힘이 사용된다면 더 긴 접촉 시간은 보다 큰 충격량 결과를 가져올 것이다. 보다 큰 충격량은 보다 큰 운동량의 변화를 의미하고, 공의 질량이 바뀌지 않기 때문에 전반적인 결과는 보다 큰 속도로 움직이는 공이 된다는 것이다. 이것은 죽 밀어치기가 공을 같은 크기의 힘으로 치는 것으로부터 더 멀리 날아가게 하는 것을 의미한다. 그것이 공을 칠 때 죽 밀어치는 것이 중요한 이유이다.

이제 움직이는 물체를 붙잡아서 멈추는 것을 생각해보라. 이 경우에, 물체의 질량과 속도는 공을 잡을 때 고정되어 있다. 그래서 여러분이 이 양에 대해서 할 수 있는 것은 없다. 운동량의 변화량은 충격량과 같고, 힘과 시간은 조정할 수 있다. 예를 들어, 여러분에게 던져진 날달걀을 어떻게 잡을지 생각해보라. 여러분은 아마도 달걀을 잡을 때 손을 움직일 것이다. 이는 접촉하는 시간을 늘린다. 접촉하는 시간을 늘리는 것은 $\Delta p = Ft$이기 때문에 힘을 줄이는 효과를 갖는다. 접촉 시간을 늘림으로써 작용하는 힘을 바꿀 수 있으며, 바라건대, 달걀이 깨지지 않도록 충분히 힘을 줄였으면 한다.

접촉 시간은 안전에도 매우 중요하다. 자동차 에어백, 팔꿈치와 무릎 보호대, 고가도로 앞에 도로 옆에 있는 플라스틱 통들은 접촉 시간을 증가시키기 위한 의도로 디자인된 예시들이다. 다시 말하면, 접촉 시간을 늘리는 것은 $\Delta p = Ft$이므로 힘을 줄인다. 충격력이 줄면, 따라서 부상도 줄어든다. 다음에 충돌로 찌그러지고 구부러진 차를 보면 이것에 대해 생각해 보라. 운전자와 탑승자들은 어쩌면 부서진 차를 멈추는 데 시간이 더 관여하였기 때문에 더 심각한 부상을 피했을 수도 있다.

개념 활용

운동량 실험

끈에 매달린 다섯 개의 금속 공을 가진 프레임은 인기 있는 진기한 아이템으로 탄성 충돌하는 동안 운동량을 교환하는 것을 관찰하는 데 사용될 수 있다. 한 공이 당겨졌다 놓아지면, 그 공이 멈추면서 그것의 운동량이 때린 공에 전달되고 그 운동량은 마지막 공이 밖으로 나갈 때까지 공과 공으로 전달된다. 예측을 해보고, 다음 실험을 수행하시오. (1) 한 쪽에서 두 공이 함께 놓여 졌을 때 (2) 양 끝에서 공 하나씩 동시에 놓여 졌을 때 (3) 양 끝에서 공 두 개씩 동시에 놓여 졌을 때 (4) 한 쪽은 공 하나로 다른 쪽은 공 두 개가 동시에 놓여 졌을 때 무슨 일이 일어나겠는가? 각각의 상황에서 운동량의 전달이 어떻게 되는지 분석하시오.

스윙하는 공들을 사용하는 대신에, 홈이 팬 자 위의 서로 접촉하고 있는 주사위들을 사용한 비슷한 실험을 생각해 보라. 여기서는 충돌하는 주사위의 질량을 바꿀 수 있다.

2.8 힘과 원운동

지구 주위를 일정한 속력으로 원 궤도에서 운동하는 통신 위성을 생각해 보라. 운동 제1법칙에 따르면, 직선에서 벗어나고 있기 때문에 위성에 작용하고 있는 힘이 반드시 존재해야 한다. 운동 제2법칙도 또한 물체의 운동을 바꾸기 위해서 균형이 깨진 힘이 필요하기 때문에 힘의 존재를 지시한다.

가속도가 속도의 변화율로 정의되었고, 가속도는 크기와 방향을 가진다는 것을 기억하라. 속도는 속력의 크기 또는 방향 또는 속도와 방향이 둘 다 변화함에 따라 변한다. 원 궤도의 위성은 지속적으로 가속되고 있다. 이것은 다른 경우라면 관성에 의해 직선을 따라야 하는 궤도에서 끌어당기는 위성에 가해지는 균형이 깨진 힘이 지속적으로 존재해야 한다는 것을 의미한다.

직선 경로에서 벗어나 원 경로로 물체를 당기는 힘은 **구심력(centripetal (center-seeking) force)**이다. 어쩌면 여러분은 머리 위로 줄의 끝에 매달린 공을 돌려 봤을 것이다. 공을 움직이자마자, 공에 작용하는 균형이 깨진 유일한 힘(중력 외에)은 손이 줄을 통하여 공에 작용하는 구심력이다. 이 구심력은 자연스런 직선 경로를 원 경로로 당긴다. 공에 작용하는 바깥 방향의 힘은 없다. 줄에서 여러분이 느끼는 힘은 제3법칙의 결과이다. 공은 크기가 같고 반대 방향의 힘을 손에 가한다. 만약 줄을 놓는다면 공은 원 경로에 벗어나 놓아지는 지점의 반지름에 수직인 직선 경로(straight line)를 달아날 것이다(그림 2.26). 줄을 놓을 때 구심력은 멈추고 공은 자연적인 직선 운동을 따른다. 만약 다른 힘이 관여한다면, 그것은 다른 경로를 따를 것이다. 그럼에도 불구하고, 겉보기의 바깥쪽으로의 효과는 마치 그것이 진짜 힘인 것처럼 이름이 부여되어 있다. 겉보기 바깥으로 당기는 힘은 **원심력(centrifugal force)**이라고 불린다.

물체를 원 경로에 있도록 하는 데 필요한 구심력의 크기는 물체의 관성, 즉 질량과 가속도에 의존하는데, 운동 제2법칙에서 배운 바와 같다. 원운동하는 물체의 가속도는 원 주위를 도는 속력의 제곱에 정비례하고(v^2) 원의 반지름(r)에 반비례한다. 따라서 등속 원운동하는 물체의 가속도(a_c)는

$$a_c = \frac{v^2}{r} \qquad \text{식 2.10}$$

이다. 속도(v)로 반지름(r)인 원 궤도를 도는 질량(m)을 가진 물체의 구심력의 크기는 식 2.5

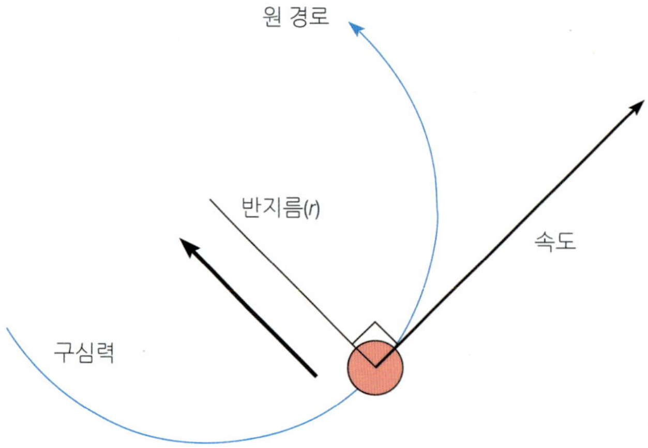

그림 2.26 공에 작용하는 구심력은 방향을 계속 바꾸게 한다. 즉 원 경로로 가속한다. 균형이 깨진 힘이 없다면, 공은 직선 경로를 따라 갈 것이다.

$(F = ma)$, 혹은

$$F = \frac{mv^2}{r} \qquad \text{식 2.11}$$

에 대입해서 구할 수 있다.

예제 2.16

0.25 kg의 공이 0.5 m인 줄의 끝에 매달려 수평 원을 2.0 m/s로 운동한다. 공을 원 경로로 유지하기 위해서 필요한 알짜 힘은 얼마인가?

풀이

$m = 0.25\ \text{kg}$
$r = 0.5\ \text{m}$
$v = 2.0\ \text{m/s}$
$F = ?$

$$\begin{aligned} F &= \frac{mv^2}{r} \\ &= \frac{(0.25\ \text{kg})(2.0\ \text{m/s})^2}{0.5\ \text{m}} \\ &= \frac{(0.25\ \text{kg})(4.0\ \text{m}^2/\text{s}^2)}{0.5\ \text{m}} \\ &= \frac{(0.25)(4.0)}{0.5}\frac{\text{kg}\cdot\text{m}^2}{\text{s}^2}\times\frac{1}{\text{m}} \\ &= 2\frac{\text{kg}\cdot\text{m}^2}{\text{m}\cdot\text{s}^2} \\ &= 2\frac{\text{kg}\cdot\text{m}}{\text{s}^2} \\ &= \boxed{2\ \text{N}} \end{aligned}$$

예제 2.17

예제 2.16의 줄을 반의 길이 0.25 m로 만들었다고 하자. 필요한 힘을 얼마인가?(답: 4.0 N)

2.9 뉴턴의 중력 법칙

만약 물체를 떨어뜨리면, 항상 바닥으로 떨어짐을 알고 있다. 물체의 움직이는 방향을 아래 방향으로 정의하고 그 반대 방향을 위 방향으로 정의한다. 물체는 중력 때문에 떨어지고, 중력은 물체를 $g = 9.8\ \text{m/s}^2(32\ \text{ft/s}^2)$으로 가속하고, 물체에 무게를 부여한다$(w = mg)$.

중력은 인력이고, 이는 우주의 모든 물체에 존재하는 당기는 힘이다. 그것은 다른 모든 힘과 마찬가지로 상호 작용하는 힘이고 쌍으로 일어난다. 지구가 여러분을 어떤 힘으로 당기기 때문에 여러분도 지구를 정확히 반대의 힘으로 당겨야만 한다. 서로 당기는 이 힘의 크기는 몇 가지 변수에 의존하다. 이 변수들은 처음 뉴턴의 《프린키피아(Principia)》에서 기술되었다. 이 책은 1687년에 운동에 관해 출간된 그의 유명한 책이다. 그러나 뉴턴은 이 아이디어를 훨씬 전인 24세 때에 그의 운동 법칙에 관한 아이디어와 구심 가속도에 대한 식과 함께 생각해 냈다. 1752년 친구에 의해 쓰인 자서전에서 뉴턴은 중력이라는 생각이 사과가 떨어진 것으로 유발된 사고의 시간 동안에 떠올랐다고 진술하였다. 그는 왜 달이 운동 제1법칙이 예측하듯이 일직선으로 가지 않고 지구 주위의 궤도에 머물러 있는지 생각하고 있었다. 그는 아마도 달을 지구 쪽으로 당기는 같은 힘과 같은 힘이 사과를 지구로 당긴다고 생각하였다. 뉴턴은 달의 운동뿐만 아니라 전체 태양계의 운동을 설명하는 중력에 대한 이론적인 방정식을 개발하였다. 오늘날, 이 관계는 **만유인력의 법칙**(universal law of gravitation)으로 알려져 있다.

우주의 모든 물체는 서로 두 물체의 질량의 곱에 정비례하고 두 물체 사이의 거리의 제곱에 반비례하는 힘으로 서로 당긴다.

기호로는 m_1, m_2가 두 물체의 질량을 대표하는 데 쓰일 수 있고, d는 그들의 중심 간의 거리를 대표하는 데 쓰일 수 있으며, G는 비례 상수로 쓰일 수 있다. 만유인력의 법칙은 따라서 다음과 같다.

$$F = G\frac{m_1 m_2}{d^2} \qquad \text{식 2.12}$$

이 방정식에서 각각의 물체가 서로에게 작용하는 인력의 크기를 알 수 있다. 두 힘은 방향이 반대이다. 상수 G는 보편 상수인데, 이는 이 법칙이 우주에 어디에 있건 모든 물체에 작용하기 때문이다. 그 값은 $G = 6.67 \times 10^{-11}\ \mathrm{N \cdot m^2/kg^2}$이다. G를 지표면에서 중력에 의한 가속도 g와 혼동하지 마라.

따라서 중력 끌림 힘의 크기는 두 물체의 질량과 그 사이의 거리에 의해 결정된다(그림 2.27). 이 법칙은 또한 모든 물체는 모든 다른 물체에 끌어당겨진다는 것을 진술한다. 여러분은 여러분 주위의 모든 물체에 끌어당겨진다. — 의자, 테이블, 다른 사람들, 등등. 왜 여러분은 여러분과 다른 물체 사이의 힘을 알아채지 못하는가? 그 해답은 예제 2.18에 있다.

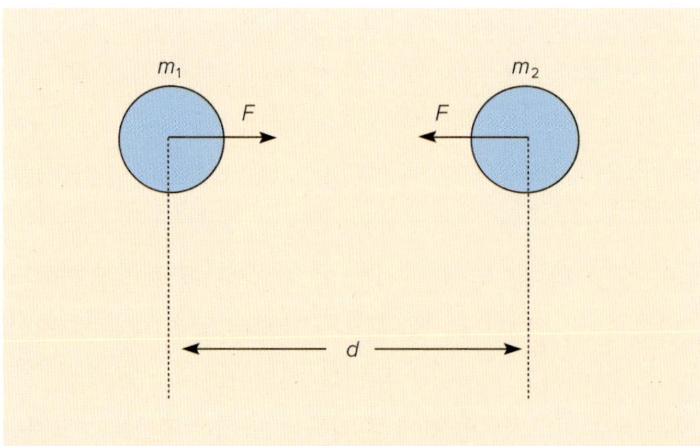

그림 2.27 중력 인력에 관련된 변수들. 인력(F)는 질량의 곱(m_1, m_2)에 비례하고, 두 질량의 중심 사이의 거리(d)의 제곱에 반비례한다.

예제 2.18

몸무게가 60.0 kg(132 lb)인 두 학생이 1.00 m 떨어져 있을 때, 중력 끌림 힘의 크기는 얼마인가?

풀이

$G = 6.67 \times 10^{-11} \mathrm{N \cdot m^2/kg^2}$

$m_1 = 60.0 \mathrm{~kg}$

$m_2 = 60.0 \mathrm{~kg}$

$d = 1.00 \mathrm{~m}$

$F = ?$

$$
\begin{aligned}
F &= G\frac{m_1 m_2}{d^2} \\
&= \frac{(6.67 \times 10^{-11} \mathrm{N \cdot m^2/kg^2})(60.0 \mathrm{~kg})(60.0 \mathrm{~kg})}{(1.00 \mathrm{~m})^2} \\
&= (6.67 \times 10^{-11})(3.60 \times 10^3)\frac{\frac{\mathrm{N \cdot m^2 \cdot \cancel{kg^2}}}{\cancel{\mathrm{kg^2}}}}{\mathrm{m^2}} \\
&= 2.40 \times 10^{-7} (\mathrm{N \cdot m^2})\left(\frac{1}{\mathrm{m^2}}\right) \\
&= 2.40 \times 10^{-7} \frac{\mathrm{N \cdot \cancel{m^2}}}{\cancel{\mathrm{m^2}}} \\
&= \boxed{2.40 \times 10^{-7} \mathrm{~N}}
\end{aligned}
$$

(참고: 2.40×10^{-7} [0.00000024] N은 힘 5.40×10^{-8} lb [0.00000005 lb]와 동등한데, 이 힘을 알아챌 수가 없다. 사실, 그런 작은 힘은 재는 것도 어려울 것이다.)

예제 2.18에서 보듯이, 상호작용하는 물체 중 하나 또는 둘 다 꽤 질량이 커야 그 상호작용으로부터 알아챌 만한 힘이 나올 것이다. 그것이 왜 여러분과 지구와 비교할 때 질량이 그리 크지 않은 물체들 사이의 중력 끌림 힘을 알아채지 못하는 이유이다. 여러분과 지구의 당기는 힘은 굉장히 지배적이고 그것이 여러분이 느끼는 전부이다.

뉴턴은 방정식에서 쓰인 거리가 한 물체의 중심에서 두 번째 물체의 중심까지 이르는 거리라는 것을 증명할 수 있었다. 이것은 그 힘이 중심에서 나온다는 것이 아니라 전체의 효과가 모든 질량이 중심에 몰려 있다고 생각했을 때와 동일하기 때문이다. 예를 들어 물체의 무게는 뉴턴 운동 제2법칙의 형태를 사용해서 계산될 수 있다. 즉 $F = ma$이다. 이 일반 법칙은 어떤 물체에 작용하는 어떤 힘과 그 물체의 질량, 그리고 거기서 나오는 가속 사이의 관계를 보여준다. 가속도가 중력에 의할 때, 방정식은 $F = mg$가 된다. 중력 법칙은 특별히 중력과 그것이 어떻게 거리와 질량에 의해 변하는지를 다룬다. 무게가 힘이므로 $F = mg$이다. 두 방정식을 함께 적으면

$$
mg = G\frac{mm_e}{d^2}
$$

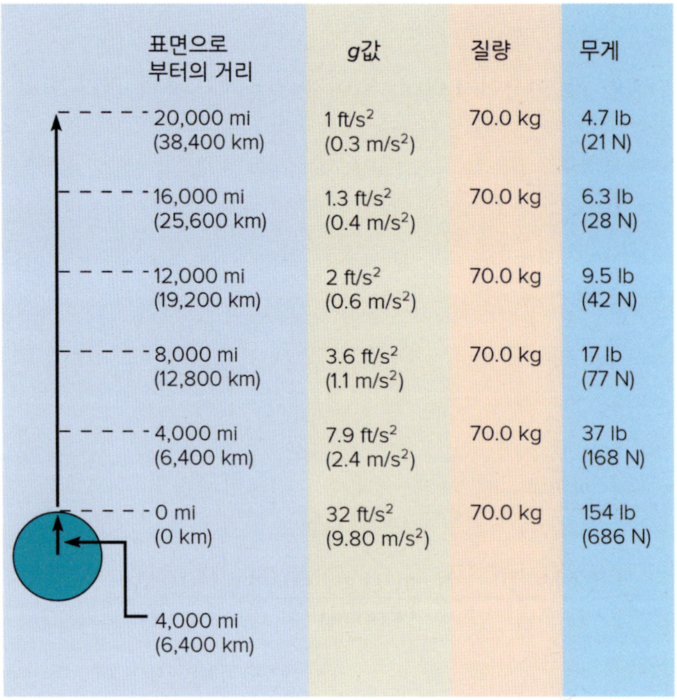

그림 2.28 중력 인력의 힘은 지구 표면으로부터의 거리의 제곱에 반비례하게 작아진다. 70.0 kg의 질량인 사람의 지구 표면으로부터의 여러 거리에서의 무게에 주목한다.

이고, 여기서 m은 지구 위의 어떤 물체의 질량이고, m_e는 지구의 질량이고, g는 중력에 의한 가속도이고, d는 두 물체의 중심 사이의 거리이다. 방정식에서 m을 없애면, 방정식은

$$g = G\frac{m_e}{d^2}$$

이고 이는 지표면에서 중력에 의한 가속도는 9.8 m/s^{2}이고, 이는 다른 두 변수(지구의 질량과 지구 중심까지의 거리)가 상수이므로, 상수이다. m이 소거되었기 때문에 여러분은 물체의 질량이 자유낙하에 영향을 주지 않는다는 것을 안다. 모든 물체는 그들의 질량이 무엇이건 간에 같은 비율의 같은 가속도로 떨어진다.

예제 2.19는 중력에 의한 가속도 g가 약 9.8 m/s^{2}임을 보여주고, 실질적으로 지표면에서 짧은 거리만큼 떨어진 곳에서는 상수임을 보여준다. 그러나 뉴턴의 중력 법칙은 역제곱 법칙이다. 이것은 거리를 두 배로 하면 힘은 $1/(2)^2$, 즉 1/4만큼이 된다는 뜻이다. 만약 거리를 3배로 하면 힘은 $1/(3)^2$, 즉 1/9크기가 된다. 다르게 말하면, 중력 끌림 힘과 g는 지구 중심에서의 거리의 제곱에 반비례하게 감소한다. 몇몇 거리에 대하여 그림 2.28에서 물체의 무게와 g값을 나타내었다. 70.0 kg인 사람에 대해서 예제 2.19와 비슷한 문제 풀이로 그림 2.28에 주어진 값을 검토할 수 있다. 사실, g값을 이미 알고 있기 때문에 심지어 지구의 질량도 계산할 수 있을 것이다.

예제 2.19에서 발견할 수 있는 논증과 비슷한 논증을 사용하여, 뉴턴은 달의 지구로 향하는 가속도, 0.0027 m/s^{2}을 계산할 수 있었다. 달은 지구로 떨어지고 있는데, 그것은 중력 끌림 힘에 의해 가속되기 때문이다. 이 인력은 제1법칙이 예측하는 대로 달이 직선 경로를 따르는 것을 막는 구심력(centripetal force)으로 작용한다. 따라서 달의 가속도는 달이 지구 주위의 거의 원 궤도를 유지하도록 한다. 그림 2.29는 그것이 하듯이 위치 B로 떨어지는 것 대신에 직선 경로를 따라간다면 위치

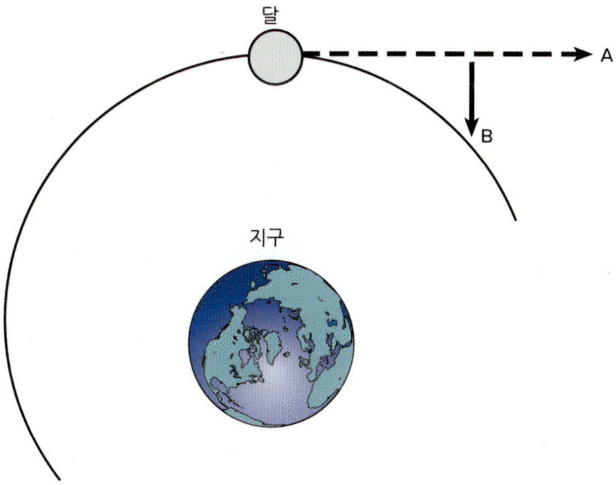

그림 2.29 중력 끌림은 달이 위치 A로 그은 접선으로 나타난 직선 경로를 따르지 않게 하는 구심력으로 작용한다. 달은 중력(0.0027 m/s^2)에 의해 위치 B로 잡아당겨지고, 따라서 점선에서 위치 B로의 거리만큼 지구를 향해 떨어지며, 결과적으로 원형 경로를 만든다. 이에 더하여, 이 법칙은 지구, 달, 행성, 태양의 질량을 계산하는 방법을 제공한다. 뉴턴의 중력 법칙, 운동 법칙, 수학에 관한 연구는 다음 두 세기의 대부분의 물리와 기술의 기반을 형성하였고, 또한 일상 경험의 세계를 정확히 기술하였다.

A에 있을 것이라고 보여준다. 따라서 달은 지구 주위에서 떨어지는 것이다. 뉴턴은 달을 그것의 궤도에 유지시키는 것이 중력이라는 증거로 달의 운동을 정량적으로 분석할 수 있었다. 중력 법칙은 태양, 다른 행성, 종국에는 우주로 확장되었다. 행성들 사이의 관측된 관계에 대해 양적인 예측은 모든 물체가 같은 중력 법칙을 지킨다는 강한 증거였다.

예제 2.19

지구 중심에서 지구 표면까지의 거리는 약 6,400 km이다. 만약, 지구의 질량이 6.0×10^{24} kg이라면, 중력에 의한 가속도는 지표면 근처에서 얼마인가?

$G = 6.67 \times 10^{-11}\ \mathrm{N \cdot m^2/kg^2}$

$m_e = 6.0 \times 10^{24}\ \mathrm{kg}$

$d = 6{,}400\ \mathrm{km}\ (6.4 \times 10^6\ \mathrm{m})$

$g = ?$

$$g = \frac{Gm_e}{d^2}$$

$$= \frac{(6.67 \times 10^{-11}\ \mathrm{N \cdot m^2/kg^2})(6.0 \times 10^{24}\mathrm{kg})}{(6.4 \times 10^6\ \mathrm{m})^2}$$

$$= \frac{(6.67 \times 10^{-11})(6.0 \times 10^{24})}{4.1 \times 10^{13}} \frac{\frac{\mathrm{N \cdot \cancel{m^2} \cdot \cancel{kg}}}{\cancel{kg^2}}}{\cancel{m^2}}$$

$$= \frac{4.0 \times 10^{14}}{4.1 \times 10^{13}} \frac{\frac{\mathrm{kg \cdot m}}{\mathrm{s^2}}}{\mathrm{kg}}$$

$$= \boxed{9.8\ \mathrm{m/s^2}}$$

(참고: 단위 계산에서, 뉴턴이 $\mathrm{kg \cdot m/s^2}$임을 기억하라.)

예제 2.20

만약 지구가 덜 빽빽하다면 g값은 어떻게 될 것인가? (예를 들어 같은 질량이고 반경이 두 배일 경우)
(답: $g = 2.4\ \text{m/s}^2$)

지구의 위성

그림 2.30에서 보듯이 지구는 둥글고 거의 구형이다. 우주에서 찍은 사진에서 그 곡률은 분명하지만, 지구가 워낙 크기 때문에 표면에서는 그리 분명해 보이지 않는다. 그러나 지표면에서도 먼 거리를 가려지지 않는 시각으로 보는 곳에서는 그러한 곡률의 증거를 볼 수 있다. 예를 들어, 높은 배는 멀리 나갈수록 수평선에서 가라앉는 것으로 보이는데, 이는 배가 여러분의 시각선의 아래로 지구의 곡률을 따라가는 것이다. 지표면은 여러분의 시야에서 구부려져 멀어지고, 표면에 접한 어떤 직선도 8 km마다 약 4.9 m씩의 비율로 떨어진다(5마일마다 16 ft). 이것은 8 km 떨어진 배는 수평선에서 5 m 정도 아래로 떨어진다는 의미이고 5 m보다 작은 모든 것은 이 거리에서 수평선 아래로 보이지 않게 될 것이다.

떨어지는 물체가 지표면으로 평균값이 9.8 m/s²인 g로 가속한다는 것을 기억하라. 공기 저항을 무시하면, 떨어지는 물체는 1초가 지날 때 9.8 m/s의 속력을 가질 것이고 4.9 m의 거리만큼 떨어질 것이다. 만약 왜 물체가 1초 동안 9.8 m만큼 떨어지지 않았는가 궁금하다면 물체가 처음 속도 0으로 시작했고 마지막 순간에만 9.8 m/s의 속력을 갖는다는 것을 기억하라. 처음과 나중 속력의 평균은 4.9 m/s이다. 1초 동안의 시간 간격 동안 평균 속력 4.9 m/s는 결과적으로 4.9 m의 거리를 지난다.

뉴턴이 지구 주위의 궤도로 인공위성을 어떻게 올려놓을지 기술한 첫 번째 사람이라는 것을 아는가? 그러나 그는 로켓을 논의한 것이 아니라, 《프린키피아》에서 대포알을 어떻게 궤도에 올려놓을 것인가를 기술하였다. 그는 산꼭대기에서 어떻게 충분한 속력으로 똑바로 쏜 대포알이 지구 주

그림 2.30 우주에서 보면, 이 사진은 지구가 거의 구형임을 보여준다. 출처: ©NASA/NOAA/GSFC/Suomi NPP/VIIRS/Norman Kuring

자세히 알아보기

중력 문제

중력은 지구 주위의 궤도에 있는 우주선에 있는 우주인들에게 작용한다. 중력은 우주인과 우주선에 작용하고 있기 때문에 제로 중력(zero gravity)이라는 말은 실제 일어나고 있는 것에 대한 정확한 기술은 아니다. 우주인, 우주선, 그리고 그 안의 모든 것들은 겉보기 무중력(apparent weightless)을 경험하고 있는데, 그것은 그들이 계속 지표면을 향해 떨어지고 있기 때문이다. 모든 것이 함께 떨어지고 있기 때문에 모든 것이 둥둥 떠 있는 것처럼 보인다. 그러나, 엄밀하게 말하면, 모든 것은 여전히 무게를 가지고 있는데, 무게란 어떤 물체에 작용하는 중력의 힘으로 정의되기 때문이다($w = mg$).

그러나, 무중력이 겉보기이건 실재하건 간에 사람들에게 미치는 영향은 동일하다. 긴 시간을 둔 궤도 유영은 인간의 몸이 무중력의 효과로부터 변한다는 증거를 제공한다. 뼈들은 칼슘과 다른 미네랄을 잃고, 심장은 더 작아지게 수축하고, 다리 근육은 너무 수축되어 오랜 유영은 우주인이 지표면으로 돌아올 때 걷지 못할 정도이다. 이러한 변화는 지구상에서 인간이 중력에 지속적으로 영향을 받고 있기 때문에 일어난다. 뼈의 본성이나 근육의 힘은 얼마나 몸이 이런 힘에 반응하는가에 의해 결정된다. 강한 뼈와 근육을 유지하는 대사 경로와 생리적 과정들이 특정한 중력에 대처해야 하는 동안에 진화했다. 갑자기 우리가 중력 차이가 많이 나는 곳에 있게 되면 이러한 과정들은 약화된 계의 결과를 가져온다. 우리가 다른 중력이 있는 행성에서 산다면 그 행성의 중력에 적응된 근육과 뼈를 가지게 될 것이다. 많은 종류의 기관들이 어떻게 그 계가 중력없이 작동하는지 보다 잘 이해하기 위해서 우주에서의 실험에 사용되었다.

오랜 무중력에 관련된 문제는 장기간의 무중력 비행을 수행하기 전에 반드시 행해져야 한다. 이들 문제에 대한 한 가지 해법은 크고 일정하게 돌아가는 우주선일지도 모른다. 우주인은 직선에서 움직이는 경향이 있고, 돌아가는 면(즉 바닥)이 그들을 곡선 경로로 가게 힘을 작용할 것이다. 이 힘은 인공 중력의 역할을 할 것이다.

위의 궤도로 갈 것인가를 기술하였다. 만약 그것이 충분한 속력보다 작다면, 이전에 논의하였듯이 그것은 포사체 운동의 경로를 따라 지구로 되돌아 올 것이다. 궤도로 들어가려면 얼마의 속력이 필요한가? 지구는 표면에 접하는 선으로부터 매 8 km마다 4.9 m 만큼 구부려져 있다. 정지한 위치에서 떨어지는 어떤 물체도 처음 1초 동안 4.9 m의 거리만큼 떨어질 것이다. 따라서 산꼭대기에서 8 km/s의 속력(약 18,000 mi/h, 또는 5 mi/s)으로 똑바로 쏜 대포알은 처음 1초 동안 4.9 m만큼 떨어질 것이다. 그런데, 지표면 또한 떨어지는 대포알 아래로 구부러져 멀어질 것이다. 따라서 대포알은 계속 수평으로 이동하고 있는 셈이고, 1초 전에 표면에서 떨어져 있는 것보다 지표면으로 전혀 가까이 가지 못했다. 다음 1초 동안 4.9 m를 떨어지는 동안 8 km거리에 있는 표면은 또 4.9 m만큼 구부러져 멀어진다. 이것은 계속 반복되어 대포알은 표면 위에서 항상 같은 거리를 유지하며, 이것은 궤도를 도는 인공위성(artificial satellite)이라고 부른다. 위성은 지구가 위성으로부터 계속 구부러져 멀어지므로 지표면으로 계속 떨어지는 한 어떤 엔진이나 추진도 필요로 하지 않는다.

오늘날, 하나의 로켓이나 여러 로켓에 의해서 인공위성은 대기의 공기 마찰 위로 수평을 향하기 전에 320 km 이상의 고도로(200 마일) 올라간다. 위성은 정확한 접선 방향 속력을 주기 위해 궤도로 주입된다. 이것은 적어도 궤도 속력이 8 km/s(5 mi/s)를 얻는다는 것을 의미하는데, 11 km/s(7 mi/s)보다는 작다. 8 km/s보다 작은 속력에서는 위성은 포물선 경로로 표면으로 다시 떨어진다. 11 km/s보다 큰 속력에서는 위성은 표면이 구부러져 멀어지는 것보다 빠르게 움직여서 지구로부터 탈출하여 우주로 날아갈 것이다. 그러나 정확한 접선 속력을 가지고, 대기와 공기 마찰 위면, 위성

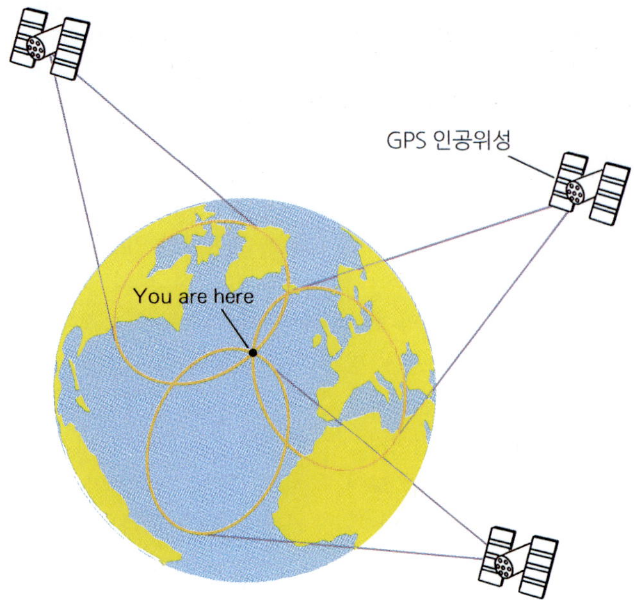

그림 2.31 전지구 위치 시스템(GPS)에서는, 위성들 편대 각각이 암호화된 전파를 보내서 지상의 수신기가 우주에 있는 위성의 정확한 위치와 수신기로부터의 정확한 거리를 결정하게 해준다. 이 정보가 주어지면, 수신기에 있는 컴퓨터가 수신기가 놓여 있어야 하는 지구 표면의 원을 계산한다. 3개의 위성으로부터 온 자료로부터 3개의 원을 얻으면, 수신기는 세 원이 교차하는 한 점에 위치하는 것이 틀림없다.

은 어떤 더 이상의 추진도 필요로 하지 않으면서 오랫동안 원 궤도를 따라 갈 수 있다. 8 km/s (5 mi/s) 이상의 궤도 진입 속력은 원 궤도가 아닌 타원 궤도의 결과를 가져 온다.

위성은 대기권 바깥 근처, 지구에는 가깝고 위성의 속력을 줄일 수 있는 공기 마찰 바깥에서 궤도로 주입될 수 있다. 또한 위성은 지구에서 먼 곳에서 궤도로 주입될 수 있는데, 여기서는 한 주기를 도는 데 더 많은 시간이 걸린다. 대기의 바깥 경계 근처에서, 즉 표면에 더 가까운 곳에서 — 위성은 지구를 도는 데 90분이 걸린다. 반면, 달과 같이 먼 위성은 지구를 한 바퀴 도는 데 28일보다 조금 적게 걸린다. 고도 36,000 km(22,000 마일보다 조금 더 먼)인 위성은 하루의 주기를 갖는다. 적도 위의 적당한 위치에 있는 그러한 위성은 **정지 위성(geosynchronous satellite)**이라고 불리는데, 이는 지구와 같이 돌면서 하늘에서 움직이지 않기 때문이다(그림 2.31). 기상 예보에서 보는 구름 사진은 하나 또는 그 이상의 정지 기상 위성에서 찍은 것이다. 이러한 정지 위성 중 하나의 위치를 알아내는 방법은 뒷마당의 위성 안테나가 텔레비전 신호를 잡는 방향을 향하게 하는 것이다.

무중력

뉴스 사진은 때때로 우주인이 스페이스 셔틀 속이나, 위성 곁에서 둥둥 떠다니는 것을 보여준다(그림 2.32). 이러한 우주인들은 무중력 상태인 것으로 보이지만, 기술적으로는 자유 낙하하는 스카이다이버나 떨어지는 엘리베이터에 있는 사람과 다를 것이 없다. 무게는 중력, 즉 지구와 물체 사이의 중력 끌림의 척도인 것을 기억하라(mg). 커피 한 잔의 무게를 예로 들면, 컵을 저울에 놓아 측정할 수 있다. 커피 컵이 저울에 작용하는 힘이 그것의 무게이다. 또한 컵이 가속하지 않기 때문에, 즉 알짜 힘이 0이기 때문에 저울이 커피 컵을 다시 민다는 것을 알고 있다.

이제 스카이다이버가 자유 낙하 중에 커피를 컵에 따르려고 할 때 무슨 일이 벌어질지 생각해 보

그림 2.32 궤도를 도는 우주 정거장에 있는 우주인은 무중력 상태인 것처럼 보인다. 그러나, 기술적으로 자유 낙하하는 스카이다이버나, 지표면이나 그 근처에서 떨어지는 엘리베이터에 있는 사람보다 더 무중력 상태에 있다고는 할 수 없다.

라. 공기 저항을 무시한다고 해도, 스카이다이버에게 매우 어려운 일이 될 것이다. 커피, 컵, 스카이다이버 모두 함께 떨어지는데, 중력은 커피를 아래쪽으로 당기도록 작용하고 있다. 또한 그 아래 있는 컵도 같은 비율로 당기고 있다. 커피, 컵, 스카이다이버는 모두 함께 떨어지고, 스카이다이버는 커피가 얼룩같이 둥둥 떠 있는 것처럼 보인다. 만약 다이버가 컵을 놔버린다면 모든 것이 계속 같이 떨어지기 때문에 그것 또한 둥둥 떠 있는 것처럼 보일 것이다. 그러나 이것은 모두 겉보기 무중력 상태이다. 왜냐하면 중력이 모든 것에 여전히 작용하고 있기 때문이다. 커피, 컵, 스카이다이버는 그들이 모두 g로 가속되고 있기 때문에 무중력인 것처럼 보인다.

궤도에 있는 우주인들은 자유 낙하의 상태에 있으며, 스카이다이버와 같이 지구로 떨어지고 있어서, 그들 또한 겉보기에 무중력 상태를 겪는다. 진정한 무중력을 경험하고 싶다면, 우주인은 지구와 그 중력장, 다른 행성의 중력장으로부터 멀리 가야 할 것이다.

개념 활용

겉보기 무중력 상태

날카로운 펜을 이용하여 스티로폼 컵 아래에 조그만 구멍을 만들어라. 구멍은 얇은 물 흐름이 컵으로부터 흐를 만큼은 커야 하고, 그 흐름이 3, 4초 유지될 만큼 작아야 한다. 개수대에서 물의 흐름을 검증하시오.

물을 채우는 동안 손가락을 컵의 구멍에 대고 있어라. 사다리나 바깥의 계단에 서서 컵을 팔 길이만큼 뻗어 들고 있는다. 손가락을 움직여 물의 흐름이 컵에서 나오게 만들고, 동시에 컵을 떨어뜨린다. 컵이 떨어지는 동안 물의 흐름에 무슨 일이 일어나는지 관찰하고 여러분이 관찰한 것을 설명하시오. 또한 만약 여러분이 컵과 같이 떨어지고 있다면, 무엇을 보게 될지 예측해 보시오.

과학 인물

아이작 뉴턴(1642-1727)

아이작 뉴턴은 생존했던 가장 위대한 과학자들 중 한 명으로 여겨지는 영국의 물리학자이다. 그는 그의 이름을 포함하는 세 가지 운동 법칙을 발견하였고, 중력을 처음으로 발견한 사람으로서, 질량, 무게, 힘, 관성, 가속도의 본질을 명확하게 정의하였다. 그를 기념하여, 힘의 국제단위계 단위는 뉴턴이라고 불린다. 뉴턴은 또한 빛에 대한 근원적인 발견을 하였는데, 백색광이 색의 스펙트럼으로 구성되어 있다는 것을 발견하였고, 반사 망원경도 발명하였다.

뉴턴은 1643년 1월 4일에 태어났다(오늘날의 달력에 따르면). 그는 그의 아버지가 돌아간 직후 미숙아인 아픈 아이로 태어났고, 그가 살게 될지 기대되지 않았다. 그가 3살일 때, 그의 어머니는 재혼하였고, 어린 뉴턴은 할머니의 보살핌에 남겨졌다. 그는 곧 기계적인 물건들, 물시계, 불타는 랜턴을 지닌 연, 생쥐에 의해 에너지를 얻는 모형, 또한 수많은 그림과 다이어그램 같은 것에서 피난처를 찾았다. 뉴턴이 12살이 되던 해, 그의 어머니는 그를 농부로 만들고자 학교에서 빼냈다. 운이 좋게도 그의 삼촌이 뉴턴의 능력을 알아보고, 그를 대학 진학 준비를 위해 학교로 다시 돌려보냈다.

뉴턴은 캠브리지의 트리니티 칼리지에 입학하여 1665년 대학이 흑사병으로 문을 닫았던 같은 해 졸업했다. 뉴턴은 흑사병이 잠잠해질 때까지 어린 시절의 농장으로 돌아와 가끔씩 캠브리지를 방문했다. 이 시기에 그는 처음으로 프리즘 실험을 행하였고, 운동과 중력에 대해 생각하였다.

뉴턴은 흑사병이 끝나고 캠브리지에서 학업으로 돌아와 1668년에 석사 학위를 받고, 겨우 26세의 나이로 교수가 되었다. 뉴턴은 거의 30년 동안 캠브리지에 남았고, 런던의 왕립학회를 통하여 지도적 위치의 과학자들과 서신을 교환하며 자주 접촉하기는 했지만 대부분 혼자 연구하였다. 이때가 뉴턴의 가장 풍요로운 나날들이었다. 그는 밤낮으로 일했고 사고하고 계산으로 아이디어들을 검증하였다.

캠브리지에서 그는 그의 가장 위대한 업적으로 기술되는《자연철학의 수학적 원리》를 완성하였다. 이것은 1686년 왕립 학회에 제시되었는데, 결국 자금 부족으로 출판은 포기하였다. 부자이자, 뉴턴의 친구였던 천문학자 에드먼드 할리(1656-1742)가 1687년《프린키피아》의 출판비용을 지불하였다. 그 책에 뉴턴은 그의 운동 법칙과 만유인력의 법칙을 드러냈다.

뉴턴의 가장 위대한 업적은 과학적 원리가 보편적 응용성을 가진다는 것을 보여준 것이다.《프린키피아》에서 그는 실험의 증거를 세우고, 여전히 일반적인 유효성을 가지는 우주의 모형을 개발하려는 관찰을 세웠다. "만약 내가 다른 사람보다 더 멀리 보았다면," 그는 한번 이렇게 말했다. "그것은 내가 거인들의 어깨 위에 섰기 때문이다." 그리고 뉴턴은 그의 선구자들의 지식을 명민하게 합성하여 함께 가져올 수 있었다.

어떤 지식도 전부가 될 수 없지만, 뉴턴의 예는 실제로 강력한 조사와 발견의 기폭제가 되었다. 그는 이렇게 말할 때 아마도 예견했을 것이다. "내 자신에게는 내가 거대한 진실의 바다가 발견되지 않은 채 내 앞에 놓여있는데, 바닷가에서 평범하지 않은 매끄러운 조약돌과 더 예쁜 조개껍질을 때때로 발견하며 여기저기 뛰어 노는 소년과 같은 것처럼 보인다."

자연의 움직임에 대한 비범한 통찰과 그것의 비밀과 싸운 끈기와 가능한 원리적이고 간결하게 그것들을 드러내면서, 뉴턴은 과학의 거장으로 선다. 물리학에서는 오직 아르키메데스(기원전 287-212)와 알버트 아인슈타인(1879-1955)만이 그와 비교할만한 이러한 능력을 지녔다.

출처: 허친슨 과학 전기사전(Hutchinson Dictionary of Scientific Biography에서 수정. 헬리콘 출판사(Helicon Publishing)는 리서치 머신(Research Machines) 회사의 한 부문이다.

요약

운동은 속력, 속도, 가속도로 측정될 수 있다. 속력은 무엇인가가 얼마나 빠르게 움직이고 있는가의 척도이다. 그것은 물체가 두 장소를 이동하는 동안 흐른 시간에 대한 두 장소 사이에 이동한 거리의 비율이다. 평균 속도란 어떤 시간 동안에 이동한 거리를 고려하는데 반해, 순간 속력이란 어떤 특정 순간의 속력이다. 속도는 움직이는 물체의 속력과 방향의 척도이다. 가속도는 어떤 시간 동안 속도의 변화량이다.

힘은 물체의 운동을 바꿀 수 있는 밀어냄이나 당김이다. 알짜 힘은 어떤 물체에 작용하는 모든 힘을 더한 것이다.

갈릴레오는 지속적으로 작용하는 힘이 운동에 꼭 필요한 것이 아니라고 결정했고 관성의 개념을 정의하였다. 물체는 알짜 힘이 없을 때 운동을 바꾸지 않도록 유지한다. 갈릴레오는 또한 지표면으로 떨어지는 물체는 그 물체의 무게와 상관없이 가속된다는 것을 결정하였다. 그는 중력에 의한 가속도, g가 9.8 m/s^2(32 ft/s^2)임을 발견하였고, 물체가 떨어진 거리는 자유 낙하하는 시간의 제곱에 비례함을 알아내었다($d \propto t^2$).

복합 운동은 물체가 공기 중으로 던져졌을 때 일어난다. 복합 운동은 운동을 수직, 수평 부분으로 나누어서 기술할 수 있다. 중력에 의한 가속도, g는 항상 작용하는 일정한 양이고, 물체가 가진 어떤 운동에 관계없이 작용한다. 따라서 수평에 대해 어떤 각으로 던져진 물체의 경로는 포물선이다.

뉴턴의 운동 제1법칙은 알짜 힘이 없는 물체의 운동과 관련된다. 관성의 법칙이라고도 알려져 있는 제1법칙은 어떤 물체는 알짜 힘이 작용하지 않는 한 직선 운동(또는 정지한 상태) 상태를 유지하려고 한다고 진술한다.

뉴턴의 운동 제2법칙은 알짜 힘, 질량, 가속도의 관계를 기술한다. 1뉴턴은 1.0 kg의 질량에 1.0 m/s^{2}의 가속도를 주는 데 필요한 힘이다.

무게는 지구의 중력으로부터 나오는 물체의 질량에 작용하는 아래 방향의 힘이다. 무게는 미터법에서는 뉴턴으로 측정되고 영국식 단위계에서는 파운드로 재어진다.

뉴턴의 운동 제3법칙은 힘은 서로 다른 두 물체의 상호작용으로 생성된다고 진술한다. 이러한 힘들은 항상 쌍으로 일어나고, 크기는 같고 방향은 반대이다.

운동량은 물체의 질량과 그것의 속도의 곱이다. 외부의 힘이 없을 때, 상호작용하는 집단의 운동량은 항상 같게 유지된다. 이 관계는 운동량 보존 법칙이다. 충격량은 힘과 작용하는 시간의 곱과 같은 운동량의 변화량이다.

원 운동 하는 물체는 직선 운동을 하고 있지 않으므로 반드시 그것에 작용하는 힘이 있어야 한다. 물체를 직선 경로에서 벗어나도록 끄는 힘은 구심력이라고 한다. 물체를 원 경로로 유지시키는 데 필요한 구심력은 물체의 질량, 속도, 원의 반지름에 의존한다.

만유인력 법칙은 두 물체의 질량, 물체 사이의 거리, 비례상수 사이의 관계이다. 뉴턴은 이 관계를 이용해 중력 끌림이 달을 그 궤도에 있도록 하는 구심력을 제공하는 것을 보였다.

방정식 요약

2.1 $$\text{평균 속력} = \frac{\text{거리}}{\text{시간}}$$

$$\bar{v} = \frac{d}{t}$$

2.2 $$\text{가속도} = \frac{\text{속도의 변화}}{\text{시간}}$$

$$\text{가속도} = \frac{\text{나중 속도} - \text{처음 속도}}{\text{시간}}$$

$$a = \frac{v_f - v_i}{t}$$

2.3 $$\text{평균 가속도} = \frac{\text{나중 속도} + \text{처음 속도}}{2}$$

$$\bar{v} = \frac{v_f + v_i}{2}$$

2.4 $$\text{거리} = \frac{1}{2}(\text{가속도})(\text{시간})^2$$

$$d = \frac{1}{2}at^2$$

2.5 $$\text{힘} = \text{질량} \times \text{가속도}$$

$$F = ma$$

2.6 $$\text{무게} = \text{질량} \times \text{중력에 의한 가속도}$$

$$w = mg$$

2.7 $$\text{물체 A에 미치는 힘} = \text{물체 B에 미치는 힘}$$

$$F_{\text{A due to B}} = F_{\text{B due to A}}$$

2.8 $$\text{운동량} = \text{질량} \times \text{속도}$$

$$p = mv$$

2.9 $$\text{운동량의 변화량} = \text{힘} \times \text{시간}$$

$$\Delta p = Ft$$

2.10 $$\text{구심 가속도} = \frac{\text{속도의 제곱}}{\text{원의 반지름}}$$

$$a_c = \frac{v^2}{r}$$

2.11 $$구심력 = \frac{질량 \times 속도의\ 제곱}{원의\ 반지름}$$

$$F = \frac{mv^2}{r}$$

2.12 $$중력 = 상수 \times \frac{질량\ 1 \times 질량\ 2}{거리의\ 제곱}$$

$$F = G\frac{m_1 m_2}{d^2}$$

핵심 용어

가속도 (46쪽)
관성 (54쪽)
구심력 (78쪽)
기본적인 힘 (51쪽)
뉴턴 (67쪽)
만유인력의 법칙 (80쪽)
속도 (45쪽)
속력 (42쪽)
알짜 힘 (51쪽)
운동 제1법칙 (64쪽)
운동 제2법칙 (65쪽)
운동 제3법칙 (70쪽)
운동량 (74쪽)
운동량 보존 법칙 (74쪽)
원심력 (78쪽)
자유 낙하 (56쪽)
정지 위성 (86쪽)
질량 (69쪽)
충격량 (76쪽)
힘 (51쪽)
g (84쪽)

개념 적용

1. 어떤 시간 동안 이동한 직선 거리는 물체의 ____를 기술한다.
   a. 속력
   b. 속도
   c. 가속도
   d. 위의 어떤 것도 답이 될 수 있음
2. 특정한 방향으로 어떤 물체가 얼마나 빠르게 움직이고 있는가는 ____로 기술한다.
   a. 속력
   b. 속도
   c. 가속도
   d. 위에는 답이 없음
3. 물체가 ____ 상황일 때, 가속도가 일어난다.
   a. 속력 증가
   b. 속력 감소
   c. 이동 방향이 바뀜
   d. 위의 어떤 것도 답이 될 수 있음
4. 운전자가 브레이크를 밟았을 때, 60 km/h로 달리는 자동차는 10초 후에 정지하였다. 이 상황에서 60 km/h는 무엇을 표현하는가?
   a. 평균 속력
   b. 마지막 속력
   c. 처음 속력
   d. 일정한 속력
5. 운전자가 브레이크를 밟았을 때, 60 km/h로 달리는 자동차는 10초 후에 정지하였다. 이 상황에서 마지막 속력은 얼마인가?
   a. 60 km/h
   b. 0 km/h
   c. 0.017 km/s
   d. 0.17 km/s
6. 갈릴레오에 따르면, 반대하는 마찰이나 다른 반대하는 힘이 없는 물체는
   a. 일정한 속력으로 계속 움직이게 하기 위해서 일정한 힘이 필요하다.
   b. 점점 커지는 힘이 필요하다. 그렇지 않으면 자연적으로 감속하여 완전히 멈추게 된다.
   c. 일정 속력으로 움직임을 유지한다.
   d. 점진적인 가속도를 경험한다.
7. 자유 낙하에서는, 물체가 ____를 갖는다.
   a. 일정한 속도
   b. 일정한 가속도
   c. 증가하는 가속도
   d. 감소하는 가속도
8. 라켓으로부터 수평과 어떤 각도로 윗쪽으로 공이 움직이도록 테니스 공을 쳤더니 포물선 경로를 따라 지표면으로 다시 돌아왔다. 공이 이 경로를 따라 움직이는 동안
   a. 수평 방향 속력은 일정하다.
   b. 수직 방향 속력은 일정하다.
   c. 수평 방향, 수직 방향 속력 모두 일정하다.
   d. 수평 방향, 수직 방향 속력 모두 변한다.
9. 5 m/s^2라는 양은 ____를 측정한 것이다.
   a. 미터법 면적
   b. 가속도
   c. 속력
   d. 속도
10. 자동차는 가속을 발생시키게 하는 장치가 몇 개 있는가?

a. 없다.
b. 하나
c. 둘
d. 셋 또는 그 이상

11. 공기 저항을 무시하면, 지표면으로 떨어지는 물체는 ____ 속도를 갖는다.
a. 일정한
b. 증가하는
c. 감소하는
d. 순간적으로 얻어지나, 물체의 무게에 의존하는

12. 공기 저항을 무시하면, 지표면으로 떨어지는 물체는 ____ 가속도를 갖는다.
a. 일정한
b. 증가하는
c. 감소하는
d. 물체의 무게에 의존하는

13. 두 물체가 같은 높이에서 동시에 놓아진다. 한 물체는 다른 물체의 두 배의 무게를 갖는다. 공기 저항을 무시하면, ____.
a. 무거운 물체가 먼저 땅에 닿는다.
b. 가벼운 물체가 먼저 땅에 닿는다.
c. 동시에 둘 다 땅에 닿는다.
d. 누가 먼저 도착할지는 떨어진 거리에 의존하다.

14. 바닥을 건너 굴러가는 공은 감속되어 멈추는 데 그 이유는
a. 공에 작용하는 알짜 힘이 있다.
b. 공을 움직이게 만들었던 힘이 닳아 버린다.
c. 힘이 균형을 이룬다.
d. 알짜 힘이 0과 같다.

15. 순간 속력과 평균 속력이 기본적인 차이는
a. 순간 속도는 항상 평균 속도보다 빠르다.
b. 평균 속력은 여행의 모든 시간에 걸쳐 이동한 전체 거리에 해당한다.
c. 평균 속력은 두 개의 순간 속력을 더하고 2로 나눈 것이다.
d. 마지막 순간 속도는 항상 가장 빠른 속력이다.

16. 물체의 운동에 있어서 어떤 변화라도 가속도를 유발하는가?
a. 그렇다.
b. 아니다.
c. 변화의 종류에 따라 다르다.

17. 여러분이 캠퍼스로 이동할 때 얼마나 속력이 빠르게 변하는지의 척도는 ____의 척도이다.
a. 속도
b. 평균 속력
c. 가속도
d. 처음 속력과 마지막 속력의 차이

18. 수평인 일직선에서 일정한 속도로 자전거의 페달을 밟을 때, 여러분과 자전거에 미치는 힘들을 고려하여라.
a. 여러분이 페달에 작용하는 힘은 저항력보다 크다
b. 모든 힘은 균형을 이루어, 알짜 힘은 0과 같다.
c. 공기와 타이어 마찰의 저항력은 여러분이 작용하는 힘보다 작다.
d. 저항력은 여러분이 작용하는 힘보다 크다.

19. 뉴턴의 운동 제1법칙은
a. 움직이거나 정지한 물체가 운동 상태의 변화에 저항하는 경향을 기술한다.
b. 작용하는 힘, 질량, 그 힘으로부터 생겨나는 결과적인 운동의 변화 사이의 관계를 기술한다.
c. 어떻게 주어진 쌍에서 힘들이 항상 일어나는지 기술한다.
d. 위에서는 답이 없다.

20. 움직이지 않는 셔틀 버스에 의지하는 것 없이 서있다. 셔틀 버스가 앞으로 급하게 움직이기 시작할 때,
a. 지표면에서 앞으로 움직임에 때라 셔틀의 뒤쪽으로 움직이게 된다.
b. 여러분 아래의 셔틀 버스가 앞으로 움직임에 따라 지표면의 한 곳에 머무른다.
c. 셔틀 버스와 함께 움직인다.
d. 셔틀 버스의 옆 방향으로 힘을 느낀다.

21. 질량은 킬로그램으로 재어지는데, 이것은 ____을/를 재는 것이다.
a. 무게
b. 힘
c. 관성
d. 물질의 양

22. 무게를 재는 것을 표현하는 데 쓰이는 미터법 단위는?
a. kg
b. J
c. N
d. m/s^2

23. 뉴턴의 운동 제3법칙은 쌍으로 일어나는 힘은 서로 다른 두 물체 사이에 반대 방향으로 작용한다고 진술한다. 이것은 ____ 일어난다.
a. 드물게
b. 가끔씩
c. 자주 일어나지만 항상 일어나지는 않게
d. 두 물체가 상호작용할 때는 항상

24. 주어진 질량의 어떤 문제에 대해 균형이 깨진 힘을 두 배로 하면 가속도는 ____가(이) 된다.

a. 두 배
b. 네 배
c. 1/2배
d. 1/4배

25. 일정한 균형이 깨진 힘을 받는 카트의 질량이 두 배가 되면, 가속도는 ____가 된다.
a. 두 배
b. 네 배
c. 1/2배
d. 1/4배

26. 궤도를 도는 위성의 중심에서 지구 중심까지의 거리를 두 배로 하면, 위성에 대한 지구의 중력 인력의 변화는 어떻게 되는가?
a. 1/2배
b. 1/4배
c. 두 배가 된다.
d. 네 배가 된다.

27. 끈에 매달려 원을 도는 공이 두 배로 속력이 빨라지면, 끈에 작용하는 힘은 ____가 된다.
a. 두 배
b. 네 배
c. 1/2배
d. 1/4배

28. 끈에 매달려 원을 도는 공이 있다. 끈의 길이가 두 배가 되었다. 같은 속력일 때, 끈에 작용하는 힘은 ____가 된다.
a. 두 배
b. 네 배
c. 1/2배
d. 1/4배

29. 움직이는 스쿠터의 질량이 두 배가 되고, 속도도 두 배가 되었다고 하자. 결과적으로 운동량은 ____가 된다.
a. 1/2배
b. 두 배
c. 네 배
d. 동일한 크기

30. 두 개의 동일한 달이 각각 동일한 원 궤도에서 움직인다. 그런데 한쪽 달이 다른 달보다 속력이 두 배이다. 느린 달에 비해서 빠른 달에 작용하는 구심력은 ____이다.
a. 두 배
b. 1/2배
c. 네 배
d. 1/4배

31. 골프 티에서 공을 칠 때, 골프공과 골프채 중 운동량의 변화가 더 큰 것은?
a. 공
b. 골프채
c. 크기는 같은데 방향은 정반대이다.
d. 얼마나 빨리 채를 휘둘렀나에 따라 달라진다.

32. 뉴턴은 중력 법칙은 ____를 말해준다.
a. 행성들이 태양의 자기장에 의해 이끌린다.
b. 물체들은 오직 지표면상에서만 무게를 갖는다.
c. 우주의 모든 물체는 우주의 모든 다른 물체에 이끌린다.
d. 오직 태양계 내의 물체들은 지구에 이끌린다.

33. 지구 주위를 돌고 있는 우주 정거장에 살고 있는 우주인은 ____.
a. 무중력을 경험한다.
b. 지표면보다 더 무게가 더 나간다.
c. 자유 낙하 상태에 있어서, 겉보기 무중력을 경험한다.
d. 달에 있을 때와 같은 무게가 나간다.

34. 어떤 물체에 작용하는 중력의 힘의 척도는 ____라고 불린다.
a. 중력
b. 무게
c. 질량
d. 가속도

35. 식품 카트와 같이 정지해 있는데, 계산대가 열려 있는 것을 보았다. 짧은 순간 동안 카트에 힘을 작용하여 속력을 얻었다. 마찰을 무시할 때, 같은 속도를 얻기 위해 절반의 힘을 작용하면 얼마 동안 힘을 주어야 하는가?
a. 1/4시간만큼
b. 1/2시간만큼
c. 2시간만큼
d. 4시간만큼

36. 다시 한 번 당신이 식품 카트와 같이 정지해 있다가 짧은 순간 동안 카트에 힘을 작용하여 속력을 얻었다. 더 많은 식료품을 가져와서 식료품과 카트가 그전 무게의 2배가 되었다고 하자. 마찰을 무시할 때, 질량을 두 배로 하면 같은 시간 같은 크기의 힘을 작용했을 때, 결과로 얻는 속력에 미치는 영향은 무엇인가? 새로운 마지막 속력은
a. 1/4배
b. 1/2배
c. 두 배
d. 네 배

37. 식품 카드를 상점 복도에서 일직선으로 일정한 속력으로 움직이고 있다. 이 상황에 대하여 카트에 작용하는 힘은 ____.
a. 균형이 깨져있고, 움직이는 방향이다.

b. 균형되어 있고, 알짜 힘은 0이다.
c. 카트에 작용하고 있는 중력과 같다.
d. 카트의 운동을 방해하는 마찰력보다 크다.

38. 가게 밖에서, 매우 급한 경사로에서 짐이 든 카트를 움직인다. 힘들지만, 손잡이를 잡아 끌어서 카트가 직선상에서 일정한 속력을 유지할 수 있었다. 이 상황에서 카트에 작용하는 힘은 ____.
a. 균형이 깨져있고, 움직이는 방향이다.
b. 균형되어 있고, 알짜 힘은 0이다.
c. 카트에 작용하고 있는 중력과 같다.
d. 카트의 운동을 방해하는 마찰력보다 크다.

39. 공기 저항을 무시하면, 지표면 근처에서 자유 낙하하는 공은 ____를 갖는다.
a. 일정한 속력이고, 일정한 가속도
b. 증가하는 속력과, 증가하는 가속도
c. 증가하는 속력과, 감소하는 가속도
d. 증가하는 속력과, 일정한 가속도

40. 다리 위에서 한 공은 똑바로 위로 던져 졌고, 동시에 다른 공은 앞의 공과 같은 속력으로 아래로 던져졌다. 공기 저항을 무시하면, 어떤 공이 지면에 닿을 때, 더 큰 속력을 갖는가?
a. 위로 던진 공
b. 아래로 던진 공
c. 둘 다 같은 속력을 가진다.

41. 공을 놓은 후, 다리 위에서 위로 던져진 공은 ____의 가속도를 가진다.
a. $9.8\ m/s^2$
b. 0
c. $9.8\ m/s^2$보다 작은
d. $9.8\ m/s^2$보다 큰

42. 나무에 매달린 사과의 중심을 향해 총을 수평으로 겨누었다. 총이 쏘아진 후, 사과는 떨어지고 총알은
a. 사과를 맞춘다.
b. 늦게 도착해서 사과를 놓친다.
c. 일찍 도착해서 사과를 놓친다.
d. 얼마나 총알이 빠른가에 따라서 맞출 수도 있고 못 맞출 수도 있다.

43. 운동 제3법칙에 따르면, 다음 중 어떤 것이 트레일러를 끄는 자동차에 대해 옳은가?
a. 차는 트레일러를 당기고, 트레일러는 차를 같은 크기의 반대 방향 힘으로 당긴다. 따라서 알짜 힘은 0이고, 트레일러는 움직일 수 없다.
b. 둘 다 움직이고 있기 때문에, 트레일러가 차를 끄는 것보다 차가 트레일러를 더 세게 끄는 것을 의미한다.
c. 차에 의한 작용 힘이 트레일러에 의한 반작용 힘보다 빨라서, 그들은 앞으로 움직인다.
d. 차와 트레일러의 작용 반작용 힘은 같지만, 땅과 차 사이의 힘이 그들을 앞으로 이동시킨다.

44. 정면충돌하여 미끄러지지 않고 붙어서 함께 움직이는 작은 스포츠 차와 큰 SUV를 고려하여라. 어떤 차가 충돌하는 동안 더 큰 운동량 변화를 갖는가?
a. 작은 스포츠카
b. 큰 SUV
c. 둘 다 동일할 것이다.

45. 정면충돌하여 미끄러지지 않고 붙어서 함께 움직이는 작은 스포츠 차와 큰 SUV를 고려하여라. 어떤 차가 충돌하는 동안 더 큰 감속을 경험하게 되는가?
a. 작은 스포츠카
b. 큰 SUV
c. 둘 다 동일할 것이다.

46. 공전하는 위성이 지구로부터 10,000 km에서 30,000 km 멀리 이동하였다. 지구와 위성 사이의 중력 인력에 있어서 얼마의 변화를 가져오는가?
a. 변화 없다. 인력은 동일하다.
b. 1/2만큼
c. 1/4만큼
d. 1/9만큼

47. 뉴턴의 중력 법칙은 두 질량의 곱을 고려한다. 왜냐하면
a. 질량이 큰 물체가 질량이 작은 물체를 더 세게 잡아당기기 때문이다.
b. 두 질량이 인력에 동등하게 기여하기 때문이다
c. 작은 질량 전에 큰 질량을 고려하기 때문이다.
d. 거리 관계식이 제곱 반비례 중의 하나이기 때문이다.

[답]

1. a 2. b 3. d 4. c 5. b 6. c 7. b 8. a 9. b 10. d 11. b 12. a 13. c 14. a 15. b 16. a 17. c 18. b 19. a 20. b 21. c 22. c 23. d 24. a 25. c 26. b 27. b 28. c 29. c 30. c 31. c 32. c 33. c 34. b 35. c 36. b 37. b 38. b 39. d 40. c 41. a 42. a 43. d 44. c 45. a 46. d 47. b

개념 문제

1. 버스 안에 있는 곤충이 뒤에서 앞으로 2 m/s로 날아간다. 버스는 직선상에서 20 m/s로 움직이고 있다. 곤충의 속력은 얼마인가?
2. 공기 저항을 무시하고, 공중으로 쏜 총알에 작용하는 모든 힘들을 기술하시오.
3. 중력은 진공에서 작용하는지 설명하시오.
4. 작은 차가 큰 트럭과 같은 운동량을 가질 수 있는지 설명하시오.

5. 마찰력이 없을 때, 1,000 kg의 차가 30분 동안 일정한 운동을 유지하는데, 필요한 알짜 힘을 얼마인가?
6. 모든 작용에는 크기가 같고 방향이 반대인 반작용이 존재하는데, 균형이 깨진 힘이 존재할 수 있는가?
7. 왜 지붕에서 땅으로 뛰어서 땅에 닿을 때, 무릎을 구부려야 하는가?
8. 질량이 일정하게 유지되면서 무게를 바꾸는 것이 가능한지 설명하시오.
9. 태양 주위의 궤도를 움직이는 지구의 속력은 무엇이 유지시키는가?
10. 얼어있는 호수의 얼음 위에 서있고, 마찰이 없다고 하자. 어떻게 얼음에서 나올 수 있겠는가?
(힌트: 마찰은 기어가거나 걸을 때 필요하다. 따라서 그것이 여러분을 얼음에서 빠져나오게 하지는 못한다.)
11. 우주 정거장의 플랫폼에서 로켓이 발사한다. 동일한 로켓이 자유 공간에서 발사한다. 모든 것이 동일하다고 하면, 두 로켓은 같은 가속도를 가지는지 설명하시오.
12. 우주인이 안테나를 조정하기 위해 자유 공간을 움직이는 우주선을 떠난다. 우주선은 움직여서 우주인을 뒤로 하고 떠나는지 설명하시오.

분석 문제

1. 속력과 속도의 중요한 공통점과 차이점은 무엇인가?
2. 속도와 가속도의 중요한 공통점과 차이점은 무엇인가?
3. 뉴턴의 운동 3법칙을 배우기 전과 후의 여러분의 운동에 대한 생각과 논증을 비교하시오.
4. 뉴턴의 중력 법칙은 우주의 모든 물체들은 서로 끌어당긴다는 것을 설명한다. 여러분이 이 법칙을 믿지 않는 사람에게 이 법칙이 정말로 옳다는 것을 설득하는 것처럼 여러분과 이 법칙을 믿지 않는 사람과의 대화를 기술하시오.
5. 여러분의 무게는 한 곳에서 다른 곳으로 이동하면 변화할 수 있는데, 질량은 왜 같은 값을 유지하는가?
6. 뉴턴의 운동 제1법칙은 원심력이 존재하지 않는다는 것을 말해준다는 논증을 평가해 보시오.

탐구 문제

도미노 효과

도미노 효과는 어떤 사건이 비슷한 사건의 연속을 야기할 때 일어난 축적된 효과이다. 실제 도미노에서는 서있는 도미노에 의해 열이 만들어져서 한 줄로 면을 맞대고 서있다. 끝에 있는 도미노가 쓰러지면, 그것은 근처의 도미노로 넘어져서, 그 다음 것으로 넘어지고, 전체 열이 무너질 때까지 반복된다.

어떻게 도미노를 세워야 열이 넘어지는 속도가 최대가 될까? 하나의 도미노가 다음 도미노를 칠 때, 가능한 한 높은 부분을 쳐야 할까? 가운데를 쳐야 할까 아니면 가능한 한 낮은 곳을 쳐야 할까? 만약 여러분이 이 초대를 받아들인다면, 어떻게 도미노 사이의 공간을 띄워야 하고, 속력을 잴지를 결정해야만 한다.

동형 연습문제

A형과 B형 연습문제는 동일한 개념을 포함한다. A형 연습문제에 대한 해답은 부록 E에 있다.
주의: 모든 연습문제에서 마찰력을 무시하시오.

A형

1. 2시간 동안 160 km를 이동하는 자동차의 평균 속력은 몇 km/h인가?
2. 40.0분 동안 50.0 km 이동하는 자동차의 평균 속력은 얼마인가?
3. 5.2 kg 물체의 무게는 얼마인가?
4. 40.0 kg의 식료품 카트가 2.4 m/s^{2}의 가속도를 갖게 하려면 얼마의 힘이 필요한가?
5. 균형이 깨진 100.0 N이 5.00 kg의 물체에 적용되었을 때, 그 결과 가속도는 얼마인가?
6. 정확히 15분 동안 22 km를 이동하는 차에 대해서 평균 속력은 km/h로 얼마인가?
7. 전파 신호가 지구로부터 우주 공간으로 3.0×10^8 m/s의 속력으로 진행한다고 하자. 처음 20.0분 동안 이 신호가 우주 공간으로 나간 거리는 얼마인가?
8. 섬광을 본 다음 5.00초 후에 천둥이 들렸다면, 번개가 치는 곳까지는 얼마나 먼가? 소리는 폭풍우가 불 때, 350.0 m/s로 이동한다고 가정하시오.
9. 차가 2시간 동안 평균 100.0 km/h의 속력으로 움직인 후, 다음 한 시간 동안 평균 50.0 km/h로 움직였다. 세 시간 동안 평균 속력은 얼마인가?
10. 정지해 있다가 10.0초 후에 15.0 m/s가 된 자동차의 가속도는 얼마인가?

11. 가속도가 3.0 m/s^{2}이라면, 자동차의 속력이 20.0 m/s에서 25.0 m/s으로 되는 데 필요한 시간은 얼마인가?

12. 총알이 총에서 720 m/s의 속력으로 떠난다. 1,609 m 떨어진 목표물에 도달하는 데 걸리는 시간은 얼마인가?

13. 투수가 공을 40.0 m/s로 던지고, 그 후 공이 홈플레이트에 0.4625초 후에 도달하는 것을 전자적으로 시간을 재었다. 투수로부터 홈플레이트까지의 거리는 얼마인가?

14. 태양은 지구로부터 1.50×10^8 km 떨어져 있고, 빛의 속력은 3.00×10^8 m/s이다. 빛이 태양에서 지구로 진행하는 데 걸리는 시간은 몇 분인가?

15. 궁사가 처음 속도 100 m/s로 위로 활을 쏘아 올린다. 5.00초 후, 속도는 51.0 m/s이다. 화살이 감속하는 비율은 얼마인가?

16. 위로 던져진 공이 떨어지기 직전까지 3.0초 동안 올라간다. 공기 저항을 무시하면, 공의 처음 속도는 얼마였는가?

17. 빌딩에서 떨어진 공이 땅에 닿기 전까지 4초간 떨어졌다. (a) 지면에 닿는 순간 마지막 속도는 얼마인가? (b) 떨어지는 동안 평균 속력은 얼마인가? (c) 빌딩은 얼마나 높은가?

18. 절벽에서 돌을 떨어뜨린다. 5.00초 후에, 돌이 땅에 닿는 것을 본다. 절벽의 높이는 얼마인가?

19. 5 kg의 물체에 100 N의 균형이 깨진 힘을 작용할 때, 그 결과 가속도는 얼마인가?

20. 6 m/s의 속력으로 움직이는 100 kg의 축구 선수의 운동량은 얼마인가?

21. 무게가 13,720 N 나가는 자동차가 고속도로에서 91 km/h의 속도로 질주하고 있다. 이 차의 운동량은 얼마인가?

22. 15 g의 총알이 6 kg의 총으로부터 200 m/s의 속도로 발사되었다. 총의 반동 속도는 얼마인가?

23. 우주인과 장비의 무게는 지구에서 2,156 N이다. 우주에서 무중력인 우주인이 5.0 kg의 렌치를 5.0 m/s의 속도로 던졌다. 그 결과 반대 방향으로의 우주인의 속도는 얼마인가?

24. (a) 1.25 kg의 책의 무게는 얼마인가? (b) 책에 알짜 힘 10 N이 적용했을 때, 가속도는 얼마인가?

25. 1.25 kg의 책을 5.00 m/s^{2}의 가속도로 가속하려면 힘이 얼마나 필요한가?

26. 70 kg의 자전거와 타는 사람에게 가속도 2.0 m/s^{2}의 가속도를 주려면 길이 작용하는 알짜 힘은 얼마인가?

27. 1,500 kg의 자동차가 44.0 km/h에서 80.0 km/h로 10.0 s 동안 균일한 가속도로 가속한다. 차에 작용하는 알짜 힘은 얼마인가?

28. 알짜 힘 5,000.0 N이 자동차를 정지 상태에서 90 km/h까지 5.0초 동안 가속한다. (a) 차의 질량은 얼마인가? (b) 차의 무게는 얼마인가?

29. 70.0 kg의 사람의 무게는 얼마인가?

30. 1.50 m의 줄에 매달린 0.20 kg의 공을 3.0 m/s의 속력으로 원 경로를 움직이게 하기 위하여 필요한 구심력의 크기는 얼마인가?

31. 지구에서 우주인과 장비의 무게는 1,960.0 N이다. 우주에서 무중력 상태일 때, 우주인이 100 N의 로켓 백팩을 2.0초 동안 발사한다. 그 결과 우주인과 장비의 속도는 얼마인가?

B형

1. 4.5시간 동안 400 km를 이동하는 자동차의 평균 속력은 몇 km/h인가?

2. 45분 동안 호수를 가로질러 15.0 km 이동하는 보트의 평균 속력은 얼마인가?

3. 80 kg인 사람이 (a) 중력 가속도가 3.93 m/s^{2}인 화성에서의 무게는 얼마인가? (b) 중력 가속도가 1.63 m/s^{2}인 지구의 달에서의 무게는 얼마인가?

4. 6,000 kg의 트럭이 평평한 길에서 2.2 m/s^{2}의 가속도를 갖게 하려면 얼마의 힘이 필요한가?

5. 균형이 깨진 300 N이 3,000 kg의 물체에 적용되었을 때, 그 결과 가속도는 얼마인가?

6. 보트가 30.0분 동안 호수를 가로질러 15.0 km를 움직인다. 보트의 평균 속력은 km/h로 얼마인가?

7. 지구에서 태양까지의 거리가 1.5×10^8 km라고 하면, 빛이 3.0×10^8 m/s로 움직인다면, 햇빛이 태양에서 지구까지 도달하는 데 걸리는 시간은 얼마인가?

8. 메아리가 0.500초 후에 들렸다면 절벽은 m로 얼마나 떨어져 있는가? 소리는 그 날 343.0 m/s로 이동했다고 가정하시오.

9. 차가 1시간 동안 평균 80.0 km/h의 속력으로 움직인 후, 다음 2시간 동안 평균 90.0 km/h로 움직였다. 3시간 동안 평균 속력은 얼마인가?

10. 5.0 m/s의 속력에서 6.0초 후에 15.0 m/s가 된 자동차의 가속도는 얼마인가?

11. 가속도가 3.0 m/s^{2}이라면, 자동차의 속력이 8.0 m/s에서 22.0 m/s으로 되는 데 필요한 시간은 얼마인가?

12. 로켓이 우주에서 11,000 m/s의 속력으로 움직인다. 지구에서 달까지의 거리 380,000 km를 이동하는 데 걸리는 시간은 얼마인가?

13. 소리는 폭풍우를 동반한 따뜻한 공기에서는 348 m/s로 이동한다. 번개가 친 후 4.63초 이후에 천둥

소리가 들렸다면, 번개가 친 곳까지의 거리는 얼마인가?

14. 6.00×10^9 km 떨어진 난쟁이 행성 명왕성 근처의 탐사선에서 지구에 전파를 보낼 때 걸리는 시간은 얼마인가? 전파는 빛의 속력 3.00×10^8 m/s로 이동한다고 가정하시오.

15. 수직 방향으로 총을 쏘았고, 총알은 처음 속도 724 m/s로 총에서 떠난다. 5.00초 후, 속도는 675 m/s이다. 총알이 감속하는 비율은 얼마인가?

16. 위로 던져진 돌이 떨어지기 직전까지 2.50초 동안 올라간다. 공기 저항을 무시하면, 돌이 지면에 닿을 때 속도는 얼마인가?

17. 다리에서 떨어진 물체가 물에 닿기 전까지 2.50초간 떨어졌다. (a) 물에 닿는 순간 마지막 속도는 얼마인가? (b) 떨어지는 동안 평균 속력은 얼마인가? (c) 다리는 얼마나 높은가?

18. 창문에서 떨어뜨린 공이 2.00초 후에, 돌이 땅에 닿는다. 창문의 높이는 얼마인가?

19. 3,000 kg의 물체에 300 N의 균형이 깨진 힘을 작용할 때, 그 결과 가속도는 얼마인가?

20. 500 m/s의 대포에서 발사한 30 kg의 탄환의 운동량은 얼마인가?

21. 무게가 39.2 N 나가고 속도가 7.00 m/s인 볼링공의 운동량은 얼마인가?

22. 30.0 kg의 탄환이 2,000 kg인 대포로부터 500 m/s의 속도로 발사되었다. 대포의 반동 속도는 얼마인가?

23. 80.0 kg의 사람이 마찰이 없는 얼음 위에 서 있다가, 2.00 kg의 책을 10.0 m/s로 던졌다. 사람은 얼음에서 얼마의 속도로 움직이는가?

24. (a) 5.00 kg의 책가방의 무게는 얼마인가? (b) 가방에 알짜 힘 10 N이 적용했을 때, 가속도는 얼마인가?

25. 20.00 kg의 물체를 10.00 m/s^2의 가속도로 가속하려면 알짜 힘이 얼마나 필요한가?

26. 60 kg의 사람에게 가속도 1.00 m/s^2의 가속도를 주려면 바닥이 사람에게 얼마의 힘을 작용해야만 하는가?

27. 1,000 kg의 자동차가 36.0 km/h에서 두 배의 속력으로 5.00초 동안 균일한 가속도로 가속한다. 차에 작용하는 알짜 힘은 얼마인가?

28. 알짜 힘 3,000.0 N이 자동차를 정지 상태에서 36.0 km/h까지 5.00초 동안 가속한다. (a) 차의 질량은 얼마인가? (b) 차의 무게는 얼마인가?

29. 60.0 kg의 사람의 무게는 얼마인가?

30. 50 cm의 줄에 매달린 1,000.0 g의 공을 5.0 m/s의 속력으로 원 경로를 움직이게 하기 위하여 필요한 장력의 크기는 얼마인가?

31. 200.0 kg인 우주인과 장비가 2.00 m/s의 궤도 운동하는 우주선을 향해 속도로 움직인다. 우주인이 100.0 N의 로켓 백팩을 얼마동안 발사해야 우주선에 상대적인 운동을 멈출 수 있는가?

3

에너지

바람은 에너지의 원천이 될 수 있다.
풍력 터빈 같이 이러한 에너지를 활용하고, 발전을 하기에 충분히 지속적인 바람이 부는 장소에 살아야 한다.
출처: ©Glen Allison/Photodisc/Getty Images

핵심 개념 에너지는 일을 하는 것이나 열을 가하는 것을 통하여 변환되고 그 총량은 일정하게 유지된다.

차례

일
물체에 일을 가하면 그것은 에너지를 얻는다.

에너지 형태
에너지는 여러 가지 형태로 나타난다. – 역학적, 화학적, 빛, 전기적, 핵의 형태

오늘날 에너지의 원천
오늘날 에너지의 주원천은 석유, 석탄, 핵, 그리고 움직이는 물이다.

운동, 위치, 그리고 에너지
위치 에너지는 위치 때문에 물체가 갖는 에너지이고, 운동 에너지는 운동 때문에 갖는 에너지이다.

에너지 보존
에너지는 한 형태에서 다른 형태로 변환되고, 전체 양은 일정하게 유지된다.

미래 에너지의 원천
대체 에너지의 원천으로는 햇빛, 지열, 수소가 있다.

개요

에너지라는 말은 힘과 운동의 개념과 밀접하게 연결되어 있다. 바람이나 움직이는 물과 같은 자연적으로 움직이는 물체들은 힘을 가한다. 강한 바람에 맞서 걷거나 빠르게 움직이는 물이 있는 급류의 한 장소에 버티고 서려고 하면 이 힘들을 느낄 수 있다. 움직이는 공기나 움직이는 물의 운동과 힘은 에너지의 원천으로 쓰일 수 있다(그림 3.1). 바람은 풍차의 날개를 움직이면서 에너지의 원천이 되고, 유용한 일을 한다. 움직이는 물은 수력 터빈의 날개가 돌도록 힘을 가하면서 에너지의 원천이 되고, 발전기를 돌린다. 따라서 움직이는 물체는 그 운동 경로에 있는 물체에 힘을 가하고, 힘에 의해 물체는 또 에너지의 원천으로 쓰일 수 있다.

에너지를 공급하기 위해서 물질이 꼭 움직일 필요는 없다. 물질이 에너지를 지니고 있기 때문이다. 식량은 20세기 이전에 대부분의 일을 성취한 인간과 동물의 근육 활동에 에너지를 공급했다. 오늘날 근육 활동에 의해 성취되었던 일들을 기계들이 수행한다. 기계들은 물질에 들어 있는 에너지를 쓴다. 예를 들면 일을 성취하기 위해 힘과 운동을 공급할 때 가솔린을 사용한다.

움직이는 물체와 에너지를 지닌 물질은 일을 하는 에너지의 원천으로 쓰일 수 있다. 일과 에너지의 개념과 물질에 대한 그들의 관계가 이 장의 주제이다. 학습 과정을 통하여 더 완벽하게 발전될 에너지에 대한 넓고 개념적인 관점뿐만 아니라 여러분의 환경에서 어떻게 에너지가 들어오고 나오는지에 대해서 배우게 될 것이다.

3.1 일

앞서 힘(force)이라는 말이 일상생활에서의 힘의 개념과 달리 과학에서는 특별한 의미를 가진다는 것을 배웠다. 일상 용도에서, 경찰력, 경제력, 논쟁력과 같은 많은 결합에서 그 말을 사용한다. 앞서서, 힘은 밀어냄이나 당김으로 일반적인 방식으로 논의되었다. 그러고 나서 힘의 보다 정확한 과학적 정의는 뉴턴의 운동 법칙으로부터 개발되었다. — 힘은 어떤 물체의 운동 상태를 바꿀 수 있는

그림 3.1 유타와 애리조나 주 사이에 있는 콜로라도 강에 있는 글렌 캐니언 댐이다. 216 m(약 710 ft) 높이의 콘크리트 벽이 파웰 호수를 붙들고 있는데, 댐이 만수일 때는, 수심이 170 m(약 560 ft)이다. 물은 지름 5 m(약 15 ft)의 수압관을 통하여 댐 바닥에 있는 발전기로 떨어진다. 출처: ©McGraw-Hill Education/Bill Tillery, photographer

상호작용의 결과이다.

일(work)이라는 말은 일상 개념과 달리 과학에서는 특별한 의미를 갖는 그런 말들 중의 하나를 대표한다. 일상 용도에서, 일은 성취할 작업이나, 그 작업을 수행하는 데 들인 시간과 관련된다. 예를 들어, 물리 과학을 이해하는 데 일을 할 수도 있고 또는 물리 과학은 할 일이 많다고 다른 사람에게 말할 수 있다. 아마도 상자를 들어 올리거나, 옮기는 것과 같은 물리적 일을 그에 쏟은 노력 때문에 얼마나 지쳤는가와 결부시킬 수도 있다. 역학적 일은 작업, 시간 또는 어떤 작업을 하는 데 얼마나 지쳤는지와는 상관이 없다. 그것은 어떤 물체에 힘을 작용하고 그 결과로 그 물체가 움직인 거리와 관계한다. 물체에 가한 **일(work)**은 작용한 힘과 힘이 작용한 방향과 평행한 방향으로 물체가 움직인 거리의 곱으로 정의된다.

$$일 = 힘 \times 거리$$

$$W = Fd \qquad \text{식 3.1}$$

일정한 속력으로 이동하는 비행기가 순풍을 맞는 경우를 상상해 보라. 바람이 한 일의 양은 그 결과로 나타난 비행기의 위치의 변화에 대한 바람의 방향에 의존한다. 바람의 힘이 비행기의 위치 변

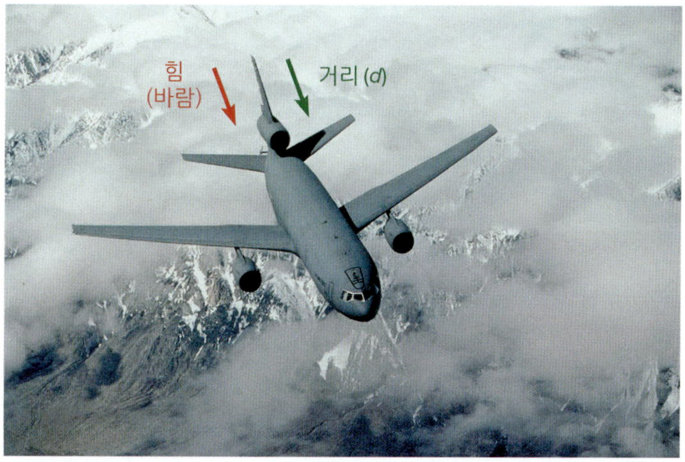

(A)

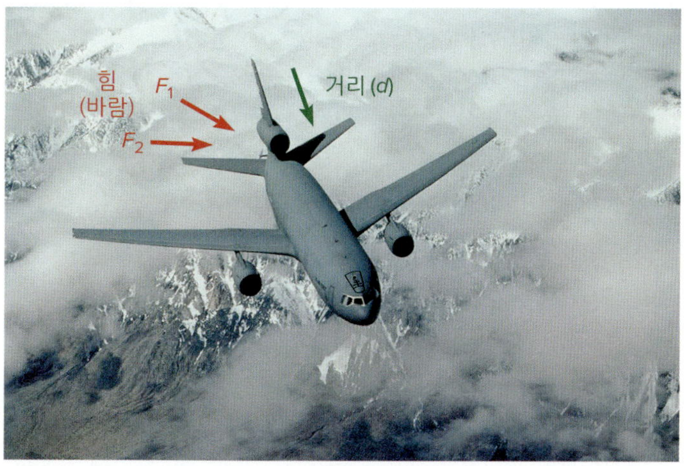

(B)

그림 3.2 (A) 순풍이 결과적인 비행기의 위치 변화와 평행할 때 최대의 일이 되고 (B) 비행기 뒤에서부터 옆으로(F_1) 변한다. 마지막으로 순풍이 비행기의 움직임과 수직이 되면(F_2) 한 일은 전혀 없다. a & b 출처: ©Purestock/Superstock

화와 같은 방향(평행한)일 때 일이 최대가 된다(그림 3.2A).

만약 힘이 움직임과 같은 방향이 아니라면, 일은 감소한다. 비행기의 예는 다음에 다시 다루자. 순풍이 비행기 뒤에서 옆으로(F_1) 이동한다고 하자(그림 3.2B). 힘의 각도가 증가함에 따라 일은 보다 더 적은 일이 되고, 마지막에, 즉 힘이 수직일 때(F_2)는 일을 전혀 안하는 셈이 된다. 물체의 운동에 평행하지 않은 힘의 효과를 결정하는 것은 수학을 이용하는 것을 조금 필요로 하는데, 여기서는 자세히 들어가지 않겠다.[1] 따라서, 우리는 최대의 일이 되는 상황만 고려하겠다. 즉, 작용한 힘과 위치 변화가 평행할 때만 고려하겠다. 역학적 일은 힘과 힘의 결과로 물체가 움직인 거리의 곱이다. 이 정의에 대해서 두 가지 중요한 고려할 것이 있다. (1) 일이 행해지려면 무엇인가가 새로운 장소로 이동해야 한다. (2) 그 이동은 힘의 방향과 같은 방향이어야 한다. 책을 책장의 높은 열로 이동시킬 때, 책에 일을 하고 있는 것이다. 여러분은 작용하는 힘과 같은 방향으로 책을 옮길 때, 책의 무게와 같은 힘으로 수직 위 방향의 힘을 작용한다. 책에 한 일은 따라서 책의 무게와 책이 옮겨진 거리를 곱한 것으로 계산된다(그림 3.3).

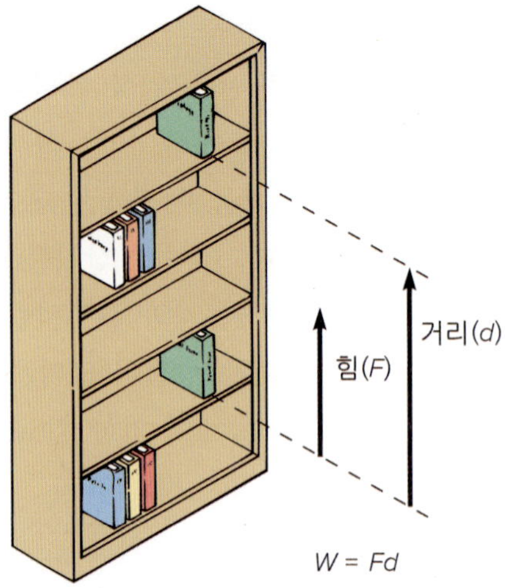

그림 3.3 책에 가한 힘은 그것을 두 번째 열에서 세 번째 열로 수직 거리로 움직인다. 그리고 일이 행해지고, $W = Fd$이다.

일의 단위

일의 단위는 일의 정의, $W = Fd$로부터 얻어진다. 미터법에서는 힘은 뉴턴(N)으로 재어지고, 거리는 미터(m)으로 재어진다. 따라서 일의 단위는

$$W = Fd$$
$$W = (\text{newton})(\text{meter})$$
$$W = (\text{N})(\text{m})$$

뉴턴-미터는 따라서 일의 단위이다. 이 유도된 단위는 이름이 있다. 뉴턴-미터를 **줄**(joule, J)이라고 한다.

$$1 \text{ joule} = 1 \text{ newton} - \text{meter}$$

뉴턴에 대한 단위는 $\text{kg} \cdot \text{m/s}^2$이고, 미터의 단위는 m이다. 따라서 줄의 단위는 $\text{kg} \cdot \text{m}^2/\text{s}^2$이 된다.

영국식 단위계에서는 힘은 파운드(lb)로, 거리는 피트(ft)로 측정한다. 따라서 영국식 단위계에서는 일의 단위가 ft · lb이다. ft · lb는 N · m처럼 자기 자신의 이름을 가지고 있지 않다(그림 3.4).

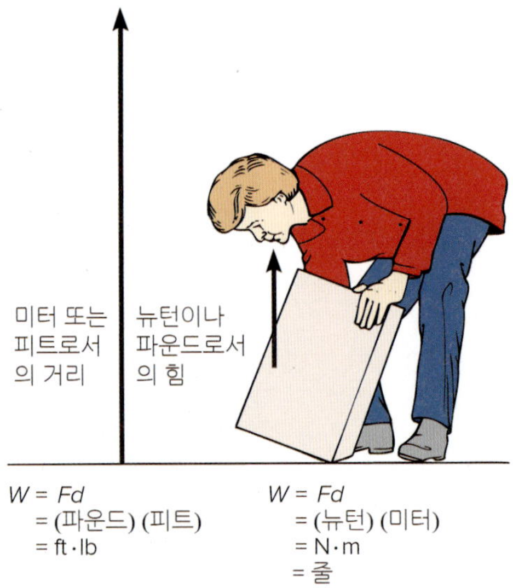

그림 3.4 물체가 들어 올려질 때, 중력에 대해 일이 행해진다. 일은 줄이나, lb · ft로 재어진다.

1) $W = F(\cos\phi)d$

예제 3.1

5.0 kg의 백팩을 바닥 위 1.0 m 높이의 선반으로 들어 올리는 데 필요한 일은 얼마인가?

풀이

백팩은 5.0 kg의 질량(m)을 가지고 있고, 거리(d)는 1.0 m이다. 백팩을 들어 올리는 것은 백팩의 무게와 같은 수직 위 방향의 힘을 필요로 한다. 무게는 $w = mg$로부터 계산할 수 있다.

$m = 5.0$ kg

$g = 9.8$ m/s^2

$w = ?$

$$w = mg$$
$$= (5.0\ \text{kg})\left(9.8\ \frac{\text{m}}{\text{s}^2}\right)$$
$$= (5.0 \times 9.8)\ \text{kg} \times \frac{\text{m}}{\text{s}^2}$$
$$= 49\ \frac{\text{kg}\cdot\text{m}}{\text{s}^2}$$
$$= 49\ \text{N}$$

일의 정의는 식 3.1에서 알 수 있다.

$F = 49$ N

$d = 1.0$ m

$W = ?$

$$W = Fd$$
$$= (49\ \text{N})(1.0\ \text{m})$$
$$= (49 \times 1.0)(\text{N}\cdot\text{m})$$
$$= 49\ \text{N}\cdot\text{m}$$
$$= \boxed{49\ \text{J}}$$

예제 3.2

50 lb의 상자를 2 ft의 거리만큼 수직으로 들어 올리는 데 필요한 일은 얼마인가?(답: 100 ft · lb)

일률

계단을 올라갈 때 여러분 자신을 어떤 거리만큼 들어 올리고 있기 때문에 여러분은 일을 하고 있는 것이다. 여러분은 여러분의 질량(작용하는 힘)을 계단의 수직(vertical) 높이(힘이 작용하는 거리) 만큼 들어 올리고 있다. 120 lb의 무게를 가진 사람이 계단을 10 ft 수직거리만큼 올라간다고 생각해 보라. 이 사람은 (120 lb)(10 ft) 또는 1,200 ft · lb의 일을 할 것이다. 만약 그 사람이 계단을 뛰어간다고 하면 일의 양은 변할까? 답은 아니다이다. 같은 양의 일을 행한 셈이다. 그러나 계단을 뛰어 올라가는 것은 걸어 올라가는 것보다 더 지친다. 같은 에너지를 사용했지만, 달릴 때는 더 빨리 사용한 것이다. 에너지가 변환되는 비율, 또는 일이 행해지는 빠르기를 **일률(power)**이라고 부른다(그림 3.5). 일률은 단위 시간당의 일로 측정된다.

$$\text{일률} = \frac{\text{일}}{\text{시간}}$$

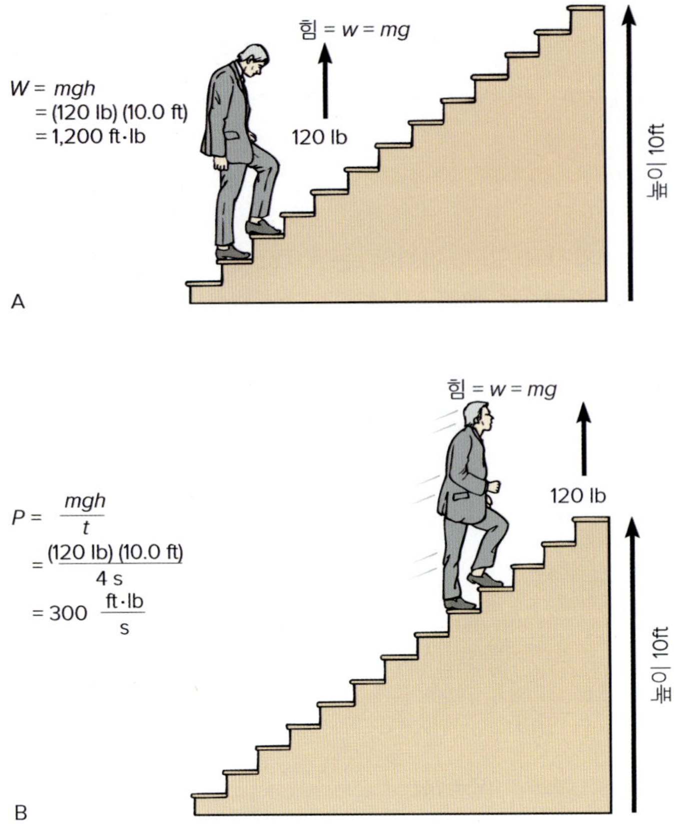

그림 3.5 (A) 계단을 올라가는 데 한 일은 몸무게와 수직 거리의 곱이다. (B) 일률은 단위 시간에 한 일이다.

$$P = \frac{W}{t} \qquad \text{식 3.2}$$

일과 시간의 인자만 고려하면, 계단의 10 ft 높이를 4초 동안 뛰어 올라간 120 lb의 사람의 일률은

$$P = \frac{W}{t} = \frac{(120\ \mathrm{lb})(10\ \mathrm{ft})}{4\ \mathrm{s}} = 300\frac{\mathrm{ft}\cdot\mathrm{lb}}{\mathrm{s}}$$

이다. 만약, 그 사람이 같은 계단에서 3초 걸렸다면 일률은 더 큰 값, 400 ft · lb /s이다. 이것은 더 큰 에너지 소비 비율(rate), 혹은 더 큰 일률이다.

개념 활용

책이 한 일

줄을 고리형태로 묶어 작은 책의 중간 페이지쯤의 사이에 두르고, 그 고리를 들어 올려 줄이 책의 펼쳐진 곳이 아래를 향하도록 책을 들어 올리게 하여라. 용수철저울을 사용하여 책의 무게를 뉴턴으로 구하여라. 책을 1 m 들어 올리는데 한 일을 측정하여라. 용수철저울을 사용하여 탁자 위에서 1 m를 당겼을 때 한 일을 측정하여라. 책을 들어 올릴 때 한 일과 탁자 위에서 책을 당길 때 한 일의 크기가 같은가? 같으면 왜 같고, 아니면 왜 같지 않은가?

증기 기관이 처음 발명되었을 때, 엔진이 하는 일의 빠르기를 기술할 필요가 있었다. 이 시대의 사람들은 말이 일을 하는 것에 익숙해져 있었기 때문에 증기 기관은 말과 비교되었다. 운용 가능한

자세히 알아보기

간단한 기계

간단한 기계는 사람들이 일을 할 때 도움을 주는 도구이다. 일이 힘과 거리의 곱임을 기억하고, 간단한 기계들이 힘이나, 무엇인가가 움직이는 거리를 바꾸어서 여러분의 일을 돕는 것을 안다. 힘이나 기계를 사용하여 얻는 거리의 이득은 기계적 이익(mechanical advantage)이라고 불린다. 기계적 이익이 클수록 기계를 사용하여 아끼는 노력은 더 커진다.

지렛대는 간단한 기계이고 상자 그림 3.1은 지렛대가 일하는 데 필요한 힘을 줄일 때 무엇이 관련되는지를 보여준다. 먼저, 두 개의 힘이 관련됨을 주목하여라. 기계를 사용하여 가하는 힘을 작용력(effort force)이라고 부른다. 여러분과 기계는 저항력(resistance force)이라고 불리는 두 번째 힘에 맞서서 일을 한다. 삽화에서는 60 N의 작용력이 저항력 300 N을 움직이는 데 쓰인다.

또한 지렛대를 사용함에 있어, 관련된 두 개의 거리가 있다. 작용력이 가해지는 거리는 작용 거리(effort distance)라고 불리고 저항력이 움직이는 거리를 저항 거리(resistance distance)라고 한다. 60 N의 작용력을 작용 거리 1 m에 가했다. 반대편의 300 N의 돌은 저항 거리 0.2 m만큼 들어 올려졌다.

여러분은 60 N×1 m, 즉 60 J의 일을 하였다. 지렛대가 돌에 한 일은 300 N×0.2 m, 즉 60 J의 일이다. 여러분이 지렛대에 한 일이나, 지렛대가 돌에 한 일은 서로 같다. 따라서

$$\text{들어온 일} = \text{나간 일}$$

일은 힘 곱하기 거리이므로, 우리는 이 개념을

$$\text{작용력} \times \text{작용 거리} = \text{저항력} \times \text{저항 거리}$$

마찰을 무시하면, 단순한 기계에서 얻는 일은 여러분이 그것에 주입한 일과 같다. 지레는 거리에 대해 힘을 교환하게 해주고, 기계적 이익(MA)은 저항력을 작용력으로 나눈 것으로부터 얻는다.

$$MA = \frac{F_R}{F_E}$$

따라서 상자 그림 3.1의 예로 든 지레는 기계적 이익,

$$MA = \frac{F_R}{F_E} = \frac{300\text{ N}}{60\text{ N}} = 5$$

를 갖는다. 여러분은 또한 기계적 이익을 작용 거리(d_E)를 저항 거리(d_R)로 나누는 것으로부터도 얻을 수 있다.

$$MA = \frac{d_E}{d_R}$$

예로든 지레의 경우,

$$MA = \frac{d_E}{d_R} = \frac{1\text{ m}}{0.2\text{ m}} = 5$$

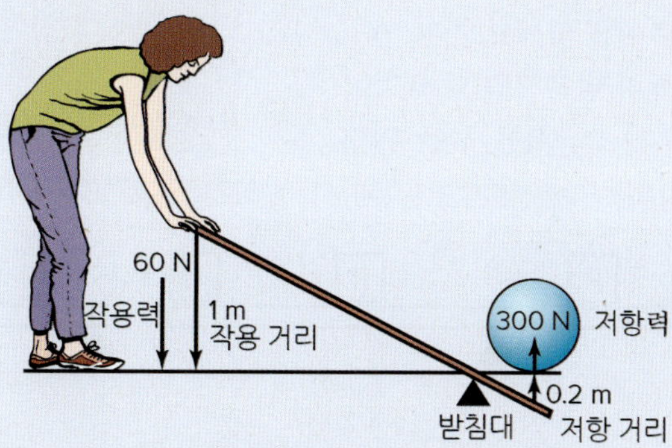

상자 그림 3.1 지레는 여섯 개의 간단한 기계들 중 하나이다.

따라서 단순한 기계에 관련된 힘 또는 거리를 이용하여 기계적 이익을 계산할 수 있다. 요약하면 단순한 기계는 큰 힘을 작은 거리에 대해 얻기 위하여 작은 힘을 큰 거리에 대해 작용하는 것을 가능하게 한다.

단순한 기계에는 6가지 종류가 있는데, 여기에는 평면, 쐐기, 스크류, 손잡이, 바퀴, 축, 도르래가 있다. 여러분도 알게 될 것이지만, 스크류와 쐐기는 기울어진 평면을 더 고려하여 만든 종류이다. 바퀴, 축, 도르래는 지레를 더 고려해서 만든 종류이다.

1. 기울어진 평면은 힘에 대해 거리를 교환하는 데 쓰이는 사면이다. 계단을 올라갈 때, 산기슭을 올라갈 때 이쪽저쪽으로 난 도로를 운전할 때나, 짐칸에 무거운 상자를 올릴 때 이용하는 판을 사용할 때 기울어진 면을 사용한다. 각각의 사용은 힘 대신 거리를 교환한다. 예를 들어 무거운 짐을 10 m 사면이고 높이 2 m의 짐칸에 미는 것은 보다 긴 거리를 통하여 작은 힘으로 박스를 들어 올리게 된다. 이 사면의 기계적 이익은

$$MA = \frac{d_E}{d_R} = \frac{10\text{ m}}{2\text{ m}} = 5$$

이다. 마찰을 무시하면 기계적 이익 5는 100 N 짜리 무게를 올리는 데 오직 20 N만 필요하다는 것을 의미한다.

2. 쐐기(wedge)는 움직이는 사면이다. 도끼는 잘라야할 나무 사이를 움직이는 두 개의 기울어진 면이 붙어있는 사면이다. 쐐기는 칼, 도끼, 손도끼, 못에서 발견된다.

3. 스크류(screw)는 원통 주위를 감싸고 있는 기울어진 평면이다. 스크류의 날은 사면의 역할을 한다. 아주 잘 날이 선 스크류는 높은 기계적 이익을 가지고 있고, 돌리는데 적은 힘이 든다. 그러나 또한 더 큰 노력 거리를 필요로 한다.

4. 지레(lever)는 받침대(fulcrum)라고 불리는 고정된 점 주위로 자유롭게 도는 막대기나 판이다. 지레에는 받침대, 노력 힘, 저항 힘의 위치에 따라 세 가지 종류가 있다(그림 3.2). 제1종 지레는 작용력과 저항력 사이에 받침대가 있다. 그 예는 시소, 플라이어, 가위, 크로스바, 삽 등이 있다. 제2종 지레는 받침대와 작용력 사이에 저항력이 있다. 예로는 넛크래커, 비틀어 따는 따개 등이 있다. 제3종 지레는 저항력과 받침대 사이에 작용력이 있다. 예로는 낚시대, 트위저 등이 있다.

   장도리(claw hammer)는 보드에서 못을 제거하는 데 1종 지레로서 사용될 수 있다. 장도리의 핸들이 30 cm이고, 못부터 받침대까지가 5 cm라면, 기계적 이익은

$$MA = \frac{d_E}{d_R} = \frac{30\text{ cm}}{5\text{ cm}} = 6$$

이다.

5. 바퀴와 축(wheel and axle)은 두 개의 원을 가지고 있고, 작은 원을 축, 그리고 큰 원을 바퀴라고 한다. 바퀴와 축은 원에서 움직이는 지레라고 생각할 수 있다. 예로는 스크류드라이버, 문손잡이, 자동차 운전대, 도는 크랭크를 가지는 어떤 응용이라도 등등. 기계적 이익은 힘이 적용되는 바퀴의 반경으로부터 저항이 걸리는 거리인 축의 반경으로부터 알 수 있다. 예를 들어, 아주 큰 스크류드라이버는 반지름 3 cm의 핸들(바퀴)를 가지고 있고, 반지름 0.5 cm의 비트(축)을 가지고 있다. 스

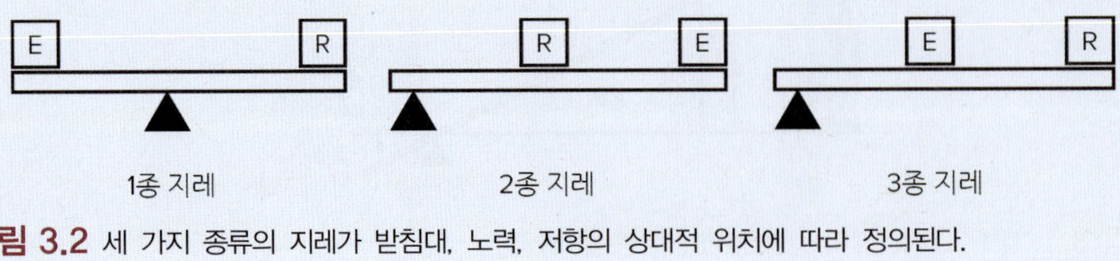

상자 그림 3.2 세 가지 종류의 지레가 받침대, 노력, 저항의 상대적 위치에 따라 정의된다.

크류드라이버의 기계적 이익은

$$MA = \frac{d_E}{d_R} = \frac{3\ \text{cm}}{0.5\ \text{cm}} = 6$$

이다.

6. 도르래(pulley)는 어떤 지점을 주위로 도는 지레이다. 하나의 고정 도르래는 힘의 방향만을 바꿀 수 있다. 기계적 이익을 얻기 위해서는 도르래 장치에서 찾을 수 있는 고정 도르래와 움직 도르래가 필요하다. 도르래 장치의 기계적 이득은 저항이 움직인 거리로 당겨지는 줄이나 체인의 길이를 비교함으로써 구할 수 있다.

증기 기관을 만든 제임스 와트는 **마력(horsepower)**을 550 ft · lb/s (그림 3.6) 일률로 정의했다. 영국식 단위계에서 일률 단위 ft · lb/s를 마력으로 바꾸기 위해 그 일률의 수를 550 ft · lb/s/hp로 나누어라. 예를 들어 일률 400 ft · lb/s을 갖는 무게 120 lb 질량의 사람은 400 ft · lb/s ÷ 550 ft · lb/s/hp, 즉 0.7 hp를 가진다.

미터법에서는 일률은 초당 줄로 나타낸다. 그러나 단위 J/s는 명칭이 있다. J/s는 **와트**(watt, W)이다.[2] 와트(그림 3.6)는 큰 수에 대해서는 미터 접두어와 함께 쓰인다. 1,000 W = 1 kW이고, 1,000,000 W = 1 MW이다. 746 W는 1 hp이다. 1 kW는 약 1과 1/3 마력과 같다.

전기 공급업체는 여러분이 얼마나 전기에너지를 사용했는지에 따라 요금을 매긴다. 전기에너지

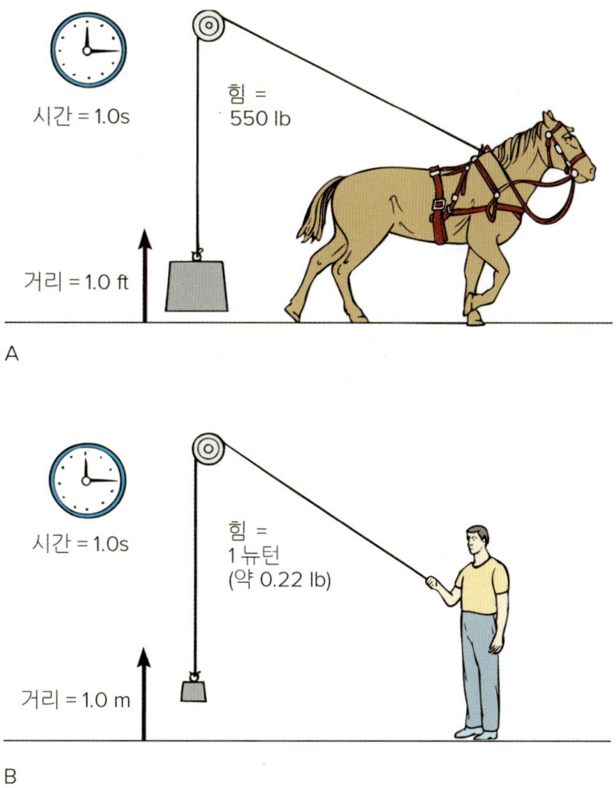

그림 3.6 (A) 1마력은 550 ft · lb/s 일률로 정의된다. (B) 1와트는 Nm/s, 또는 J/s로 정의된다.

2) 와트와 같은 단위에 대한 기호는 이탤릭체가 아니다. 일과 같은 양에 대한 기호는 항상 이탤릭체이다.

는 일률과 사용시간(h)을 곱해서 측정한다. kWh는 일의 단위이고 일률이

$$P = \frac{W}{t}$$

이므로,

$$W = Pt$$

이다.

따라서 일률과 시간을 곱한 것은 일의 단위, kWh이다. 전기를 논할 때 킬로와트와 킬로와트시에 대해서 다시 다루겠다.

예제 3.3

전기 리프트가 5.0초 동안 500.0 kg의 질량을 10.0 m만큼 들어 올릴 수 있다. 리프트의 일률은 얼마인가?

풀이

일률은 단위 시간당 일이다($P = W/t$). 그리고 일은 힘과 거리의 곱이다($W = Fd$). 필요한 수직 힘은 들어 올려진 무게이고, $w = mg$이다. 따라서 한 일은 $W = mgh$이고, 일률은 $P = mgh/t$가 될 것이다. h는 높이이고 수직으로 이동한 거리(d)이다.

$m = 500.0\ \text{kg}$
$g = 9.8\ \text{m/s}^2$
$h = 10.0\ \text{m}$
$t = 5.0\ \text{s}$
$P = ?$

$$\begin{aligned} P &= \frac{mgh}{t} \\ &= \frac{(500.0\ \text{kg})(9.8\ \text{m/s}^2)(10.0\ \text{m})}{5.0\ \text{s}} \\ &= \frac{(500.0)(9.8)(10.0)}{5.0}\ \frac{\text{kg}\frac{\text{m}}{\text{s}^2}\cdot\text{m}}{\text{s}} \\ &= 9{,}800\ \frac{\text{N}\cdot\text{m}}{\text{s}} \\ &= 9{,}800\ \frac{\text{J}}{\text{s}} \\ &= 9{,}800\ \text{W} \\ &= 9.8\ \text{kW} \end{aligned}$$

마력(hp)으로의 일률은

$$9{,}800\ \text{W} \times \frac{\text{hp}}{746\ \text{W}} = \boxed{13\ \text{hp}}$$

이다.

예제 3.4

150 lb의 사람이 10.0초 동안 15 ft 높이의 계단을 올라갔다. 이 사람의 마력으로서의 일률은 얼마인가?
(답: 0.41 hp)

3.2 운동, 위치, 그리고 에너지

일과 밀접한 관련이 있는 개념은 **에너지(energy)**이다. 에너지는 일을 할 수 있는 능력이라고 정의할 수 있다. 에너지의 정의는 에너지와 물리적인 일에 대한 일상의 생각과 일관되는 것처럼 보인다. 결국, 많은 일을 하려면 많은 에너지를 써야 한다. 사실, 어떤 것의 에너지를 재는 한 방법은 그것이 얼마나 일을 할 수 있는지 보는 것이다. 마찬가지로 어떤 것에 일을 했을 때, 에너지 수준에서 변화가 일어난다. 다음 예는 일과 에너지 사이의 이런 밀접한 관계를 분명히 하는 데 도움이 될 것이다.

퍼텐셜 에너지(위치 에너지)

책장 근처의 바닥에 있는 책을 생각해 보라. 그것을 책장에 수직으로 올림으로써 책에 일을 할 수 있다. 이 일을 수직 위 방향의 힘을 책이 이동한 거리로 곱하여 측정할 수 있다. 예를 들면, 여러분이 책에 한 일이 10 J과 같다는 것을 알게 될 것이다(예제 3.1 참조).

그림 3.7과 같이 책에 줄이 붙어있다고 가정해 보라. 줄은 마찰이 없는 도르래를 통하여 바닥의 어떤 물체에 붙어 있다. 만약 책이 책장에서 떨어지게 된다면, 바닥에 있는 물체는 줄에 의해 수직 방향으로 어떤 거리만큼 올려지게 될 것이다. 떨어지는 책은 줄을 통하여 물체에 힘을 가하고, 물체는 어떤 거리를 이동한다. 다시 말하면, 책은 줄을 통하여 물체에 일을 했다($W = Fd$).

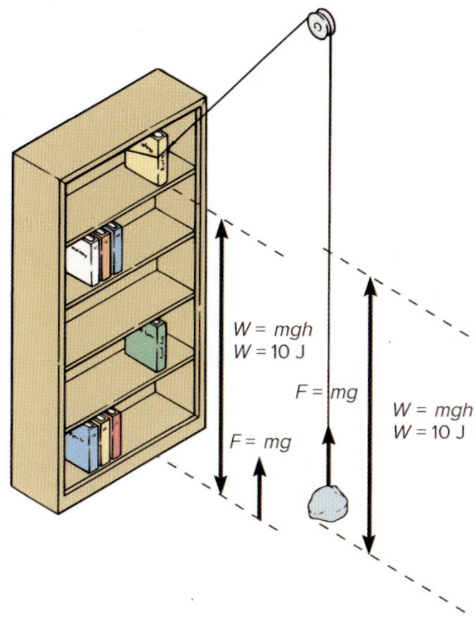

그림 3.7 책을 바닥에서 높은 선반으로 옮기는 데 10 J의 작업이 필요한 경우, 책이 선반에서 떨어질 때 책은 같은 질량의 물체에 대해 10 J의 작업을 하게 된다.

만약 책이 더 높은 열에서 떨어졌다면 물체를 더 큰 거리만큼 이동시킬 것이므로 더 많은 일을 할 것이다. 열이 높을수록 책이 일을 하는 퍼텐셜(잠재된 능력)이 클 것이다. 일을 할 수 있는 능력을 에너지로 정의한다. 위치 때문에 물체가 가지는 에너지를 **퍼텐셜 에너지**(potential energy, *PE*)라고 한다. 퍼텐셜 에너지는 위치에 의한 에너지로 정의된다. 이것은 중력 퍼텐셜 에너지(energy due to position)라고 정의되는데, 그것은 중력 끌림의 결과이기 때문이다. 다른 종류의 퍼텐셜 에너지도 있다. 압축되거나 늘어난 용수철에 있는 퍼텐셜 에너지도 있다.

예시에 있는 일과 에너지의 관계를 주목하라. 여러분은 더 높은 열로 책을 올리기 위해서 10 J의 일을 했다. 그 과정에서 책의 퍼텐셜 에너지를 10 J 증가시켰다. 책은 이제 다른 물체에 10 J의 추가적인 일을 할 수 있는 퍼텐셜(잠재력)을 가지고 있다.

물체의 위치를 바꾸기 위해 물체에 한일	=	퍼텐셜 에너지의 증가	=	물체가 할 수 있는 일의 증가
책에 한 일	=	책의 퍼텐셜 에너지	=	책이 한 일
(10 J)	=	(10 J)	=	(10 J)

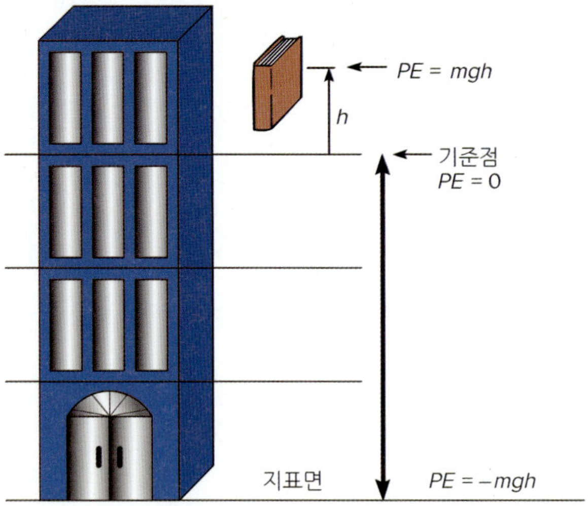

그림 3.8 퍼텐셜 에너지에 대한 기준점이 편의상 선택되었다. 여기서 기준점은 3층이어서 책은 지표면에 있다면 음의 퍼텐셜 에너지를 갖는다.

여기서, 줄(joule)은 물체에 한 일의 척도이다. 줄은 또한 퍼텐셜 에너지의 척도이다. 그리고 얼마나 물체가 일을 할 수 있을지에 대한 척도이다. 일고 에너지 모두 줄(joule)로 잰다(또는 ft · lb).

어떤 물체의 중력 퍼텐셜 에너지는 이전에 기술한 바와 같이 위치를 바꾸는 데 물체에 한 일로부터 계산할 수 있다. 바닥 위의 어떤 높이만큼 물체를 들어 올릴 때 무게와 같은 힘을 가하고 여러분이 한 일은 무게와 높이의 곱이다 마찬가지로 위치 때문에 물체가 할 수 있는 일의 양은 중력과 높이의 곱이다. 미터법 질량에 대해서 물체의 질량과 중력에 의한 가속도 g의 곱이다. 따라서

$$\text{중력 퍼텐셜 에너지} = \text{무게} \times \text{높이}$$

$$PE = mgh \qquad \text{식 3.3}$$

영국식 단위계에 대해서는 파운드가 힘의 중력 단위 또는 중력이고 따라서 식 3.3은 $PE = (w)(h)$이다.

어떤 조건에서 물체는 0의 위치 퍼텐셜 에너지를 가지는가? 책장에 있는 책을 생각해 보면 책이 바닥에 있을 때 책이 0의 퍼텐셜 에너지를 갖는다고 말할 수 있다. 책은 바닥에 있을 때 일을 할 수 없다. 그런데 그 바닥이 3층이라면 어떠한가? 결국 창밖으로 책을 던질 수 있다. 해답은 차이가 없다는 것이다. 퍼텐셜 에너지에서 중요한 것은 위치의 변화이기 때문에 둘 다 같은 결과를 얻을 것이다. 따라서 퍼텐셜 에너지의 기준점 0인 임의이다. 만약 기준점 0이 빌딩의 3층으로 선택되었다면 1층에 있는 책은 음의 퍼텐셜 에너지를 가질 것이다. 이것은 책을 기준점 0으로 다시 가지고 오려면 일을 해야만 한다는 뜻이다(그림 3.8). 화학에 대한 나중 장에서 음의 에너지 준위에 대해 더 많이 배우게 될 것이다.

예제 3.5

바닥에서 1.0 m 위의 책장에 있는 2.14 kg의 책의 퍼텐셜 에너지는 얼마인가?

풀이

식 3.3, $PE = mgh$는 퍼텐셜 에너지와 무게(mg), 높이(h) 사이의 관계를 보여준다

$m = 2.14$ kg

$h = 1.0$ m

$PE = ?$

$$
\begin{aligned}
PE &= mgh \\
&= (2.14\ \text{kg})\left(9.8\frac{\text{m}}{\text{s}^2}\right)(1.0\ \text{m}) \\
&= (2.14)(9.8)(1.0)\frac{\text{kg}\cdot\text{m}}{\text{s}^2}\times\text{m} \\
&= 21\ \text{N}\cdot\text{m} \\
&= \boxed{21\ \text{J}}
\end{aligned}
$$

예제 3.6

지면에서 5.00 m 위에 있으면 5.00 kg의 질량은 얼마의 일을 할 수 있는가?(답: 250 J)

개념 활용

일과 일률

일률은 에너지를 소비하거나 일을 하는 비율이다. 몇 가지 측정을 해서 일률의 결과를 알 수 있다.

첫째, 계단을 따라 올라갈 때 얼마나 일을 하는지 알아보자. 여러분의 일의 출력은 대략 여러분의 퍼텐셜 에너지의 변화와 같다. 따라서 (1) 미터법으로 올라간 계단의 수직 높이를 재고 (2) 여러분의 질량을 계산하거나 잴(변환 인자는 책 표지 안쪽에 있다) 필요가 있다. 보고서에 구한 것을 적어라.

둘째, 다른 사람이 스톱워치로 시간을 재는 동안 계단을 가능한 빠르게 올라가서 일률의 출력을 구하여라. 일률 출력을 와트로 구하여라. 이것을 책 표지 안쪽에 있는 변환 인수를 참조하여 마력으로 바꾸어라. 적어도 1마력은 되겠는가? 더 빠른 사람은 더 많은 마력을 가질까?

$$\text{걷는 일률} = \frac{(\quad \text{kg})(9.8\ \text{m/s}^2)(\quad \text{m})}{(\quad \text{s})}$$

$$\text{뛰는 일률} = \frac{(\quad \text{kg})(9.8\ \text{m/s}^2)(\quad \text{m})}{(\quad \text{s})}$$

운동 에너지

움직이는 물체는 그 운동 때문에 다른 물체에 일을 할 수 있는 능력을 가진다. 굴러가는 볼링 공은 볼링 핀에 힘을 가하여 핀들을 어떤 거리만큼 움직이는데, 공은 그 상호작용의 결과로 속력을 잃는다(그림 3.9). 움직이는 차는 작은 나무에 힘을 가해서 쓰러뜨릴 수 있는 능력을 갖고 있고 또한 그에 해당하는 속력 감소가 있다. 움직이는 물체들은 일을 할 수 있는 능력이 있고 따라서 에너지를 갖는다. 운동하는 에너지는 **운동 에너지(kinetic energy)**라고 알려져 있다. 운동 에너지는 (1) 물체를 움직이게 하는 일 (2) 움직이는 물체가 멈추면서 하는 일로 재어질 수 있다.

던져서 물체를 운동시킨 물체를 생각해 보라. 손에서 떠날 때까지 어떤 거리만큼 축구공을 가속시킬 때, 여러분은 축구공에 힘을 가한다. 이제 공이 갖는 운동 에너지는 여러분이 축구공에 한 일(힘 곱하기 거리)과 같다. 손에서 떠나기 전까지 어떤 거리만큼 공에 속도가 증가할 때 야구공에

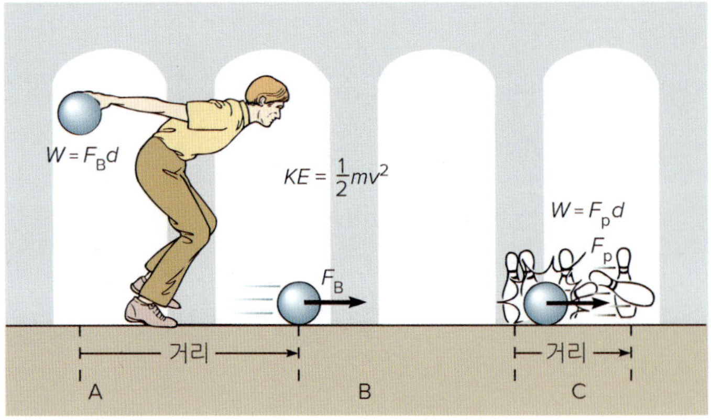

그림 3.9 (A) 힘이 볼링공을 어떤 거리만큼 움직이므로 일이 볼링공에 행해졌다. (B) 이것은 볼링공에 한 일만큼 볼링공에게 운동 에너지를 준다. (C) 공은 핀에 일을 하고 핀 뒤의 벽에 부딪힐 정도로 충분한 남은 에너지를 가지고 있다.

힘을 가한다. 공이 갖는 운동 에너지는 여러분이 공에 한 일과 같다. 공은 공을 잡는 사람의 손에 힘을 가하고, 손을 어떤 거리만큼 움직인다. 손에 한 일은 공이 가졌던 운동 에너지와 같다. 따라서,

물체를 운동시킨 일 = 운동 에너지의 증가 = 물체가 할 수 있는 일의 증가

같은 속도로 움직이는 작은 야구공과 큰 볼링공은 같은 운동 에너지를 가지지 않는다. 느리게 움직이는 야구공으로는 많은 볼링핀을 쓰러뜨릴 수 없다. 분명히 질량이 더 큰 볼링공은 같은 속도인 질량이 작은 야구공보다는 훨씬 더 많은 일을 할 수 있다. 볼링공과 야구공이 같은 운동 에너지를 가질 수 있을까? 해답은 그렇다이다. 만약 야구공에 엄청나게 높은 속도를 준다면 가능하다. 그러나, 이것은 야구공을 대포로 쏘는 것을 필요로 할지도 모른다.

운동 에너지는 질량과 속도에 비례한다. 그러나, 속력은 더 많은 영향을 가진다. 같은 질량인데, 하나가 다른 한 쪽보다 두 배로 빠르게 움직이는 두 공을 생각해 보라. 속도가 두 배인 공은 느린 공보다 네 배을 일을 할 것이다. 3배의 속도를 가진 공은 느린 공보다 9배의 일을 할 것이다. 운동 에너지는 속도의 제곱에 비례한다($2^2 = 4$; $3^2 = 9$). 물체의 운동 에너지(KE)는

$$\text{운동 에너지} = \frac{1}{2}(\text{질량})(\text{속도})^2$$

$$KE = \frac{1}{2}mv^2 \qquad \textbf{식 3.4}$$

질량은 단위는 kg이고 속도의 단위는 m/s이다. 따라서 운동 에너지의 단위는

$$KE = (\text{kg})\left(\frac{\text{m}}{\text{s}}\right)^2$$

$$= (\text{kg})\left(\frac{\text{m}^2}{\text{s}^2}\right)$$

$$= \frac{\text{kg}\cdot\text{m}^2}{\text{s}^2}$$

이것은

$$\left(\frac{\text{kg}\cdot\text{m}}{\text{s}^2}\right)(\text{m})$$

과 같고, 즉

$$\text{N}\cdot\text{m}$$

또는

줄(J)

이다.

일과 마찬가지로, 운동 에너지는 줄(joule)로 잰다.

예제 3.7

7.00 kg의 볼링공이 5.00 m/s의 속도로 레인을 따라 움직이고 있다. 공의 운동 에너지는 얼마인가?

풀이

운동 에너지(KE)와 질량(m)과 속도(v)의 관계는 식 3.4에서 찾을 수 있다. $KE = 1/2mv^2$이다.

$m = 7.00$ kg

$v = 5.00$ m/s

$KE = ?$

$$\begin{aligned} KE &= \frac{1}{2}mv^2 \\ &= \frac{1}{2}(7.00\text{ kg})\left(5.00\frac{\text{m}}{\text{s}}\right)^2 \\ &= \frac{1}{2}(7.00\times 25.0)\text{ kg}\times\frac{\text{m}^2}{\text{s}^2} \\ &= \frac{1}{2}175\frac{\text{kg}\cdot\text{m}^2}{\text{s}^2} \\ &= 87.5\frac{\text{kg}\cdot\text{m}}{\text{s}^2}\cdot\text{m} \\ &= 87.5\text{ N}\cdot\text{m} \\ &= \boxed{87.5\text{ J}} \end{aligned}$$

예제 3.8

6.0 m/s의 속도로 움직이는 100.0 kg의 축구선수가 정지해 있는 쿼터백에 태클을 걸었다. 얼마나 많은 일이 쿼터백에 행해졌는가?(답: 1,800 J)

3.3 에너지 흐름

일과 에너지 각각의 개념을 이해하는 열쇠는 그 둘 사이의 밀접한 관계를 이해하는 것이다. 무엇인가에 어떤 거리만큼 힘을 가하여 일을 할 때, 그것에 위치 에너지(퍼텐셜 에너지) 또는 운동 에너지를 준다. 또한 운동 에너지나 퍼텐셜 에너지를 가진 물체들은 그 에너지를 전달함으로써 다른 물체들에게 일을 할 수 있다. 이 모든 에너지는 어디로부터 오는 것이고 어디로 가는 것일까? 이들 문제에 대한 해답은 에너지 흐름에 관한 이 절의 주제이다.

일과 에너지

에너지는 어떤 물체에 어떤 거리만큼 힘을 가하여 일을 할 수 있다. 이 힘은 보통 어떤 것에 맞서는(against) 힘(그림 3.10)인데, 다음 저항력의 다섯 가지 예시를 살펴보자.

1. 관성에 맞서는 힘 물체의 운동을 바꾸는 알짜 힘은 관성에 맞서서 일을 한다. 운동의 법칙에 따르면, 어떤 거리만큼 작용하는 힘은 물체의 속도를 바꾸기 위해서 필요하다.
2. 중력에 맞서는 힘 어떤 물체의 위치를 바꾸는 알짜 힘은 질량에 작용하는 중력, $w = mg$에 의한 가속도로부터 아래 방향으로 향하는 힘이다. 물체의 위치를 바꾸기 위해서 mg에 반대인 힘이 위치가 변화하는 거리만큼 작용할 필요가 있다. 따라서 물체를 들어올리는 것은 중력에 맞서서 일을 한다.
3. 마찰력에 맞서는 힘 물체의 운동을 유지하는 데 필요한 힘은 종종 마찰에 맞서서 일한다. 접촉한 두 면이 서로에 대해서 움직일 때, 마찰은 항상 존재한다. 마찰은 운동을 방해한다.
4. 모양에 맞서는 힘 용수철을 늘이거나 당기는 데 필요한 힘은 용수철의 모양에 맞서서 일한다. 모양에 대해 맞서는 일의 다른 예는 탄성이 있는 재료를 압축하거나 늘이는 것을 포함한다. 만약, 한계점에 이른다면, 일은 물체를 변형하거나 부서지는 데로 간다.
5. 관성, 기본적인 힘, 마찰, 모양에 맞서는 일 지구 위에서 오직 한 가지의 저항에 맞서서 일은

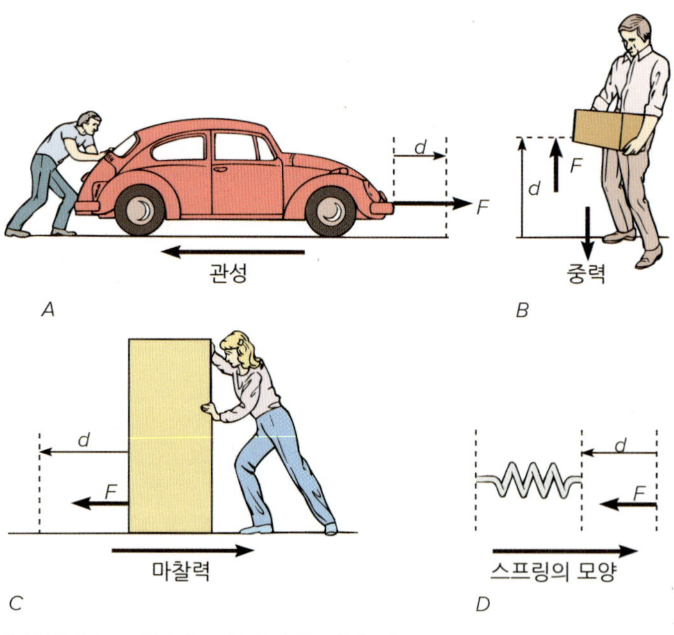

그림 3.10 (A) 관성 (B) 중력 (C) 마찰 (D) 모양에 대한 일의 예

하는 것은 드문 경우이다. 멈춘 자동차의 뒤를 밀고 움직여서 경사면을 올라가게 하는 것은 많은 저항과 관련된다. 이것을 매우 복잡해서, 하나의 저항은 보통 논의할 때 제외된다.

힘을 가함으로써 저항에 맞서 일을 했다. 그런데 결과는 무엇인가? 그 결과는 어떤 종류의 에너지 변화가 일어난다는 것이다. 가능한 에너지 변화들은 다음과 같다.

1. 운동 에너지의 증가 관성에 맞선 일은 운동 에너지의 증가를 가져온다.
2. 퍼텐셜 에너지의 증가 중력과 모양에 맞선 일은 퍼텐셜 에너지, 즉 위치 에너지의 증가를 가져온다.
3. 온도의 증가 마찰에 맞서 한 일은 온도의 증가를 가져온다. 온도는 물체를 구성하는 입자들의 운동 에너지의 발현이다. 이는 4장에서 배우게 될 것이다.
4. 운동 에너지, 퍼텐셜 에너지, 온도의 조합의 증가 다시 말하면, 고립되어 일어나는 일은 보통보다 더 예외적인 일이다. 그러나, 모든 경우에, 에너지 변화의 총합은 한 일과 같다.

다양한 저항에 맞서 일을 하면, 에너지는 그 결과, 증가했다. 증가한 에너지를 가진 물체는 이제 다른 물체나 물체들에게 일을 할 수 있다. 움직이는 물체는 운동 에너지를 가지고 있고, 따라서 일을 할 수 있는 능력이 있다. 퍼텐셜 에너지를 가지고 있는 물체는 위치의 에너지를 가지고 있어서, 그것 또한 일을 할 수 있다. 전 과정 동안 에너지는 흘러서 물체로부터 나오고 들어간다. 다음의 에너지 기술은 에너지 흐름에 대한 전반적인 개념적 그림을 주려고 의도되었다. 이것을 이용하여 에너지에 대한 시야를 넓히도록 하라. 이 과정을 통하여 나중에 더 세밀한 것들을 배우게 될 것이다.

에너지 형태

에너지는 다양한 형태로 나타나고, 서로 다른 말이 서로를 구분하기 위해 쓰인다. 에너지가 다양한 형태로 나타나지만, 이것이 다른 종류의 에너지가 있다는 것을 의미하지는 않는다. 그 형태는 보다 보편적인 기본 힘 — 중력, 전자기, 핵 — 과, 서로 상호작용하는 물체의 결과이다. 에너지는 다섯 가지 형태로 분류될 수 있다. (1) 역학적 (2) 화학적 (3) 복사 (4) 전기적 (5) 핵이 그것이다. 다음은 5개의 형태의 에너지의 각각에 대한 짧은 논의이다.

역학적 에너지(Mechanical energy)는 익숙한 물체와 기계(그림 3.11)의 에너지 형태이다. 고속도로를 달리는 차는 운동 역학적 에너지를 가진다. 댐 뒤에 있는 물은 퍼텐셜 역학적 에너지를 가진다. 증기 터빈의 회전하는 날은 운동 역학적 에너지를 가진다. 역학적 에너지의 형태는 보통 일상에서 보는 크기의 물체들의 운동 에너지와 중력의 결과로 생기는 퍼텐셜 에너지와 연관되어 있다. 다른 가능성(예를 들어, 소리)들도 있지만, 지금 이 기술로도 족하다.

화학적 에너지(Chemical energy)는 화학 반응에 관련된 에너지이다(그림 3.12). 화학적 에너지는 산화(oxidation)라고 알려진 화학 반응에서 방출된다. 타고 있는 나무의 불은 빠른 산화의 예다. 느

과학 스케치

보트가 그림 3.10에서와 같이 일정한 속력으로 움직이고 있다면, 보트에 대해 F_{engine}, $F_{friction}$ 힘 화살표를 그림 3.11 위에(또는 종이 위에) 그리고 표시하시오.

그림 3.11 역학적 에너지는 많은 익숙한 물체들의 운동의 에너지나, 위치의 에너지이다. 보트는 운동의 에너지를 갖는다. 출처: ⓒMcGraw-Hill Education/Bill Tillery, photographer

린 산화는 여러분의 몸에서 음식으로부터 에너지를 방출한다. 화학적 단위에서 배우게 될 것과 같이 화학적 에너지는 원자들의 부분들 사이의 전자기력에 관련된다. 그 때까지 다음 비교를 생각해보라. 광합성은 녹색 식물의 내부에서 수행된다. 식물들은 햇빛의 에너지를 이용하여 이산화탄소와 물을 식물의 물질과 산소로 재배열한다. 많은 단계를 생략하고 일반화해서 이 반응은 다음의 말로 된 방정식으로 대표할 수 있다.

에너지 + 이산화탄소 + 물 = 나무 + 산소

식물은 에너지와 두 재료를 가져와 두 다른 물질은 생산하였다. 이것은 책을 책장의 높은 열로 들어 올리는 것과 비슷하다. 즉, 새로운 물질들은 원래 물질들이 가졌던 것보다 많은 에너지를 지닌다. 나무가 타는 것에 대한 다음의 방정식을 생각해보라.

나무 + 산소 = 이산화탄소 + 물 + 에너지

이 방정식은 정확히 광합성의 역반응이라는 점을 주목하라. 다르게 말하면, 광합성에서 사용된 에너지는 산화하는 동안 나온다. 화학적 에너지는 저장된 퍼텐셜 에너지의 한 종류이고 후에 화학 반응 동안 나온다.

A

B

그림 3.12 화학적 에너지는 화학 반응 동안에 나오는 퍼텐셜 에너지의 한 형태이다. (A)의 나무와 (B)의 석탄은 둘 다 광합성 과정을 통해 저장된 화학적 에너지를 가지고 있다. 나무 더미는 며칠 동안 작은 화로의 연료를 제공할 수 있다. 석탄 더미는 백 일 동안 발전소의 연료를 제공할 수 있다. a 출처: ⓒMcGraw-Hill Education/Bill Tillery, photographer; b 출처: ⓒCreatas/Creatas Images/PunchStock

복사 에너지(radiant energy)는 공간을 통해 나아가는 에너지이다(그림 3.13). 대부분의 사람들은 이 형태의 에너지를 생각할 때 빛이나 햇빛을 떠올린다. 그러나 가시 광선은 그림 3.14에 나온 것처럼 전체 전자기 스펙트럼의 작은 부분만 점유

그림 3.13 이 15개의 태양광 패널은 전형적인 집에 며칠간 전기를 공급하기 위해 하루에 태양으로부터 충분한 에너지를 제공한다. 출처: ©Timothy F. Slater

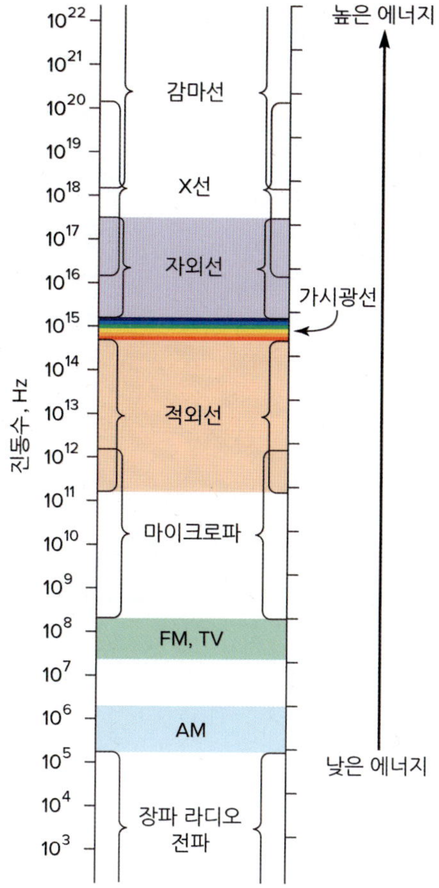

그림 3.14 전자기파의 진동수 스펙트럼. 이러한 전자기파에 의해 운반되는 에너지의 양은 진동수가 증가하면 증가한다. 가시광선은 전체 스펙트럼의 작은 부분만 차지하는 것에 주의한다.

한다. 복사 에너지는 빛과 스펙트럼의 다른 모든 부분을 포함한다(7장 참조). 적외선 복사는 때때로 열복사(heat radiation)라고 불리는데, 그것은 이 종류의 복사가 흡수될 때 열과 관련되어 있기 때문이다. 예를 들면, 손을 따뜻한 열선 근처에 가져가면 적외선의 상호 작용을 느낀다. 그러나 적외선 복사는 복사 에너지의 또 다른 형태이다. 사실, 방울뱀, 살모사, 물 모카신과 같은 어떤 뱀들은 눈 사이에 구멍이 있는 데 그것은 여러분은 완전히 어둡게 보이는 곳에서도 따뜻한 동물에서 방출되는 적외선 복사를 감지한다. 마이크로파는 요리에 쓰이는 또 다른 형태의 복사 에너지이다. 다른 형태의 에너지와 같이, 빛, 적외선, 마이크로파는 나중에 더 자세히 고려될 것이다. 현재는 모든 종류의 복사 에너지는 공간의 통해 진행하는 에너지의 형태라고 생각하라.

전기 에너지(Electrical energy)는 나중에 자세히 고려될 전자기적 상호작용으로부터의 또 다른 형태의 에너지이다. 발전소에서부터 집까지 전선을 통해 온 전기 에너지, 플래시 불빛의 화학적 전지에 의해 생성되는 에너지, 자동차 배터리에 저장된 전기적 에너지에 익숙하다(그림 3.15).

핵에너지(Nuclear energy)는 발전소에서 에너지 원천으로 사용되기 때문에 종종 논의되는 에너지의 형태이다. 핵에너지는 원자로부터의 또 다른 형태의 에너지인데, 이번에는 에너지는 원자의 가장 중심 부분인 원자핵, 핵 상호작용과 관련된다. 이것은 13장에서 자세히 고려될 것이다.

에너지 변환

퍼텐셜 에너지는 운동 에너지로 변환될 수 있고 그 반대도 가능하다. 단진자는 이 변환의 좋은 예를 제공한다. 단진자는 어떤 지지대로부터 실이나 줄에 의해 매달린 물체로, 밥(진자, bob)이라고 불린다. 진자가 한 쪽으로 움직여진 다음 놓아지면, 호를 따라 왔다 갔다 흔들릴 것이다. 가장 높은 지점에 이를 때, 진자는 순간적으로 멈췄다가 다음 흔들림을 시작할 것이다. 멈추는 순간 진자는

그림 3.15 증기 터빈의 날. 발전소에서는 화학적 에너지나, 핵에너지가 물을 증기로 가열하는 데 사용되고 증기는 터빈의 날 쪽으로 방향이 틀어진다. 터빈의 역학적 에너지는 발전기를 회전시킨다. 따라서 발전소는 화학적 에너지나, 핵에너지를 역학적 에너지로 바꾸고 그 다음 전기 에너지로 바꾼다.

100%의 퍼텐셜 에너지를 가질 것이고 운동 에너지는 없을 것이다. 진자가 맨 아래 쪽을 향해 가는 동안 운동 에너지를 얻고 퍼텐셜 에너지는 잃을 것이다. 진자가 최하점에 이르는 순간, 100%의 운동 에너지를 가지고 퍼텐셜 에너지는 없을 것이다. 진자가 호의 다른 한쪽으로 올라가는 동안 퍼텐셜 에너지를 얻고, 운동 에너지를 잃어서 꼭대기에서는 순간적으로 다시 멈출 것이고, 다시 이 과정이 시작된다. 호의 최하점에서의 운동 에너지는 호의 최고점에서 가진 퍼텐셜 에너지와 같다(그림 3.16). 마찰을 무시하면 퍼텐셜 에너지와 운동 에너지의 합은 흔들리는 동안 일정하게 유지된다.

떨어지는 동안 퍼텐셜 에너지의 손실은 운동 에너지의 이득(그림 3.17)과 같다. 다른 말로 하면

$$PE_{\text{손실}} = KE_{\text{이득}}$$

식 3.3과 3.4의 값을 대입하면

$$mgh = \frac{1}{2}mv_f^2$$ (식 수정 – 역자)

m을 제거하고 v_f에 대해서 풀면

$$v_f = \sqrt{2gh}$$ **식 3.5**

떨어지는 물체의 위치에 의한 퍼텐셜 에너지가 전부 운동하는 운동 에너지로 전환될 수 있기 때문에 식 3.5는 공기 저항에 없을 때, 퍼텐셜 에너지가 운동 에너지로 전환된 후, 떨어지는 물체의 마지막 속력을 말해준다. m이 소거되는 것을 주의하라. 이는 물체의 떨어지는 빠르기는 질량에 독립적이라는 갈릴레오의 관찰을 확증한다.

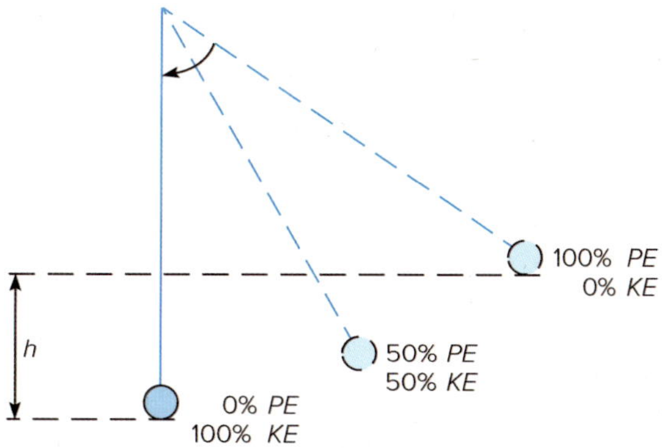

그림 3.16 이 진자 추는 h만큼의 거리를 떨어지는 동안, 퍼텐셜 에너지(PE)를 잃고, 같은 양의 운동 에너지(KE)를 얻는다. 진동의 반대쪽에서 올라가는 동안에 이 과정은 거꾸로 된다.

과학 스케치

그림 3.16(또는 종이에)을 다시 그려서 (i) 어떻게 가파른 놀이동산의 롤러코스터를 아래로 가속하는 차가 퍼텐셜 에너지(PE)를 잃고 운동 에너지(KE)를 얻는지 (ii) 어떻게 차가 위로 올라갈 때는 그 과정이 거꾸로 되는지 설명하시오.

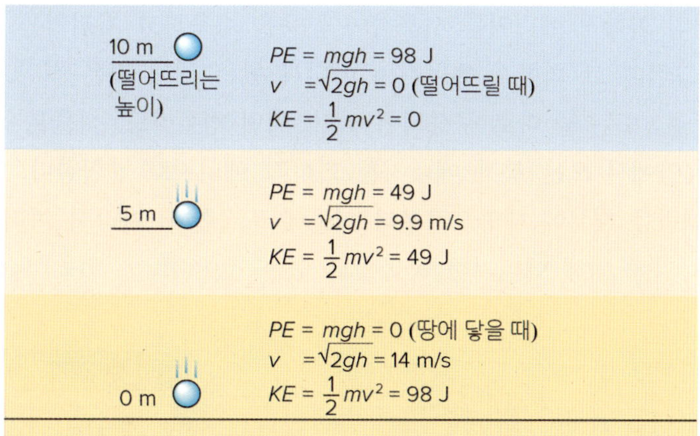

그림 3.17 공은 떨어지면서 퍼텐셜 에너지를 운동 에너지로 바꾼다. 공은 떨어뜨릴 때, 98 J의 퍼텐셜 에너지를 가지고 있었고, 바닥에 닿을 때는 98 J의 운동 에너지를 가진다.

예제 3.9

1.0 kg의 책이 높이 1.0 m에서 떨어진다. 바닥에 닿기 직전, 책의 속도는 얼마인가?

풀이

떨어지는 물체의 속도에 관련된 관계식은 식 3.5에 주어져 있다.

$h = 1.0\ \mathrm{m}$

$g = 9.8\ \mathrm{m/s^2}$

$v_f = ?$

$$v_f = \sqrt{2gh}$$
$$= \sqrt{(2)(9.8\ \mathrm{m/s^2})(1.0\ \mathrm{m})}$$
$$= \sqrt{2 \times 9.8 \times 1.0 \frac{\mathrm{m}}{\mathrm{s^2}} \cdot \mathrm{m}}$$

$$= \sqrt{19.6 \frac{m^2}{s^2}}$$

$$= \boxed{4.4\ m/s}$$

예제 3.10

1.0 kg의 책이 1.0 m 만큼 떨어져서 바닥에 닿기 직전 운동 에너지는 얼마인가?(답: 9.7 J)

어떤 형태의 에너지도 다른 형태의 에너지로 전환될 수 있다. 사실 사용하는 대부분의 기술적인 장비들은 에너지 형태의 전환 장치(energy-form converters)(그림 3.18)이다. 예를 들어 전구는 전기 에너지를 복사 에너지로 바뀐다. 차는 화학적 에너지를 역학적 에너지로 바꾼다. 태양 전지는 복사 에너지를 전기 에너지로 바꾸고, 전동기는 전기 에너지를 역학적 에너지로 바꾼다. 각각의 기술적인 장비들은 어떤 형태의 에너지(보통 화학적이거나 전기적인)를 원하는 다른 에너지(보통 역학적이거나 복사인)로 전환시킨다.

주위에서 일어나는 에너지 흐름(flow of energy)을 좇아가는 것은 흥미롭다. 예를 들어, 자전거를 탄다고 가정해보라. 자전거는 움직이면서 운동 역학적 에너지를 갖는다. 어디서 자전거가 이 에너지를 얻었는가? 음식의 화학적 에너지를 사용하여 근육을 수축하고 자전거를 움직임에 따라 여러분으로부터 얻었다. 그런데 그 화학적 에너지는 어디서 왔는가? 그것은 식량으로 왔는데, 식량은 식물, 식물을 먹은 동물, 또는 둘 다로 구성되어 있다. 어떤 경우라도, 식물은 식량 사슬의 맨 아래쪽에 있다. 식량은 태양에서 오는 복사 에너지를 화학적 에너지로 전환한다. 복사 에너지는 태양 중심에서 일어나는 핵반응 때문에 태양으로부터 식물에 도달한다. 따라서 여러분의 자전거는 많은 전환을 거쳐서 핵에너지에 의해 에너지를 공급받고 있는 것이다!

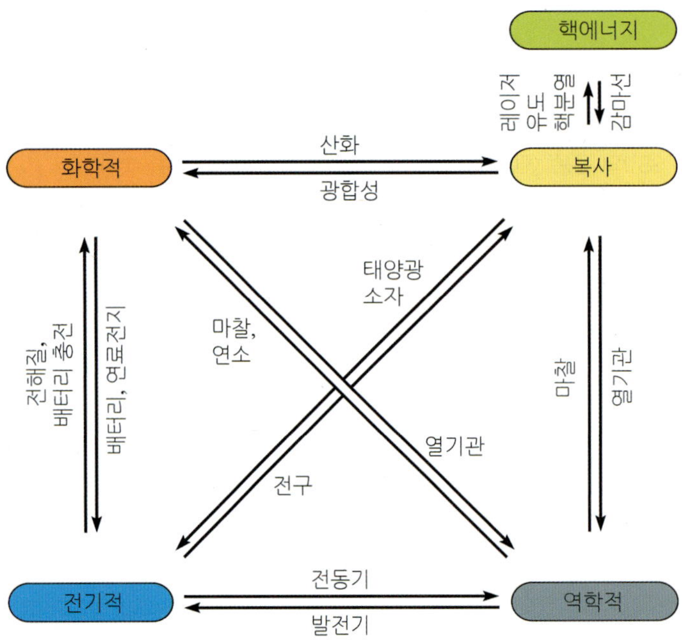

그림 3.18 에너지의 형태와 전환 경로

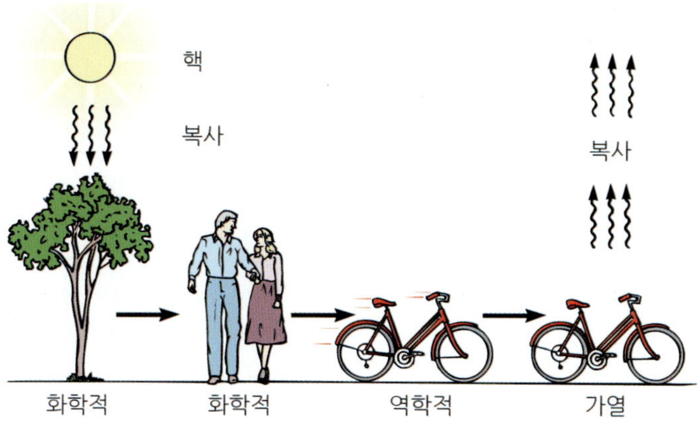

그림 3.19 에너지는 태양으로부터 도착해서 여러 전환을 거치고, 다시 우주로 복사해서 되돌아간다. 떠나는 전체 양은 원래 도달했던 양과 같다.

에너지 보존

에너지는 어떤 물체에서 다른 물체로 전달될 수 있고, 한 형태에서 다른 형태로 전환될 수 있다. 만약 전송이나 전환 이전과 이후에 모든 에너지의 형태를 자세히 설명할 수 있다면, 전체 에너지는 일정할 것이다. 평평한 지면을 따라 자전거를 타다가 브레이크를 밟은 경우를 생각해보라. 자전거의 운동 에너지에는 무슨 일이 일어났는가? 그것은 자전거 바퀴 테와 브레이크를 가열하는 데로 가버렸다. 따라서 적외선으로 공간으로 결국에는 복사해 버렸다. 지구에 도달하는 모든 복사 에너지는 결국 우주로 되돌아 복사한다(그림 3.19). 따라서 모든 형태의 전환과 에너지 전달을 통하여, 모든 에너지의 합은 일정하다.

모든 에너지는 측정된 모든 상황에서 일정하다. 이러한 일관성은 과학에서 또 다른 보존 법칙에 이르게 한다. 그것은 **에너지 보존 법칙(law of conservation of energy)**이다.

에너지는 생성되거나 파괴되지 않는다. 에너지는 한 형태에서 다른 형태로 전환된다. 그러나 전체 에너지는 일정하게 유지된다.

핵에너지의 원천에 대해 궁금해 할지도 모른다. 핵반응은 에너지를 만들어내는가? 알버트 아인슈타인은 이 질문에 1900년대 초반 대답하였다. 그는 현재는 유명한 질량과 에너지의 관계에 대해 공식을 만들었다. 그것은 $E = mc^2$이다. 이 관계는 13장에서 자세히 논의될 것이다. 기본적으로 이 관계는 질량이 에너지의 한 형태라는 것을 진술하고 있고, 이는 실험적으로 많이 검증되었다.

에너지 전달

전에 여러분이 무엇인가에 일을 할 때, 에너지를 준다고 진술하였다. 일의 결과는 물체의 운동 역학적 에너지, 중력 퍼텐셜 에너지의 증가, 또는 물체의 온도의 증가이다. 일을 하거나 열을 가하는 것은 에너지가 변환되는 언제나 관련된다고 진술함으로써 이를 요약할 수 있다. 재정 상태를 증가시키거나 감소시키려면 자산을 옮기는 수단으로 현금이나 수표와 같은 전달 방법이 필요하다. 한 개인에서 다른 개인으로 흐르는 현금 흐름과 같이, 한 물체에서 다른 물체로의 에너지 흐름은 전달 방법을 필요로 한다. 일을 하는 것과 열을 가하는 것이 일어나는 것을 볼 때마다, 에너지 전달이 일어나고 있음을 알 수 있다. 다음에 가열하는 것을 볼 때, 어떤 에너지 형태가 어떤 새로운 에너지 형태로 전환되고 있는지 생각해 보라. 4장에서는 가열을 다루며, 에너지에서 열의 역할이 중요하다는 것을 고려하게 될 것이다.

미신, 착각, 오해

컴퓨터를 켜 둘까?

컴퓨터를 항상 켜 놓는 것이 에너지를 적게 사용하고 컴퓨터의 수명을 길게 한다는 것은 잘못된 생각이다. 처음에 컴퓨터를 켤 때, 매우 적은 전력 증가가 있지만 이것은 사용하지 않을 때 컴퓨터가 계속 동작하는 것에 의해 사용되는 것에 비하면 아주 크지 않다. 과거에는 컴퓨터를 켜고 끄는 것이 수명을 줄였을지 모르나, 현대 컴퓨터들에게는 옳지 않은 이야기다.

3.4 오늘날 에너지의 원천

프로메테우스는 고대 그리스 신화에 따르면 천상으로부터 불을 빼앗아 인류에게 주었다. 불을 그 후로 인간의 진보를 추동해 왔다. 필요한 것은 프로메테우스의 불을 위한 연료, 즉 태울 무엇인가였다.

타는 어떤 물질도 불에 연료를 공급하는 데 쓰일 수 있고, 다양한 연료가 인간이 진보함에 따라 세기에 걸쳐 사용되었다. 먼저 나무는 열을 얻는 데 처음 원천으로 쓰였다. 그 다음에는 석탄이 산업 혁명의 연료가 되었다. 결국 인간은 석유를 태우면서 20세기로 함성을 지르며 달려왔다. 미국에서 소비되는 주요 에너지에 대한 2016년 보고서에 따르면 석유가 가장 널리 사용되는 에너지 원천(그림 3.20)이다. 그것은 전체 에너지의 약 37%를 제공했고, 천연 가스가 전체의 약 29%를 기여했

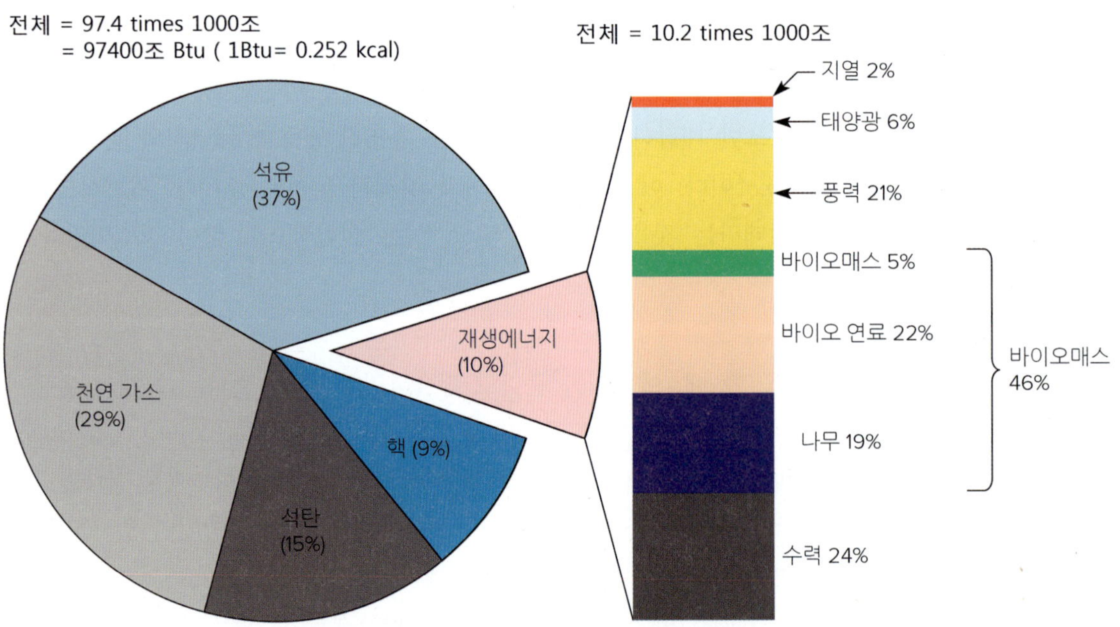

그림 3.20 2016년 에너지 원천에 따른 미국에서 소비된 주요 에너지. 출처: U.S. Energy Information Administration, Monthly Energy Review, Table 1.3 and 10.1, April 2017, preliminary data.

다. 석탄의 사용은 전체 중 약 15%를 제공하였다.

석유, 석탄, 천연 가스는 모두 화학적 에너지 원천임을 주목하여라. 이들은 에너지를 동력화하기 위해 대부분 연소된다. 이러한 화학적 원천을 전세 사용된 에너지의 약 81%를 공급하였다. 석유는 운송에 주로 사용되었고, 천연 가스는 난방과 전기, 석탄은 거의 전기를 생산하는 데에만 사용되었다.

재생 에너지는 전체의 10%에 기여했다. 이 분류의 에너지 원료들은 수력, 지열, 태양광/열, 풍력, 바이오매스이다. 이런 원천들은 전기에너지를 생산하는 데 쓰였다.

에너지와 원천의 조합은 과거로부터 변화해 왔고 미래에도 변화할 것이다. 1850년대까지 나무는 에너지의 90%를 제공했는데, 이 이후 석탄 사용이 증가했다. 1910년에는 전체 에너지의 75%를 공급하고 있었다. 그 다음, 석유가 에너지 공급에 증가된 기여를 하기 시작했다. 이제 경제적, 환경적 규제와 석유 공급의 감소는 또 다른 공급 변화를 야기하고 있다. 현재 석유 기반의 에너지 시대는 새로운 에너지 시대로 변화하려고 하고 있다.

석유

석유(petroleum)라는 말은 그리스 말은 페트라(petra)라는 말에서 유래하였다. 이는 바위를 의미하고, 라틴에 올리움(oleum)은 기름을 뜻한다. 석유는 기름을 함유하고 있는 돌에서 나오는 기름이다. 천연 가스는 보통 석유와 연관되어 있고 비슷한 연원을 가진다. 석유와 천연 가스는 유기물 침전물로부터 형성된다. 침전물이란 물의 덩어리로부터 정착한 물질을 말한다. 때때로 국소적인 조건은 유기 물질에 예외적으로 풍부한 침전물의 퇴적을 가능하게 한다. 이것은 담수 호수에서 특별한 조건 아래서 일어나거나, 또는 얕은 해양 분지에서 일어날 수 있다. 두 가지 경우 모두, 대부분의 유기 물질은 플랑크톤 — 물에 떠다니는 동물이나, 조류와 같은 식물인 — 으로부터 왔다. 석유와 천연 가스가 생성된 것은 그러한 묻힌 유기물질의 퇴적으로부터이다. 이 물질들이 석유와 가스가 된 정확한 과정은 잘 모르지만, 박테리아, 압력, 적당한 온도, 시간이 모두 중요할 것이다. 천연 가스는 석유보다 높은 온도에서 형성된다. 시간에 따른 온도의 변화가 석유와 가스의 혼합물을 생성했거

과학과 사회

자신의 연료를 키워본다?

바이오디젤에 대해서 들어본 적이 있는가? 바이오디젤은 디젤 엔진 안의 연료로 쓰일 수 있는 채소 기반의 기름이다. 콩기름이나 카놀라 기름 심지어 패스트푸드 식당의 튀김기 재생 기름으로도 만들어 질 수 있다. 바이오디젤은 어떤 양으로도 보통의 디젤 기름과 섞여질 수 있다. 또는 디젤 차, 트럭, 버스에, 또는 난방유로도 100% 순도로 사용될 수 있다.

왜 디젤 엔진을 작동하기 위해 채소 기름을 사용하길 원하는가? 우선, 그것은 지속가능한(또는 재생) 에너지 원료이다. 그것은 또한 외국에서 생산된 기름에 대한 의존을 줄이고, 무역 적자를 줄인다. 그것은 좀 더 부드럽게 움직이고, 배출 가스를 적게 생산하며, 석유 디젤에 연관된 건강 위험을 줄인다. 부정적인 면은 패스트푸드 식당의 재활용 기름을 사용할 때만 일어나는 것으로 보인다. 그런 바이오디젤 연류를 사용하는 학교 버스 뒤에 있는 사람들은 그것이 감자 튀김같은 냄새를 낸다고 불평하며, 그 냄새가 사람들을 배고프게 만든다.

나, 아니면 가스만을 생성했을 것이다.

석유는 석유가 형성되는 바위의 알갱이 주위로 얇은 막을 형성한다. 주위의 암석과 물로부터 오는 압력이 석유와 가스를 바위 사이로 움직이는데, 그것을 막는 암석이나 구조물에 닿을 때까지 움직인다. 만약 천연 가스가 있다면 쌓이는 석유 위에 공간을 차지한다. 그러한 석유와 천연 가스가 쌓인 것은 이러한 에너지 원천에 대한 공급원이다.

석유 공급과 석유의 비용에 관한 논의는 보통 기름의 한 배럴을 언급한다. 배럴은 42 미국식 갤런의 세는 도구이다. 그런 42갤런 짜리 배럴은 존재하지 않는다. 기름을 배럴에 운반할 때나 운반하려면 각각의 드럼통은 55 미국식 갤런을 담을 수 있다. 석유 제품의 다양한 이용은 12장에서 논의된다.

석유와 천연 가스의 공급은 제한되어 있다. 새로운 석유 공급을 찾는 것은 이제 바다쪽이다. 오늘날, 미국은 자신의 석유 대부분을 생산한다. 미국의 석유의 1/4은 바다쪽 유정에서 나온는 것으로 추정된다. 수입 석유는 많은 나라들로부터 오는데, 캐나다는 2016년 수입된 기름의 38%를 공급하는 미국으로 석유를 수출하는 나라들 중 으뜸이다. 두 번째와 세 번째 미국의 기름 수입에 기여하는 나라들은 사우디아라비아(11%), 멕시코(7%)이다.

석유는 가솔린(45%), 디젤(40%), 난방유(15%)로 사용된다. 석유는 또한 의약품, 섬유, 플라스틱, 잉크를 만드는 데도 쓰인다.

석탄

석유와 천연 가스는 수백만 년 전 살았던 작은 유기체들의 남은 물질로부터 형성되었다. 반면, 석탄은 수백만 년 전 특별한 조건 하에서 모인 식물 물질들의 퇴적으로부터 형성되었다. 따라서 석유, 천연 가스, 석탄은 **화석 연료(fossil fuels)**라고 불린다. 화석 연료들은 수백만 년 전 살았던 유기체에 저장된 복사에너지를 지닌다.

석탄을 형성하는 데 처음 일어났던 것은 식물들이 늪에서 죽어서 가라앉은 것이다. 흐르지 않는 늪의 물은 동물들에 의해 소비와 미생물에 의해 분해로부터 식물과 식물 물질들을 보호하였다. 시간이 흘러, 화학적으로 변화된 식물 물질들은 늪에서 물이 모여 있는 곳의 바닥에 모였다. 탄소가 풍부한 물질들은 토탄(peat)이다(물이끼(peat moss)와 혼동하지 않도록 하자). 토탄은 세계의 많은 곳에서 연료로 쓰인다. 스카치(위스키)의 향은 술을 제조하는 데 쓰이는 토탄 불의 결과이다. 토탄은 오늘날에도 여전히 늪지대에서 자연적으로 생산되고 있다. 압력 하에서 그리고 높은 온도에서 토탄은 결국 석탄으로 전환된다. 여러 단계, 또는 랭크(rank)가 석탄 형성에 존재한다. 가장 낮은 단계는 갈탄(갈색 석탄)이고, 그 다음은 아역청탄(소프트 석탄)이 있고, 높은 단계에는 무연탄(딱딱한 석탄)이 있다.

각각 단계의 석탄은 서로 다른 연소 성질과 다른 에너지 함유량을 가진다. 석탄은 또한 찰흙, 점토, 철, 산화물, 황의 불순물을 포함하고 있다. 광물 불순물들은 석탄이 연소될 때 재를 남기고, 황은 이산화황을 만드는데, 이는 오염물질이다.

오늘날 채굴되는 대부분은 석탄은 전기를 생산하기 위해(91%) 시설에 의해 연소된다. 석탄은 얼굴에 쓰는 파우더 농도로 분쇄되어 용광로로 날려 들어가는데, 이것은 효율을 매우 많이 증가시키지만, 나르는 재, 즉 굴뚝으로 날아가는 재(fly ash)를 생산한다. 산업체와 시설들은 미국의 청정공기법에 의해 공장 배출로부터 이산화황과 날아가는 재를 제거해야 한다. 새로운 석탄불을 이용하는

과학 인물

제임스 프레스캇 줄(1818-1889)

제임스 프레스캇 줄

James Prescott Joule 출처: Roscoe, Henry E. The Life & Experiences of Sir Henry Enfield Roscoe, D.C.L., LL.D. F.R.S., London, New York: Macmillan, 1906.

제임스 줄은 열의 일당량을 실험으로 재는 것으로 에너지 보존의 원리를 개발하는 데 도움을 주었던 영국 물리학자이다. 줄의 에너지에 관한 선구자적인 업적을 기념하여, 에너지의 SI 단위는 줄이라고 이름이 붙여졌다.

줄은 1818년 12월 24일 부유한 양조장 집에서 태어났다. 그와 그의 형제는 1833년에서 1837년까지 집에서 기초 수학, 자연 철학, 화학(부분적으로 영국 화학자 존 돌턴(1766-1844) 8.1절을 보라.)에 대해 교육받았다. 줄은 세심하고 부끄럼이 많은 아이였고, 초기 교육을 제외하고는 과학을 독학했다. 그의 처음 실험들은 양조장에서 처음 수행되기는 했지만, 그는 가족 주류 사업에서 어떤 역할도 하지 않은 것 같았다.

줄은 실험자로서 매우 손재주가 좋았고, 온도를 매우 정확하게 잴 수 있었다. 처음에 다른 과학자들은 그러한 정확도를 믿을 수 없었고, 줄이 그의 결과를 설명하는 데 개발한 이론에 대해 회의적이었다. 그러나 1847년부터 켈빈 경의 격려는 이러한 태도들을 변화시켰고, 켈빈은 줄의 실용적인 능력을 최대한 사용했다. 1850년까지 줄은 다른 과학자들에게 높이 평가되었고, 왕립학회의 회원으로 선출되었다.

줄 자신의 부가 그의 과학자로서의 경력에 자금을 대줄 수 있었고, 그는 학계 자리는 가지 않았다. 그러나 그의 자금은 씨가 말랐다. 그는 1878년 빅토리아 여왕에게 연금을 받았으나, 그때에는 그의 정신력이 사라지고 있었다. 그는 매우 오랫동안 병을 앓다가, 1889년 10월 11일 사망한다.

줄은 초창기부터 정확한 측정의 중요성을 깨달았고, 정확한 자료가 그의 유명한 표증이었다. 그의 대부분의 활동적인 연구 시기는 1837년에서 1847년까지였다. 긴 실험의 연속의 결과, 그는 전기적, 역학적, 화학적 효과와 열 사이의 관계에 대해 연구하였으며, 1843년 그는 열 단위를 생산하는데 필요한 일의 양을 결정했다는 것을 발표할 수 있었다. 이것이 열의 일당량(mechanical equivalent of heat)이다(칼로리당 4.184 J).

줄의 업적의 중요한 가치 중 하나는 그의 실험적 결과의 다양함과 완전함이었다. 그는 같은 관계가 실험적으로 검증될 수 있다는 것을 보였고, 다른 형태의 에너지의 동등함이 어떻게 어떤 형태가 다른 형태로 전환되는지 또는 관련된 물질들에 의존하지 않는다는 것을 보였다. 줄이 세운 원리는 에너지는 만들어지거나 파괴되지 않고, 단지 전환된다는 것이다.

줄의 이름은 에너지를 재는 데 그의 이름을 사용하는 것으로 남아 있고 줄은 그 전의 단위인 에르그와 칼로리를 대체한다. 그것은 과학의 기초 법칙을 세우는 데 있어 그의 위대한 실험적 능력과 그의 끈기의 근사적인 반영이다.

출처: 허친슨 과학 전기사전(Hutchinson Dictionary of Scientific Biography에서 수정. 헬리콘 출판사(Helicon Publishing)는 리서치 머신(Research Machines) 회사의 한 부문이다.

공장의 비용 중 약 20%는 공기 오염 조정장치로 간다. 석탄은 풍부하지만 더러운 에너지 원천이다.

움직이는 물

움직이는 물은 수천 년 동안 에너지의 원천으로 이용되었다. 비가 오는 한, 소진되지 않는 재생 에너지 원천으로 생각된다. 오늘날, 수력 발전소는 미국 전체에 약 2,400개의 전기를 생산하는 댐에서 미국의 전체 에너지 소비의 약 3%를 생산한다. 수력 발전은 1940년에는 미국의 전기 생산의 40%를 담당했다. 에너지 소비는 증가했으나, 수력 발전은 그것에 보조를 맞추지 못했는데, 그것은 지리적인 요소가 발전소를 지을 수 있는 장소들을 제약하기 때문이다. 오늘날 댐은 7%의 전기 생산을 제공한다.

저장된 물은 압수관이라고 불리는 커다란 관을 통하여 전기 생산 시설로 옮겨지고, 발전기의 축을 돌리는 터빈 날에 맞서는 쪽으로 방향을 향하게 된다. 떨어지는 물로부터 뽑아낼 수 있는 일률의 대략적인 근사는 물의 깊이(피트)와 흘러기는 물의 양(ft^3/s)을 곱하고 10으로 나누는 것으로 할 수 있다. 그 결과는 대략 마력과 같다.

핵에너지

핵 발전소는 전기를 생산하는 데 핵에너지를 사용한다. 에너지는 우라늄과 플루토늄의 원자가 분열할 때 즉 핵분열(fission)이라고 불리는 핵반응을 거쳐, 새로운 원소를 형성할 때 나온다(보다 자세한 것은 13장 참조). 핵분열은 반응로(reactor)라는 큰 강철통 안에서 일어난다. 물이 증기를 생성하는 반응로로 유입되고 이것이 화석 연료 발전소에서 처음 전기를 생산하는 데 쓰인다. 13장의 핵반응 과정에 자세히 설명되어 있고, 전기 에너지를 생산한는 과정은 6장에 자세히 설명되어 있다.

전기 생산 회사들은 핵에너지를 전기를 생산하는 데 쓰이는 유일한 에너지 원천으로 보고 있다.

개념 활용

도시의 전력

전기를 생산하는 데 필요한 에너지 원천들의 양을 비교하시오. 일반적으로 1 MW(1,000,000 W)는 1,000명에 필요한 전기를 공급한다.

1. 여러분이 살고 있는 도시의 인구를 이용하여, 도시에 필요한 전기가 얼마의 MW인지 구하시오.
2. 다음의 동등성을 이용하여, 얼마나 많은 석탄, 기름, 가스, 우라늄이 전력 요구량을 공급하기 위해 하루에 소비되는지 알아내시오.

$$1\text{ kWh의 전기} = \begin{array}{l} 1\text{ lb의 석탄,} \\ 0.08\text{ 갤런의 기름,} \\ 9\text{ 입방 피트의 가스,} \\ 0.00013\text{ g의 우라늄} \end{array}$$

예제

여러분의 도시가 36,000명의 사람이 있다고 하자. 그러면 36 MW의 전기가 필요할 것이다. 이 전기를 생산하는 데 얼마나 많은 기름이 필요한가?

$$36\text{ MW} \times \frac{1{,}000\text{ kW}}{\text{MV}} \times \frac{24\text{ h}}{\text{day}} \times \frac{0.08\text{ gal}}{\text{kWh}} = 69{,}120\text{ 또는 약 }70{,}000\text{ gal}\cdot\text{day}$$

1배럴이 42갤런이므로

$$\frac{70{,}000\text{ gal}\cdot\text{day}}{42\text{ gal}\cdot\text{barrel}} = \frac{7{,}000}{42} \times \frac{\text{gal}}{\text{day}} \times \frac{\text{barrel}}{\text{gal}} = 1{,}666\text{ 또는 }2{,}000\text{ barrel}\cdot\text{day}$$

그들은 어떤 하나의 에너지 원천에 충성한다고 말하지는 않지만, 여러 에너지 원천 중에서 가장 믿을 만하고 의존할 만한 것을 찾고 있다. 이것은 항상 분명한 선택은 아니다(이런 선택은 하는 것은 분명하지 않다).

현재 석유, 석탄, 수력은 전기 생산에 소비되는 에너지 자원의 대부분을 공급하고 있다. 그러나 전기 생산 회사들은 석유와 천연 가스는 점점 더 비싸지고 있다고 걱정하고, 장기적인 공급에 대해서 의문을 갖고 있다. 수력은 성장하는 데 한계를 가지고 있다. 반면, 풍력과 태양광은 매우 거대한 시설 장소에서 성공적으로 생산되고 있으며, 미국 전력 요구량에서 점점 증가하는 비율을 공급할 것으로 예상된다.

에너지 절약

절약이라는 것은 에너지를 생산하는 것이 아니다. 그러나 추가적인 에너지 소모에 필요한 것을 줄이는 방법이고, 소비자들의 돈을 아끼는 방법이다. 어떤 절약 기술은 매우 복잡한 반면 다른 것은 굉장히 간단하다. 예를 들면, 만약, 작고, 싼 장작 난로가 개발되고 개발도상국의 열린 공간에서의 불을 대체한다면 이들 지역의 에너지 소비는 50% 정도 줄일 수 있다.

많은 관찰자들은 절약하지 않고 더 많은 에너지를 요구하는 것은 배수구를 열어 놓은 채로 욕조를 채우기 위해 더 많은 물을 요구하는 것과 같다고 지적한다. 확실히, 절약과 효율의 전략은 스스로 에너지에 대한 요구를 없애지는 못할 것이다. 그러나 주요 에너지를 공급하는 데 어떤 선택을 하건 간에, 요구를 만족시키는 것을 더 쉽게 할 것이다. 에너지 효율의 개선은 추가적인 에너지 원천에 대한 필요를 상당히 감소시켜 왔다. 미국 에너지 정보국에 의해서 발표된 자료에 근거한 이러한 사실들을 고려해 보라.

- 2011년 미국의 1인당 주요 에너지 합은 1973년과 거의 동일하다. 같은 38년의 기간에 1인당 경제 총량(GDP)은 100% 증가했다.
- 국가 에너지 밀집도(GDP당 에너지 사용)는 1973년과 2012년 사이 50% 감소했다. 이 감소의 약 60%는 에너지 효율 개선 때문이다.

미국은 40여 년 전보다 더 에너지 효율이 높아졌지만, 추가적으로 비용 절감을 할 수 있는 에너지 절약에 대한 잠재력은 여전히 크다. 몇몇 새로운 에너지 효율 대책이 이제 적용되기 시작하고 있다. 다른 효율 대책도 다가올 미래에 개발되어 상용화될 것이다.

우리가 소비하는 많은 에너지가 낭비되고 있다. 이 말은 단지 불은 끄고 난방기의 온도를 낮추라고 일깨워 주려고 하는 것이 아니다. 이것은 기술적인 도전이다. 우리의 에너지 사용은 너무나 비효율적이어서 연료에 있어서 대부분의 퍼텐셜 에너지는 폐기 열로 잃어버리고 이는 환경오염의 형태가 된다.

제대로 단열이 안 되는 창이나 문을 통해 낭비되는 에너지의 양만 해도 미국이 매년 알라스카의 송유관으로부터 받는 에너지만큼이다. 저렴하고 에너지 효율이 높은 대책에 의해 한 가정의 평균 에너지 고지서는 10%에서 50%까지 줄일 수 있고, 이산화탄소의 대기로의 배출을 줄일 수 있다.

많은 절약 기술들은 비교적 단순하고 비용－효율이 높다. 보다 효율적이고, 에너지 집중도가 낮은 산업과 국내 제도들은 많은 양의 에너지를 아낄 수 있다. 승객들과 화물 교통에 더 향상된 자동차 효율, 더 나은 대중 교통, 더 많은 철도는 운송 에너지를 절약하는 간단하고 당장 가능한 수단이다. 1970년대의 유가 충격에 반응하여, 미국에서 자동차의 연비는 두 배 이상, 1975년 5.55 km/L (13 mpg)에서 1988년 12.3 km/L(28.8 mpg)이 되었다. 불행히도, 1980년대 말의 석유 과잉과 연료 가격의 하락은 더 많이 절약할 수 있는 것을 방해하였다. 1990년과 1997년 사이 그 평균은 11.8 km/L(27.6 mpg)로 줄어들었다. 그 뒤로 유가의 증가는 다시 한 번 절약을 독려하여 평균 연비를 2013년에 15.1 km/L로 뛰게 하였다. 이런 경향이 지속될지는 두고 볼 일이다.

에너지 소비를 줄이는 여러 기술들이 이제 가능하다. 기존의 백열등을 끼우던 곳에 사용될 수 있는 고효율 형광등은 그전 에너지의 25%만 사용하고, 더 적은 열을 생산한다. 이러한 전등을 널리 사용하는 것은 벌써 에너지 소비를 상당히 감소시켰다. 2003년, 조명과 냉방(백열등으로부터 나오는 열을 제거하는) 미국의 에너지 소비량의 25%를 차지했다. 2014년에 이 부분의 소비는 17%로 떨어졌고, 계속 감소하고 있다. 단열 창문 유리는 빌딩에 빛은 들어오게 하고 들어오는 열을 감소시킨다. 새로운 건물에 이런 종류의 유리를 사용하는 것과 기존 창문을 교체하는 것은 에너지 전체 그림에 큰 영향을 미친다. 다른 많은 기술들, 자동으로 조명을 줄이는 장치나, 자동으로 끄는 장치들은 우리의 에너지 사용을 줄이는 추가적인 방법을 제공한다.

더 효율적인 에너지 사용으로 이동하는 것은 독려가 필요하다. 종종, 잘못 설계된, 에너지 비효율적인 빌딩과 기계들은 값싸게 생산될 수 있다. 단기간의 비용은 낮을지 모르나 장기적인 비용은 높다. 국민들을 값싸게 디자인된 빌딩이나 도구들을 구입하는 것의 장기적인 경제적, 에너지 비용을 생각하도록 교육시켜야 한다.

전기 시설들은 최근 에너지 절약의 그림의 한 부분이 되어왔다. 어떤 주에서는 에너지 절약에 대한 노력에 대해서 돈을 벌 수 있도록 허가되었다. 예전에는 오직 더 많은 발전소를 짓는 것만으로 돈을 벌 수 있었다. 이러한 것은 회사들의 에너지 절약 교육에 참여하게 독려한다. 왜냐하면, 그들의 고객들에게 어떻게 에너지를 효율적으로 사용하는지 가르치는 것이 새 발전소를 만드는 대신 더 많은 사람에게 서비스할 수 있도록 해 주기 때문이다.

미신, 착각, 오해

재활용 혹은 재이용?

재활용 플라스틱 백을 샀던 상점으로 갖다줄 때 그것을 재활용한다고 말하는 것은 실수이다. 이것은 재이용이고, 재활용이 아니다. 재활용은 어떤 물건을 부수어서 원재료로 만든 후, 그 다음에 새로운 물품으로 만드는 것이다. 재활용은 에너지를 사용하기 때문에 재료를 재사용하는 것이 환경적으로 보다 바람직하다.

3.5 미래 에너지의 원천

대체 에너지 원천(alternative source of energy)은 현재 사용하는 전형적인 에너지 원천과는 다른 것이다. 현재 사용하고 있는 원천은 화석 연료(석탄, 석유, 천연 가스), 핵, 수력 에너지이다. 대체 원천은 태양, 지열, 수소가스, 핵융합, 또는 새로운 기술이 이용할 수 있는 다른 원천이다.

태양 기술

태양 에너지(solar energy)는 햇빛을 대체 에너지 원천으로 직접적 또는 간접적으로 이용하는 많은 기술들을 설명하는데 쓰인다(그림 3.21). 이러한 태양 기술의 여덟 가지 분류가 있다.

1. **태양 전지** 태양 전지는 얇은 실리콘, 갈륨 결정 또는 다결정 복합체로 빛에 노출될 때 전기를 생산하는 것이다. 또한 광기전력 장비(photovoltaic devices)라고도 불리는 태양 전지는 뜨거운 유체나 중간 변환 단계 필요 없이 움직이는 부품이 없고, 전기를 직접 생산한다. 태양 전지는 우주선이나 위성에서 널리 쓰여 왔고, 이제 거대한 스케일의 지구에 위치한 발전소에서 전기를 만드는 데 사용되고 있다. 과거에는 태양 전지를 생산하는 것이 어려워서 보여주기식 프로젝트, 외진 곳에서의 응용, 태양광 시계나 계산기와 같은 특수한 소비 제품에 사용되는 데 국한되었다. 연구 개발은 이제 적당한 가격에 큰 태양 전지의 생산을 가능하게 하였다.
2. **전기 타워** 이것은 전기를 생산하도록 제작된 또 다른 태양 기술이다. 햇빛을 이용하여 열을 발생시켜 이를 터빈을 돌리는데 사용한다. 대부분의 전기 타워 계획에서 헬리오스태츠(heliostats)라고 불리는 큰 거울의 집합체가 햇빛을 중앙 타워에 집중시키는 데 사용된다. 타워의 꼭대기는 이 섭씨 566도(화씨 1050도)까지 가열될 수 있는 액상 소금(질화 나트륨과, 질화 칼륨의 혼합체)이 있는 보일러를 가지고 있다. 여느 발전소와 마찬가지로 이 액상 소금은 증기 생산 기계를 작동시킨다. 물이 전기 타워의 보일러에서 직접 가열될 수도 있지만, 액상 소금이 사용되는 이유는 태양이 비치지 않을 때 단열된 저장 탱크에 20시간까지 저장될 수 있기 때문이다. 미국 재생 에너지 연구소는 전기 타워에서 2020년까지 kWh당 5.47센트에 전기가 생산될 수 있다고 추정한다.
3. **수동 응용** 수동적인 응용에서는 에너지가 전동기, 펌프 등등과 같은 기계적 장비 없이 자연적인 수단에 의해 흐른다. 수동 태양 집은 태양에 대한 집의 위치, 창의 크기와 위치, 겨울에는 햇빛이 들게 하고 여름에는 햇빛을 막는 지붕 차단막 등등의 고려들을 포함한다. 집 전체에

그림 3.21 바람은 다른 형태의 태양 에너지이다. 이 풍력 터빈은 돛단배의 전기 에너지를 생산하는데, 바람이 불지 않은 때에는 보조 배터리를 충전한다. 의아할 수도 있지만, 이 터빈은 보트를 움직이는 데 필요한 바람을 만들 수는 없다. 뉴턴의 운동 법칙에 의해 이것은 보트에 알짜 힘을 줄 수 없다. 출처: ©McGraw-Hill Education/Bill Tillery, photographer

태양 에너지를 붙잡고, 저장하고, 분배하는 다양한 디자인 계획들이 있다.

4. **능동 응용** 능동적인 태양 응용은 햇빛이 공기, 물, 액체를 가용하는 집광기를 필요로 한다. 액체나 공기는 집 내부의 파이프를 통하여 펌프되어 전기를 생산하거나, 뜨거운 물을 만드는 데 직접 사용된다. 태양 물 데우기는 다른 응용보다 오늘날 경제적으로 타당하다. 태양 물 데우기의 능동적 수동적 형태는 이제 집 디자인에 적용되고 있고, 그것들은 어떤 지역에서는 새 주택 건설에 필수적이기도 하다.
5. **풍력 에너지** 바람은 배를 움직이거나, 곡식을 가루로 갈거나, 물을 펌프하는 데 수세기 동안 쓰여 왔다. 그러니 대양의 복사 에너지가 지구의 어떤 부분을 다른 부분보다 더 가열하기 때문에 바람이 분다. 이 차별적 가열은 압력 차이를 가져오고, 공기의 수평 이동을 가져오는 데 이것이 바람이다. 따라서 바람은 태양 에너지의 또 다른 형태이다. 풍력 터빈은 전기 에너지나 역학적 에너지를 생산하는 데 쓰인다. 풍력 에너지의 가장 큰 문제는 바람이 일정하지 않다는 것이다. 때때로 바람의 속력이 너무 크고, 다른 때는 충분히 크지 않다.
6. **바이오매스** 작은 식물, 나무, 곡식, 쓰레기, 곡물 남은 것, 동물의 분뇨를 포함한 광합성에 의해 형성된 어떤 물질이라도 바이오매스이다. 바이오매스는 연료로 직접 연소될 수 있고, 기체 연료(메탄)로 전환될 수도 있고, 알코올과 같은 액체 연료로 전환될 수도 있다. 바이오매스를 사용하는 문제는 바이오매스를 모으는데 사용되는 에너지와 기체나 액체 연료로 전환하는 데 쓰이는 에너지를 포함하고 있다.
7. **농업, 산업의 가열** 이 기술은 단순히 햇빛을 곡식 말리기, 페인트 굳히기, 또는 전통적인 에너지 원천을 사용하는 대신 태양을 이용하여 뭔가 하는 것을 말한다.
8. **대양 열 에너지 전환** 이것은 열대, 아열대, 적도부근의 바다물의 표면과 심해의 온도 차이를 이용하는 전기 발전소이다. 기본적으로 따뜻한 물은 계로 끌어 들여 유체를 기체화하고 그것은 터빈 발전기를 통과하면서 팽창한다. 심해로부터의 차가운 물은 증기를 다시 액체 형태로 응축하고, 이것은 다시 따뜻한 물쪽으로 순환한다. 이 개념은 검증되었고 기술적으로 성공적임이 밝혀졌다. 그것은 사용하는 데 큰 관심을 보이는 곳은 하와이, 푸에르토리코, 괌, 버진 아일랜드와 같이 따뜻한 표면 온도(와 차가운 심해)를 가지고 있는 섬들이다.

지열 에너지

지열 에너지는 지구 표면 아래로부터 오는 에너지이다. 옐로우스톤 국립공원에서 익숙한 가이저나, 온천, 뿜어져 나오는 증기들은 이러한 형태의 에너지가 존재한다는 단서이다. 그러나 옐로우스톤에는 드러난 것보다 상당히 더 많은 지열 에너지가 존재하고, 예전에 생각했던 것보다 더 많이 지열의 원천들이 퍼져있다. 지구는 높은 내부 온도를 갖고 있고, 회복할 수 있는 지열 원천이 대부분의 상태 아래에 있을 수 있다. (1) 마른 증기 (2) 뜨거운 물 (3) 뜨겁고 마른 암석 (4) 지압이 원천 등이 그것이다. 다 합쳐서 이러한 지열 원천들에 있는 에너지는 미국에서 연간 소비되는 에너지보다 15,000배 정도를 대표한다. 문제는 지열 에너지를 얻는 것이고, 그것을 경제적으로 매력적인 방법으로 사용하는 것이다.

대부분의 지열 에너지는 뜨겁고 마른 암반에서 일어나고, 이것이 전체 지열 원천의 85%를 담당한다. 뜨겁고 마른 암반은 이전에 화산 활동이 있었던 지역 근처에 보통 존재한다. 널리 퍼져 있는 이런 원천들을 사용하는 문제는 이 에너지를 어떻게 표면으로 가져오는가 있다. 드릴로 우물을 파고, 한 우물에 물을 주입하고 두 번째 우물로부터 나오는 가열된 물에서 에너지를 뽑아내는 연구가 행해졌다. 조금 덜 퍼져 있으나 잘 이해하고 있는 온천이나 증기의 지열계에 많은 관심이 있다.

지압 원천(Geopressurized resources)은 천연 가스가 녹아있는 온천의 지하 저장소에 갇혀 있다. 물의 온도는 끓는점보다 높아서, 열이 녹은 천연 가스뿐 아니라, 에너지의 원천으로 사용될 수 있다. 그러한 지압 저장소는 지구의 전체 접근 가능한 지열 에너지의 14%를 차지한다. 그 저장소들의 에너지 원천으로서 경제적으로 타당할 만큼 충분히 큰지에 대해 염려가 있기 때문에 그것들은 몇몇 지역에서 여전히 연구되고 있다. 다른 종류의 온천이나 증기 원천으로부터 에너지를 가져오는 것에 대해 더 알려져 있으므로, 이런 것들이 경제적으로 더 매력적이다.

온천과 증기는 지열 원천 부류에서 가장 작은 부분을 구성한다. 합해서 전체 알려진 원천의 1%밖에 되지 않는다. 그러나 이러한 에너지 원천은 사용하고 가져오는 것에 대해 더 많이 알려져 있고, 이는 미국에서 현재 알려진 석유 매장량의 약 절반과 같다. 이러한 장소 두 군데는 국립공원(라센과 옐로우스톤)이고, 이 지열 증기는 에너지의 원천으로 사용될 수 있다. 세 번째 장소는 캘리포니아 주 샌프란시스코 근처의 분기공 지역인 가이저에서다. 가이저로부터의 증기는 상당한 양의 전기를 생산하는 데 쓰인다.

온천계는 에너지를 가져올 수 있는 지열 원천의 대부분을 차지한다. 깊은 화산이나 이전의 화산 원천은 지하수에서 거대하고 천천히 움직이는 대류의 형태를 만들어 낸다. 만약 표면 근처로 돌아오는 물이 충분히 뜨겁다면, 그것은 전기를 생산하거나 빌딩을 난방하거나 또는 많은 다른 가능한 응용에 사용될 수 있다. 세계적으로 지열 에너지는 펄프와 종이 공장을 가동하거나 호텔을 냉방하거나, 물고기를 키우거나, 온실을 난방하거나, 곡식을 말리거나, 물을 담수화하거나 또 다른 일들에 사용된다. 미국의 오리건 주와 아이다호 주, 그리고 헝가리, 프랑스, 아이슬란드, 뉴질랜드에서 수천의 아파트와 가정, 회사들이 지열로 난방된다. 오늘날, 지열 에너지를 공급받는 영국의 열을 제공하는 것이 반드시 화석 연료로부터 공급될 필요가 없다는 것을 이해하라. 미래에 여러분은 화석연료를 사용하는 비용과 결과가 계속 증가할수록 지열 원천은 더 더욱 매력적이 될 것을 알게 될 것이다.

수소

수소는 모든 원소 중에서 가장 가볍고 간단한 원소이고, 이원자 기체로 연료전지에서 직접 에너지로 사용되거나 태워서 열을 방출할 수 있다. 수소는 현재의 천연 가스 버너를 조금 수정하면 천연 가스를 대체하는 데 쓰일 수 있다. 연료로서 수소의 큰 장점은 오염 물질을 생산하지 않는다는 점이다. 생산되는 열에 추가하여 수소를 태우는 것으로부터 나오는 유일한 배출물은 물이다. 이는 다음 반응식에서 나타난다.

$$\text{수소} + \text{산소} \rightarrow \text{물} + 68{,}300\ \text{cal}$$

에너지 원천으로서 수소를 사용하는 것의 주요 문제는 그것이 지구 표면이나 안에 미량 외에는 존재하지 않는다는 것이다! 따라서 수소는 물과 같은 화합물의 화학 반응에 의해서 얻어져야만 한다. 물은 지구상의 많은 물질이고, 전기는 물을 수소와 산소 기체로 분해할 것이다. 전류와 전압을 재면

$$\text{물} + 68{,}300\ \text{cal} \rightarrow \text{수소} + \text{산소}$$

따라서 100%의 효율을 가정하면, 물에서 수소를 얻는 데 필요한 에너지는 수소 연소를 통해서 얻는 에너지와 정확히 같다. 따라서 수소 가스가 쓰일 수 없기 때문에 에너지를 새로 만드는 데 쓰일 수 없다. 그러나 수소는 나중의 사용을 위해서 에너지를 저장하는 수단으로 사용될 수 있다. 정말로 수소는 태양 에너지 원천으로부터 얻은 에너지를 저장하고 운반하는 문제에 대해 효과적인 해법이 될 수 있는 운명을 지닌 것일 수도 있다. 추가로, 수소는 화석 연료를 대체할 차나 트럭에 필요한 운반 가능한 에너지 원천으로 이용될 수도 있다. 요약하면, 수소는 조명, 난방, 냉방, 운송을 포함한 많은 용도에 깨끗한 대체 에너지를 공급할 잠재력을 가지고 있다.

요약

일은 작용하는 힘과 힘이 작용한 거리의 곱으로 정의된다. 일은 뉴턴-미터, 미터법으로는 줄로 측정된다. 일률은 단위 시간당 일이다. 일률은 와트로 측정된다. 1와트는 1 J/s이다. 일률은 또한 마력으로도 측정된다. 1마력은 550 ft · lb/s이다.

에너지는 일을 할 수 있는 능력으로 정의된다. 중력에 거슬러 오른 물체는 일할 수 있는 잠재력이 있다. 이 물체는 퍼텐셜 에너지, 또는 위치 에너지를 가지고 있다고 말한다. 움직이는 물체는 그것의 운동 때문에 다른 물체에 일을 할 수 있는 능력을 가진다. 운동의 에너지를 운동 에너지라고 부른다.

일은 보통 관성, 중력, 마찰, 모양, 또는 이 모든 것들의 조합에 맞서서 수행된다. 결과적으로 운동 에너지나 퍼텐셜 에너지의 증가, 증가한 온도, 또는 이들의 조합이 있다. 에너지는 역학적, 화학적, 복사, 전기적, 혹은 핵에너지의 형태로 온다. 퍼텐셜 에너지는 운동 에너지로 전환될 수 있고, 운동 에너지는 퍼텐셜 에너지로 전환될 수 있다. 어떤 형태의 에너지도 다른 형태의 에너지로 전환될 수 있다. 대부분의 기술적 장비들은 여러분을 위해 일을 하는 에너지 형태의 전환기이다. 에너지는 주위 환경으로 흘러 들어가기도 하고 나오기도 한다. 그러나 에너지의 양은 언제나 일정하다. 에너지 보존의 법칙은 에너지는 절대로 만들어지거나 파괴될 수 없다고 진술한다. 에너지 보존은 열을 가할 때나 일을 할 때 항상 일어난다.

오늘날의 기초적인 에너지 원천은 화학적 화석 연료(석유, 천연 가스, 석탄), 핵에너지, 수력이다. 석유와 천연 가스는 플랑크톤이란 작은 떠다니는 식물과 동물들의 유기 물질로부터 형성되었다. 석유 1배럴은 42 미국 갤런인데, 그런 용기는 실제로는 존재하지 않는다. 석탄은 늪에 빠져서 소멸에서 보호된 식물들로부터 형성되었다. 이 썩은 식물 물질인 토탄은 시간에 걸친 압력과 가열에 의해 다양한 급(rank)의 석탄으로 변화했다. 석탄은 불순물과 황을 지니고 있는 더러운 연료이다. 석탄의 연소에서 오는 공기 오염을 조절하는 것은 비용이 많이 든다. 수력과 핵에너지는 전기를 생산하는 데 쓰인다. 대체 에너지 원천은 오늘날 사용되는 전통적인 원천들과는 다른 원천이다. 대체 원천으로 태양, 지열, 수소가 있다.

방정식 요약

3.1

$$\text{일} = \text{힘} \times \text{거리}$$
$$W = Fd$$

3.2

$$\text{일률} = \frac{\text{일}}{\text{시간}}$$
$$P = \frac{W}{t}$$

3.3

$$\text{중력 퍼텐셜 에너지} = \text{무게} \times \text{높이}$$
$$PE = mgh$$

3.4

$$\text{운동 에너지} = \frac{1}{2}(\text{질량})(\text{속도})^2$$
$$KE = \frac{1}{2}mv^2$$

3.5

$$\text{마지막 속도} = \sqrt{(2 \times \text{중력에 의한 가속도} \times \text{떨어진 높이})}$$
$$v_f = \sqrt{2gh}$$

핵심 용어

역학적 에너지 (113쪽)
마력 (105쪽)
복사 에너지 (114쪽)
에너지 (107쪽)
에너지 보존 법칙 (119쪽)
와트 (105쪽)
운동 에너지 (109쪽)

일 (98쪽)
일률 (101쪽)
전기 에너지 (115쪽)
줄 (100쪽)
지열 에너지 (128쪽)
퍼텐셜 에너지 (107쪽)
핵에너지 (115쪽)
화석 연료 (122쪽)
화학적 에너지 (113쪽)

개념 적용

1. 역학적 일의 정의에 따르면 암석을 미는 것은 ____(이)가 없으면 일을 하지 않은 것이다.
   a. 움직임
   b. 알짜 힘
   c. 반대 방향 힘
   d. 힘의 방향과 같은 방향으로의 움직임
2. 줄(J)의 미터법 단위는 ____의 단위이다.
   a. 퍼텐셜 에너지
   b. 일
   c. 운동 에너지
   d. 위의 것 모두 해당한다.
3. N · m/s는 ____의 단위이다.
   a. 일
   b. 일률
   c. 에너지
   d. 위의 것에는 답이 없다.
4. 킬로와트-시간은 ____의 단위이다.
   a. 일률
   b. 일
   c. 시간
   d. 전기 전하
5. 초당 550 ft · lb의 일률은 ____로 알려져 있다.
   a. 와트
   b. 뉴턴
   c. 줄
   d. 마력
6. 초당 1 J의 일률은 ____로 알려져 있다.
   a. 와트
   b. 뉴턴
   c. 줄
   d. 마력
7. $PE = mgh$에 따르면 중력 퍼텐셜 에너지는 ____와 같은 것이다.
   a. 힘을 아무 방향이나 어떤 거리만큼 작용하는 것
   b. 멈추기 전까지 물체가 갖고 있던 운동 에너지
   c. 수직 방향의 위치의 변화에 대한 일
   d. 떨어지는 물체의 운동량
8. 두 자동차가 같은 질량을 가지고 있는데, 하나는 다른 차보다 세 배 빨리 움직인다. 더 빠른 차를 멈추기 위해 필요한 일은 얼마인가?
   a. 같은 양
   b. 두 배
   c. 세 배
   d. 아홉 배
9. 운동 에너지는 ____로 잴 수 있다.
   a. 물체를 움직이는 데 한 일
   b. 움직이는 물체를 정지시키는 데 한 일
   c. a, b 모두
   d. a, b 모두 아님
10. 퍼텐셜 에너지와 운동 에너지는 위치를 바꾸거나(*PE*), 운동 상태를 바꾸거나(*KE*) 일어난다. 마찰을 무시했을 때, 그 변화를 만드는 데 한 일은 어떻게 만들어진 *PE*나 *KE*에 비교되는가?
    a. 더 적은 에너지가 만들어진다.
    b. 둘은 같다.
    c. 더 많은 에너지가 만들어진다.
    d. 이것은 일반화될 수 없다.
11. 오늘날 쓰이는 많은 에너지는 추적해보면
    a. 태양
    b. 석탄
    c. 텍사스
    d. 석유
12. 우리가 사용하는 에너지의 대부분에서 우리는 ____임을 안다.
    a. 사용한 에너지는 소비된다.
    b. 어떤 형태의 에너지는 소비되지만 다른 것들을 그렇지 않다.
    c. 소비된 에너지보다 더 많은 에너지가 생성된다.
    d. 모든 경우에 에너지의 총량은 보존된다.
13. 어떤 형태의 에너지도 다른 형태의 에너지로 변환될 수 있다. 그렇다면 지구에서 사용되는 에너지는 어떤 형태의 에너지로 끝나는가?
    a. 전기적 에너지
    b. 역학적 에너지
    c. 핵에너지
    d. 복사 에너지
14. 복사 에너지는 ____를 이용하여 전기 에너지로 변환될 수 있다.
    a. 전구
    b. 엔진
    c. 태양 전지
    d. 전기

15. 석유에 관한 토론에서 언급된 "기름 배럴"은
   a. 55 U.S. 갤런
   b. 42 U.S. 갤런
   c. 12 U.S. 갤런
   d. 변화하는 양
16. 전체 전기 에너지에서의 비율로 볼 때, 미국에서 수력 발전에 의해 생산된 에너지의 양은
   a. 해가 변해도 꽤 일정하다.
   b. 새로운 댐이 건설되지 않기 때문에 줄어들고 있다.
   c. 더 많은 에너지가 필요하기 때문에 늘어나고 있다.
   d. 환경에 대한 우려 때문에 댐들을 파괴하여 줄어들고 있다.
17. 화석 연료는 오늘날 미국에서 소비되는 전체 에너지의 몇 퍼센트를 공급하고 있는가?
   a. 25 퍼센트
   b. 50 퍼센트
   c. 86 퍼센트
   d. 99 퍼센트
18. 대체 에너지의 원천은 ____을/를 포함한다.
   a. 태양 전지
   b. 바람
   c. 수소
   d. 위의 모든 것
19. 재생 에너지의 원천은 ____이다.
   a. 석탄
   b. 바이오매스
   c. 천연 가스
   d. 석유
20. 바닥에 대한 책장에 있는 상자의 퍼텐셜 에너지는 ____의 척도이다.
   a. 바닥으로부터 상자를 책장에 놓는 데 필요한 일
   b. 상자의 무게 바닥으로부터의 거리와의 곱
   c. 바닥으로부터의 위치 때문에 상자가 갖는 에너지
   d. 위의 답 모두 다
21. 바닥에 있는 돌은 0의 퍼텐셜 에너지를 가지는 것으로 생각된다. 우물 바닥에 있는 돌은 ____ 갖는다고 생각한다.
   a. 그 전과, 0 퍼텐셜 에너지를
   b. 음의 퍼텐셜 에너지를
   c. 양의 퍼텐셜 에너지를
   d. 0의 퍼텐셜 에너지이지만 지표면으로 가지고 올 때 일이 필요할 것이다.
22. 트럭이 고속도로를 움직이는 동안 거대한 트럭이 가지는 운동 에너지의 양에 가장 큰 영향을 미치는 양은 무엇인가?
   a. 질량
   b. 무게
   c. 속도
   d. 크기
23. 전기 에너지는 ____로 변환될 수 있다.
   a. 화학적 에너지
   b. 역학적 에너지
   c. 복사 에너지
   d. 위의 것이 아니다.
24. 대부분의 에너지는 지구에 ____ 형태로 오고 떠난다.
   a. 핵에너지
   b. 화학적 에너지
   c. 복사 에너지
   d. 운동 에너지
25. 용수철이 있는 종이 집게가 2 N의 힘을 10장의 종이에 가해서 단단히 붙잡고 있다. 집게가 종이를 잡고 있는 동안 일을 하고 있는가?
   a. 그렇다.
   b. 아니다.
26. 책 가방을 중력에 반하여 들어 올리는 데 일을 할 때, 가해지는 힘은 ____의 단위로 재어진다.
   a. kg
   b. N
   c. W
   d. J
27. 중력에 반해 물체를 들어 올리는 것에 의해 성취되는 일은 ____의 단위로 재어진다.
   a. kg
   b. N
   c. W
   d. J
28. 철 대포알과 볼링공이 빌딩의 꼭대기에서부터 동시에 떨어졌다. 공이 보도를 치기 직전의 순간에 더 무거운 대포알은 더 큰 ____을 갖는다.
   a. 속도
   b. 가속도
   c. 운동 에너지
   d. 이들 모든 것은 두 공에 대해서 같다.
29. 두 학생이 같은 높이의 다이빙 타워에서 아래쪽에 있는 수영장을 향해 다이빙하려고 자세를 취하고 있다. 학생 B는 학생 A보다 두 배의 질량을 가진다. 다음 중 옳은 것은 무엇인가?
   a. B 학생이 A 학생보다 물에 먼저 도달할 것이다.
   b. 두 학생은 같은 중력 PE를 갖고 있다.
   c. 두 학생은 물에 닿기 바로 직전에 같은 KE를 가질 것이다.
   d. B 학생은 타워를 오르는데, 두 배의 일을 했다.
30. 자동차가 고속도로를 따라 똑바로 움직이고 있다. 차가 완전히 멈추게 하는 데 차에 해주어야 할 일

이 얼마인지에 대하여 어떤 인자가 가장 큰 영향을 미치는가?

a. 얼마나 빨리 차가 움직이고 있는지
b. 차의 무게
c. 차의 질량
d. 장소의 위도

31. 두 동일한 자동차가 자동차 B가 A보다 세 배 빠르게 움직이는 것을 제외하고는 같은 조건 하에서 고속도로를 따라 똑바로 움직이고 있다. B를 멈추기 위해 필요한 일은 A의 경우보다 몇 배인가?
a. 두 배
b. 세 배
c. 여섯 배
d. 아홉 배

32. 어떤 것에 일을 할 때, 여러분은 그것에 ____ 에너지를 준다.
a. 종종
b. 가끔
c. 항상
d. 0의

33. 다음 중, 태양 에너지의 사용이 아닌 것은?
a. 바람
b. 나무를 태움
c. 태양광 전지
d. 지열 온천의 물

34. 오늘날, 태양 전지를 전기의 주요 원천으로 사용하는 기본적인 어려움은 ____이다.
a. 효율
b. 제작비용
c. 신뢰성
d. 태양이 밤에는 비추지 않는 것

35. 다른 응용보다 오늘날 경제적으로 합리적인 태양 기술은 ____이다.
a. 태양 전지
b. 태양광 타워
c. 물 데우기
d. 대양의 열 에너지 변환

36. 석유는 시간에 걸쳐 묻혀진 ____(으)로부터 형성되었다고 믿어진다.
a. 소나무
b. 늪의 식물
c. 유기 퇴적물
d. 공룡

[답]

1. d 2. d 3. b 4. b 5. d 6. a 7. c 8. d 9. c 10. b 11. a 12. d 13. d 14. c 15. b 16. b 17. c 18. d 19. b 20. d 21. d 22. c 23. d 24. c 25. b 26. b 27. d 28. c 29. d 30. a 31. d 32. c 33. d 34. b 35. c 36. c

개념 문제

1. 어떻게 일이 에너지와 연관되는가?
2. 책을 높은 책장으로 움직이는 동안 할 일과 높은 책장에 있는 책의 퍼텐셜 에너지의 관계는 무엇인가?
3. 움직이는 버스의 통로에 서있는 움직이지 않는 사람은 운동 에너지가 있는지 설명하시오.
4. 전구가 100 W짜리이다. 등급을 매기는 데, 시간 인자가 없는 이유는 무엇인가?
5. kWh는 일, 에너지, 일률 중 무엇의 단위인가? 이들 중 하나 이상의 단위인지 설명하시오.
6. 에너지가 파괴되지 않는다면, 왜 사람들은 에너지 공급에 대해서 걱정하는가?
7. 용수철 집게가 붙잡고 있는 종이 더미에 힘을 가한다. 용수철 집게는 종이에 일을 하고 있는지 설명하시오.
8. 왜 석유, 천연 가스, 석탄은 화석 연료라고 불리는가?
9. 때때로 사람들은 에너지 주입 없이 영구적으로 작동하고 사용하는 에너지보다 더 많은 에너지를 생산하는 기계를 발명했다고 주장한다(영구기계). 왜 여러분은 그런 기계에 대해 의문을 가질 이유가 있는가?
10. 줄을 정의하시오. 일의 줄과 에너지의 줄의 차이점은 무엇인가?
11. 어떤 질량을 지구에서 10 m 드는 데 필요한 에너지를 같은 질량을 달에서 10 m 드는 데 필요한 에너지와 비교하시오. 차이점이 있다면 설명하시오.
12. 책이 바닥에 부딪힐 때 떨어진 책의 운동 에너지는 어떻게 되는가?

분석 문제

1. 일이 행해졌을 때마다 무엇인가 반드시 움직여야 한다는 필요성에 대해 검증하시오. 왜 이것이 필수여야 하는가?
2. 일과 일률의 중요한 유사점과 차이점은 무엇인가?
3. 어떤 물체에 일을 할 때마다, 에너지를 준다. 어떻게 이것이 옳은 진술인지 확실하게 아는지를 분석하시오.
4. 단순한 기계들은 그것들이 힘과 거리를 교환할 수 있기 때문에 유용하다. 간단한 기계들을 사용할 때 더 일을 적게 한다고 믿는 사람과의 대화를 묘사하

시오.

5. 운동 에너지에 대한 식을 사용하여, 달리는 차를 멈추는 데, 질량보다 속력이 더 중요함을 증명하시오.
6. 음의 퍼텐셜 에너지에 관한 몇 가지 예를 서술하고, 각각이 개념의 명확한 이해를 보여주는지 서술하시오.
7. 에너지의 형태는 기본적인 힘 — 중력, 전기력, 핵력 — 의 결과이고, 상호작용하는 물체들의 결과이나. 각각의 에너지 형태와 관련된 힘이 무엇인지 분석하시오.
8. 대부분의 기술적인 장비들은 다섯 가지 형태의 에너지를 서로 변환한다. 에너지의 한 형태를 다른 형태로 변환하지 않는 기술적인 장비를 생각해 보고, 여러분이 찾은 것의 중요성에 대해서 논의하시오.
9. 과학의 영역에서 에너지 보존 법칙에 모순되는 것이 있는가?

탐구 문제

새로운 에너지 원천?

폐종이가 좋은 에너지 원천인가? 고체 쓰레기를 태우는 미국의 103개의 폐종이-에너지 공장이 있다. 따라서 우리는 폐종이가 좋은 원천이 됨을 알고 있다. 그 공장에서는 고체 쓰레기를 태워서 증기를 만들어 빌딩을 난방하거나 전기를 생산하는 데 쓴다. 학교는 순수한 폐종이 원천을 생산할 수 있는데, 컴퓨터 인쇄실이나, 사무실 근처에 폐종이가 쌓이기 때문이다. 그러한 원천으로부터 폐종이를 모으는 것은 6,800 Btu/lb를 생산하는데, 이것은 석탄이 내는 열의 약 절반이다.

만약, 여러분이 이 초대에 응한다면, 여러분의 학교에서 매월 얼마나 많은 폐종이가 생산되는지 결정하는 것으로부터 시작해 보아라. 이 양이 건물의 난방과 전기 생산에 충분한 에너지를 공급하겠는가?

동형 연습문제

A형과 B형 연습문제는 동일한 개념을 포함한다. A형 연습문제에 대한 해답은 부록 E에 있다.
주의: 모든 문제에서 마찰력은 무시한다.

A형

1. 200 N의 힘이 테이블을 평평한 교실 바닥에서 3 m 미는 데 필요하다. 테이블에 한 일은 얼마인가?
2. 880 N의 상자가 440 N의 힘으로 5.0 m의 거리 동안 평평한 바닥에서 밀어졌다. 상자에 한 일은 얼마인가?
3. 10.0 kg의 배낭을 바닥에서 1.5 m 위의 선반에 올리는데 한 일은 얼마인가?
4. 만약 5,000 J의 일이 102 kg의 나무 상자를 창고 선반에 올리는 데 사용되었다면, 상자는 얼마나 높이 들어 올려졌는가?
5. 60.0 kg의 학생이 5.00 m 높이의 계단을 3.92초에 올라간다. 얼마나 많은 일률을 소비하는가?
6. (a) 1,400 W의 드라이어는 얼마의 마력인가? (b) 3.5 마력의 잔디 깎는 기계는 얼마의 와트인가?
7. 72 km/h로 움직이는 2,000 kg의 자동차의 운동 에너지는 얼마인가?
8. 고속도로를 따라 54.0 km/h로 똑바로 움직이는 1,000.0 kg의 자동차를 멈추는 데 필요한 일은 얼마인가?
9. 책 케이스를 바닥에서 5 ft 미는 데 10.0 lb의 수평 힘이 필요하다. (a) 책 케이스에 한 일은 얼마인가? (b) 결과적으로 중력 퍼텐셜 에너지는 얼만큼 변화하는가?
10. (a) 2.0 kg의 책을 2.00 m 높이의 책선반에 옮기는 데 일을 얼만큼 하는가? (b) 결과적으로 책의 퍼텐셜 에너지의 변화는 얼마인가? (c) 책이 바닥으로 떨어질 때, 바닥에 부딪히는 순간 책이 가진 운동 에너지는 얼마인가?
11. 150 g의 야구공이 30.0 m/s의 속도를 가진다. 운동 에너지는 J로 얼마인가?
12. (a) 90.0 km/h로 이동하는 1000.0 kg의 자동차의 운동 에너지는 얼마인가? (b) 이 운동 에너지를 주기 위해 해야 하는 일은 얼마인가? (c) 차를 멈추기 위해 해야 하는 일은 얼마인가?
13. 2.0 m/s로 움직이는 60.0 kg의 조깅선수가 달리는 속도를 두 배로 하였다. 이 속력의 변화가 운동 에너지는 어떻게 변화시키는가?
14. 자전거와 타는 사람이 합친 질량이 70.0 kg으로 6.00 m/s로 움직이고 있다. 70.0 kg인 사람이 자전거에 또 올라탔다(전체 질량은 140.0 kg이다). 새로운 탑승자를 더한 것이 같은 속도일 때 운동 에너지를 어떻게 변화시키는가?
15. 170.0 lb의 학생이 지표면 위의 25 ft 높이에 있는 교실을 향해 계단을 뛰어 10초 동안 올라간다. (a) 학생이 한 일은 얼마인가? (b) 마력으로 평균 일률은 얼마인가?
16. (a) 20.0 마력의 모터가 2,000.0 lb의 엘리베이터를

20.0 ft 들어 올리는 데 얼마의 시간이 드는가? (b) 엘리베이터의 평균 속력은 얼마인가?

17. 지면 위 9.8 ft에서 공이 떨어진다. 에너지만 고려해서, 공이 지면에 닿는 순간 공의 속도를 구하여라.
18. 운동 에너지가 200 kJ일 때, 1,000.0 kg인 자동차의 속도는 얼마인가?
19. 푸코 진자는 땅에서 가장 높은 곳인 3.0 in이고 가장 낮은 곳은 실질적으로 거의 땅의 스치듯이 왔다 갔다 한다. 진자의 최대 속력은 얼마인가?
20. 전기 호이스트는 250.0 kg의 짐을 39.2초 동안 80.0 m의 높이로 들어올린다. (a) 호이스트 모터의 일률은 kW로 얼마인가? (b) 마력으로는 얼마인가?

B형

1. 800 N의 힘이 나무 상자를 평평한 교실 바닥에서 1.5 m일 때, 한 일은 얼마인가?
2. 400 N의 힘이 1,250 N의 차에 작용하여, 3.0 m 움직였다. 자동차에 한 일은 얼마인가?
3. 학생이 학교 갈 준비를 하면서 5.0 kg의 교과서를 30.0 cm 들어 올렸다. 학생이 책에 한 일은 얼마인가?
4. 전기 호이스트가 196,000 J의 일을 250 kg의 짐을 들어올리는 데 사용하였다. 짐은 얼마나 높이 들어 올려졌는가?
5. 360.0 m 높이의 언덕을 정확히 1분에 올라가는 1,500.0 kg의 자동차는 마력이 얼마인가?
6. (a) 250 W의 전구는 얼마의 마력인가? (b) 230 마력의 자동차는 얼마의 와트인가?
7. 200 m/s로 움직이는 30 g의 총알의 운동 에너지는 얼마인가?
8. 200 m/s로 움직이는 30 g의 총알이 할 수 있는 일은 얼마인가?
9. 상자를 바닥에서 10.0 ft 미는 데 50.0 lb의 수평 힘이 필요하다. (a) 상자에 한 일은 얼마인가? (b) 결과적으로 중력 퍼텐셜 에너지는 얼마만큼 변화하는가?
10. (a) 50.0 kg의 나무 상자를 창고 바닥 위로 1.5 m높이만큼 들어 올리는 데 일을 얼마나 하는가? (b) 결과적으로 퍼텐셜 에너지의 변화는 얼마인가? (c) 상자가 바닥으로 떨어질 때, 바닥에 부딪히는 순간 상자가 가진 운동 에너지는 얼마인가?
11. 라켓에 20.0 m/s로 접근하는 60 g의 테니스공의 운동 에너지는 J로 얼마인가?
12. (a) 72.0 km/h로 이동하는 1,500.0 kg의 자동차의 운동 에너지는 얼마인가? (b) 차를 완전히 멈추기 위해 해야 하는 일은 얼마인가?
13. 800.0 kg의 차를 운전하는 운전자가 20.0 m/s에서 40.0 m/s로 속력을 두 배로 하기로 결정한다. 이 속력의 변화가 차를 멈추는 데 필요한 일의 양, 즉 운동 에너지에 미치는 영향은 무엇인가?
14. 20.0 m/s로 움직이는 800.0 kg의 자동차의 운동 에너지와, 같은 속력으로 움직이는 1,600.0 kg의 자동차의 운동 에너지를 비교하시오.
15. 175.0 lb의 하이커가 1,980.0 ft 높이의 빗면을 1시간 45분에 올라간다. (a) 하이커가 한 일은 얼마인가? (b) 마력으로 평균 일률은 얼마인가?
16. (a) 10.0 마력의 모터가 2,000.0 lb의 엘리베이터를 20.0 ft 들어 올리는데 얼마의 시간이 드는가? (b) 엘리베이터의 평균 속력은 얼마인가?
17. 지면 위 20.0 ft에서 공이 떨어진다. (a) 어느 높이에서 운동 에너지와 위치 에너지가 각각 전체 에너지의 절반이 되는가? (b) 에너지만 고려해서, 공이 지면에 닿는 순간 공의 속도를 구하시오.
18. 운동 에너지가 1,080 kJ인 60.0 kg의 조깅 선수의 속도는 얼마인가?
19. 작은 스포츠카와 픽업 트럭이 10.0 m 높이의 언덕을 함께 나란히 내려 온다. 마찰이 없다고 가정하고, 각 차는 언덕 맨 아래에서 속도가 얼마인가?
20. 학생이 지면에서 10.0 m 높이의 축구 경기장의 계단을 10.0초 동안 올라간다. (a) 학생의 일률은 kW로 얼마인가? (b) 마력으로는 얼마인가?

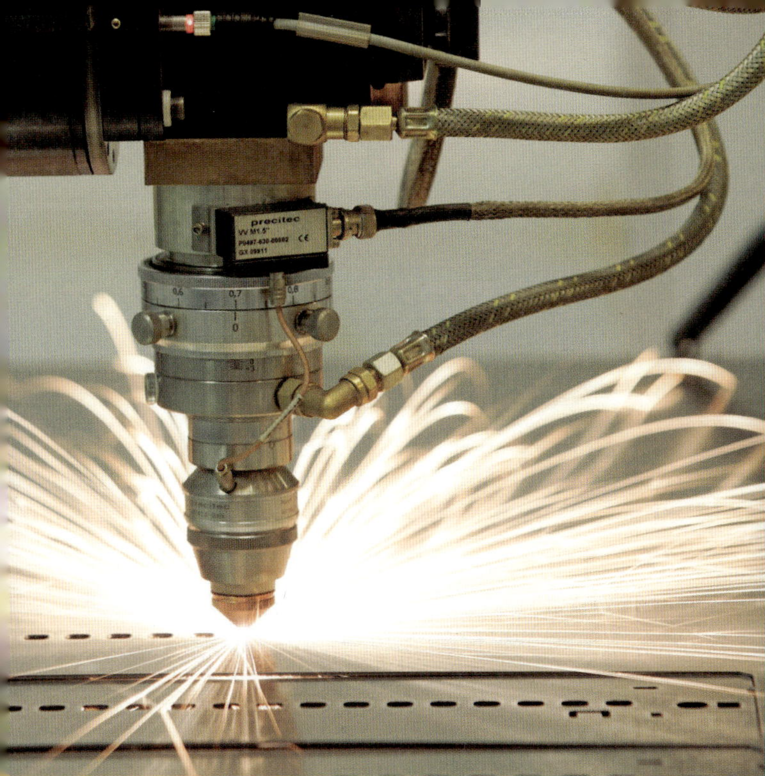

4

열과 온도

적외선 레이저로 철판을 자를 때 불꽃이 날린다. 오늘날은 철의 용접뿐만 아니라 절단에도 흔하게 레이저를 사용한다. 그래서 불꽃이나 전류가 아니라 빛에 의해 절단과 용접이 이뤄진다. 출처: ©Frank Rossbach/Media Bakery

핵심 개념 열, 온도, 분자의 운동과 위치 사이에는 연관성이 존재한다.

차례

분자 운동론
모든 물질은 운동하고 상호작용하는 분자들로 이루어져 있다.

열
열은 전달되거나 흡수된 내부 에너지의 척도이다.

열흐름
온도차 때문에 야기되는 열흐름은 전도, 대류, 복사 형태로 발생한다.

온도
온도는 분자의 평균 운동 에너지의 척도이다.

열의 측정
에너지 형태의 전환으로 열이 증가할 수 있고, 에너지 형태와 그로 인한 가열 사이의 관계는 항상 같다.

열역학
열역학 법칙은 내부 에너지, 일, 열의 변화 사이의 관계를 기술한다.

개요

역사를 통틀어 열은 인류의 안락 및 부양과 밀접한 관계를 맺어왔다. 우리 조상이 최초로 불을 발견하고 보온과 요리에 불을 이용하게 되었을 때 그 감사함을 상상해보라. 또한 사람들이 흙과 같은 물질을 뜨겁고 빛나는 화탄에 집어넣은 후 금속성 구리, 납, 철을 발견했던 기원전 3000년쯤의 경이와 흥분을 상상해보라. 곧이어 이 금속들을 사용하여 단순한 도구를 제작하게 되었다. 오늘날은 운송을 위한 열기관이나 토양과 암석의 이동, 건설, 농업 일을 하는 복잡한 엔진을 제작하는 데 금속을 사용한다. 또한 열추출강으로 만들어진 도구를 사용하여 필요에 따라 공기를 가열하거나 냉각시켜 건물의 온도를 제어한다. 그래서 열의 생산 및 제어가 점차적으로 오늘날 문명의 기초를 세웠다(그림 4.1).

열의 원천은 3장에서 배웠던 에너지 형태들이다. 화석 연료는 열의 화학적 원천이다. 산소가 이들 연료와 결합할 때 열이 방출된다. 멈추려는 차의 브레이크에서처럼, 역학적 에너지가 마찰에 대항해 일을 할 때도 열이 생긴다. 복사 에너지가 흡수될 때도 열이 나타난다. 태양 에너지가 집열기 안의 물을 가열하거나 햇빛이 눈을 녹일 때 이 현상은 명백하다. 전기 에너지를 열로 변환하는 것은 토스터, 히터, 전열기에서 명백하다. 핵에너지는 핵발전소에서 증기를 만들기 위한 열을 제공한다. 따라서 모든 에너지 형태들을 열로 전환할 수 있다.

에너지 형태와 열 사이의 관계는 자연에 질서를 줘서 여러분이 이해하고 싶은 양상을 드러내는 것처럼 보인다. 여기에 필요한 것은 관계에 대한 일종의 설명, 즉 이것 모두를 이해하는 데 도움이 되는 모형이나 이론이다. 이 장에서 열과 온도, 그리고 이들과 에너지 사이의 관계를 살펴본다. 물질의 구조에 대한 단순한 이론으로 시작하여 열, 에너지, 온도 변화의 개념을 설명할 것이다.

4.1 분자 운동론

물질이 아주 작은 입자로 이루어져 있다는 생각은 그리스 초기 철학자까지 거슬러 올라갈 수 있다. 이 개념은 기원전 5세기의 데모크리토스(Democritos)의 저술에서 최초로 쓰였다. 그에 따르면 물질은 작고 분할할 수 없는 원자(atom)라고 하는 엄청난 수의 입자로 채워진 빈 공간이다. 고대 그리스인들은 물질은 연속적으로 보이고 단순히 빈 공간을 믿지 않았기 때문에 이 개념을 받아들이지 않았다. 아리스토텔레스(Aristoteles)는 땅, 공기, 불, 물로 이루어진 연속적인 물질에 대한 그의 믿음을 공인함으로써 원자 개념을 받아들이지 않았다. 물질에 관한 아리스토텔레스의 믿음은 운동에

그림 4.1 열과 현대 기술은 떨어질 수 없다. 1,100℃가 넘는 시뻘건 강철 조각을 자동화 불꽃 토치로 자른다. 조각을 강판으로 바꾸어서 자동차, 가전제품, 건축업에 사용한다. 출처: © Glow Images

대한 그의 믿음처럼 17세기까지 지배적이었다. 갈릴레오나 뉴턴 같은 일부 사람들은 작은 입자, 즉 원자로 이루어진 물질에 대한 개념을 믿었는데, 이 이론이 물질의 행동을 설명하는 것처럼 보였기 때문이다. 18세기 후반과 19세기 초기의 화학을 통해 강력한 근거가 개발되기 전까지 입자 모형이 광범위하게 수용되지 못했다. 실험은 마침내 작은 입자의 물질과 그것을 둘러싼 공간에 대한 일련의 가정을 이끌어냈다. 그 가정들을 일괄하여 **분자 운동론(kinetic molecular theory)**이라고 부를 수 있다. 다음은 이러한 몇 가지 가정을 일반적으로 서술한 것이다.

분자

자연을 이루는 많은 물질들을 다양한 방법으로 나눌 수 있다. 물질을 고려하는 한 가지 방법은 원자(atom)라고 하는 기본적인 작은 구조 단위의 형태로 고려하는 것이다. 분자 운동론의 기본 가정은 모든 물질이 원자로 이루어져 있다는 것이다.

원자는 극도로 작은 입자들로 구성되는데, 8장에서 그 입자들을 자세히 논의할 것이다. 이런 극도로 작은 입자들이 특별한 방식으로 배열되는데, 각각의 독특한 결합을 원소(element)라고 한다. 어떠한 화학적 원소의 원자라도 모두 동일하다. 예를 들어, 모든 산소 원자는 양성자라고 하는 8개의 작은 입자를 포함한다.

순물질인 수소, 산소, 탄소, 철, 금은 화학 원소이고 각각은 고유의 원자를 가진다. 자연에서 탄소, 철, 금과 같은 이러한 일부 원소는 단일 원자들로 존재할 수 있다. 수소와 산소 같은 다른 원소는 두 원자가 단단히 결합될 때만 자연에서 순물질로서 존재한다.

화학 원소 외에도 화합물(compound)이라고 하는 더 복잡한 구조 단위를 가진 순물질이 있다(그림 4.2). 물, 설탕, 알코올과 같은 순물질은 둘 이상의 원소들이 일정한 비율로 결합한 원자들로 이루어져 있다. 예를 들어 물은 수소 원자 2개가 산소 원자 1개에 단단히 결합되어 이루어진 구조 단위(H_2O)로 되어 있다. 이 단위는 쉽게 떼어지지 않는다. 각 단위는 존재할 수 있는 물의 가장 작은 단위이다. **분자(molecule)**는 일반적으로 그 물질의 화학적, 물리적 성질을 유지하는 단단히 결합된 원자 집단으로 정의된다.

어떤 물질은 상온에서 기체로 존재하는데, 모든 물질은 충분히 높은 온도에서 기체가 된다. 상온에서 일부 기체의 원자들은 원자 2개씩 짝을 지어서 이원자 분자(diatomic molecule)를 형성한다.

그림 4.2 주사 터널링 현미경(STM)으로 촬영한 실리콘 원자는 교대하는 육각형 구조를 보여준다. 출처: ©Andrew Dunn/Alamy

예를 들어서 산소는 상온에서 두 산소 원자가 함께 결합된 O_2 기체로 존재한다. 이 온도에서 헬륨과 같은 다른 기체는 짝을 이루지 않은 단일 원자로 존재한다. 그러므로 헬륨은 단원자 기체이다.

분자 상호작용

고체와 액체의 일부 분자는 강하게 끌어당기는 상호작용을 하여 서로에게 들러붙는다. 이 인력이 똑같은 종류의 분자 사이에 있을 때 이것을 응집(cohesion)이라 한다. 고체와 액체가 기체와 다른 점은 강한 응집 때문인데, 응집이 없으면 모든 물질은 기체 형태가 될 것이다. 때로는 한 종류의 분자가 다른 종류의 분자에 끌려서 들러붙는다. 서로 다른 분자 사이의 인력을 접착 또는 부착(adhesion)이라 한다. 피부가 물에 축축해지는 것은 물 분자와 피부의 접착이 물 분자의 응집보다 강하기 때문이다. 풀과 같은 물질은 액체 상태에서 굳어질 때 강한 부착력을 가지기 때문에 그런 물질을 접착제(adhesive)라고 한다.

물질의 상

물질의 세 가지 상은 표준 온도와 기압 조건의 지구에서 흔하다. 존재의 형태인 이 상들은 고체, 액체, 기체이다. 이들 각각은 서로 다른 분자 배열을 가진다(그림 4.3). 상들의 서로 다른 특성은 분자 배열과 분자 사이의 인력 세기에 기인한다(표 4.1).

고체(solid)는 일정한 모양과 부피를 가진다. 왜냐하면 분자들이 거의 고정된 거리만큼 떨어져 있고 상대적으로 강한 응집력으로 결합되어 있기 때문이다. 각 분자는 다음 분자로부터 거의 고정된 거리에 있지만, 진동하고 평형 점 주위에서 움직인다. 이 분자들의 질량과 그들 사이의 간격이 고체의 밀도를 결정한다. 고체의 단단함은 그 분자들을 밀어서 떼어내려는 힘에 대한 저항이다.

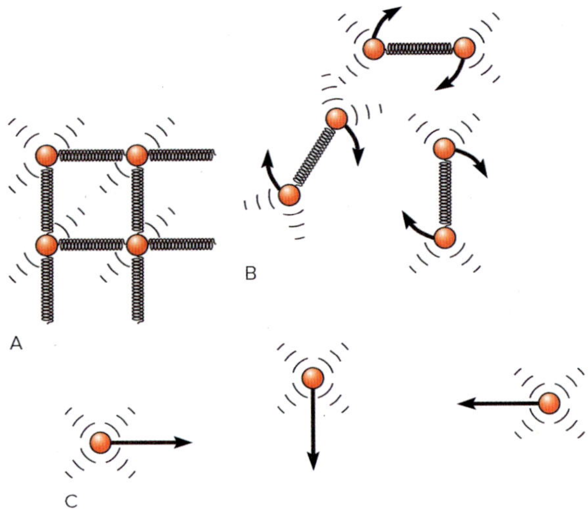

그림 4.3 (A) 고체에서 분자는 고정된 평형 점 주위로 진동하지만 강한 분자력으로 붙잡혀 있다. (B) 액체에서 분자들은 분자력이 그처럼 강하지 않기 때문에 회전하고 서로 자리를 바꿀 수 있다. (C) 기체에서 분자는 마구잡이 자유 경로를 따라 빠르게 움직인다.

액체(liquid)의 분자들은 고체에서처럼 평형점에 제한되지 않는다. 액체의 분자는 서로 가까이 있고 고체에서만큼 강하지 않은 응집력으로 결합되어 있다. 이것 때문에 이 분자들은 액체 안에서 이리저리 움직일 수 있다. 분자력은 액체가 일정한 부피를 가질 만큼 강하지만 일정한 모양을 가질 만큼 충분히 강하지는 않다. 따라서 (엄청난 압

표 4.1 고체, 액체, 기체의 모양과 부피 특성은 분자 배열을 반영한다.*

	고체	액체	기체
모양	고정	변화	변화
부피	고정	고정	변화

* 이런 특성은 지구 표면의 표준 온도와 기압 조건에서 기대되는 것이다.

력을 받지 않는 한) 1 L의 물은 항상 1 L의 물이고, 그 물을 담는 용기의 모양을 취한다. 액체의 분자 사이의 힘이 고체의 분자 사이의 힘보다 약하기 때문에 액체는 물에 놓인 돌의 응력을 지탱할 수 없다. 돌이 액체 분자 사이로 밀고 나아갈 때 액체 분자는 흐르면서 서로 자리를 바꾼다. 하지만 그 분자력은 액체를 붙잡아둘 만큼 충분히 강하기 때문에 액체는 똑같은 부피를 유지한다.

기체(gas)를 구성하는 분자 사이에는 약한 응집력이 작용한다. 기체 분자는 상대적으로 멀리 떨어져 있고 자유롭게 등속 운동을 하는데, 가끔 다른 분자와 충돌하여 방향을 마구잡이로 바꾼다. 그러므로 기체는 고정된 모양이나 부피를 가지지 않는다.

양이온과 전자로 이루어진 기체를 플라스마(plasma)라고 한다. 플라스마는 기체와 똑같은 성질을 가지지만 전기가 통하고 자기장과 강한 상호작용을 한다. 플라스마는 지구의 형광등 및 네온 등이나 태양 및 다른 별에서 발견된다. 핵융합은 별의 플라스마에서 발생하여(14장 참조), 햇빛뿐만 아니라 별빛도 생성한다. 과학자들은 통제된 핵융합을 생성하기 위해 플라스마 물리학을 연구한다.

물질의 상 사이에는 다른 차이도 있다. 때때로 증기(vapor)는 보통은 액체상으로 존재하는 기체를 나타내곤 한다. 예를 들어 수증기는 액체 물의 기체 형태이다. 액체와 기체는 대부분의 고체에는 없는 흐르는 성질을 공통으로 가지기 때문에 그들을 일괄하여 유체(fluid)라고 한다.

분자 운동

고루 데워져서 공기 흐름이 없는 방을 생각해보자. 암모니아 병의 뚜껑을 열면 방의 곳곳에서 금방 암모니아 냄새를 알아챌 수 있다. 분자 운동론에 따르면 병에서 나온 암모니아 분자는 공기의 다른 구성 분자들에 이리저리 튕겨서 방의 곳곳에 존재하게 되고, 서서히 점점 더 균질하게 분포하게 된다. 암모니아 분자는 방 전체로 확산한다(diffuse), 즉 퍼진다. 암모니아 냄새는 공기 온도가 높으면 빠르게 방 전체로 확산하고, 공기 온도가 낮으면 천천히 확산한다. 이것은 온도와 분자가 움직이는 속력 사이의 관계를 암시한다.

1857년 클라우지우스(Rudolf Clausius)가 기체의 온도와 분자 운동 사이의 관계를 공식화했다. 그는 기체의 온도가 기체 분자의 평균 운동 에너지에 비례함을 밝혔다. 이것은 암모니아 분자가 높은 온도에서 큰 평균 속도를 가지고, 낮은 온도에서 작은 평균 속도를 가진다는 것을 뜻한다. 이것은 기체가 왜 더 높은 온도에서 더 빠른 비율로 확산하는지 설명해준다. 하지만 운동 에너지는 분자의 속도뿐만 아니라 그 질량에도 관련됨을 상기하자($KE = \frac{1}{2}mv^2$). 온도에 비례하는 것은 평균 운동 에너지이고, 이것은 분자 속도뿐만 아니라 분자 질량에도 상관이 있다. 분자들이 떨든지, 진동하든지, 회전하든지, 또는 이리저리 움직이든지 상관없이 물질의 **온도(temperature)**는 물질을 구성하는 분자들의 평균 운동 에너지의 척도이다(그림 4.4).

분자 운동론은 일반적으로 물질이 온도가 증가하면서 팽창하고 온도가 내려가면서 수축하는 이유를 설명한다. 더 높은 온도에서 물질의 분자들은 더 격렬하고 빠르게 움직이므로 분자들은 약간 더 멀리 벌어지고, 결국 물질을 팽창시킨다. 물질이 차가워지면 운동은 느려지고 분자력이 분자들을 더 가깝게 잡아당겨서 물질을 수축시킨다.

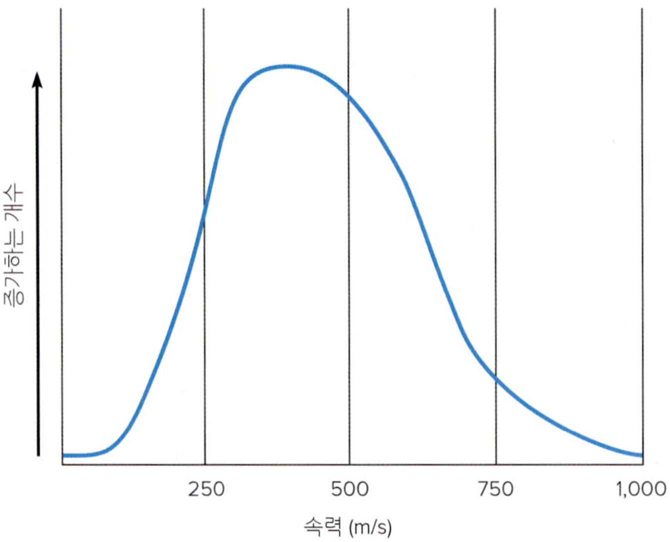

그림 4.4 상온의 공기에서 발견할 수 있는 어떤 속력을 가진 산소 분자의 개수. 주어진 시간에서 약간은 거의 움직이지 않고 일부는 속력이 1,000 m/s가 넘지만 평균 속력은 약 400 m/s이다.

개념 활용

움직이는 분자

작은 풍선을 분 다음에 공기가 새지 않도록 풍선 입구를 묶고 풍선의 크기를 기록한다. 그 풍선을 냉장고의 냉동 칸에 한 시간 동안 놓아둔 후, 다시 풍선의 크기를 기록한다. 즉시 풍선을 직사광선에 한 시간 동안 놓아둔 후 다시 풍선의 크기를 기록한다. 분자 운동론을 사용하여 관찰 결과를 설명하시오.

4.2 온도

사람들에게 온도에 대해 물어보면 그들은 대개 견줌 대상("89년의 여름보다 덥다")이나 숫자 ("20℃")로 응답한다. 견줌 대상이나 숫자에 대한 반응 또는 느낌은 상대적인 비교를 포함한 여러 요소에 의존한다. 예를 들어 20℃의 온도는 7월에는 차가울지 모르지만 1월에는 따뜻할 것이다. 비록 계절에 관계없이 20℃는 20℃이지만, 20℃ 온도는 그 때에 기대되는 것과 비교된다.

사람들이 온도에 대해 물을 때 그들은 실제로는 얼마나 뜨겁고 차가운지 묻고 있는 것이다. 그렇지만 온도계가 없으면 대부분의 사람들은 상대적인 온도를 표현하여 뜨겁거나 차갑다 또는 아마도 따뜻하거나 서늘하다고 말할 것이다. 그렇다 해도 온도에 대해 사람들을 혼란시키는 다른 요소들이 있다. 신체는 에너지 흐름의 알짜 방향에 기초하여 온도를 판단한다. 사람들은 열이 몸 안으로 흘러 들어오는 상황을 따뜻하다고 느끼고, 열이 몸 밖으로 흘러나가는 상황을 서늘하다고 느낀다. 아마도 여러분은 손을 눈 속에 한동안 넣은 후 차가운 물에 씻으면 차가운 물이 따뜻하게 느껴졌던 것을 경험했을 것이다. 손은 물보다 차갑고, 에너지가 손으로 흐르기 때문에 손은 "따뜻하다"고 알린다.

온도계

인체는 빈약한 온도 감지기이므로 온도계(thermometer)라고 하는 기구를 사용하여 뜨겁거나 차가

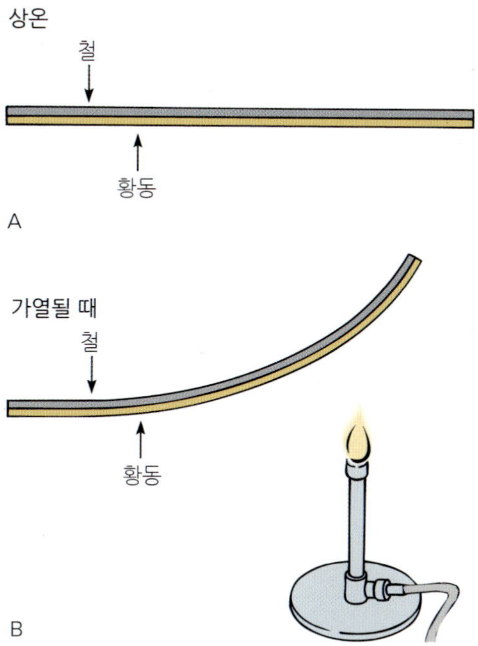

그림 4.5 (A) 쌍금속 띠는 철과 황동처럼 서로 다른 금속이 여기 상온에서 나타낸 것처럼 하나의 띠로 함께 접합된 것이다. (B) 한 금속이 다른 금속보다 더 팽창하기 때문에 띠가 가열되면 굽어진다. 이 예에서 황동은 철보다 더 팽창하므로 쌍금속 띠는 황동에서 멀어지는 쪽으로 굽어진다.

운 정도를 잰다. 대부분의 온도계는 물질의 어떤 성질과 온도 변화 사이의 관계에 기초한다. 거의 대부분의 물질은 온도가 증가하면 팽창한다. 금속 띠는 뜨거워지면 조금 늘어나고 차가워지면 조금 줄어들지만, 길이의 변화가 온도계로 사용하기에는 너무 작다. 서로 다른 팽창률을 가진 두 금속을 띠로 접합시키면 좀 더 유용한 큰 변화를 얻는다. 바이메탈(바이=쌍, 메탈=금속), 즉 쌍금속 띠를 가열하면 띠는 덜 팽창하는 금속 쪽으로 굽어진다(그림 4.5). 그러한 쌍금속 띠를 코일로 만들어서 온도 조절 장치와 눈금판 온도계에 사용한다(그림 4.6).

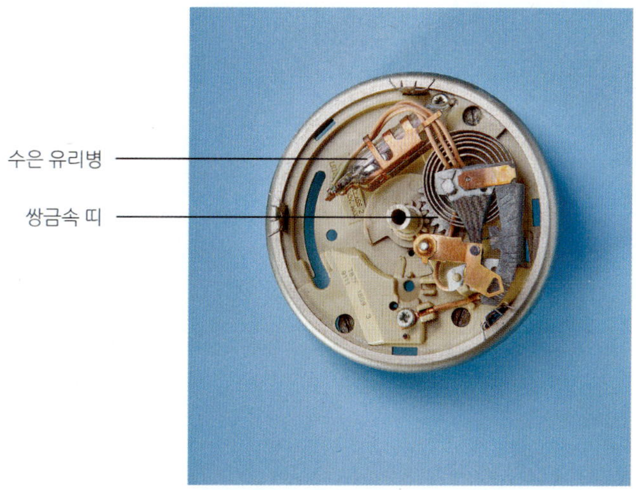

그림 4.6 이 온도 조절 장치에는 실내 온도의 변화에 따라 팽창하고 수축하는 코일형 쌍금속 띠가 있다. 부착된 수은 유리병이 이쪽이나 저쪽으로 기울이지면 수은이 전기 회로를 연결하거나 끊어서 가열 또는 냉각 장치를 가동시키거나 중단시킨다. 출처: ©Deborah Van Kirk/Alamy

일반적인 유리 온도계는 보통 수은이나 색을 입힌 알코올과 같은 액체가 담겨 있는 동그란 부분(bulb)이 있는 유리관이다. 액체는 온도가 증가하면 관 위로 팽창하고 온도가 내려가면 동그란 부분을 향해 수축한다. 이 액체 기둥의 높이를 지시 눈금으로 사용하여 온도를 잰다. 체온계와 같은 일부 온도계는 동그란 부분과 관 사이의 구멍이 작아서 액체가 동그란 부분으로 정상적으로 돌아가지 못한다. 그래서 온도계가 측정하는 온도가 눈금을 읽는 도중에 위아래로 변동하더라도 온도계는 최고 눈금을 보여준다. 액체를 동그란 부분으로 되돌리려면 온도계를 살짝 흔들다가 팔목의 스냅과 함께 갑작스럽게 멈추어야 한다. 관에 있는 수은은 관성 때문에 작은 구멍을 통과하여 동그란 부분으로 되돌아간다. 이제 체온계는 다시 사용할 준비가 되었다.

오늘날 과학자는 다른 종류의 온도계와 유리 수은 체온계의 사용 문제점을 피하는 방법을 개발했다. 이 새로운 방법은 고막에서 나오는 적외선 에너지를 재빨리 판독하여 내핵 온도를 측정한다. 여러분의 몸을 포함하여 절대 영도보다 높은 온도의 모든 물체는 에너지를 방출한다. 방출되는 에너지 세기는 온도에 민감한 함수이므로 방출된 에너지를 판독하면 그 물체의 온도를 알 수 있다.

인간의 고막은 신체의 온도 조절 장치인 시상하부에 가까워서 여기에서 판독한 온도는 틀림없이 내핵 온도에 가깝다. 수은 온도계를 귀에 사용할 수는 없다. 왜냐하면 미심쩍은 눈금을 얻을 뿐만 아니라 고막에 구멍을 낼 진짜 위험이 있기 때문이다. 그렇지만 귀 입구에서 외이도까지에서 나오는 적외선 에너지를 측정하는 기구를 사용하면 온도 판독을 빠르게 할 수 있다. 마이크로프로세서 칩에는 체온과 방출되는 적외선 에너지 사이의 관계가 프로그램 되어 있다. 이 정보를 이용함으로써 칩은 적외선 에너지를 측정하여 온도를 계산한다. 그런 다음 칩은 온도 도수를 기구의 외부에 있는 LCD 표시판에 보내고, 그것을 거의 즉시 읽을 수 있다.

개념 활용

인간 체온계?

신체가 온도를 얼마나 잘 감지하는지 알아낼 방법이 있다. 여러분의 손을 물속에 넣기에 충분히 큰 용기 3개를 준비하라. 한 용기에는 손이 잠기도록 각 얼음이 포함된 충분한 얼음물을 넣는다. 두 번째 용기에는 (화상을 입지 않고) 참을 수 있을 만큼 뜨거운 물을 손이 잠기도록 충분히 넣는다. 세 번째 용기는 적당히 따뜻한 물을 손이 잠기도록 충분히 넣는다.

오른손을 뜨거운 물에, 왼손은 얼음물에 1분간 넣는다. 재빨리 두 손에서 물기를 제거한 다음에 두 손 모두 따뜻한 물에 넣는다. 물이 오른손에는 어떻게 느껴지는가? 왼손에는 어떻게 느껴지는가? 손이 온도를 얼마나 잘 감지하는가?

온도 눈금

온도 측정에 대한 숫자 값을 정의하는 데 사용되는 지시 척도가 몇 가지 있다(그림 4.7). **화씨 눈금(Fahrenheit scale)**은 독일의 물리학자 파렌하이트(Gabriel D. Fahrenheit, 1686–1736)가 약 1715년에 개발했다. 파렌하이트는 임의로 선택한 두 개의 기준점에 기초한 눈금을 가진 수은 유리 온도

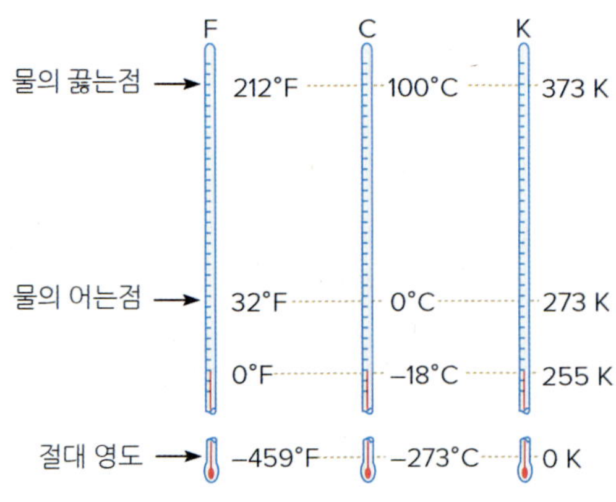

그림 4.7 화씨, 섭씨, 켈빈 온도 눈금

계를 발명했다. 원래의 화씨 눈금은 낮은 기준점(0°)으로 얼음과 소금 혼합물의 온도를 택했고 높은 기준점(약 100°)으로 인체의 온도를 택했다. 따라서 원래의 화씨 눈금은 높은 기준점과 낮은 기준점 사이에 100개의 눈금이 있는 백 단계 눈금이었다. 두 기준점 사이의 거리를 도(degree)라고 하는 동일한 간격으로 나누었다. 체온은 날마다 자연적으로 변하기 때문에 "정상적인" 인간의 체온을 기준점으로 정의하는 데는 문제가 있었다. 어떤 사람들은 다른 사람들보다 "정상적으로" 체온이 더 높다. 어떤 사람은 정상적인 체온이 99.1°F일 수 있고, 또 어떤 사람은 97°F일 수 있다. 대다수 사람의 평균은 98.6°F이다. 인간의 체온에 대해 유일하게 일관된 것은 끊임없는 변화다. 화씨 눈금에 대한 기준은 결국 보다 일관된 것, 즉 정상 대기압에서 물의 어는점과 끓는점으로 바뀌었다. 그러나 원래 눈금이 새로운 기준점으로 유지되었기 때문에 32°F(물의 어는점)와 212°F(정상 압력 하에서 물의 끓는점)인 "이상한" 숫자가 기준점이 되었다. 화씨 눈금의 어는점과 끓는점 사이에는 180개의 동일한 간격, 즉 도가 있다.

섭씨 눈금(Celsius scale)은 스웨덴의 천문학자 셀시우스(Anders C. Celsius, 1701-1744)가 약 1735년에 발명했다. 섭씨 눈금은 정상 대기압에서 물의 어는점과 끓는점을 사용하지만 할당된 값이 다르다. 섭씨 눈금은 물의 어는점을 0℃로, 끓는점을 100℃로 정한다. 이 두 기준점 사이에는 100개의 동일한 간격, 즉 도가 있으므로 섭씨 눈금을 때때로 백 등급(centigrade) 눈금이라고 한다.

섭씨 눈금이나 화씨 눈금에는 특별한 것이 없다. 둘 다 임의로 할당한 숫자가 있으며, 어느 쪽도 다른 쪽보다 더 정확하지 않다. 섭씨가 과학 연구에 더 자주 사용된다. 섭씨 눈금은 십진법 눈금이고, 곧 설명할 세 번째 눈금인 켈빈 눈금과 정비례하는 관계가 있기 때문에 더 편리하다. 두 눈금 모두 임의로 기준점을 할당하고 상대적인 온도 변화를 나타내는 임의의 숫자선을 가지고 있다. 0은 단순히 각 숫자선에 있는 점들 중 하나이며 온도가 없다는 것을 의미하지 않는다. 마찬가지로 수치는 온도 변화의 상대적인 측정이므로 2°는 1° 온도의 2배만큼 뜨겁지 않으며, 10°는 5° 온도의 2배만큼 뜨겁지 않다. 이 수치는 단순히 정상 조건에서 물의 어는점과 끓는점에 대한 상대적인 온도 측정을 의미한다.

두 눈금 사이의 차이를 고려하여 한 온도에서 다른 온도로 변환할 수 있다. 즉 (1) 두 척도의 어는점과 끓는점 사이의 도 크기의 차이와 (2) 낮은 기준점의 값 차이를 고려하는 것이다.

화씨 눈금은 끓는점과 어는점(212°F − 32°F) 사이에 180°가 있고, 섭씨 눈금은 같은 두 점 사이에 100°가 있다. 따라서 섭씨온도는 화씨온도의 180/100, 즉 9/5배만큼 크고, 화씨온도는 섭씨온도의 100/180, 즉 5/9배이다. 어는점과 끓는점 사이에 섭씨온도보다 화씨온도가 더 많기 때문에 이것이 올바르다는 것을 알 수 있다. 온도 크기 사이의 관계식은 1℃ = 5/9°F 및 1°F = 9/5℃이다. 또한 낮은 기준점(0℃와 32°F)의 수치 차이를 고려하면 온도 변환 공식을 얻는다(식에 사용되는 수학 연산에 대한 검토는 부록 A의 수학 설명에 있는 "식 계산" 부분을 참조한다).

$$T_F = \frac{9}{5}T_C + 32° \qquad \text{식 4.1}$$

$$T_C = \frac{5}{9}(T_F - 32°) \qquad \text{식 4.2}$$

예제 4.1

사람의 평균 체온은 화씨 98.6°F이다. 그에 상응하는 섭씨온도는 얼마인가?

풀이

$$
\begin{aligned}
T_C &= \frac{5}{9}(T_F - 32°) \\
&= \frac{5}{9}(98.6° - 32°) \\
&= \frac{5}{9}(66.6°) \\
&= \frac{333°}{9} \\
&= \boxed{37\,℃}
\end{aligned}
$$

예제 4.2

어느 은행의 온도 전광판은 20℃(실내 온도)를 나타낸다. 상응하는 화씨온도는 얼마인가?(답: 68°F)

임의로 기준점을 정하지도 않고, 영이 정말로 없음을 의미하는 온도 눈금이 하나 있다. 이것은 상대적 온도 눈금이 아니라 절대적 온도 눈금인데, **켈빈 눈금(Kelvin scale)**이라고 한다. 톰슨(William Thomson, 1824-1907)이 1848년에 이 눈금을 제안했는데, 그는 1892년 켈빈 경이 되었다. 켈빈 눈금의 영점은 가장 낮은 한계의 온도로 여겨진다. 절대 영도(Absolute zero)는 분자의 모든 마구잡이 운동이 획기적으로 멈추게 될 때 일어날 수 있는 가장 낮은 온도다. 절대 영도는 0 K로 표기한다. 도(°) 기호는 사용하지 않으며, K는 SI 표준 눈금 단위인 켈빈을 의미한다. 켈빈 눈금은 섭씨 눈금과 동일한 도 크기를 사용하며 −273℃ = 0 K이다. 그림 4.7에서 273 K은 물의 어는점이고 373 K는 끓는점임을 유의하자. 켈빈 눈금을 영점이 273°만큼 이동한 섭씨 눈금으로 간주할 수 있다. 따라서 켈빈과 섭씨 눈금의 관계는 다음과 같다.

$$T_K = T_C + 273 \qquad \text{식 4.3}$$

절대 영도의 온도에 결코 도달한 적은 없지만, 과학자들은 나트륨 샘플을 700 nK, 즉 절대 영도 위로 1 K의 1,000만분의 7까지 냉각시켰다.

예제 4.3

어느 과학 기사에 300.0 K이 언급되었다. 이에 상응하는 (a) 섭씨온도와 (b) 화씨온도는 얼마인가?

풀이

(a) 켈빈 눈금과 섭씨 눈금의 관계는 식 4.3에서 찾을 수 있으며, $T_K = T_C + 273$이다. 이 식을 섭씨에 대해 풀면 $T_C = T_K - 273$이 나온다.

$$T_C = T_K - 273$$
$$= 300.0 - 273$$
$$= \boxed{27℃}$$

(b)

$$T_F = \frac{9}{5}T_C + 32°$$
$$= \frac{9}{5}27.0° + 32°$$
$$= \frac{243°}{5} + 32°$$
$$= 48.6° + 32°$$
$$= \boxed{81°F}$$

자세히 알아보기

닭살과 떨림

평균 연령과 최소 활동 수준의 경우에, 많은 사람들이 환경 온도가 약 25℃(77°F)일 때 편안함을 느낀다. 이 온도의 편안함은 아마도 몸이 열을 보존하거나 제거하기 위해 노력할 필요가 없다는 사실에서 비롯된다.

사람에 직접 닿는 공기와 의복의 온도가 20℃ 이하가 되거나 몸이 빠른 열손실을 감지할 때 체내에서 열을 보존하는 변화가 일어난다. 첫째, 피부의 혈관이 수축한다. 이렇게 되면 피부 근처의 혈액 흐름이 느려져 전도에 의한 열손실을 감소시킨다. 피부 혈관의 수축은 몸의 열손실을 줄이지만, 피부와 사지가 체온보다 훨씬 더 차가워질 수 있다(예를 들어 발이 차가워진다).

갑작스러운 열손실, 즉 오한은 종종 신체에 의한 또 다른 열 보존 작용을 일으킨다. 피부 털이 곤두세워져서 피부를 스치며 움직이는 차가운 공기로 손실되는 열의 흐름을 늦춘다. 털의 밑 부분에 붙어 있는 작은 근육이 수축하여 피부에 작은 혹을 만든다. 이것을 때때로 "닭살" 또는 "소름"이라고 한다. 소름이 신체의 단열 효과를 크게 증가시키지는 않지만, 조류와 많은 포유류에서의 유사한 반응은 깃털이나 털을 들어 올려서 단열을 크게 강화시킨다.

피부의 혈관이 수축된 후에 더 냉각되면 신체는 또 다른 작용을 불러온다. 몸은 이제 열손실을 보충하기 위해 떨림이라고 하는 불수의적인 근육 수축으로 더 많은 열을 생산하기 시작한다. 더 많은 체열이 필요할수록, 떨림 활동도 더 커진다.

환경 온도가 약 25℃(77°F) 이상 올라가면 신체는 열을 없애는 반응을 일으킨다. 한 가지 반응은 피부의 혈관을 확장시켜 피부의 혈류를 증가시키는 것이다. 그러면 피부를 통해 몸속으로부터 더 많은 열이 전도된 다음 방사된다. 어떤 사람들은 그로 인해 증가한 피부 혈류량 때문에 홍조를 띠게 된다. 이 작용은 피부를 통한 전도를 증가시키지만 복사 에너지 전달만으로는 약 29℃(84°F) 이상의 환경 온도에서 냉각 효과가 충분하지 않다. 대략 이 온도에서 땀이 나기 시작하고 피부 위의 땀이 증발하여 냉각 효과가 발생한다. 환경 온도가 높을수록 발한과 증발을 통한 냉각 속도가 높아진다.

시원하거나 춥거나 따뜻하거나 더운 환경에 대한 실제 반응은 사람의 활동 수준, 나이, 성별, 그리고 상대적인 습도, 공기 흐름, 이러한 요소의 결합과 같은 환경 요인에 의해 영향을 받는다. 쾌적함에 있어 온도는 가장 중요한 단일 요인이다. 그러나 냉각을 위한 발한이 필요할 정도로 온도가 높으면 습도가 중요한 요소가 된다.

4.3 열

뜨거운 국 한 그릇이나 지나치게 뜨거운 커피 한 잔이 있다면, 이것을 식히기 위해 무엇을 할 수 있는가? 표면에 바람을 불 수 있다. 그러면 증발 속도가 증가하여 냉각이 되지만, 이것은 느린 과정이다. 급하다면 아마도 얼음과 같이 차가운 것을 첨가해야 할 것이다. 차가운 물질을 추가하면 뜨거운 액체가 식는다.

온도가 더 높은 액체나 물체를 온도가 낮은 액체나 물체와 섞으면 어떻게 되는지 알고 있다. 온도가 높은 물체는 차가워지고, 온도가 낮은 물체는 따뜻해진다. 결국, 둘 다 높은 온도와 낮은 온도 사이의 어떤 온도가 될 것이다. 이것은 아마도 온도가 더 높은 물체와 더 차가운 물체 사이에서 무언가가 움직여서 온도를 변화시켰다는 것을 의미한다. 무엇이 그 움직임을 초래하는가?

에너지와 온도 사이에 존재하는 관계가 열의 개념을 설명하는 데 도움이 될 것이므로 그것을 우선 고려해 볼 것이다. 두 손을 몇 번 비비면 두 손이 조금 따뜻해진 느낌이 든다. 잠시 동안 힘차게 비벼보면, 두 손이 훨씬 더 따뜻하거나 어쩌면 뜨겁다고 느낄 것이다. 역학적 에너지가 한 표면을 다른 표면과 마찰시킬 때마다 온도 상승이 발생한다(그림 4.8). 두 표면은 두 개의 블록과 같은 고체일 수 있지만, 또한 고체와 공기 같은 유체의 표면이 될 수 있다. 공기를 통해 이동하는 단단한 물체가 공기 압축과 마주치게 되면, 표면의 온도가 높아진다. 고속의 운석이 지구 대기권에 진입하여 압축으로부터 너무 많이 가열되면 빛을 내기 시작하여 "별똥별"의 불덩이와 연기 자국을 만든다.

물체의 에너지와 그 분자의 에너지를 구별하기 위해 외부(external) 에너지와 내부(internal) 에너지라는 용어를 사용한다. **외부 에너지(external energy)**는 일상의 크기의 물체의 총 퍼텐셜 에너지 및 운동 에너지이다. 2장과 3장에서 논의된 모든 운동 에너지 및 퍼텐셜 에너지 고려 사항은 물체의 외부 에너지에 관한 것이었다.

내부 에너지(internal energy)는 물체의 분자들(molecules)의 총 운동 에너지와 퍼텐셜 에너지이다. 그러나 분자는 동시에 많은 다른 유형의 움직임(맥동, 비틀림, 회전 등)을 가질 수 있기 때문에 분자의 운동 에너지는 직선 속도가 의미하는 것보다 훨씬 복잡할 수 있다. 전체적으로 내부 에너지는 온도, 밀도, 열, 부피, 기체의 압력 등과 같은 속성으로 규정된다.

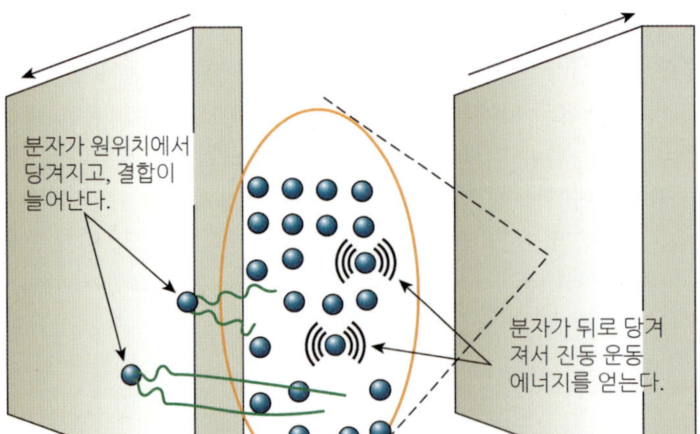

그림 4.8 이것이 마찰로 인해 온도가 상승하는 방법이다. 움직이는 표면에 있는 분자들은 다른 표면을 붙잡아서 그것을 지탱하고 있는 분자력을 늘인다. 그 분자들은 급격히 원위치로 끌려가며 진동 운동 에너지를 얻는다.

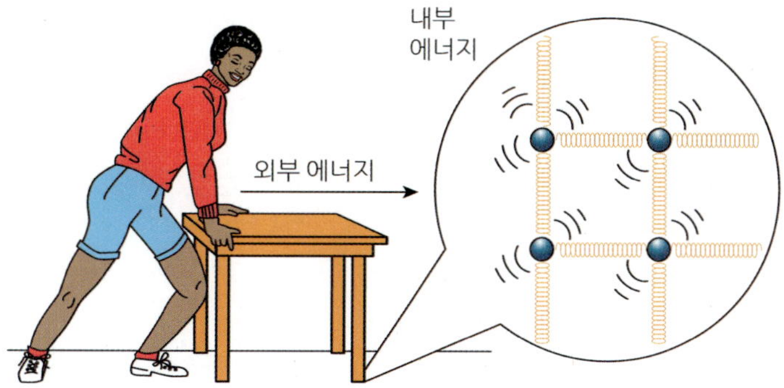

그림 4.9 외부 에너지는 여러분이 볼 수 있는 운동 에너지와 퍼텐셜 에너지이다. 내부 에너지는 분자의 총 운동 에너지와 퍼텐셜 에너지다. 탁자를 마루에서 밀 때 마찰에 대항해 일을 한다. 외부 역학적 에너지의 일부는 내부 운동 에너지 및 퍼텐셜 에너지로 바뀌고, 다리의 바닥 표면은 따뜻해진다.

탁자를 마루에서 밀면 탁자의 관측 가능한 외부(external) 운동 에너지가 탁자 다리와 바닥 사이에 있는 분자의 내부(internal) 운동 에너지로 전달되어 온도 상승을 초래한다(그림 4.9). 외부 운동 에너지와 내부 운동 에너지의 관계는 왜 가열이 사용되는 역학적 에너지의 양에 비례하는지 설명해 준다.

에너지 전달로서 열

온도는 물체의 뜨거움이나 차가움의 정도를 측정하는데, 이것은 평균 분자 운동 에너지에 기초하는 측정값이다. 반면에 열은 물체 분자의 총내부 에너지(total internal energy)에 기초한다. 한 컵과 한 통의 물을 생각하면 열과 온도의 차이를 알 수 있다. 적은 양과 많은 양의 물이 모두 같은 온도이면, 둘 다 평균 분자 운동 에너지가 같아야 한다. 이제, 둘 모두 20℃만큼 냉각시키고 싶다고 하자. 큰 통의 물은 식히는 데 훨씬 더 오래 걸리기 때문에, 분명히 많은 양의 물이 더 많은 내부 에너지를 가지고 있다(그림 4.10). 열은 물체 분자의 총내부 에너지에 기초한 양이고, 같은 온도의 물 한 컵보다 한 통에 총에너지가 더 많다.

그림 4.10 같은 온도의 1 L 물(1,000 mL)과 250 mL의 물이 보여주듯이 열과 온도는 서로 다른 개념이다. 물 250 mL를 25℃ 냉각시킬 때보다 물 1 L를 25℃ 냉각시킬 때 더 많은 얼음이 필요하기 때문에 물 1 L가 더 많은 내부 에너지를 포함하고 있음을 알 수 있다. 사실, 물 1 L를 식히기 위해서는 48,750 cal를 추가로 더 제거해야 한다.

열의 정의

열을 어떻게 측정할 수 있을까? 분자를 보기 어렵기 때문에 내부 에너지를 직접 측정하기는 어렵다. 따라서 열은 거의 항상 물체가 에너지를 얻거나 잃는 과정에서 측정된다. 또한 이 측정 절차는 **열(heat)**에 대한 정의를 제공한다.

열은 한 물체에서 다른 물체로 흡수되거나 전달된 내부 에너지의 양이다.

내부 에너지를 증가시키는 과정(process)을 가열(heating)이라고 하며, 내부 에너지를 감소시키는 과정을 냉각(cooling)이라고 한다. 열이 이동 중의 에너지이고, 추가하거나 제거할 수 있는 물질적인 것이 아니라는 것을 강조하기 위해 단어 과정(process)을 강조하여 표현했다. 에너지가 물체로 흘러 들어오거나 나갈 때 측정할 수 있는 내부 에너지의 척도로 열을 이해해야 한다.

두 가지 가열 방법

일반적으로 가열이 발생할 수 있는 두 가지 방법이 있다. (1) 온도 차이 때문에 높은 온도의 영역으로부터 에너지가 이동한다. (2) 물체가 에너지 형태 변환으로 에너지를 얻는다.

온도 차이(temperature difference)가 발생하면 에너지가 고온 영역에서 저온 영역으로 전달된다. 예를 들어, 에너지는 뜨거운 전열기의 가열 소자에서 전열기에 놓인 차가운 물 주전자로 흐른다. 공이 내리막길을 굴러가는 것이 당연한 것처럼 에너지가 더 높은 온도 영역에서 더 낮은 온도 영역으로 흘러가는 것은 자연적인 과정이다. 물체의 온도와 주변 온도가 열이 물체로 또는 물체에서 전달될지 결정한다. 가열(heating)과 냉각(cooling)이라는 용어는 자연스럽게 높은 에너지의 영역에서 낮은 에너지의 한 영역으로 이동하는 에너지 흐름의 방향을 묘사한다.

물체의 내부 에너지는 에너지 형태 변환(energy-form conversion)(역학적 에너지, 복사 에너지, 전기 에너지 등) 중에 증가할 수 있고, 그런 경우에 가열이 발생하고 있다고 말한다. 줄(Joule)이 했던 고전적인 실험은 역학적 에너지와 가열, 전기 에너지와 가열, 그리고 다른 전환들 사이에 동등함을 보여주었다. 분자 수준에서, 그러한 에너지 형태는 분자에 일을 하고 있으며, 이것은 내부 에너지의 증가를 초래할 수 있다. 그러므로 에너지 형태 변환에 의한 가열은 실제로 일(work)을 통한 에너지 전달이다. 이것은 "에너지는 일을 할 수 있는 능력이다"라는 정의로 귀착된다. 이것은 분자 수준에서 일을 할 수 있는 능력을 포함하고 있다는 것을 관념적으로 나타낸다.

열을 측정하는 방법을 고려한 후에 온도 차이로 인해 발생하는 가열을 더 자세히 살펴볼 것이다.

열의 측정

가열은 에너지 전달의 한 방법이기 때문에, 열량은 어떠한 에너지의 양과 마찬가지로 측정될 수 있다. 일, 에너지, 열을 측정하기 위한 계량 단위는 줄(joule)이다. 그러나 역사적으로 열의 개념과 운동의 개념이 독립적으로 발전했기 때문에 별개의 단위들이 나왔고, 일부는 온도 차이에 기초한다.

열의 계량 단위를 **칼로리**(calorie, 줄여서 cal)라고 한다. 1 cal를 1 g의 물의 온도를 1℃ 상승시키는 데 필요한 에너지(또는 열)의 양으로 정의한다. 필요한 에너지가 다른 온도에서 약간씩 다르기 때문에 보다 정확한 정의는 14.5℃에서 15.5℃까지의 도 간격을 명시한다. 일반적인 논의에서는 이 정확한 정의가 필요하지 않다. **1킬로칼로리**(kilocalorie, 줄여서 kcal)는 1 kg의 물의 온도를 1℃ 상승시키는 데 필요한 에너지(또는 열)의 양이다. 음식의 산화에 의해 방출되는 에너지의 척도는 kcal이지만, 영양사들은 이것을 칼로리(Calorie)라고 한다(그림 4.11). 과학적 칼로리는 cal로, 다이어트의 칼로리는 Cal로 항상 표현하면 혼란을 피할 수 있다. 가장 좋은 해결책은 칼로리(Calorie)를 본질인 킬로칼로리(kcal)로 부르는 것이다.

열 측정시 영국식 단위계에는 **비티유**(British thermal unit, 줄여서 Btu)가 있다. 1 Btu는 1파운드의 물의 온도를 1°F 상승시키는 데 필요한 에너지(또는 열)의 양이다. 미국에서 Btu는 일반적으로 난로, 에어컨, 온수기 등의 가열률 또는 냉각률을 측정하는 데 사용된다. 그 비율은 대개 시간당

Btu로 표현된다. 국가적인 에너지 소비율에 대한 뉴스 보도와 기사에서는 훨씬 더 큰 단위가 언급된다. 이 단위는 1천조 Btu(10^{15} Btu)를 나타내는 쿼드(quad)이다.

열은 에너지 형태 변환에 의해 증가하며, 에너지와 가열 사이의 등가성을 줄(James Joule)이 처음 측정했다. 그는 에너지 형태(역학적 에너지, 전기 에너지, 복사 에너지 등)와 그에 따른 가열 사이의 관계가 항상 같다는 것을 발견했다. 예를 들어, 역학적 일과 그에 따른 가열 사이의 관계는 항상 다음과 같다.

$$4.184 \text{ J} = 1 \text{ cal}$$

또는

$$4{,}184 \text{ J} = 1 \text{ kcal}$$

확립된 이 정확한 비례성은 근본적으로 역학적인 일과 열은 같은 것의 다른 형태라는 것을 의미한다.

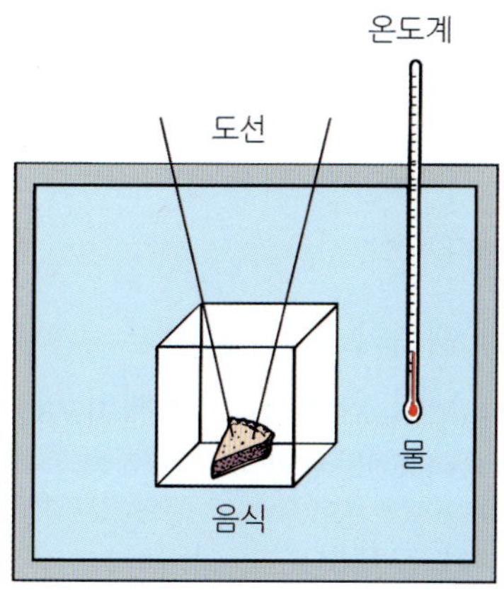

그림 4.11 음식의 칼로리 값은 음식을 태울 때 방출되는 열을 측정하여 결정한다. 10.0 kg의 물이 있고 온도가 10℃에서 20℃로 증가하면 음식에는 100 Cal(100,000 cal)가 들어 있었다. 여기에 예시된 음식은 이것보다 훨씬 많은 에너지를 방출할 것이다.

예제 4.4

1,000.0 kg의 자동차가 시속 90.0 km(25.0 m/s)로 움직이고 있다. 브레이크를 밟아 자동차가 멈추면 몇 킬로칼로리가 생성되는가?

풀이

자동차의 운동 에너지는

$$\begin{aligned} KE &= \frac{1}{2}mv^2 \\ &= \frac{1}{2}(1{,}000.0 \text{ kg})(25.0 \text{ m/s})^2 \\ &= (500.0)(625)\frac{\text{kg}\cdot\text{m}^2}{\text{s}^2} \\ &= 312{,}500 \text{ J} \end{aligned}$$

이다. 역학적 에너지와 열 사이의 관계를 사용하여 이것을 kcal로 변환하면 다음과 같다.

$$(312{,}500 \text{ J})\left(\frac{1 \text{ kcal}}{4{,}184 \text{ J}}\right)$$

$$\frac{312{,}500}{4{,}184}\,\frac{\text{J}\cdot\text{kcal}}{\text{J}}$$

$$\boxed{74.7 \text{ kcal}}$$

(참고: 이 양의 가열로 인한 온도 상승은 식 4.4를 사용해 계산할 수 있다.)

비열

"주방 물리학" 실험을 통해 열과 다른 물질 사이의 관계를 관찰할 수 있다. 식사를 준비할 때 어떤 액체를 끓이기 위한 한 냄비가 있다고 하자. 다음과 같이 세 가지 변수가 필요한 열량에 영향을 미친다.

1. 액체의 초기 온도
2. 냄비 안에 있는 액체의 양
3. 액체의 성질(물, 수프?)

이것이 구체적으로 의미하는 것은 다음과 같다.

1. 온도 변화. 물의 온도를 더 높이려면 더 많은 열이 필요하다. 물질의 온도를 높이는 데 필요한 열량은 온도 변화에 비례하기 때문에, 이 관계를 $Q \propto \Delta T$로 쓸 수 있다.
2. 질량. 질량이 크면 같은 온도 변화를 겪기 위해 작은 질량보다 더 많은 열이 필요하다. 필요한 열량도 가열되는 물질의 양에 비례한다. 기호로 이것을 표현하면 $Q \propto m$이다.
3. 물질. 질량이 같을 때 동일한 온도 범위를 통과하기 위해서는 물질마다 서로 다른 양의 열이 필요하다(그림 4.12). 이 성질을 물질의 **비열(specific heat)**이라고 하는데, 이것은 물질 1 g의 온도를 1℃ 올리는 데 필요한 열량으로 정의된다. 비열을 나타내는 변수는 c이다.

주방 물리학 요리 경험에 관련된 모든 변수를 고려하면, 물질의 비열에 질량과 필요한 온도 변화를 곱함으로써 물질의 온도를 변화시키는 데 필요한 열량(Q)을 다음과 같이 구할 수 있다.

$$Q = mc\Delta T \qquad \text{식 4.4}$$

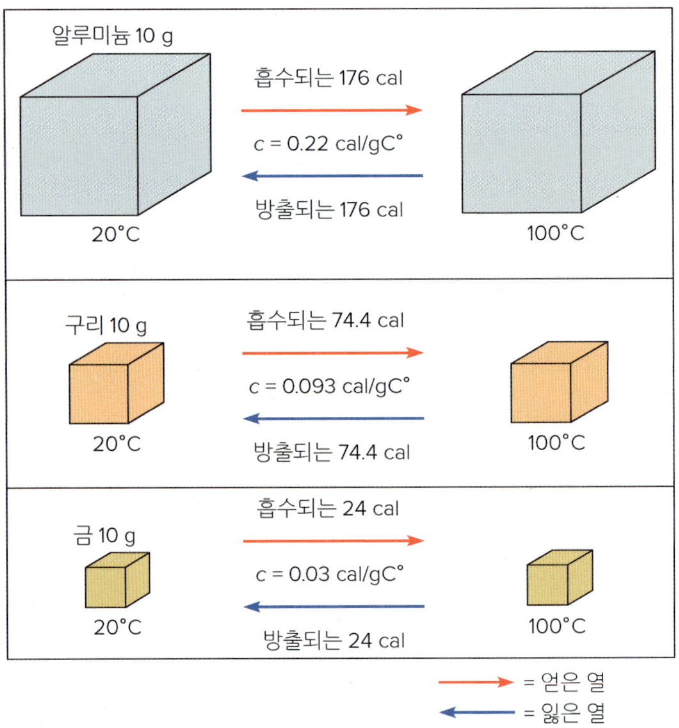

그림 4.12 이 세 가지 금속 중 알루미늄은 열을 가할 때 단위 온도당 가장 많은 열이 필요하고 냉각될 때 가장 많은 열을 방출한다. 정육면체의 크기들이 왜 다른가?

표 4.2 몇몇 물질의 비열

물질	비열(cal/gC° 또는 kcal/kgC°)
공기	0.17
알루미늄	0.22
콘크리트	0.16
구리	0.093
유리(평균)	0.160
금	0.03
얼음	0.500
철	0.11
납	0.0305
수은	0.033
해수	0.93
은	0.056
토양(평균)	0.200
증기	0.480
물	1.00

참고: 비열을 J/kgC° 단위로 변환하려면 각 값에 4,184를 곱하면 된다. 또한 1 cal/gC° = 1 kcal/kgC°이다.

비열은 물질의 내부 구조와 관련이 있다. 어떤 온도 변화에서도 일부 에너지는 분자의 내부 퍼텐셜 에너지로 가고 다른 일부 에너지는 분자의 내부 운동 에너지로 간다. 모든 물질은 고유한 내부 분자 구조를 가지고 있기 때문에 각 물질은 독특한 방식으로 에너지를 흡수하여 고유한 비열의 값을 낳는다. 서로 다른 물질의 비열에 대한 값의 차이는 각 물질 1 g 속의 분자 수와 그것들이 분자 구조를 형성하는 방법과 관련이 있다.

비열 때문에 대륙의 대기 온도가 해양의 대기 온도보다 더 많이 변한다. 표 4.2에는 토양의 비열이 0.200 cal/gC°, 물의 비열이 1.00 cal/gC°로 나타나 있다.[1] 비열은 물질 1 g의 온도를 1℃ 상승시키는 데 필요한 열량으로 정의되기 때문에, 이는 1 cal의 햇빛에 노출된 물 1 g이 1℃ 더 따뜻해진다는 것을 의미한다. 반면 1 cal의 햇빛에 노출된 1 g의 토양은 5℃만큼 더 따뜻해진다. 왜냐하면 토양을 1℃ 올리는 데 0.2 cal가 소요되기 때문이다. 따라서 물의 온도를 바꾸는 것이 더 어렵기 때문에 온도는 대량의 물 근처에서 더 균등하다.

예제 4.5

500.0 g의 팬이 (a) 철 또는 (b) 알루미늄으로 만들어진 경우에 팬의 온도를 20.0℃에서 100.0℃까지 올리려면 얼마나 많은 열을 공급해야 하는가?

풀이

공급되는 열(Q), 질량(m), 온도 변화(ΔT) 사이의 관계는 식 4.4에 있다. 철과 알루미늄의 비열은 표 4.2에서 확인할 수 있다.

1) C°(섭씨도) 표기법은 두 온도 사이의 차이인 온도 간격을 나타낸다. 따라서 80℃ − 20℃ = 60C°이다.

(a) 철:

$m = 500.0$ g

$c = 0.11$ cal/gC°

$T_f = 100.0$℃

$Q = ?$

$T_i = 20.0$℃

$$Q = mc\Delta T$$
$$= (500.0\text{ g})\left(0.11\frac{\text{cal}}{\text{gC°}}\right)(80.0\text{C°})$$
$$= (500.0)(0.11)(80.0)\text{g} \times \frac{\text{cal}}{\text{gC°}} \times \text{C°}$$
$$= 4{,}400\frac{\cancel{\text{g}}\cdot\text{cal}\cdot\cancel{\text{C°}}}{\cancel{\text{gC°}}}$$
$$= 4{,}400\text{ cal}$$
$$= \boxed{4.4\text{ kcal}}$$

(b) 알루미늄:

$m = 500.0$ g

$c = 0.22$ cal/gC°

$T_f = 100.0$℃

$T_i = 20.0$℃

$Q = ?$

$$Q = mc\Delta T$$
$$= (500.0\text{ g})\left(0.22\frac{\text{cal}}{\text{gC°}}\right)(80.0\text{C°})$$
$$= (500.0)(0.22)(80.0)\text{g} \times \frac{\text{cal}}{\text{gC°}} \times \text{C°}$$
$$= 8{,}800\frac{\cancel{\text{g}}\cdot\text{cal}\cdot\cancel{\text{C°}}}{\cancel{\text{gC°}}}$$
$$= 8{,}800\text{ cal}$$
$$= \boxed{8.8\text{ kcal}}$$

알루미늄 팬을 철 팬처럼 같은 온도 범위에서 데우는 데 2배의 열에너지가 필요하다. 따라서 동일한 에너지 입력 비율인 경우에 철 팬은 알루미늄 팬보다 두 배 더 빨리 따뜻해질 것이다.

예제 4.6

2 kg의 금속을 20℃에서 40℃까지 높이기 위해 1.2 kcal가 필요할 경우에 이 금속의 비열은 얼마인가?(답: 0.03 kcal/kgC°)

개념 활용

주방 물리학

냄비와 팬의 금속과 관련되므로 다음 정보를 고려하시오.

1. 비열이 낮은 금속의 온도를 바꾸는 것이 더 쉽다.
2. 비열이 높은 금속의 온도를 바꾸는 것은 더 어렵다.

표 4.2의 금속과 비열의 목록을 보고 다음 질문에 답하시오.

1. 비열만 고려한다면, 사용하기에 가장 에너지 효율이 높은 실용적인 냄비와 팬을 만드는 데 어떤 금속이 사용될 수 있을까?
2. 역시 비열만 고려할 때, 특정한 금속들을 조합하면 급격한 온도 변화에 이점이 있는가?

열흐름

"에너지 전달로서 열"이란 소절에서, 가열 과정은 (1) 온도 차이 또는 (2) 에너지 형태 변환과 관련된 에너지의 전달이라는 것을 배웠다. 온도 차이로 인해 발생하는 열전달은 전도, 대류, 복사의 세 가지 다른 방식으로 이루어진다.

전도

온도 차이가 있을 때마다 온도가 높은 영역에서 온도가 낮은 영역으로 열이 자연스럽게 전달된다. 고체에서 열이 더 따뜻한 곳에서 더 차가운 곳으로 전도되기 때문에 이 전달이 일어난다. 고체의 분자는 고정된 평형 위치에서 진동하며 고온 영역의 분자는 저온 영역의 분자들보다 평균적으로 더 많은 운동 에너지를 가지고 있다는 것을 상기하라. 금속 막대와 같은 고체가 불꽃에 휩싸여 있을 때, 따뜻해진 한쪽 끝의 분자들은 격렬하게 진동한다. 분자 상호작용을 통해 이렇게 증가된 진동 에너지는 인접해 있는 느리게 움직이는 분자에게 전달되고, 이 분자도 더 격렬하게 진동하기 시작한다. 그 분자들은 차례로 옆에 있는 분자들에게 더 많은 진동 에너지를 전달한다. 따라서 활동의 증가는 분자에서 분자로 이동하며, 늘어난 활동 영역이 막대기를 따라 확장된다. 이것이 분자에서 분자로의 에너지 전달인 **전도(conduction)**이다(그림 4.13).

대부분의 절연 물질은 작은 공기 공간을 많이 포함하고 있기 때문에 좋은 절연체이다(그림 4.14). 공기의 분자는 고체에 비해 멀리 떨어져 있어 증가된 진동 운동을 분자에서 분자로 전달하

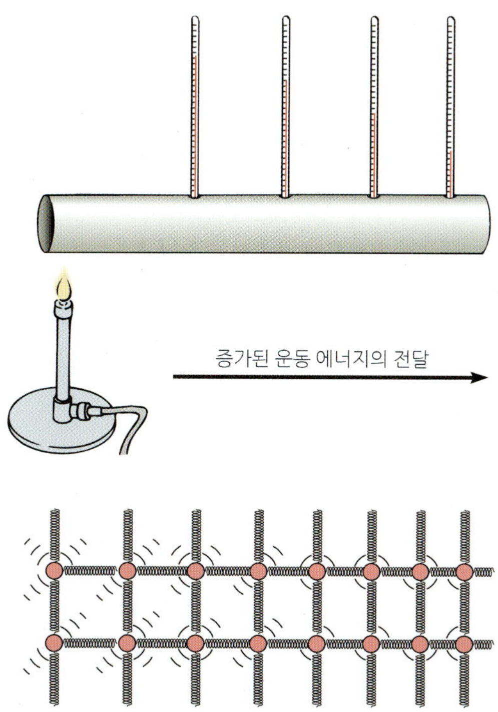

그림 4.13 금속 막대에 뚫은 구멍에 설치된 온도계는 열이 더 높은 온도에서 더 낮은 온도의 영역으로 전달된다는 것을 보여준다. 증가된 분자 활동은 전도 과정에서 분자에서 분자로 전달된다.

그림 4.14 섬유 유리 단열재는 두께에 대한 재료의 전도율의 비율인 R-값으로 평가된다. 출처: ©Stockbyte/SuperStock

과학과 사회

단열재 규제?

집의 단열재에 굉장히 많은 돈을 쓸 수 있겠는가? 정부는 에너지를 절약하기 위해 새 주택에 최대한의 단열을 요구해야 하는가? 단열재에 대한 경제적 한계, 즉 단열재 설치비용이 언제 절약된 에너지의 수익을 초과하는지 조사해보자. 도시 계획 위원회에 모든 신규 주택에 최대 단열을 요구한 경우의 이점, 장점, 단점에 대해 알리는 원고를 작성하라.

표 4.3 재료의 전도율*

(↑ 더 좋은 도체 / ↓ 더 좋은 절연체)

재료	전도율
은	0.97
구리	0.92
알루미늄	0.50
철	0.11
납	0.08
콘크리트	4.0×10^{-3}
유리	2.5×10^{-3}
타일	1.6×10^{-3}
벽돌	1.5×10^{-3}
물	1.3×10^{-3}
나무	3.0×10^{-4}
면	1.8×10^{-4}
스티로폼	1.0×10^{-4}
유리 모	9.0×10^{-5}
공기	6.0×10^{-5}
진공	0

* cm당 1℃의 온도차에 기반을 둠. 수치는 재료의 제곱센티미터를 지나는 초당 칼로리(cal)이다.

기가 더 어렵기 때문에 작은 공기 공간은 나쁜 전도체이다. 스티로폼, 유리 모, 울 천은 그 구성 물질 때문이 아니라 작은 공기 공간이 많기 때문에 좋은 절연체이다. 진공은 진동 운동을 전달할 분자가 없기 때문에 가장 좋은 절연체이다(표 4.3).

책상의 목재와 금속 부분은 온도가 같지만 만져보면 금속 부분이 더 시원할 것이다. 금속은 나무보다 더 좋은 열전도체로 손가락으로부터 열을 더 빨리 전달하기 때문에 더 시원함을 느낀다. 나무나 타일 바닥이 맨발에 차갑게 느껴지는 것도 같은 이유다. 발에서 나오는 열의 전도를 늦추기 위해 절연 양탄자가 사용된다.

개념 활용

온도 감촉

한동안 일정한 온도의 방안에 있었던 물체들의 온도는 모두 같을 것이다. 책상이나 의자의 금속, 플라스틱, 나무 부분을 만져서 온도를 감지하고, 그 결과를 설명하시오.

대류

대류(convection)는 상대적으로 높은 운동 에너지를 가진 분자 집단의 대규모 변위에 의한 열의 전달이다. 전도에서는 증가된 운동 에너지가 분자에서 분자로 전달된다. 대류에서는 높은 운동 에너지를 가진 분자가 한 장소에서 다른 장소로 이동한다. 전도는 주로 고체에서 일어나지만, 대류는 액체나 기체에서만 일어나는데, 유체 운동이 높은 운동 에너지를 가진 분자를 멀리까지 운반할 수 있기 때문이다. 분자가 에너지를 얻으면, 분자는 더 빠르게 움직이며 주변 환경을 더 힘차게 밀어낸다. 가열된 분자의 영역이 밖으로 밀려가면서 부피가 증가하므로 그 결과 팽창한다. 동일한 양의 물질이 이제 더 큰 부피를 차지하기 때문에 전체 밀도가 감소한다(그림 4.15).

유체에서는 대류를 위해 먼저 팽창 현상이 일어난다. 따뜻하고 밀도가 낮은 유체는 그 주변의 밀도가 높은 유체에 의해 밀려 올라간다. 일반적으로, 차가운 공기는 밀도가 더 높아서 가라앉고 아래로 흐른다. 더 밀도가 높은 차가운 공기가 열린 냉장고 바닥 근처에서 흘러나온다. 냉장고 바닥에서 차갑고 밀도가 높은 공기가 바닥의 발가락으로 쏟아지는 것을 느낄 수 있다. 한편, 따뜻하고 밀도가 낮은 공기가 위로 밀려 올라가기 때문에 히터 위로 손을 쬔다. 방안에서는 따뜻한 공기가 히터에서 위로 밀려 올라간다. 따뜻한 공기는 천장을 따라 바깥쪽으로 퍼져나가며, 새로 따뜻하게 데워진 공기가 천장으로 밀려 올라가면서 서서히 대체된다. 공기가 차가워지면 방의 다른 부분으로 가라앉는 데, 그것은 대류 전류(convection current)라고 알려진 순환 형태를 만든다(그림 4.16). 대류 전류는 전열기 위에서 가열되는 액체 냄비에서도 관찰할 수 있다. 따뜻한 액체가 전열기의 가열 소자의 따뜻한 곳 위에서 밀려 올라간 다음에 차가운 부분 위로 가라앉는 것을 볼 수 있다. 전반적으로, 대류 전류는 냄비 안의 액체가 따뜻해지면서 회전하는 모습을 보여준다.

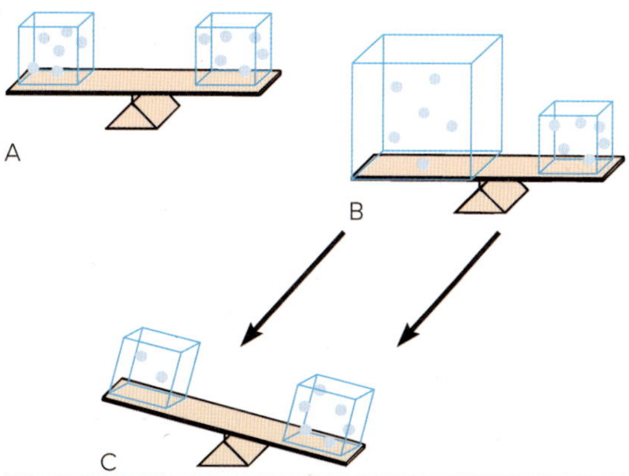

그림 4.15 (A) 동일한 부피의 두 공기가 균형을 이루는 이유는 둘이 같은 수의 분자와 동일한 질량을 가지고 있기 때문이다. (B) 한쪽의 온도가 상승하면 기체 분자의 운동 에너지가 증가하여 공기가 팽창하게 된다. (C) 동일한 부피의 팽창된 공기는 이제 기체 분자를 더 적게 포함하고 밀도가 줄어들며, 더 차갑고 밀도가 높은 공기에 의해 떠오른다.

과학 스케치

그림 4.15(또는 종이)에 네 번째 그림을 그린 후, 두 풍선 안에 같은 수의 공기 분자가 들어있더라도 둘 중 하나를 가열하면 그 풍선이 떠오르는 이유를 설명하시오.

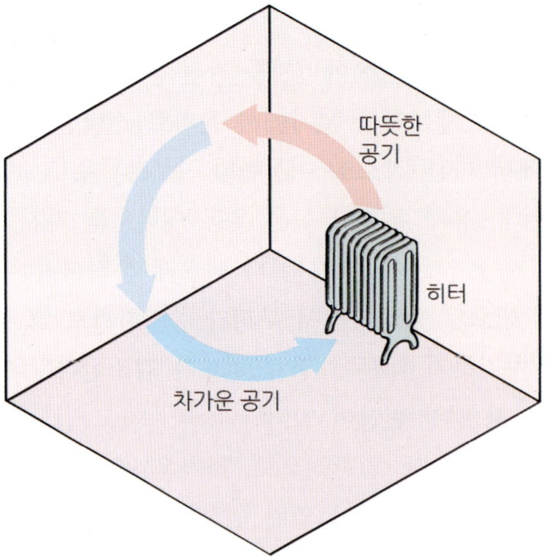

그림 4.16 히터 위의 공기가 따뜻해져서 팽창하고, 차가운 공기에 의해 위로 이동함에 따라 대류 전류는 실내 전체로 따뜻한 공기를 이동시킨다.

개념 활용

대류의 작동 방식

대류는 온도 차이가 있는 유체에서 발생한다. 왜 이런 일이 발생하는지 알기 위해, 매우 차가운 물로 채워진 풍선과 같은 양의 매우 뜨거운 물로 채워진 두 번째 풍선을 준비한다. 찬물이 든 풍선을 뜨거운 물이 담긴 큰 용기에 조심스럽게 넣고, 뜨거운 물이 든 풍선은 차가운 물이 담긴 큰 용기에 넣는다. 각 용기에서 무슨 일이 일어나는가? 이것이 유체의 온도와 밀도 사이의 관계와 대류가 작동하는 방식에 대해 알려주는 것은 무엇인가?

복사

온도차 때문에 열전달이 일어나는 세 번째 방법을 **복사**(radiation)라고 한다. 복사는 공간을 통해 이동하는 에너지 형태인 복사 에너지(radiant energy)를 수반한다. 3장에서 배운 바와 같이, 복사 에너지는 가시광선뿐만 아니라 다양한 형태도 포함한다. 온도가 절대 영도보다 높은 모든 물체는 복사 에너지를 방출한다. 물체의 절대 온도가 방출되는 복사 에너지의 비율, 세기, 종류를 결정한다. 여러분은 물체가 일정한 온도로 가열되면 가시광선이 방출된다는 것을 알고 있다. 예를 들어, 전열기의 가열 소자는 가장 높은 설정에서 적갈색으로 빛난다. 그러나 낮은 온도에서는 가열 소자가 가시광선을 생성하지 않지만 가열 소자 근처에 손을 대면 따뜻함을 느낄 수 있다. 손이 가열 소자로부터 방출되는 보이지 않는 복사 에너지를 흡수하는 것이다. 복사 에너지는 손의 분자에 일을 하여 운동 에너지를 증가시킨다. 여러분은 이것을 온도의 증가, 즉 따뜻함으로 느낀다.

절대 영도(0 K)보다 높은 모든 물체는 복사 에너지를 방출하지만, 또한 모든 물체는 복사 에너지를 흡수한다. 그러나 뜨거운 물체는 차가운 물체보다 더 많은 복사 에너지를 방출한다. 뜨거운 물체는 차가운 물체로부터 흡수하는 것보다 더 많은 에너지를 방출할 것이고, 차가운 물체는 방출하는 것보다 더 많은 에너지를 뜨거운 물체로부터 흡수할 것이다. 따라서 두 물체 사이에 온도 차이가 있는 한, 복사 과정에 의해 발생하는 알짜 에너지 전달이 있다.

4.4 에너지, 열, 분자론

물질의 분자 운동론은 단 하나의 분야가 아니라 자연과학의 여러 분야에서 나온 증거에 기초한다. 화학자와 물리학자는 물질에 대한 관찰 사실들을 설명하는 세심하게 설계된 실험과 수학적인 계산을 사용하여 지난 150년 동안 물질의 구조에 대한 몇 가지 설득력 있는 결론을 발전시켰다. 보이지 않는 이 극미 입자 세계의 세밀한 구조가 차근차근 굳게 확립되었다. 오늘날, 이 입자 구조에 대한 이해는 물리학, 화학, 생물학, 지질학, 그리고 실질적으로 다른 모든 과학 과목에 불가결하다. 오늘날의 기술도 이러한 이해에서 유래한다.

개념 활용

밀랍(양초), 비눗방울, 전구

열흐름에 대해 수행할 수 있는 세 가지 실험은 다음과 같다.

전도: 밀랍을 사용하여 압정 머리를 긴 금속 막대에 붙이시오. 불꽃으로 막대의 한쪽 끝을 가열한다. 전도에 의해 열이 막대를 가로질러 움직인 모든 증거를 관찰하여 기록하시오.

대류: 햇볕이 강하게 내리쬐는 차분하고 따뜻한 날을 골라 비눗방울을 만들어서 잔디밭과 인근의 아스팔트 주차장 사이의 대류를 조사하시오. 대류를 발견할 수 있을 것으로 생각되는 다른 인접 지역을 찾아서 비눗방울로 대류를 조사하시오. 실험과 결과, 그리고 관찰한 내용에 대한 설명을 기록하시오.

복사: 불이 켜지지 않은 전구 밑에 손을 놓고서 전구를 켠다. 전도나 대류가 아닌 복사에 의해 이동했다고 느껴지는 증거를 서술하시오. 복사 에너지를 느꼈다는 것을 증명하기 위해 생각할 수 있는 실험을 서술하시오.

상변화

고체, 액체, 기체는 물질의 세 가지 일반적인 상이며, 각각의 상은 서로 다른 분자 배열로 규정된다. 세 가지 일반적인 상에서 분자의 움직임은 (1) 온도차를 통해 열을 가하거나 (2) 가열로 귀결되는 5가지 형태의 에너지 중 하나를 흡수하면 증가한다. 어느 경우든 고체, 액체, 기체의 온도는 물질의 비열에 따라 상승하고, 가열량이 많아지면 일반적으로 온도가 상승한다.

그러나 가열이 많다고 해서 반드시 온도가 높아지는 것은 아니다. 고체, 액체, 기체가 한 상에서 다른 상으로 변화할 때, 그 변화를 **상변화(phase change)**라고 한다. 상변화는 항상 온도 변화를 수반하지 않는 열량을 흡수하거나 방출한다. 상변화와 관련된 열량이 온도 변화와 관련이 없기 때문에 이것을 숨은열 또는 잠열(latent heat)이라고 한다. 잠열은 상변화의 "감춰진" 에너지를 말하며, 이 열은 내부 퍼텐셜 에너지로 들어가거나 나오는 에너지(열)이다(그림 4.17).

발생할 수 있는 주요 상변화는 (1) 고체-액체, (2) 액체-기체, (3) 고체-기체 등 세 가지가 있다. 각 경우에 상변화는 어느 방향으로도 갈 수 있으며, 상변화의 방향과 관계없이 동일한 온도에서 변화가 발생한다. 이 온도를 상변화 방향에 따라 어는점(freezing point) 또는 녹는점(melting point)이라고 한다. 어는점을 응결점, 녹는점을 융해점이라고도 한다. 예를 들어 얼음이 물로 녹을 때나 물이 얼음으로 얼 때 고체-액체 상변화가 일어나며, 두 변화는 모두 0℃에서 발생한다. 물과 얼음의 어는점과 녹는점은 같다.

액체-기체 상변화도 두 가지 다른 방향으로 발생한다. 액체가 끓어 기체(또는 증기)로 변하는 온

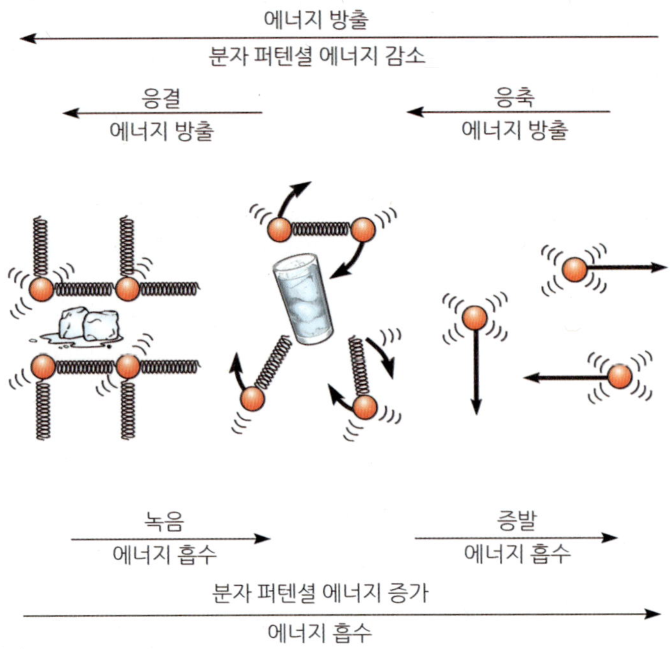

그림 4.17 각 상변화는 분자 퍼텐셜 에너지로 들어가거나 방출되는 숨은열을 흡수하거나 방출한다.

도를 끓는점 또는 비등점(boiling point)이라고 한다. 기체 또는 증기가 다시 액체로 변하는 온도를 응축점(condensation point)이라고 한다. 끓는점과 응축점은 같은 온도다. 끓는점 말고도 액체가 액체-기체 상변화를 겪을 수 있는 조건이 있는데, 이러한 조건은 "증발과 응축"에서 논의할 것이다.

여러분이 아마도 고체-기체 상변화에 익숙하지 않을 수도 있지만 그것은 흔하다. 고체가 기체나 증기로 직접 변하는 상변화를 승화(sublimation)라고 한다. 좀약과 드라이아이스(고체 CO_2)는 승화를 겪는 물질의 일반적인 예지만, 언 물, 즉 일반적인 얼음도 일정한 조건 하에서 승화된다. 냉동실의 각 얼음은 승화의 결과로 시간이 지나면 점점 작아진다. 반면에 냉동실에서 형성되는 서리는 다른 방향으로 일어나는 고체-기체 상변화의 예다. 이 경우 수증기는 액체 상태를 거치지 않고 서리로 변하는데, 승화와 반대 방향으로 일어나는 고체-기체 상변화이다.

온도, 열, 상 사이의 관계에 대한 구체적인 예로서 얼음이 일정한 열원에 노출될 때 발생하는 변화를 고려하자(그림 4.18). 열을 지속적으로 투입하면 그래프의 왼쪽에서 시작하여 얼음의 온도가 상승하는 것을 볼 수 있다. $Q = mc\Delta T$에 따라 얼음이 따뜻해진다. 여기서 c는 얼음의 비열이다. 온도가 녹는점(0℃)에 도달하면 얼음이 녹기 시작하면서 온도는 증가를 멈춘다. 여분의 열이 이 물질에 더해질수록 얼음이 녹으면서 점점 더 많은 액체 물이 나타나지만 온도는 0℃에 머물러 있다. 마침내 모든 얼음이 완전히 녹으면 온도가 끓는점 온도에 도달할 때까지 일정한 비율로 다시 증가하기 시작한다. 그런 다음에는 열을 가해도 온도가 상승하지 않고 액체에서 기체로의 또 다른 상변화가 발생한다.

물질에 열을 추가하는데 어떻게 온도가 올라가지 않을 수 있을까? 일반적으로 물질의 온도를 증가시키는 작용을 했을 열은 상변화 동안에는 고체의 분자 사이의 결합을 깨는 데 사용되고, 이제 자유롭게 움직일 수 있는 분자를 가진 액체가 만들어진다. 열량(Q)이 온도 변화 없이 흡수되기 때문에 이 열을 **녹음의 숨은열** 또는 **용융 잠열**(latent heat of fusion, L_f)이라고 한다. 녹음의 숨은열은 고체-액체 상변화에서 결합을 형성하거나 깨는 데 수반되는 열이다. 3장에서 물체에 일을 할 때 그

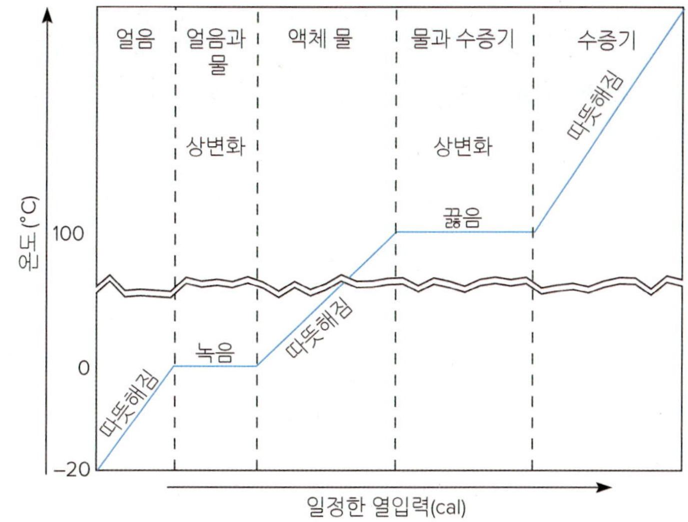

그림 4.18 이 그래프는 일정한 열입력에 따라 따뜻해지는 세 순서와 두 상변화를 보여준다. 얼음이 녹는점까지 따뜻해진 다음에 상변화 동안에 온도가 일정하게 유지되면서 열을 흡수한다. 얼음이 모두 녹으면, 이제 액체 물은 끓는점까지 따뜻해진다. 이 점에서 열을 흡수하여 액체에서 기체로 두 번째 상변화를 하면서 온도가 다시 일정하게 유지된다. 모든 액체가 기체로 바뀐 후에는 계속 따뜻해지면서 수증기의 온도가 증가한다.

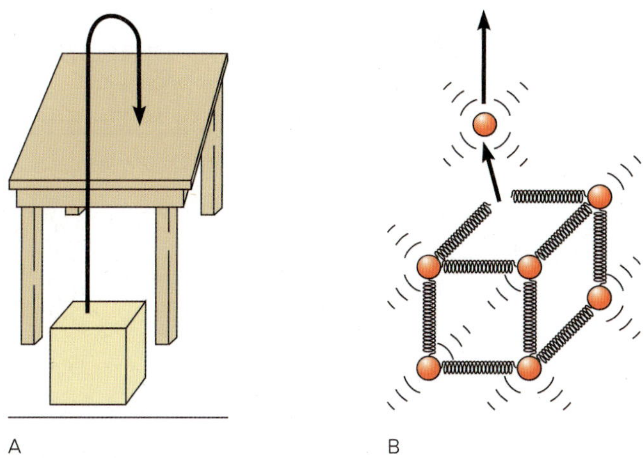

그림 4.19 (A) 물체를 들어올리기 위해 중력에 대항해 일을 하고, 물체는 더 많은 중력 퍼텐셜 에너지를 얻는다. (B) 고체로부터 분자를 분리하면서 분자간 힘에 대항해 일을 하고, 분자는 더 많은 퍼텐셜 에너지를 얻는다.

것에 에너지를 준다는 것을 배웠다. 이 경우 고체의 분자 결합을 깨는 데 한 일은 분자들에게 더 많은 퍼텐셜 에너지를 줬다(그림 4.19). 이 에너지는 "숨은" 또는 잠재된 것이다. 왜냐하면 열을 흡수했지만 온도 상승은 일어나지 않았기 때문이다. 액체의 분자가 고체 상태로 되돌아갈 때 이와 똑같은 퍼텐셜 에너지를 포기한다.

녹는 고체는 에너지를 흡수하고, 어는 액체는 이와 똑같은 양의 에너지를 방출하여 주변을 따뜻하게 한다. 얼음을 아이스박스에 넣는 이유는 녹는 얼음이 음료수 캔에서 녹음의 숨은열을 흡수하여 캔을 냉각시키기 때문이다. 기온이 영하로 떨어질 것으로 예상될 때 감귤 밭에 물을 뿌리는 이유는 어는 물이 녹음의 숨은열을 방출하여 나무 주변의 공기를 따뜻하게 하기 때문이다. 물의 경우 녹음의 숨은열은 80.0 cal/g이다. 이것은 아이스박스에서 녹는 모든 얼음이 1 g마다 80.0 cal의 열을 흡수한다는 것을 의미한다. 물 1 g이 얼 때마다 80.0 cal를 방출한다. 고체-액체 상변화에 관련

자세히 알아보기

자연형 태양열 설계

자연형 태양열(Passive solar) 이용은 오늘날 태양 에너지를 경제적으로 정당하게 사용하는 것이다. 자연형 태양열 설계는 구조적인 시공을 사용하여 태양 에너지로 생활공간을 가열한다. 선풍기, 모터 또는 다른 에너지원이 거의 사용되지 않는다. 자연형 태양열 설계는 자유 태양 에너지의 이점을 이용한다. 즉, 이 에너지를 저장한 후 자연적인 전도, 대류, 복사를 통해 분배한다.

일반적으로 자연형 태양열 주택은 태양 에너지를 포획, 저장하고 거주자에게 분배하기 위해 만들어진 재료를 사용한다. 햇빛은 남쪽을 향한 커다란 창문을 통해 집안으로 들어와 두꺼운 콘크리트, 벽돌, 돌 등을 데운다. 이 에너지 "저장 물질"은 낮 동안 그리고 더 중요하게는 밤에 에너지를 방출한다. 이러한 에너지 방출은 거주자에게 직접 복사되거나, 근처의 공기로 전도되거나, 저장 물질의 표면을 스쳐가는 공기의 대류를 통해 이루어질 수 있다. 따라서 생활공간은 특별한 배관이나 강제적인 공기 순환 없이 가열된다. 여러분이 상상할 수 있듯이, 성공적인 자연형 태양열 주택의 열쇠는 바닥과 벽의 구성 재료, 대류 공기 순환 유형, 창의 크기와 배치 등 자연적인 에너지 흐름의 모든 세부 사항을 고려하는 것이다. 게다가, 자연형 태양열 주택은 다른 생활양식과 생활 형태를 필요로 한다. 예를 들어 카펫은 저장 물질을 태양으로부터 차단하기 때문에 저장 물질 바닥의 목적을 저하시킬 수 있다. 유리는 좋은 단열재가 아니기 때문에, 야간의 에너지 손실을 줄이기 위해 창문에는 커튼이나 이동식 단열 판이 있어야 한다. 그러면 밤에 커튼을 닫거나 이동식 단열 판을 움직인 다음 아침에 커튼과 단열 판을 여는 일상적인 활동이 필요하다. 따라서 자연형 태양열 주택은 거주자에게 높은 수준의 실천적 참여를 요구한다.

자연형 태양열 설계에는 (1) 직접획득형, (2) 간접획득형, (3) 분리획득형의 세 가지 기본 범주가 있다.

직접획득형 태양열 주택(direct solar gain home) 주택은 가정의 실제 생활공간에 태양 에너지를 모으는 주택이다(상자 그림 4.1). 이 설계의 장점은 계산된 돌출부가 있는 커다란 개방형 창문인데, 이것은 겨울에는 최대 태양 에너지를 수용하지만 여름에는 태양 에너지 획득을 방지한다. 단점은 거주자가 설계의 수집과 보관 요소에서 생활하고 있으며, 바닥과 벽의 저장 물질을 데우는 데 방해가 될 수 있는(카펫, 가구 같은) 것을 배치할 수 없다.

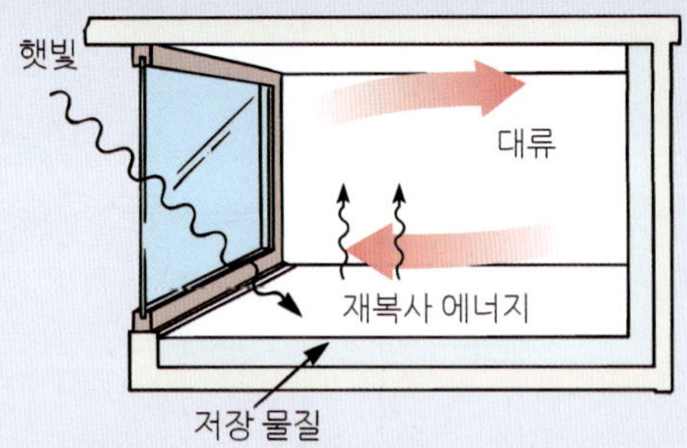

상자 그림 4.1 직접획득형 설계는 태양 에너지를 생활공간에 모으고 저장한다.

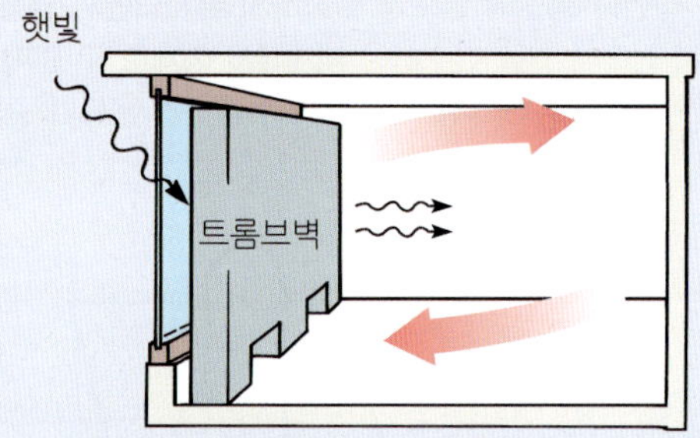

상자 그림 4.2 간접획득형 설계는 트롬브벽을 사용하여 태양 에너지를 수집, 저장, 분배한다.

간접획득형 태양열 주택(indirect solar gain home)에서는 창문 안쪽에 저장 물질 역할을 하는 육중한 벽을 사용한다. 상자 그림 4.2에 트롬브벽(Trombe wall)이라고 하는 그러한 벽이 나타나 있다. 트롬브벽은 태양 에너지를 모아서 저장한 다음, 복사 에너지와 대류 전류로 생활공간을 따뜻하게 한다. 간접획득형 설계의 단점은 커다란 창문이 트롬브벽으로 막혀 있다는 것이다. 장점은 거주자들이 태양열 집열 및 저장 공간과 직접 접촉하지 않기 때문에 카펫과 가구를 원하는 대로 배치할 수 있다는 것이다. 이 설계에는 야간의 에너지 손실을 방지하는 통제가 여전히 필요하다.

분리획득형 태양열 주택(isolated solar gain home)에서는 생활공간에서 분리된 구조를 사용하여 태양 에너지를 모으고 저장한다. 분리획득형 설계의 예로는 부착된 온실이나 선포치가 있다(상자 그림 4.3). 부착된 구조물과 생활공간 사이의 에너지 흐름은 전도, 대류, 복사에 의해 이루어질 수 있으며, 이 과정을 부착된 구조물을 열거나 닫아서 통제할 수 있다. 이 설계는 구조물을 완전히 격리하거나 필요에 따라 생활공간으로 개방할 수 있으며, 조건이 맞을 때 생활공간으로 직접 사용할 수 있으므로 최상의 통제를 제공한다. 그러나 밤에나 햇빛이 없는 겨울날에는 추가적인 단열이 필요하다.

자연형 태양열 주택을 짓는 데는 같은 크기의 전통적인 집을 짓는 것보다 약 10%의 비용이 더 들 것으로 추산된다. 가능한 에너지 절약을 고려해 볼 때, 여러분은 대부분의 주택들이 이제 자연형 태양열 설계를 갖게 될 것이라고 생각할지도 모른다. 그러나 대부분의 새로운 건물들은 편안함을 극대화하기 위해 기술과 많은 양의 에너지가 필요하기 때문에 그렇게 되지 않는다. 그러나 태양의 방향과 계절적 세기와 관련하여 창문을 어디에 두어야 하는지, 어디에 나무를 심어야 할지를 고려하는 것에는 그리 많은 노력이 필요하지 않을 것이다. 아마도 미래에 여러분은 전도, 대류, 복사의 자연적인 과정을 통해 환경을 유익하게 이용하는 것을 고려할 기회를 갖게 될 것이다.

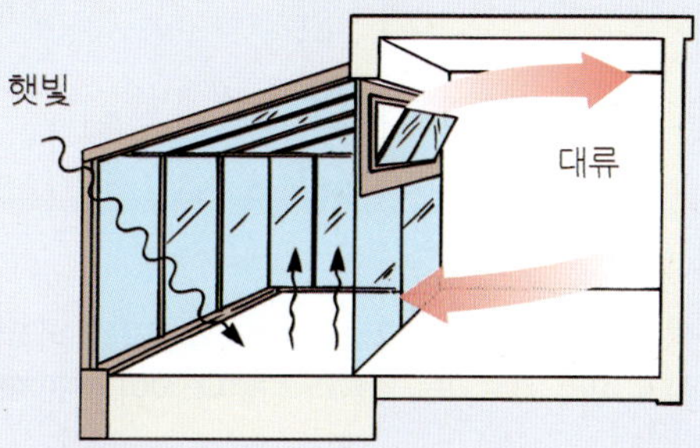

상자 그림 4.3 분리획득형 설계는 별도의 구조물을 사용하여 태양 에너지를 모으고 저장한다.

된 총열은 관련된 물질의 질량에 따라 달라지기 때문에

$$Q = mL_f \qquad \text{식 4.5}$$

이다. 여기서 L_f는 관련된 물질에 대한 녹음의 숨은열이다.

그림 4.18을 다시 주목하자. 고체-액체 상변화가 완료된 후, 일정한 열의 공급은 $Q = mc\Delta T$에 따라 물의 온도를 증가시킨다. 여기서 c는 액체 물의 비열이다. 물이 끓는점에 도달하면 열이 여전히 일정한 비율로 공급되고 있음에도 불구하고 온도는 다시 일정하게 유지된다. 액체-기체 상변화에 관련된 열량은 다시 분자 인력을 극복하는 일로 간다. 이번에는 분자들이 액체 상태에서 벗어나 기체의 독립된 단일 분자가 된다.

이 상변화 동안에 흡수되거나 방출되는 열량(Q)을 **기화의 숨은열(latent heat of vaporization, L_v)**이라고 한다. 증발이나 응축이 있는 액체-기체 상변화에 수반되는 열이 기화의 숨은열이다. 기화의 숨은열은 분자력을 극복하는 과정에서 해준 일에 따라 기체 분자가 얻는 에너지이다. 그러므로 탈출하는 분자는 주변으로부터 에너지를 흡수하고, 응축하는 기체(또는 증기)는 정확히 같은 양의 에너지를 방출한다. 물의 경우 기화의 숨은열은 540.0 cal/g(970.0 Btu/lb)이다. 이것은 욕실 거울에 응축되는 수증기 1 g마다 540.0 cal를 방출해 욕실을 따뜻하게 한다는 뜻이다. 전체 가열은 수증기가 얼마나 응축되느냐에 따라 달라지기 때문에

$$Q = mL_v \qquad \text{식 4.6}$$

이다. 여기서 L_f는 관련된 물질에 대한 기화의 숨은열이다. 따뜻해지거나 상변화 동안 흡수되는 열량 사이의 관계는 그림 4.20에 나와 있다. 물과 열에 대한 일부 물리 상수는 표 4.4에 요약되어 있다.

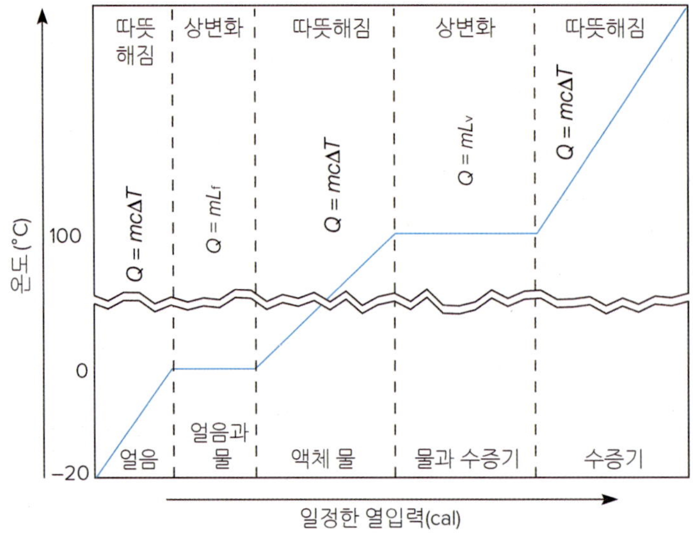

그림 4.20 이 그래프는 그림 4.18의 그래프와 비교된다. 이 그래프는 물이 −20℃의 얼음에서 100℃ 이상의 수증기로 따뜻해짐에 따라 흡수되는 열량과 상변화 사이의 관계를 보여준다. 얼음, 액체, 수증기(증기)의 비열은 값이 서로 다르다.

과학 스케치

순수한 물보다 약간 낮은 $0.938 \text{ cal/gC}^\circ$의 비열을 가진 바닷물에 대해 대략적인 선 그래프가 어떻게 보일지 그림 4.20에(또는 종이에 다시) 그리시오.

표 4.4 물과 열의 물리적 상수

비열(c)	
물	$c = 1.00 \text{ cal/gC}^\circ$
얼음	$c = 0.500 \text{ cal/gC}^\circ$
증기	$c = 0.480 \text{ cal/gC}^\circ$
녹음의 숨은열	
L_f(물)	$L_f = 80.0 \text{ cal/g}$
기화의 숨은열	
L_v(물)	$L_v = 540.0 \text{ cal/g}$
열의 일당량	
1 kcal	4,184 J

예제 4.7

냉장고가 20.0℃의 물 100.0 g을 −10.0℃의 얼음으로 만들려면 얼마의 에너지를 제거해야 하는가?

풀이

이러한 유형의 문제는 문제가 밝힌 변화의 범위에서 발생하는 (1) 물질의 각 상에 대해 추가하거나 제거된 열과 그에 따른 온도 변화, (2) 모든 상변화로 인한 열흐름을 고려하는 더 작은 단계로 문제를 세분화함으로써 가장 잘 해결된다(그림 4.20 참조). 각 상변화에 수반되는 열과 각 상의 냉각 또는 가열과 관련된 열을 Q_1, Q_2 등으로 나타낸다. 온도 눈금은 절댓값으로 계산되므로 양 또는 음의 부호는 무시한다.

1. 액체 상태의 물이 20.0℃에서 0℃(어는점)까지 관계식 $Q = mc\Delta T$에 따라 식는다. 여기서 c는 물의 비열이다.

$$\begin{aligned} Q_1 &= mc\Delta T \\ &= (100.0\ \text{g})\left(1.00\frac{\text{cal}}{\text{gC}^\circ}\right)(0℃ - 20.0℃) \\ &= (100.0)(1.00)(20.0)\frac{\cancel{\text{g}}\cdot\text{cal}\cdot\cancel{\text{C}^\circ}}{\cancel{\text{gC}^\circ}} \\ &= 2{,}000\ \text{cal} \\ Q_1 &= 2.00\times10^3\ \text{cal} \end{aligned}$$

2. 이제 0℃의 물이 상변화를 통해 0℃의 얼음이 될 때 녹음의 숨은열을 제거해야 한다.

$$\begin{aligned} Q_2 &= mL_f \\ &= (100.0\ \text{g})\left(80.0\frac{\text{cal}}{\text{g}}\right) \\ &= (100.0)(80.0)\frac{\cancel{\text{g}}\cdot\text{cal}}{\cancel{\text{g}}} \\ &= 8{,}000\ \text{cal} \\ Q_2 &= 8.00\times10^3\ \text{cal} \end{aligned}$$

3. 얼음은 이제 0℃이고, 문제에 지정된 것처럼 −10℃까지 냉각된다. 얼음은 $Q = mc\Delta T$에 따라 냉각되는 데, 여기서 c는 얼음의 비열로 0.500 cal/gC°이다.

$$\begin{aligned} Q_3 &= mc\Delta T \\ &= (100.0\ \text{g})\left(0.500\frac{\text{cal}}{\text{gC}^\circ}\right)(10.0℃ - 0℃) \\ &= (100.0)(0.500)(10.0)\frac{\cancel{\text{g}}\cdot\text{cal}\cdot\cancel{\text{C}^\circ}}{\cancel{\text{gC}^\circ}} \\ &= 500\ \text{cal} \\ Q_3 &= 0.500\times10^3\ \text{cal} \end{aligned}$$

따라서 제거된 총에너지는 다음과 같다.

$$\begin{aligned} Q_t &= Q_1 + Q_2 + Q_3 \\ &= (2.00\times10^3\ \text{cal}) + (8.00\times10^3\ \text{cal}) + (0.500\times10^3\ \text{cal}) \\ Q_t &= \boxed{10.50\times10^3\ \text{cal}} \end{aligned}$$

증발과 응축

액체가 기체로 바뀌기 위해 끓는점에 있어야 하는 것은 아니다. 실제로 열린 곳에 두면 액체는 어떤 온도에서도 상변화를 겪게 되는 경향이 있다. 그 상변화는 어떤 온도에서도 일어날 수 있지만, 높은 온도에서 더 빠르게 발생한다. 물의 온도는 물 분자의 평균(average) 운동 에너지와 관련이

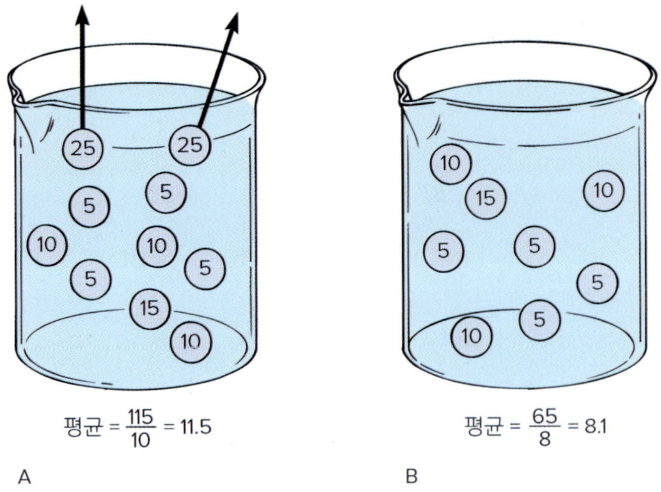

그림 4.21 온도는 물질의 분자의 평균 에너지와 관련이 있다. 원 안의 번호는 분자의 운동 에너지를 임의의 수준으로 나타내며, 이는 다시 온도를 나타낸다. 운동 에너지 값이 더 큰 두 분자[(A)의 25]는 탈출하고, 평균값이 11.5에서 8.1(B)로 낮아진다. 따라서 운동 에너지가 더 많은 물 분자의 증발은 숨은열의 흡수 외에도 증발의 냉각 효과에 기여한다.

있다. 평균이라는 단어는 일부 분자는 더 많은 에너지를 가지고 있고 다른 일부 분자는 더 적은 에너지를 가지고 있다는 것을 암시한다(그림 4.4 참조). 만약 유난히 높은 에너지를 가진 물의 분자가 표면 가까이에 있고 올바른 방향으로 향하고 있다면, 그것은 다른 물 분자의 인력을 극복하고 액체를 탈출하여 기체가 될 수도 있다. 이것이 증발(evaporation) 과정이다. 증발은 물 분자가 액체 상태를 떠나서 대기 중의 수증기가 되면서 액체 물의 부피를 감소시킨다(그림 4.21).

증발하는 물 분자들은 사방으로 움직이며, 일부 분자는 되돌아와서 액체 표면에 부딪힌다. 분자가 이전에 탈출한 것과 같은 힘이 분자를 포획하여 액체 상태로 되돌린다. 이것을 응축 과정이라고 한다. 응축은 증발의 역과정이다. 증발에서는 돌아오는 것보다 액체 상태를 떠나는 분자들이 더 많다. 응축(condensation)에서는 떠나는 것보다 액체 상태로 되돌아오고 있는 분자들이 더 많다. 이것은 분자가 연속적으로 떠나고 돌아오는 역동적이고 지속적인 과정이다. 떠나거나 돌아오는 알짜 개수가 증발 또는 응축이 발생하는지 여부를 결정한다(그림 4.22).

응축률이 증발률과 같을 경우 액체 위의 공기가 포화되어(saturated) 있다고 한다. 표면 바로 근처의 공기는 포화 상태일 수 있지만, 응축된 물 분자는 공기의 움직임에 따라 쉽게 이동한다. 공기가 포화 상태일 때 증발에 의해 운반되는 열은 응축에 의해 반환되기 때문에 알짜 에너지 흐름은 없다. 이것이

그림 4.22 이 밀폐된 병의 내부는 환경으로부터 격리되어 있어서 액체 위의 공간이 포화 상태가 된다. 포화 상태일 때 증발률은 응축률과 같다. 병이 식으면 응축이 증발을 초과하고 내부 표면에 액체 방울을 형성시킨다. 출처: ©McGraw-Hill Education/Bill Tillery, photographer

개념 활용

왜 "팝(pop)" 캔이라고 하는가?

깨끗한 빈 팝 캔 두 개, 각 얼음이 있는 얼음물 한 통, 끓는 물 한 통을 준비한다. 이 실험을 실제로 하기 전에 절차를 확실히 하기 위해 "예행연습"을 해보는 것이 좋다.

팝 캔에 물을 약 2 cm 넣고 난로 위에서 가열하여 물이 끓으면 입구에서 수증기가 나오는 흔적이 보인다. 집게를 사용하여 캔을 재빨리 뒤집어 얼음물 용기에 반쯤 넣는다. 얼음물에서 캔을 제거하면서 얼마나 많은 물이 흐르는지 기록한다.

이 절차를 반복하되, 이번에는 캔을 끓는 물 용기에 반쯤 집어넣는다. 끓는 물에서 캔을 제거하면서 얼마나 많은 물이 흐르는지 기록한다.

관찰 결과를 분자 운동론, 증발, 응축의 관점에서 설명하시오. 두 팝 캔에 일어난 일들에서 관찰된 차이점을 설명하는 것도 중요하다.

여러분이 더울 때 얼굴에 부채질을 하는 이유이다. 부채질 작용으로 움직이는 공기는 피부 근처의 공기에서 물 분자를 밀어내 인접한 공기가 포화되는 것을 막으므로 증발률이 커진다. 다음에 부채질을 하는 것을 볼 때 이 과정을 생각해 보라.

증발률을 높이는 방법에는 다음과 같이 네 가지가 있다. (1) 액체의 온도가 증가하면 분자의 평균 운동 에너지가 증가하여 액체 상태에서 빠져나올 수 있는 고에너지 분자의 수가 증가한다. (2) 액체의 표면적을 증가시키면 분자가 공기로 탈출하는 가능성도 증가한다. 이것이 바로 젖은 옷을 말리기 위해 펴거나 축축한 진흙덩어리를 넓게 펴는 것이다. (3) 액체 표면 근처의 수증기를 제거하면 증기 분자가 액체 상태로 되돌아오는 것을 막을 수 있어서 알짜 증발률이 증가한다. 이 때문에 바람이 많이 부는 날에는 옷이 더욱 빨리 마른다. (4) 대기압이 줄어들면 증발률이 높아진다. 대기압과 분자간 힘은 물 분자를 액체 상태로 유지하려는 경향이 있다. 따라서 대기압이 줄어들면 분자를 액체 상태로 유지하는 힘 중 하나가 감소하게 된다. 아마도 여러분은 습한 물건이 대기압이 낮은 높은 고도에서 더 빨리 건조된다는 것을 알아차렸을 것이다(그림 4.23).

그림 4.23 이 옷들을 말리는 데 필요한 시간에 영향을 주는 네 가지 요소가 있다. (1) 온도. 높은 온도는 더 쉽게 탈출할 수 있는 큰 운동 에너지의 물 분자를 의미한다. (2) 표면적. 옷을 펼치면 대기에 노출되는 표면적이 늘어나고, 늘어난 표면적으로부터 더 많은 물 분자가 빠져나갈 수 있다. (3) 바람. 바람은 증발된 물 분자들이 옷으로 되돌아갈 수 없도록 그것들을 제거한다. (4) 고도. 고도가 높으면 대기압이 낮아지기 때문에 수증기가 더 쉽게 탈출할 수 있다. 이 중에서 증발률에 가장 큰 영향을 미치는 요인은 어떤 것인가? 큰 것에서 작은 것 순으로 목록을 작성하고, 여러분의 목록을 반의 다른 친구들의 목록과 비교해보자. 출처: ©Cohen/Ostrow/Getty Image

4.5 열역학

열역학(thermodynamics)이라는 자연과학 분야는 열펌프, 열기관, 그리고 모든 형태의 에너지의 변환의 과학을 포함하여, 열 및 열의 역학적 에너지와의 관계를 연구하는 분야다. 열역학 법칙(laws of thermodynamics)은 에너지가 일로 변환되거나 그 반대로 변화되면서 일어나는 일에 관한 관계를 기술하며, 기상학, 화학, 생물학에서 유용한 지적 도구 역할을 한다.

역학적 에너지는 마찰을 통해 열로 쉽게 전환되지만, 열을 역학적 에너지로 전환하기 위해서는 특수한 장치가 필요하다. 열기관(heat engine)은 열을 역학적 에너지로 바꾸는 장치다. 열기관의 작동은 그림 4.24와 같이 분자 운동론으로 설명할 수 있다. 이 그림은 큰 깡통처럼 보이는 실린더에 피스톤이 밀착되어 있는 것을 보여준다. 먼저, 이 실린더에는 공기가 갇혀있다. 피스톤은 약간 작은 실린더와 같으며 추가 그 위에 놓여있는데, 갇힌 공기로 지탱되고 있다. 이제 만약 큰 실린더 안의 공기가 가열된다면, 기체 분자는 더 많은 운동 에너지를 얻을 것이다. 이렇게 되면 더 많은 기체 분자가 밀폐된 표면과 충돌하여 압력이 증가하게 된다. 압력이 증가하면 알짜 힘이 발생하며, 결국은 피스톤과 추가 그림 4.24와 같이 위로 이동한다. 따라서 열의 일부는 이제 추의 증가된 중력 퍼텐셜 에너지로 변환된다.

열역학은 단순한 열기관 내의 기체와 같이 물질을 구성하는 분자의 전체 내부 퍼텐셜 에너지와 운동 에너지인 내부 에너지(U)와 관련되어 있다. 온도, 기체 압력, 부피, 열 등의 변수는 전체 내부 에너지를 규정하는데, 이를 계의 상태(state)라고 한다. 일단 계가 결정되면, 다른 모든 것을 환경(surrounding)이라고 한다. 상태를 규정하는 변수들은 다양한 조합의 아무 값이나 가질 수 있기 때문에 계는 수많은 상태로 존재할 수 있다. 내부 에너지를 규정하는 변수의 값이 같은 두 계는 모두 같은 상태에 있다고 한다.

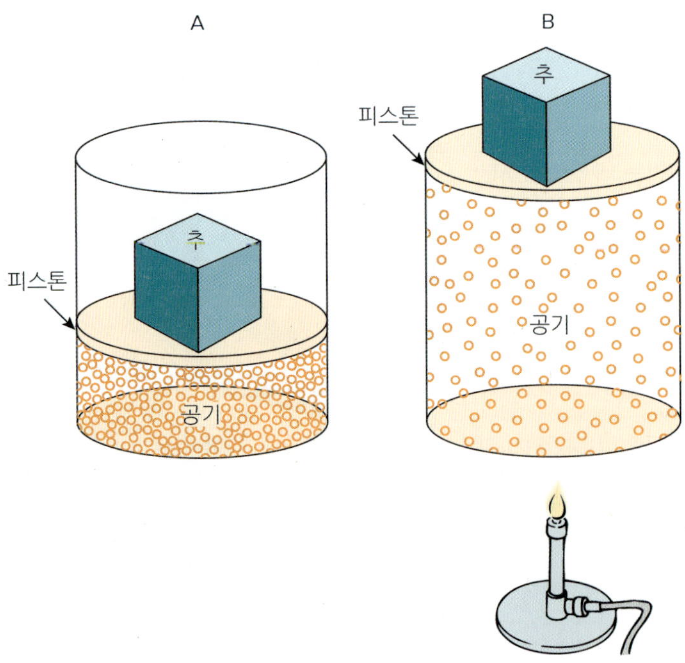

그림 4.24 아주 간단한 열기관. (B)의 공기가 가열되면 분자 운동과 그에 따른 압력이 증가한다. 열이 역학적 에너지로 변환됨에 따라 일부 열이 추의 증가된 중력 퍼텐셜 에너지로 전달된다.

열역학 제일 법칙

모든 열역학 계는 계의 내부 에너지를 확인할 수 있는 고유한 성질들을 가지고 있다. 이 상태는 (1) 계로 흘러 들어가는 열(Q_{in})이나 계에서 흘러나오는 열(Q_{out}), (2) 계가 한 일(W_{out})이나 계에 한 일(W_{in})에 의한 두 가지 방법으로 바뀔 수 있다. 따라서 일(W)과 열(Q)은 열역학 계의 내부 에너지를 다음과 같이 변화시킬 수 있다.

$$JQ - W = U_2 - U_1 \qquad \text{식 4.7}$$

여기서 J는 열의 일당량($J = 4.184$ J/cal)이고, Q는 열량, W는 일, $(U_2 - U_1)$은 두 상태 사이의 내부 에너지 차이이다. 이 방정식은 **열역학 제일 법칙(first law of thermodynamics)**을 나타내는데, 열의 형태로 열역학 계에 공급되는 에너지에서 계가 한 일을 빼면 내부 에너지의 변화와 동일하다고 기술하고 있다. 열역학 제일 법칙은 모든 에너지 문제에 적용되는 에너지 보존 법칙을 적용한 것이다. 열역학 제일 법칙은 구체적으로 열역학 계와 관련된다. 예를 들어 열기관의 열역학 계에서 관찰되는 에너지 보존을 고려하자(그림 4.25 참조). 열기관이 원래 상태의 내부 에너지로 되돌아오면 $(U_2 - U_1 = 0)$, 수행된 모든 외부 일은 순환 과정에서 흡수된 모든 열과 같아야 한다. 고온 열원에서 열기관으로 공급되는 열(Q_H)은 부분적으로 일(W)로 변환되며, 나머지는 저온 배기(Q_L)로 배출된다. 따라서 수행된 일은 열입력과 열출력의 차이($Q_H - Q_L$)이므로, 수행된 일은 사용된 열을 나타낸다.

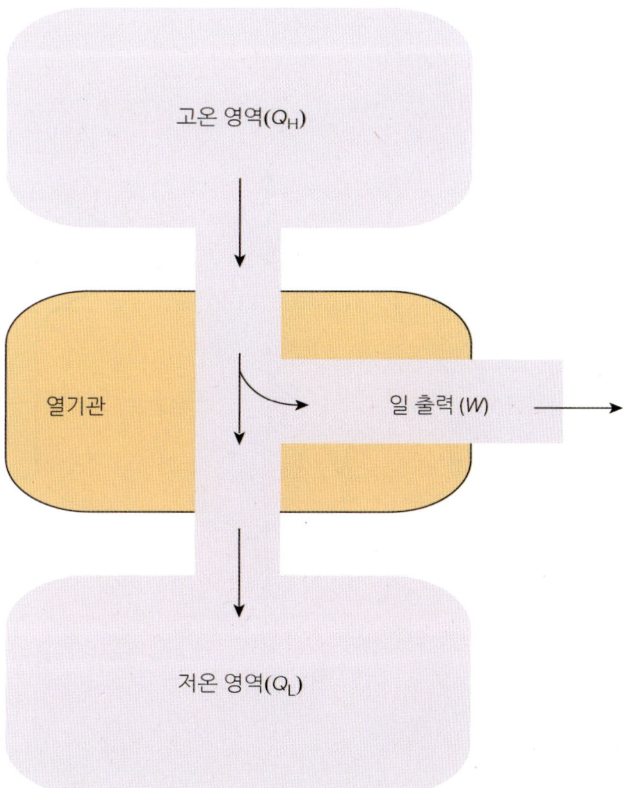

그림 4.25 열기관에 공급되는 열(Q_H)은 역학적 일(W)로 가고, 나머지는 배기(Q_L)로 배출된다. 따라서 수행된 일은 열입력과 열출력의 차이($Q_H - Q_L$)이므로, 수행된 일은 사용된 열을 나타낸다. 즉, $W = J(Q_H - Q_L)$ 이다.

$$W = J(Q_H - Q_L) \qquad \text{식 4.8}$$

여기서 J는 열의 일당량($J = 4.184\ \text{J/cal}$)이다. 이 관계의 도표가 그림 4.25에 나타나 있다. 역학적 에너지를 공급하는(즉 일을 하는) 한, 내부 에너지가 증가(열이 발생)한다. 열역학 제일 법칙은 일의 열로의 전환이 가역적이라고 말한다. 즉 열이 일로 바뀔 수 있다는 것을 의미한다. 열을 일로 전환하는 방법에는 여러 가지가 있다. 예를 들어 증기 터빈이나 가솔린 자동차 엔진을 사용하면 된다.

열역학 제이 법칙

열펌프는 그림 4.26에 도식적으로 표시한 것처럼 열기관의 역과정이다. 열펌프는 일(W)을 사용하여 증기를 압축하고 온도가 낮은 영역(Q_L)에서 온도가 더 높은 영역(Q_H)으로 열을 이동한다. 그 일은 열을 이런 식으로 이동시키기 위해 필요하다. 그것은 열이 온도가 더 높은 영역에서 더 낮은 영역으로 자연스럽게 흐른다는 관찰과 모순되지 않는다. 열을 차가운 영역에서 따뜻한 영역으로 이동시키려면 에너지가 필요하다. 이 과정의 자연적인 방향을 **열역학 제이 법칙**(second law of thermodynamics)이라고 하는데, 열은 온도가 높은 물체에서 온도가 더 낮은 물체로 흐른다는 것이다. 다시 말해서 차가운 영역에서 따뜻한 영역으로 열이 흐르게 하려면 에너지를 사용하여 그렇게 되도록 만들어야 한다. 열펌프를 사용하는 경우와 같이 그렇게 한다면, 필연적으로 다른 곳에도 변화를 일으키며, 특히 전기 생산에 사용되는 에너지원에 변화를 일으킨다. 제이 법칙의 또 다른 표현은 열을 역학적 에너지로 완전히 전환하는 것은 불가능하다는 것이다.

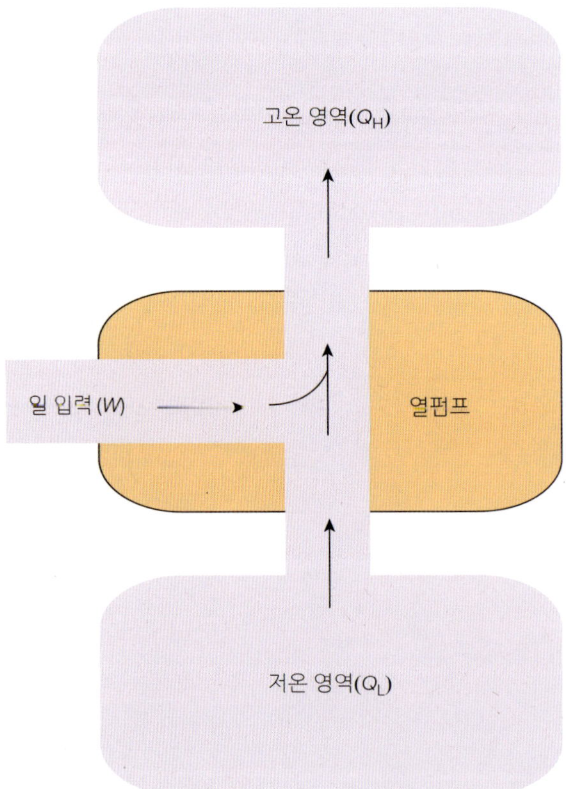

그림 4.26 열펌프는 일(W)을 사용하여 열을 저온 영역(Q_L)에서 고온 영역(Q_H)으로 이동시킨다. 이동된 열(Q_L)에는 일(W)이 필요하므로 $J(Q_H - Q_L) = W$이다. 열펌프를 사용하여 Q_L 쪽의 물질을 차게 하거나 Q_H 쪽의 물질을 따뜻하게 만들 수 있다.

이것은 역학적 에너지를 완전히 열로 변환할 수 없다고 말하는 것은 아니다. 예를 들어 브레이크를 걸어 자동차가 정지할 때 브레이크에서 역학적 에너지가 완전히 열로 바뀐다. 이 법칙은 그 역과정이 불가능하며, 열원의 100%를 역학적 에너지로 변환할 수 없다고 말한다. 기계가 사용하는 열을 일의 척도로 표현할 수 있으므로 일 입력과 일 출력을 보면 기계가 얼마나 잘 작동하는지 판단할 수 있다. 일 입력에 대한 일 출력의 비율을 기계 효율(효율=일 출력/일 입력)이라고 한다. 만약 기계가 모든 열을 역학적 에너지로 변환시킨다면, 효율은 100%가 될 것이다. 그러나 열역학 제이 법칙 때문에 기계의 효율은 항상 100% 미만이다. 기계에 투입된 일 중 일부는 항상 마찰로 인해 손실된다. 설사 열의 100%를 역학적 에너지로 전환하는 것이 가능하더라도 열손실과 마찰 때문에 실제 효율은 겨우 60-80%에 불과할 것이다. 증기 터빈은 가장 효율적인 열기관인데, 발생되는 열의 약 40%를 역학적 에너지로 전환한다. 휘발유를 사용하는 자동차는 기계 효율이 약 17퍼센트 정도로 낮다.

제이 법칙과 자연적인 과정

에너지를 (1) 물체의 관측 가능한 외부 에너지(external energy)와 (2) 물체를 구성하는 분자나 입자의 내부 에너지(internal energy)의 두 가지 척도에서 볼 수 있다. 예를 들어 공은 공중에 던져진 후에 운동 에너지를 가지고 있고, 공을 구성하는 입자들의 전체 계는 공이 움직일 때 단일한 무거운 입자로 작용한다. 단일 계의 운동과 에너지는 운동 법칙으로, 그리고 일과 에너지의 개념을 나타내는 식으로 계산할 수 있다. 외부 운동 에너지를 고려할 때 모든 입자들은 결맞는 움직임(coherent motion)으로 함께 이동한다.

그러나 공을 구성하는 입자들은 내부의 움직임과 진동에 관련된 다른 종류의 운동 에너지를 가지고 있다. 이 경우 입자들은 일률적으로 함께 움직이는 것이 아니라 여러 방향의 움직임으로 진동한

미신, 착각, 오해

자신의 연료를 만드는가?

영구 운동 기계에 대해 들어본 적이 있는가? 영구 운동 기계는 무에서 유용한 에너지를 생산하는 가상의 장치다. 물리학 법칙에 따르면, 이것은 일반적으로 불가능하다고 받아들여진다. 특히 영구 운동 기계는 열역학 제일 법칙이나 제이 법칙을 위반할 것이다.

열역학 제일 법칙을 어기는 영구 운동 기계를 제일종 기계(machine of the first kind)라고 한다. 일반적으로 제일 법칙은 결코 무언가를 공짜로 얻을 수 없다고 말한다. 즉, 에너지 투입이 없으면 내부 에너지의 변화가 없고, 내부 에너지의 변화가 없으면 일 출력이 있을 수 없다. 제일종 기계는 일반적으로 연료를 사용하지 않거나 그들이 사용하는 것보다 더 빨리 자신의 연료를 만든다. 이러한 유형의 기계가 작동하는 것처럼 보이면 숨겨진 에너지원을 찾아보라.

제이종 기계(machine of the second kind)는 무에서 에너지를 만들려고 시도하지 않는다. 대신, 그것은 마구잡이 분자 운동에서 유용한 일을 추출하거나 또는 발산하는 복사 에너지와 같이 일부 퇴화된 에너지원에서 유용한 에너지를 추출하려고 한다. 열역학 제이 법칙은 암석이 스스로 언덕을 오를 수 있는 것만큼이나 이런 일은 있을 수 없다고 말한다. 이것은 그저 일어나지 않는다.

"미국물리학회는 실험적으로 검증된 물리적 원리에 의해 입증되지 않은 영구 운동 기계나 무제한의 유용한 자유 에너지원에 대한 주장에 기반하여 대중을 오도하고 기만하려는 시도를 개탄한다"고 미국물리학회는 선언한다.

과학 인물

럼퍼드 백작(벤저민 톰프슨)(1753-1814)

럼퍼드 백작(Count Rumford)은 열이 유체가 아니라 운동의 형태라는 것을 처음으로 결정적으로 증명했던 미국 태생의 물리학자였다. 그는 1753년 3월 26일 매사추세츠(Massachusetts) 주 워번(Woburn)에서 벤저민 톰프슨(Benjamin Thompson)으로 태어났다. 19살 때, 그는 많은 자가 학습과 지역 성직자들의 도움의 결과로 교장이 되었다. 그는 뉴햄프셔(New Hampshire) 주 럼퍼드(Rumford, 현재의 콩코드(Concord))로 이주했고, 여러 해 동안 그의 선배였던 부유한 미망인과 거의 즉시 결혼했다.

톰프슨의 첫 활동은 정치적이었던 것 같다. 독립전쟁이 발발했을 때 그는 영국 국왕에 충성하며 일종의 비밀요원으로 활동했다. 이러한 활동들 때문에, 그는 1776년 런던으로 피신해야 했다(1년 전부터 그의 부인과는 별거했다). 그는 정부 일자리와 영국 연대의 중령으로 임명되어 보상을 받았다.

1791년, 톰프슨은 바이에른(Bayern, 독일 남부의 주)에서 수행한 민정을 인정받아 신성로마제국의 백작이 되었다. 그는 그의 조국에 있는 럼퍼드를 따서 그의 칭호로 삼았고, 이것이 오늘날 그를 대표하는 이름, 즉 럼퍼드 백작이다.

바이에른에서 럼퍼드의 초기 작업은 모든 면에서 평생의 관심사인 열을 사회적 실험과 연결시켰다. 그가 거리의 거지들을 고용하여 군복을 제조할 때, 그들에게 식사를 제공하는 문제에 직면했다. 영양에 대한 연구로 그는 물과 야채의 중요성을 인식하게 되었고, 럼퍼드는 수프가 그의 요구조건에 적합할 것이라고 판단했다. 그는 많은 요리법을 고안했고 감자를 활용한 값싼 음식을 개발했다. 군인들을 정원에 배치하여 채소를 생산했다. 럼퍼드의 군복 제조 사업은 단열재에 대한 연구와 열이 주로 대류를 통해 손실된다는 결론으로 이어졌다. 따라서 그는 대류를 억제하는 옷을 디자인했다. 이것은 일종의 보온성 의복이다.

럼퍼드는 어떠한 열 기술도 가리지 않고 실험했다. 그는 "상자 속의 불"이라는 주방 조리기와 그것에 어울리는 특별한 도구들을 고안했다. 그는 연료 효율에 관심을 가져서 다양한 연료의 연소열을 비교하기 위해 열량계를 고안했다. 연기 나는 벽난로도 그의 관심을 끌었고, 다양한 공기 움직임을 연구한 후, 그는 연기 선반이나 댐퍼(통풍 조절 밸브)와 같은 난로와 굴뚝에서 이제는 필수적인 것으로 여겨지는 모든 특징을 통합한 설계를 만들었다. 그가 알코올음료에 대한 대안으로 찾은 것은 커피의 장려와 최초의 여과기 설계로 이어졌다.

출처: 의회 도서관 LC-USZ62-57965

럼퍼드를 가장 잘 상기시키는 일이 1798년에 일어났다. 그는 바이에른 선제후의 군 지휘관으로서 대포 제조에 관심을 가졌다. 철 덩어리를 드릴로 파서 대포를 만들었는데, 드릴이 철을 파내면서 열이 열소(caloric)라는 유체의 형태로 빠져나가기 때문에 대포들이 뜨거워지는 것으로 여겨졌다. 그러나 럼퍼드는 드릴이 무뎌져서 금속을 덜 잘라낼수록 열 생산이 증가한다는 것을 알아챘다. 매우 무딘 드릴을 사용하면 금속은 전혀 제거되지 않지만 열출력은 무한해 보였다. 명백히 열은 금속 안에 있는 유체가 될 수 없고 드릴을 회전시키면서 한 일과 관련이 있어야 한다. 럼퍼드는 다양한 밀도와 다양한 비열을 가진 액체의 팽창도 연구해서, 그 팽창이 여분의 공간을 차지하는 열소 때문이 아니라는 것을 신중하게 고려함으로써 보여주었다.

열소 이론을 타파하여 럼퍼드가 과학에 기여한 것은 매우 중요하였다. 왜냐하면 그것은 열이 에너지와 일에 관련되어 있고, 모든 형태의 에너지가 열로 전환될 수 있다는 것을 깨닫는 길을 닦았기 때문이다. 그러나 열소가 존재하지 않고 열소 이론의 근거가 없다는 합의를 확립하는 데 수십 년이 걸렸다.

출처: 허친슨 과학 전기 사전(Hutchinson Dictionary of Scientific Biography)에서 수정. ©Research Machines plc 2003. 무단 전재 금지. 헬리콘 출판사(Helicon Publishing)는 리서치 머신(Research Machines) 회사의 한 부문이다.

다. 알짜 운동이 없고 상관관계가 없기 때문에 입자들은 뒤섞인 결어긋난 운동(incoherent motion)을 하고 있는데, 이것을 흔히 혼돈이라고 표현한다. 이런 마구잡이의 혼돈 운동을 열운동(thermal motion)이라고 한다.

따라서 물체의 입자들이 가질 수 있는 운동에는 두 종류가 있다. 즉 (1) 입자들이 함께 움직이는 결맞는 운동과 (2) 개별 입자들의 결어긋난 혼돈 운동이다. 이 두 가지 유형의 운동은 일과 열이라는 두 가지 에너지 전달 방식과 관련이 있다. 물체에 대한 일(work)은 그 물체의 결맞는 운동과 연관되어 있는 반면, 물체를 가열(heating)하는 것은 그 물체의 내부적인 결어긋난 운동과 연관되어 있다.

열역학 제이 법칙은 일(결맞는 운동)과 열(결어긋난 운동) 사이의 관계에 대한 방향을 함축하고 있으며, 이 방향은 에너지 전환 과정에서 운동에 무엇이 발생하는지 분석하면 명백해진다. 전기 에너지와 역학적 에너지와 같은 어떤 형태의 에너지는 결맞는 운동으로 함께 움직이는 입자들과 관련되기 때문에 그 에너지는 더 많은 양의 질서를 가지고 있다. 에너지의 질(quality of energy)이라는 용어는 결맞는 운동의 양을 파악하는 데 사용된다. 높은 질서와 결맞음의 에너지를 고품질 에너지(high-quality energy)라고 한다. 반면에 질서와 결맞음이 적은 에너지는 저품질 에너지(low-quality energy)라고 한다. 일반적으로 고품질 에너지는 쉽게 일로 전환할 수 있지만 저품질 에너지는 일을 할 능력이 떨어진다.

고품질 전기 에너지와 역학적 에너지는 일을 하는 데 사용될 수 있지만 에너지 변환과 마찰을 통해 열로 분산된다. 그 결과 발생하는 열은 충분한 온도 차이가 있는 경우에만 더 많은 일을 수행하도록 변환될 수 있다. 그러나 전도, 대류, 복사가 에너지를 빠르게 분산시키기 때문에 온도 차이는 오래가지 못한다. 따라서 고품질 에너지를 저품질 에너지로 전환하는 것은 자연적인 과정이다. 에너지 형태를 열로 변환하는 것과 전도, 대류, 복사의 열흐름 과정으로 인해 에너지는 분산되는 경향이 있다. 두 과정 모두 한 방향으로만 흐를 뿐 되돌릴 수 없다. 이를 에너지의 질저하(degradation of energy)라고 하는데, 이는 고품질 에너지를 저품질 에너지로 변환하는 것이다. 알려진 모든 예에서, 에너지가 질저하되는 것은 자연적인 과정으로 에너지가 점점 더 일을 할 수 없게 된다. 열기관을 통해 일시적으로 열을 역학적 에너지로 변환하거나 열펌프를 사용하여 온도를 상승시킬 수 있더라도 이 과정은 비가역적이다(irreversible). 결국은 향상된 역학적 에너지는 열로 저하되고, 증가된 열은 열흐름의 과정을 통해 분산될 것이다.

열펌프나 열기관에 의해 에너지가 명백히 향상되면 반드시 다른 곳에서 더 많은 에너지가 저하된다. 예를 들어 열펌프를 가동하는 데 사용되는 전기 에너지는 발전소에서 화학 에너지나 핵에너지를 질 저하시켜 생성되었다. 전체적인 결과는 총에너지가 보다 무질서한 상태로 저하되었다는 것이다.

열역학적 무질서의 척도(thermodynamic measure of disorder)를 **엔트로피(entropy)**라고 한다. 질서는 형태와 일관성 있는 배열을 의미한다. 무질서는 분산, 무정형, 마구잡이, 또는 흩어진 배열을 의미한다. 이것은 열역학 제이 법칙과 자연적인 변화의 방향에 대한 또 다른 진술로 이어진다.

우주의 총엔트로피는 지속적으로 증가한다.

제이 법칙의 이 진술에서 총(total)과 우주(universe)라는 단어의 사용에 주의하자. 예를 들어 열펌프가 마구잡이로 혼돈스럽게 움직이는 수증기 분자를 더 질서 있는 액체 상태로 냉각시키고 응축할 때 계의 엔트로피는 감소할 수 있다(더 많은 순서). 동일한 엔트로피 감소 과정이 에어컨 장치가 실내 공기 분자의 움직임을 냉각시키고 느리게 할 때 발생한다. 그러나 전기 에너지의 생산, 전달, 사용을 위한 에너지원을 고려할 때, 총엔트로피는 증가하는 것으로 보일 것이다. 마찬가지로, 식물이나 동물이 자라는 동안 총엔트로피가 증가한다. 모든 음식, 노폐물, 신진대사의 생산물을 고려할 때, 역시 총엔트로피가 증가한다.

따라서 자연적인 과정(natural process)은 질서 상태가 그에 상응하는 엔트로피 증가와 함께 무질서 상태로 질저하하는 것이다. 이것은 우주의 모든 이용 가능한 에너지가 점차 줄어들고 있다는 것을 의미하며, 우주는 시간이 흐르면서 우주의 열죽음(heat death)이라고 하는 최대 무질서의 한계에 접근해야 한다. 우주의 열죽음은 무질서의 이론적 한계로서, 모든 분자가 멀리, 멀리 떨어져서 천천히 진동하지만 다른 분자에 영향을 주거나 우주의 무질서를 더 이상 증가시키지 않게 된다.

우주의 열죽음은 열역학 제이 법칙의 논리적인 함축으로 보이지만, 과학자들은 두 번째 법칙이 우주 전체에 적용되어야 하는지는 확신할 수 없다. 여러분은 어떻게 생각하는가? 우주의 모든 복잡한 구조가 흩어져서 서서히 진동하는 분자들의 단순성으로 끝날 것인가? 이미 말했듯이, 자연은 대칭으로 가득 차 있다. 그렇다면 왜 우주는 굉음(빅뱅)으로 시작하여 속삭임으로 끝나야 하는가?

예제 4.8

65.0 kcal의 열공급과 40.0 kcal의 열배출로 작동하는 열기관은 얼마나 많은 일을 하는가?

풀이

아는 값과 모르는 값을 나열하자.

열입력	$Q_H = 65.0\ \text{kcal}$
열배출	$Q_L = 40.0\ \text{kcal}$
열일당량	$1\ \text{kcal} = 4{,}184\ \text{J}$

이러한 양들 사이의 관계는 식 4.8의 $W = J(Q_H - Q_L)$에서 확인할 수 있다. 이 방정식은 고온 열원에서 열기관으로 공급되는 열(Q_H), 그 중 일부가 전환된 일(W), 저온 배기로 배출되는 나머지 열(Q_L) 사이의 관계를 설명한다. 따라서 수행된 일은 열입력과 열출력 사이의 차($Q_H - Q_L$)이므로, 수행된 일은 사용된 열을 나타낸다. 그리고 J는 열의 일당량(1 kcal = 4,184 J)이다. 그러므로 다음과 같다.

$$\begin{aligned} W &= J(Q_H - Q_L) \\ &= 4{,}184\frac{\text{J}}{\text{kcal}}(65.0\ \text{kcal} - 40.0\ \text{kcal}) \\ &= 4{,}184\frac{\text{J}}{\text{kcal}}(25.0\ \text{kcal}) \end{aligned}$$

$$= 4{,}184 \times 25.0 \frac{\text{J} \cdot \text{kcal}}{\text{kcal}}$$

$$= 104{,}600 \text{ J}$$

$$= \boxed{105 \text{ kJ}}$$

개념 활용

열역학의 활약

열역학 법칙은 에너지와 열의 변화에 관련된다. 이 활용에서는 이러한 관계를 탐구한다.

전기 믹서와 온도계를 준비한다. 믹서에 물을 반쯤 채운 다음 온도가 일정해질 때까지 그대로 놓아둔다. 온도 눈금을 연달아 두 번 읽어서 일정한 온도인지 확인한다.

믹서에서 온도계를 제거한 다음, 짧은 시간 동안 가장 강하게 믹서를 작동시킨 후 물의 온도를 기록한다. 이 절차를 여러 번 반복한다.

관찰 결과를 열역학적 관점에서 설명하시오. 에너지와 열의 변화 사이의 관계를 보여주는 다른 실험들을 생각해 볼 수 있는지 알아보시오.

요약

물질의 운동론은 모든 물질이 분자들로 이루어져 있다고 가정한다. 분자는 진동, 회전, 병진 운동 에너지를 가질 수 있다. 물체의 온도는 물체를 구성하는 분자들의 평균 운동 에너지와 관련이 있다. 측정한 온도는 물체가 온도 눈금에서 얼마나 뜨거운지 차가운지를 보여준다. 켈빈 눈금의 영도는 모든 마구잡이 분자 운동이 멈추게 되는 온도다.

물체의 외부 에너지는 그 물체를 전체로서 관측할 수 있는 역학적 에너지다. 물체의 내부 에너지는 물체를 구성하는 분자의 역학적 에너지다. 열은 총내부 에너지를 가리키며, (1) 두 물체 사이의 온도 차 또는 (2) 에너지 형태 전환 때문에 발생하는 에너지의 전달이다. 에너지 형태 전환은 실제로 분자 수준에서 일을 포함하는 에너지 전환이므로, 모든 에너지 전달은 열과 일을 수반한다.

열량은 줄(일 또는 에너지의 단위) 또는 칼로리(열의 단위)로 측정할 수 있다. 또 다른 열의 단위인 1킬로칼로리는 1,000칼로리다. Btu, 즉 영국 열단위는 영국식 열단위계다. 열의 일당량은 4,184 J, 즉 1 kcal이다.

물질의 비열은 물질 1 g의 온도를 1℃ 상승시키는 데 필요한 에너지(또는 열)의 양이다. 여러 물질의 분자 구조가 서로 다르기 때문에 각 물질의 비열은 똑같지 않다.

열전달은 전도, 대류, 복사를 통해 이루어진다. 전도는 증가된 운동 에너지가 분자에서 분자로 전달되는 것이다. 물질이 열을 전도하는 능력은 다양하며, 좋지 않은 전도체의 물질을 절연체라고 한다. 공기 같은 기체는 좋은 절연체이고, 최고의 절연체는 진공이다. 대류는 큰 운동 에너지를 가진 대량의 분자들의 변위로 열이 전달되는 것이다. 대류는 유체에서 발생하며, 밀도 차이로 인해 발생하는 유체 이동을 대류 전류라고 한다. 복사는 공간을 통해 전파되는 복사 에너지다. 절대 온도가 영보다 큰 모든 물체는 복사 에너지를 발산하지만, 모든 물체가 복사를 흡수하기도 한다.

물질이 일정한 온도에서 한 상에서 다른 상으로 전이하는 것을 상변화라고 한다. 상변화는 온도 변화와 관련이 없는 숨은열을 항상 흡수하거나 방출한다. 숨은열은 내부 퍼텐셜 에너지로 들어가거나 나오는 에너지다. 녹음의 숨은열은 고체-액체 상변화에서 흡수되거나 방출된다.

액체의 분자가 충분히 높은 속도를 가지면 증발이라고 하는 과정을 통해 표면을 탈출한다. 증발은 냉각 과정이다. 증기 분자는 응축이라고 하는 과정을 통해 액체 상태로 되돌아온다. 응축은 증발의 역이며 따뜻해지는 과정이다. 응축률과 증발률이 같을 때 공기가 포화되어 있다고 한다.

열역학은 열 및 열의 역학적 에너지와의 관계를 연구하는 학문이며, 열역학 법칙은 이러한 관계를 기술한다. 열역학 제일 법칙은 열의 형태로 열역학 계에 공급되는 에너지에서 계가 수행하는 일을 뺀 값이 내부 에너지의 변화와 같다고 말한다. 열역학 제이 법칙은 열이 온도가 높은 물체에서 온도가 낮은 물체로 흐른다고 말한다. 엔트로피는 무질서의 열역학적 척도이다. 엔트로피는 우주에서 계속 증가하는 것으로 여겨지며, 우주의 열죽음이라고 하는 최대의 무질서를 초래할지도 모른다.

방정식 요약

4.1 $$T_F = \frac{9}{5}T_C + 32°$$

4.2 $$T_C = \frac{5}{9}(T_F - 32°)$$

4.3 $$T_K = T_C + 273$$

4.4 열량=(질량)(비열)(온도 변화)

$$Q = mc\Delta T$$

4.5 흡수 또는 방출되는 열=(질량)(녹음의 숨은열)

$$Q = mL_f$$

4.6 흡수 또는 방출되는 열=(질량)(기화의 숨은열)

$$Q = mL_v$$

4.7 (열의 일당량)(열량)−(일)

=두 상태 사이의 내부 에너지차

$$JQ - W = U_2 - U_1$$

4.8 일=(열의 일당량)(열입력과 열출력의 차)

$$W = J(Q_H - Q_L)$$

핵심 용어

개념 적용

1. 화씨온도계 눈금은
   a. 섭씨 눈금보다 더 정확하다.
   b. 섭씨 눈금보다 정확하지 않다.
   c. 때로는 공기 온도에 따라 다소 정확할 수 있다.
   d. 섭씨 눈금만큼 정확하다.
2. 섭씨온도 눈금에서
   a. 0은 온도가 없다는 것을 의미한다.
   b. 80°는 40°보다 2배 뜨겁다.
   c. 숫자들은 물의 끓는점 및 어는점과 관련이 있다.
   d. 화씨 눈금보다 더 많은 개수의 도가 있다.
3. 내부 에너지가 가리키는 것은 ____이다.
   a. 기체 분자의 병진 운동 에너지
   b. 분자의 전체 퍼텐셜 에너지와 운동 에너지
   c. 분자의 전체 진동, 회전, 병진 운동 에너지
   d. 기체 분자의 모든 유형의 운동 에너지 평균
4. 외부 에너지가 가리키는 것은 ____이다.
   a. 물체의 속력을 바꾼 에너지
   b. 물체를 구성하는 모든 분자의 에너지
   c. 직접 측정할 수 있는 물체의 전체 퍼텐셜 에너지와 운동 에너지
   d. 지구 밖에서 온 에너지
5. 열은 ____이다.
   a. 물체의 총내부 에너지
   b. 분자의 평균 운동 에너지
   c. 분자의 퍼텐셜 에너지 척도
   d. 매우 높은 온도와 같은 것
6. 구리의 비열은 0.093 cal/gC°, 알루미늄의 비열은 0.22 cal/gC°이다. 같은 질량, 말하자면 50.0 g의 구리와 알루미늄에 같은 양의 에너지를 적용하면
   a. 온도는 구리가 더 높다.
   b. 온도는 알루미늄이 더 높다.
   c. 두 금속의 온도는 같다.
   d. 결과를 알 수 없다.
7. 물의 비열은 1.00 cal/gC°이고, 얼음의 비열은 0.500 cal/gC°이다. 같은 질량, 말하자면 50.0 g의 물과 얼음에 같은 양의 에너지를 적용하면(얼음이 녹지 않는다고 가정할 때)
   a. 물의 온도가 더 상승한다.
   b. 얼음의 온도가 더 상승한다.
   c. 둘 다 온도 상승이 같다.
   d. 결과를 알 수 없다.

8. 운동 에너지가 더 높은 분자 집단의 움직임에 의해 발생하는 열의 전달은 ____이다.
   a. 전도
   b. 대류
   c. 복사
   d. 승화
9. 공간을 통해 이동하는 에너지에 의해 발생하는 열의 전달은 ____이다.
   a. 전도
   b. 대류
   c. 복사
   d. 승화
10. 직접 분자에서 분자로 발생하는 열의 전달은 ____이다.
   a. 전도
   b. 대류
   c. 복사
   d. 승화
11. 물의 증발은 주변을 냉각시키고, 이 증기의 응축은
   a. 아무 일도 하지 않다.
   b. 주변을 따뜻하게 한다.
   c. 기화의 숨은열의 값을 증가시킨다.
   d. 기화의 숨은열의 값을 감소시킨다.
12. 고체 얼음에서 액체 물로의 상변화에 관련된 열을
   a. 기화의 숨은열이라고 한다.
   b. 녹음의 숨은열이라고 한다.
   c. 응축의 숨은열이라고 한다.
   d. 위의 것 중 어느 것도 아니다.
13. 열 형태로 계에 공급되는 에너지에서 계가 수행하는 일을 빼면 내부 에너지의 변화와 같다. 이 진술을 설명하는 것은 ____이다.
   a. 열역학 제일 법칙
   b. 열역학 제이 법칙
   c. 열역학 제삼 법칙
14. 온도가 더 낮은 영역에서 더 따뜻한 영역으로 열을 이동시키려면 에너지를 공급해야만 한다. 이것을 설명하는 것은 ____이다.
   a. 열역학 제일 법칙
   b. 열역학 제이 법칙
   c. 열역학 제삼 법칙
15. 액체 상태를 떠나는 것보다 더 많은 분자가 액체 상태로 되돌아오고 있다. 이 과정이 ____이다.
   a. 끓음
   b. 냉각
   c. 응축
   d. 녹음
16. 기체의 온도에 비례하는 것은 ____이다.
   a. 기체 분자의 평균 속도
   b. 기체의 내부 퍼텐셜 에너지
   c. 기체의 분자 수
   d. 기체 분자의 평균 운동 에너지
17. 상온에 가장 가까운 온도는 ____이다.
   a. 0℃
   b. 20℃
   c. 60℃
   d. 100℃
18. 켈빈 온도 눈금을 사용하여 물의 어는점을 올바르게 표기하면 ____이다.
   a. 0 K
   b. 0°K
   c. 273 K
   d. 273°K
19. 토양의 비열은 0.20 kcal/kgC°이고, 물의 비열은 1.00 kcal/kgC°이다. 만약 1 kg의 토양과 물이 각각 1 kcal의 에너지를 받는다면, 이상적으로는
   a. 물은 토양보다 0.8℃만큼 더 따뜻할 것이다.
   b. 토양은 물보다 4℃ 더 따뜻할 것이다.
   c. 토양은 물보다 5℃ 더 따뜻할 것이다.
   d. 물은 1℃만큼 따뜻해질 것이고, 토양은 0.2℃만큼 따뜻해질 것이다.
20. 스티로폼이 좋은 단열재인 이유는
   a. 스티로폼이 열을 잘 전도하지 못하는 플라스틱 재료이기 때문이다.
   b. 스티로폼이 많은 작은 공기 주머니를 가지고 있기 때문이다.
   c. 스티로폼을 구성하는 분자 구조 때문이다.
   d. 스티로폼의 밀도가 매우 높지 않기 때문이다.
21. 유체의 밀도차 때문에 발생하는 열의 전달은
   a. 전도이다.
   b. 대류이다.
   c. 복사이다.
   d. 위의 것 중 어느 것도 아니다.
22. 숨은열이 "감춰진" 것은 그것이
   a. 내부 퍼텐셜 에너지로 들어가거나 나오기 때문이다.
   b. 감지할 수 없는 유체(열소)이기 때문이다.
   c. 실제로 존재하지 않기 때문이다.
   d. 내부 운동 에너지의 한 형태이기 때문이다.
23. 고체가 액체로 상변화를 겪을 때 고체는
   a. 온도가 변하지 않는 동안 열을 방출한다.
   b. 온도가 변하지 않는 동안 열을 흡수한다.
   c. 온도가 내려가면서 열을 방출한다.
   d. 온도가 올라가면서 열을 흡수한다.
24. 열기관의 목적은

a. 열을 차가운 열원에서 따뜻한 곳으로 이동하는 것이다.
b. 열을 따뜻한 열원에서 차가운 곳으로 이동하는 것이다.
c. 역학적 에너지를 열로 변환하는 것이다.
d. 열을 역학적 에너지로 변환하는 것이다.

25. 열기관이 성취할 수 있는 일은 이상적으로는
a. 공급되는 열과 배출된 열의 차이와 같다.
b. 순환 과정에서 생성된 열과 같다.
c. 배출된 열과 같다.
d. 열입력과 열출력의 합과 같다.

26. 큰 방의 뒤쪽에서 암모니아가 쏟아졌다고 가정하자. 만약 공기 흐름이 없다면, 방의 온도가 방의 반대편에서 암모니아 냄새를 맡는 속도에 어떤 영향을 주는가?
a. 따뜻할수록 더 빠르다.
b. 차가울수록 더 빠르다.
c. 영향력은 없을 것이다.

27. 다음 중 열이 가장 많이 함유된 것은?
a. 0℃의 물 한 통(양동이)
b. 0℃의 물 큰 한 통(배럴).
c. 온도가 0이기 때문에 둘 다 열을 포함하지 않는다.
d. 둘 다 같은 양의 열을 가지고 있다.

28. 온도차가 생기기만 하면
a. 마치 겨울에 냉기가 따뜻한 집으로 스며들 듯이 냉기가 더 따뜻한 곳으로 이동하는 것이 예상된다.
b. 고온 영역에서 열이 이동하는 것이 예상된다.
c. 스토브의 시뻘겋게 단 가열 소자와 같이 충분히 뜨겁지 않은 한 에너지 이동은 없을 것이다.

29. 뜨거운 피자의 치즈는 식는 데 시간이 오래 걸린다. 왜냐하면 치즈는
a. 신축성과 탄성이 있기 때문이다.
b. 낮은 비열을 가지고 있기 때문이다.
c. 높은 비열을 가지고 있기 때문이다.
d. 흰색이기 때문이다.

30. 구리의 비열은 금의 비열의 3배 정도이다. 다음 중 같은 질량의 구리와 금에 대한 설명으로 옳은 것은?
a. 같은 양의 열을 가하면 구리가 더 뜨거워진다.
b. 구리는 금보다 3배 더 빨리 가열된다.
c. 구리 조각은 같은 온도에서 세 배의 열을 저장한다.
d. 구리의 녹는 온도는 대략 금의 3배이다.

31. 다음 중 어느 금속으로 만든 조리용 팬이 조리용 온도를 얻는 데 열이 덜 필요한가?
a. 알루미늄(비열 0.22 kcal/kgC°)
b. 구리(비열 0.093 kcal/kgC°)
c. 철(비열 0.11 kcal/kgC°)

32. 전도가 가장 잘 이루어지는 곳은 ____이다.
a. 고체
b. 유체
c. 기체
d. 진공

33. 대류가 가장 잘 발생하는 곳은 ____이다.
a. 고체
b. 유체
c. 합금
d. 진공

34. 복사가 열전달의 유일한 방법인 곳은 ____이다.
a. 고체
b. 액체
c. 기체
d. 진공

35. 어떤 형태의 열전달이 방 안의 공기를 따뜻하게 하지 않으면서 몸을 따뜻하게 하는가?
a. 전도
b. 대류
c. 복사
d. 위의 어느 것도 올바르지 않다.

36. 어떤 물질에 열을 가하면 그 온도는
a. 항상 올라간다.
b. 때로는 감소한다.
c. 그대로 있을 수도 있다.
d. 온도에 따라 올라가거나 내려갈 수 있다.

37. 물 증발에 의해 발생하는 큰 냉각 효과는 물의 높은
a. 전도성 때문이다.
b. 비열 때문이다.
c. 숨은열 때문이다.
d. 투명성 때문이다.

38. 어는점보다 높은 온도에서 증발률과 응축률이 같을 수 있는 경우는
a. 대기 온도가 매우 높을 때뿐이다.
b. 온화한 온도일 때뿐이다.
c. 낮은 온도일 때뿐이다.
d. 모든 온도에서 가능하다.

39. 얼음에서 액체 물로의 상변화는
a. 일정한 압력에서 발생한다.
b. 일정한 온도에서 발생한다.
c. 일정한 부피에서 발생한다.
d. 위의 어느 것도 아니다.

40. 다음 중 액체 물이 가장 큰 값을 가지는 경우는?

a. 녹음의 숨은열
b. 기화의 숨은열
c. 둘 다 동등하다.
d. 위의 어느 것도 올바르지 않다.

41. 다음 중 열역학 제이 법칙을 지지하는 것은?
   a. 열은 자연적으로 저온 영역에서 고온 영역으로 흐른다.
   b. 모든 열원은 역학적 에너지로 변환될 수 있다.
   c. 에너지는 저하되는 경향이 있어서, 질이 점점 떨어진다.
   d. 열펌프는 열을 역학적 일로 전환한다.

42. 열역학 제이 법칙은 엔트로피라고 하는 무질서의 양이 증가하고 있음을 알려준다. 식물이나 동물의 성장이 제이 법칙을 위반하는 것인가?
   a. 그렇다, 식물이나 동물은 매우 질서가 높다.
   b. 아니다, 우주의 총엔트로피는 증가한다.
   c. 답을 알 수 없다.

43. 미래의 우주 열죽음은 우주가
   a. 모든 생물을 죽일 수 있는 높은 온도가 될 때이다.
   b. 그 안의 모든 물질을 증발시키는 높은 온도가 될 때이다.
   c. 균일한 저온에서 얼 때이다.
   d. 우주의 엔트로피 공급을 다 소모할 때이다.

[답]

1. d 2. c 3. b 4. c 5. a 6. a 7. b 8. b 9. c 10. a 11. b 12. b 13. a 14. b 15. c 16. d 17. b 18. c 19. b 20. b 21. b 22. a 23. b 24. d 25. a 26. a 27. b 28. b 29. c 30. c 31. b 32. a 33. b 34. d 35. c 36. c 37. c 38. d 39. b 40. b 41. c 42. b 43. c

개념 문제

1. 온도는 무엇인가? 열이란 무엇인가?
2. 대부분의 재료가 온도가 올라갈수록 밀도가 떨어지는 이유를 설명하시오.
3. 밀폐된 공간에서 유리모 등의 단열재로 더 단단하게 포장하면 단열지수가 증가하거나 감소하는가? 설명하시오.
4. 진정한 진공 보온병은 벽 사이의 공간의 공기가 제거된 이중벽의 은도금 병으로 되어 있다. 이 설계가 전도, 대류, 복사에 대처하여 어떻게 음식을 뜨겁거나 차갑게 유지하는지 설명하시오.
5. 조용한 밤에 왜 낮은 계곡에서 더 차가운 공기가 발견되는가?
6. 왜 공기는 좋은 절연체인가?
7. 열의 일당량 의미를 설명하시오.
8. 사람들이 어떤 음식은 "칼로리(Calorie)가 많다"고 말할 때 그들은 진짜로는 무엇을 의미하는가?
9. 동일한 온도에서 금속 조각은 나무 조각보다 더 시원하게 느껴진다. 이유를 설명하시오.
10. 녹음의 숨은열과 기화의 숨은열은 어떻게 "감춰져" 있는지 설명하시오.
11. 응축이란 무엇인가? 분자 수준에서 욕실 거울 표면의 수증기 응축이 어떻게 욕실을 따뜻하게 하는지 설명하시오.
12. 0℃의 얼음 1 lb와 0℃의 얼음 물 1 lb 중 어느 것을 스티로폼 아이스박스에 넣어야 냉각 효과가 더 좋은가? 그 이유를 설명하시오.
13. 차가운 음료가 들어있는 유리잔에 왜 "물기가 서려" 있는지 설명하시오. 여름과 겨울 중 집 안에서 습기를 더 띠는 쪽은? 설명하시오.
14. 100℃ 증기로 인한 화상이 100℃ 물로 인한 화상보다 더 심한 이유를 설명하시오.
15. 필요한 경우 스케치를 사용하여 열펌프가 어떻게 열을 더 시원한 영역에서 더 따뜻한 영역으로 이동할 수 있는지 간략하게 설명하시오.
16. 얼음, 액체 물, 수증기 중 엔트로피가 가장 큰 것은 어느 것인가? 그 이유를 설명하시오.
17. 열기관을 사용하여 열펌프를 구동한다고 가정하자. 그 열펌프를 사용하여 열기관을 구동하는 온도 차를 제공할 수 있는가? 설명하시오.

분석 문제

1. 어떤 것이 고체인지 액체인지 기체인지를 판단하는 기준을 고려할 때, 부을 수 있는 식탁용 소금은 무엇인가?
2. 열과 온도의 중요한 유사점과 차이점은 무엇인가?
3. 기체와 플라스마는 물질의 상이지만, 기체는 자동차를 운행하고 플라스마는 혈액의 일부분이다. 이러한 용어를 비교 및 대조하고 사용되는 유사한 이름에 대한 설명을 제공하시오.
4. 비열 표(표 4.2)를 분석하여 적은 에너지로 더 많은 요리를 할 수 있도록 에너지 효율적이고 실용적인 팬을 만들 수 있는 금속을 결정하시오.
5. 이 장에는 세 가지 유형의 자연형 태양열 주택 설계에 관한 정보가 수록되어 있다. 어떤 디자인이 그 지역 기후에 적합한지 결정하는 데 도움이 되는 평가 기준이나 표준을 개발하시오.
6. 열펌프가 기화의 숨은열 없이 열을 이동시킬 수 있는가? 설명하시오.
7. "우주의 열죽음" 개념이 기반해 있는 가정을 탐구하시오. 우주의 미래에 대한 대안을 제시하고 평가

하시오.

탐구 문제

누가 가장 오래갈 수 있을까?

어떻게 하면 더 에너지 효율적일 수 있을까? 우리 가정의 에너지 소비의 대부분은 가열과 냉방에 들어가고, 벽과 천장을 통해 많은 에너지가 손실된다. 여기에서는 다양한 물질과 설비의 단열적 특성을 탐구한다.

본 탐구의 도전 과제는 각 얼음이 녹는 것을 방지하는 단열 용기를 만드는 것이다. 용기의 최대 크기와 사용할 재료를 결정하시오. 재료를 어떻게 사용할지 고려하시오. 예를 들어, 알루미늄 호일을 사용하는 경우 빛나는 면을 안쪽에 놓아야 하는가, 또는 바깥쪽으로 놓아야 하는가? 신문을 사용한다면, 그것을 납작하게 접어야 하는가, 아니면 느슨하게 구겨야 하는가?

대조를 위해 각 얼음 한 개는 용기 밖에 남겨 두어야 한다. 단열된 각 얼음이 대조군보다 얼마나 더 오래 유지되는지 알아보시오.

동형 연습문제

A형과 B형 연습문제는 동일한 개념을 포함한다. A형 연습문제에 대한 해답은 부록 E에 있다.
주의: 모든 문제에서 마찰력은 무시한다.

A형

1. 사람의 평균 체온은 98.6°F이다. 이와 동등한 섭씨 눈금의 온도는 얼마인가?
2. 전류가 221 g의 구리선을 20.0℃에서부터 38.0℃까지 가열한다. 전류가 발생시킨 열은 얼마인가($c_{구리} = 0.093$ kcal/kgC°)?
3. 자전거와 자전거를 탄 사람의 총질량은 100.0 kg이다. 자전거가 36.0 km/h에서 정지할 때까지 브레이크에서 발생하는 열은 몇 칼로리인가?
4. 15.53 kg의 느슨한 흙주머니가 공사장에서 5.50 m 낙하한다. 만약 주머니 안의 흙이 모든 에너지를 보유하고 있다면, 흙의 온도는 얼마나 상승하는가($c_{흙} = 0.200$ kcal/kgC°)?
5. 75.0 kg인 사람이 감자튀김을 소량 섭취하고 (250.0 Cal) 나서 10.0 m 계단을 올라가 에너지를 "없애려고" 한다. 모든 에너지를 쓰려면 몇 번이나 계단을 올라야 하는가?
6. 0.5 kg인 유리그릇($c_{유리} = 0.2$ kcal/kgC°)과 0.5 kg인 철 팬($c_{철} = 0.11$ kcal/kgC°)을 냉장고에 넣을 때 온도가 68°F이다. 둘을 32°F까지 냉각시키려면 각각으로부터 얼마나 많은 열을 제거해야 하는가?
7. 20.0℃의 은 조각은 896 cal가 추가되면 100.0℃까지 뜨거워진다. 은의 질량은 얼마인가($c_{은} = 0.056$ kcal/kgC°)?
8. 300.0 W의 수중 히터를 사용하여 250.0 g의 물을 10.0℃에서 70.0℃까지 가열한다. 이 과정은 몇 분이나 걸리는가?
9. 100.0 g의 금속 조각에 60.0 cal 추가하여 이것을 20.0C° 데웠다. 이 금속의 비열은 얼마인가?
10. 0℃의 얼음 250.0 g을 0℃의 물로 바꾸려면 얼마나 많은 열이 필요한가?
11. 80.0℃의 물 250.0 g을 100.0℃의 증기로 바꾸려면 얼마나 많은 열이 필요한가?
12. 20℃의 물 100.0 g이 가열되어 125.0℃의 증기가 되었다. 얼마나 많은 열이 흡수되었는가?
13. 전기냉장고에서 18.0℃의 물 400.0 g이 냉각 및 응결된 후 그 얼음이 −5.00℃까지 차가워졌다. (a) 물에서 제거된 총열은 얼마인가? (b) 프레온 냉매의 기화 숨은열이 40.0 cal/g이면, 이 열을 흡수하기 위해 몇 그램의 프레온이 증발되어야 하는가?
14. 열기관은 300.0 cal를 공급받고 배기로 200.0 cal를 배출한다. 수행된 역학적 일은 몇 줄인가?
15. 냉장고는 냉동실에서 40.0 kcal의 열을 제거하고, 뒤쪽의 콘덴서를 통해 55.0 kcal를 방출한다. 압축기가 한 일을 얼마인가?

B형

1. 더운 여름날 화씨온도 눈금은 98°를 가리킨다. 켈빈 눈금으로는 얼마인가?
2. 전류를 사용해 길이 0.25 kg인 알루미늄 철사를 10.0℃로 가열한다. 전류가 생산한 열은 얼마인가($c_{알루미늄} = 0.22$ kcal/kgC°)?
3. 속력이 90.0 km/h인 1,000.0 kg의 자동차의 브레이크를 밟아 차가 멈추었다. 그 결과 브레이크에서 얼마나 많은 열량이 생성되었는가?
4. 1.0 kg의 금속 망치 머리가 5.0 m/s의 속도로 단단한 바위에 부딪힌다. 망치 머리가 모든 에너지를 보유한다면, 망치의 온도가 얼마나 상승하는가($c_{머리} = 0.11$ kcal/kgC°)?
5. 60.0 kg의 사람이 10.0 m 계단으로 올라가야 한다. 얼마의 칼로리(kcal)를 "없앨" 수 있는가?
6. 20.0℃의 은수저 50.0 g을 90.0℃의 커피 잔에 넣

는다. 스푼이 얼마나 많은 열을 흡수해야 89.0℃의 온도에 도달하는가?

7. 6번 문제에서 커피에 넣은 은수저 때문에 커피가 0.75℃ 식는다면 커피의 질량은 얼마인가($c_{커피}$ = 1.0 cal/gC°)?
8. 300.0 W인 수중 히터를 사용해 250.0 g의 물을 20.0℃에서 100.0℃까지 가열하는 데 몇 분이 필요한가?
9. 200.0 g의 도자기 그릇이 뜨거운 음식에서 2.6 kcal를 흡수하여 65.0℃로 데워졌다. 이 도자기의 비열은 얼마인가?
10. 0℃의 얼음 덩어리 1.00 kg을 아이스박스에 넣는다. 얼음이 0℃의 물로 녹으면서 얼마나 많은 열이 제거되는가?
11. 상온(20.0℃)인 500.0 g의 물을 난로 위에 놓는다. 이 물이 100.0℃의 증기로 바뀌려면 얼마나 많은 열이 필요한가?
12. 발전소의 터빈에서 나오는 120.0℃의 폐증기는 열교환기의 냉각탑에서 나오는 물에 의해 90.0℃ 액체 물로 냉각된다. 냉각탑의 물은 폐증기 1 kg당 얼마나 많은 열을 제거하는가?
13. 납은 비열 0.028 kcal/kgC°, 녹는점 328.0℃, 녹음열 5.5 kcal/kg인 고밀도의 연한 금속이다. 20.0℃의 납 샘플 250.0 kg을 녹이기 위해 얼마나 많은 열을 제공해야 하는가?
14. 열기관은 400.0 cal의 공급에서 100.0 cal를 일로 전환한다. 수행된 역학적인 일은 얼마인가?
15. 열펌프는 증발기 코일에서 40.0 kcal를 제거하면서 60.0 kcal를 방출한다. 이 열펌프가 이상적으로 얼마나 많은 일을 해내는가?

5

파동과 소리

조용한 숲 속에서 들을 수 있는 부드러운 소리와 비교하면 요란하게 떨어지는 폭포의 소리는 최대 100만 배나 더 많은 에너지를 전달할 수 있다.
출처: ©Medioimages/PunchStock

핵심 개념 소리는 에너지를 운반하는 증가와 감소의 압력파로 전달된다.

차례

파동
역학적 파동은 종파 또는 횡파이다.

음파
공기를 통해 이동하는 모든 소리는 진동하는 물질에서 유래한 종파이다.

소리 크기
소리의 크기는 음파의 세기와 관련되는데, 데시벨 눈금으로 측정된다.

공명
물체의 고유 진동수와 맞는 진동수를 가진 외부 힘은 공명을 일으킨다.

진동하는 줄
악기에서 나오는 인식 가능한 음은 악기가 생성하는 기본 진동수와 배진동수의 조합으로 되어 있다.

움직이는 음원이 내는 소리
도플러 효과는 음원과 청취자의 상대적인 운동 때문에 발생하는 음높이의 겉보기 변화다.

개요

때때로 무거운 것이 떨어지면 건물 바닥이 잠시 흔들리는 것을 느낄 수 있다. 또한 근처의 기차가 지나갈 때 지면에서 긴 진동을 느낄 수 있다. 건물 바닥과 지면은 교란으로 인한 진동을 전달하는 고체다. 대부분의 고체는 탄성이 있고, 힘이나 충격이 고체를 변형시키면 반동하는 경향이 있기 때문에 진동은 고체에서 흔하다. 보통 바닥이나 지면의 진동을 볼 수 없지만 느낄 수 있기 때문에 진동이 있다는 것을 감지하게 된다.

여러분이 볼 수 있는 진동의 예는 많다. 여러분은 빠르게 진동하는 기타 줄의 흐릿한 모습을 볼 수 있다(그림 5.1). 또 튕겨진 다이빙 보드가 위아래로 진동하는 운동을 볼 수 있다. 진동하는 기타 줄과 다이빙 보드는 모두 소리로 식별되는 진동하는 공기의 움직임을 일으킨다. 공기가 진동하는 움직임을 볼 수 없지만, 소리를 듣기 때문에 그것을 감지하게 된다.

볼 수는 없지만 감지할 수 있는 여러 종류의 진동이 있다. 이미 배웠듯이, 열과 관련이 있는 너무 빠르고 너무 작은 분자 진동을 느낄 수는 없지만 온도의 증가로 감지할 수 있다. 다른 보이지 않는 진동에는 진동하는 전자가 포함되는데, 이것은 확산하는 전자기파인 라디오파나 가시광선을 발생시킨다. 따라서 진동은 물체의 관측 가능한 운동일 뿐만 아니라 소리, 열, 전기, 빛의 특성이다. 이러한 모든 현상에 수반되는 진동은 여러 가지 면에서 비슷하며, 모두 에너지를 수반한다. 그러므로 자연과학의 많은 주제들은 진동 운동과 관련이 있다. 이 장에서는 진동의 특성과 진동이 일반적으로 어떻게 파동을 발생시키는지 배우게 될 것이다. 이러한 개념은 이 장의 소리와 다음 장의 전기, 빛, 라디오파에 적용될 것이다.

5.1 힘과 탄성 물질

고무공이 바닥에 부딪치면 형체를 회복할 수 있기 때문에 공을 떨어뜨리면 튕긴다. 반면에 흙덩어리는 형체를 회복하지 못하고 바닥에 납작한 덩어리로 남는다. 탄성(elastic) 물질은 힘이 변형을 시킨 후에 형태를 회복할 수 있는 물질이다. 고무공은 탄성이 있고 흙덩어리는 탄성이 없다. 금속 용수철은 늘리거나 압축될 수 있고 모양을 회복하기 때문에 금속 용수철은 탄성이 있다는 것을 알 수 있다.

용수철을 늘리거나 압축하는 정도와 그것에 가해지는 힘의 양 사이에는 정비례 관계가 있다. 큰 힘은 용수철을 많이 늘리고, 작은 힘은 용수철을 조금 늘린다. 가해진 힘이 용수철의 탄성 한계를 초과하지 않는 한, 가해진 힘을 제거할 때 용수철은 항상 원래의 모습으로 되돌아온다. 적용된 힘

그림 5.1 진동은 많은 탄성 물질에서 흔하며, 주변에서 많은 진동의 결과를 보고 들을 수 있다. 열, 전기, 빛에 관계된 것과 같은 다른 진동은 감각에 보이지 않는다. 출처: ©Darren Baker/Alamy

과 용수철의 반응에 대해 중요한 고려사항은 다음과 같다.

1. 가해지는 힘이 클수록 용수철의 원래 모양에서 늘어나거나 줄어드는 정도가 커진다.
2. 용수철은 원래 모양으로 되돌아오게 하는 내부 복원력(internal restoring force)을 가지고 있는 것으로 보인다.
3. 용수철이 더 많이 밀리거나 당겨질수록 용수철을 원래 모양으로 되돌리는 복원력이 강해진다.

힘과 진동

진동(vibration)은 반복되는 앞뒤 동작이다. 반복하는 동작을 주기 운동(periodic motion)이라고 한다. 그러한 움직임은 어떤 특정한 방향으로 제한되지 않으며, 동시에 여러 가지 다른 방향으로 이루어질 수 있다. 탄성이 있는 거의 모든 고체를 진동하도록 만들 수 있다. 힘이 진동에 어떻게 관련되는지 알아보기 위해 그림 5.2의 용수철과 질량을 갖는 물체를 고려해보자. 용수철과 물체는 물체가 마찰이 없는 표면 위에서 자유롭게 좌우로 움직일 수 있도록 배치되어 있다. 물체가 방해받지 않았을 때는 평형 위치(equilibrium position)에서 정지해 있다(그림 5.2A). 평형 위치에서 용수철은 압축되거나 늘어나지 않으므로 물체에 가하는 힘은 없다. 그러나 물체를 오른쪽으로 당기면(그림 5.2B) 용수철이 늘어져 물체에 복원력을 왼쪽으로 가한다. 물체가 멀리 이동할수록 용수철의 늘어남이 커져서 복원력도 커진다. 복원력은 변위에 비례하며 적용된 힘의 반대 방향을 향한다.

이제 물체를 놓아주면 복원력이 물체에 (수평하게) 작용하는 유일한 힘이므로 물체는 평형 위치를 향해 다시 가속된다. 이 힘은 움직이는 물체가 다시 평형 위치에 도달할 때까지 계속 감소하고, 그곳에서 영이 된다(그림 5.2C). 그러나 물체가 도착하였을 때 최대 속도를 가지므로 평형 위치를 지나쳐서 계속 왼쪽으로 이동한다(그림 5.2D). 물체가 평형 위치의 왼쪽으로 이동하면서 용수철을 압축하고, 용수철은 물체에 증가하는 힘을 가한다. 움직이는 물체는 일시적으로 멈추지만, 이제 복원력 때문에 물체는 다시 평형 위치를 향해 움직이기 시작한다. 물체가 같은 길을 왔다 갔다 하면서 전 과정이 반복된다.

진동하는 물체와 용수철계는 잠시 동안 계속 진동하겠지만, 시간이 지날수록 서서히 감소하여 진동은 완전히 멈출 것이다. 감소하고 멈추게 되는 것은 공기 저항과 내부 마찰 때문이다. 만약 이것

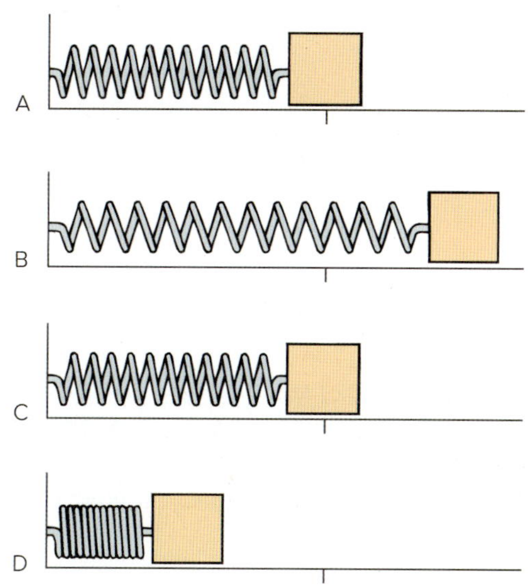

그림 5.2 마찰이 없는 표면의 물체는 (A) 교란이 없으면 평형 위치에 정지해 있다. 용수철을 늘리거나(B) 압축한(D) 다음에 놓아주면 (C), 복원력이 변위에 비례하고 반대 방향으로 잡아당기기 때문에 물체가 좌우로 진동한다.

들을 제거하거나 추가적인 에너지로 보상할 수 있다면, 물체는 주기적인 운동으로 무한히 계속 진동할 것이다.

물체의 주기적인 떨기, 즉 진동은 자연에서 발견되는 단순 조화 운동(simple harmonic motion)이라고 하는 많은 진동 운동과 유사하다. 변위에 비례하고 반대 방향으로 작용하는 알짜 복원력이 있을 때 발생하는 진동 운동을 단순 조화 운동으로 정의한다.

진동 기술하기

진동하는 물체의 운동은 진동 진폭(amplitude of vibration, 줄여서 **진폭**), 진동 주기(period)와 진동수(frequency)라고 하는 세 가지 기본량으로 기술된다(그림 5.3). 진폭은 이 운동에서 물체가 평형 위치(정지 위치)로부터 움직일 수 있는 가장 큰 변위이다. 진동하는 물체를 관찰할 때 보고 측정할 수 있는 다른 모든 변위는 진폭보다 작다.

완전한 진동을 하나의 **순환(cycle)**이라고 한다. 순환이란 어떤 지점에서부터, 말하자면 왼쪽 끝점에서 시작하여 오른쪽 끝점으로, 그리고 다시 왼쪽 출발점으로 되돌아가는 이동이다. **주기**(T)는 순환당 소요된 시간이다. 예를 들어, 물체가 하나의 완전한 순환을 통해 이동하는 데 필요한 시간, 즉 한 지점에서 시작하여 다시 그 점으로 되돌아와 운동을 완성하는 데 필요한 시간이 0.1초라고 하자. 이 진동의 주기는 0.1초다. 다시 말해, 주기 T는 하나의 완전한 순환 또는 진동의 시간이다.

때때로 진동이 매초마다 얼마나 자주 순환을 완성하는지 아는 것이 유용하다. 초당 순환 개수를 **진동수**(f)라고 한다. 예를 들어 진동하는 물체가 1초에 10번 순환한다고 하자. 이 진동의 진동수는 초당 10순환이다. 진동수는 **헤르츠(hertz, Hz)**라고 하는 단위로 측정된다. 순환에는 차원이 없기 때문에 헤르츠의 단위는 1/s이다. 따라서 초당 10순환의 진동수를 10 Hz 또는 10 1/s라고 표현한다. 즉, 진동수 f는 1초 동안 완전한 진동(또는 순환)이 얼마나 많이 일어나는지 알려준다.

주기와 진동수는 진동과 관련된 시간을 기술하는 두 가지 방법이다. 주기(T)는 순환당 시간이고 진동수(f)는 초당 순환 개수이므로, 관계는 다음과 같다.

$$T = \frac{1}{f} \qquad \text{식 5.1}$$

또는

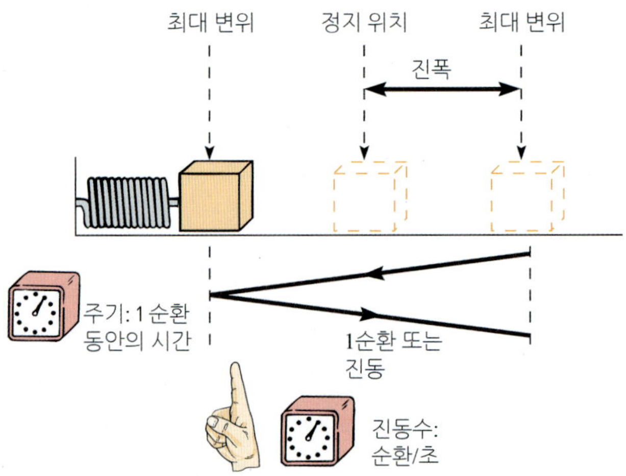

그림 5.3 용수철에 부착된 진동하는 물체를 정지 위치 또는 평형 위치에서 이동시킨 후 놓아준다. 최대 변위를 진동의 진폭이라고 한다. 순환은 하나의 완전한 진동이다. 주기는 순환당 소요된 시간이다. 진동수는 1초 동안 완료되는 순환의 개수이다.

$$f = \frac{1}{T}$$ 식 5.2

예제 5.1

0.5초의 주기를 가진 진동계가 있다. 진동수는 Hz로 얼마인가?

풀이

$T = 0.5\text{ s}$
$f = ?$

$$f = \frac{1}{T} = \frac{1}{0.5\text{ s}} = \frac{1}{0.5}\frac{1}{\text{s}} = 2\frac{1}{\text{s}} = \boxed{2\text{ Hz}}$$

진동하는 물체의 단순 조화 운동(예: 용수철의 물체 운동)은 그래프로 나타낼 수 있다. 이 그래프는 물체의 변위가 시간에 따라 어떻게 변화하는지 보여준다. 일반적으로 그래프에서 파동의 진폭, 주기, 진동수를 읽을 수 있다. 연필을 진동하는 물체에 고정시키고 그 아래에서 종이를 일정한 속도로 움직이면 그림 5.4와 같은 곡선이 그려진다. 진동하는 물체의 진폭이 클수록 이 곡선의 높이가 커진다. 진동수가 클수록 봉우리와 계곡은 서로 가까워진다. 이 곡선의 모양에 주목하자. 이 모양은 단순 조화 운동의 특성이며 사인(sinusoidal) 그래프라고 한다. 그것은 삼각법에서 사인함수의 그래프와 모양이 같기 때문에 그렇게 이름이 붙여졌다.

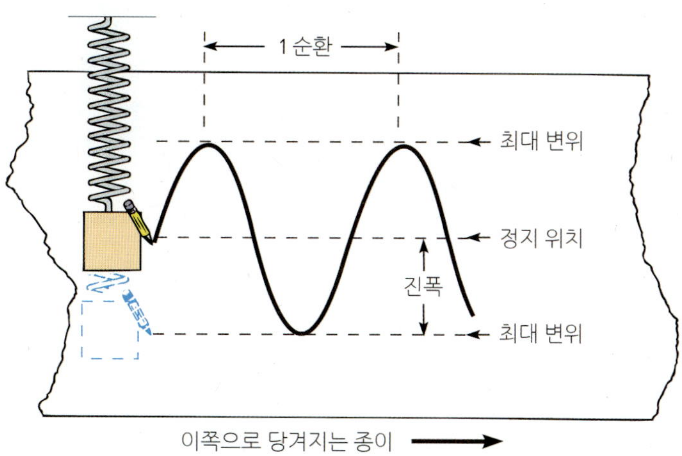

그림 5.4 단순 조화 운동의 그래프는 사인 곡선으로 기술된다.

5.2 파동

사람들은 "파동(wave)"이라는 단어를 들으면 종종 뛰어오르는 물고기나 스치듯 나는 돌로 인해 생기는 연못의 잔물결을 상상한다. 이러한 경우에 물이 기슭 쪽으로 움직이는 것처럼 보이지만, 물 자체는 이동하지 않는다. 그 대신 물은 그 교란이 조약돌에 의한 것이든 송어 때문에 생긴 것이든 상관없이 교란의 중심에서 멀어지는 에너지의 매질 역할을 한다. 교란은 물 매질 속의 분자들이 운동을, 주기적인 진동을 하게 만든다. 진동이 매질을 가로질러 이동하면서 **파동(wave)**이라고 하는 형태가 보인다.

역학적 파동의 종류

수면파가 지나갈 때 수면 가까이에서 개별 물 분자의 운동을 볼 수 있다면, 물 분자가 위아래로 움직이면서 원형 경로를 그리는 것을 볼 수 있을 것이다. 이 원운동은 수면파 교란에 반응하는 입자의 운동 특성이다. 다른 종류의 역학적 파동도 있으며, 각 파동은 특징적인 운동을 하는 입자를 수반한다.

종파(longitudinal wave)는 파동이 움직이는 방향과 같은 방향으로 입자가 더 가까이 또는 더 멀리 떨어져 움직이도록 하는 교란이다. 코일 용수철의 한쪽 끝을 벽에 붙여 꽉 잡아당겨 용수철을 움켜쥔 다음 용수철에 평행하게 앞뒤로 손을 움직이면 용수철에 종파가 생긴다. 손을 용수철의 길이로 앞으로 움직일 때마다 밀집된 코일의 펄스가 용수철을 가로질러 움직인다(그림 5.6A). 손을 뒤로 당길 때마다 벌어진 코일의 펄스가 용수철을 가로질러 움직일 것이다. 코일은 파동이 움직이는 방향과 같은 방향으로 앞뒤로 움직이는데, 이것은 종파의 특징이다.

이제 손을 위아래로 움직이면 늘어난 용수철에 다른 종류의 역학적 파동이 생길 것이다. 이 동작은 **횡파(transverse wave)**를 생성한다. 횡파는 파동이 움직이는 방향에 수직으로 움직임을 일으키

그림 5.5 수면파가 수면 위를 가로질러 움직인다. 표면을 가로질러 움직이고 있는 것이 물이 아니라 에너지라는 것을 어떻게 확신하는가? 출처: ©Thinkstock/Getty Images

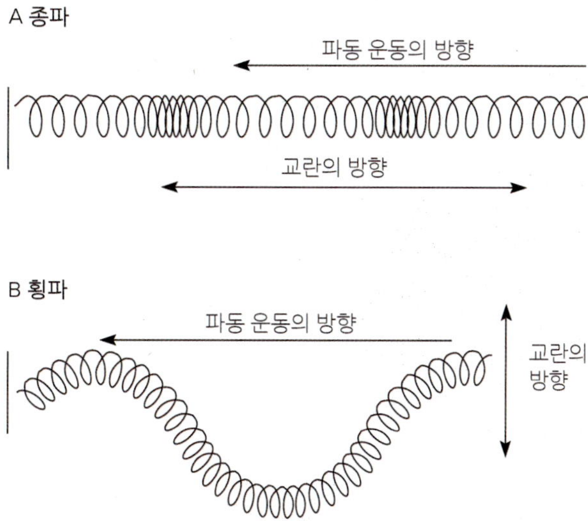

그림 5.6 (A) 자유단이 용수철과 평행하게 앞뒤로 움직이면 용수철에 종파가 발생한다. (B) 자유단이 위아래로 움직이면 용수철에 횡파가 발생한다.

는 교란이다. 횡파에 반응하는 입자는 교란에 대응하여 더 가까이 또는 더 멀어지게 움직이지 않는다. 오히려 파동 이동 방향과 수직하게 위아래로 진동을 한다(그림 5.6B 참조).

매질이 에너지를 역학적 종파로서 전달할 것인지 횡파로서 전달할 것인지는 파동을 일으키는 교란의 성격뿐만 아니라 매질의 성격에도 달려 있다. 대부분의 고체와 같은 물질에서는 매질을 구성하는 분자들이 서로 강한 부착력이나 상호작용을 가지고 있다. 이와는 대조적으로, 대부분의 액체 분자들은 훨씬 덜 밀접하게 결합되어 있고, 그것들은 서로 쉽게 미끄러져 지나간다. 기체의 분자는 훨씬 더 먼 거리로 분리되어 있고 서로 간에 상호작용이 훨씬 적다. 역학적 종파는 분자 사이의 압축, 즉 펄스를 포함한다. 따라서 종파는 모든 종류의 물질을 통해 쉽게 이동하며, 분자가 조밀하게 분포된 물질을 통해 가장 효과적이고 빠르게 이동한다. 음파처럼 종파는 지구의 기체 대기를 쉽게 통과할 수 있지만, 이러한 파동은 실제로 대부분의 액체와 고체를 통해 더 빨리 이동한다. 지진으로 인한 P파도 종파로서, 우리 행성 내부의 액체 부분을 통과하는 것보다 지각을 통해 더 빨리 이동할 수 있다.

역학적 횡파는 고체의 밀접하게 연결된 분자를 통해 쉽게 움직이지만, 이러한 파동은 기체나 액체를 통해서는 이동할 수 없다. 이는 띄엄띄엄 있는 기체 분자가 서로 영향을 미칠 만큼 상호 작용하지 않고, 액체의 분자는 단순히 서로 미끄러져 지나가기 때문이다. 파동이 액체를 통해 움직이는 방식의 예외를 액체의 표면에서 볼 수 있는데, 그림 5.5에서 보듯이 표면 장력으로 인해 액체의 분자가 근처의 분자를 파동의 형태로 끌어당길 수 있다.

개념 활용

파동 만들기

슬링키나 긴 코일 용수철을 바닥에 펼쳐 놓는다. 용수철을 따라 파동을 생성하는 동안 다른 사람이 반대쪽 끝을 정지 상태로 잡고 있게 한다. 종파와 횡파를 생성하여 각 경우에서 교란이 어떻게 움직이는지 관찰한다. 용수철이 충분히 길면 거리를 측정한 다음 각 파형의 움직임을 시간 측정한다. 파동의 속력은 얼마였겠는가?

공기의 파동

공기는 유체이기 때문에 공기의 역학적인 파동은 종파만 가능하다. 따라서 공기 중의 음파는 종파여야 한다. 소리를 구체적으로 고려하기 전에 친숙한 상황을 사용하여 공기를 통해 움직이는 역학적 종파의 특성을 설명할 것이다. 열린 창문이 없고 방 안쪽으로 열리는 문이 두 개 있는 작은 방을 고려하자. 한 문을 방 안으로 열 때 다른 문이 닫힌다. 왜 이런 일이 생기는가? 분자 운동론에 따르면, 그 방은 공기를 구성하는 작고 마구잡이로 움직이는 많은 기체 분자를 포함하고 있다. 문을 열었을 때, 문이 이 기체 분자들을 밀어서, 문에 바로 인접한 분자들의 밀집 영역을 생성했다. 이 빌십한 공기 영역은 이제 더 큰 밀도와 압력을 가지고 있는데, 이것은 펄스로서 문으로부터 즉시 퍼져간다. 그 교란은 분자에서 분자로 빠르게 전달되고, 압축의 펄스는 방 전체로 퍼져간다. 이제 밀도가 더 높고 공기의 압력이 증가된 펄스가 방의 반대쪽에 있는 문에 도달했고, 분자들이 문에 부딪히는 종합 효과, 즉 증가된 압력이 문이 닫히게 만들었다.

만약 방의 다른 쪽에 있는 문에 걸쇠가 걸려있지 않다면, 아마도 첫 번째 문을 재빨리 당겨서 다시 열게 할 수 있을 것이다. 그렇게 함으로써, 낮은 밀도와 압력의 성긴 분자 펄스를 보낸 것이다. 재빨리 당겼던 문이 분자의 일부를 방에서 밀어냈다. 다른 분자들은 빠르게 압력이 적은 영역으로 이동한 다음 다시 정상 위치로 돌아간다. 전반적인 효과는 방을 통해 이동하는 성긴 펄스의 운동이다. 압력이 약간 감소된 펄스가 다른 문에 도달하면, 문 반대편에 정상적인 압력을 가하는 분자들 때문에 문이 움직이게 된다. 펄스가 통과한 후, 분자들은 빠른 마구잡이 움직임으로 인해 순식간에 다시 균질하게 분포한다.

문을 앞뒤로 흔들면 문은 진동하는 물체가 된다. 문이 앞뒤로 진동할 때 초당 진동 개수인 진동수를 가진다. 진동하는 문이 방 쪽으로 움직일 때, 그것은 방을 통해 빠르게 이동하는 응축(또는 압축)이라고 하는 밀집된 분자의 펄스를 일으킨다. 진동하는 문이 방에서 멀어질 때, 희박화(rarefaction)라고 하는 성긴 분자의 펄스가 방을 통해 빠르게 움직인다. 진동하는 문은 앞뒤로 움직이면서 응축(밀도와 압력 증가)과 희박화(밀도와 압력 감소)의 반복적인 펄스를 방으로 보낸다(그림 5.7). 그 펄스가 다른 문에 움직임을 일으키기 때문에, 즉 일을 하기 때문에 펄스가 에너지를 전달한다는 것을 알 수 있다. 개별 분자는 평형 위치에서 조화 운동을 하고 이동 가능한 물체에 일을 할 수 있다. 따라서 이 종파의 예에서 에너지가 전달된다.

개념 활용

공기 튀기기?

공기의 움직임이 전혀 없는 아주 조용한 방에서, 탁자 위의 재떨이에 향이나 부싯깃 또는 적절한 방향 재료를 놓는다. 그것은 곧장 위로 올라가는 얇은 연기 흐름을 만든다. 손가락을 모은 채 한 손을 납작하게 펴서 연기의 흐름과 평행하게 놓는다. 연기 쪽으로 공기를 밀어내듯 손을 빠르게 아주 짧은 거리만큼 움직인 후 연기 흐름에서 멀어지는 쪽으로 재빨리 떼어내자. 여러분은 연기 흐름이 손으로부터 멀어져 가다가 손 쪽으로 다시 다가오는 것을 볼 수 있을 것이다. 여전히 연기 흐름을 형성하면서 움직일 수 있도록 연기가 이동하는 최대 거리는 얼마인가? 연기 흐름의 이동을 설명하는 방법이 (1) 응축과 희박화의 펄스, (2) 물을 튀기면 발생하는 것과 같은 공기 덩어리의 움직임 등 적어도 두 가지가 있다. 한 설명 또는 다른 설명이 옳다는 것을 어떻게 의심할 여지없이 증명할 수 있는가?

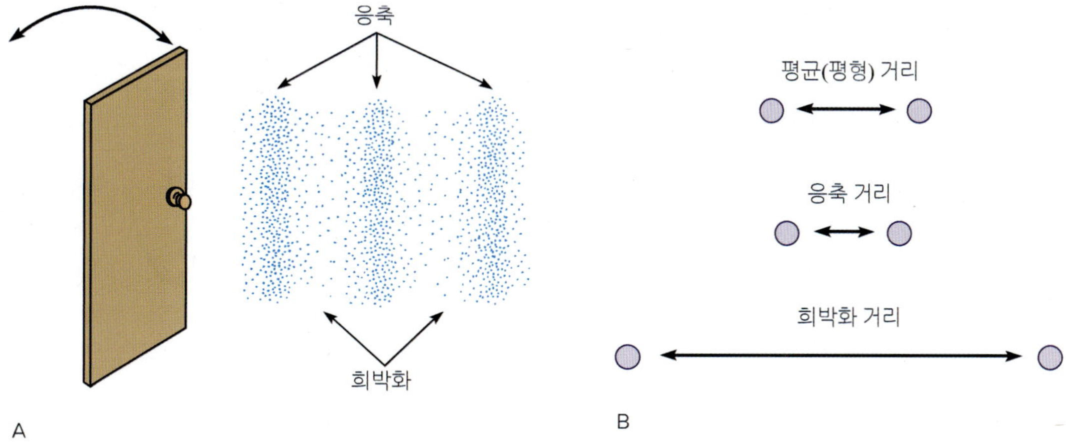

그림 5.7 (A) 문을 안쪽으로 회전시키면 응축이라고 하는 증가된 밀도와 압력의 펄스가 발생한다. 문을 바깥쪽으로 당기면 희박화라고 하는 감소된 밀도와 압력의 펄스가 발생한다. (B) 응축에서 기체 분자 사이의 평균 거리는 펄스가 통과하면서 순간적으로 감소된다. 희박화에서 평균 거리는 순간적으로 증가한다.

5.3 파동 기술하기

소리굽쇠는 일정한 진동수와 진폭으로 진동하여 증가된 압력의 응축과 감소된 압력의 희박화의 교대 펄스 종파를 생성한다. 진동의 진폭과 진동수의 개념은 그림 5.8A에 나타나 있으며 응축과 희박화는 그림 5.8B에 나타나 있다. 파동 형태를 그림 5.8C와 같이 진행하는 음파의 기압 변화 그래프로 나타낼 수도 있다. 이 그래프는 음파와 관련된 몇 가지 흥미로운 개념을 정의하는 데 사용될 수 있다. (1) 진동하는 소리굽쇠 갈래의 진폭 또는 변위, (2) 응축 및 희박화의 펄스, (3) 변화하는 기압 사이의 대응 관계에 주목하자. 또한 진동하는 소리굽쇠 갈래의 진동수와 파동의 순환 진동수 사이의 대응성에도 주목하라.

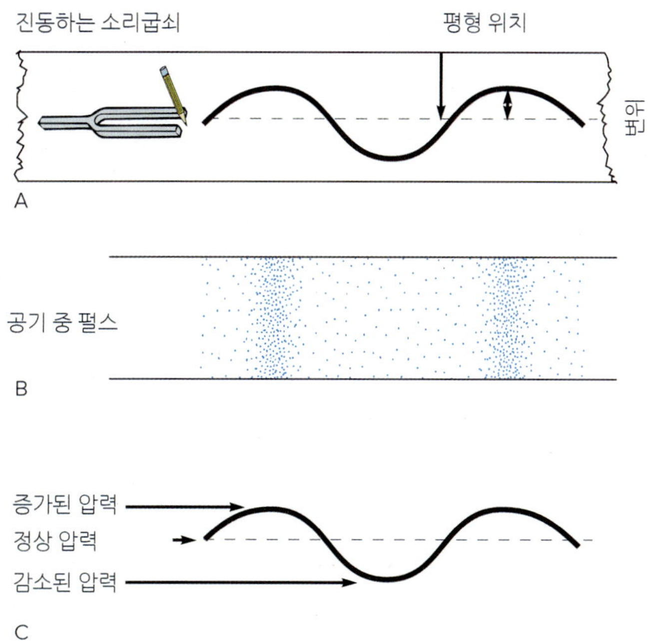

그림 5.8 (A) 소리굽쇠의 전후 진동을 (B) 그로 인해 공기를 통해 이동하는 응축 및 희박화와 (C) 응축 및 희박화를 구획 짓는 표면에서 기압의 증가 및 감소와 비교한다.

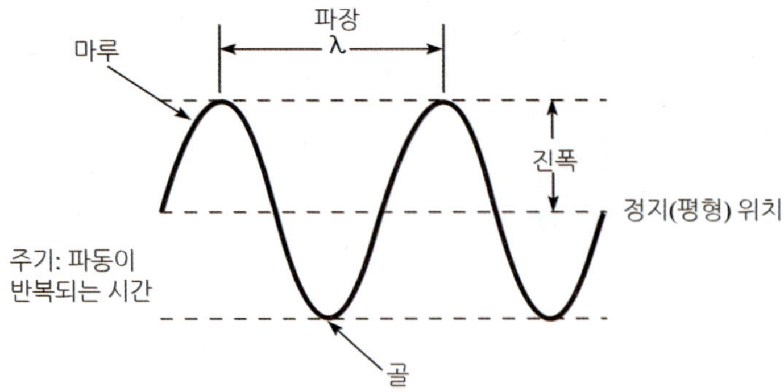

그림 5.9 파장은 한 파동의 일부에서 다음 파동의 같은 부분까지의 거리를 말한다. 예를 들어 한 마루에서 다음 마루까지의 거리가 파장이다. 진폭은 정지 평형 위치로부터 위 또는 아래의 최대 거리다. 순환 주기는 파동이 반복되는 데 필요한 시간, 즉 하나의 완전한 파장이 주어진 위치를 지나 이동하는 시간이다.

그림 5.9는 연속적으로 진동하는 원천에서 나오는 파동과 일반적으로 관련된 용어를 나타낸다. 파동 마루(crest)는 교란되지 않은(정지) 위치에서부터의 최대 교란이다. 음파의 경우, 이것은 기압의 최대 증가를 나타낸다. 파동의 골(trough)은 정지 위치로부터 반대 방향으로 발생한 최대 교란이다. 음파의 경우, 이것은 기압의 최대 감소를 나타낸다. 파동의 진폭(amplitude)은 정지 위치에서 마루까지 또는 정지 위치에서 골까지의 최대 변위이다. 파동의 **파장(wavelength)**이라 하는 양을 인접한 두 마루나 두 골, 또는 인접한 파동의 동일한 두 지점 사이의 거리로 측정할 수 있다. 파장은 그리스 문자 λ("람다"로 발음)로 표시하며 미터 단위로 측정할 수 있다. 파동의 주기(T)는 매질의 한 구성 요소의 완전한 진동 주기와 같다. 예를 들어 인접한 두 마루가 지나가는 두 순간 사이에 경과하는 시간을 측정하여 이 주기를 결정할 수 있다. 파동이 한 파장 λ와 같은 거리를 이동하는 데 필요한 시간은 한 주기 T와 같다. 파동의 진동수 f는 매질의 떨림의 진동수와 같다. 단위 시간 동안 얼마나 많은 마루가 지나가는지를 세서 파동의 진동수를 결정할 수 있다.

파동의 파장, 주기, 속력은 서로 관련되어 있다. 속력이

$$v = \frac{\text{거리}}{\text{시간}}$$

임을 기억할 것이다. 파동이 한 파장(λ)을 이동하는 데 한 주기(T)가 걸리므로 파동의 속력은

$$v = \frac{\text{파장}}{\text{주기}} = \frac{\lambda}{T}$$

이다. 하지만 빠르게 반복하는 파동을 다루려면 주기보다 진동수가 더 편리하다. 진동수(f)와 주기(T) 사이의 관계는

$$f = \frac{1}{T}$$

이므로 $1/T$에 f를 대입하면

$$v = \lambda f \qquad \text{식 5.3}$$

를 얻는다. 이 식은 파동의 속도를 파장과 진동수의 곱으로 얻을 수 있음을 알려준다. 이것은 또한 속력이 정해지면 파장과 진동수가 반비례함을 알려준다.

예제 5.2

진동수 260 Hz인 음파의 파장은 1.27 m이다. 이 음파의 속력은 얼마일 것으로 기대하는가?

풀이

$f = 260\ \text{Hz}$

$\lambda = 1.27\ \text{m}$

$v = ?$

$$v = \lambda f$$

$$= (1.27\ \text{m})\left(260\frac{1}{\text{s}}\right)$$

$$= 1.27 \times 260\ \text{m} \times \frac{1}{\text{s}}$$

$$= \boxed{330\frac{\text{m}}{\text{s}}}$$

예제 5.3

일반적으로, 인간의 귀는 2,500 Hz의 소리에 가장 민감하다. 소리가 330 m/s로 이동한다고 가정할 때, 사람들이 가장 민감해 하는 소리의 파장은 얼마인가?(답: 13 cm)

5.4 음파

공기의 음파와 청각

인간의 귀는 20 Hz와 20,000 Hz 사이의 진동수로 진동하는 물체에서 나오는 소리를 정상적으로 들을 수 있기 때문에 여러분은 진동하는 문의 소리를 들을 수 없다. 진동수가 20 Hz 미만인 종파를 **초저음파(infrasonic)**라고 한다. 여러분이 훌륭한 음향 설비로 듣는 경우에 보통 20 Hz 아래의 소리를 듣기보다는 느낀다. 20,000 Hz 이상의 종파를 **초음파(ultrasonic)**라고 한다. 보통 20,000 Hz는 청력의 상한으로 여겨지지만 실제 한계는 사람에 따라 다르며 나이가 들수록 점점 낮아진다. 인간은 초저음파나 초음파 소리를 듣지 못하지만, 동물마다 한계는 다르다. 개, 고양이, 쥐, 박쥐는 인간보다 더 높은 진동수를 들을 수 있다. 예를 들어, 인간이 초음파 호루라기 소리를 전혀 듣지 못할 때 개는 그것을 들을 수 있다. 어떤 박쥐들은 완전한 어둠 속에서 날아다니는 곤충을 찾고 비행할 때 최대 100,000 Hz의 소리를 내고 듣는다. 과학자들은 최근 코끼리가 수 킬로미터 거리에서 극히 낮은 진동수의 소리로 의사소통한다는 사실을 발견했다. 인간은 그러한 저주파 소리를 감지할 수 없다. 이것은 우리가 감지할 수 없지만 다른 동물들은 감지할 수 있는 초저음파의 가능성을 제기한다.

260 Hz에서 진동하는 소리굽쇠는 흔들리는 문과 매우 흡사하게 종파를 만들지만, 이러한 종파는 인간의 청력의 진동수 범위 내에 있기 때문에 가청 음파(audible sound wave)라고 한다. 소리굽쇠를 때리면 소리굽쇠 갈래들이 앞뒤로 움직이면서 진동한다. 소리굽쇠의 갈래를 때린 다음, 종이에 대거나 물 컵에 넣으면 이것을 더 쉽게 관찰할 수 있다. 공기에서 진동하는 소리굽쇠 갈래가 우선 앞으로 이동하면서 공기 분자를 밀어서 밀도와 압력이 증가된 응축이 생성된다. 그 다음에 소리굽

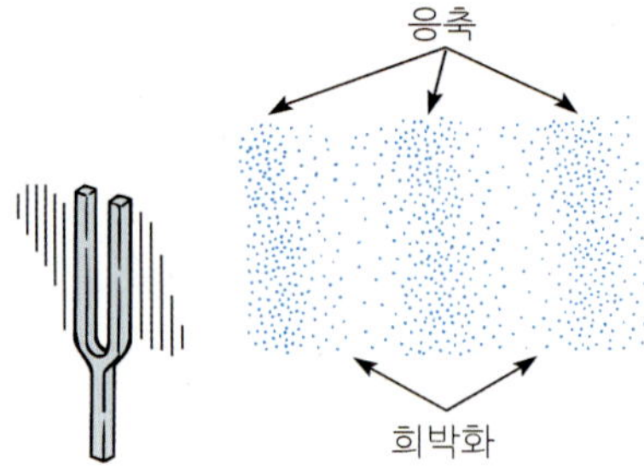

그림 5.10 진동하는 소리굽쇠는 소리굽쇠로부터 멀어지는 일련의 응축과 희박화를 생성한다. 증가된 압력과 감소된 압력의 펄스가 귀에 도달하여 고막을 진동시킨다. 귀는 진동에 대한 신경 신호를 뇌로 보내고, 뇌는 신호를 소리로 해석한다.

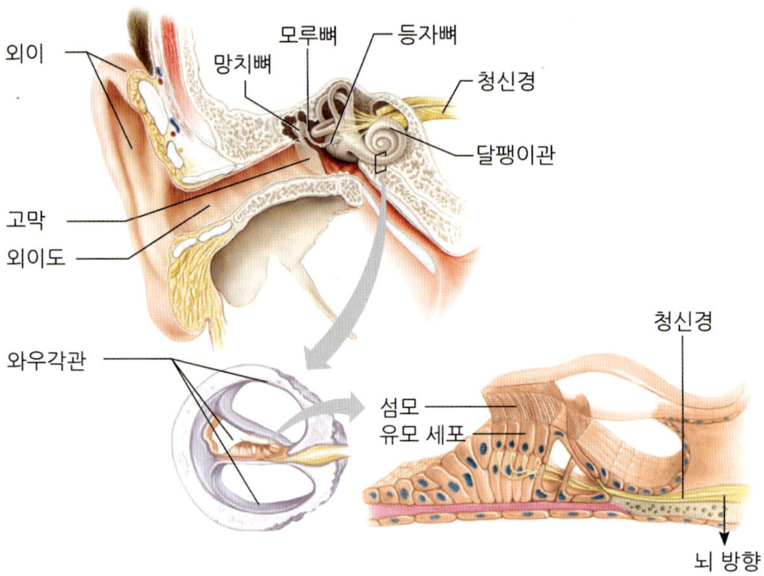

그림 5.11 귀의 해부 구조. 귀에는 음파를 고막으로 유도하는 외부 원뿔이 있다. 중핵의 진동은 귀뼈를 움직이며 소리를 감지하는 달팽이관의 전정창을 진동시킨다. 반고리관은 머리의 위치 변화를 감시하여 균형을 유지하는 데 도움을 준다.

쇠 갈래가 뒤로 이동함에 따라 밀도와 압력이 감소하는 희박화가 생성된다. 진동하는 소리굽쇠로부터 증가된 압력 펄스와 감소된 압력 펄스가 교대로 이동하며 모든 방향으로 균등하게 퍼져 나간다(그림 5.10). 그것은 빠르게 팽창하는 풍선의 표면과 매우 유사하다. 펄스가 고막에 이르면 고막이 펄스에 의해 들락날락 하게 된다. 이제 고막은 소리굽쇠와 같은 진동수로 진동한다. 고막의 진동은 세 개의 작은 뼈에 의해 나선형 방의 액체로 전달된다(그림 5.11). 여기서 작은 털들은 교란의 진동수와 크기에 반응하여 뇌로 정보를 전달하는 신경을 활성화시킨다. 뇌는 진동수를 일정한 **음높이(pitch)**의 소리로 해석한다. 예를 들어 높은 진동수 음은 높은 음으로 해석되고 낮은 진동수 음은 낮은 음으로 해석된다. 그러면 뇌는 여러분이 듣는 모든 것 중에서 특정한 소리에 "동조하여", 여러분이 원하는 어떤 소리든지 들으면서 다른 모든 소리로 이루어져 있는 배경음을 무시할 수 있다.

필수적인 매질

음파의 전송은 그 교란을 운반하기 위한 매질, 즉 고체나 액체, 또는 기체를 필요로 한다. 그러므로 소리는 우주 공간의 진공 속을 통과하지 못한다. 왜냐하면 음원에서 오는 진동을 운반할 것이 없기 때문이다. 고체, 액체, 기체를 구성하는 분자의 성질은 그 물질이 얼마나 잘 그리고 얼마나 빨리 음파를 전달할 것인지를 결정한다. (1) 분자의 관성과 (2) 상호작용의 세기가 두 가지 중요 변수이다.

자세히 알아보기

청각 장애

청각 장애의 3가지 일반적인 영역은 나이, 귀에 도달하는 소리의 세기, 지속 시간과 관련이 있다. 이는 (1) 어린이의 중이염, (2) 노화로 인해 높은 진동수를 들을 수 있는 능력의 상실, (3) 이명 및 기타 유형의 소음이다.

중이염은 어린이들이 가장 흔하게 걸리는 질병 중 하나이다. 중이는 고막 뒤의 작은 격실인데, 그 안에 고막에서 내이로 음의 진동을 전달하는 3개의 작은 뼈가 들어 있다(그림 5.11 참조). 중이는 유스타키오관(eustachian tube)이라는 작은 관에 의해 목과 연결되어 있다. 이 관 때문에 고막 뒤의 기압이 균형을 이룰 수 있다. 중이염은 보통 감기로 시작된다. 감기로 인해 부어오른 어린이들의 짧은 유스타키오관 때문에 액체가 중이에 갇힌다. 유체의 증가는 고통과 불편함뿐만 아니라 청력 감퇴를 초래한다. 이런 상태는 몇 주 이상 지나면 저절로 해소되는 경우가 많다. 심각하고 반복적인 경우, 유체 배수가 가능하도록 고막을 통해 작은 관을 삽입하는 경우가 있다. 이 관들은 결국 빠지고, 고막은 치유된다.

노화로 인해 자연적인 청력 손실이 발생한다. 이 손실은 높은 진동수에 대해 더 뚜렷하게 나타나며, 또한 여성보다 남성에게 더 크다. 자연적인 청력 상실은 20대 초반에 시작되어 60대와 70대에 걸쳐 증가한다. 그러나 이 과정은 매우 큰 소리가 나는 장소에서 많은 시간을 보내면 가속된다. 시끄러운 음악회와 헤드폰, 그리고 “붐 카(boom car)”에 타는 것은 높은 진동수를 들을 수 있는 능력을 빠르게 상실하게 되는 상황의 예들이다. 붐 카는 반 블록 이상 떨어진 곳에서 “요란한” 소리를 들을 수 있는 시끄러운 음악을 틀어대는 자동차다.

이명은 귀나 머리에서 발원하여 환자만 들을 수 있는, 울림이나 바스락거리는 것과 같은 소리의 감각이다. 여러 가지 원인이 있지만 가장 흔한 것은 내이의 신경 손상이다. 큰 소음, 폭발, 총기, 소란스러운 밴드에 노출되는 것은 이명의 흔한 원인이다. 고령과 아스피린 같은 특정 약물도 이명을 일으킬 수 있다. 약의 복용을 중단하면 이명이 끝날 수 있지만 내이의 신경손상에 대한 치료는 없다.

따라서 가장 질량이 작은 분자로 된 수소 기체는 온도가 0℃일 때 1,284 m/s로 음파를 전달한다. 더 무거운 헬륨 기체 분자는 더 많은 관성을 가지며 같은 온도에서 겨우 965 m/s로 음파를 전달한다. 그러나 고체에는 강하게 부착된 분자가 있기 때문에 진동이 분자에서 분자로 빠르게 전달된다. 예를 들어 강철은 탄성이 매우 높으며, 소리는 강철 레일을 통해 5,940 m/s로 이동한다. 따라서 소리는 기체보다 고체를 통해 더 빠르게 움직이기 때문에 “땅에 귀를 기울여라”는 옛말에는 근거가 있다(표 5.1).

표 5.1 다양한 소재에서 소리의 속력

매질	m/s	ft/s
이산화탄소(0℃)	259	850
건조한 공기(0℃)	331	1,087
헬륨(0℃)	965	3,166
수소(0℃)	1,284	4,213
물(25℃)	1,497	4,911
해수(25℃)	1,530	5,023
납	1,960	6,430
유리	5,100	16,732
강철	5,940	19,488

공기에서 음속

대부분의 사람들은 소리가 공기를 통해 이동하는데 어느 정도 시간이 걸린다는 것을 안다. 한 블록 떨어진 지붕에서 망치질을 하는 사람을 보면, 망치 소리가 보이는 것과 일치하지 않는다. 빛은 매우 빠르게 이동하기 때문에 모든 실제적인 목적상 보는 것과 실제로 일어나는 일이 동시에 발생하는 것을 간주할 수 있다. 그러나 소리는 훨씬 더 느리게 이동하며, 소리는 보고 있는 것에 비해 늦게 도착한다. 이것은 번개를 보고 몇 초 후에 천둥소리를 듣는 것으로 극적으로 예시된다. 아마도 여러분은 번개의 번쩍임과 천둥소리 사이의 간격을 재서 번개까지의 거리를 추정하는 방법을 알고 있을 것이다. 그렇지 않다면 이 거리를 측정하는 정확한 방법을 곧 배우게 될 것이다.

공기 온도는 소리가 공기를 통해 얼마나 빠르게 움직이는가에 영향을 미친다. 따뜻한 공기의 기체 분자는 차가운 공기의 분자보다 더 큰 운동 에너지를 가지고 있다. 따라서 따뜻한 공기의 분자는 분자에서 분자로 더 빨리 충격을 전달한다. 더 정확히 말하면, 음파의 속력은 섭씨 0℃ 이상에서 온도가 1℃ 상승하면 0.600 m/s씩 증가한다. 그래서 따뜻한 날보다 추운 날에 차나 비행기가 음속의 장벽을 깨는 것이 더 쉬울 것이다. 얼마나 쉬울까? 0℃의 해수면 밀도(정상 압력)의 건조한 공기에서 음속은 약 331 m/s이다. 공기 온도가 30℃일 경우, 0℃ 위로 각 1℃마다 0.600 m/s씩, 즉 (1℃당 0.600 m/s)(30℃) = 18 m/s 더 빠르게 이동한다. 이것을 0℃에서의 음속에 더하면 331 m/s + 18 m/s = 349 m/s가 된다. 공기 온도가 30℃일 때 음속으로 이동하려면 349 m/s로 이동할 필요가 있지만, 공기 온도가 0℃일 때는 331 m/s에서 음속으로 이동할 수 있다.

0℃에서 음속과 0℃ 이상에서 1℃당 증가분을 더하는 간단한 관계를 다음 식으로 결합할 수 있다.

$$v_{T_\mathrm{p}}(\mathrm{m/s}) = v_0 + \left(\frac{0.600\ \mathrm{m/s}}{℃}\right)(T_\mathrm{p}) \qquad \text{식 5.4}$$

여기서 v_{T_p}는 현재 온도에서 음속이고, v_0은 0℃에서 음속, T_p는 현재 온도이다. 이 방정식은 음파의 속도가 0℃ 이상에서 1℃마다 0.6 m/s씩 증가한다는 것을 알려준다. ft/s 단위로는

$$v_{T_\mathrm{p}}(\mathrm{ft/s}) = v_0 + \left(\frac{2.00\ \mathrm{ft/s}}{℃}\right)(T_\mathrm{p}) \qquad \text{식 5.5}$$

이다. 식 5.5는 음속이 0℃ 이상에서 1℃마다 2.0 ft/s씩 증가한다는 것을 알려준다.

예제 5.4

상온(20.0℃)에서 음속은 m/s 단위로 얼마인가?

풀이

$v_0 = 331\ \mathrm{m/s}$

$T_\mathrm{p} = 20.0℃$

$v_{T_\mathrm{p}} = ?$

$$\begin{aligned} v_{T_\mathrm{p}} &= \left(\frac{0.600\ \mathrm{m/s}}{℃}\right)(T_\mathrm{p}) \\ &= 331\ \mathrm{m/s} + \left(\frac{0.600\ \mathrm{m/s}}{℃}\right)(20.0℃) \\ &= 331\ \mathrm{m/s} + (0.600 \times 20.0)\frac{\mathrm{m/s}}{℃} \times ℃ \end{aligned}$$

$$= 331\ \text{m/s} + 12.0\ \text{m/s}$$

$$= \boxed{343\ \text{m/s}}$$

예제 5.5

공기 온도는 86.0°F이다. 음속은 ft/s로 얼마인가?(식 5.5를 적용하려면 °F를 ℃로 변환해야 한다.)(답: 1,147 ft/s)

굴절과 반사

잔잔한 물웅덩이에 돌을 떨어뜨리면 파동의 원형 패턴이 이동해 나간다. 이 수면파는 편평하고 2차원적인 표면에 있다. 그러나 음파는 빠르게 팽창하는 풍선처럼 3차원 공간에서 움직인다. 음원은 보통 이러한 구면파(spherical wave)의 중심에 있다. 파동 자체에는 매질의 분자가 함께 압축되어 바깥으로 움직이는 영역(응축)과 매질의 분자가 압축되지 않고 밀도가 낮아져 바깥으로 움직이는 영역(희박화)이 교대한다. 각 응축 영역의 마루를 파면으로 간주할 수 있다. 한 파면에서 다음 파면까지의 거리는 하나의 완전한 파동, 즉 파장과 동일하다. 음원에 가까이 있는 동안은 이 파면이 곡선으로 보인다. 음원에서 어느 정도 떨어진 곳에서는 각 구면파가 충분히 커져서 파면의 작은 부분이 평평한 것으로 보이므로 이것을 선형 파면(linear wave front)으로 간주할 수 있다(그림 5.12).

파동은 기체나 고체와 같은 균질 매질에서 상당히 일정한 속도로 움직이지만 마찰에 점차 에너지를 잃는다. 그러나 파동이 다른 조건(온도, 습도 또는 물질의 성질)을 마주하면 급격한 변화가 빠르게 발생할 수 있다. 두 물리적 조건 사이의 분할을 경계(boundary)라고 한다. 경계는 보통 (1) 다른 재료 사이나 (2) 다른 조건을 가진 동일한 재료 사이에서 생긴다. 다른 물질들 사이에서 움직이는 파동의 예는 옆방에서 발생한 소리가 공기를 통해 벽으로, 그리고 벽을 통해 여러분이 있는 방의 공기로 이동하는 경우이다. 그 경계는 공기-벽과 벽-공기다. 만약 여러분이 "얇은 벽"의 방에 있었던 경험이 있다면, 소리가 벽과 공기 경계를 통해 움직이는 것이 명백할 것이다.

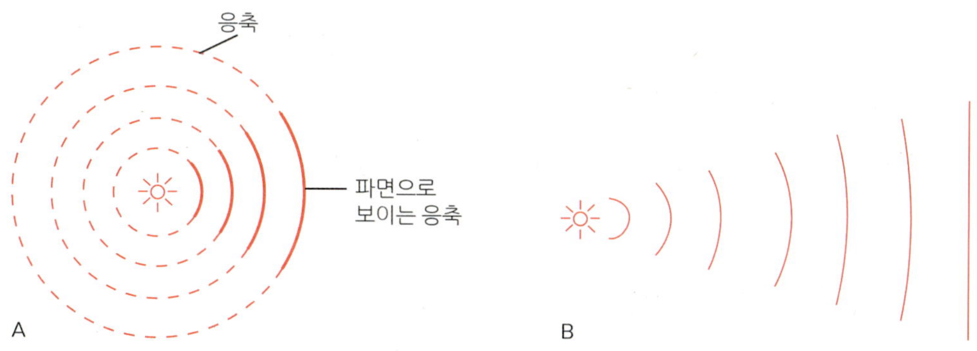

그림 5.12 (A) 구면파는 빠르게 팽창하는 풍선처럼 음원에서 바깥쪽으로 움직인다. 이 2차원 스케치에서는 반복되는 응축을 구면파의 파면으로 표시한다. (B) 음원에서 약간 떨어진 거리에서 구면파의 파면을 선형 또는 평면 파면으로 간주한다.

굴절

음파가 다른 조건들을 가진 동일한 물질을 통해 이동하는 예는 파면이 여러 온도의 공기를 통해 이동할 때 발견된다. 소리는 차가운 공기보다 따뜻한 공기에서 더 빨리 이동하기 때문에 파면은 구부러진다. 경계에서 파면의 구부러짐을 **굴절**(refraction)이라고 한다. 굴절은 파면의 이동 방향을 바꾼다. 예를 들어, 고요하고 맑은 밤에 지표면 근처의 공기가 지표면에서 더 멀리 있는 공기보다 더 차가운 경우를 고려해보자. 지표면 위의 옥상 높이에서 공기는 그러한 이상적인 조건 하에서 4, 5도만큼 더 따뜻할 수 있다. 소리는 지표면 가까이의 더 낮고 차가운 공기에서보다 더 높고 따뜻한 공기에서 더 빨리 전달되므로 파면이 지표면 바로 위의 차가운 공기로 휘어질 것이다. 이 휘어진 파동은 지구 표면의 곡선을 따라 진행하므로 따뜻한 저녁에 들을 때보다 더 먼 곳의 소리를 들을 수 있다(그림 5.13A). 이와 반대되는 과정은 낮 동안 지구 표면이 햇빛으로부터 따뜻해질 때 발생한다(그림 5.13B). 파면은 지표면 근처의 따뜻한 공기에 있는 부분이 더 빨리 이동하기 때문에 위로 굴절된다. 그러므로 소리는 여름에는 겨울일 때만큼 멀리까지 전달되지 않는 것 같다. 실제로 일어나는 일은 여름에는 파면이 아주 멀리 이동하기 전에 지표면에서 위로 굴절된다는 것이다.

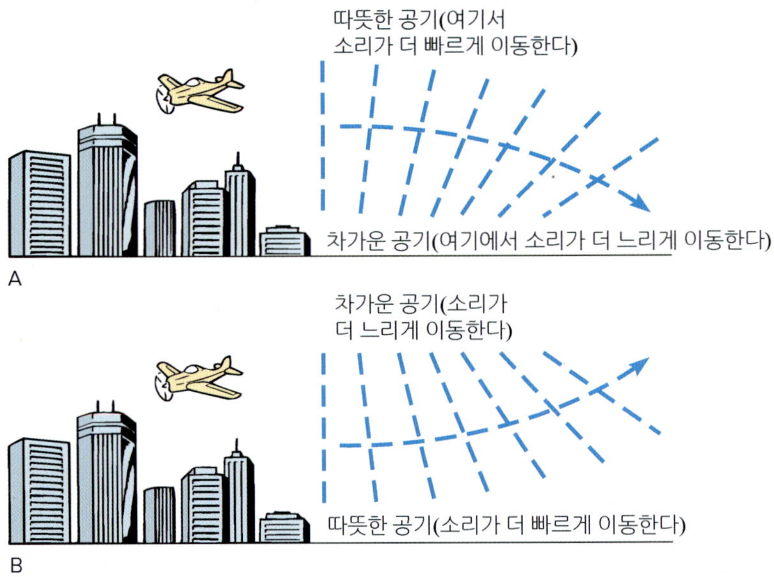

그림 5.13 (A) 소리는 따뜻한 공기에서 더 빨리 이동하기 때문에, 지표면 근처의 공기가 차가울 때 파면이 지표면을 향해 구부러진다, 즉 굴절된다. (B) 공기가 지표면 근처에서 더 따뜻할 때 파면은 표면으로부터 멀어지는 윗쪽으로 굴절된다.

과학 스케치

상층부와 하층부의 대기 온도에 차이가 없을 때 소리가 어떻게 전달되는지를 보여주는 그림을 그림 5.13A(또는 종이)에 그리시오.

반사

파면이 그것에 평행한 경계와 부딪칠 때, 파동은 경계의 특성에 따라 흡수되거나 전달되거나 방향의 변화를 겪을 수 있다. 파동이 방향의 변화, 즉 **반사**(reflection)를 겪을 때, 파동은 바로 뒤로 튕겨지거나, 어떤 각도로 꺾어질 수 있다. 또한 경계의 성질에 따라 파동은 부분적으로 흡수되거나,

부분적으로 전달되거나, 부분적으로 반사되거나, 또는 이러한 것들의 어떠한 조합도 될 수 있다. 딱딱하고 매끄러운 표면과 같은 일부 물질은 음파를 흡수하는 것보다 더 많이 반사한다. 부드럽고 주름진 커튼과 같은 물질들은 음파를 반사하는 것보다 더 많이 흡수한다. 만약 커튼, 카펫, 가구가 없고, 매끄럽고 단단한 벽의 방에 가 본 적이 있다면, 음파가 마침내 흡수되기 전에 여러 번 반사될 수 있다는 것을 알 것이다.

그림 5.14 이 멀티미디어 제어실은 흡음 조절 장치가 있는 일부 벽에 의해 음향학적으로 강화되어 있다. 흡수된 소리가 반사되지 않기 때문에 이렇게 처리된 방에서는 반향과 메아리가 일어날 수 없다. 출처: ©Oktay Ortakcioglu/Getty Images

샤워하면서 노래를 부르는가? 다른 곳에서 노래할 때보다 음조가 더 즐겁기 때문에 많은 사람들이 그렇게 한다. 욕실의 벽은 주로 단단하고 매끈해서 소리가 흡수되기 전에 앞뒤로 여러 번 반사된다. 지속적인 많은 반사는 음조에 입체감을 준다. 반사음과 원음의 혼합을 **반향(reverberation)**이라고 한다. 반향은 음조에 입체감을 추가하므로 방, 교실, 강당의 음향 특성을 결정하는 요소 중 하나다. 야외 콘서트는 강당의 반향이 없어 밋밋하고, 보통 전자적으로 향상시켜 반향음의 부족을 보충한다. 방이나 교실의 너무 많은 반향은 좋지 않다. 왜냐하면 발화된 단어가 선명하지 않기 때문이다. 따라서 선명하고 뚜렷한 연설이 중요한 곳의 벽과 바닥에 소리를 흡수하는 재료를 사용한다(그림 5.14). 영화 극장에서 보는 카펫과 커튼은 장식용이 아니라 소리를 흡수하기 위해 존재한다.

0.10초 뒤에 반사음이 도착하면, 인간의 귀는 원음과 반사음을 구별할 수 있다. 원음과 구별할 수 있는 반사음을 **메아리(echo)**라고 한다. 그러므로 0.10초 이전에 도착한 반사음은 소리의 증가로 인지되어서 반향이라고 하지만, 0.10초 이후에 도착한 소리는 메아리로 인지된다.

예제 5.6

원음 펄스와 반사음 펄스 사이에 0.10초 이상의 시간 경과가 있으면 인간의 귀는 두 소리를 구별할 수 있다. 음속이 343 m/s인 경우 메아리를 들을 수 있는 반사 표면까지의 최소 거리는 얼마인가(그림 5.15 참조)?

풀이

$t = 0.10\ \text{s}$(최소)
$v = 343\ \text{m/s}$
$d = ?$

$$v = \frac{d}{t} \qquad \therefore\ d = vt$$

$$= \left(343\frac{\text{m}}{\text{s}}\right)(0.10\ \text{s})$$

$$= 343 \times 0.10\frac{\text{m}}{\text{s}} \times \text{s}$$

$$= 34.3\frac{\text{m}\cdot\text{s}}{\text{s}}$$

$$= 34\ \text{m}$$

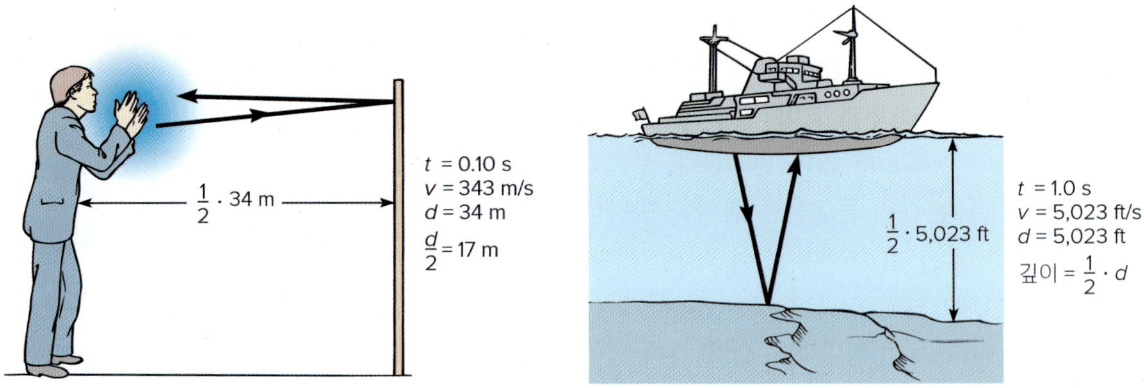

A 메아리 B 소나

그림 5.15 (A) 상온에서 소리는 343 m/s로 이동한다. 0.10초가 지나면 소리는 34 m 이동할 것이다. 메아리를 들으려면 소리가 벽으로 이동하고 되돌아와야 하기 때문에 벽까지의 거리는 전체 거리의 절반이다. (B) 소나는 초음파 펄스와 메아리 사이의 경과 시간을 재서 깊이를 측정한다. 깊이는 왕복 길이의 절반이다.

소리 펄스는 음원에서 반사 표면으로 이동한 다음 음원으로 되돌아와야 하므로,

$$34 \text{ m} \times 1/2 = \boxed{17 \text{ m}}$$

이다. 따라서 공기의 온도가 상온일 때 메아리를 들을 수 있는 반사 표면까지의 최소 거리는 17 m이다.

예제 5.7

음속이 1,147 ft/s일 때 정확히 1.00초 후에 메아리가 들린다. 반사 표면은 몇 피트 떨어져 있는가?(답: 574 ft)

수중 음속이 알려져 있기 때문에 음파 메아리를 이용하여 음파 탐지기로 물의 깊이를 결정하거나 수중의 물체 위치를 알아낼 수 있다. 소나(sonar)라는 단어는 음파 탐지기(sound navigating ranging)에서 따온 것이다. 이 장치는 수중 초음파 펄스를 발생시킨 다음 되돌아오는 메아리에 대한 경과 시간을 측정한다. 음파는 25℃의 바닷물에서 약 1,531 m/s로 움직인다. 생성된 소리와 메아리 반송 사이에 1초가 경과하면 그 소리는 왕복 1,531 m를 이동했다는 것을 의미한다. 표면 아래에서 바닥까지는 이 거리의 절반이다(그림 5.15B).

간섭

입자가 경계 때문에 반사 또는 굴절하는 것과 마찬가지로 파동은 경계와 상호작용한다. 예를 들어, 움직이는 공은 파동처럼 표면에 부딪히는 것과 같은 각도로 표면으로부터 튕겨져 나올 것이다. 그러나 입자나 공은 한 번에 한 곳에만 있을 수 있지만 파동은 동시에 먼 곳으로 퍼질 수 있다. 다른 장소에 있는 많은 다른 사람들이 동시에 같은 소리를 들을 수 있기 때문에 우리는 이것을 잘 알고 있다.

미신, 착각, 오해

오리의 꽥꽥거리는 소리는 메아리가 울리지 않는다?

여러분은 "오리의 꽥꽥거리는 소리는 메아리가 울리지 않고, 왜 그런지 아무도 모른다"는 대중적인 미신을 들어본 적이 있을 것이다. 이 미신을 조사하기 위해 영국 그레이터맨체스터(Greater Manchester)의 솔포드 대학교(University of Salford)에서 음향 연구 실험이 실시되었다. 음향 전문가들은 먼저 반사를 일으키지 않도록 만들어진 특별한 방에서 꽥꽥거리는 오리를 녹음했다. 그 다음에 절벽 면을 지나 비행할 때 오리가 꽥꽥거리는 효과를 내기 위해 반향실에서 시뮬레이션을 했다. 실험 결과 오리의 꽥꽥거리는 소리는 다른 소리와 마찬가지로 실제로 메아리가 울린다는 것을 발견했다.

연구자들은 다음과 같은 이유로 미신이 생겼을지도 모른다고 추측했다.

1. 꽥꽥거리는 소리는 메아리가 울리지만, 보통 오리가 너무 조용히 꽥꽥거리기 때문에 듣기에는 너무 조용하다.
2. 오리는 반향을 일으킬 산이나 건물과 같은 반사 표면 근처가 아니라 물 근처에서 꽥꽥거린다.
3. 오리의 꽥꽥거리는 소리처럼 점점 희미해져 가는 소리의 메아리를 듣기는 힘들다.

보강 및 소멸

두 진행파가 만나면 서로 간섭하여 새로운 교란을 일으킬 수 있다. 이 새로운 교란의 진폭은 원래 두 파동 형태의 진폭의 합으로 원래 진폭과는 다르다. 파동의 마루나 골이 같은 장소에 동시에 도달하면 두 파동이 위상 맞는(in phase) 상태에 있다고 하며, 두 진폭이 양으로 더해진다. 새로운 교란은 두 개별 파동 중의 어느 것보다 변위가 더 큰 마루와 골을 가진다. 이것을 보강 간섭(constructive interference)이라고 한다(그림 5.16A). 한 파동의 골과 다른 파동의 마루가 같은 장소에 동시에 도착한다면 두 파동이 완전히 위상 어긋난(out of phase) 상태에 있다고 한다. 한 파장의 마루(양의 변위)는 다른 파장의 골(음의 변위)을 상쇄하며, 그 결과는 0의 전체 교란(total disturbance), 즉 파동이 없어진다. 이를 소멸 간섭(destructive interference)이라고 한다(그림 5.16B). 만약 두 파동 형태가 같은 진폭이나 파장을 가지고 있지 않다면, 그것들은 완전히 위상 맞거나 완전히 위상 어긋나지는 않을 것이다. 그 결과는 두 파동 형태의 정확한 특성에 따라 부분적으로 보강 또는 소멸 간섭이 될 것이다.

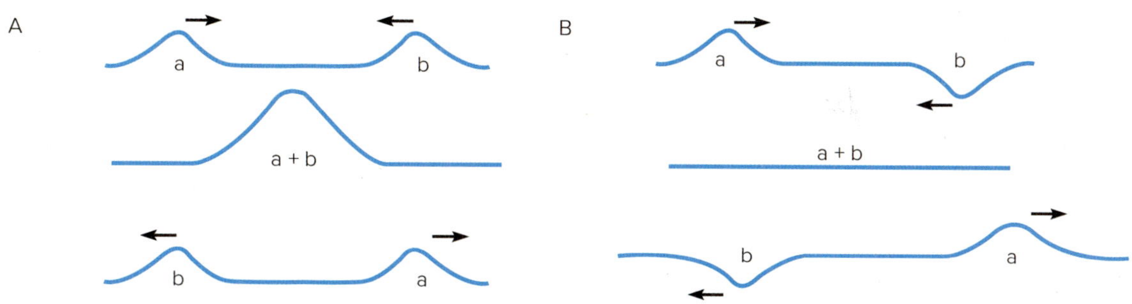

그림 5.16 (A) 위상 맞는 동일한 두 파가 만나면 보강 간섭이 발생한다. (B) 위상 어긋난 동일한 두 파가 만나면 소멸 간섭이 발생한다. 두 경우 모두 두 파동이 만날 때 파동의 변위는 포개지지만, 그 후 서로 지나쳐 원래의 진폭으로 되돌아간다.

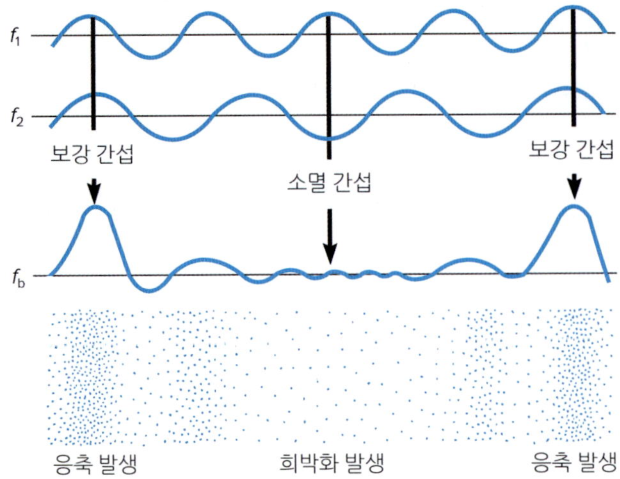

그림 5.17 진폭은 동일하지만 진동수는 약간 다른 두 파형이 소멸 및 보강 간섭을 한다. 그 결과 번갈아 발생하는 큰 소리가 맥놀이이다.

맥놀이

두 진동원이 진폭, 진동수가 각각 같고 위상 맞는 소리를 낸다고 가정하자. 보강 간섭으로 인해 그 결과 발생하는 소리는 더 커질 것이다. 그러나 두 음원의 진동수가 약간 다르다고, 예를 들어 350 Hz와 352 Hz라고 가정해보자. 여러분은 **맥놀이(beat)**라고 하는, 소리의 주기적인 증가와 감소를 듣게 될 것이다. 맥놀이는 두 음파가 보강 및 소멸 간섭을 번갈아 경험하기 때문에 발생한다(그림 5.17). 그림 5.17에서 볼 수 있듯이 위상 관계가 진동수 차이 때문에 변화한다. 이렇게 보강과 소멸 간섭 영역이 교대하면서 음원으로부터 수신자로 진행하고 있으며, 수신자는 그 결과를 빠르게 상승 및 하강하는 소리 준위로 듣는다. 맥놀이 진동수는 두 음원의 진동수 차이다. 352 Hz 음원과 350 Hz 음원이 함께 울리면 2 Hz의 맥놀이 진동수가 발생한다. 따라서 두 진동수가 점점 가까워질수록, 단위 시간당 들리는 맥놀이 수는 더 적어진다. 여러분이 엔진이 두 개인 비행기를 타본 적이 있다면, 맥놀이 현상에 익숙할 것이다. 한 엔진이 다른 엔진보다 약간 더 빠르게 돌아가면 느린 맥놀이를 들을 수 있다. 맥놀이 진동수(f_b)는 다음과 같이 진동수가 약간 다른 두 간섭파의 진동수의 차와 같다.

$$f_b = f_2 - f_1 \qquad \text{식 5.6}$$

5.5 파동 에너지

음파를 포함하는 모든 파동은 에너지를 옮긴다. 그림 5.2의 진동하는 물체와 용수철은 평형 위치에서 물체를 이동하는 데 얼마나 많은 일을 했느냐에 따라 진동의 진폭이 달라진다. 물체에 대한 일이 많아지면 변위가 커지고 진동의 진폭도 커진다. 음파를 발생시키는 진동 물체는 진폭이 크면 더 강한 응축과 희박화를 일으킬 것이다. 음파의 세기는 음파가 전달하는 에너지의 척도이다(그림 5.18). 세기(intensity)는 파동이 파동에 수직인 단위 면적(제곱미터)에 전달하는 출력(와트 단위)으로 정의된다. 따라서 세기는 다음과 같이 제곱미터당 와트(W/m^2)로 측정된다.

$$\text{세기} = \frac{\text{출력}}{\text{면적}}$$

$$I = \frac{P}{A} \qquad \text{식 5.7}$$

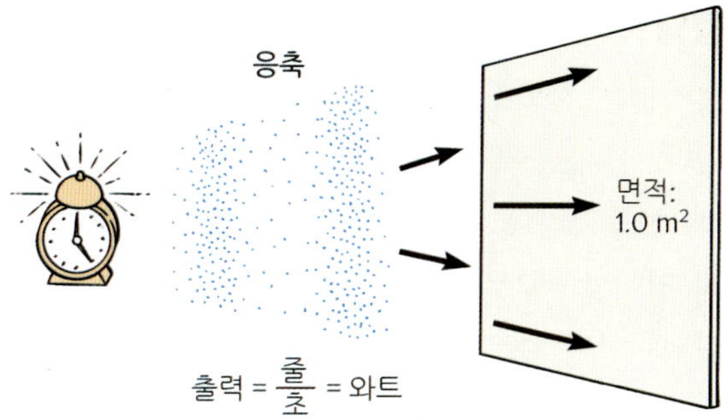

그림 5.18 음파의 세기는 파동에 수직인 면적으로 전달되는 에너지의 비율이다. 세기는 제곱미터당 와트, 즉 W/m^2으로 측정된다.

소리 크기

소리 크기(loudness)는 사람에 따라 달라지는 주관적인 해석이다. 또한 소리 크기는 (1) 진동하는 물체의 에너지, (2) 음파가 통과하는 공기의 상태, (3) 여러분과 진동원 사이의 거리와 관련이 있다. 더욱이 진동원의 진폭을 2배로 늘리면 그 결과 발생하는 음파의 세기(intensity)는 4배로 증가하지만 소리는 4배만큼 크게 인식되지 않는다. 인지된 소리 크기와 음파의 세기 사이의 관계는 선형 관계가 아니다. 실제로 크기가 두 배로 인식되는 소리는 10배의 세기를 필요로 하며, 소리 크기를 4배로 늘리려면 세기가 100배 증가할 필요가 있다.

인간의 귀는 매우 민감하다. 10^{-12} W/m^2만큼 낮은 세기의 소리를 들을 수 있으며 소리의 세기가 약 1 W/m^2에 도달할 때까지 불편함이 없다. 두 번째 세기는 첫 번째 세기의 1조 배(10^{12}배)이다. 이 범위 내에서 세기의 주관적 해석은 10의 거듭제곱으로 변하는 것 같다. 이러한 관찰로 세기 준위를 측정하기 위한 **데시벨 눈금(decibel scale)**이 개발되었다. 이 눈금은 청력 한계점에 대해 정해진 소리의 세기 준위의 비율이고, 그 한계 값은 1,000 Hz에서 10^{-12} W/m^2으로 정의된다. 세기에 대한 10의 거듭제곱 주관적 해석에 따라, 선형 눈금보다는 로그 눈금이 사용된다. 원래 그 눈금은 청력의 한계점에 대한 소리의 세기 비율의 로그였다. 이 정의는 인간의 청력 한계점을 0점으로 설정했다. 알렉산더 그레이엄 벨(Alexander Graham Bell, 1847-1922)을 기리기 위해 이 단위를 벨(bel)로 명명하였다. 이 단위는 너무 커서 실용적이지 않기 때문에 이것을 10배만큼 줄여서 데시벨(decibel)이라고 했다. 따라서 소리의 세기 준위는 데시벨로 측정된다(표 5.2). 표 5.2에 나열된 친숙한 소리들의 데시벨 소음 준위들을 비교하고 데시벨 눈금이 10씩 증가할 때마다 세기 준위가 10배씩 증가한다는 점에 유의하자. 예를 들어, 데시벨 준위가 10에서 20으로 이동하려면 10배의 세기가 필요하다. 마찬가지로 데시벨이 20에서 40으로 이동하려면 세기 준위는 100배 증가해야 한다. 보시다시피 데시벨 눈금은 단순한 선형 눈금이 아니다.

표 5.2 데시벨과 세기로 나타낸 소음 수준의 비교

예	반응	데시벨	세기 W/m^2
가청 한계	거의 인식되지 않음	0	1×10^{-12}
조용한 숲속	아주, 아주 조용함	10	1×10^{-11}
속삭임(15 ft)	아주 조용함	20	1×10^{-10}
도서관	조용함	40	1×10^{-8}
말하기	듣기 쉬움	65	1×10^{-6}
교통량이 많은 도로	대화가 어려움	70	1×10^{-5}
공압 드릴(50 ft)	아주 큼	95	1×10^{-3}
제트기(200 ft)	불편함	120	1

공명

여러분은 천둥소리가 창문을 덜컹거리게 하는 것을 들을 때 음파가 에너지를 전달한다는 것을 알고 있다. 실제로 폭발로 인한 날카로운 소리는 창문을 덜컹거리게 할 뿐만 아니라 유리창을 깨기도 한다. 천둥소리나 폭발의 에너지 원천은 명백히 알 수 있다. 그러나 때때로 에너지 전달이 음파를 통해 일어날 때 무슨 일이 발생하고 있는지 분명하지 않을 수 있다. 예를 들어, 트럭이 길을 따라 달릴 때 어떤 창문은 덜컹거리지만 다른 창문들은 그렇지 않다. 가수가 단일한 음을 부르며 크리스털 컵을 깨뜨리지만, 다른 물체들은 그대로 남아 있다. 진동하는 물체의 성질과 에너지의 전달을 자세히 살펴보면 이러한 현상을 설명할 수 있다.

거의 모든 탄성 있는 물체를 진동하도록 만들 수 있고 물체는 충분히 교란된 후에 일정한 진동수로 자유롭게 진동할 것이다. 연예인들은 때때로 이 사실을 발견하고 심야 토크쇼에 톱, 렌치, 그리고 다른 기묘한 물건들을 연주하는 악기로 등장시킨다. 모든 물체는 그 물체의 재료와 모양에 따라 결정되는 자연 진동수 또는 고유 진동수(natural frequency)를 갖는다. 다양한 렌치의 고유 진동수 때문에 연예인은 매달린 도구들이 마치 실로폰의 막대인 것처럼 사용할 수 있다.

그네를 밀어본 적이 있다면 작은 힘을 어떤 진동수로도 가할 수 있다는 것을 알 것이다. 적용된 힘의 진동수가 움직이는 그네의 고유 진동수와 일치하면, 진폭이 극적으로 증가한다. 두 진동수가 일치하면 에너지는 매우 효율적으로 전달된다. 외부 힘의 진동수가 고유 진동수와 일치하는 상태를 **공명(resonance)**이라고 한다. 따라서 물체의 고유 진동수를 공명 진동수(resonance frequency), 즉 공명이 발생하는 진동수라고도 한다.

충격을 받아 진동하고 있는 소리굽쇠 근처에 동일한 진동수의 조용한 두 번째 소리굽쇠를 놓으면 공명이 발생한다(그림 5.19). 부딪힌 소리굽쇠에 손을 대 그 진동을 멈추면 이전에 조용히 있었던 소리굽쇠가 내는 소리가 들릴 것이다. 충격을 받은 소리굽쇠가 일으키는 응축과 희박화의 파동은 조용한 소리굽쇠의 고유 진동수와 일치하는 일련의 규칙적인 충격을 생성한다. 이것은 공명에서 진동을 시작하는 데는 상대적으로 적은 에너지가 필요하다는 것을 보여준다.

트럭이 건물을 지날 때 일으키는 진동은 한 창문을 덜컹거리게 하지만 다른 것들은 그렇지 않을 수 있다. 트럭에 의한 진동은 이 창문의 고유 진동수와 일치하지만 다른 창문의 고유 진동수와는 일치하지 않는다. 창문은 그 고유 진동수와 일치하는 음파 충격으로부터 공명을 겪는다. 가수가 물컵을 깨는 것도 공명 때문이다. 만약 음조가 유리의 공명 진동수이면, 그 결과로 발생하는 진동은 유리를 산산조각 낼 정도로 클 수 있다.

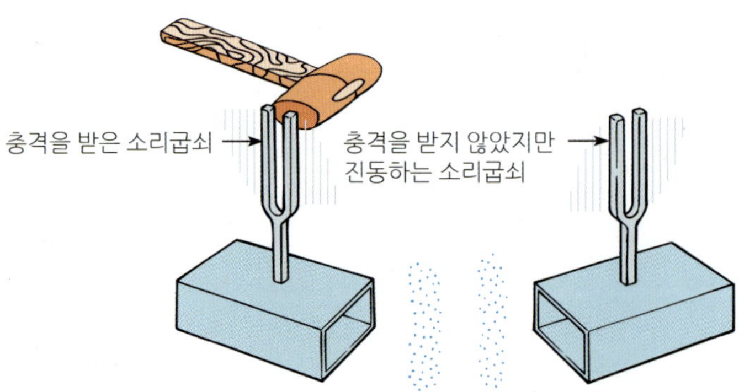

그림 5.19 음파의 힘을 포함하여 가해준 힘의 진동수가 물체의 고유 진동수와 일치하면 에너지는 매우 효율적으로 전달된다. 그 상태를 공명이라고 한다.

개념 활용

노래하는 유리컵

유리컵의 테두리를 문질렀을 때 컵이 "노래하는" 소리를 들어본 적이 있는가? 유리컵을 노래하게 하는 요령은 손가락에서 가능한 한 많은 기름을 제거하는 것이다. 그런 다음 젖은 손가락을 올바른 속도로 유리 테두리의 상단과 주위를 가볍게 문지른다. 기름이 없으면 테두리를 문지르면서 젖은 손가락이 미세하게 유리에 타격을 가한다. 압력과 속도가 적절하면 타격하는 손가락이 유리의 고유 진동수와 일치할 수 있다. 공명 진동으로 인해 유리가 높은 음으로 "노래하게" 된다.

5.6 음원

모든 소리의 원천은 진동하는 물체다. 물체의 진동은 공기를 통해 응축과 희박화의 펄스나 파동을 보낸다. 이러한 음파는 진동수와 세기와 같이 측정할 수 있는 물리적 특성을 가지고 있다. 진동수에 대한 여러분의 반응은 주관적으로 그것을 음높이로 감지하는 것이다. 진동수가 높은 소리는 고음으로, 진동수가 낮은 소리는 저음으로 해석된다. 마찬가지로, 큰 세기는 큰 음성으로 해석되지만, 진동수와 음높이 사이의 관계와는 다르게 세기와 크기 사이에는 직접적인 관계가 없다.

소리에는 다른 주관적인 해석도 있다. 어떤 소리들은 일부 사람들에게는 성가시고 짜증나지만 다른 사람들은 알아채지 못한다. 일반적으로 쾅쾅 닫히는 문, 떨어뜨린 책, 미끄러지는 의자와 같이 짧고 불규칙한 진동에 의해 발생하는 소리를 잡음 또는 소음(noise)이라고 한다. 소음은 여러 진동수가 섞여있고 세기가 뒤범벅인 음파로 특징지어진다(그림 5.20). 한편, 소리굽쇠에 의해 만들어진 진동과 같이 매우 규칙적으로 반복되는 진동이 생성하는 소리도 있다. 소리굽쇠는 사인 곡선 압력 변화와 규칙적인 진동수를 가진 순음(pure tone)을 생성한다. 하지만 소리굽쇠는 대부분의 사람들이 단조롭다고 해석하는 음을 만들어낸다. 여러분은 소리굽쇠 소리를 음악적 음이라고 부르지는 않을 것이다! 악기에서 나오는 음악 소리는 소음과 순음처럼 일정한 진동수와 크기를 가지고 있지만, 다른 두 악기가 만든 바로 똑같은 음의 원천을 쉽게 식별할 수 있다. 여러분은 그것을 소음도 순음도 아닌 음악적인 음으로 인식하고, 또한 그 음이 바이올린이나 기타에 의해 만들어졌는지 여부도 안다. 그 차이는 두 악기가 만드는 소리의 파동 형태로, 그 차이를 음질(sound quality)이라고 한다. 악기는 어떻게 특징적인 소리를 내는가? 그 답은 진동하는 줄을 사용하는 기구를 보면 알 수 있다.

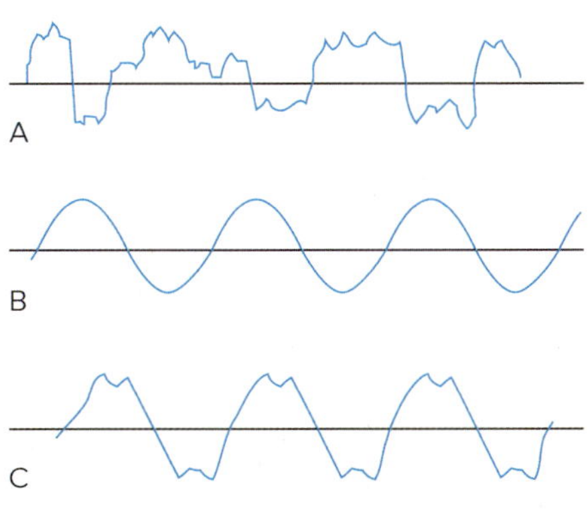

그림 5.20 들을 수 있는 다양한 소리에는 (A) 소음, (B) 순음, (C) 음악적 음이 있다.

진동하는 줄

기타와 같은 현악기에서는 고정된 두 끝 사이에 줄이 이어져 있다. 줄을 켜면, 다양한 진동수의 파동이 고정된 양 끝에서 반사되어 줄을 왔다 갔다 한다. 이러한 파동의 상당수는 빠르게 사라지지만 특정 진동수가 공명하여 파동의 형태를 구성한다. 이러한 공명 형태를 자세히 고려하기 전에 다음 세 가지를 명심하자. (1) 둘 이상의 파동이 동시에 같은 장소에 있을 수 있으며, 서로를 통과하여 반대 방향으로 이동할 수 있다. (2) 속박된 파동은 경계에서 반사되며, 반사파는 뒤집힌다(마루가 골이 된다). (3) 반사파는 같은 진동수의 들어오는 파동과 간섭을 일으켜서 정지파를 생성한다. 그림 5.21은 반사파 형태가 들어오는 파동 형태와 만날 때 일어나는 것을 그린 그래픽 "스냅 사진"이다. 들어오는 파동은 실선으로, 반사파는 점선으로 표시되어 있다. 그 결과 마디와 배가 형성된다. (1) 마디(node)는 소멸 간섭하는 곳으로, 교란이 나타나지 않는다. (2) 배(antinode)는 보강 간섭하여 진폭이 최대가 되는 곳인데, 이 두 파동 형태의 마루와 골이 빠르게 번갈아 위아래로 교란을 일으키는 곳에서 생긴다. 마디와 배가 번갈아 나타나는 이러한 형태가 줄을 따라 움직이지 않으므로 **정지파(standing wave)**라고 한다. 한 파장의 정지파는 양쪽 끝과 중앙에 마디가 있고 배가 두 개 있다는 점에 유의하자. 정지파는 줄의 고유 진동수, 즉 공명 진동수에서 발생하는데, 공명 진동수는 줄의 성질, 줄 길이, 줄에 걸린 장력에 의존한다. 정지파는 공명 진동이기 때문에 다른 모든 파동이 빠르게 사라져도 계속 유지된다.

줄의 양끝은 자유롭게 움직일 수 없기 때문에 줄의 끝에는 마디가 있을 것이다. 그러한 줄에 정지파를 만들 수 있는 가장 긴 파동은 줄의 길이(L)의 두 배인 파장(λ)을 가진다. 진동수(f)는 파장에 반비례하므로(식 5.3에서 $f = v/\lambda$) 가장 긴 파장은 **기본 진동수(fundamental frequency)**라고 하는 가능한 가장 낮은 진동수를 갖는다. 기본 진동수는 배를 한 개 가지고 있는데, 이는 줄의 길이가 반파장이 된다는 것을 의미한다. 기본 진동수(f_1)는 울리는 기본음의 음높이를 결정한다. 그러나 다른 공명 진동수도 동시에 발생하는데, 이는 다른 정지파도 줄에 적합할 수 있기 때문이다. 더 높은 진동수(f_2)는 두 고정 마디 사이에 반파장 두 개가 들어갈 수 있다. 더욱 높은 진동수(f_3)는 두 고정 마디 사이에 반파장 세 개가 들어갈 수 있다(그림 5.22). 반파장의 어떠한 정수배도 정지파가 형

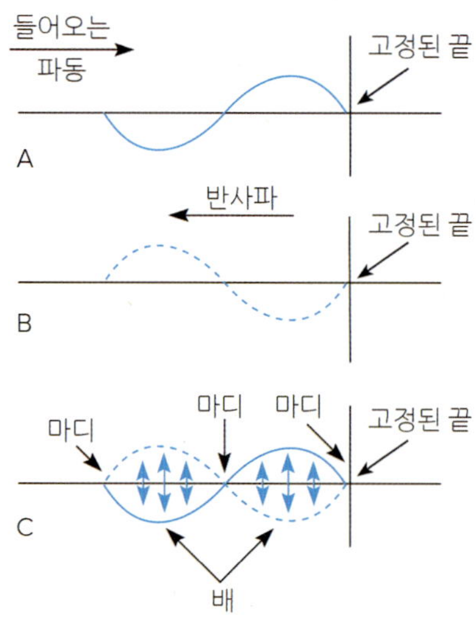

그림 5.21 끝이 고정된 줄에 들어오는 파동(A)은 진폭과 진동수가 동일한 반사파(B)를 만나 정지파(C)를 생성한다. 한 파장의 정지파에는 세 마디와 두 배가 있다.

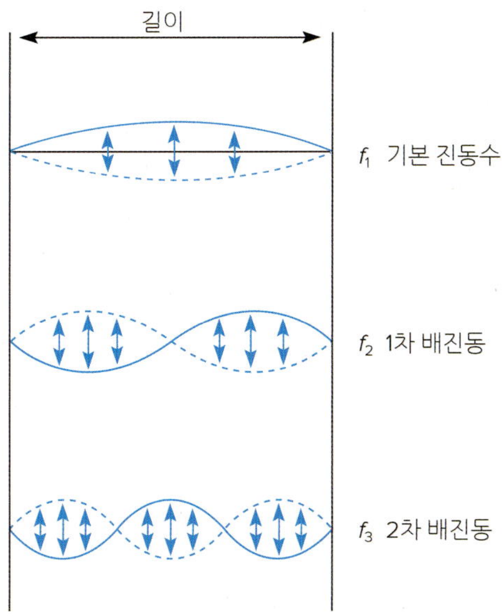

그림 5.22 일정한 길이의 팽팽한 줄에는 다수의 공명 진동수가 가능하다. 가장 낮은 진동수는 기본 진동수 f_1이며, 다음으로 높은 진동수들, 즉 배진동 f_2와 f_3이 그려져 있다.

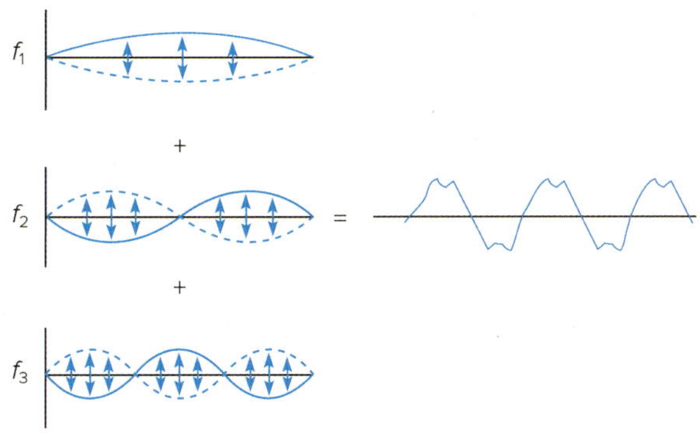

그림 5.23 기본 진동수와 배진동의 조합으로 특징적인 음질을 가진 복합 파형이 생성된다.

성되도록 할 것이다. 이러한 파장의 진동수(f_2, f_3 등등)를 배진동 또는 배음(overtone, harmonics)이라고 한다. 특정 악기의 음악적 음을 특징짓는 것은 다양한 배진동의 존재와 세기이다. 기본 진동수와 배진동이 더해져 특징적인 음질(sound quality)을 만들어내며(그림 5.23), 바이올린과 기타가 만드는 동일한 음높이에서 음질은 서로 다르다.

마디는 양 끝에 위치해야 하므로 일정한 길이(L)의 줄에는 반파장($1/2\lambda$)만 들어갈 수 있다. 그래서 줄의 기본 진동수는 $1/2\lambda = L$, 즉 $\lambda = 2L$이다. 이 값을 파동 방정식에 대입하고 진동수 f를 구하면, 줄의 길이와 파동의 속도가 알려져 있을 때 기본 진동수와 배진동을 구하는 관계를 얻는다. 그 관계는

$$f_n = \frac{nv}{2L} \qquad \text{식 5.8}$$

인데, 여기서 $n = 1, 2, 3, 4 \cdots$이고 $n = 1$은 기본 진동수, $n = 2$, $n = 3$ 등은 배진동이다.

예제 5.8

줄의 파동 속력이 400 m/s일 경우 0.5 m 줄의 기본 진동수는 얼마인가?

풀이

길이(L)와 속력(v)이 주어져 있다. 이 양들과 기본 진동수($n=1$)의 관계는 식 5.8에 있다.

$L = 0.5\text{ m}$

$v = 400\text{ m/s}$

$f_1 = ?$

$$f_n = \frac{nv}{2L} \quad \text{(여기서 } n = 1\text{은 기본 진동수의 경우이다)}$$

$$f_1 = \frac{1 \times 400\text{ m} \cdot \text{s}}{2 \times 0.5\text{ m}}$$

$$= \frac{400}{1}\frac{\text{m}}{\text{s}} \times \frac{1}{\text{m}}$$

$$= 400\frac{\text{m}}{\text{s} \cdot \text{m}}$$

$$= 400\frac{1}{\text{s}}$$

$$= \boxed{400\text{ Hz}}$$

예제 5.9

파동 속력이 400 m/s일 때 0.5 m 줄에서 1차 배진동의 진동수는 얼마인가?(답: 800 Hz)

진동하는 줄은 배진동의 파형을 생성하므로 진동하는 줄이 있는 악기를 화성 악기(harmonic instrument)라고 한다. 공기 기둥으로 소리를 내는 악기들도 화성 악기들이다. 여기에는 클라리넷, 플루트, 트롬본, 트럼펫, 파이프 오르간 등 모든 관악기가 포함된다. 다양한 관악기는 공기 기둥을 진동하는 방법이 서로 다르다. 플루트에서는 공기가 날카로운 가장자리 위를 움직이면서 진동하고, 클라리넷, 색소폰, 기타 리드 악기에서는 공기가 떨리는 얇은 리드를 지나면서 진동한다. 반면, 금관악기에서 공기는 연주자의 떨리는 굳은 입술에 의해 진동한다.

공기 기둥의 길이는 진동수를 결정하며, 목관악기는 관의 측면에 있는 구멍을 열거나 닫아서 공기 기둥의 길이를 바꿀 수 있다. 그 결과 음은 공기 기둥의 길이와 공명 배진동에 따라 달라진다.

움직이는 음원이 내는 소리

음원이 정지해 있을 때, 같은 간격의 음파가 음원에서 모든 방향으로 팽창한다. 그러나 음원이 움직이기 시작하면 연속적인 음파가 움직임의 방향으로 밀리게 되고, 이것이 음높이를 변화시킨다. 예를 들어, 다가오는 구급차의 사이렌은 구급차가 여러분을 지나갈 때 음높이를 바꾸는 것 같다. 앰뷸런스가 다가오면서 음파가 "뭉그러뜨려지고", 여러분에게는 구급차 안에 있는 사람들보다 더 높은 진동수의 사이렌 소리가 들리게 된다. 구급차가 여러분을 지나가면, 음파가 "늘여져서" 낮은 진동수의 사이렌이 들린다(그림 5.24). 음원이 다가오면 음이 높아지고 음원이 멀어지면 음이 낮아지는 효과를 **도플러 효과**(Doppler effect)라고 한다. 만약 여러분이 길가에 서 있고 다가오는 차가

과학과 사회

레이저 도청기

완전히 팽창된 풍선을 손끝 사이에 가볍게 쥐고 말해보자. 여러분은 목소리로부터 약간의 진동을 느낄 수 있을 것이다. 마찬가지로, 목소리에서 나오는 음파 때문에 근처의 창문이 약간 진동하게 될 것이다. 만약 레이저 빔이 창문에서 반사되어 나온다면, 그 반사는 진동에 의해 바뀔 것이다. 들어오는 레이저 빔은 결맞는빛이다. 즉, 모든 빛은 동일한 진동수와 진폭을 갖는다(자세히 알아보기: 레이저 참조). 그러나 반사 빔은 진동하는 창틀 때문에 진동수와 진폭이 다르게 될 것이다. 그 변화들은 수신기에 의해 감지되어 헤드폰에서 소리로 변환될 수 있다.

적외선은 사람이 볼 수 있는 진동수 밖에 있기 때문에 사람은 적외선 레이저 빔을 볼 수 없다. 창틀, 팽창된 풍선, 매달린 사진, 도자기 진열장의 전면 유리를 포함하여 소리에 민감한 대상에 레이저 도청기를 사용할 수 있다.

논의할 문제

1. 사적인 대화를 누군가가 듣는 것은 합법적인가?
2. 레이저 도청기와 같은 기술의 판매가 허용되어야 하는가? 문제점은 무엇인가?

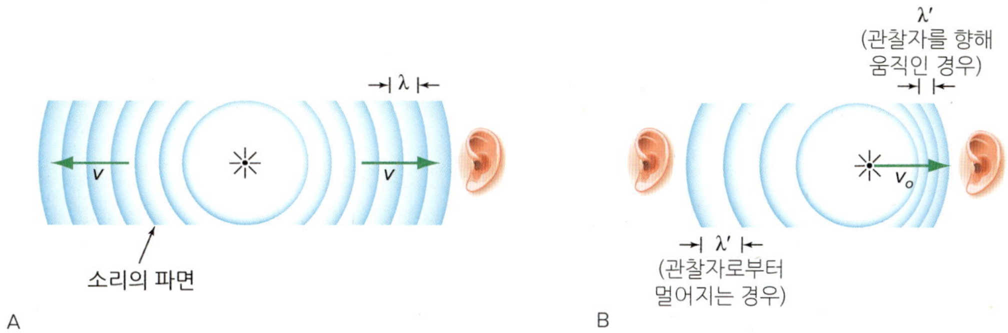

그림 5.24 (A) 정지한 음원이 방출하고 정지한 관찰자가 관찰하는 음파. (B) 오른쪽으로 진행하는 음원이 방출하는 음파. 오른쪽의 관찰자는 짧아진 파장을, 왼쪽의 관찰자는 길어진 파장을 수신한다.

옆을 지나갈 때 경적을 울린다면 도플러 효과는 명백하다. 차가 다가오면서 고음의 경적 소리가 들리고, 차가 옆을 지나치면 그것은 저음의 경적 소리로 바뀐다. 그러나 차의 운전자는 그 음원과 함께 움직이고 있기 때문에 그는 계속해서 경적의 진짜 음높이를 들을 것이다.

관찰자가 움직이고 음원이 정지해 있는 경우에도 도플러 이동이 나타난다. 관찰자가 음원을 향해 움직일 때, 관찰자가 가만히 서 있는 경우보다 더 자주 파면과 마주친다. 관찰자가 음원에서 멀어질 때, 관찰자가 움직이지 않는 경우보다 덜 자주 파면과 마주친다. 종소리가 울려 퍼지는 건널목에 접근하는 기차의 관찰자는 높은 음의 종소리를 듣는데, 그 소리는 기차가 건널목을 휙 지나치면서 낮은 음의 종소리로 바뀐다. 도플러 효과는 전자기파를 포함한 모든 파동에 대해 발생한다(그림 7.2 참조).

과학 스케치

정지한 음원을 향해 움직이는 관찰자와 정지한 음원에서 멀어지는 관찰자를 나타내는 세 번째 그림을 그림 5.24(또는 종이)에 그리시오.

과학 인물

요한 크리스티안 도플러(1803-1853)

요한 도플러(Johann Doppler)는 오스트리아 물리학자로서, 음원 및 관찰자의 상대적 운동에 대한 관측된 파동의 진동수의 관계를 나타내는 도플러 효과를 발견하였다. 도플러 효과는 움직이는 음원에서 쉽게 관찰되는데, 음원이 관찰자를 통과할 때 음높이가 낮아진다. 이 효과는 천문학에서 가장 많이 활용된다. 천문학에서는 멀리 떨어져 있는 천체의 속도와 거리를 추정하는 데 이 효과를 사용한다.

도플러는 1803년 11월 29일 오스트리아 잘츠부르크(Salzburg)에서 석공의 아들로 태어났다. 그는 일찍이 수학에서 장래가 유망했고 1822년부터 1825년까지 빈(Wien)에 있는 폴리테크닉 연구소(Polytechnic Institute)에 다녔다. 그는 학술직을 얻지 못해 절망하여 미국으로 이민을 가기로 결심했다. 그러다가 출발 순간에 프라하(Praha)의 주 중등학교(State Secondary School)에서 수학 교수직을 제의받고 마음을 바꾸었다. 이후 그는 1841년 프라하의 주 기술 아카데미(State Technical Academy), 1847년 셈니츠(Schemnitz)의 광업 아카데미(Mining Academy)에서 수학 교수직을 지냈다. 도플러는 이듬해 빈으로 돌아왔고, 1850년 빈 왕립제국대학(Royal Imperial University)에서 새로운 물리연구소(Physical Institute) 소장 겸 실험물리학과(Experimental Physics) 교수가 되었다. 그는 1853년 3월 17일 베네치아(Venezia)에서 폐병으로 사망했다.

도플러는 관찰자를 향해 움직이는 음원에서 나오는 음파가 음원이 정지해 있는 경우보다 더 큰 진동수로 관찰자에게 도달하여 관측 진동수를 높이고 음높이를 올린다는 점을 지적하여 자신의 이름을 붙인 도플러 효과를 설명했다. 마찬가지로 관찰자로부터 멀어지는 음원에서 나오는 음파가 관찰자에게 더 느리게 도달하여 진동수가 감소하고 음높이가 내려간다. 1842년 도플러는 이 설명을 제안하고 수학적으로 관측 진동수를 도플러의 원리로 도출했다.

도플러 원리의 첫 검증 실험은 1845년 네덜란드의 위트레흐트(Utrecht)에서 이루어졌다. 기관차를 사용하여 개방형 객실의 트럼펫 연주자들을 이동시키면서 이들이 연주하는 음의 음높이를 감지할 수 있는 음악가에게 왔다 갔다 했다. 트럼펫 연주자의 움직임에 의해 만들어진 음높이의 변화는 도플러 식을 입증했다.

요한 크리스티안 도플러

출처: magno/Getty Images

도플러는 자신의 원리가 어떠한 파동에도 적용될 것이라고 올바르게 제안했고 빛과 소리를 예로 들었다. 그는 모든 별들이 흰 빛을 방출하고, 별들의 움직임이 관측된 빛의 진동수에 영향을 미치고, 그에 따라 색깔에 영향을 미치기 때문에 지구상에서 색의 차이가 관찰된다고 믿었다. 별들의 기본 색깔이 다양하기 때문에 이 생각이 보편적으로 올바른 것은 아니다. 그러나 아르망 피조(Armand Fizeau, 1819-1896)는 1848년에 별의 스펙트럼선의 편이를 관측할 수 있고 이것을 도플러 효과로 간주할 수 있으므로 별의 움직임을 결정할 수 있다고 지적했다. 1868년 윌리엄 허긴스(William Huggins, 1824-1910)가 이 발상을 처음으로 적용하였는데, 시리우스의 스펙트럼에서 작은 적색 편이를 감지함으로써 시리우스가 태양계로부터 멀어지고 있다는 것을 발견했다. 1929년 에드윈 허블(Edwin Hubble, 1889-1953)이 은하의 속도와 그 거리를 연결하면서, 적색 편이를 사용하여 은하의 거리를 결정할 수 있게 되었다. 따라서 도플러가 소리의 일상적이고 사소한 효과를 설명하기 위해 발견했던 원리는 실로 우주론적 중요성을 띠게 되었다.

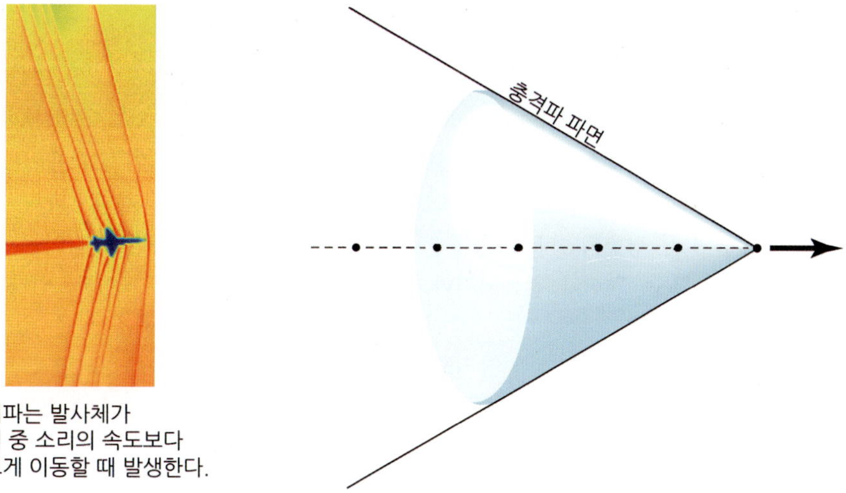

그림 5.25 음원이 매질에서 소리의 속력보다 큰 속도로 움직인다. 구면파 파면의 싸개선(포락선)은 원뿔형 충격파를 형성한다. 출처: NASA

물체가 공기를 통해 음속으로 이동할 때, 그것은 자신의 음파와 계속 함께 한다. 모든 연속적인 파면이 서로 겹쳐져서 **충격파(shock wave)**라고 하는 큰 파동 교란을 일으킨다(그림 5.25). 초음속 비행기에서 발생하는 충격파는 원뿔 모양의 강한 응축이 비행기 속력에 의존하는 각도로 뒤쪽으로 이어지는 충격파다. 이 중첩된 마루가 지나가는 곳마다 **충격파음(sonic boom)**이 발생한다. 많은 마루가 함께 더해지고, 각각은 압력 상승에 기여한다. 인간의 귀는 초음속 비행기에 의해 생성된 그러한 압력파와 폭발에 의해 생성된 압력파를 구별할 수 없다.

비행기가 소리 장벽을 지금 막 깨뜨렸을 때 충격파음이 발생하는가? 답은 "아니오"이다. 음속으로 또는 음속보다 빠르게 이동하는 비행기는 계속해서 충격파를 발생시키며, 비행기가 원뿔 모양의 충격파를 끌고 가는 곳마다 충격파음이 들린다. 또한 고속 비행기는 비행기의 기수, 꼬리, 기타 돌출부와 관련된 충격파를 여러 개 발생시키는 경우가 흔하다. 여러분은 그림 5.26의 사진에 나온 비행기에서 돌출부와 관련된 충격파의 증거를 찾을 수 있는가?

오스트리아의 물리학자 에른스트 마흐(Ernst Mach, 1838-1916)는 1877년 초음속 원리를 정리한 논문을 발표했다. 그는 또한 음속에 대한 물체의 속도 비율을 사용하자는 생각을 떠올렸다. 오

그림 5.26 비행기가 가속하여 소리 장벽을 막 통과할(또는 깰) 때 가끔 구름이 형성된다. 충격파 뒤로 기압이 떨어지면서 습한 공기가 구름의 물방울을 형성하는 것으로 여겨진다. 출처: US Navy photo by John Gay.

사례 연구

도플러 레이더

도플러 효과는 1842년 음파를 이용하여 그 효과를 처음 증명했던 오스트리아의 과학자 요한 도플러(1803-1853)의 이름을 따서 명명되었다. 음향뿐만 아니라 전자기 복사에도 같은 원리가 적용되지만, 이번에 변화하는 것은 복사선의 진동수이다. 광원이 멀어지고 있을 때 낮아진 진동수가 관찰되고, 이를 적색 편이라고 한다. 또한, 더 높은 진동수로 이동하는 청색 편이는 광원이 관찰자를 향해 이동할 때 발생한다. 라디오파도 이와 같은 진동수 편이를 겪게 되는데, 운동의 결과로 진동수 변화를 측정하는 기상 레이더를 도플러 레이더라고 한다.

기상 레이더는 안테나에서 단파를 송출한다. 폭풍우로 향했던 파동은 비, 눈, 우박에 의해 안테나로 반사된다. 반사된 레이더 파동은 전자적으로 변환되어 모니터에 강우 위치와 세기를 나타낸다. 도플러 레이더는 반사된 라디오파의 진동수 편이도 측정한다. 안테나를 향해 움직이는 물체가 반사한 파동은 높은 진동수를 보이고, 안테나에서 멀어지는 물체가 반사한 파동은 낮은 진동수를 보인다. 이러한 진동수 편이가 측정되면 그로부터 폭풍 속에서 빗방울과 다른 물체를 움직이는 바람의 속력과 방향이 표시된다.

기상 예보관들은 폭풍우계의 여러 고도를 측정하도록 도플러 레이더를 관리할 수 있다. 이것은 예를 들어 토네이도가 형성될 수 있는 장소와 시기 또는 특정 지역의 폭풍우 세기를 알아보는 데 사용할 수 있는 매우 정확한 정보를 보여준다.

늘날 이 비율을 마하 수(Mach number)라고 한다. 음속으로 이동하는 비행기는 마하 수 1이고, 음속의 2배로 이동하는 비행기는 마하 수 2, 기타 등등이다. 또한 에른스트 마흐는 충격파음을 일으키기 위해 발생하는 일을 가장 먼저 서술한 사람이었으며, 발사체가 음속에 가까워지면서 형성되는 원뿔형 충격파의 존재를 관찰했다.

요약

탄성 물체가 외부 힘에 의해 교란될 때 반복적인 운동으로 진동한다, 즉 앞뒤로 움직인다. 진동의 변위 최댓값을 진폭이라고 한다. 주기는 운동이 완전한 진동 또는 순환을 완료하는 데 필요한 시간이다. 진동수는 물체가 단위 시간 동안에 수행하는 진동의 개수이다. 진동수의 단위는 헤르츠라고 한다.

매질에서 진행하는 진동이나 교란을 파동이라고 한다. 횡파에서 매질 요소는 파동이 진행하는 방향에 수직인 방향으로 진동한다. 종파에서 매질 요소는 파동이 이동하는 방향과 나란한 방향으로 진동한다. 소리는 종파로서, 교란은 주기적인 응축(마루)과 희박화(골)이다. 진공에는 매질이 없기 때문에 음파는 진공에서 진행하지 않는다. 진동수가 20 Hz에서 20,000 Hz 사이인 음파는 인간이 들을 수 있는 가청음이다. 높은 진동수의 가청음은 음높이가 높은 음으로 인식되고 낮은 진동수의 음은 낮은 음으로 인식된다.

파동의 진폭은 파동이 지나갈 때 매질 요소가 경험할 수 있는, 평형 위치로부터 가장 큰 변위를 말한다. 파동의 주기 및 진동수는 파동이 지나가는 매질의 한 요소가 진동하는 주기 및 진동수와 같다. 파장은 파동이 한 주기 동안 이동하는 거리다. 모든 파동은 에너지를 운반한다.

진행파가 서로 다른 두 매질 사이의 경계를 마주치면, 파동은 경계에서 반사되거나 굴절될 수 있다(또는 둘 다). 두 진행파가 만나면 서로 간섭한다. 그들이 만나는 모든 지점에서 보강("높아짐") 간섭이나 소멸("사라짐") 간섭이 생긴다. 맥놀이는 진동수가 약간 다른 두 음파의 간섭 형태이다.

자연 속의 모든 탄성 물체나 매질은 특징적인 고유 진동수(또는 여러 진동수들)를 가지고 있다. 공명은 에너지를 받는 물체(또는 매질)의 고유 진동수에서 한 물체(또는 매질)에서 다른 물체(또는 매질)로 에너지가 전달되는 현상을 말한다. 공명에서는 에너지 전달이 가장 효율적이며 진동의 진폭이 매우 빠르게 커진다.

소리는 음높이, 소리 크기, 음질로 비교된다. 음질은 음을 울리는 악기에 의해 결정된다. 각 악기는 악기가 발생시키는 공명 진동수 때문에 고유의 음질을 가지고 있다. 근본적인 진동수, 즉 기본 진동수는 악기가 만들 수 있는 가장 긴 정지파다. 기본 진동수는 낼 수 있는 소리의 기본음을 결정하며, 다른 공명 진동수, 즉 배진동이라고 하는 정지파가 기본음과 결합하여 악기에 특징적인 음을 부여한다.

움직이는 음원 또는 움직이는 관찰자는 도플러 효과라고 하는 진동수의 겉보기 편이를 경험한다. 만약 음원이 음속만큼 혹은 더 빨리 움직이고 있다면, 음파는 충격파음이라고 하는 충격파로 쌓여간다. 충격파음은 폭발로 인한 압력파와 매우 유사하게 들린다.

방정식 요약

5.1
$$\text{주기} = \frac{1}{\text{진동수}}$$
$$f = \frac{1}{T}$$

5.2
$$\text{진동수} = \frac{1}{\text{주기}}$$
$$f = \frac{1}{T}$$

5.3
$$\text{속도} = (\text{파장})(\text{진동수})$$
$$v = \lambda f$$

5.4
$$\begin{matrix}\text{현재 온도에서}\\ \text{음속(m/s)}\end{matrix} = \begin{matrix}0℃\text{에서}\\ \text{음속}\end{matrix} + \begin{matrix}1℃\text{당 } 0.600\text{ m/s}\\ \text{증가}\end{matrix} \times \begin{matrix}\text{현재}\\ \text{섭씨 온도}\end{matrix}$$
$$v_{T_p}(\text{m/s}) = v_0 + \left(\frac{0.600\text{ m/s}}{℃}\right)(T_p)$$

5.5
$$\begin{matrix}\text{현재 온도에서}\\ \text{음속(ft/s)}\end{matrix} = \begin{matrix}0℃\text{에서}\\ \text{음속}\end{matrix} + \begin{matrix}1℃\text{당 } 2.00\text{ ft/s}\\ \text{증가}\end{matrix} \times \begin{matrix}\text{현재}\\ \text{섭씨 온도}\end{matrix}$$
$$v_{T_p}(\text{ft/s}) = v_0 + \left(\frac{2.00\text{ ft/s}}{℃}\right)(T_p)$$

5.6 맥놀이 진동수 = 한 진동수 − 다른 진동수
$$f_b = f_2 - f_1$$

5.7
$$\text{세기} = \frac{\text{출력}}{\text{면적}}$$
$$I = \frac{P}{A}$$

5.8
$$\text{공명 진동수} = \frac{\text{차수} \times \text{줄에서 속력}}{2 \times \text{줄의 길이}}$$

여기서 차수 1 = 기본 진동수, 차수 2, 3, 4⋯ = 배진동이다.

$$f_n = \frac{nv}{2L}$$

핵심 용어

공명 (204쪽)
굴절 (198쪽)
기본 진동수 (206쪽)
데시벨 눈금 (203쪽)
도플러 효과 (208쪽)
맥놀이 (202쪽)
메아리 (199쪽)
반사 (198쪽)
반향 (199쪽)
순환 (186쪽)
음높이 (194쪽)
정지파 (206쪽)
종파 (188쪽)
주기 (186쪽)
진동 (185쪽)
진동수 (186쪽)
진폭 (186쪽)
초음파 (193쪽)
초저음파 (193쪽)
충격파 (211쪽)
충격파음 (211쪽)
파동 (188쪽)
파장 (192쪽)
헤르츠 (186쪽)
횡파 (188쪽)

개념 적용

1. 앞뒤로 반복되는 운동은 ____이다.
   a. 용수철
   b. 진동
   c. 파동
   d. 펄스
2. 1초에 발생하는 진동의 개수는 ____이다.
   a. 주기
   b. 진동수
   c. 진폭
   d. 사인 꼴
3. 진동수를 측정하는 단위는 ____이다.
   a. 시간
   b. 순환
   c. 헤르츠
   d. 힘
4. 파동의 정지에서 마루까지, 또는 정지에서 골까지의 최대 변위는 ____이다.

a. 파장
b. 주기
c. 평형 위치
d. 진폭

5. 파동이 움직이는 방향에 수직으로 움직이는 파동을 분류하여 ____라 한다.
a. 종파
b. 횡파
c. 수면파
d. 압축파

6. 진동수는 뇌에서 ____로 해석된다.
a. 속도
b. 소리 크기
c. 음높이
d. 배진동

7. 진동수가 20,000 Hz 이상인 음파는
a. 초저음파이다.
b. 슈퍼음파(supersonic)이다.
c. 초음파(ultrasonic)이다.
d. 불가능하다.

8. 일반적으로 소리가 더 빨리 전달되는 곳은 ____이다.
a. 고체
b. 액체
c. 기체
d. 진공

9. 소리가 더 빨리 전달되는 곳은
a. 따뜻한 공기이다.
b. 차가운 공기이다.
c. 온도와 무관하다.
d. 진공이다.

10. 경계 사이에서 파면이 굽어지는 것을 ____(이)라 한다.
a. 반사
b. 반향
c. 굴절
d. 분산

11. 원음보다 0.1초 후에 귀에 도달하는 반사음은
a. 메아리가 된다.
b. 반향을 일으킨다.
c. 굴절된다.
d. 혼란을 일으킨다.

12. 굴절된 소리의 파면이 굽어지는 쪽은 ____이다.
a. 따뜻한 공기
b. 차가운 공기
c. 공기 온도와 상관없이 하늘
d. 공기 온도와 상관없이 지표면

13. 진폭과 진동수가 같고 위상 맞는 두 음파가 동시에 같은 장소에 도착하면
a. 높은 진동수를 야기한다.
b. 굴절된다.
c. 진폭이 더 큰 새로운 음파가 된다.
d. 반사된다.

14. 진폭과 진동수가 같고 위상 어긋난 두 음파가 같은 장소에 동시에 도착하면
a. 맥놀이를 낳는다.
b. 두 음파가 상쇄된다.
c. 낮은 진동수를 야기한다.
d. 한 파동이 튀어나간다.

15. 진동수가 약간 다른 동일한 진폭의 두 음파는
a. 메아리를 낳는다.
b. 도플러 효과를 낳는다.
c. 맥놀이라고 하는 소리 크기의 변화를 낳는다.
d. 별개의 두 소리가 된다.

16. 진동수가 다르고 진폭이 같지 않은 두 음파는
a. 메아리를 낳는다.
b. 도플러 효과를 낳는다.
c. 맥놀이라고 하는 소리 크기의 변화를 낳는다.
d. 별개의 두 소리가 된다.

17. 음파의 에너지는 파동에 수직인 면적으로 전달되는 에너지 비율에 비례하며, 이것을 소리의 ____(이)라고 한다.
a. 세기
b. 크기
c. 진폭
d. 데시벨

18. 데시벨 소음 준위가 40인 곳은 아마도 ____이다.
a. 조용한 숲속
b. 평일의 도서관
c. 교통량이 심한 거리
d. 공압 드릴 옆

19. 공명 상태가 발생하는 경우는 ____이다.
a. 외부 힘이 고유 진동수와 일치할 때
b. 맥놀이가 들릴 때
c. 위상 어긋난 두 파동이 같은 진동수를 가질 때
d. 순음이 만들어질 때

20. 줄의 기본 진동수는 ____이다.
a. 줄에서 가능한 가장 짧은 파장의 배진동
b. 줄에 맞을 수 있는 가장 긴 정지파
c. 줄에서 가능한 가장 높은 진동수
d. 줄에 맞을 수 있는 가장 짧은 파장

21. 진동하는 줄의 기본 진동수는 한 파장의 몇 배인가?
a. 1/4

b. 1/2
c. 1
d. 2

22. 기본 진동수와 동시에 발생하는 더 높은 공명 진동수는 ____이다.
a. 정지파
b. 속박된 파동
c. 진동
d. 배진동

23. 움직이는 음원 또는 움직이는 관찰자는 진동수의 겉보기 편이를 경험한다. 이것을 ____라고 한다.
a. 기본 진동수
b. 도플러 효과
c. 파면 효과
d. 충격파

24. 관찰자가 움직이고 음원이 정지해 있을 때 도플러 효과가 발생하는가?
a. 그렇다, 효과는 똑같다.
b. 아니다, 음원이 움직이고 있어야 한다.
c. 그렇다, 하지만 이 경우에 음높이 변화의 효과는 역전된다.

25. 음속의 3배 속도로 이동하는 로켓은 ____한다.
a. 음속으로 운동
b. 마하 속도로 운동
c. 마하 3으로 운동
d. 아음속으로 운동

26. 역학적 종파는 물질의 입자를
a. 파동이 움직이는 방향과 같은 방향으로 왔다 갔다 하게 만든다.
b. 파동이 움직이는 방향과 직각으로 움직이게 만든다.
c. 파동이 움직이는 방향으로 원운동을 하게 만든다.
d. 파동이 움직이는 방향과 반대 방향으로 원운동을 하게 만든다.

27. 역학적 횡파는 물질의 입자를
a. 파동이 움직이는 방향과 같은 방향으로 왔다 갔다 하게 만든다.
b. 파동이 움직이는 방향과 직각으로 움직이게 만든다.
c. 파동이 움직이는 방향으로 원운동을 하게 만든다.
d. 파동이 움직이는 방향과 반대 방향으로 원운동을 하게 만든다.

28. 역학적 횡파가 통과하여 움직일 수 있는 물질은
a. 고체뿐이다.
b. 액체뿐이다.
c. 기체뿐이다.
d. 위의 모든 것이 올바르다.

29. 역학적 종파가 통과하여 움직일 수 있는 물질은
a. 고체뿐이다.
b. 액체뿐이다.
c. 기체뿐이다.
d. 위의 모든 것이 올바르다.

30. 진동하는 물체로부터 빠르게 멀어지며 함께 뭉쳐진 분자의 펄스는
a. 응축이라고 불린다.
b. 물체에 도달하면 공기압의 증가를 초래한다.
c. 주변 공기보다 밀도가 높다.
d. 위의 모든 것이 올바르다.

31. 음높이라고 해석하는 것에 해당하는 파동의 특징은 파동의 ____이다.
a. 진폭
b. 모양
c. 진동수
d. 높이

32. 음파가 더 빨리 이동하는 곳은
a. 액체보다 고체에서다.
b. 기체보다 액체에서다.
c. 차가운 공기보다 따뜻한 공기에서다.
d. 위의 모든 것이 올바르다.

33. 메아리와 반향의 차이는
a. 메아리는 반사된 소리지만 반향은 그렇지 않다.
b. 원래 소리와 반사된 소리 사이의 시간 간격이다.
c. 메아리의 진폭은 훨씬 더 크다.
d. 반향은 음향 스피커에서 나오고, 메아리는 절벽과 벽에서 나온다.

34. 소리의 간섭을 필요로 하는 현상은 ____이다.
a. 공명
b. 데시벨
c. 맥놀이
d. 반향

35. 줄에서 가능한 기본 진동수의 정지파에는
a. 한 마디와 한 배가 있다.
b. 한 마디와 두 배가 있다.
c. 두 마디와 한 배가 있다.
d. 두 마디와 두 배가 있다.

36. 지상의 관찰자가 음속보다 더 빨리 이동하는 비행기에서 충격음파를 듣는 경우는
a. 비행기가 소리 장벽을 깰 때뿐이다.
b. 비행기가 다가올 때이다.
c. 비행기가 정확히 머리 위에 있을 때이다.
d. 비행기가 지나간 후이다.

37. "인간 귀는 20 Hz에서 20,000 Hz 사이의 진동수

로 진동하는 물체에서 나오는 소리를 듣는다"는 진술에 대한 올바른 설명은?

a. 이것은 실온에서만 올바르다.

b. 약 95퍼센트는 이 범위에서 듣는 반면, 어떤 사람들은 이 평균 한계를 벗어난 소리를 듣는다.

c. 이것은 다양하며, 여성은 20,000 Hz 이상의 진동수를 듣는다.

d. 아주 적은 수의 사람만이 이 모든 범위를 듣는데, 그 범위는 나이에 따라 감소한다.

38. 공기를 통해 움직이는 음파는

a. 사실 귀가 증폭하는 작은 소리이다.

b. 증가하고 감소한 공기 압력의 펄스이다.

c. 소리에 대한 정보를 전달하는 횡파이다.

d. 종파와 횡파 형태의 조합이다.

39. 육상 경기 중에 출발선의 총에서 나오는 연기를 보는 것과 빵 소리를 듣는 것 사이의 시간 차이는

a. 따뜻한 날일수록 줄어든다.

b. 시원한 날일수록 줄어든다.

c. 더 강력한 약포를 사용하면 줄어든다.

d. 덜 강력한 약포를 사용하면 줄어든다.

40. 음파의 소멸 간섭에 의해 변화되는 것은?

a. 진동수

b. 위상

c. 진폭

d. 파장

41. 비행기 조종사는 자신의 비행기의 두 엔진에서 느린 맥놀이를 듣는다. 그가 오른쪽 엔진의 속도를 높이니 이제 더 느린 맥놀이를 듣는다. 조종사가 맥놀이를 없애기 위해 무엇을 해야 하는가?

a. 좌측 엔진의 속도를 증가시킨다.

b. 우측 엔진 속도를 감소시킨다.

c. 양쪽 엔진의 속도를 높인다.

d. 우측 엔진의 속도를 높인다.

42. 공명이 발생하는 경우는 외부 힘이

a. 간섭 진동수와 일치할 때이다.

b. 데시벨 진동수와 일치할 때이다.

c. 맥놀이 진동수와 일치할 때이다.

d. 고유 진동수와 일치할 때이다.

43. 서로 다른 두 악기가 만든 같은 음높이의 음의 음질은 서로 다르지만, 기본 음으로 인식할 수 있는 이유는

a. 배진동이기 때문이다.

b. 기본 진동수 때문이다.

c. 마디 위치 때문이다.

d. 정지파이기 때문이다.

44. 음원이 빠른 속도로 여러분 쪽으로 움직이고 있다면 어떻게 되는가?

a. 소리는 정지한 음원에서 나온 것보다 더 빨리 진행할 것이다.

b. 소리는 단지 이동 방향으로만 더 빠르게 움직일 것이다.

c. 여러분은 더 높은 진동수를 듣게 될 것이지만, 그 음원에 있는 사람들은 그렇지 않을 것이다.

d. 모든 방향의 관찰자들이 더 높은 진동수를 듣게 될 것이다.

45. 여러분이 정지된 두 번째 음원 옆에 서 있는 사람들을 향해 빠른 속도로 움직이고 있다면

a. 여러분이 접근하고 있는 사람들보다 더 높은 진동수를 들을 것이다.

b. 여러분이 접근하고 있는 사람들과 같은 진동수를 들을 것이다.

c. 여러분과 음원이 움직이지 않을 때와 같은 진동수를 들을 것이다.

d. 모든 방향의 관찰자들이 그러하듯이 더 높은 진동수를 들을 것이다.

[답]

1. b **2.** b **3.** c **4.** d **5.** b **6.** c **7.** c **8.** a **9.** a **10.** c **11.** b **12.** b **13.** c **14.** b **15.** c **16.** d **17.** a **18.** b **19.** a **20.** b **21.** b **22.** d **23.** b **24.** a **25.** c **26.** a **27.** b **28.** a **29.** d **30.** d **31.** c **32.** d **33.** b **34.** c **35.** c **36.** d **37.** d **38.** b **39.** a **40.** c **41.** d **42.** d **43.** b **44.** c **45.** a

개념 문제

1. 파동은 무엇인가?

2. 횡파가 공기를 통해 움직이는 것이 가능한가? 설명하시오.

3. 피아노 조율사가 소리굽쇠와 줄을 울리면 초당 3개의 맥놀이를 듣고, 줄을 조인 후에는 초당 6개의 맥놀이를 듣는다. 그러면 조율사는 줄을 조여야 하는가, 풀어야 하는가? 설명하시오.

4. 달에 있는 우주비행사들은 서로 가까이 있어도 라디오파로 의사소통을 해야 하는 이유는 무엇인가?

5. 공명은 무엇인가?

6. 왜 소리는 차가운 공기보다 따뜻한 공기에서 더 빨리 이동하는지 설명하시오.

7. 모든 진동수의 음은 모두 같은 속도로 이동하는가? 하나 또는 여러 개의 방정식을 사용하여 답을 설명하시오.

8. 공기를 통해 이동하는 음파는 결국 어떻게 되는가?

9. 음악적 음의 특징적인 음질을 주는 것은 무엇인가?

10. 초음속 비행기가 소리 장벽을 깰 때만 충격파음이 발생하는가? 설명하시오.

11. 메아리는 무엇인가?

12. 왜 기본 진동수와 배진동을 또한 공명 진동수라고 도 하는가?

분석 문제

1. 진동수에 따라 음속이 감소한다면 먼 곳의 음악소리는 어떻게 들릴까?
2. 종파와 횡파의 주요한 유사점과 차이점은 무엇인가? 각각 예를 드시오.
3. 어떤 때는 텅 빈 방보다 꽉 찬 방에서 말하는 것을 듣는 것이 더 쉬울 때도 있다. 어떻게 이런 일이 일어날 수 있는지 설명하시오.
4. 맥놀이를 사용하여 악기를 조율하는 방법을 설명하시오.
5. 소리는 소멸 간섭으로 실제로 소멸되는가?
6. 진동이 모든 소리의 원천인가? 이것이 관찰에 의해 지지되는지 아니면 추론인지에 대해 논의하시오.
7. 여러 사람이 동시에 말하는 것을 들을 수 있다면 음파가 어떻게 압력 변화의 파동이 될 수 있는가?
8. 대형 악단이 다리를 일제히 행진하는 것은 왜 좋지 않은 것일까?

탐구 문제

시끄러운 소음이 짜증나지 않는가?

"굴을 짜증나게 하는 것은 무엇인가(What annoys an oyster)?"와 같이 진행되는 오래된 퀴즈 게임이 있다(영어 oyster에는 굴이란 뜻과 과묵한 사람이라는 뜻도 있다).

그 대답은 "시끄러운 소음이 굴을 짜증나게 한다(A noisy noise annoys an oyster)."이다.

굴을 짜증나게 하는 데 얼마나 많은 소음이 필요한지 알아내기 위해 실험을 할 수도 있지만, 굴이 얼마나 짜증이 나는지 측정하는 것뿐만 아니라 살아있는 굴을 유지하는 데에도 어려움을 겪을 수도 있다. 그래서 인간을 포함한 다른 대상을 사용하는 것을 고려한다. 여러분은 질문을 "소음 수준이 우리가 얼마나 잘 집중하는가에 어떤 영향을 주는가?"로 수정할 수 있다.

여러분이 이 탐구 문제를 선택한 경우, 먼저 소음을 발생시킬 방법, 다양한 소음 수준을 제어할 수 있는 방법, 사람들의 집중 수준을 측정할 수 있는 방법을 결정하는 것부터 시작해야 한다. 관련 질문은 "공부하면서 음악을 듣는 것이 학생들을 돕느냐, 방해하느냐?" 같은 것일 수 있다.

동형 연습문제

A형과 B형 연습문제는 동일한 개념을 포함한다. A형 연습문제에 대한 해답은 부록 E에 있다.

A형

1. 물에 떠 있는 메뚜기가 초당 3개의 비율로 파장이 2 cm인 파동을 발생시킨다. (a) 이 파동의 주기는 얼마인가? (b) 파동 속도는 얼마인가?
2. 인간의 청각 상한은 보통 20,000 Hz로 간주된다. 공기 온도가 20.0℃일 때 그에 해당하는 파장은 얼마인가?
3. 진동수가 440 Hz인 음과 446 Hz 음이 동시에 울린다. 맥놀이 진동수는 얼마인가?
4. 초음파 의료 장비는 최대 2.00×10^7 Hz의 진동수를 사용한다. 공기 중에서 이 진동수의 파장은 얼마인가?
5. 한 야구팬이 홈 플레이트에서 150.0 m 떨어져 있다. 타자가 공을 치는 것을 보는 순간과 팬이 그 소리를 듣는 순간 사이에 얼마나 많은 시간이 경과하는가?
6. "안녕"을 외친 후 0.500초만에 건물에서 메아리가 들려온다. 공기 온도가 20.0℃이면 건물은 몇 피트 떨어져 있는가?
7. 외항선에서 보낸 음파 신호는 1.75초 후에 바닥에서 되돌아온다. 바닷물에서 음속이 1,530 m/s이면 배 밑의 바다는 얼마나 깊을까?
8. 철도 선로의 강철 레일의 음파는 진동수가 660 Hz이고 파장은 9.0 m이다. 이 레일에서 소리의 속력은 얼마인가?
9. 방출된 응축 증기에 근거하면, 공장 경적은 들리기 2.5초 전에 울렸다. 공기 온도가 20.0℃라면 경적은 몇 미터 떨어져 있는가?
10. 어떤 소리가 (a) 0℃의 공기와 (b) 강철 레일을 통해 8.00초 동안 이동한 거리를 비교하시오.
11. 진동하는 물체는 파장이 50 cm, 진동수가 10 Hz인 주기적인 파동을 생성한다. 이 파동은 물체로부터 얼마나 빨리 멀어지는가?
12. 응축 중심과 인접한 희박화 중심 사이의 거리는 1.50 m이다. 진동수가 112.0 Hz일 경우 파면의 속력은 얼마인가??
13. 4.0초마다 1회의 완전한 파동 비율로 다리 밑을 통과하는 수면파가 관찰되었다. 이 파동의 (a) 주기는 얼마인가? (b) 진동수는 얼마인가?
14. 진동수가 260 Hz인 음파가 330 m/s의 속도로 움직인다. 한 응축에서 다음 응축까지의 거리는 얼마

인가?

15. 다음 음파의 속도는 얼마인가?
    a. 가온다(Middle C)음, 즉 256 Hz와 1.34 m의 λ.
    b. 가(A)음, 즉 440.0 Hz와 78.0 cm의 λ.
    c. 750.0 Hz와 45.7 cm의 λ인 사이렌.
    d. 2,500.0 Hz와 13.7 cm의 λ인 스테레오 음.
16. 공기 온도가 다음과 같은 경우 ft/s 단위로 음속은 얼마인가?
    a. 0.0℃
    b. 20.0℃
    c. 40.0℃
    d. 80.0℃
17. 소총이 발사된 후 4.80초만에 절벽에서 메아리가 울린다. 공기 온도가 43.7°F라면 절벽은 몇 피트나 떨어져 있는가?
18. 천둥번개가 치는 동안 공기 온도는 80.00°F이며, 번개가 관측된 후 4.63초만에 천둥소리를 들었다. 번개가 몇 피트나 떨어져 있었을까?
19. 440 Hz 소리의 속도가 공기 중에서 1,125 ft/s이고 바닷물에서 5,020 ft/s이면 (a) 공기와 (b) 바닷물에서 이 소리의 파장을 구하시오.

B형

1. 어떤 수면파는 진동수가 6 Hz이고 파장은 3 m이다. 이 파동의 (a) 주기는 얼마인가? (b) 속력은 얼마인가?
2. 인간의 가청 진동수의 하한은 일반적으로 20.0 Hz로 여겨진다. 공기의 온도가 20.0℃이면 이 진동수에 해당하는 파장은 얼마인가?
3. 520 Hz 음과 516 Hz 음이 동시에 울린다. 맥놀이 진동수는 얼마인가?
4. 의료용 장비에 사용되는 진동수의 하한은 약 1,000,000 Hz이다. 공기 중에서 이 진동수의 파장은 얼마인가?
5. 400.0 m 떨어진 곳에서 발생한 사건을 보고 듣는 것 사이의 시간 간격은 얼마인가?
6. 경적을 울린 지 정확히 1.00초 후에 빌딩에서 메아리가 되돌아왔다. 공기 온도가 20.0℃이면 건물은 몇 피트 떨어져 있는가?
7. 잠수함이 보낸 소나 신호가 2.250초 후에 다른 배로부터 반송되었다. 만약 바닷물에서 음속이 1,530.0 m/s이면 다른 배는 얼마나 멀리 떨어져 있는가?
8. 물속에서 한 학생이 돌 두 개를 함께 부딪쳐서 진동수 600.0 Hz, 파장 2.5 m인 소리를 발생시켰다. 이 수중에서 음속은 얼마인가?
9. 소리를 듣기 2.50초 전에 배의 경적에서 방출한 응축 증기를 보았다. 공기 온도가 20.0℃라면 배는 몇 미터 떨어져 있는가?
10. 어떤 소리가 (a) 25.0℃의 물 또는 (b) 25.0℃의 바닷물을 통해 이동할 때 6.00초 동안 이동한 거리를 비교하시오.
11. 소리굽쇠는 초당 440.0회 진동하여 파장 78.0 cm의 음파를 발생시킨다. 이 파동의 속도는 얼마인가?
12. 응축 중심과 인접한 희박화 중심 사이의 거리는 65.23 cm이다. 진동수가 256.0 Hz라면 이 파동은 얼마나 빨리 움직이는가?
13. 파동의 마루가 지나감에 따라 5.0초마다 경고 부표가 상승하는 것이 관찰되었다. 이 파동의 (a) 주기는 얼마인가? (b) 진동수는 얼마인가?
14. 구급차의 사이렌에서 나오는 소리는 진동수가 750.0 Hz이며, 343.0 m/s의 속도로 움직인다. 한 응축에서 다음 응축까지의 거리는 얼마인가?
15. 다음 음파의 속도는 얼마인가?
    a. 20.0 Hz, 17.2 m의 λ.
    b. 200.0 Hz, 17.2 m의 λ.
    c. 2,000.0 Hz, 17.2 m의 λ.
    d. 20,000.0 Hz, 17.2 m의 λ.
16. 공기 온도가 다음과 같은 경우 소리가 1마일(5,280.0 ft) 이동하는 데 필요한 시간은 얼마인가?
    a. 0.0℃
    b. 20.0℃
    c. 40.0℃
    d. 80.0℃
17. 바다에서 배가 경적을 울리고, 10.0초 후에 해안지대에서 메아리가 들려온다. 공기 온도가 10.0℃라면 해안지대까지는 몇 km인가?
18. 1 mi(5,280 ft) 떨어진 곳에서 번개가 치고, 공기 온도가 90.0°F일 경우 번개를 보고 천둥을 듣는 사이의 시간 간격은 몇 초인가?
19. 600.0 Hz 소리는 공기 중에서 1,087.0 ft/s, 물에서는 4,920.0 ft/s의 속도를 가진다. (a) 공기와 (b) 물에서 이 소리의 파장을 구하시오.

6 전기

뇌우는 흥미로운 전기 방전을 보여준다. 1억 볼트의 전압이 걸린 상태로 각 볼트당 15만 암페어 이상의 전류를 운반할 수 있다.
출처: ⓒCWellsPhotography/Getty Images

핵심 개념 전기장과 자기장이 상호작용하며 힘을 발생시킬 수 있다.

차례

정전기
정전기는 전자의 움직임 없이 물체에 속박된 전하를 말한다.

역장
전하 때문에 전하 주위 공간이 변화하고, 이것을 전기장이라 한다.

전류
전류는 움직이는 전하의 비율이다.

전자기 유도
변하는 자기장은 전하를 움직이게 만든다.

전하 측정하기
정전하의 크기는 이동된 전자의 수와 관련이 있으며, 이는 쿨롬 단위로 측정할 수 있다.

전위
전기장에 들어오거나 나가는 전하에 일을 하면 전위가 생기고, 두 점 사이에 생성된 전위는 볼트로 측정된다.

자기장의 원천
움직이는 전하는 자기장을 생성한다.

개요

2~5장은 서로 힘을 발휘하는 물체의 움직임에 대한 설명인 역학적 개념을 다루었다. 이러한 개념들을 사용하여 직선 운동, 자유 낙하 운동, 지구상 물체의 원운동, 행성과 위성의 원운동 등을 설명했다. 이 역학적 개념은 뉴턴의 운동 법칙에 기초하였으며, 때로는 뉴턴의 물리학으로 일컬어지기도 한다. 그 다음에 분자 운동론을 통해 물질의 초현미경적인 세계로 역학적 설명을 확장하였다. 운동하는 물체는 이제 서로 힘을 발휘하는 입자, 분자이며, 열과 관련된 개념을 이러한 입자들의 운동으로 해석하였다. 뉴턴 개념을 한층 더 확장하여 소리와 관련된 개념도 역학적으로 설명하였다. 즉, 소리는 역학적 교란이고, 소리가 물질 분자를 통과할 때 교란은 운동 법칙을 따른다.

여러분은 1800년대의 과학자들이 그랬던 것처럼 역학적 해석들이 전기, 화학 반응, 빛과 같은 다른 자연 현상들도 설명해줄지 궁금할 것이다. 역학적 모형은 매우 매력적이다. 왜냐하면 이 모형은 이미 자연의 아주 많은 여러 사실들을 설명했고, 과학자들은 항상 근본적인 통일 이론을 추구하기 때문이다. 그 과학자들은 역학적 모형을 시도하여 전기를 움직이는 유체로 간주하였고, 빛을 물질적인 유체를 통해 움직이는 역학적 파동으로 간주하였다. 그러한 모형에는 미해결 난제가 많았으며, 점차 전기, 빛, 화학 반응을 역학적 해석으로는 설명할 수 없다는 것을 인식하게 되었다. 점차적으로 관점은 입자에 대한 연구에서 입자를 둘러싼 공간의 특성에 대한 연구로 바뀌었다. 이 장에서는 입자를 둘러싼 공간의 관점에서 전하에 대해 배우게 된다. 마당 또는 장 모형(field model)이라고 하는 이 전하의 모형을 사용하여 전류, 전기 회로, 전기일과 전력에 대한 개념을 전개할 것이다. 그 다음에 전기와 매혹적인 자기 주제와의 관계를 논의하는데, 자기의 본질과 생성 방법이 포함되어 있다. 그런 다음 이 관계를 사용하여 전기의 역학적 생산(그림 6.1)과 전기를 측정하는 방법, 전기를 일상 기술에 사용하는 방법을 설명한다.

6.1 전기 개념

조명, 토스터, 라디오, 계산기와 같은 많은 전기 장치의 전기 사용은 친숙하다. 또한 전기가 교통수단, 난방, 냉방에 사용된다는 것을 알고 있다. 많은 사람들은 전기 기기가 어떻게 작동하는지에 대

그림 6.1 현대 산업사회에서 전력의 중요성은 명백해 보인다. 그렇게 명백하지 않은 것은 자기, 빛, 화학적 변화, 그리고 물질 구조의 바로 그 기초로서 전기의 역할이다. 사실 모든 물질은 여러분이 보게 될 것처럼 본성이 전기적이다. 출처: © McGraw-Hill Education/Bill Tillery, photographer

한 모호한 개념만을 가지고 있지만 그것을 주변 환경의 일부로 받아들인다. 그들에게 전기는 마법처럼 보인다. 전기는 마법이 아니며, 우리가 다른 자연 현상을 이해하는 것처럼 이해할 수 있다. 관찰을 설명하는 이론, 측정할 수 있는 양, 그리고 이러한 양들 사이의 관계, 즉 이해로 이어지는 법칙이 있다. 모든 관찰, 측정, 법칙은 전하(electric charge)를 이해하는 것으로 시작한다.

전하의 전자 이론

호박으로 알려진 화석화된 나무 수지의 이상하고 매력적인 특성은 수천 년 동안 미스터리였다. 왜 비벼진 호박 조각이 작은 종잇조각(파피루스), 실, 머리카락을 끌어당기는지 아무도 알 수 없었다. 그 후 약 100년 전 톰슨(J. J. Thomson, 1856-1940)이 전류를 실험하던 중 실마리를 찾아냈다. 이 실험을 통해 톰슨은 모든 물질에 음전하를 띤 입자가 존재한다는 결론을 내릴 수 있었다. 이 호박 효과가 전하를 띤 작은 입자들의 움직임에서 유래되었기 때문에, 호박을 뜻하는 그리스어의 단어 일렉트론(elektron)을 따서 그 입자를 전자(electron)라고 불렀다. 전자의 움직임인 전기(electricity)라는 단어 또한 이 그리스어의 호박이라는 단어를 기반으로 하고 있다.

오늘날 우리는 물질의 기본 단위가 원자(atom)라는 것을 이해하는데, 이것은 전자와 양성자(proton) 및 중성자(neutron)와 같은 다른 작은 입자로 이루어져 있다. 밀도가 높은 원자의 중심 부분은 빽빽하게 채워진 양자와 중성자가 들어있다. 전자는 핵 주위의 비교적 먼 거리에서 발견된다(그림 6.2). 양성자, 중성자, 전자의 자세한 성질과 원자가 생성되는 방법의 모형은 8장에서 검토할 것이다. 전기를 이해하기 위해서는 핵의 양성자, 핵 주위에서 발견되는 전자, 그리고 전자가 원자에서 떼어낼 수 있어서 한 물체에서 다른 물체로 이동할 수 있다는 사실만을 고려하면 된다. 기본적으로 전기, 빛, 화학 현상은 무거운 핵이 아니라 움직이는 전자와 관련된다. 무거운 핵은 고체에서 비교적 고정된 위치에 남아 있지만, 전자의 일부는 원자에서 원자로 이동할 수 있다.

전하

전자와 양성자는 전하라고 하는 성질을 가진다. 전자는 음전하(negative electric charge)를 가지고 있고, 양성자는 양전하(positive electric charge)를 가지고 있다. 음과 양의 표현은 단순히 이 두 속성이 반대라는 것을 의미하고, 한 속성이 다른 속성보다 낫다는 것을 의미하지는 않는다. 중력이 질량에 대해 근본적인 것과 마찬가지로 전하는 이 아원자 입자들에게 근본적이다. 이것은 중력을

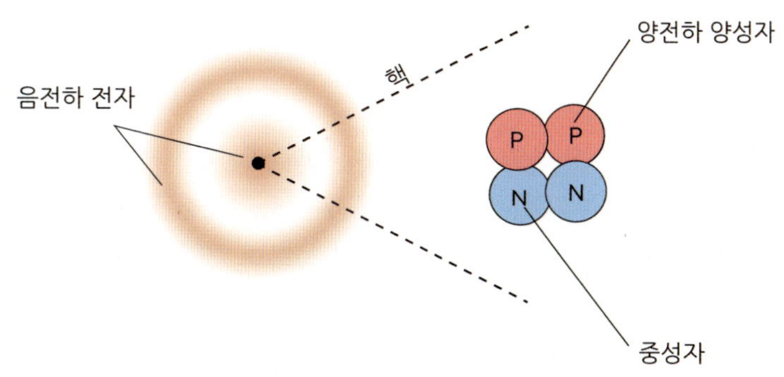

그림 6.2 매우 단순화된 원자 모형에서 질량의 대부분은 핵(nucleus)이라고 하는 작고 밀도가 높은 중심에 있다. 핵에는 중성자와 양전하를 띤 양성자가 있다. 음전하를 띤 전자는 이 단순화된 모형이 제시하는 것보다 훨씬 더 먼 거리에서 핵 주위를 돈다. 보통 원자는 양전하를 띤 양성자의 수와 음전하를 띤 전자의 수가 균형을 이루기 때문에 중립적이다.

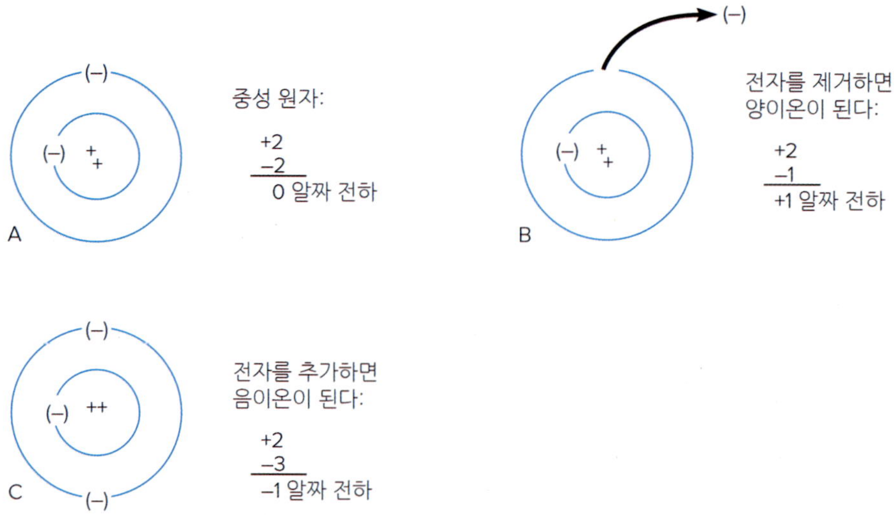

그림 6.3 (A) 중성 원자는 전자와 양성자의 숫자들이 균형을 이루기 때문에 알짜 전하가 없다. (B) 전자를 제거하면 알짜 양전하가 생성되고, 전하를 띤 이 원자를 양이온이라 한다. (C) 전자의 추가는 알짜 음전하와 음이온을 생성한다.

질량에서 분리할 수 없고, 전하를 전자나 양성자에서 분리할 수 없다는 것을 의미한다.

전하가 상호작용하여 이른바 전기력(electric force)을 생성한다. 같은 전하끼리는 반발 전기력을 생성한다. 즉, 양전하는 양전하를 밀어내고 음전하는 음전하를 밀어낸다. 서로 다른 전하끼리는 끌림 전기력을 생성한다. 즉, 양전하와 음전하는 서로 끌어당긴다. 이 상황을 같은 전하끼리는 밀어내고 서로 다른 전하끼리는 끌어당긴다는 단순한 규칙으로 기억할 수 있다.

일반적인 원자는 양전하를 띤 양성자의 수와 음전하를 띤 전자의 수가 균형을 이루기 때문에 대개 중성이다. 수많은 다양한 물리적, 화학적 상호작용은 원자가 전자를 얻거나 잃는 결과를 초래할 수 있다. 어느 경우든 원자가 이온화(ionized) 되었다고 하며, 그 결과 이온(ion)이 생성된다. 전자를 잃어 이온화된 원자는 음전하보다 양전하가 더 많다. 이것은 알짜 양전하를 가지고 있기 때문에 양이온(positive ion)이다. 전자를 얻어 이온화한 원자는 알짜 음전하를 띠기 때문에 음이온(negative ion)이다(그림 6.3).

과학 스케치

+2 알짜 전하를 보여주는 네 번째 원자를 그림 6.3(또는 종이)에 그리고 표시하시오.

정전기

전자가 원자에서 원자로 이동하면 이온이 생성된다. 그것들은 또한 마찰과 (곧 논의할) 다른 수단에 의해 한 물체에서 다른 물체로 이동할 수 있다. 전자는 음전하를 띠기 때문에, 전자를 초과 획득한 물체는 음전하를 띤다. 다른 물체에 의해 전자를 손실하면 전자의 결핍을 초래하고, 그 물체는 양전하를 띤다. 따라서 물체의 전하는 전자의 획득이나 손실 때문에 발생한다. 그 전하들은 물체에 속박되어 움직이지 않기 때문에 **정전하(electrostatic charge)**라고 한다. 여러분은 아마도 이것을 정전기(static electricity)라고 부를 것이다. 정전기는 정지해 있는 축적된 전하, 즉 움직이지 않는 전하를 말한다. 단단한 고무빗으로 머리를 빗을 때, 전자가 머리카락에서 빗으로 옮겨지기 때문에 빗은

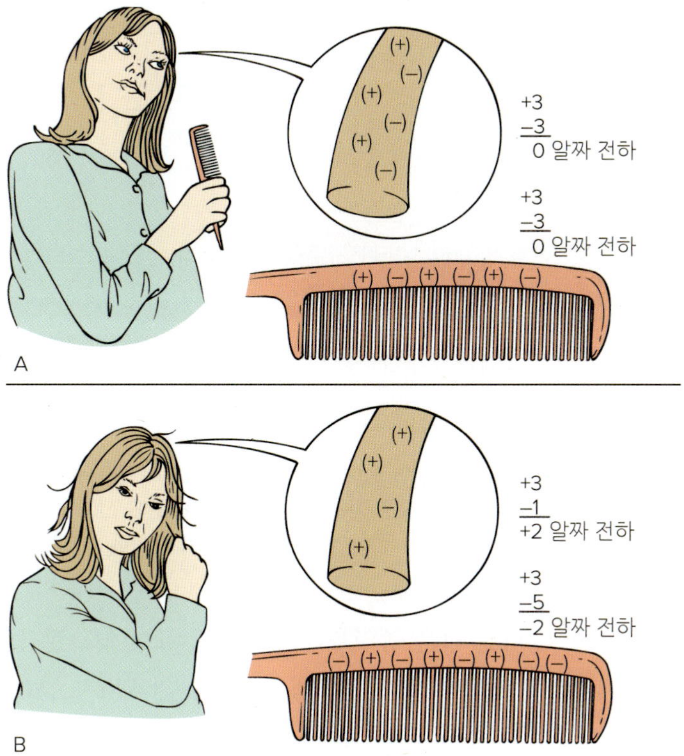

그림 6.4 빗을 빗기 전(A)과 후(B)에 빗과 머리카락에 있는 임의의 양성자(+) 수와 전자(−) 수. 빗질은 마찰에 의해 전자를 머리카락에서 빗으로 전달하여 빗에는 음전하가 생기고 머리카락에는 양전하가 생긴다.

음전하로 대전된다. 이때 머리카락은 빗에 의해 얻어진 전하와 동일한 크기의 양전하로 대전된다(그림 6.4). 전자의 과잉으로 인한 빗의 음전하와 전자의 결핍으로 인한 머리카락의 양전하 모두 일시적으로 정지해 있는 전하이므로 그것들은 정전하다.

일단 마찰에 의해 대전되면, 고무빗과 같은 물체는 중성 전하를 가진 더 안정된 분포를 이루기 위해 돌진하는 전자의 움직임에 의해 곧 중성 상태, 즉 균형 상태로 되돌아간다. 더 안정된 분포로 되돌아가는 전자의 빠른 움직임은 습한 날에 더 빨리 일어난다. 왜냐하면 공기 중의 수증기가 대전된 물체 안팎으로의 전자 이동을 더 용이하게 해주기 때문이다. 따라서 곧 방전할 정도로 전자가 쌓인 정전기는 습한 날보다 건조한 날에 더 현저하다.

물체가 정전하로 대전되는 세 가지 방법이 있다. (1) 마찰(friction)은 한 물체에서 다른 물체로 전자를 전달한다. (2) 다른 대전된 물체와의 접촉(contact)을 통해서 전자가 전달된다. (3) 유도(induction)에 의해 전자가 전달된다. 유도는 물질의 전하를 재분배함으로써 전하를 발생시킨다. 예를 들어 머리를 빗을 때 빗은 머리에서 전자를 제거하고 음전하를 얻는다. 이것은 마찰에 의한 대전의 예다. 음전하를 띤 빗이 작은 종잇조각 가까이 있으면, 종이의 일부 전자를 반대편으로 밀어낸다. 이렇게 하면 빗에 가까운 종이의 옆면이 양전하를 띠게 된다. 이것이 유도에 의한 대전이다. 서로 다른 전하들은 서로 끌어당기기 때문에 지금은 종잇조각과 빗 사이에 인력이 있다. 빗과 종잇조각 사이에서 전하는 전혀 전달되지 않았고, 빗을 제거하면 종이의 전자가 정상 위치로 돌아온다는 점에 유의하자(그림 6.5). 그러나 빗과 종잇조각이 접촉하게 되면 빗에 있는 전자는 음전하를 띤 빗에서 종잇조각의 양전하를 띤 쪽으로 움직이게 된다. 종이에서 빗을 제거하면 종이에는 잉여 전자가 남게 되는데, 이는 다른 어떤 작용이 변화를 일으킬 때까지 지속될 것이다. 이것이 접촉에 의

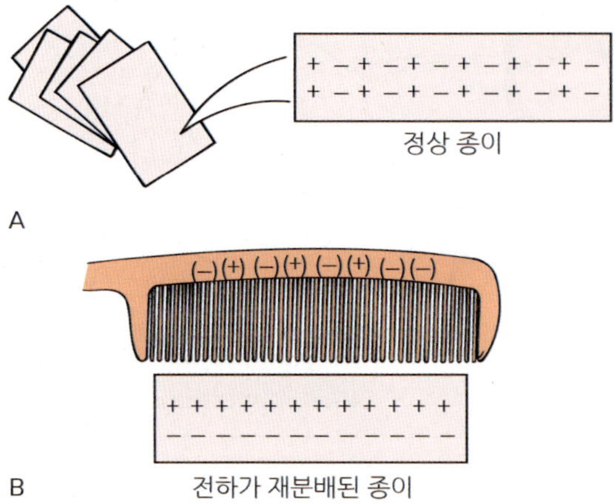

그림 6.5 유도에 의한 대전. 빗은 마찰에 의해 대전되어 잉여 전자를 획득했다. (A) 종이에는 보통 (+)와 (−) 전하가 마구잡이로 분포한다. (B) 대전된 빗을 종이 가까이 두면, 같은 전하끼리의 밀어냄 때문에 전하의 재분배가 발생한다. 이 때문에 빗에 가까운 쪽에 알짜 양전하가 남게 되고, 서로 다른 전하끼리는 끌어당기기 때문에 종이는 빗에 끌린다.

한 대전이다. 정전기를 띠는 이 성가신 작은 종잇조각은 어떠한 표면에도 잘 들러붙는다. 이러한 각 예에서 전하는 한 곳에서 다른 곳으로 이동하지만 생성되거나 파괴되지 않는다는 점에 유의하라.

개념 활용

정전기

1. 이 활용은 습도가 낮을 때 가장 잘 된다. 플라스틱 빨대와 가벼운 휴지 몇 장을 준비한다. 휴지 한 장을 작은 조각으로 찢어서 책상 위에 놓는다. 휴지로 빨대를 감싼 다음 빨대를 앞뒤로 약 10번 밀었다 당겼다 한다. 빨대의 끝을 책상 위의 조각에 접촉시킨 후 그 조각이 끌리는지 본다. 만약 끌린다면, 끌린 조각을 다른 조각에 접촉해서 그것도 끌리는지 본다. 습도에 따라서는 긴 휴지 조각 사슬을 끌어당길 수도 있다.
2. 스카치테이프를 사용하여 빨대를 책상 가장자리에 매단다. 플라스틱 볼펜, 검은 플라스틱 빗, 기타 물체를 면 헝겊, 플란넬, 털, 기타 물질로 문지른다. 문지른 각 물체를 빨대 가까이에 가져간 후 어떤 일이 발생하는지 관찰한다.
3. 정전기를 획득한 물질과 그렇지 않은 물질의 목록을 만든다. 여러분은 정전기와 물질에 대해 얼마나 많은 일반화를 만들 수 있는가? 두 종류의 전하가 존재한다는 것을 관찰한 증거를 기술하시오.

전도체 및 절연체

자동차 좌석 표면을 스쳐지나가거나 카펫에서 신발을 질질 끌면, 여러분은 물질에서 약간의 전자를 문질러서 잉여 음전하를 얻는다. 전하가 여러분에게 속박되어 움직이지 않기 때문에, 그것은 정전하이다. 정전하는 두 표면 사이의 마찰에 의해 생성되며, 상호 반발 때문에 전자가 멀리 이동할 수 있을 때까지 머문다. 보통 금속 문손잡이에 손을 뻗을 때 전자의 이동이 발생하는데, 전자 이동이 불꽃을 일으키기 때문에 언제 발생하는지 알 수 있다. 문손잡이 금속과 같은 물질은 금속을 통해 자유롭게 움직일 수 있는 전자를 가지고 있기 때문에 좋은 **전도체(electrical conductor)**이다. 그러나 플라스틱이나 나무를 만지면 충격을 받지 않는다. 플라스틱이나 나무와 같은 물질은 물질을 통해 자유롭게 움직일 수 있는 전자를 가지고 있지 않으며, 이런 물질을 전기 부도체(electrical nonconductor)라고 한다. 부도체는 전기 절연체(electrical insulator)라고도 한다(표 6.1). 절연체에

표 6.1 전도체 및 절연체

도체	절연체
은	고무
구리	유리
금	탄소(다이아몬드)
알루미늄	플라스틱
탄소(흑연)	나무
텅스텐	
철	
납	
니크롬	

서 전자는 쉽게 움직이지 않지만, 전자는 추가되거나 제거될 수 있으며, 전하가 남아 있는 경향이 있다. 사실, 신체가 마찰에 의해 대전이 되는 이유는 신체가 나쁜 도체이기 때문이다.

물질이 전하를 전도하는 능력은 다양한데, 이 능력은 전자가 얼마나 단단하게 또는 느슨하게 핵에 고정되는가에 따라 결정된다. 금속에는 전하 전도에 참여할 수 있는 수백만 개의 자유 전자가 있다. 고무, 유리, 플라스틱과 같은 재료들은 전자를 아주 단단히 잡고 있어서 좋은 절연체다. 따라서 한 곳에서 다른 곳으로 전류를 전도하는 데 금속 도선을 사용하며, 전류가 다른 곳으로 흐르지 않도록 절연체인 고무, 유리, 플라스틱을 사용한다.

실리콘이나 게르마늄과 같은 세 번째 종류의 물질이 있는데, 상황과 순수한 정도에 따라 때로는 전도하고 때로는 절연하기도 한다. 이러한 물질들을 반도체(semiconductor)라고 하며, 그 특별한 성질 때문에 정전기 복사기와 태양 전지와 같은 많은 기술적 장치가 가능하다.

전하 측정하기

가끔 카펫 위를 걷고 난 뒤 가벼운 쇼크나 충격을 받은 경험이 있을 것이다. 전하가 많이 축적될수록 충격이 커진다. 때에 따라 전하가 적게 있거나 많이 존재하기 때문에 전하는 다양한 양으로 발생한다는 것이 명백하며, 또 이 양들을 측정할 수 있다. 전하의 크기는 물체 안팎으로 전달되었던 전자의 개수로 정해진다. 그러한 전하의 양(q)은 **쿨롬**(coulomb, C)이라는 단위로 측정된다. 1쿨롬 단위는 전자와 같은 입자가 가지고 있는 전하 6.24×10^{18}개의 전달로 초래된 전하와 같다. 쿨롬은 미터나 초처럼 계량 단위다.

쿨롬은 거리를 재는 미터, 힘을 재는 뉴턴과 같은 다른 계량 단위와 함께 사용하는 전하의 단위다. 따라서 전하량(q)은 쿨롬(C) 단위로 기술된다. 예를 들어 어떤 물체는 다른 개수(n)의 전자(e^-)와 양성자(p^+)를 가지고 있기 때문에 그 물체는 알짜 전하(q)를 가지고 있다. 물체가 양성자보다 더 많은 전자를 가지고 있다면, 그것은 전체적으로 음전하를 가질 것이다. 마찬가지로 어떤 물체가 양성자보다 적은 전자를 가지고 있다면, 그것은 전체적으로 양전하를 갖게 될 것이다. 양성자는 상대적으로 움직이지 못하고, 움직이는 것은 전자라는 것을 기억하라. 카펫에서 걸은 후 몸의 알짜 전하는 카펫에서 얼마나 많은 전자를 문질렀느냐에 달려 있다. 카펫에서 발을 끌면서 얻은 알짜 전하(쿨롬 단위)는 잉여 전자로서

$$\text{전하량} = (\text{전자의 수})(\text{전자의 전하})$$

즉,

$$q = ne \qquad \text{식 6.1}$$

이다. 1.00 C은 전자와 같은 입자 6.24×10^{18}개의 전달에 해당하므로, 전자 하나의 전하는

$$e = \frac{q}{n}$$

이다. 여기서 q는 1.00 C이고 n은 6.24×10^{18}개의 전자이다. 그러므로

$$e = \frac{1.00\ \text{쿨롬}}{6.24 \times 10^{18}\ \text{전사}}$$

$$= 1.60 \times 10^{-19}\frac{\text{쿨롬}}{\text{전자}}$$

이다. 이 전하 1.60×10^{-19} C은 가장 작은 공통 전하로 전자의 **기본 전하(fundamental charge)**이다. 모든 전자는 -1.60×10^{-19} C의 전하를 가지며, 모든 양성자는 $+1.60 \times 10^{-19}$ C의 전하를 갖는다. 이것은 아주 적은 양의 전하이다. 1 C의 음전하를 축적하려면 600경(6×10^{18}) 이상의 전자를 축적해야 한다. 대전된 모든 물체는 기본 전하의 배수를 가지므로 전하는 양자화 되어 있다. 보통 물체는 약 $10^{-8} \sim 10^{-6}$ C 정도의 전하를 가질 것이다.

예제 6.1

습도가 낮은 날에 머리를 빗으면 빗에 1.00×10^{-8} C 정도의 음전하가 생긴다. 머리카락에서 빗으로 몇 개의 전자가 전달되었는가?

풀이

물체의 전하량(q), 전자 개수(n), 전자(e^-)의 기본 전하 사이의 관계는 식 6.1의 $q = ne$로 주어져 있다.

$q = 1.00 \times 10^{-8}$ C

$e = 1.60 \times 10^{-9}\frac{\mathrm{C}}{\mathrm{e}}$

$n = ?$

$$q = ne$$

$$\therefore n = \frac{q}{e}$$

$$n = \frac{1.00 \times 10^{-8}\ \mathrm{C}}{1.60 \times 10^{-19}\frac{\mathrm{C}}{\mathrm{e}}}$$

$$= \frac{1.00 \times 10^{-8}}{1.60 \times 10^{-19}}\not{\mathrm{C}} \times \frac{\mathrm{e}}{\not{\mathrm{C}}}$$

$$= \boxed{6.25 \times 10^{10}\ \mathrm{e}}$$

따라서 빗은 대략 625억 개의 전자를 얻었다(과학적 표기법의 관례는 소수점 왼쪽의 한 자리 숫자로 답을 표현하는 것이다. 과학적 표기법에 대한 자세한 내용은 부록 A 참조).

정전기력

같은 전하, 즉 (−)와 (−) 또는 (+)와 (+)처럼 같은 전하를 가진 두 물체는 반발력을 발생시키고,

(−)와 (+)처럼 서로 다른 전하를 가진 두 물체는 인력(끌힘)을 생성한다는 것을 상기하라. 힘의 크기는 각 물체의 전하량과 두 물체 사이의 거리에 따라 달라진다. 그 관계를 **쿨롱 법칙(Coulomb's law)**이라고 하는 데, 다음과 같다.

$$F = k\frac{q_1 q_2}{d^2} \qquad \text{식 6.2}$$

여기서 k의 값은 $9.00 \times 10^9\ \mathrm{N \cdot m^2/C^2}$이다.

대전된 두 물체 사이의 힘은 q_1과 q_2가 같은 전하인 경우는 반발력이고 다른 경우는 인력이다(같은 전하끼리는 밀어내고 서로 다른 전하끼리는 끌어당긴다). 그 힘이 인력이든 반발력이든 간에 뉴턴의 운동 제3법칙에서 설명한 바와 같이 두 물체 모두 동등한 힘을 느낀다. 또한 물체 사이의 거리가 증가하면 이 힘의 세기는 감소한다(거리를 두 배로 하면 힘이 원래 값의 1/4로 감소한다).

예제 6.2

전자는 음전하를 띠고 원자의 핵을 중심으로 회전하는데, 핵은 양성자에서 유래한 양전하를 띠고 있다. 전자는 1.00×10^{-10} m의 전형적인 거리에서 전기적 인력에 의해 궤도를 유지하고 있다. 전자와 양성자 사이의 전기적 인력은 얼마인가?

풀이

전자(e^-)의 기본 전하는 1.60×10^{-19} C이고, 양성자(p^+)의 기본 전하도 1.60×10^{-19} C이다. 거리가 주어져 있고, 전기적 인력은 식 6.2에서 구할 수 있다.

$$q_1 = 1.60 \times 10^{-19}\ \mathrm{C}$$
$$q_2 = 1.60 \times 10^{-19}\ \mathrm{C}$$
$$d = 1.00 \times 10^{-10}\ \mathrm{m}$$
$$k = 9.00 \times 109\ \mathrm{N \cdot m^2/C^2}$$
$$F = ?$$

$$F = k\frac{q_1 q_2}{d^2}$$
$$= \frac{\left(9.00 \times 10^9 \frac{\mathrm{N \cdot m^2}}{\mathrm{C^2}}\right)(1.60 \times 10^{-19}\ \mathrm{C})(1.60 \times 10^{-19}\ \mathrm{C})}{(1.00 \times 10^{-10}\ \mathrm{m})^2}$$
$$= \frac{(9.00 \times 10^9)(1.60 \times 10^{-19})(1.60 \times 10^{-19})}{1.00 \times 10^{-20}} \frac{\left(\frac{\mathrm{N \cdot m^2}}{\mathrm{C^2}}\right)(\mathrm{C^2})}{\mathrm{m^2}}$$
$$= \frac{2.30 \times 10^{-28}}{1.00 \times 10^{-20}} \frac{\mathrm{N \cdot \cancel{m^2}}}{\cancel{C^2}} \times \frac{\cancel{C^2}}{1} \times \frac{1}{\cancel{m^2}}$$
$$= \boxed{2.30 \times 10^{-8}\ \mathrm{N}}$$

전자와 양성자 사이의 전기적 인력은 2.30×10^{-8} N이다.

역장

중력과 전기력이 접촉하지 않은 물체에 작용할 수 있다는 것이 이상해 보이는가? 중력은 어떻게 지구와 태양 사이의 거대한 빈 공간을 통해 작용할 수 있는가? 어떻게 전기력이 거리를 두고서 종잇조각을 대전된 빗으로 끌어당길 수 있는가? 작고 가벼운 물체가 문지른 호박에 끌리는 것을 처음 발견한 이후로 그러한 질문들은 사람들을 괴롭혔다. 그런 힘이 어떻게 접촉하지 않고 거리를 두고서 작용할 수 있는가에 대한 관념적 모형은 없었다. "보이지 않는 유체"라는 개념은 사람들이 물리적인 접촉 없이 어떻게 힘이 멀리서도 작용하는지 시각화하도록 돕는 관념적 모형을 개발하려는 초기 시도였다. 그 후 뉴턴은 만유인력의 법칙을 전개하였는데, 이 법칙은 공간을 통해 작용하는 중력의 크기를 정확하게 예측하였다. 쿨롱의 전기력에 대한 법칙은 공간을 통해 작용하는 정전기력을 기술하고 예측하는 데 비슷한 성공을 거두었다. 두 법칙이 그런 작용의 결과를 설명하는 것 같았기 때문에, 현상을 설명하는데 "보이지 않는 유체"는 더 이상 필요가 없었다. 그러나 힘이 거리를 두고서 작용했을 때 물리적으로 일어나고 있는 일을 시각화하는 것은 여전히 어려웠고, 원격 작용의 개념에는 몇 가지 문제가 있었다. 이 모형이 모든 관측을 설명하지는 못했다.

1800년대 초 마이클 패러데이(Michael Faraday, 1791-1867)와 제임스 맥스웰(James Maxwell, 1831-1879)의 연구는 마침내 원격 상호작용에 대한 새로운 관념적 모형을 제공했다. 이 새로운 모형은 한 물체가 거리를 두고서 다른 물체에 가하는 힘을 고려하지 않았다. 대신, 그것은 물체 주위의 공간의 상태를 고려했다. 전하 주변의 공간 상태는 전하 존재로 인해 변한 것으로 간주된다. 전하는 그 주변의 공간에 힘마당, 즉 **역장(force field)**을 만든다. 전하가 역장을 생성하기 때문에 이 역장을 **전기장(electric field)**이라고 한다. 시험 전하(test charge)라고 하는 두 번째 전하가 힘을 무시해도 될 정도로 전하에서 충분히 멀리 떨어져 있다고 하자. 시험 전하를 점점 더 가까이 이동시키면 전하는 전기장 안으로 들어가면서 점점 증가하는 힘을 경험하게 된다. 시험 전하는 들어가고 있는 전기장을 변화시키지 않는다고 가정하며, 전하의 공간과 주변으로 퍼져 나가는 전기장을 확인하는 데 사용된다.

모든 전하는 전기장에 둘러싸여 있는 것으로 간주되는 데, 이것은 모든 질량이 중력장에 둘러싸여 있다고 간주하는 것과 같은 방식이다. 예를 들어 지구는 그 질량 때문에 주변 공간의 상태를 바꾸는 것으로 여겨진다. 지구에서 아주 멀리 떨어진 우주선은 측정 가능한 힘을 경험하지 못한다. 그러나 지구에 가까워지면서 지구의 중력장 안으로 더 깊이 들어오고 결국 측정 가능한 힘을 경험하게 된다. 마찬가지로 자석은 주위의 공간에 자기장(magnetic field)을 생성한다. 막대자석 주위로 나침반 바늘을 움직이면 자기장을 시각화할 수 있다. 막대자석에서 멀리 떨어져 있는 나침반 바늘은 반응하지 않는다. 막대자석 가까이 이동하면 자기장이 어디서 시작하는지 알 수 있다. 자기장을 시각화하는 또 다른 방법은 막대자석 위에 종이를 놓고 종이에 쇳가루를 뿌리는 것이다. 쇳가루는 자기장의 존재를 명확하게 보여줄 것이다.

장을 시각화하는 또 다른 방법은 장의 지도를 만드는 것이다. 전기장으로 가져온 작은 양의 시험 전하를 고려하자. 관례적으로 항상 양(positive)의 시험 전하를 사용한다. 그림 6.6과 같이, 양의 시험 전하를 음의 전하와 양의 전하에 가깝게 가져온다. 화살표는 시험 전하가 겪게되는 힘의 방향을 가리킨다.

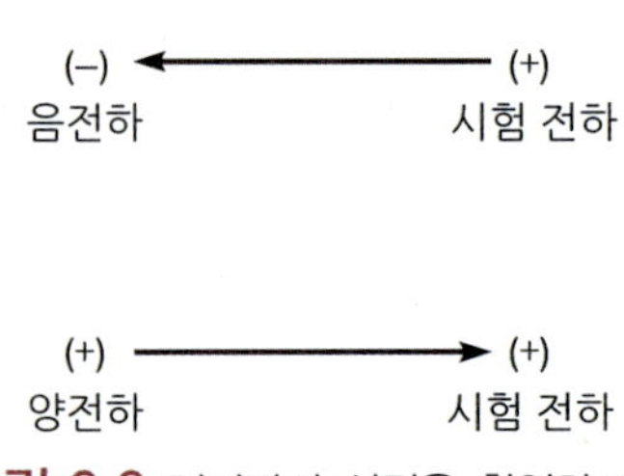

그림 6.6 전기장의 성질을 확인하기 위해 관례적으로 양의 시험 전하를 사용한다. 화살표는 시험 전하가 경험할 힘의 방향을 가리킨다.

따라서 음전하에 가까이 왔을 때 시험 전하는 종류가 다른 그 전하를 향해 끌어당겨지고 화살표는 그런 방향으로 향하게 된다. 양의 전하에 가까이 가져오면 시험 전하는 밀려나므로 화살표는 양의 전하에서 멀어지는 방향을 가리킨다. 시험 전하를 그 영역에 두루 이동시킴으로써, 모든 위치에 대해 힘의 방향을 결정하고 기록할 수 있다.

전기장은 전기장의 방향을 나타내는 힘선(line of force)이나 전기장선(electric field line)을 그려서 나타낸다. 멀리 있는 시험 전하에도 어느 정도의 힘이 항상 있기 때문에 그림 6.7의 화살표는 고립된 전하로부터 바깥으로 계속 확장되는 장선을 보여준다. 그림 6.7의 전하 쌍 사이의 장선은 양의 전하에서 시작하여 음의 전하로 끝나고 있는 휜 장선이다. 관례상 장이 더 강한 곳에서 장선은 더 가까워지고 장이 약한 곳에서는 장선이 더 멀리 떨어져 있다.

장 개념은 뉴턴의 원격 작용 개념으로 설명되지 않는 몇 가지 사실을 설명한다. 예를 들어, 전하가 전기장을 생성한다고 가정하자. 이 장은 전하 주변의 모든 곳에 즉각적으로 생성되는 것이 아니

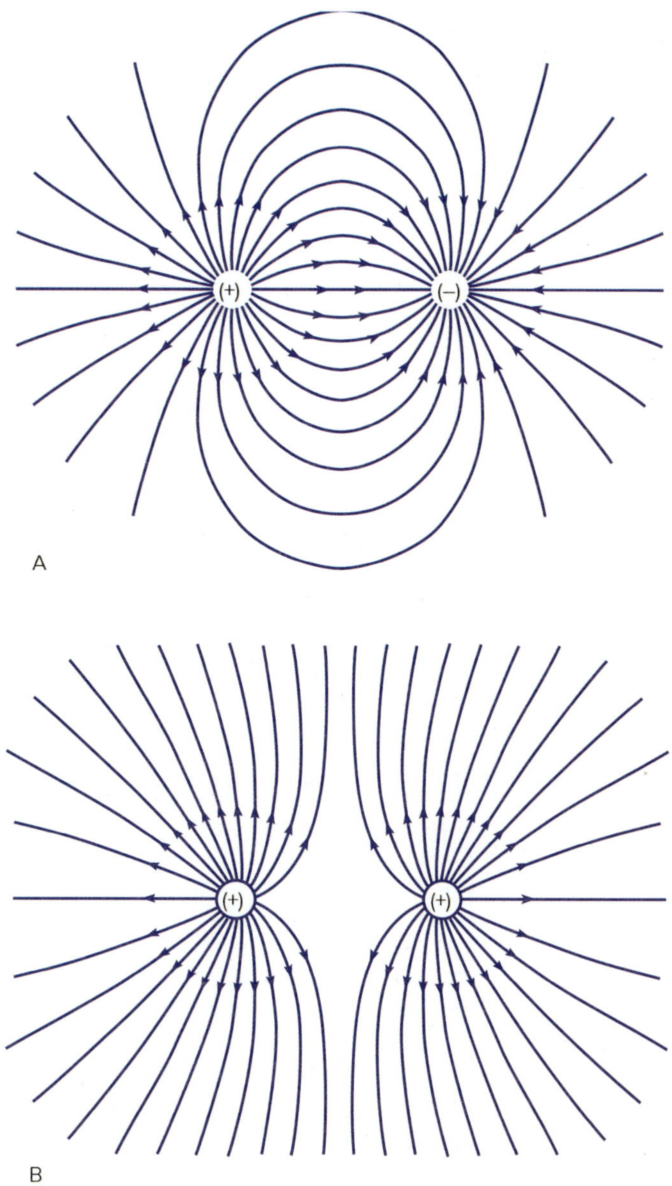

그림 6.7 (A) 양전하와 (B) 음전하가 시험 전하와 크기가 같을 때 각 전하의 역선 도형.

라 생성되어 공간으로 퍼지는 것으로 여겨진다. 전하가 갑자기 중성이 되면, 그 전하가 만든 장은 더 이상 그 장의 원천이 존재하지 않더라도 계속해서 바깥으로 퍼져 나갔다가 다시 어떤 속력으로 붕괴하는 것처럼 보인다. 태양의 중력장에 대한 예를 생각해보자. 만약 태양의 질량이 순식간에 사라진다면, 지구는 이것을 즉시 알아차릴 수 있을까? 아니면 태양의 중력장이 어떤 속력, 예를 들어 빛의 속력으로 붕괴하는 것처럼 보이고, 지구는 8분 후에 알아차리게 될 것인가? 뉴턴의 원격 작용 개념은 공간의 어떤 성질도 고려하지 않았기 때문에, 이 개념에 따르면 태양으로부터의 중력은 즉시 사라질 것이다. 그러나 장 개념은 어느 정도 시간이 지나면, 즉 약 8분 후에 그 사라짐을 알아차릴 것이라고 설명하고 있다. 이 시간 지연은 장과 상호작용하는 물체에 대한 유사한 관찰과 일치하기 때문에, 장 개념은 신비한 원격 작용 개념보다 더 유용하다.

실제로 중력, 전기력, 자기력이 어떻게 거리를 두고서 작용하는지를 설명하는 세 가지 모형이 있다. (1) 원격 작용 모형은 질량들이 중력에 의해 끌어당겨지고 전하와 자극이 공간을 통해 서로 끌어당기고 밀어낸다는 것을 인지하지만, 더 이상의 설명은 하지 않는다. 그것은 단순히 관찰 사실을 기술한다. (2) 장 모형은 공간이 질량, 전하 또는 자석 주위에서 변화하며, 작용은 물체가 실제로 질량, 전하 또는 자석에 접촉함으로써가 아니라 그 변경된 공간에 존재하는 효과에 의해 발생한다고 주장한다. (3) 장-입자 모형은 아원자 입자의 빠른 방출과 흡수로써 인력과 반발력을 설명하는 복잡하고 아주 수학적인 기술이다. 이 모형은 전기력과 자기력을 가상 광자(virtual photon)의 교환으로, 중력은 중력자(graviton)의 교환으로, 강한 핵력은 글루온(gluon)의 교환으로 설명한다.

전위

예를 들어, 책을 책장의 첫 번째 선반에서 더 높은 선반으로 옮겨 놓는 것과 같이 물체를 지구상의 더 높은 위치로 이동시키려면 일이 발생되어야 한다는 것을 3장에서 배웠다. 그 위치 덕분에 이 책은 이제 증가된 중력 퍼텐셜 에너지를 가지는데, mgh(책의 무게 곱하기 거리) 줄의 중력 퍼텐셜 에너지로 측정할 수 있다. 장 모형을 사용하면, 이 일은 지구의 중력장에 대항하여 이루어졌다고 말할 수 있다. 마찬가지로, 전하를 띤 입자는 낮은 퍼텐셜 에너지의 위치에서 높은 퍼텐셜 에너지의 위치로 이동될 수 있다. 책을 더 높은 퍼텐셜 에너지의 위치로 옮기기 위해 일이 필요한 것과 같은 방법으로, 대전된 입자를 장 내에서 더 높은 퍼텐셜 에너지의 위치로 이동시키려면 일을 해줘야 한다. 대전된 입자를 동일한 전하를 가진 입자의 장으로 가져오려면 두 입자가 서로 반발하기 때문에 일이 필요하다. 이와는 대조적으로 입자가 종류가 다른 전하의 장에 있다면, 전하들이 서로 끌어당기기 때문에 둘을 서로에게서 멀어지게 하려면 일이 필요할 것이다. 지구의 중력장에 있는 질량을 움직이면 중력 퍼텐셜(위치) 에너지가 변화하듯이 두 경우 모두 전기 퍼텐셜 에너지(electric potential energy), 즉 전기 위치 에너지가 변화한다.

전기 퍼텐셜 에너지를 측정하는 유용한 방법 중 하나는 일정량의 일을 사용하여 일정량의 전하를 이동시킬 때 발생하는 퍼텐셜차(potential difference), 즉 전위차를 고려하는 것이다. 예를 들어, 단단히 고정되고 절연된 금속 구체가 양전하를 띠고 있다고 하자(그림 6.8). 구 주변의 공간은 양의 전기장을 갖게 될 것이다. 또한 정확히 1.00 C의 양전하를 가진 두 번째 구가 있다고 가정하자. 1.00 C의 양전하를 고정된 구체 쪽으로 이동시키기 시작하자. 전기장에 들어서면서 점점 늘어나는 반발을 극복하려면 점점 더 강하게 밀어야 할 것이다. 정확히 1.00 J의 일을 했을 때 움직임을 멈추고, 이제 그 구를 놓아준다면 반발력은 1.00 J의 일을 할 것이다. 압축된 용수철이 퍼텐셜 에너지를

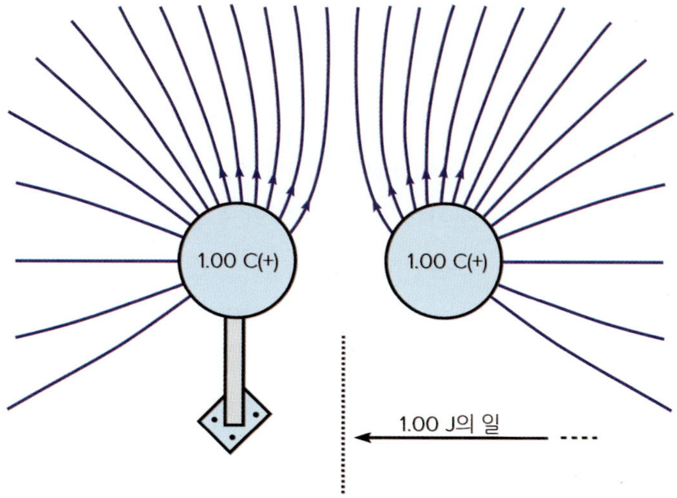

그림 6.8 전위는 1.00 C의 양전하를 두 번째 1.00 C의 양전하의 전기장으로 이동시킴으로써 발생한다. 1.00 C의 전하를 움직이는 데 1.00 J의 일을 하면 1.00 V의 퍼텐셜이 생긴다. 볼트는 줄/쿨롬이다.

갖는 것과 같은 방식으로 그 구는 퍼텐셜 에너지를 갖는다. 전기 문제에서, 1.00 J의 일을 하여 1.00 C의 전하를 이동함으로써 생성된 전위차를 1.00볼트로 정의한다. **볼트(volt, V)**는 두 점 사이의 전위차의 척도이다.

$$\text{전위차} = \frac{\text{퍼텐셜을 생성하는 일}}{\text{움직인 전하}}$$

$$V = \frac{W}{q} \qquad \text{식 6.3}$$

단위로 나타내면 다음과 같다.

$$1.00\ \mathrm{V} = \frac{1.00\ \mathrm{J}}{1.00\ \mathrm{C}}$$

전위차는 전하를 이동시키기 위해 한 일 또는 장에서의 그 위치 때문에 전하가 할 수 있는 일로 측정할 수 있다. 이것은 물체에 중력 퍼텐셜 에너지를 주기 위해 해야 하는 일 또는 새로운 위치 때문에 물체가 잠재적으로 할 수 있는 일과 완벽하게 유사하다. 따라서 12 V 전지를 충전할 때, 전지 단자의 전기장에 대항해 외부 원천에서 1.00 C의 전하를 전달하기 위해 12.0 J의 일을 해줘야 한다. 12 V 전지를 사용할 때, 전지는 한 단자에서 전기 계통을 거쳐 다른 단자로 다시 전송되는 1.00 C마다 −12.0 J의 일을 해준다.

6.2 전류

지금까지 우리는 마찰에 의해 순간적으로 이동했지만 일반적으로 한 곳에 머무르는 전하를 생각해왔다. 정전기 실험은 전하, 전하 사이의 인력과 반발력, 장 개념 등을 파악하여 전기의 이해를 높이는 데 큰 역할을 했다. 이제 전하의 운동 또는 흐름인 전류(electric current, I)를 생각해보자. 수류(water current)가 물의 흐름을 의미하는 것과 같은 방식으로 **전류(electric current)**는 전하의 흐름을 의미한다. 흐르는 것은 전하(charge)이며, 전류는 전하의 흐름으로 정의된다.

전기 회로

자동차 좌석을 스쳐지나갈 때, 몸은 마찰에 의해 전자를 획득하고 있다. 마찰을 통해, 좌석 덮개에서 전자를 떼어내면서 일(work)을 한 것이다. 이제 전자의 불균형으로 인해 알짜 음전하를 갖게 되는데, 신체는 나쁜 도체이기 때문에 그 음전하는 몸에 남아 있는 경향이 있다. 그러나 전자는 이제 밀어내는 전기장 안에서 전자들이 원하는 것보다 더 가까이 있고, 대전되지 않은 어떤 물체, 예를 들어 금속 문손잡이와 몸 사이에는 전위차가 있다. 손잡이를 만지면 전자가 흐르면서 스파크 형태의 순간적인 전류를 생성하게 되는데, 이는 몸에 있는 전하가 중성이 될 때까지만 지속된다.

전류를 계속 유지하기 위해서는 전하 분리를 유지해야 하며, 따라서 도체를 통해 전하를 밀어낼 수 있는 전기장(또는 전위차)을 유지해야 한다. 좌석 덮개를 스치며 계속 미끄러질 수 있다면 이것이 가능할 수도 있지만, 이것은 전하 분리를 유지하는 마구잡이 방법이므로 아마도 연속 전류보다는 일련의 스파크를 야기할 것이다. 이것이 정전기 발생 장치의 작동 방법이다.

전류의 지속 요건을 이해하기 위한 유용한 비유는 장식용 수륜 장치(그림 6.9)이다. 상부 수조의 물은 하부 수조의 물보다 더 큰 중력 퍼텐셜 에너지를 가지고 있다. 상부 수조에서 물이 흐르기 때문에 수륜을 돌리는 일을 할 수 있지만, 펌프가 일을 하여 두 수조의 퍼텐셜차를 유지하는 경우에만 이 일을 계속할 수 있다. 물이 낮은 퍼텐셜로 흘러 되돌아오면 펌프가 지속적으로 물을 더 높은 퍼텐셜로 되돌려주는 한, 이 "물 회로"는 수륜을 돌리는 일을 할 것이다.

그래서 물 회로의 유추에 의하면 전하를 더 높은 퍼텐셜로 끌어올려서 일정한 전류를 유지하고, 전하가 낮은 퍼텐셜로 다시 이동하면서 일을 한다. 높은 전기 퍼텐셜 에너지는 수륜의 예에서 중력 퍼텐셜 에너지와 유사하다(그림 6.9). **전기 회로(electric circuit)**에는 회로 내 장치의 에너지원으로 작용하는 전지 또는 전기 발생기와 같은 일부 장치가 포함되어 있다. 전지나 발전기가 충분히 높은 퍼텐셜 에너지를 가진 전하를 제공할 수 있는 한, 회로의 메커니즘은 작동한다. 전하는 전구를 켜거나, 모터를 작동시키거나, 열을 공급하는 것처럼 회로의 다른 부분에 일을 한다. 전하가 연결된 전선을 통해 흐르면서 연속 경로를 만든다. 전기 스위치는 이 연속적인 경로를 방해하거나 완성하

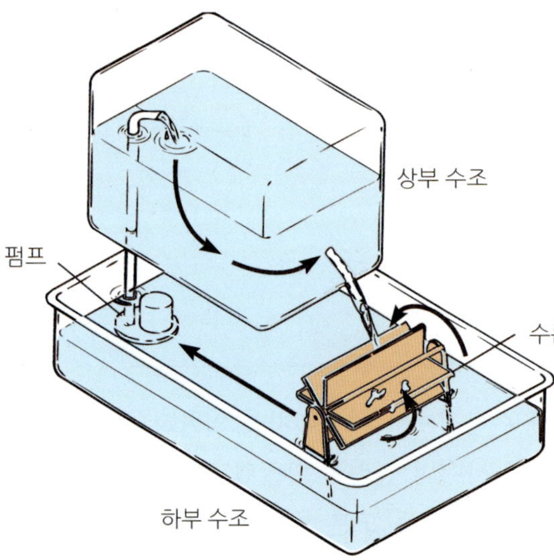

그림 6.9 펌프가 상부 수조와 하부 수조 사이에 퍼텐셜차를 유지하는 한, 낙하하는 물은 수륜을 돌리는 일을 할 수 있다.

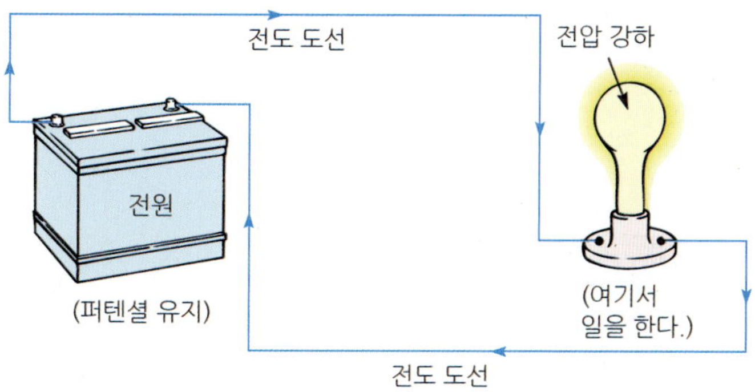

그림 6.10 단순한 전기 회로는 전위를 유지하는 전원(발전기 또는 전지 등), 전위가 일을 하는 장치(램프나 모터 등)와 전류가 따르는 연속 경로로 이루어져 있다.

는 수단이다.

그림 6.10에 나타낸 두 연결 도선 사이의 전위차는 더 높은 전위를 생성하는 장치(예: 전지)가 한 일과 일부 장치(예: 램프)에 해준 일의 한 요인이다. 도선을 통해 전자를 이동시키기 위해 한 아주 작은 일로 인한 손실을 무시한다면, 두 곳에서 해준 일은 같을 것이다. 단위 전하당 해준 일이 줄/쿨롬, 즉 볼트라는 점을 기억하자(식 6.3 참조). 따라서 전위차 원천을 전원(voltage source)이라고 한다. 전하가 일을 하는 장치는 전압 강하(voltage drop)를 일으킨다. 전위차는 볼트로 측정되므로 용어 전압을 전위차로 사용하는 경우가 흔하다. 가정용 배선은 일반적으로 전위차가 120 V 또는 240 V이다(대한민국은 220 V이다). 120 V의 전압은 회로를 통과하는 전하 1 C마다 일부 전기 장치에서 120 J의 일을 할 수 있다는 것을 의미한다.

전압은 전기 회로의 두 점 사이의 쿨롬당 줄 단위로 전위차를 나타낸다. 수도관 회로의 수압에 비유하여, 이러한 전위차를 전기력(electrical force) 또는 기전력(electromotive force, emf)이라고도 한다. 그러나 전기적 문제에서 전위차는 압력 하에서 물과 같은 힘이 되기보다는 힘의 원천이다. 그럼에도 불구하고, 작은 수도관과 큰 수도관이 같은 압력 하에 있을 수 있듯이, 두 관을 흐르는 물의 비율은 서로 다를 수 있다. 전류(I)는 단위 시간(t)에 도체의 단면을 통과하는 전하(q)의 비율이다. 즉

$$\text{전류} = \frac{\text{전하량}}{\text{시간}} \qquad \text{식 6.4}$$

이다. 따라서 전류의 단위는 초당 쿨롬이다. 쿨롬/초를 **암페어(ampere)** 또는 줄여서 amp(A)라고 한다. 전류를 단위로 표현하면 다음과 같다.

$$1.00\ \text{A} = \frac{1.00\ \text{C}}{1.00\ \text{s}}$$

1.00 A 전류는 매초 도체를 통해 이동하는 1.00 C이고, 2.00 A 전류는 초당 2.00 C, 등등이다(그림 6.11). 표 1.1에서 암페어는 SI 기본 단위인 점을 유의하자.

물 회로 비유법을 사용하면, 수압이 큰 중력 퍼텐셜차에 의해 생성될 때 더 큰 물 흐름률을 예상할 수 있다. 따라서 물의 흐름률은 중력 퍼텐셜 에너지 차이에 정비례한다. 전기 회로에서 전류 비율(쿨롬/초, 즉 암페어)은 회로의 두 점 사이의 전위차(줄/쿨롬, 즉 전압)에 정비례한다. 방정식으로 표현하면 $I \propto V$이다.

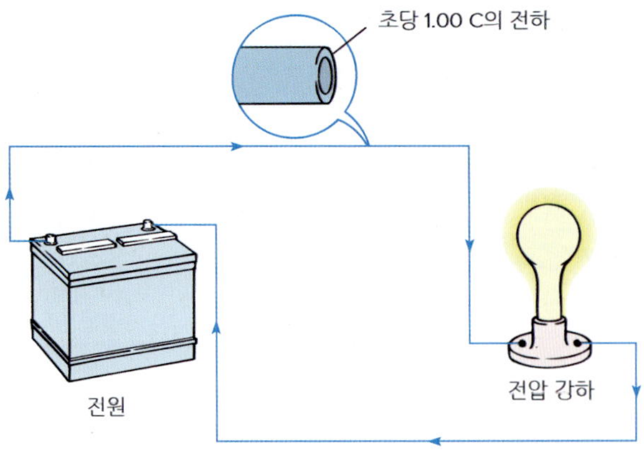

그림 6.11 도체의 단면을 통해 초당 1.00 C의 흐름을 운반하는 간단한 전기 회로의 전류는 1.00 A이다.

전류의 성질

회로에서 전원 밖에서 흐르는 전류를 기술하는 방법은 (1) 전통적 전류라고 하는 역사성에 기반을 둔 묘사와 (2) 전자 전류라고 하는 전류의 흐름에 기반을 둔 묘사 두 가지가 있다. 전통적 전류는 전지의 양극에서 음극으로 이동하는 양전하로서 전류를 기술한다. 프랭클린(Ben Franklin)이 처음에 축적에 기반을 둔 물체의 전하, 즉 양전기의 양을 "전기 유체"로 잘못 부른 이후로 관례적으로 이 묘사를 사용해왔다. 전통적 전류는 여전히 회로도에서 사용된다. 전자 전류 묘사는 전통적 전류와 방향이 반대이다. 전자 전류는 전지의 음극에서 양극으로 흐르는 음전하의 이동으로서 전류를 기술한다. 오늘날 과학자들은 전류에서 전자의 역할을 이해하지만, 프랭클린은 그것을 알지 못했다. 그러나 전통적 전류는 여전히 전통에 따라 사용된다. 어떤 묘사를 사용하는지는 실제로 아무 차이를 낳지 않는다. 왜냐하면 양극으로부터 이동하는 양전하는 음극으로부터 이동하는 음전하와 수학적으로 동등하기 때문이다(그림 6.12).

전자 전류 묘사에는 이전의 전기 유체 이론의 역사적 흔적도 남아 있다. 오늘날 사람들은 전기가 유체는 아니지만 여전히 흐름, 흐름률, 흐름 저항에 대해 말하고 있다(그림 6.13). 유체 비유는 전반적인 전기 효과를 기술하기 때문에 도움이 될 수 있다. 그러나 그것들은 또한 나쁜 개념으로 이어질 수 있다. (1) 물이 관을 통해 흐르듯이 전류에서는 전자가 도선을 통해 움직이는 것은 아니다. (2) 전자를 한쪽 끝에 더 밀어 넣는 대로 전자가 다른 쪽 끝에서 밀려나오는 것은 아니다. (3) 수백

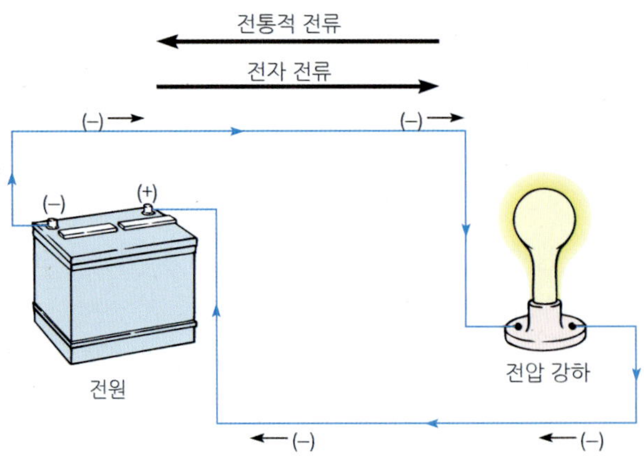

그림 6.12 전통적 전류는 양극(+)에서 음극(−)로 이동하는 양전하를 기술한다. 전자 전류는 음극(−)에서 양극(+)으로 이동하는 음전하를 기술한다.

그림 6.13 이러한 전도 도선이 운반하는 전류의 성질은 무엇인가? 거의 광속으로 움직이는 것은 전기장이다. 이 장이 전하의 흐름, 즉 전류를 구성하는 전자의 알짜 운동을 일으킨다. 출처: ⓒTebNad/Getty Images

마일 떨어진 발전소가 고장 나면 순식간에 전력 손실이 발생하기 때문에 전자가 광속으로 전선을 통해 이동하는 것은 아니다. 아마도 여러분은 유체 비유에서 유래한 이러한 오해를 하나 이상 가지고 있을 것이다.

전류의 성질은 무엇인가? 첫째, 전류가 없는 금속 도체의 성질을 고려하자. 금속을 구성하는 원자는 기체의 분자가 용기에서 자유롭게 움직이는 것처럼 움직이는 결합되지 않은 전자들을 가지고 있다. 그 전자들은 모든 방향으로 마구잡이로 빠르게 움직이며, 종종 서로 충돌하고 금속의 고정된 양이온과도 충돌한다. 이 운동은 혼돈스럽고, 어느 한 방향에도 알짜 움직임은 없지만, 도체의 절대 온도가 증가하면 그 운동도 증가한다.

회로의 도선에 전위차를 가하면, 회로 안의 모든 곳에 전기장이 형성된다. 이 전기장은 도체의 길이를 따라 거의 광속으로 형성된다. 그 다음에는 이 전기장은 전도성 금속의 전자를 포함하여 장에 있는 각 전자에 힘을 가한다. 전기장을 적용하기 전에는 전도 물질의 전자는 마구잡이의 혼돈스러운 움직임으로 존재했으며 서로 충돌하고 금속의 이온과도 충돌하여 어떤 방향으로도 전체적인 움직임이 일어나지 않았다. 전기장이 존재하면 각 충돌 후의 전자의 궤적은 더 이상 마구잡이가 아니다. 튕겨 나올 때마다 전기장은 전자에 작용하여 전기장의 힘 방향으로 전자를 꺾는다. 전자는 힘의 방향으로 일직선으로 이동하지는 않는다. 전자는 어느 정도 순방향이 있는 마구잡이 운동으로 움직인다. 또한 전자는 광속으로 움직이지 않는다. 초당 밀리미터 정도로 움직인다고 하는 편이 더 현실적일 것이다. 그러나 한 방향으로 움직이는 전자의 수가 엄청나게 많으며, 이는 소위 표류 속도로 움직이는 전하의 흐름인 전류를 생성하기에 충분하다(그림 6.14). **표류 속도(drift velocity)**는 도체의 자유 전자가 양극을 향해 이동하는 평균 속도다.

표류 속도는 도체의 성질 및 전기장의 세기와 관련된 여러 요인에 의해 결정된다. 어떤 도체는

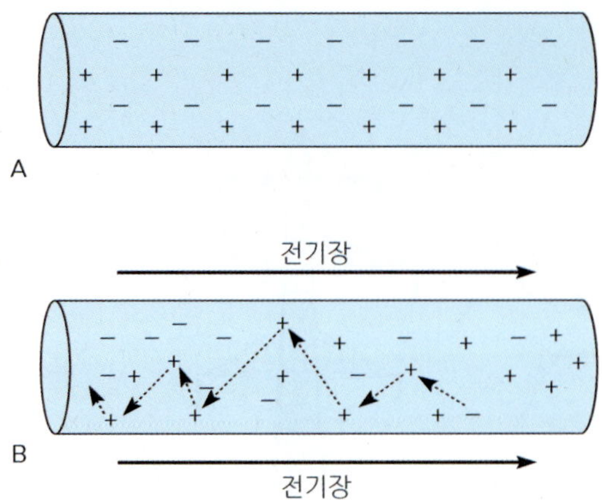

그림 6.14 (A) 전류가 없는 금속 도체에서 움직이지 못하는 양이온은 혼돈스럽게 움직이는 전자 무리에 둘러싸여 있다. (B) 전기장은 전자가 위치를 이동하도록 초래해서 전자가 정지한 양이온 및 다른 전자와 충돌하여 지그재그 운동으로 움직이도록 함으로써 분리 전하를 생성한다.

더 많은 수의 자유 전자를 가지고 있는데, 자유 전자의 수가 증가하면서 표류 속도가 증가한다. 온도도 표류 속도에 영향을 미친다. 온도가 상승함에 따라 열에너지는 각 전자의 운동에 점점 더 영향을 미친다. 뜨거운 도체의 전자는 매우 빠르게 움직이며, 짧은 간격의 충돌로 상호작용한다. 전자의 움직임에 영향을 미치는 전기장의 능력은 감소하고, 따라서 표류 속도는 감소한다. 그러나 전위차 세기는 또한 표류 속도를 결정하는 강력한 요인이다. 전기장 세기가 높아질수록 전자의 움직임에 영향을 미치는 전기장의 능력도 증가한다.

이러한 요인들은 전기 회로에 일상적인 결과를 낳는다. 예를 들어, 금과 같은 일부 도체는 단위 부피당 더 많은 수의 자유 전자를 가지고 있어 금은 매우 좋은 도체가 된다. 도체의 온도 상승은 회로 내 전자의 흐름을 느리게 한다. 작고 민감한 전자 부품에서 이것은 영구적인 손상을 일으킬 수 있다. 동시에 너무 큰 전기장은 회로의 자연적, 필연적 저항을 극복하여 또한 구성 부품을 손상시킬 수 있다.

자유 전자의 수, 전하, 표류 속도, 면적, 전류 사이의 관계를 사용하여 구리로 만들어진 일정 크기의 도선에서 일정 전류가 흐를 때 표류 속도를 결정할 수 있다. 예를 들어 구리 도선(#18)의 1.0 A 전류는 0.01 cm/s 정도의 평균 표류 속도를 가진다. 이 속도라면, 전자가 자동차 전지에서 자동차의 브레이크 등까지 200 cm 이동하는 데 5시간 이상이 걸릴 것이다(그림 6.15). 따라서 브레이크를 밟을 때 거의 순간적으로 브레이크 등이 켜지는 것은 전자가 아니라 전기장 때문임이 분명해 보인다. 전기장은 브레이크 전구의 필라멘트에 이미 있는 전자를 가속시킨다. 필라멘트에 있는 전자들 사이의 충돌이 전구를 빛나게 한다.

전류의 성질에 대한 결론은 (1) 전위차가 회로 전체에 거의 광속으로 전기장을 형성하고, (2) 장은 전하의 흐름, 즉 전류를 구성하는 알짜 운동을 유발하며 (3) 비록 전자를 움직이는 전기장은 거의 광속으로 진행하지만, 전류로서 움직이는 전자의 평균 속도는 매우 느리다는 것이다.

전류의 성질의 또 다른 측면은 전하가 흐르는 방향이다. 자동차 배터리와 함께 기술되는 것과 같은 회로에는 항상 한 방향으로 움직이는 전류, 즉 **직류(direct current, dc)**가 있다. 화학 전지, 연료 전지, 태양 전지는 직류를 발생시키며, 그 직류를 전자 장치에 활용한다. 반면에 전력 회사와 대부분의 전기 산업은 **교류(alternating current, ac)**를 사용한다. 이름에서 알 수 있듯이 교류는 전자가

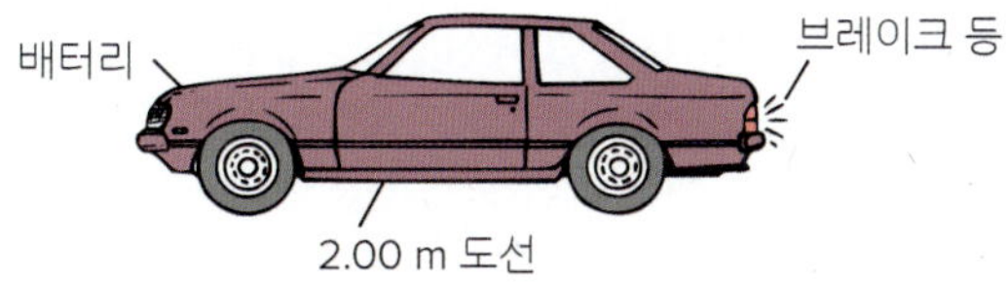

$v = 0.01$ cm/s
$d = 2.00$ m $= 200$ cm
$t = ?$

$$v = \frac{d}{t} \quad \therefore \quad t = \frac{d}{v}$$

$$t = \frac{200 \text{ cm}}{0.01 \frac{\text{cm}}{\text{s}}}$$

$$= \frac{200}{0.01} \text{cm} \times \frac{\text{s}}{\text{cm}}$$

$$= 20{,}000 \text{ s}$$

$$= 5.6 \text{ h}$$

= 5시간 이상

그림 6.15 전자는 직류 회로에서 매우 느리게 움직인다. 표류 속도가 0.01 cm/s이면, 전자가 자동차 배터리에서 브레이크 등까지 200 cm 이동하려면 5 h 이상의 시간이 필요하다. 전기 회로에서 광속에 가까운 속도로 움직이는 것은 전자가 아니라 전기장이다.

방향을 번갈아 바꾸며 움직인다. 전자들이 단순히 앞뒤로 움직이고 있기 때문에, 교류에서 도체를 따라 표류하는 전자는 없다. 가정용 전기 배선은 교류 전류를 사용하기 때문에 회로를 통해 콘센트에서 나오는 전자의 흐름은 없다. 대신, 전기장은 거의 광속으로 회로를 통해 앞뒤로 움직이며 그 때문에 전자가 앞뒤로 왔다 갔다 한다. 이것은 변화하는 장에 따라 한 방향으로 흐르다가 다른 방향으로 흐르는 전류를 구성한다. 전류는 60 Hz 교류에서 이렇게 초당 120회 변화한다.

전기 저항

도체에서 전자의 혼돈스럽고 자연적인 마구잡이 움직임과 빈번한 서로간의 충돌과 정지한 양이온과의 충돌을 상기하자. 이러한 충돌이 일어나면 전자는 전기장에서 얻은 에너지를 잃는다. 정지한 양이온은 이 에너지를 얻고, 진동 에너지가 증가하여 온도가 상승하게 된다. 앞서 설명한 것처럼 온도가 증가하면 표류 속도가 감소하며, 이는 회로에서 전자의 움직임에 대한 저항이 증가한 것이라고 생각할 수 있다. 따라서 전기장에 의해 가속되는 전자의 움직임에 대한 저항과 그로 인한 에

미신, 착각, 오해

전기의 본질

전기가 전선을 통해 거의 광속으로 움직이는 전자라는 것은 오개념이다. 첫째, 전자가 그렇게 빨리 움직인다면, 작은 방향 전환을 할 때마다 전선 밖으로 날아갈 것이다. 전자는 정말로 직류 회로의 전선을 통해 움직이기는 하지만, 아주 천천히 움직인다. 교류 회로에서는 전자가 전혀 앞으로 흐르지 않고 거의 같은 장소에서 앞뒤로 흔들리고 있다. 전반적으로, 전자는 회로에서 많아지거나 사라지지 않는다.

전기에서 거의 광속으로 회로를 통과해 움직이며 회로에서 사라지는 것이 있다. 그것은 전자기 에너지다. 예를 들어, 전구를 사용하여 독서를 한다면, 전구를 밝히는 에너지가 거의 광속으로 발전소에서 이동했다는 것을 생각하자. 그러고 나서 그것은 전구의 빛과 열로 바뀌었다.

전기는 회로에서 천천히 움직이거나 앞뒤로 흔들거리는 전자다. 그것은 또한 전자기 에너지인데, 움직이는 전자와 움직이는 에너지 모두 전기의 본질을 묻는 질문에 답하는 데 필요하다.

너지 손실이 있다. 물질은 전류를 저지하거나 감소시키는 성질을 가지고 있으며, 이 성질을 **전기 저항**(electrical resistance, *R*)이라고 한다.

과학 스케치

그림 6.16에 표시된 것보다 저항은 더 크지만 길이와 온도는 같은 다른 전기 도체를 그림(또는 종이)에 그리자.

도체를 지나는 전류(I)는 회로 내 두 점 사이의 전위차(V)에 정비례한다. 즉, 전위가 증가하면 전류가 증가한다는 점을 기억하자. 도체의 저항이 작은 경우 회로를 통해 전류를 추진하기 위한 전압이 더 적게 필요할 것이다. 도체의 저항이 더 큰 경우, 동일한 전류를 회로를 통해 추진하기 위해 더 많은 전압이 필요할 것이다. 전류가 일정하게 유지되고 전압이 감소하는 경우 저항은 더 커야 한다. 전압이 일정하게 유지되고 전류가 감소하는 경우 저항은 더 작아야 한다. 따라서 저항(R)은 두 점 사이의 전위차(V)와 그로 인한 전류(I) 사이의 비율이다. 이 비율은

$$\text{저항} = \frac{\text{전위차}}{\text{전류}}$$

$$R = \frac{V}{I}$$

이고, 이것을 단위로 표현하면 다음과 같다.

$$1.00\ \Omega = \frac{1.00\ \text{V}}{100\ \text{A}}$$

볼트/암페어의 비율은 **옴**(ohm, Ω)이라는 저항의 단위인데, 이 관계를 발견한 독일의 물리학자 옴(G. S. Ohm, 1789-1854)을 기려서 명명된 것이다. 따라서 1.00 A 전류를 유지하기 위해 1.00 V가 필요하면 도체의 저항은 1.00 Ω이다. 볼트/암페어의 비율을 옴으로 정의한다. 그러므로

$$\text{옴} = \frac{\text{볼트}}{\text{암페어}}$$

이다. 전압, 전류, 저항의 관계를 보여주는 또 다른 방법은

$$V = IR \qquad \textbf{식 6.5}$$

인데, 이것을 **옴 법칙**(Ohm's law)이라고 한다. 이것은 관계를 보여주는 세 가지 방법 중 하나이지만, (V를 구한) 이 방법은 다른 미지의 것에 대한 방정식을 쉽게 풀기에 편리하다.

직류 전기 도체의 전기 저항은 네 가지 변수에 따라 달라진다(그림 6.16).

1. 물질. 표 6.1의 도체 목록과 같이 물질마다 저항이 다르다. 예를 들어 은은 저항이 가장 적기 때문에 목록의 첫 자리에 있으며, 구리, 금, 알루미늄이 그 뒤를 잇고 있다. 표에 기재된 물질 중에서 니크롬

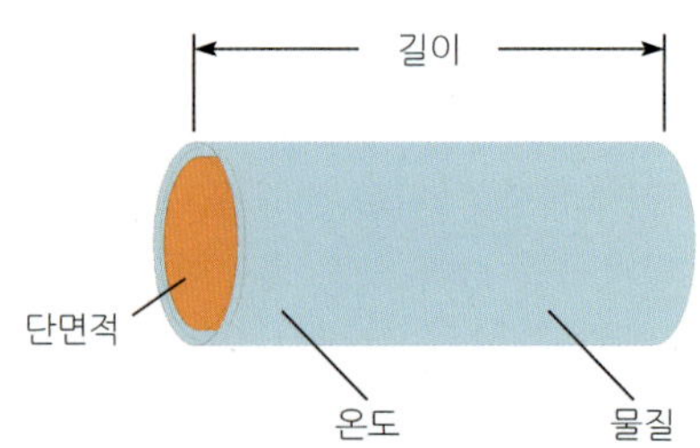

그림 6.16 전기 도체의 저항에 영향을 미치는 네 가지 요인은 도체의 길이와 단면적, 도체를 이루는 물질, 도체의 온도 등이다.

은 저항이 가장 큰 도체다. 정의상 도체는 절연체보다 전기 저항이 적으며, 절연체는 전기 저항이 매우 크다.

2. 길이. 도체의 저항은 길이에 정비례한다. 즉, 더 긴 도선은 더 많은 저항을 가지고 있고 더 짧은 도선은 더 적은 저항을 가지고 있다. 도선이 길수록 저항은 커진다.
3. 지름. 저항은 도체의 단면적에 반비례한다. 두꺼운 도선은 단면적이 더 크기 때문에 가는 도선보다 저항이 더 적다. 도선이 가늘수록 저항은 더 커진다.
4. 온도. 대부분의 물질의 경우 온도가 증가하면 저항은 증가한다. 이것은 높은 온도에서 전자와 이온의 운동이 증가하고 그로 인해 충돌이 증가한 결과다. 매우 낮은 온도(100 K 이하)에서 어떤 물질의 저항은 영으로 접근하는데, 그 물질을 초전도체(superconductor)라고 한다.

예제 6.3

120 V 회로에 있는 한 전구에 스위치를 넣으면 필라멘트를 통해서 0.50 A의 전류가 흐른다. 전구의 저항은 얼마인가?

풀이

120 V의 전위차(V)와 0.50 A의 전류(I)가 있다. 저항(R)과의 관계는 옴 법칙(식 6.5)으로 주어진다.

$I = 0.50\ \text{A}$

$V = 120\ \text{V}$

$R = ?$

$V = IR$

$$\therefore R = \frac{V}{I} = \frac{120}{0.50}\frac{\text{V}}{\text{A}} = 240\frac{\text{V}}{\text{A}} = 240\ \text{ohms} = \boxed{240\ \Omega}$$

예제 6.4

전위차가 120 V이고 저항이 30 Ω인 회로에서 전기 장치를 통해 흐르는 전류는 얼마인가?(답: 4 A)

전력과 전기일

모든 전기 회로에는 세 가지 공통 요소가 있다. 그것은 (1) 전자에 일을 하여 전기장에 대항해 더 높은 전위로 이동시키기 위해 비전기적 에너지원을 사용하는 전지나 전기 발전기와 같은 전원(voltage source), (2) 전기장이 일을 하는 전구나 전기 모터와 같은 전기 장치(electric device), (3) 전기 장치의 전위차를 유지하는 전도 도선(conducting wires)이다. 직류 회로에서 전기장은 전지의 한 단자에서 전기 장치로 도선을 통해 이동한다. 장치에서 나오는 두 번째 도선은 현재의 낮은 전위의 장을 다른 단자로 다시 전달하여 퍼텐셜차를 유지한다. 가정용 배선과 같은 교류 회로에서는 한 도선이 전력회사의 발전기로부터 교류 전기장을 공급한다. 장치에서 나온 두 번째 도선은 대지의 관에 연결되어 있으며 지구와 같은 전위에 있다. 새가 해를 입지 않고 전류가 흐르는 전선에 앉을 수 있다는 사실은 새의 몸에 걸린 전위차가 없다는 점에 의해 설명된다. 만약 그 새가 두 번째의 접지된 도선을 통해 지구와 접촉하게 된다면, 전위차가 형성되고 그것을 통해 전류가 흐를 것이다.

전원(전지, 발전기)이 한 일은 전기 장치(전구, 전기 모터)에서 전기장이 한 일과 저항에서 소모된 에너지의 합과 동일하다. 저항은 기계 장치의 마찰과 유사하므로 이 손실을 줄이기 위해 저항이 낮은 전도 도선을 사용한다. 따라서 저항에 대한 손실을 무시하면 전기일은 전원이 전위차를 생성한 곳에서 전하(q)를 더 높은 전위(V)로 이동시키기 위해 해주는 일(W)로 측정할 수 있다. 식 6.3으로부터 이 관계는

$$\text{일} = (\text{퍼텐셜})(\text{전하})$$

또는

$$W = (V)(q)$$

이다. 단위를 사용하면 전위를 줄/쿨롬으로 측정하고, 전하량을 쿨롬으로 측정한다. 그러므로 전기일의 단위는 줄(joule)이다. 즉,

$$W = (V)(q)$$

$$\text{줄} = \frac{\text{줄}}{\text{쿨롬}} \times \text{쿨롬}$$

이다. 줄은 역학의 일 단위인 N·m임을 기억하자. 전기에서는 줄도 일의 단위지만, 전하(쿨롬)를 더 높은 전위차(줄/쿨롬)로 이동시키는 것에서 유래한다. 역학에서 간단한 기계에 투입한 일은 마찰을 무시할 때 출력 일과 같다. 전기에서 전기 회로에 투입한 일은 저항을 무시할 때 출력 일과 동일하다. 따라서 전원이 한 일은 이상적으로는 회로의 전기 장치가 한 일과 동일하다.

또한 역학적 일률(P)이 단위 시간(t)당 일(W)로 정의되었음을 상기하자. 즉,

$$P = \frac{W}{t}$$

이다. 전기일은 $W = Vq$이므로, 전력은 다음과 같아야 한다.

$$P = \frac{Vq}{t}$$

식 6.4는 단위 시간(t)당 전하량(q)을 전류(I)로 정의했다, 즉 $I = q/t$이다. 그러므로 전력은

$$P = \left(\frac{q}{t}\right)(V)$$

이다. 단위를 사용하면 전류 A = C/s와 퍼텐셜(V = J/C)의 곱은

$$\frac{\text{쿨롬}}{\text{초}} \times \frac{\text{줄}}{\text{쿨롬}} = \frac{\text{줄}}{\text{초}}$$

이 됨을 알 수 있다. 줄/초는 **와트(watt, W)**라고 하는 일률의 단위다. 따라서 전력은 와트 단위로 측정되고,

그림 6.17 각 가전제품을 1시간 동안 작동시키는 데 비용이 얼마나 들 것이라고 생각하는가? (A) 이 전구는 120 V의 전위차로 작동하도록 설계되어 있고 100 W의 비율로 일을 한다. (B) 연마기는 1.6 A × 120 V, 즉 192 W의 비율로 일을 한다. (C) 정원용 파쇄기는 8 A × 120 V, 즉 960 W의 비율로 일을 한다. a-c 출처: ©McGraw-Hill Education/Bill Tillery, photographer

$$\text{W} = \text{A} \cdot \text{V}$$

$$\text{전력(W)} = \text{전류(A)} \times \text{퍼텐셜(V)}$$

$$\text{와트} = \text{암페어} \times \text{볼트}$$

가 된다. 이 관계는 다음과 같다.

$$P = IV \qquad \text{식 6.6}$$

가정용 전기 장치는 일반적으로 120 V 또는 240 V의 특정 전압에서 작동하도록 설계되어 있다(그림 6.17). 따라서 장치는 정격 전력을 생성하기 위해 일정한 전류를 끌어온다. 이러한 요건에 대한 정보는 대개 장치에 적혀 있다. 예를 들어, 전구에는 대개 100 W와 같이 정격 전력이 찍혀 있다. 다른 전기 장치에는 전류 및 전압 요구 사항이 표시될 수 있다. 식 6.6의 암페어×볼트=와트를 사용하여 이러한 장치에서 발생하는 전력을 결정할 수 있다. 기억해두면 편리한 다른 변환 인자는 746 W가 1.00 hp에 해당한다는 것이다.

예제 6.5

1,100 W 헤어드라이어는 120 V에서 작동하도록 설계되어 있다. 드라이어는 얼마의 전류를 필요로 하는가?

풀이

드라이어에 걸린 120 V의 전위차 상태에서 생성되는 전력(P)이 와트로 주어져 있다. 암페어, 볼트, 와트 단위 사이의 관계는 식 6.6의 $P = IV$에서 찾을 수 있다.

$P = 1{,}100\ \text{W}$

$V = 120\ \text{V}$

$I = ?\ \text{A}$

$$P = IV \qquad \therefore I = \frac{P}{V}$$

$$= \frac{1{,}100 \frac{\text{줄}}{\text{초}}}{120 \frac{\text{줄}}{\text{쿨롬}}}$$

$$= \frac{1{,}100}{120} \frac{\text{J}}{\text{s}} \times \frac{\text{C}}{\text{J}}$$

$$= 9.2 \frac{\text{J} \cdot \text{C}}{\text{s} \cdot \text{J}}$$

$$= 9.2 \frac{\text{C}}{\text{s}}$$

$$= \boxed{9.2\ \text{A}}$$

개념 활용

놀라운 요금

몇 가지 계산만으로 전기 장치를 작동시키는 비용을 예측할 수 있다. 예를 들어, 전기 요금이 킬로와트시당 10센트인 경우 1,300 W 헤어드라이어를 20분 동안 사용하는 비용을 알고 싶다고 하자. 식은 다음과 같을 것이다.

$$\text{비용} = \frac{(1{,}300\ \text{W})(0.33\ \text{h})(\$0.10/\text{kWh})}{1{,}000 \frac{\text{W}}{\text{kW}}}$$

전기 장치 작동 비용에 대한 다음 질문 중 하나 이상에 대한 답변을 찾아보시오.

- 텔레비전 시청에 드는 월 전기료는 얼마인가?
- 헤어드라이어로 머리를 말리는 데 드는 비용은 얼마인가?
- 옷을 말리기 위해 전기 건조기를 사용하는 것보다 밖에 널면 얼마나 절약되는가?
- 커피메이커, 토스터, 캔 오프너, 야채 찌는 기구, 전자레인지, 믹서기를 사용하는 비용을 비교하시오.
- 탁상용 전구 사용에 드는 월 전기료는 얼마인가?
- 일반적인 가정의 모든 전기 장치 중 월 전기료가 가장 큰 세 가지는 무엇인가?

예제 6.6

선풍기는 120 V 회로에 0.5 A를 끌어오도록 설계되어 있다. 선풍기의 정격 전력은 얼마인가?(답: 60 W)

전력 회사는 사용된 전력에 대해 킬로와트시당 요금(대개 1 kWh당 5－15센트)으로 사용료를 부과한다. 전력 생산 비용에 따라 미국 각지에서 요금은 달라진다. 다음 식으로 특정 전기 기기를 가동하는 비용을 예측할 수 있다.

표 6.2 전기적 양과 단위 요약

양	정의*	단위
전하	$q = ne$	쿨롬(C) = 전자와 같은 입자 6.24×10^{18}개와 대등한 전하
전위차	$V = \frac{W}{q}$	볼트(V) $= \frac{\text{줄(J)}}{\text{쿨롬(C)}}$
전류	$I = \frac{q}{t}$	암페어(A) $= \frac{\text{쿨롬(C)}}{\text{초(s)}}$
전기 저항	$R = \frac{V}{I}$	옴(Ω) $= \frac{\text{볼트(V)}}{\text{암페어(A)}}$
전력	$P = IV$	와트(W) $= \frac{\text{줄(J)}}{\text{초(s)}}$

* 자세한 내용은 방정식 요약 참조

$$\text{비용} = \frac{(\text{와트})(\text{시간})(\text{요금})}{1{,}000\frac{\text{와트}}{\text{킬로와트}}} \qquad \text{식 6.7}$$

정격 와트 전력이 주어지지 않을 경우, 볼트에 암페어를 곱하면 얻을 수 있다. 또한 시간 단위가 시(h)이므로 몇 분 동안의 기기 작동 비용을 알고 싶다면 분을 시와 대등한 소수로 환산해야 한다(x분/60분).

표 6.2에는 전기적 양과 단위가 요약되어 있다.

예제 6.7

전기 요금이 kWh당 0.10달러인 경우 100 W 전구를 1.00 h 동안 작동시키는 비용은 얼마인가?

풀이

정격 전력은 100 W로 주어져 있으므로 전압과 전류 단위는 필요하지 않다. 그러므로 다음과 같이 계산한다.

$IV = P = 100\text{ W}$

$t = 1.00\text{ h}$

요금 = \$0.10/kWh

비용 = ?

$$\begin{aligned}\text{비용} &= \frac{(\text{와트})(\text{시간})(\text{요금})}{1{,}000\frac{\text{와트}}{\text{킬로와트}}} \\ &= \frac{(100\text{ W})(1.00\text{ h})(\$0.10/\text{kWh})}{1{,}000\frac{\text{W}}{\text{kW}}} \\ &= \frac{(100)(1.00)(0.10)}{1{,}000}\ \frac{\cancel{\text{W}}}{1} \times \frac{\cancel{\text{h}}}{1} \times \frac{\$}{\cancel{\text{kWh}}} \times \frac{\cancel{\text{kW}}}{\cancel{\text{W}}} \\ &= \boxed{\$0.01}\end{aligned}$$

10¢/kWh의 요금으로 100 W 전구를 사용하는 비용은 1¢/h이다.

예제 6.8

선풍기는 120 V 회로에 0.5 A를 끌어온다. 요금이 \$0.10/kWh일 경우 선풍기를 사용하는 비용은 얼마인가?(답: 0.006달러로 시간당 0.6센트이다.)

과학 인물

벤저민 프랭클린(1706-1790)

벤저민 프랭클린(Benjamin Franklin)은 위대한 첫 번째 미국 과학자였다. 그는 전하를 기술하기 위해 양전하와 음전하 용어를 도입하여 전하의 성질을 이해함으로써 물리학에 중요한 공헌을 하였다. 또한 고전적인 실험에서 번개가 본질적으로 전기적이라는 것을 증명했고 계속해서 피뢰침을 발명했다. 프랭클린은 과학자와 발명가일 뿐만 아니라 정치가로서 널리 기억되고 있다. 그는 미국 독립선언서와 헌법 초안에 주도적인 역할을 했다.

프랭클린은 1706년 1월 17일 매사추세츠 주 보스턴(Boston)에서 영국 정착민들 사이에서 태어났다. 그는 거의 공식적인 교육을 받지 않았으며, 10살 때 우지와 비누 사업을 하는 그의 아버지를 돕고 있었다. 곧, 인쇄업자인 그의 형의 견습생으로 지낸 후 그 직업에 뛰어들어 그는 1724년 집을 떠나 필라델피아(Philadelphia)에서 인쇄업자가 되었다. 그의 사업은 번창했고, 그는 곧 언론과 출판계에서 활발히 활동했다. 그는 펜실베이니아 가제트(Pennsylvanian Gazette)를 시작했지만 불쌍한 리처드의 연감(Poor Richard's Almanac)으로 더 잘 기억되고 있다. 연감은 "서민들 간의 교훈을 전달하는" 방대한 범위의 주제에 대한 기사와 조언들을 모아 놓은 것이었다. 1732년에 출판된 이 책은 큰 성공을 거두었고 프랭클린에게 상당한 수입을 가져다주었다.

1746년, 사업이 번창하자 프랭클린은 자신의 관심을 전기로 돌리고 그 후 7년간 놀라운 일련의 실험을 수행하며 보냈다. 비록 그는 정규 교육을 거의 받지 못했지만, 그의 열렬한 독서 습관 덕분에 그는 필요한 배경 지식과 실제적인 기술을 얻었고, 분석적이면서도 직관적인 접근법으로 모든 주제를 아주 탄탄한 기초 위에 올려놓았다. 그는 호기심으로 전기를 발견하고 그것을 과학에 유산으로 남겼다고 사람들은 말한다.

1752년 프랭클린은 연으로 유명한 실험을 했다. 뇌우 속에서 연을 날림으로써 젖은 줄의 끝에서 불꽃을 일으킬 수 있었다. 그는 그 줄 끝을 절연포로 감싸서 들고 있었다. 오늘날 어디에서나 사용되는 피뢰침은 이러한 실험에서 비롯되었다. 게다가, 이 분야에서 프랭클린의 마지막 연구 중 일부는 대부분의 뇌우에는 음전하가 있지만, 몇몇은 양전하가 있다는 것을 보여주었다. 그것은 요즘 시대에 확인되었다.

출처: Library of Congress Prints and Photographs Division [LC-USZ62-25564].

프랭클린은 또한 최초의 공공 도서관, 이중 초점 렌즈, 인구 조절, 흔들의자, 일광 절약 시간 같은 다양한 주제들로 바쁘게 움직였다.

벤저민 프랭클린의 비상한 관심의 범위뿐만 아니라 미국의 설립에 있어서의 중심적 역할, 그리고 위험한 실험을 수행하기 위해 목숨을 걸겠다는 놀라운 의지, 과학에서 독특한 업적 때문에 그는 거의 틀림없이 과학 역사상 가장 흥미로운 인물이다. 그는 전기의 근본적 성질을 이해함으로써 물질의 구조에 대한 가장 세밀한 이해가 이루어지는 과정을 시작했다.

출처: 허친슨 과학 전기 사전에서 수정. 헬리콘 출판사는 리서치 머신 회사의 한 부문이다.

6.3 자기

철을 끌어당기는 어떤 자연발생적인 돌의 능력은 적어도 기원전 600년부터 알려져 왔다. 초기 그리스인들은 이 돌을 마그네시아석(Magnesian stone)이라고 불렀는데, 이 돌이 북부 그리스의 마그네시아(Magnesia) 지방에서 나왔기 때문이다. 마그네시아석의 철을 끌어당기는 특성에 대한 지식은 서서히 증가했다. 약 기원후 100년에 중국인들은 마그네시아석으로 철 조각을 자화하는 법을 알았고, 기원후 1,000년이 되기 얼마 전에 자화된 철이나 돌을 방향 탐지기(나침반)로 사용하는 법을 알았다. 오늘날 철을 끌어당기는 돌은 자철광(magnetite)이라는 검은 산화철 광물로 알려져 있다.

자철광은 철과 강철을 강하게 끌어당길 뿐만 아니라 코발트와 니켈도 끌어당기는 천연 자석이다. 자석에 끌리는 그러한 물질을 강자성(ferromagnetic property), 또는 단순히 자성(magnetic)을 가지고 있다고 한다. 철, 코발트, 니켈은 자기성이 있는 것으로 간주되며, 그 외 대부분의 일반적인 물질은 자기성이 없는 것으로 여겨진다. 그러나 이러한 비자기 물질의 대부분은 강한 자석에 의해 약간 끌리거나 반발한다. 또한, 일부 희토류 원소뿐만 아니라 일부 금속 산화물은 강한 자성을 보인다.

자극

모든 자석은 끌어당기는 힘이 집중되어 있는 것처럼 보이는 두 개의 **자극(magnetic pole)**, 즉 끝이 있다. 예를 들어, 쇳가루나 다른 작은 철 조각은 자극에 끌려서 극의 위치를 드러낸다(그림 6.18). 끈에 매달린 자석은 회전하면서 한 쪽 끝을 지구의 북극을 향하게 정렬하고, 다른 쪽 끝은 지구의 남극을 향하게 된다. 북쪽을 향하는 극을 자석의 북극(north pole)이라고 한다. 남쪽을 향하는 극은 마찬가지로 자석의 남극(south pole)이라고 한다. 모든 자석은 북극과 남극 둘 다 가지고 있으며, 어느 극도 그 자체만으로는 존재할 수 없다. 다시 말해 북극과 남극을 분리할 수 없다. 자석이 조각으로 부서지면, 새로운 조각들 각각은 그 자신의 북극과 남극을 갖게 될 것이다(그림 6.19).

그림 6.18 모든 자석에는 자성이 집중되어 있는 것처럼 보이는 끝, 즉 극이 있다. 이 사진에서 알 수 있듯이, 더 많은 철가루들이 극에 끌려서 극들의 위치를 드러낸다. 출처: ©Steve Cole/Photodisc/Getty Images

여러분은 아마도 두 자석이 서로에게 힘을 미친다는 사실에 익숙할 것이다. 예를 들어 한 자석의 북극을 두 번째 자석의 북극 근처에서 움직이면 각각은 반발력을 겪는다. 두 남극을 서로 가까이 움직여도 반발력이 발생한다. 그러나 한 자석의 북극을 두 번째 자석의 남극 근처에 가져오면 인력이 발생한다. 규칙은 같은 자극끼리는 밀어내고 서로 다른 자극끼리는 끌어당긴다는 것이다.

이와 유사한 같은 전하끼리는 밀어내고 서로 다른 전하끼리는 끌어당긴다는 규칙이 정전하에 대해 사용되었다. 그래서 전하와 극 사이에 어떤 유사성이 있는지 궁금할 수 있다. 답은 그것들 사이

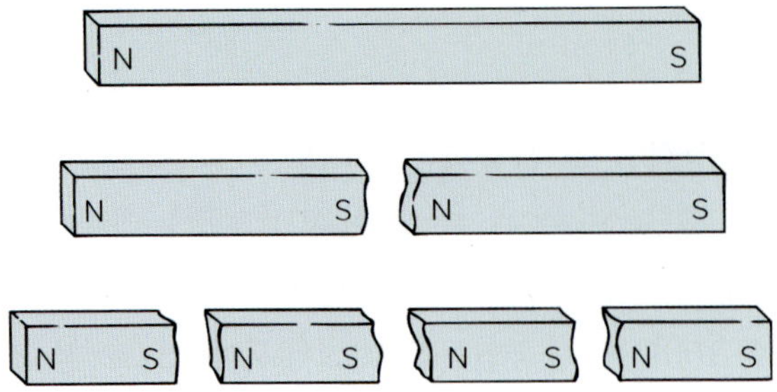

그림 6.19 반으로 잘라진 막대자석은 항상 북극과 남극을 모두 가지고 새롭고 완전한 자석들이 된다. 극들은 항상 짝을 이루는 데, 한 쌍을 자기 홀극이라는 단일한 극들로 분리하는 것은 결코 이루어진 적이 없다.

에는 관련이 없다는 것이다. 자석은 대전된 유리 막대에 아무런 영향을 미치지 않으며, 대전된 유리 막대는 자석의 어느 극에도 영향을 미치지 않는다.

자기장

두 번째 자석 근처의 공간으로 이동된 자석은 두 번째 자석의 **자기장**(magnetic field)으로 들어가면서 자기력을 겪는다. 전기장을 전기장선으로 그려 나타내듯이 자기장을 자기장선(magnetic field line)으로 나타낼 수 있다. 관례상, 가상의 작은 자석의 북극이 자기장의 여러 곳에서 가리키는 방향을 나타내기 위해 자기장선을 그린다. 이는 전기장에 시험 전하를 넣어서 전기장을 도형으로 그리는 방법과 유사하다. 화살 머리는 북극이 가리키는 방향을 나타내며, 따라서 그것은 자기장의 방향을 정한다. 자기장의 세기는 선이 서로 가까운 곳에서는 강하고 더 멀리 떨어져 있는 곳에서는 약하다. 그림 6.20에는 익숙한 막대자석 주위의 자기장선이 표시되어 있다. 북극 쪽의 자석으로부터 자기장선이 나타나고 남극 쪽의 자석으로 들어간다는 점에 유의하자. 자기장선은 항상 닫힌 고리를 형성한다.

나침반 바늘의 북쪽 끝은 지구가 자기장을 가지고 있기 때문에 북쪽을 가리키고 있다. 지자기장(Earth magnetic field)은 마치 지구 내부에 거대한 막대자석이 있는 것처럼 모양과 방향이 형성되어 있다(그림 6.21). 지리적 북극은 지구의 자전축이며, 이 극을 사용하여 지도에서 진북의 방향을 결정한다. 자기 북극

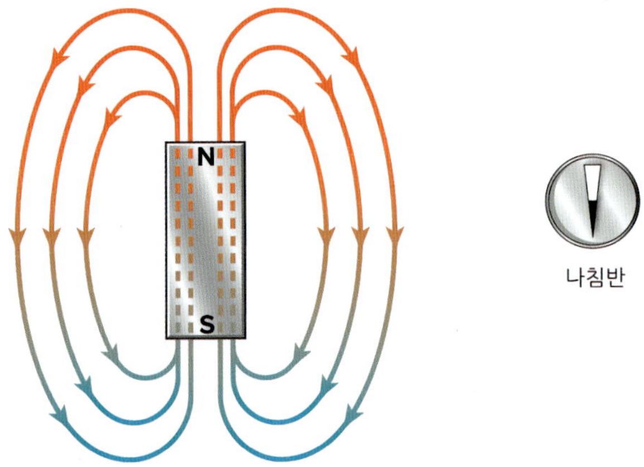

그림 6.20 이 선들은 막대자석 주위의 자기장의 형태를 나타낸다. 나침반의 바늘은 그 선을 따르며 북쪽 끝은 장의 방향을 보여준다.

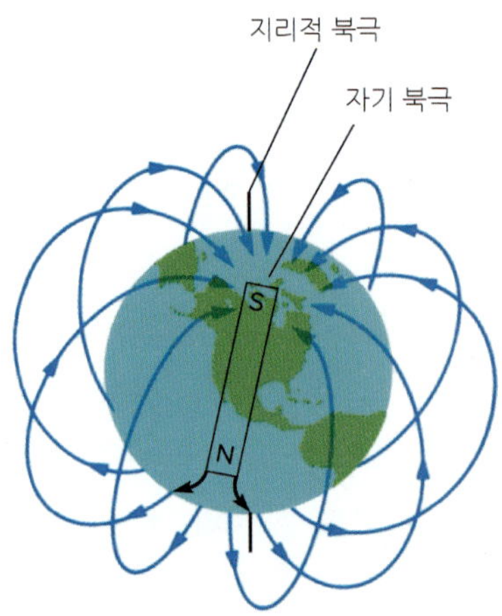

그림 6.21 지자기장. 자기 북극과 지리적 북극이 같은 위치에 있지 않다는 점에 유의하라. 또한 자기 북극은 마치 거대한 막대자석의 남극이 지구 내부에 있는 것처럼 작용한다. 나침반의 북쪽 끝은 거기에 끌리고, 반대편 극은 끌어당기므로 그것이 자기 남극이 틀림없다는 것을 알 것이다.

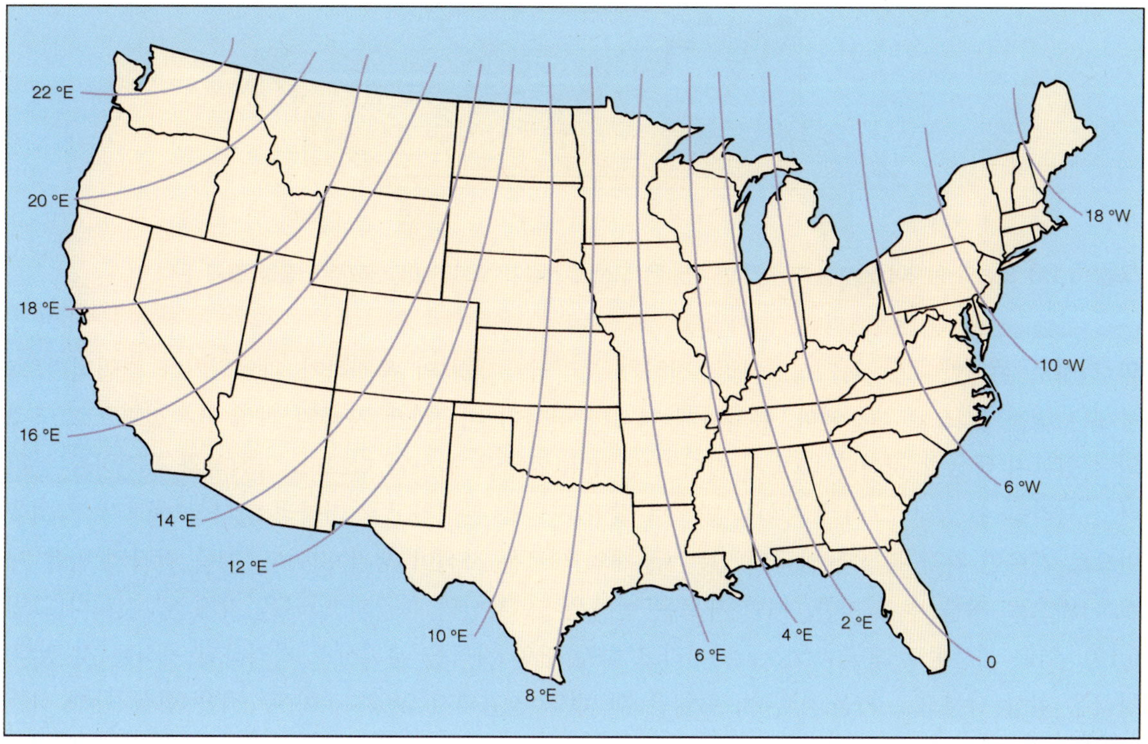

그림 6.22 이 편각 지도는 다양한 위치에서 나침반이 지리적 진북에서 동쪽이나 서쪽으로 대략 몇 도를 가리키는지 보여준다.

과 지리적 북극의 위치가 서로 다르기 때문에 나침반은 진정한 북쪽을 가리키지 않는다. 그 차이를 자기 편각(magnetic declination)이라고 한다. 그림 6.22의 지도는 여러 위치에서 나침반 바늘이 진북에서 동쪽이나 서쪽으로 대략 몇 도를 가리키는지 보여준다. 나침반으로 항행할 때는 자기 편각을 고려해야 한다. 나침반으로 항해하는 경우 최신의 편각 지도를 사용하는 것을 고려해 볼 수 있다. 자기 북극은 계속 이동하고 있기 때문에 어떠한 자기 편각 지도도 아마도 과거에 어떻게 움직였는지를 보여주는 스냅 사진일 것이다.

그림 6.21에서 지자기장은 지구의 지리적 북극 근처에 자기 남극이 있는 거대한 막대자석이 지구 내부에 있는 것처럼 작용한다는 점에 유의하자. 이것은 오류가 아니다. 자석의 북극은 두 번째 자석의 남극에 끌리고, 나침반 바늘의 북극은 북쪽을 가리킨다. 따라서 막대자석은 그림과 같이 배치되어야 한다. 이러한 명백한 모순은 자극이 "가리키는" 방향을 따서 자극의 이름을 붙인 결과이다.

전형적인 나침반 바늘은 수평면에서 회전하며 위나 아래로 움직이지 않고 왼쪽이나 오른쪽으로 움직인다. 그러나 그림 6.22를 조사하면 지자기장이 자기 적도에서만 지표면에 수평인 것을 알 수 있다. 위아래로만 움직이도록 조정된 나침반 바늘은 자기 적도에서만 수평이 된다. 다른 곳에서는 수평으로부터의 장의 각도, 즉 복각(magnetic dip)을 보여준다. 복각은 지자기장의 수직 성분이다. 적도에서 자극까지 이동함에 따라 복각이 0°에서 최대 90°까지 증가한다.

자기장의 원천

같은 자극끼리는 밀어내고 서로 다른 자극끼리는 끌어당기는 점은 같은 전하와 서로 다른 전하에 수반되는 힘을 떠올리게 할 수도 있다. 전하는 분리된 단일 단위의 양의 양성자와 단일 단위의 음

그림 6.23 도선의 방향이 남북일 때 나침반 바늘은 도선에 전류가 흐르면 이 선에서 방향을 틀게 된다.

의 전자로 존재한다는 것을 상기하라. 전하가 분리되어 물체의 음전하가 과잉되거나 결핍되면 그 물체는 정전기적으로 대전된다. 유사하게 자석의 극들이 비슷하게 자극의 과잉이나 결핍으로 구성되어 있는지 궁금할 것이다. 그렇지 않다가 답이다. 자극은 전하와 다르다. 양전하와 음전하를 분리하고 격리할 수 있다. 그러나 자석을 반으로 잘라 자극을 분리하고 격리하려 한다고 해보자. 자석을 반으로 자르면 각각 북극과 남극이 있는 두 개의 새로운 자석이 생길 것이다. 계속 각각의 반을 새로운 반으로 자를 수 있지만, 매번 새로운 반쪽은 그 자신의 북극과 남극을 갖게 될 것이다(그림 6.19). 어떤 재분할도 홀극(monopole)이라고 하는 단일 자극을 분리하고 격리하지 못하는 것 같다. 자극은 항상 남북으로 짝을 이루며, 홀극은 한 번도 발견되지 않았다. 이 두 극은 항상 함께 하는 것으로 밝혀지고 있으며, 오늘날 이해하고 있듯이 자기는 홀극의 과잉이 아니라 전류에 의해 생성되는 것으로 여겨진다. 자기의 현대적 개념은 기원상 전기적이며, 자기는 전기의 성질인 것으로 이해한다.

자기장의 원천에 관한 중요한 발견을 1820년 외르스테드(Hans Christian Oersted)라는 덴마크 물리학 교수가 보고하였다. 외르스테드는 전류를 전도하는 도선이 도선 아래의 나침반 바늘을 움직이게 하는 것을 발견했다. 도선이 전지에 연결되지 않았을 때 나침반의 바늘은 도선을 따라 여느 때처럼 북쪽을 가리켰다. 그러나 도선이 전지에 연결되었을 때 나침반 바늘은 도선에 수직으로 이동했다(그림 6.23). 외르스테드는 전류가 자기장을 생성한다는 것을 발견했다. 전류는 전하의 이동으로 이해되므로, 외르스테드의 발견은 자기력이 이동 중인 전하의 속성임을 시사한다.

영구 자석

막대자석, 말굽자석, 기타 소위 영구 자석의 자기장은 자기와 움직이는 전하의 관계에 의해 설명된다. 원자에서 전자들이 핵 주위를 이리저리 움직이며 돌고 있다. 결과적으로 그것들은 자기장을 생성한다. 대부분의 물질에서 이러한 자기장은 서로 상쇄되고 전체적인 자기 효과를 중화시킨다. 철, 코발트, 니켈과 같은 다른 물질에서는 물체의 전체 구조에 자성을 주는 방식으로 전자들이 배열되고 방향이 맞춰질 수 있다. 자성을 나타내는 물질에서 원자는 **자기 구역(magnetic domain)**이라고 하는 작은 구역으로 무리 짓는다. 자기 구역은 작아서 길이나 폭이 약 0.01 ~ 1 mm 정도다(그림 6.24). 자기 구역 안에서 전자는 더 균일한 방식으로 움직인다. 이와 같이 전자들의 아주 작은 자기장은 서로 상쇄되지 않고 대신에 함께 협력하여 자기 구역을 아주 작은 자석으로 바꾼다. 각각의 구역은 본질적으로 북극과 남극을 가진 아주 작은 자석이 된다. 자화되지 않은 철 조각에서, 그 구역들은 가능한 모든 방향으로 향하며, 실효적으로 전체적인 자기 효과를 상쇄시킨다. 그러므로 알짜 자성은 없거나 거의 없다.

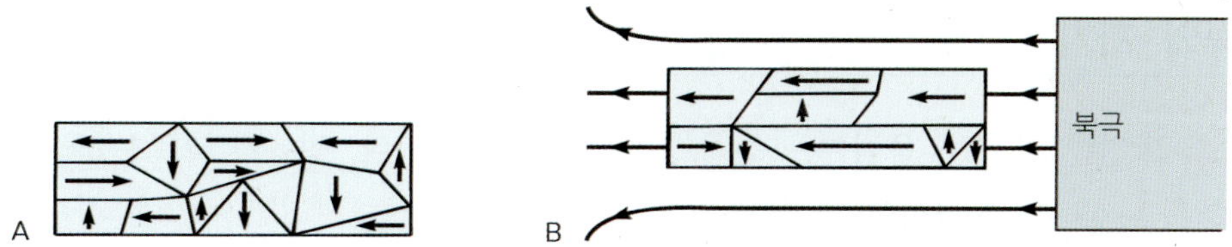

그림 6.24 (A) 자화되지 않은 철 조각에서 자기 구역은 마구잡이로 배열되어서 전체적인 자기효과를 상쇄시킨다. (B) 외부 자기장을 철에 가하면 자기 구역이 재배열되고, 다른 구역을 희생시키면서 자기장과 평행한 구역은 크기가 커지고, 철은 자화된다.

자화되지 않은 철 조각을 자기장에 놓으면, 자기장과 나란하도록 구역의 방향이 바뀌고, 정렬된 구역의 크기는 정렬되지 않은 구역을 희생시키면서 커질 수 있다. 이것은 왜 자석이 철 종이클립을 집어 올리는지 설명해준다. 각 종이클립은 자기장에 의해 일시적으로 약간 정렬되는 구역을 가지며, 따라서 각 종이클립은 자기장에 있는 동안 임시 자석의 역할을 한다. 강한 자기장에서는 종이클립이 "영구 자석"이 될 정도로 정렬된 구역의 크기가 커진다. 종이클립을 자극으로 반복적으로 쓸어주면 같은 결과를 얻을 수 있다. 자석을 타격하거나 떨어뜨리거나 충분히 높은 온도(철의 경우 770℃)로 가열하여 "영구 자석"의 자기 효과를 감소시키거나 파괴할 수 있다. 이러한 행동은 자기 구역의 방향을 마구잡이로 바꾸고, 전반적인 자기장은 사라진다.

지자기장

지자기장은 지구 깊은 곳에서 발원한다고 생각한다. 다른 모든 자기장과 마찬가지로 지자기장이 움직이는 전하 때문에 생겨나는 것으로 믿고 있다. 지진파 및 기타 증거에 따르면 지구가 반지름이 약 1,200 km인 고체 내핵을 가지고 있으며, 그 내핵은 약 2,200 km 두께의 액체 외핵에 둘러싸여 있다. 이 핵은 아마도 철과 니켈로 구성되어 있는데, 지구가 회전하면서 이것들이 흐르며 지자기장을 초래하는 전류를 생성한다. 전류가 어떻게 생성되는지는 아직 이해하지 못하고 있다.

다른 행성들도 자기장을 가지고 있으며, 회전 속도와 행성 자기장의 세기 사이에는 관계가 있는 것 같다. 목성과 토성은 지구보다 더 빨리 회전하고 지구보다 더 강한 자기장을 가지고 있다. 금성과 수성은 지구보다 더 느리게 회전하며 자기장이 약하다. 이것은 행성의 회전이 내부 유체 운동과 연관되어 있고, 그 운동이 어떻게든 전류를 발생시키고 자기장을 생성한다는 간접적인 증거다.

전류가 어떻게 생성되는지에 대한 질문 외에도 지질학적 증거에서 오는 곤혹스러운 질문들이 있다. 용암에는 자기 광물이 있는데, 그것은 용암이 액체일 때 지자기장을 가리키고 있는 작은 나침반 역할을 하지만 용암이 식으면서 제자리에서 얼어붙는다. 이런 암석을 지질학적 연대 측정과 동결된 자기 광물 방향에 대한 연구로 조사한 결과는 지자기장이 갑작스런 극성의 반전을 겪었다는 것을 보여준다. 자기 북극은 자기 남극이 되고 그 반대도 된다. 이러한 현상은 먼 지질학적 과거에도 여러 번 일어났으며, 가장 최근의 변화는 약 78만 년 전에 일어났다. 그러한 자기장 반전의 원인은 알 수 없으나, 철과 니켈로 된 유체 외핵의 흐름 형태의 변화와 관련이 있을 것이다.

6.4 전류와 자기

외르스테드가 발견한 것처럼, 움직이는 전하가 자기장을 생성한다. 전류가 흐르는 도선 주위의 자기장의 방향은 나침반을 사용하여 결정할 수 있다. 북극을 향하는 나침반 바늘은 자기장선의 방향을 가리킬 것이다. 도선 주위로 나침반을 움직이면 바늘은 항상 도선 주위의 원에 접하는 위치로 움직이게 된다. 분명히 자기장선은 도선의 길이에 수직인 닫힌 동심원이다(그림 6.25).

전류 고리

전류가 흐르는 전선 주위의 자기장은 영구 자석 주위에 형성되는 자기장이나 두 번째 전류가 흐르는 전선으로부터 형성되는 다른 자기장과 상호작용할 것이다. 두 장이 상호작용하면서 두 영구 자석의 장 사이의 힘처럼 힘을 발휘한다. 전류를 증가시키면 힘을 증가시킬 수 있지만, 더 큰 힘을 얻을 수 있는 더 효율적인 방법이 있다. 전류가 흐르는 고리 모양의 도선은 같은 방향으로 고리 내부를 통과하는 수직 원형 장선을 가지고 있다. 이것은 자기장선을 집중시키는 효과가 있고, 그 효과는 자기장 세기를 증가시킨다. 장선은 모두 같은 방향으로 고리를 통과하므로 고리 한쪽에는 북극이 있고 다른 쪽에는 남극이 있다(그림 6.26).

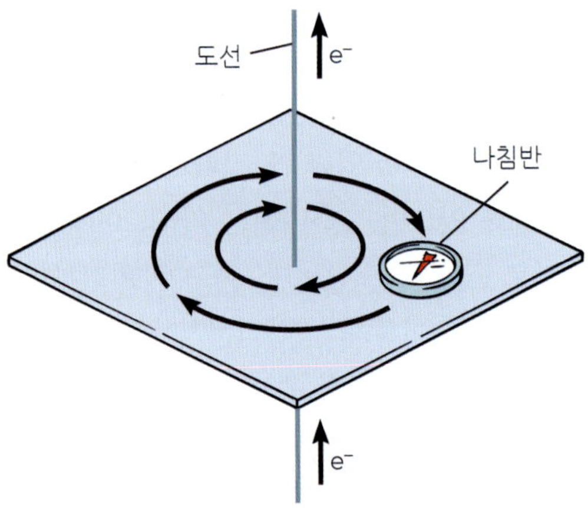

그림 6.25 나침반은 전류가 흐르는 도선의 직선 길이 주위에 자기장의 존재와 방향을 보여준다.

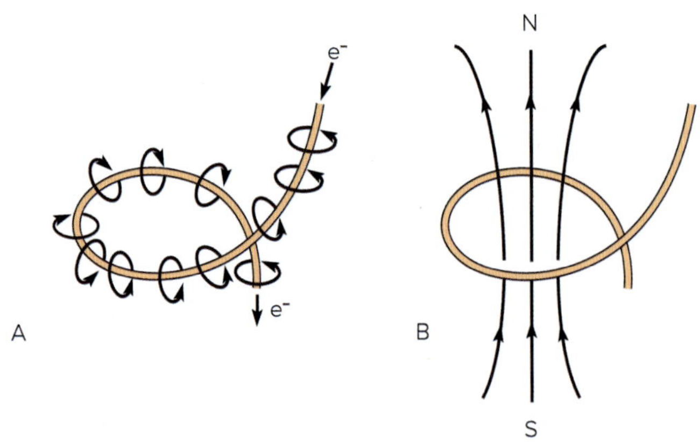

그림 6.26 (A) 철사를 고리로 만들면 자기장이 같은 방향으로 고리를 통과하게 된다. (B) 이것은 고리 한쪽을 북극으로, 다른 쪽을 남극으로 한다.

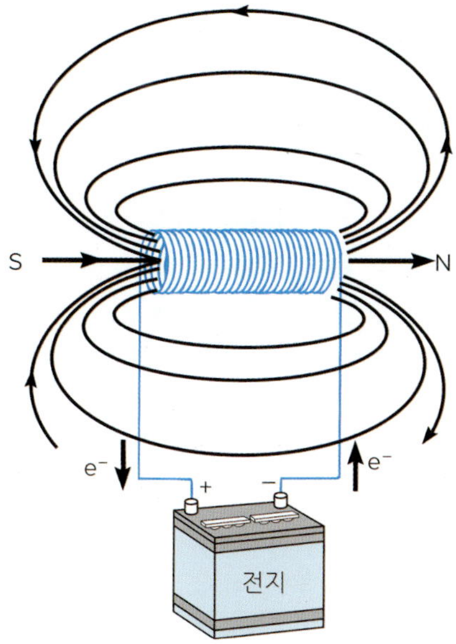

그림 6.27 전류가 솔레노이드인 원통형 도선 코일을 통해 흐르면 막대자석의 자기장과 같은 자기장이 생성된다.

원통형 코일로 형성된 많은 도선 고리를 솔레노이드(solenoid)라고 한다. 전류가 솔레노이드의 도선 고리를 통과할 때, 각 고리는 원통의 길이를 따라 장선에 기여한다(그림 6.27). 각 고리는 효과적으로 자기장을 생성하며, 모든 장이 가리키는 방향은 동일하다. 전반적인 효과는 막대자석의 자기장처럼 작용하는 솔레노이드 주변의 자기장이다. 이 자석을 **전자석(electromagnet)**이라고 하는데, 전류를 켜거나 꺼서 이 자석을 켜거나 끌 수 있다. 또한 전자석의 세기는 전류의 크기와 고리 수(암페어 횟수)에 따라 달라진다. 또한 코일에 연철 조각을 넣어 전자석의 세기를 높일 수 있다. 철의 자기 구역은 자기장의 영향으로 정렬된다. 자기장선이 철심 내에 더 작은 부피로 모이면서 이 유도 자기장은 솔레노이드의 전체 자기장 세기를 증가시킨다.

전자석의 응용

전류와 자기, 그리고 그로 인한 힘들 사이의 관계를 발견한 것은 1820년대와 1830년대에 많은 흥분을 불러일으켰다. 이러한 흥분은 이제 겉으로 보기에 별개로 보이는 현상들을 상호관계로 설명할 수 있게 되었고 사람들이 실용적 응용을 거의 즉시 알아보기 시작했기 때문에 생겨났다. 외르스테드의 발견 후 1년이 되기 전에 앙페르(André Ampère)는 전류의 자기 효과를 충분히 탐구하고 실험과 이론을 결합하여 이러한 효과를 기술하는 법칙을 찾았다. 앙페르의 연구가 끝난 뒤 곧 도선을 통해 전류를 흘려 기계적 작업을 할 수 있는 가능성이 모색되었다. 오늘날 사용되는 모터와 유사한 전기 모터는 외르스테드가 중대한 발견을 한 지 불과 14년 후인 1834년에 발명되었다.

전류가 생성하는 자기장은 전기 계량기, 움직이는 기계 부품의 원격 또는 프로그램 된 제어를 가능하게 하는 전자기 스위치, 그리고 전기 모터와 같은 많은 실용적인 용도에 사용된다. 이러한 각 응용에서 전류가 전자석에 공급된다.

전기 계량기

전기를 직접 측정할 수 없기 때문에 전기가 일으키는 효과를 통해 간접적으로 측정해야 한다. 전자

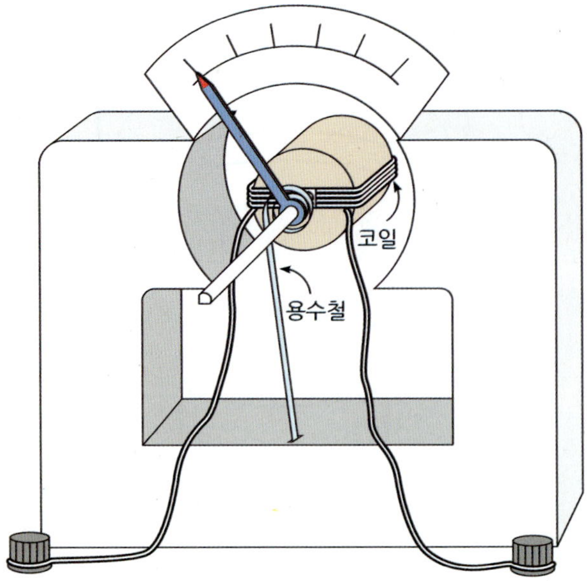

그림 6.28 검류계는 도선 코일, 영구 자석, 코일을 통해 전류가 흐르지 않을 때 바늘을 원점으로 되돌리는 복원 용수철로 구성되어 있다.

석이 생성하는 자기장의 세기는 전자석의 전류에 비례한다. 따라서 전류를 측정하는 한 가지 방법은 전류가 생성하는 자기장을 측정하는 것이다. 전류가 생성한 자기장으로부터 전류를 측정하는 장치를 검류계(galvanometer)라고 한다(그림 6.28). 검류계는 영구 자석의 자기장에 있는 회전축에서 회전할 수 있는 코일을 가지고 있다. 코일에는 눈금을 가로질러 움직이는 바늘이 부착되어 있으며, 이 바늘의 움직임을 제한하고 전류가 없을 때 바늘을 원점으로 되돌리는 제어 용수철이 있다. 코일에 전류가 흐르면 영구 자석의 자기장이 전자기장을 끌어당기고 밀어낸다. 전류가 많을수록 힘은 더 크고 코일은 제어 용수철과 평형 위치에 도달할 때까지 더 회전한다. 코일의 이동량(따라서 바늘)은 코일의 전류에 비례한다. 일부 수정과 응용을 하면 검류계를 사용하여 전류(전류계), 전위차(전압계), 저항(저항계)을 측정할 수 있다.

개념 활용

레몬 전지

1. 여러분은 작은 전류를 감지할 수 있는 간단한 나침반 검류계를 만들 수 있다(상자 그림 6.1). 나침반과 얇은 절연 도선(얇을수록 더 좋다)만 있으면 된다.
2. 얇은 절연 도선을 나침반 둘레에 평행한 권선으로 감싼다. 가능한 한 많은 평행 권선을 만들되 나침반 바늘의 양쪽 끝을 볼 수 있는 충분한 공간을 남겨둔다. 연결을 위해 도선 끝은 자유롭게 놔둔다.
3. 검류계로 사용하기 위해 먼저 나침반을 돌려 바늘이 권선에 평행하도록 한다. 전류가 도선의 코일을 통과할 때, 생성된 자기장은 바늘을 남북 위치에서 벗어나게 하여 전류의 존재를 알린다. 바늘은 전류의 방향에 따라 이쪽이나 저쪽으로 방향을 틀게 된다.
4. "레몬 전지"로 검류계를 시험한다. 탁자 위에 있는 부드러운 레몬을 손바닥으로 눌러가며 굴린다. 레몬에 있는 틈 두 개를 약 1 cm 간격으로 자른 후 8 cm(대략) 구리선을 한 쪽 틈에 넣고 다른 쪽 틈에는 같은 길이의 곧게 편 종이클립을 넣되, 금속들이 레몬 내부에 닿지 않도록 한다. 검류계를 두 금속에 연결한다. 다른 과일, 야채, 음료수에 두 금속을 넣어 시험해본다. 양상을 찾을 수 있는가?

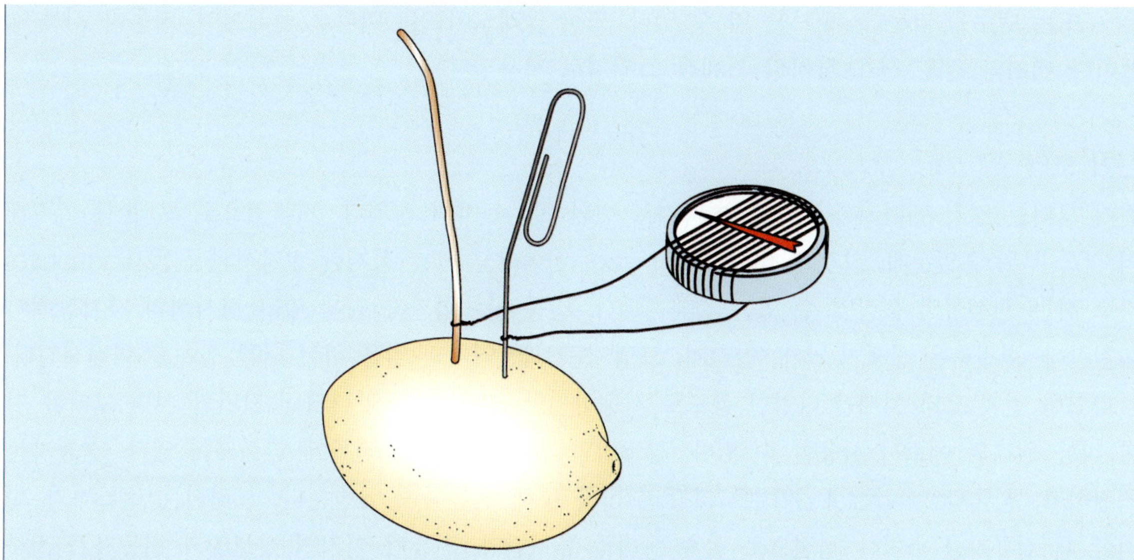

상자 그림 6.1 여기에 보이는 재료를 사용하여 전류를 생성하고 감지할 수 있다.

전자기 스위치

계전기(relay)는 저전압 제어 전류를 사용하여 더 큰 고전압 회로를 켜고 끄는 전자기 스위치 장치이다(그림 6.29). 예를 들어, 전통적인 온도 조절기는 수은 유리관에 있는 얇은 저전압 도선 두 개를 이용한다. 수은의 유리관에 부착된 금속 코일은 온도 변화에 따라 팽창하고 수축하여 부착된 유리관을 기울인다. 유리관이 기울어지게 온도가 충분히 바뀌면 수은이 하단부까지 흐르는데, 이 때문에 두 도선과의 접촉이 생기거나 끊어지면서 회로가 닫히거나 열리게 된다. 접촉이 이루어지면 약한 전류가 전자기 스위치를 작동시켜 큰 전류의 용해로나 열펌프 모터의 회로를 연결한다.

솔레노이드는 전류가 흐르는 도선 코일이다. 일부 솔레노이드에는 용수철이 장착된 움직일 수 있는 철 조각이 있다. 그런 코일에 전류가 흐르면 자기장이 철을 코일 안으로 끌어들이고, 전류가 꺼지면 용수철이 철을 원래 위치로 되돌린다. 이 장치를 사용하면 예를 들어 세탁기나 식기세척기의

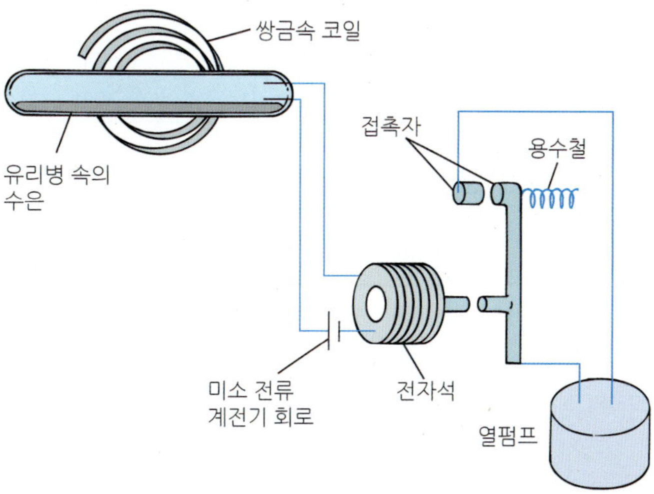

그림 6.29 계전기 회로 도식. 온도 변화에 따라 코일이 늘어나거나 줄어들면 수은 병이 기울어져 수은을 움직이고 계전기 회로와의 접촉이 생기거나 끊어진다. 수은이 움직여서 계전기 회로를 연결하면, 작은 전류가 전자석을 작동시키고, 이 전자석은 큰 전류 회로의 접촉자를 연결시킨다.

온수 또는 냉수를 켜는 물 밸브를 열 수 있다. 또한 솔레노이드는 비디오 플레이어, 자동차 시동기, 벨이나 버저와 같은 신호 장치의 기계적 스위치로 사용된다.

전기 모터

전기 모터는 전기 에너지를 역학적 에너지로 변환하는 전자기 장치다. 기본적으로 모터에는 두 개의 작동 부위가 있는데, 그것은 장자석(field magnet)이라고 하는 정지한 전자석과 전동자(armature)라고 하는 원통형의 움직일 수 있는 전자석이다. 전동자는 회전축 위에 있고 장자석의 자기장에서 회전한다. 회전축은 선풍기 날개, 압축기, 드릴, 도르래, 역학적 일을 하는 다른 장치를 회전시킨다.

다양한 전기 모터 설계를 다양한 용도로 사용하지만, 그림 6.30에 나타낸 간단한 시범 모터를 기본 작동 원리의 예로서 사용할 수 있다. 장코일과 전동자는 모두 전류에 연결되어 있다. 전동자는 회전하고, 정류자(commutator)와 브러시(brush)를 통해 전류를 공급받는다. 브러시는 정류자가 회전할 때 정류자를 스치는 접점으로 접촉 상태를 유지한다. 전류가 켜지면 장코일과 전동자가 전자석이 되고, 닮지 않은 극들이 끌어당겨져 전동자를 회전시킨다. 전류가 직류인 경우 전동자는 더 이상 회전하지 않고 검류계에서처럼 정지한다. 그러나 정류자에는 절연 정류자편이 있어서 정류자가 절반 회전하면 정류자편이 브러시를 전환하고 전동자를 통해 전류가 반대 방향으로 흐른다. 직류 회로에서 전동자 내 전류의 방향이 반 회전할 때마다 바뀐다. 이렇게 하면 전동자 극이 바뀌고, 이제 다음 반 바퀴 동안에 밀려난다. 정류자는 다시 극성을 바꾸고, 운동은 한 방향으로 계속된다. 실제 모터에는 많은 정류자편과 전동자 안의 많은 코일[권선(winding)이라고 함]이 있어서 유용한 힘을 얻는다. 이렇게 하면 모터가 더 부드럽게 작동하고 회전력이 커진다.

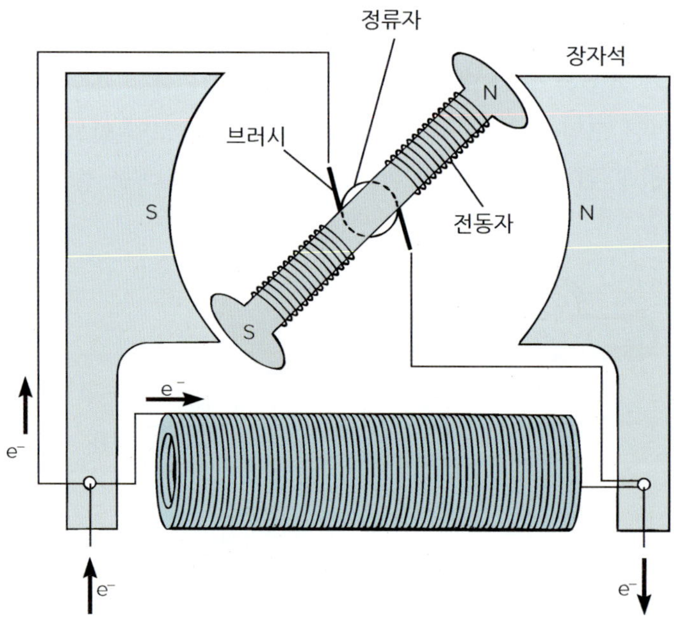

그림 6.30 간단한 전기 모터의 도식

6.5 전자기 유도

지금까지 (1) 움직이는 전하와 전류가 흐르는 도선이 자기장을 생성하고 (2) 두 번째 자기장이 움직이는 전하에 힘을 작용하며 전류가 흐르는 도선에 자기장들이 상호작용하면서 힘을 가한다는 것을 배웠다.

외르스테드와 앙페르가 이러한 관계를 발견한 직후, 사람들은 정반대의 효과가 가능한지, 즉 자기장이 전류를 생성할까 하는 의문을 갖기 시작했다. 1831년 미국의 헨리(Joseph Henry)와 영국의 패러데이가 독립적으로 자기장에서 도선의 고리가 움직이거나 자기장이 바뀌면 도선에 전압이 유도된다는 것을 발견했다. 이 전압을 유도 전압(induced voltage)이라고 하며, 그 때문에 도선에 발생하는 전류를 유도 전류(induced current)라고 한다. 이러한 상호작용을 **전자기 유도(electromagnetic induction)**라고 한다.

전자기 유도를 일으키는 한 가지 방법은 막대자석을 도선 코일 안이나 밖으로 이동하는 것이다(그림 6.31). 검류계는 막대자석이 코일 쪽으로 움직일 때 유도 전류가 한 방향으로 흐르고, 막대자

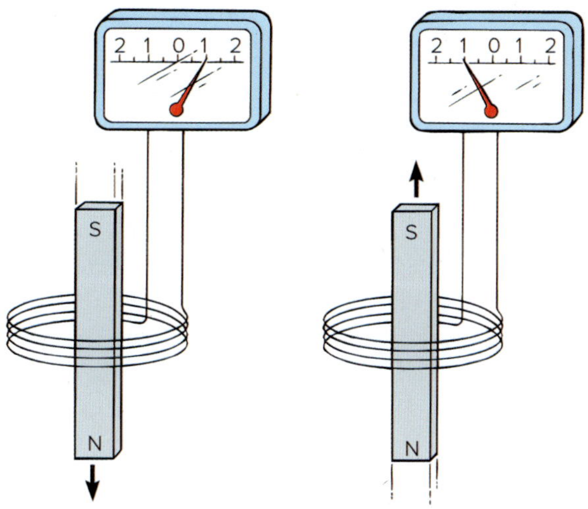

그림 6.31 전류는 자기장 속에서 움직이는 도선 코일에 유도된다. 전류의 방향은 운동 방향에 따라 달라진다.

개념 활용

단순한 발전기

1. 두루마리 종이에서 빼낸 마분지통 둘레에 절연 도선(#18 구리선)을 50번 감아서 도선 코일을 만든다. 코일이 분리되지 않도록 여러 곳에 테이프를 붙이고 나서 마분지통을 제거한다.
2. 나침반과 약간의 얇은 절연 도선(얇을수록 더 좋다)으로 전류 탐지기를 만들자. 얇은 절연 도선을 나침반 둘레에 평행한 권선으로 감싼다. 가능한 한 많은 평행 권선을 만들되 나침반 바늘의 양쪽 끝을 볼 수 있는 충분한 공간을 남겨둔다. 1단계에서 만든 코일에 도선의 끝을 연결한다.
3. 바늘이 나침반 주위의 철사에 평행하도록 나침반의 방향을 잡는다. 전류가 도선의 코일을 통과할 때 생성된 자기장이 바늘을 움직이게 하여 전류의 존재를 알린다.
4. 먼저 막대 자석을 정지한 도선 코일에 넣다 뺐다 하면서 나침반 바늘을 관찰한다. 다음으로 도선 코일을 정지한 막대자석 앞뒤로 이동시키면서 나침반 바늘을 관찰한다.
5. 더 큰 도선 코일 또는 세기가 더 크거나 약한 막대자석을 사용하고, 코일을 다양한 속도로 이동시키면서 실험해본다. 전자기 유도에 대해 얼마나 많은 일반화를 할 수 있는지 확인해본다.

자세히 알아보기

전류 전쟁

에디슨(Thomas Edison, 1847-1931)은 최초의 발전기와 배전 시스템을 구축해서 자신이 개발한 오래 지속되는 새로운 전구의 보급을 촉진했다. 직류 발전기 및 배전 시스템은 뉴욕 맨해튼(Manhattan)에 건설되었고 1882년 9월 4일에 가동되어 59명의 고객에게 110 V 직류를 공급했다. 에디슨은 교류와 직류 시스템을 모두 연구했고, 그 당시 직류가 제공했던 장점 때문에 직류를 선택했다. 전지는 직류이기 때문에 직류를 사용했고, 전지를 보조 시스템으로 사용하였다. 또한 직류는 전기 모터와 잘 작동했고, 교류 모터는 아직 사용할 수 없었다.

웨스팅하우스(George Westinghouse, 1846-1914)는 가스 조명에 가스를 공급하는 사업을 하고 있었는데, 그는 곧 전기 조명이 모든 가스등을 교체할 것이라는 것을 알 수 있었다. 그 문제를 연구한 후에 그는 에디슨의 저전압 시스템이 충분히 효율적이지 않다고 판단했다. 1885년에 그는 피츠버그에서 교류 발전기와 변압기를 실험하기 시작했다.

테슬라(Nikola Tesla, 1856-1943)는 크로아티아(Croatia) 태생으로, 1884년에 미국으로 건너가 에디슨 회사에서 일했던 미국 물리학자 겸 전기 기술자다. 그는 1887년에 자신의 연구소와 작업장을 세웠다. 그의 연구는 교류 전기의 생성, 전송, 사용에 관한 복잡한 특허들로 이어졌다. 1888년부터 테슬라는 웨스팅하우스와 제휴하였고 웨스팅하우스는 테슬라의 아이디어를 사들여 성공적으로 활용함으로써 교류를 동력 전달에 도입하였다.

웨스팅하우스의 교류 사업 촉진은 에디슨과 그의 직류 전기 시스템과의 직접적인 경쟁으로 이어졌다. “전류 전쟁”이 일어났고, 에디슨은 그러한 고전압의 전송이 위험하다고 주장했다. 그는 죄수들을 처형하는 최선의 방법으로 전기의자에 고전압 교류의 사용을 권고함으로써 이 점을 강조했다.

교류는 전압을 증가시켜 더 낮은 비용으로 먼 거리 전송을 한 다음, 전압을 안전한 수준으로 낮출 수 있기 때문에 그 장점이 더 컸다. 결국 에디슨 자신의 제너럴 일렉트릭(General Electric) 회사조차 교류 장비 생산으로 전환했다. 웨스팅하우스는 교류 전력을 생산하기 위해 대형 증기 터빈의 생산으로 관심을 돌렸고 곧 전국에 교류 배전 시스템을 설치하였다.

석이 코일로부터 멀어질 때 다른 방향으로 흐른다는 것을 보여준다. 정지한 자석에 코일을 앞뒤로 움직이면 같은 효과가 나타난다. 더욱이 자기장과 도선 코일이 움직이지 않을 때는 전류가 감지되지 않는다. 따라서 전자기 유도는 자기장과 도선 코일의 상대적 움직임에 의존한다. 어느 것이 움직이든 변화하든 상관없지만, 전자기 유도가 발생하기 위해서는 한쪽이 다른 쪽에 대해 상대적으로 움직이거나 변화해야 한다.

전자기 유도는 도선 고리가 자기장선을 가로질러 이동하거나 자기장선이 고리를 가로질러 이동할 때 발생한다. 유도 전압의 크기는 (1) 자기장선을 통과하는 도선 고리 수, (2) 자기장의 세기, (3) 자기장선이 도선을 통과하는 비율에 비례한다.

발전기

전자기 유도를 발견한 직후 **전기 발전기**(electric generator)가 개발되었다. 발전기는 본질적으로 자기장에서 회전하는 많은 도선 고리를 가진 회전축이다. 이 회전축은 수력 터빈이나 증기 터빈과 같은 어떤 형태의 역학적 에너지에 의해 회전된다. 증기 터빈은 화석 연료나 핵에너지를 사용해 만든 증기를 사용한다. 코일이 자기장에서 회전함에 따라 코일에 전류가 유도된다(그림 6.32).

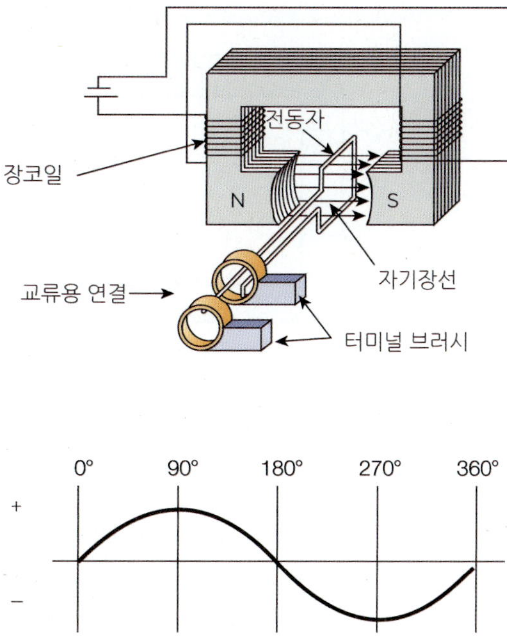

그림 6.32 (A) 출력 고리가 하나인 단순한 교류 발전기 구성도. (B) 일정한 자기장에서 회전하는 단일 고리의 출력으로 반주기마다 유도 전류가 방향을 바꾼다.

변압기

발전소에서 나오는 전류는 전압을 증가시키는 변압기로 흐른다. **변압기(transformer)**는 교류 전압을 상승시키거나 하강시키는 장치다. 그것에는 (1) 일차(primary), 즉 "입력" 코일과 (2) 아주 가까이에 있는 이차(secondary), 즉 "출력" 코일의 두 가지 기본 부품이 있다. 두 코일은 종종 한 철심 위에 감겨 있지만 항상 서로 완전히 절연되어 있다. 일차 코일을 통해 교류가 흐르면 자기장이 코일 주위에서 최대 크기로 증가하다가 0으로 줄어든 다음 반대 극성인 상태로 최대 크기까지 커진다. 이것은 교류 전류가 60 Hz에서 진동할 때 초당 120회 발생한다. 자기장은 철심에 의해 강화되고 이끌어진다. 증가하고 줄어드는 자기장은 이차 코일의 전선을 가로질러 움직이며 이차 코일에 전압을 유도한다. 따라서 일차 코일에서 자기장의 증가와 감소는 이차 코일에 전압을 유도한다. 그것은 마치 발전기의 도선 고리에 유도 전압이 발생하는 것과 같다.

변압기는 교류의 전압을 증가시키거나 감소시킨다. 왜냐하면 이차 코일을 지나는 자기장이 증가하고 감소하여 전압을 유도하기 때문이다. 일차 코일에 직류를 가하면 전류가 흐르면서 일차 코일 주위로 자기장이 증가하다가 일정해진다. 자기장선과 도선 고리 사이에 상대적인 움직임이 있을 때 전자기 유도가 발생한다는 점을 상기하라. 따라서 유도 전압은 직류에서 (1) 전류가 시작되고 증가하는 장이 이차 코일을 가로질러 움직이는 순간, (2) 전류가 차단되고 이차 코일에 걸린 장이 붕괴하는 순간에만 발생한다. 변압기에 직류를 사용하려면 전류를 지속적으로 차단하여 변화하는 자기장을 생성해야 한다.

일차 코일에 교류 전류를 가할 때 이차 코일의 유도 전압 크기는 두 코일의 도선 고리의 비율에 비례한다. 이것은 연속적으로 차단되는 직류를 적용하는 경우에도 해당된다. 이러한 변압기에서 두 코일의 고리 수가 같을 경우에 일차 코일이 생성한 자기장선 만큼을 이차 코일이 붙잡는다. 이 경

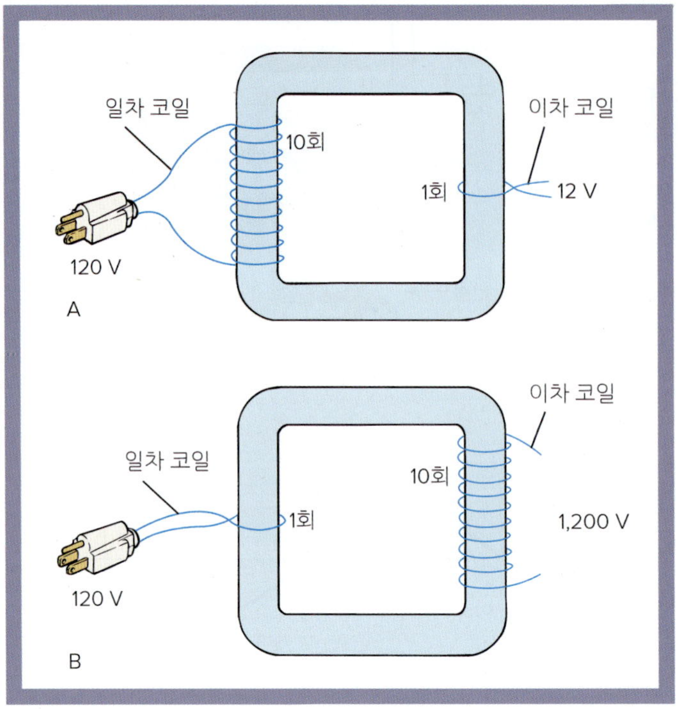

그림 6.33 (A) 이 강압 변압기는 이차 코일의 감기마다 일차 코일에 감기가 10번씩 있고, 전압을 120 V에서 12 V로 감소시킨다. (B) 이 승압 변압기는 전압을 12 V에서 120 V로 증가시킨다. 왜냐하면 일차 코일의 감기마다 이차 코일에는 감기가 10번씩 있기 때문이다.

우, 이차 코일의 유도 전압은 일차 코일의 전압과 동일할 것이다. 그러나 이차 코일에 일차 코일의 10분의 1 만큼의 고리가 있다고 가정해보자. 이것은 이차 고리가 일차 코일이 생성한 자기장선의 10분의 1 만큼을 가로질러 움직인다는 것을 의미한다. 결과적으로 이차 코일의 유도 전압은 일차 코일의 10분의 1이 된다. 이차 코일의 전압이 내려갔기 때문에 이것을 강압 변압기(step-down transformer)라고 한다. 반면에, 이차 코일의 도선 고리가 더 많을수록 더 많은 자기장선을 붙잡을 것이다. 이차 코일이 일차 코일보다 고리가 10배 더 많은 경우 전압이 10배 증가한다. 이것이 승압 변압기(step-up transformer)이다.

전압이 상승 또는 하강하는 정도는 일차 코일과 이차 코일의 도선 고리의 비율에 따라 달라진다(그림 6.33). 도선 고리당 전압은 각 코일에서 동일하다는 점에 유의하라. 그 관계는 다음과 같다.

$$\frac{\text{전압}_{\text{일차}}}{(\text{고리 수})_{\text{일차}}} = \frac{\text{전압}_{\text{이차}}}{(\text{고리 수})_{\text{이차}}}$$

즉

$$\frac{V_p}{N_p} = \frac{V_s}{N_s} \qquad \text{식 6.8}$$

이다.

예제 6.9

일차 코일에 고리 5개와 이차 코일에 고리 20개가 있는 승압 변압기가 있다. 일차 코일에 120 V의 교류 전류가 공급되는 경우 이차 코일의 전압은 얼마인가?

풀이

$N_p = 5$ 고리

$N_s = 20$ 고리

$V_p = 120\ \text{V}$

$V_s = ?$

$$\frac{V_p}{N_p} = \frac{V_s}{N_s} \qquad \therefore\ V_s = \frac{V_p N_s}{N_p}$$

$$V_s = \frac{(120\ \text{V})(20\ \text{고리})}{5\ \text{고리}}$$

$$= \frac{120 \times 20}{5}\ \frac{\text{V}\cdot\cancel{\text{고리}}}{\cancel{\text{고리}}}$$

$$= \boxed{480\ \text{V}}$$

승압 또는 강압 변압기는 일차 코일과 이차 코일의 도선 고리 비율에 따라 교류 전류의 전압을 상승시키거나 하강시킨다. 변압기에 손실이 없다고 가정할 때, 일차 코일의 전력 입력(power input)은 이차 코일의 전력 출력(power output)과 동일하다. $P = IV$이므로 전압이 상승할 때 전류가 그에 상응하여 감소하는 것을 알 수 있다.

$$\text{전력 입력} = \text{전력 출력}$$
$$\text{와트 입력} = \text{와트 출력}$$
$$(\text{암페어} \times \text{볼트})_{\text{in}} = (\text{암페어} \times \text{볼트})_{\text{out}}$$

즉

$$V_p I_p = V_s I_s \qquad \text{식 6.9}$$

이다.

예제 6.10

예제 6.9의 승압 변압기의 일차 코일에는 120 V와 10.0 A의 교류 전류가 공급되고 있다. 이차 회로에 흐르는 전류는 얼마인가?

풀이

$V_p = 120\ \text{V}$

$I_p = 10.0\ \text{A}$

$V_s = 480\ \text{V}$

$I_s = ?$

$$V_p I_p = V_s I_s \qquad \therefore\ I_s = \frac{V_p I_p}{V_s}$$

$$I_s = \frac{120\ \text{V} \times 10.0\ \text{A}}{480\ \text{V}}$$

$$= \frac{120 \times 10.0}{480}\ \frac{\cancel{\text{V}}\cdot\text{A}}{\cancel{\text{V}}}$$

$$= \boxed{2.5\ \text{A}}$$

개념 활용

흔들리는 코일

움직이는 자석과 전하 사이의 상호작용을 커다란 자석 두 개와 도선 코일 두 개로 쉽게 보일 수 있다.

1. 좁은 항아리 둘레에 절연 도선(#18 구리선)을 50번 감아서 도선 코일을 만든다. 코일이 분리되지 않도록 여러 곳을 테이프로 고정한다.
2. 이제 절연 도선으로 두 번째 코일을 만들고 전과 같이 코일을 테이프로 고정한다.
3. 도선 코일 두 개를 탁자 위에 있는 별도의 고리 걸이 또는 다른 지지대에 매단다. 코일의 넓은 원이 앞뒤로 움직이면서 흔들릴 수 있도록 코일을 매달려야 한다. 자석이 각 코일의 중심에 가깝도록 큰 자석을 지지대에 놓는다(상자 그림 6.2).
4. 도선 코일 두 개를 연결한다.
5. 도선 코일 중 하나를 이동하여 두 번째 코일이 어떻게 되는지 관찰한다. 두 번째 코일은 첫 번째 코일의 움직임을 반영하면서 움직여야 한다(두 번째 코일이 움직이지 않으면 더 강한 자석을 찾아야 한다).
6. 첫 번째 코일과 두 번째 코일의 자기장과 전류에 어떤 일이 일어나는지 설명한다.

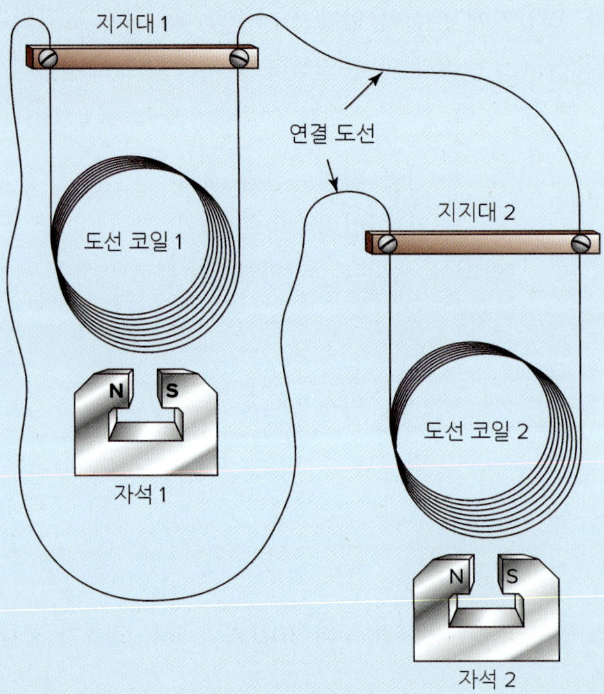

상자 그림 6.2 왜 한 코일을 움직이면 두 번째 코일이 움직이는가?

전압을 높이면 전송 중 에너지 손실이 감소한다. 전기 저항은 전도 도선에 에너지 손실과 그에 상응하는 절대 온도 증가를 초래한다는 점을 상기하라. 전류가 많으면 움직이는 전자와 도선의 양이온 사이에 충돌이 많아 에너지 손실이 커진다. 각각의 충돌은 전기장으로부터 에너지를 빼앗아 양이온의 운동 에너지로 바꾸고 운동 에너지의 증가로 도체의 온도가 증가한다. 따라서 전류를 낮추면 저항에 손실된 에너지가 감소하는데, 이것이 변압기가 전압을 증가시키는 이유다. 따라서 전력 회사들은 경제적인 전송을 위해 발전된 전력의 전압을 상승시킨다. 예를 들어 발전소의 승압 변압기는 원거리의 도시로 전송하기 위해 전압을 22,000 V에서 500,000 V까지 올릴 수 있다. 이 전압 상승은 이에 상응하여 전류를 감소시키며, 장거리에서 저항 손실을 4 ~ 5%의 더 수용할 수 있

A

B

그림 6.34 전압을 증가시키면 송전에서의 에너지 손실이 감소하므로 발전소에서 발생된 전력의 전압을 올린다. (A) 이러한 변압기는 예를 들어 전압을 수만 볼트에서 수십만 볼트까지 올릴 수 있다. 강압 변압기가 변전소의 전압을 감소시킨 후에도 또 다른 변압기(B)가 여러 주택으로 전송하기 위해 전압을 120 V로 감소시킨다. a & b 출처: © McGraw-Hill Education/Bill Tillery, photographer

는 수준으로 감소시킨다. 도시 근교에 있는 변전소의 강압 변압기는 도시 주변의 전송을 위해 전압을 수천 볼트로 감소시킨다. 추가적인 강압 변압기는 이 전압을 여러 주택으로 전송하기 위해 120 V로 감소시킨다(그림 6.34).

6.6 회로 연결

사실상 발전소에서 발생하는 모든 전기는 교류(alternating current)인데, 이 전류를 승압하여 고압선으로 전달한 후 강압하여 가정과 산업에서 사용한다. 반면에 자동차, 휴대전화, MP3 플레이어, 노트북의 전기 회로는 모두 직류(direct current) 회로이다. 따라서 대부분의 산업 회선과 가정용 배선은 교류 회로이며, 대부분의 이동 가능 회로나 휴대용 회로는 직류 회로이다. 그런 식으로 돌아가는 이유는 대규모 전류를 경제적으로 전송할 수 있는 것은 교류만이 가능하므로 큰 전류를 송신하기 위해 변압기를 사용할 필요가 있고, 직류 장치의 전류의 주요 원천이 화학 전지이기 때문이다.

회로의 전원

대부분의 표준 손전등은 전위차가 1.5 V인 건전지 2개를 사용한다. 그러한 모든 건전지는 펜라이트 전지에서부터 훨씬 큰 D 전지까지 아무리 작거나 크더라도 1.5 V다. 전압을 1.5 V 이상으로 증가시키려면 전지들을 **직렬 회로(series circuit)**로 배열하고 연결해야 한다. 직렬 연결에서 한 전지의 음극 단자가 다른 전지의 양극 단자에 연결된다(그림 6.35A 참조). 이렇게 생성된 총전압은 단일 전지 전압의 합과 같다. 따라서 세 전지가 직렬 회로로 연결되어 있으면 회로의 전압은 4.5 V이다. 9 V 전지는 직렬 회로로 연결된 1.5 V 전지 6개로 구성된다. 9 V 전지의 금속 덮개를 제거하면 작은 전지들을 볼 수 있다. 12 V의 자동차 배터리는 손전등 전지와는 다른 화학 반응으로 작동하며, 자동차 배터리의 각 전지는 2 V를 생성한다. 각 전지는 자체 물 뚜껑을 가지고 있으며, 전지 6개를 직렬 회로로 연결하여 총 12 V의 전압을 생성한다.

모든 양극 단자끼리 연결되고 모든 음극 단자끼리 연결된 전지들(그림 6.35B 참조)은 **병렬 회로(parallel circuit)**로 되어 있다. 병렬 회로의 합성 전압은 회로에서 가장 큰 전지에 의해 결정된다. 만약 회로에서 가장 큰 전지가 1.5 V이면 회로의 전위차는 1.5 V이다. 전지를 병렬 연결하는 목적은 더 많은 양의 전기 에너지를 사용할 수 있도록 하는 것이다. 병렬의 건전지들이 제공할 수 있는 전기 에너지는 개별 전지가 제공할 수 있는 전기 에너지의 합이다. 예를 들어 랜턴 전지는 1.5 V 건전지 4개의 병렬 회로로 이루어져 있다. 전지의 총전압은 1.5 V이다. 병렬 회로로 된 1.5 V 전지 4개는 그것들을 개별적으로 사용할 때보다 훨씬 오래 지속된다.

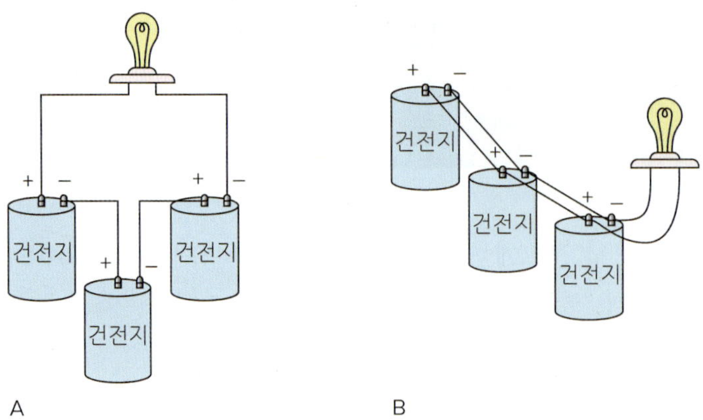

그림 6.35 (A) 전지를 직렬로 연결한 회로는 동일한 전류를 가지며 전지 전압을 더하여 회로 전압을 구한다. (B) 전지를 병렬로 연결한 회로는 가장 큰 전지의 회로와 동일한 전압을 가지며 각 전지는 전체 전류에 일부분 기여한다. 출처: Bill W. Tillery

자세히 알아보기

태양 전지

여러분은 계산기, 컴퓨터, 워드 프로세서, 디지털 시계, VCR, 디지털 스테레오, 캠코더와 같은 많은 고체 기기에 익숙할 것이다. 이 모든 것을 고체 기기라고 한다. 왜냐하면 그것들은 반도체 실리콘과 같은 고체 물질을 진공관을 대신해 전기 회로에 사용하기 때문이다. 1950년대 반도체 사용과 실리콘 결정의 박막 사용의 획기적인 발전으로 개발된 고체 기술은 오늘날 많은 전기 회로에서 흔히 사용되고 있다.

태양 전지 관련 기술도 실리콘 등 얇은 반도체 박막을 사용하지만 진공관을 대체하기 위한 것은 아니다. 이 기술은 태양 전지(solar cell)라고도 하는, 빛에 노출될 때 전기를 발생시키는 광기전력 소자와 관련이 있다(상자 그림 6.3). 태양 전지는 전기를 생성하는 데 있어서 비길 것이 없다. 왜냐하면 그것은 움직이는 부품이나 화학 반응 없이 전기를 직접 생산하고, 잠재적으로 수명이 매우 길기 때문이다. 이 글에서 태양 전지가 어떻게 전기를 발생시키는지 알아보자.

실리콘의 전도 성질을 도핑(doping), 즉 다른 원소의 원자를 인위적으로 결정에 집어넣음으로써 변화시킬 수 있다. 예를 들어 실리콘 원자는 가장 바깥쪽 껍질에 전자 네 개가 있지만 인은 전자 다섯 개가 있다. 인 원자가 결정에 있는 실리콘 원자를 대체할 때, 전자 결합에 묶여 있지 않은 여분의 전자가 존재한다. 여분의 전자는 결정을 통하여 쉽게 움직이며 전하를 운반한다. 인 도핑 실리콘은 음전하를 띠기 때문에 이것을 n형(n-type) 반도체라고 한다. n은 음전하 운반자라는 뜻이다.

붕소로 도핑을 한 실리콘 결정은 가장 바깥쪽 껍질에 전자 3개만 가진 원자를 가질 것이다. 이것은 결핍, 즉 양전하의 역할을 하는 "전자 구멍(양공)"을 초래한다. 전자가 양공에 끌리기 때문에 양공은 움직일 수 있지만, 그것은 전자가 움직였던 곳에 또 다른 양공을 남긴다. 따라서 한 방향의 전자의 흐름은 반대 방향의 양공의 흐름과 같다. 그러므로 양공은 양전하로 작용한다. 붕소 도핑 실리콘은 양전하를 띠기 때문에 p형(p-type) 반도체라고 한다. p는 양전하 운반자라는 뜻이다.

실리콘 태양 전지의 기본 작동 부분은 일반적으로 실리콘 결정에서 잘라낸 폭 8 cm, 두께 3×10^{-1} mm(약 100분의 1인치)의 웨이퍼다. 웨이퍼 한 면은 붕소로 도핑되어 p-실리콘이 되고, 다른 면은 인으로 도핑되어 n-실리콘이 된다. 둘이 접

상자 그림 6.3 태양 전지는 (A) 항해 보조 장비 및 (B) 통신과 같은 원격 사용에 있어서 경제적이다. 이 두 가지 예에서 태양 전지판은 남쪽을 향해 있다. a & b 출처: ©McGraw-Hill Education/Bill Tillery, photographer

촉하는 곳을 p-n 접합이라고 하는데, 이것은 세포 장벽(cell barrier)을 만든다. 전자가 n-실리콘에서 p-실리콘의 양공으로 끌리면서 세포 장벽이 형성된다. 이것은 음으로 대전된 p-실리콘과 양으로 대전된 n-실리콘의 매우 얇은 영역을 생성한다(상자 그림 6.4). 따라서 p-n 접합에 내부 전기장이 형성되고, 그 장이 세포 장벽이다.

세포 장벽은 얇고, 빛이 p-n 접합을 통해 침투할 수 있나. 빛이 p-실리콘을 강타하여 전자를 자유롭게 한다. 저에너지 자유 전자는 양공과 결합하겠지만 고에너지 전자는 세포 장벽을 넘어 n-실리콘으로 들어간다. 전자는 에너지의 일부를 상실하고, 장벽은 전자가 되돌아오는 것을 방지하여 n-실리콘에서는 과잉 음전하를, p-실리콘에서는 과잉 양전하를 생성한다. 이것은 전류를 구동시킬 퍼텐셜을 형성한다.

오늘날 태양 전지는 본질적으로 수제품이며 원격 전력 사용(항해 보조 장비, 통신, 관개 펌프)과 소비자 특수 품목(태양광 에너지 시계 및 계산기)에서만 경제적이다. 효율과 신뢰성이 높은 태양 전지를 저렴하게 생산하는 방법을 찾는 연구가 계속되고 있다.

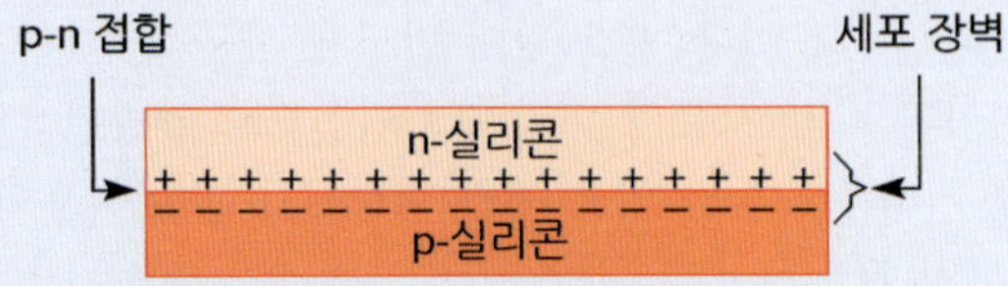

상자 그림 6.4 세포 장벽은 n-실리콘과 p-실리콘 사이의 p-n 접합에서 형성된다. 이 장벽은 n-실리콘에 음전하를 축적하는 "일방통행" 문을 만든다.

과학과 사회

정전이 폭로한 오염

2003년 8월, 거대한 전력망의 문제로 인해 오하이오 밸리(Ohio Valley) 전역의 발전소가 가동을 중단하고 대규모 정전이 발생하여 약 5천만 명의 사람들에게 영향을 미쳤다. 메릴랜드 대학교(University of Maryland)의 과학자들은 이 기회를 빌려 화석 연료 발전소가 가동을 중단하는 동안 다양한 수준의 대기 오염을 측정했다. 정전 후 24시간 만에 소형 비행기로 많은 공기 샘플을 채취한 결과, 발전소가 가동될 때보다 같은 지역의 공기에서 이산화황이 90%, 오존이 50%, 빛을 산란하는 입자가 70% 줄었다. 과학자들은 그 결과가 발전소의 배출량을 과소평가했거나 대기 중의 알려지지 않은 화학 반응에서 나올 수도 있다고 지적했다.

논의할 문제

1. 이 조사 결과에 기여했음직한 대기 요인들이 있는가?
2. 지표면에 이 조사 결과에 기여했음직한 요인들이 있는가?
3. 그 결과는 발전소가 그만큼의 오염에 기여한다는 것을 의미하는가, 아니면 그 밖에 어떤 점을 고려해야 하는가?
4. 결과에 대해 의심의 여지를 남기지 않게 오염 측정 실험을 어떻게 할 것인가?

회로 저항

전구와 같은 전기 저항도 도선을 연결하여 직렬로 회로를 이룰 수 있다(그림 6.36). 여러 개의 저항을 직렬로 연결할 때 결합의 저항(R)은 각 구성 요소의 저항의 합과 같다. 이것을 기호로 다음과 같이 표현한다.

$$R_{\text{total}} = R_1 + R_2 + R_3 + \cdots \quad \text{식 6.10}$$

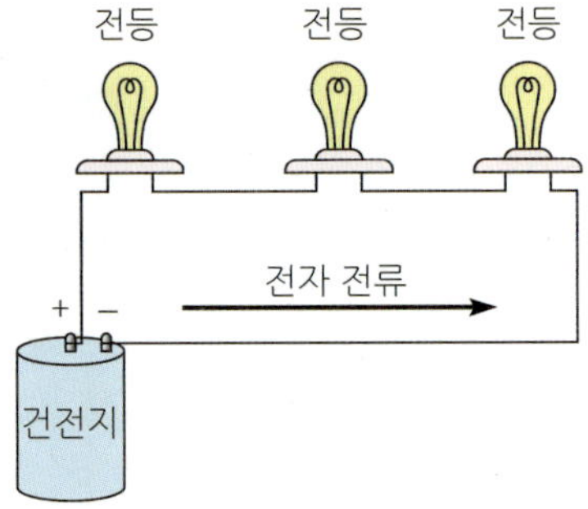

그림 6.36 직렬 전기 회로

예제 6.11

12 V 전지의 직렬 회로에 12 Ω, 8 Ω, 24 Ω의 세 저항이 있다. (A) 저항기의 총저항은 얼마인가? (B) 회로를 통해 흐를 수 있는 전류는 얼마인가? (C) 각각의 저항에 흐르는 전류는 얼마인가?

풀이

A.

$$\begin{aligned} R_{\text{total}} &= R_1 + R_2 + R_3 \\ &= 12\ \Omega + 8\ \Omega + 24\ \Omega \\ &= 44\ \Omega \end{aligned}$$

B. 옴 법칙을 이용하면 다음과 같다.

$$\begin{aligned} I &= \frac{V}{R} \\ &= \frac{12\ \text{V}}{44\ \Omega} \\ &= 0.27\ \text{A} \end{aligned}$$

C. 같은 전류가 차례로 흐르기 때문에 각각의 전류는 같다.

병렬 회로에서는 전류가 둘 이상의 경로를 사용할 수 있으며, 전류가 나뉘어서 각 저항을 독립적으로 통과한다(그림 6.37). 이렇게 하면 회로의 전반적인 저항이 낮아지고, 총저항은 어떠한 단일 저항보다도 적다. 기호로 나타내면 병렬로 배선된 저항의 효과는 다음과 같다.

$$\frac{1}{R_{\text{total}}} = \frac{1}{R_1} + \frac{1}{R_2} + \frac{1}{R_3} \qquad \text{식 6.11}$$

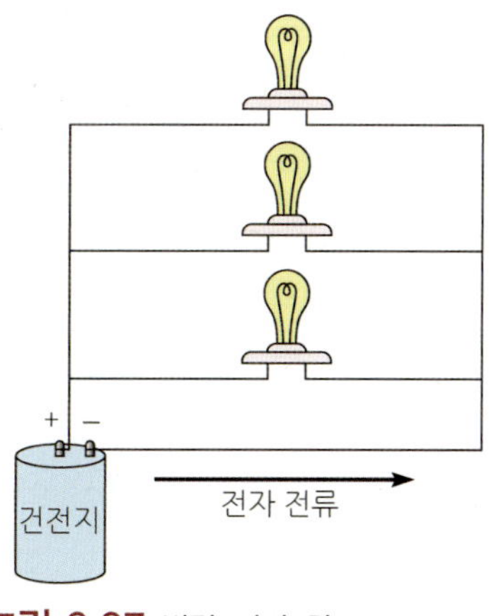

그림 6.37 병렬 전기 회로

예제 6.12

예제 6.11에 있는 세 저항이 이제는 병렬로 연결되어 있다. (A) 결합 저항은 얼마인가? (B) 전체 회로에서 전류는 얼마인가? (C) 각 저항을 통해 흐르는 전류는 얼마인가?

풀이

A. 총저항은 식 6.11에서 구할 수 있다.

$$\frac{1}{R_{\text{total}}} = \frac{1}{R_1} + \frac{1}{R_2} + \frac{1}{R_3}$$

$$= \frac{1}{12\ \Omega} + \frac{1}{8\ \Omega} + \frac{1}{24\ \Omega}$$

$$= \frac{2}{24\ \Omega} + \frac{3}{24\ \Omega} + \frac{1}{24\ \Omega}$$

$$\frac{1}{R_{\text{total}}} = \frac{6}{24\ \Omega}$$

$$6 \times R_{\text{total}} = 1 \times 24\ \Omega$$

$$R_{\text{total}} = \frac{24\ \Omega}{6}$$

$$= 4\ \Omega$$

B.

$$I = \frac{V}{R}$$

$$= \frac{12\ \text{V}}{4\ \Omega}$$

$$= 3\ \text{A}$$

C.

$$I_1 = \frac{V}{R_1} = \frac{12\ \text{V}}{12\ \Omega} = 1\ \text{A}$$

$$I_2 = \frac{V}{R_2} = \frac{12\ \text{V}}{8\ \Omega} = 1.5\ \text{A}$$

$$I_3 = \frac{V}{R_3} = \frac{12\ \text{V}}{24\ \Omega} = 0.5\ \text{A}$$

직렬 회로에는 저항이 차례로 연결되어 있으므로 각 저항을 통과하는 전류는 모두 동일하다. 직렬 회로에 저항을 추가하면 회로에서 사용할 수 있는 전류가 감소하고 각 개별 저항에 사용할 수 있는 전압이 감소한다. 전력은 전류와 전압의 곱($P = IV$)으로 결정되므로 직렬 회로에 전등을 추가하면 조명이 약해진다. 보통 직렬 회로에 연결되는 장식용 전구 줄에 두어 개의 장식용 조명을 더 연결했을 때 그처럼 조명이 약해지는 것을 아마도 경험했을 것이다. 직렬 회로의 또 다른 단점은 전구 하나가 타서 단선되면 회로가 끊어져 모든 전등이 꺼진다는 것이다.

병렬 전기 회로에서는 전류가 따라가는 대체 갈래가 있고, 한 갈래의 전류는 다른 갈래의 전류에 영향을 주지 않는다. 따라서 병렬 회로의 총전류는 각 갈래에 흐르는 전류의 합과 같다. 병렬 회로에 저항을 추가하면 모든 병렬 회로의 특징인 세 가지 주요 효과를 낳는다.

1. 회로 내 전류가 증가한다.
2. 각 저항에 걸쳐 동일한 전압이 유지된다.
3. 전체 회로의 총저항이 낮아진다.

추가된 갈래가 전류가 이동할 수 있는 더 많은 경로를 제공하기 때문에 총저항이 낮아진다.

가정용 배선

가정용 배선은 직렬 회로와 병렬 회로의 조합이다(그림 6.38). 예를 들어 방의 조명 기구는 병렬로 연결되어 있고, 그저 한 조명 또는 모든 조명을 동시에 사용할 수 있다. 그러나 스위치는 회로의 퓨즈나 회로 차단기와 마찬가지로 조명 기구와 직렬로 연결되어 있다.

그러한 병렬 회로에 연결된 각 기기는 동작할 수 있는 전압이 동일하며, 각 기기는 자신의 저항에 따라 전류를 끌어온다. 이것은 기기를 추가로 켜거나 연결하면 회로를 통해 전류가 추가로 흐르게 된다는 것을 의미한다. 즉, 조명을 켜서 1 A를 끌어온 다음 1,200 W의 헤어드라이어를 사용하면 10 A를 더 끌어와서 같은 회로에서 총전류는 11 A가 된다. 이미 이 부하가 있는 동일한 회로에 기기를 여전히 더 추가할 수 있는가? 이 질문에 대한 답은 추가할 기기(전류는 얼마나?)와 퓨즈나 회로 차단기가 회로를 차단하기 전까지 허용하는 사전 부하에 따라 달라진다.

퓨즈 및 회로 차단기의 "보호" 역할이 없다면 회로에 계속 기기를 추가하여 점점 더 많은 전류를 끌어올 수 있다. 전류가 충분히 높은 수준에 도달하면 과열을 일으켜서 화재의 원인이 될 수 있다. 회로 내 퓨즈나 회로 차단기는 회로가 사전 설정된 값에 도달하면 회로를 차단한다. 설정 값은 일반적으로 15 ~ 20 A이다. 퓨즈는 높은 저항과 낮은 용융점을 가진 짧은 금속 조각이 들어 있는 일회용 장치다. 회로를 통과하는 전류가 사전 설정된 정격 전류(말하자면 15 A)에 도달하면, 짧은 금속 띠가 녹는다. 이 간격 때문에 스위치가 회로 전체를 차단하는 것처럼 회로가 차단된다. 회로 차단기는 용도는 같지만 사용하는 절차가 다르다. 회로 차단기는 전류의 크기와 도체 주위의 자기장 사이의 정비례 관계를 이용한다. 전류가 미리 설정된 수준에 도달하면 연관 자기장이 철을 끌어당겨서 용수철이 장착된 스위치를 개방하여 회로를 차단한다. 회로 차단기는 스위치를 원래 위치로 되돌리면 재설정된다.

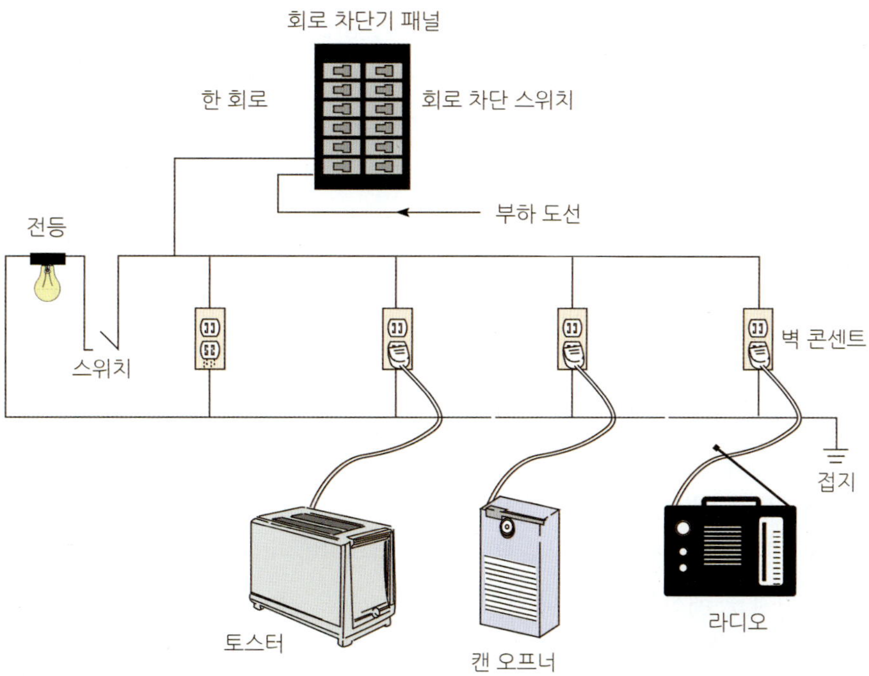

그림 6.38 각 회로에는 자체 차단기 스위치(또는 퓨즈)가 있으며, 이 단순화된 스케치는 하나의 회로와 차단기 패널에서부터 전등 한 개와 콘센트 네 개까지의 배선을 보여준다. 가정용 배선은 병렬 회로이고, 이러한 회로에 연결된 각 기기는 전류를 끌어온다. 각 회로에는 의도한 용도에 기반을 둔 자체 정격 전압 및 전류가 있다.

그림 6.39 이것은 소위 "극성" 플러그인데, 한 갈래가 다른 쪽보다 크다. 큰 갈래는 콘센트의 큰 홈에만 들어갈 수 있으므로, 작은 갈래(전류 운반 도선)는 항상 작은 홈에 들어간다. 이것은 안전 기능으로, 올바르게 사용되면 스위치가 접지 도선보다는 전류 운반 도선을 분리한다. 출처: ©Deborah Van Kirk/Alamy Stock Photo

과부하 외에도 퓨즈나 회로 차단기는 전기 저항이 적은 새로운 경로인 **합선 회로**(short circuit)에 의해 "타거나" "잘못 작동된다". 전류는 항상 최소 저항의 길을 택한다. 전기 회로의 두 점 사이에 저항이 낮은 연결, 즉 "지름길"이 우발적으로 형성되었을 때 합선 회로가 발생한다. 그러한 "지름길"은 회로를 완성하는 도선이 마모되거나 찢어질 경우에 생길 수 있다. 구리의 전기 저항이 매우 낮기 때문에 전도 도선에 구리를 사용한다. 합선 회로에 관련된 짧은 구리 도선 조각은 저항이 겨우 0.01 Ω 정도다. 퓨즈나 회로 차단기가 사전 설정된 15 A 부하 수준에서 회로를 차단하지 않을 경우 120 V 회로의 이 도선을 통해 흐를 수 있는 전류는 옴 법칙에 따라 12,000 A에 이를 수 있다.

현대의 가정용 전기 회로에는 전기적 손상으로부터 사람과 재산을 보호하기 위한 많은 안전장치가 있다. 퓨즈나 회로 차단기는 과부하가 발생하여 과열되기 전에 회로를 차단한다. 사람들은 또한 다음에 논의할 3핀 플러그, 극성 플러그(그림 6.39), 누전 차단기를 통해 전기 충격으로부터 보호된다.

가정용 배선에는 각 전기 기기에 두 개의 도선이 필요하다. 그것은 (1) 전력 회사에서 전기 에너지를 전달하는 "부하 운반" 동력선과 (2) 두 도선 사이의 전위차를 유지하는 "중성" 또는 접지 도선이다. 기기 내부의 부하 운반 도선이 마모되거나 찢어지거나 또는 다른 방식으로 기기의 금속 케이스와 접촉한다고 가정해보자. 케이스를 만지면 전류가 신체의 일부를 통과하면서 회로의 한 부분이 될 수 있다.

3핀 플러그(three-pronged plug)는 접지 플러그로 통하는 세 번째 기기-접지 도선을 제공한다. 접지선은 기기의 금속 케이스를 지면과 직접 연결한다. 합선 회로가 있을 경우 전류는 몸을 통과하는 것이 아니라 최소 저항의 경로인 접지선을 거치게 된다. 극성 플러그(polarized plug)는 한 갈래는 다른 갈래보다 크다. 작은 갈래는 부하 운반 도선에 연결되고, 큰 갈래는 중성 또는 접지 도선에 연결된다. 일반적인 비극성 플러그는 어느 쪽이든 콘센트에 꽂을 수 있으므로 도선 중 하나가 부하 운반 플러그가 될 가능성이 반반이라는 것을 의미한다. 극성 플러그는 그런 위험을 무릅쓰지 않는다. 왜냐하면 항상 같은 쪽에 부하 운반 도선이 있기 때문이다. 따라서 스위치가 항상 부하 운반 도선에 위치하게 스위치를 배선할 수 있다. 이 스위치는 어느 쪽 도선에서도 기능하겠지만, 그것이 접지선에 있으면 지면을 통하여(어쩌면 몸을 통과하여) 전위차가 형성되기를 대기하고 있는 에너지 운반 도선이 기기에 있게 된다. 스위치가 부하 운반 쪽에 있는 기기에는 이러한 잠재적 안전 위험이 없다.

지금 살고 있는 곳이나 방문했던 곳에서 전기 콘센트에 빨간색 누름 버튼을 본 적이 있는가? 이 버튼은 보통 욕실이나 건물 밖과 같이 물속에 있어서 전기적으로 접지될 수 있는 곳의 콘센트에 달려있다. 보통, 그 콘센트에는 "매월 검사"라는 쪽지도 있다. 이것은 누전 차단기(ground-fault interrupter, GFI)라고 하는 일종의 안전장치인데, 이것은 별도로 치명적인 감전을 방지한다. 퓨즈와 회로 차단기는 과부하나 합선 회로에서 발생할 수 있는 회로의 과열을 방지하도록 설계되어 있다. 퓨즈나 회로차단기가 작동할 때 회로 어딘가에 과부하 문제가 이미 발생했을 수도 있다. 사람이 회로에 연결되어 있다면 이미 치명적인 충격을 받았을지도 모른다. 어떻게 GFI가 치명적인 충격을 예방할 수 있을 정도로 빠르게 반응하는가? 그 질문에 답하기 위해서, 우리는 먼저 가정용 배선에 대한 몇 가지 기본 사항을 검토해야 한다.

가정용 배선에는 항상 도선이 두 개 있는데, 하나는 부하를 전달하는 도선, 다른 하나는 중성 계통 접지가 있는 도선이다. 부하 운반 도선은 보통 검은색(또는 빨간색)이고, 계통 접지는 보통 흰색이다. 보통 노출되어 있거나 녹색인 세 번째 도선은 기기 접지의 역할을 한다. 일반적으로 부하 운반 도선과 계통 접지 도선의 전류는 동일하다. 합선이 발생하면 일부 전류가 기기 접지로 우회하거나 더 나쁘게는 발이 젖은 사람을 통해 우회하므로 부하 운반 도선과 계통 접지 도선 사이에 전류 차이가 생긴다. GFI는 부하 운반 및 계통 접지 도선을 감시한다. 차이가 조금이라도 감지되면 GFI가 작동하여 순식간에 회로를 차단한다. 이것은 일반 퓨즈나 일반 회로 차단기가 반응할 수 있는 것보다 훨씬 빠르고, 이 차이는 치명적인 충격을 예방하기에 충분할 수 있다. 뇌우 중에 발생할 수 있는 라인 서지가 GFI를 작동시킬 수 있고, 그러면 빨간 버튼을 눌러 GFI를 재설정할 수 있다.

요약

처음 알게 된 전기 현상은 마찰에 의해 발생하는 전하이었는데, 오늘날 이것을 정전기라고 한다. 1900년대 초에 물질의 원자성으로부터 전하의 전자 이론이 개발되었다. 이러한 연구들로 물질이 원자로 이루어져 있고, 원자는 양전하를 띤 양성자를 포함하는 핵을 중심으로 움직이는 음전하를 띤 전자로 구성되어 있다는 것을 이해하게 되었다. 두 종류의 전하가 상호작용하는데, 같은 전하끼리는 반발력을 생성하고 서로 다른 전하끼리는 인력을 생성한다. 물체는 전하가 과잉하거나 부족할 때 전하를 띠는데, 이것을 정전하라고 한다.

전하량(q)은 전자와 같이 대전된 전하 6.24×10^{18}개의 전달에 해당하는 전하인 쿨롬(C) 단위로 측정된다. 전자 또는 양성자의 기본 전하는 1.60×10^{-19} C이다. 대전된 두 물체 사이의 전기력은 대전된 두 물체의 전하량과 둘 간의 거리 사이의 관계로부터 계산할 수 있다. 그 관계를 쿨롱 법칙이라고 한다.

전기장에 있는 대전된 물체는 물체의 전하 및 그 전하와 같은 종류의 전하의 장으로 이동시키기 위해 해주는 일에 관련된 전기 퍼텐셜(위치) 에너지를 가지고 있다. 그 결과 발생하는 전위차(V)는 전하량(q)을 이동하기 위해 해준 일(W)의 비율이다. 단위로 표현하면 전하 1 C을 이동하기 위해 해준 일 1 J을 볼트라고 한다.

전하의 흐름을 전류(I)라고 한다. 전류는 전위차를 유지하기 위해 발전기나 전지와 같은 장치를 필요로 한다. 이 장치를 전원이라고 한다. 전기 회로에는 (1) 전원, (2) 전류가 따라 흐르는 연속 경로, (3) 전압 강하라고 하는 일을 하는 전등이나 모터와 같은 장치가 있다. 전류(I)는 일정 시간(t) 동안 도체를 통과하는 전하량(q)의 흐름 비율로 측정한다. 초당 쿨롬으로 표현되는 전류의 단위는 암페어(A)라고 하고 줄여서 amp라고도 한다.

전류는 도체에 전위차를 가하면 발생하고 전기장은 거의 광속으로 도체를 통과한다. 전자는 전기장에 의해 가속되어 매우 천천히 표류한다. 장은 전자를 직류(dc)에서는 한 방향으로 이동시키고 교류(ac)에서는 앞뒤로 이동시킨다.

물질에는 전류를 반대하거나 감소시키는 성질이 있는데, 이것을 전기 저항(R)이라고 한다. 저항은 두 점 사이의 전위차(V)와 그 결과 흐르는 전류(I)의 비율이다. 즉 둘 사이의 비 $R = V/I$이다. 저항의 단위를 옴(Ω)이라 하며, $1.00\ \Omega = 1.00\ V/1.00\ A$이다. 전압, 전류, 저항 사이의 관계를 옴 법칙이라고 한다.

도선의 저항으로 손실된 에너지를 무시하면, 전원이

한 일은 회로 내 전기 장치가 수행한 일과 동일하다. 하는 일의 비율은 일률, 즉 단위 시간당 일로서 $P = W/t$이다. 전력을 $P = IV$의 관계로부터 계산할 수 있는데, 이것은 전력 단위인 와트를 낳는다.

자석은 인력이 집중되는 두 극을 가지고 있다. 자석이 자유롭게 돌 수 있을 때, 한 극은 북쪽으로, 다른 극은 남쪽으로 움직인다. 북쪽을 향하는 극을 북극이라 하고, 남쪽을 향하는 극을 남극이라고 한다. 같은 극끼리는 서로 밀어내고 서로 다른 극끼리는 끌어당긴다.

자기 성질은 기원상 전기적으로, 운동하는 전하에 의해 생성된다. 영구 자석은 자기 구역이라고 하는 아주 작은 구역을 가지고 있는데, 각각은 자신의 북극과 남극을 가지고 있다. 자화되지 않은 철 조각의 구역은 마구잡이로 배열되어 있다. 자화되면 구역이 정렬되어 전반적인 자기 효과에 기여하게 된다.

전류 운반 도선에는 도선의 길이에 수직인 닫힌 동심원의 자기장선이 있다. 자기장의 방향은 전류의 방향에 따라 달라진다. 많은 고리가 있는 코일을 솔레노이드 또는 전자석이라고 한다. 전자석은 전기 계량기, 전자기 스위치 및 전기 모터에서 작동하는 부분이다.

도선 고리가 자기장에서 이동하거나 자기장이 도선 고리를 지나가면 도선 고리에 전압이 유도된다. 그 상호 작용을 전자기 유도라고 한다. 전기 발전기는 자기장 속에서 회전하는 도선 코일이다. 코일은 역학적 에너지에 의해 회전하며, 전자기 유도는 전압을 유도하여 역학적 에너지를 전기 에너지로 변환시킨다. 변압기는 교류 전류의 전압을 상승시키거나 하강시킨다. 입력과 출력 전압 비율은 일차 코일과 이차 코일의 고리 수에 따라 결정된다. 전압을 높이면 전류가 감소하므로 전기 에너지의 장거리 전송이 경제적으로 실현 가능하다.

직렬로 연결된 전지는 전류가 동일하고 전압이 더해진다. 병렬인 경우에는 회로의 전압은 각 전원과 동일하며, 각 전지는 총전류에 일부분 기여한다.

직렬 회로는 저항들이 차례로 연결되어 있어서 동일한 전류가 각 저항을 차례로 통과한다. 병렬 회로에는 전류가 따라 흐를 수 있는 별도의 경로가 있는 유사한 분지들이 있다. 저항이 병렬 회로에 더해질수록 전류가 증가하고 각 저항에 걸쳐 동일한 전압이 유지되며 전체 회로의 총저항이 낮아진다.

가정용 배선은 병렬 회로이므로 각 기기는 동작할 수 있는 전압이 동일하며, 기기는 그 저항에 따라 전류를 끌어온다. 퓨즈 및 회로 차단기는 과부하 또는 합선 회로로부터 회로 과열을 방지한다. 합선 회로는 저항이 적은 새로운 경로다. 다른 보호 장치로 3핀 플러그, 극성 플러그, 누전 차단기가 있다.

방정식 요약

6.1 전하량=(전자 수)(전자의 전하)

$$q = ne$$

6.2 $$\text{전기력} = (\text{상수}) \times \frac{\text{첫 번째 물체의 전하} \times \text{두 번째 물체의 전하}}{\text{물체 사이의 거리 제곱}}$$

$$F = k\frac{q_1 q_2}{d^2}$$

여기서 $k = 9.00 \times 10^9\ \mathrm{N \cdot m^2/C^2}$이다.

6.3 $$\text{전위} = \frac{\text{퍼텐셜을 생성하는 일}}{\text{이동한 전하}}$$

$$V = \frac{W}{q}$$

6.4 $$\text{전류} = \frac{\text{전하량}}{\text{시간}}$$

$$I = \frac{q}{t}$$

6.5 볼트 = 전류 × 저항

$$V = IR$$

6.6 전력 = (암페어)(볼트)

$$P = IV$$

6.7 $$\text{비용} = \frac{(\text{와트})(\text{시간})(\text{요금})}{1{,}000\ \mathrm{W/kW}}$$

6.8 $$\frac{\text{전압}_{\text{일차}}}{(\text{고리 수})_{\text{일차}}} = \frac{\text{전압}_{\text{이차}}}{(\text{고리 수})_{\text{이차}}}$$

$$\frac{V_p}{N_p} = \frac{V_s}{N_s}$$

6.9 $$(\text{볼트}_{\text{일차}})(\text{전류}_{\text{일차}}) = (\text{볼트}_{\text{이차}})(\text{전류}_{\text{이차}})$$

$$V_p I_p = V_s I_s$$

6.10 직렬 회로의 저항

$$R_{total} = R_1 + R_2 + R_3 + \cdots$$

6.11 병렬 회로의 저항

$$\frac{1}{R_{total}} = \frac{1}{R_1} + \frac{1}{R_2} + \frac{1}{R_3} + \cdots$$

핵심 용어

교류 (236쪽)
기본 전하 (226쪽)
발전기 (256쪽)
변압기 (257쪽)
병렬 회로 (262쪽)

볼트 (231쪽)
암페어 (233쪽)
역장 (228쪽)
옴 법칙 (238쪽)
옴 (238쪽)
와트 (240쪽)
자극 (245쪽)
자기 구역 (248쪽)
자기장 (246쪽)
전기 저항 (237쪽)
전기 회로 (232쪽)
전기장 (228쪽)
전도체 (224쪽)
전류 (231쪽)
전자기 유도 (255쪽)
전자석 (251쪽)
정전하 (222쪽)
직렬 회로 (262쪽)
직류 (236쪽)
쿨롬 (225쪽)
쿨롱 법칙 (227쪽)
표류 속도 (235쪽)
합선 회로 (268쪽)

개념 적용

1. 정전하를 초래하는 것은
   a. 전자의 이동 또는 재분포이다.
   b. 양성자의 획득 또는 손실이다.
   c. 전자와 양성자로부터의 전하 분리이다.
   d. 물체를 먼지로부터 깨끗하게 유지하지 못해서다.
2. 전하의 단위는 ____이다.
   a. 볼트
   b. 암페어
   c. 쿨롬
   d. 와트
3. 전기장이 기술하는 것은
   a. 전하를 띤 입자의 주변 공간의 상태이다.
   b. 자극의 주변 공간의 상태이다.
   c. 질량의 주변 공간의 상태이다.
   d. 위의 모든 것이다.
4. 전체에 걸쳐 자유롭게 움직이는 전자를 가진 물질은 ____이다.
   a. 전기 도체
   b. 전기 절연체
   c. 열절연체
   d. 열비전도체
5. 절연체의 예는 ____이다.
   a. 흑연
   b. 유리
   c. 알루미늄
   d. 텅스텐
6. 회로 내 두 점 사이의 전위차를 측정하는 단위는 ____이다.
   a. 전압
   b. 암페어
   c. 쿨롬
   d. 와트
7. 전류가 회로를 흐르는 비율을 측정하는 단위는 ____이다.
   a. 전압
   b. 암페어
   c. 쿨롬
   d. 와트
8. 공간을 통해 작용하는 정전기력의 행동을 예측하는 법칙은 ____이다.
   a. 만유인력의 법칙
   b. 와트 법칙
   c. 쿨롱 법칙
   d. 옴 법칙
9. 연료 전지와 태양 전지가 생성하는 전류는 어떤 종류인가?
   a. 교류
   b. 직류
   c. 60 Hz
   d. 120 Hz
10. 도체의 전기 저항을 측정하는 단위는 ____이다.
    a. 전압
    b. 암페어
    c. 옴
    d. 와트
11. 옴 법칙에 따르면 저항이 더 큰 도체에서 같은 전류를 유지하려면 무엇이 더 커야 하는가?
    a. 전압
    b. 전류
    c. 온도
    d. 단면적
12. 킬로와트시는 ____의 단위다.
    a. 일률
    b. 일
    c. 전류
    d. 전위차
13. 전압에 암페어를 곱하면 ____의 단위가 된다.
    a. 일률

b. 일
c. 전류
d. 전위차

14. 초당 줄 단위는 ____의 척도이다.
a. 전압
b. 암페어
c. 옴
d. 와트

15. 자연 자석인 자철광이 끌어당기는 것은
a. 철이다.
b. 코발트이다.
c. 니켈이다.
d. 위의 모든 것이다.

16. 매달려 있거나 떠있는 막대자석의 북극이 현재 똑바로 가리키는 방향은 ____이다.
a. 자기 북극
b. 자기 남극
c. 지리적 북극
d. 지리적 남극

17. 전류 운반 도선은 항상
a. 도선 길이 주위에 닫힌 동심원의 장선을 가진 자기장을 형성한다.
b. 도선의 길이에 평행한 장선을 가진 자기장을 형성한다.
c. 도선 주위에 전기장을 형성하지만 자기장은 형성하지 않는다.
d. 도선 주위의 공간에는 아무것도 형성하지 않는다.

18. 자성을 생성하는 것은
a. 초과된 북쪽 자기 홀극이다.
b. 초과된 남쪽 자기 홀극이다.
c. 움직이는 전하이다.
d. 분리된 양전하와 음전하이다.

19. 지자기장은
a. 극성의 반전을 많이 겪었다.
b. 항상 지금과 같았다.
c. 지구의 지리적 북극 아래에서 생성된다.
d. 지구의 지리적 남극 아래에서 생성된다.

20. 전류를 운반하는 전선 주위의 자기장의 세기는 ____에 정비례한다.
a. 전류 양
b. 전류의 전압
c. 도선의 저항
d. 도선의 온도

21. 도선의 전류 방향을 반대로 하면, 도선 주위의 자기장은
a. 힘의 크기가 원래 값의 역수가 된다.
b. 북극 방향이 뒤바뀐다.
c. 전통적 전류가 된다.
d. 변치 않고 그대로다.

22. 그 기능이 두 자기장 사이의 상호작용에 의존하는 것은 다음 중 어느 것인가?
a. 자동차 스테레오 스피커
b. 전화
c. 계전기 회로
d. 위의 모든 것

23. 전기 계량기가 측정하는 것은
a. 도체를 통해 이동하는 실제 전하 개수이다.
b. 쿨롬 단위의 전류이다.
c. 자기장의 세기이다.
d. 도체의 두 점 사이의 전위차다.

24. 도선 고리가 자기장선을 가로질러 가거나 자기장선이 도선의 고리를 가로질러 이동할 때
a. 전자는 고리의 한쪽 끝으로 밀린다.
b. 정전하가 형성된다.
c. 도선은 영구 자석이 된다.
d. 자기 구역이 생성된다.

25. 승압 변압기가 올리는 것은 ____이다.
a. 전압
b. 전류
c. 전력
d. 에너지

26. 도선의 코일이 자기장선을 가로질러 갈 때 전자기 유도가 발생한다. 다음 중 생성되는 전압을 증가시키는 것은?
a. 코일의 도선 고리 수의 감소
b. 자기장 세기의 증가
c. 도선 코일의 느려진 이동 속도
d. 자기장 세기의 감소

27. 전력 회사는 생산 전력을 전국으로 보내기 위해 승압한다. 높은 전압은
a. 더 많은 전력이 전달되는 것을 의미한다.
b. 전류를 감소시켜 저항을 증가시킨다.
c. 전달되는 전력이 줄어든다는 것을 의미한다.
d. 전류를 감소시켜 저항으로 손실된 에너지가 감소한다.

28. 태양 전지는
a. 전기를 직접 생성한다.
b. 화학 반응을 필요로 한다.
c. 수명이 매우 짧다.
d. 움직이는 작은 부품을 사용한다.

29. 다음 중 정전하를 얻을 가능성이 가장 높은 것은?
a. 전도체
b. 비전도체

c. 둘 다 가능성이 같다.
d. 위의 어느 것도 정확하지 않다.

30. 다음 중 비율을 측정하는 단위는?
a. 암페어와 볼트
b. 쿨롬과 줄
c. 볼트와 와트
d. 암페어와 와트

31. 전류를 전지의 양극 단자에서 음극 단자로 흐르는 양전하로 간주할 경우 어떤 전류 묘사 방법을 사용하고 있는가?
a. 전자 전류
b. 전통적인 전류
c. 양성자 전류
d. 교류

32. 전류에서는 전자는
a. 매우 느린 속도로 움직인다.
b. 광속으로 움직인다.
c. 광속보다 빠르다.
d. 초음속으로 움직인다.

33. 다음 중 전도 도선의 한쪽 끝에서 다른 쪽 끝으로 전자가 이동하지 않는 전류는?
a. 전자 전류
b. 직류
c. 교류
d. 위의 어느 것도 아니다.

34. 암페이와 볼트를 곱하면 ____의 단위가 된다.
a. 저항
b. 일
c. 전류
d. 전력

35. 영구 자석이 자기 성질을 가지는 이유는
a. 자석의 전자에 의한 자기장이 균형을 이루기 때문이다.
b. 한쪽 끝에 자기 홀극이 축적되기 때문이다.
c. 자기 구역이 정렬되기 때문이다.
d. 위의 모든 것이 올바르다.

36. 전류 운반 도선 주위에 자기장이 있는 이유는
a. 움직이는 전하가 스스로 자기장을 생성하기 때문이다.
b. 전류가 도선의 금속에서 자기 구역을 정렬하기 때문이다.
c. 전류가 흐르기 전에 금속은 자성을 띠고 있었고, 전류는 그 자성을 강화시켰기 때문이다.
d. 위의 어느 것도 옳지 않다.

37. 물체가 음전하를 획득할 때, 실제로는
a. 질량이 늘어난다.
b. 질량이 감소한다.
c. 질량이 일정하다.
d. 답은 알 수 없다.

38. 양전하와 음전하는 처음에는 2 cm 떨어져 있었다. 그것들이 점점 더 가까이 다가갈수록 각각에 작용하는 힘은 어떻게 되는가?
a. 힘은 움직이는 동안 증가한다.
b. 힘은 움직이는 동안 감소한다.
c. 힘은 일정하다.
d. 답은 알 수 없다.

39. 작동이 되는 완전한 전기회로에 반드시 있어야 할 것은 전원, 일을 하는 장치, 그리고
a. 자기장이다.
b. 전원에서 작동 장치로 연결되는 도체와 전원으로 되돌아가는 또 다른 도체다.
c. 전원에서 작동 장치로 연결하는 도선이다.
d. 자기장과 스위치다.

40. 저항에 반비례하는 변수는 무엇인가?
a. 도체의 길이
b. 도체의 단면적
c. 도체의 온도
d. 도체 물질

41. 다음 중 강한 자기 성질을 가지고 있다고 여겨지지 않는 것은?
a. 철
b. 니켈
c. 은
d. 코발트

42. 철 조각은 자화되거나 자화되지 않을 수 있다. 이것을 설명하는 개념은?
a. 철 원자의 전자는 회전하고 있고 그 주위에 자기장이 있다.
b. 철 원자는 특정한 방향이나 임의의 방향으로 향할 수 있는 작은 자기 구역으로 무리를 이룬다.
c. 자화되지 않은 철 원자는 외부 자기장에 의해 자화될 수 있다.
d. 외부 자기장을 적용하여 철의 북극과 남극을 분리할 수 있다.

43. 지자기장의 유래로 여겨지는 것은
a. 지구 내 전류로 인해 남북 자기 홀극이 분리된 것에 의해서다.
b. 지구 핵에서 어떻게든 생성된 전류에 의해서다.
c. 지구 내부의 거대한 철과 코발트 막대자석에 의해서다.
d. 알 수 없는 어떤 과정에 의해서다.

44. 전자기 유도가 발생하는 이유는
a. 전류가 전하의 이동 속도에 의해 측정되기 때문이다.

b. 얼마나 많은 일을 하느냐에 따라 퍼텐셜이 결정되기 때문이다.
c. 전자 자신의 자기장이 외부에서 가해준 자기장과 상호작용하기 때문이다.
d. 자성을 가진 구리선이 자성을 유도하기 때문이다.

45. 변압기의 이차 코일의 전류를 생성하는 것은
a. 변화하는 자기장이다.
b. 변화하는 전기장이다.
c. 일정한 자기상이다.
d. 일정한 전기장이다.

46. 전자석은
a. 자기장을 이용하여 전류를 생성한다.
b. 전류를 이용하여 자기장을 생성한다.
c. 자기 전류를 이용하여 전기장을 생성한다.
d. 전기장을 이용하여 자기 전류를 생성한다.

47. 변압기는
a. 직류의 전압을 변화시킨다.
b. 직류의 전력을 변화시킨다.
c. 교류의 전압을 변화시킨다.
d. 교류의 전류량을 변화시킨다.

48. 병렬 회로에는
a. 나란히 늘어선 도선들이 있다.
b. 동일한 전류가 차례로 저항을 통과한다.
c. 전류가 따라 흐를 수 있는 별도의 경로가 있다.
d. 위의 것 중 어느 것도 아니다.

49. 점점 더 많은 저항을 회로에 추가함에 따라 사용 가능한 전압이 감소할 것으로 예상하는 회로 유형은 무엇인가?
a. 직렬 회로
b. 병렬 회로
c. 열린 회로
d. 위의 것 중 어느 것도 아니다.

50. 점점 더 많은 저항을 회로에 추가함에 따라 전류는 증가하고 전압은 동일할 것으로 예상하는 회로 유형은 무엇인가?
a. 직렬 회로
b. 병렬 회로
c. 열린 회로
d. 위의 것 중 어느 것도 아니다.

[답]

1. a 2. c 3. a 4. a 5. b 6. a 7. b 8. c 9. b 10. c 11. a 12. b 13. a 14. d 15. d 16. a 17. a 18. c 19. a 20. a 21. b 22. d 23. c 24. a 25. a 26. b 27. d 28. a 29. b 30. d 31. b 32. a 33. c 34. d 35. c 36. a 37. a 38. a 39. b 40. b 41. c 42. b 43. b 44. c 45. a 46. b 47. c 48. c 49. a 50. b

개념 문제

1. 풍선을 문지른 후에 왜 풍선이 벽에 한동안 붙어 있는지 설명하시오.
2. 카펫 위를 걸을 때 일어나는 일과 금속 물체를 만졌을 때 충격을 받는 것을 설명하시오.
3. 양전하 또는 음전하 물체는 왜 기본 전하의 정수배를 가지고 있는가?
4. 회로를 통해 빠르게 움직이는 것이 전자가 아닌 전기장임을 어떻게 아는지 설명하시오.
5. kWh는 일률의 단위인가 일의 단위인가? 설명하시오.
6. 교류와 직류의 차이점은 무엇인가?
7. 자극이란 무엇인가? 자극의 이름은 어떻게 지어졌는가?
8. 자화되지 않은 철 조각은 같은 철 조각이 자화되었을 때와 어떻게 다른가?
9. 전력 회사가 장거리 송신을 위해 전기의 전압을 높이는 이유를 설명하시오.
10. 발전기가 어떻게 전류를 발생시킬 수 있는지 기술하시오.
11. 같은 극끼리 밀어낸다면 왜 자석의 북극이 지리적 북극을 가리키는가?
12. 도선이 자기장을 가로질러 이동할 때 전자가 도선의 한쪽 끝을 향해 이동하는 원인을 설명하시오.

분석 문제

1. 전자가 도선을 따라 움직이는 전기 모형이 전류의 복잡한 성질을 잘못 나타낸 지나친 단순화인 것을 설명하시오.
2. 교류와 직류 사이의 유의미한 유사점과 차이점은 무엇인가? 어떤 것이 특정 응용에 더 좋은지 결정하는 요인은 무엇인가?
3. 변압기에는 보통 "위험, 고전압 주의"라는 경고 표시가 있다. 그런데 사람을 해치는 것은 전압이 아니라 전류에 노출되기 때문이다. 이 표시가 모순적인지 분석하시오.
4. 연료 전지가 자동차 엔진의 미래가 될 것인가? 여러분의 답을 지지하거나 반박하는 사실, 믿음, 이론을 알아보시오.
5. "태양 에너지는 공짜다"라는 진술과 태양 전지가 너무 비싸서 의미있는 에너지원으로 사용할 수 없다는 사실 사이의 뚜렷한 모순을 분석하시오.
6. 전기장과 자기장 사이의 기본적인 유사점과 차이점은 무엇인가?

7. 가정용 배선에 병렬 회로를 사용하는 경우의 장단점은 무엇인가?

탐구 문제

지구 동력?

지자기장을 이용하여 도체에 전류를 유도할 수 있는지 조사해보자. 길이 10 m 도선의 양끝을 검류계에 연결한 후, 동료가 그 도선 양끝을 잡고 있는 동안 여러분은 도선 고리의 끝을 잡고서 줄넘기 줄처럼 도선을 흔든다.

여러분이 이 탐구 문제를 선택한 경우, 여러 방향으로 도선을 흔들어보자. 여러분이 얼마나 많은 전기를 생산할 수 있는지 측정할 수 있는 방법을 생각해낼 수 있는가?

동형 연습문제

A형과 B형 연습문제는 동일한 개념을 포함한다. A형 연습문제에 대한 해답은 부록 E에 있다.

A형

1. 모직 천으로 문지른 고무풍선은 음전하를 띠고, 측정된 전하는 1.00×10^{-14} C이다. 이 전하에 의하면 풍선에는 얼마나 많은 잉여 전자가 있는가?
2. 3.00×10^{-14} C의 음전하가 있는 고무풍선을 줄로 묶어 2.00×10^{-12} C의 음전하가 있는 두 번째 고무풍선에서 2.00 cm 거리에 놓는다. (a) 두 풍선 사이의 힘의 방향은 무엇인가? (b) 힘의 크기는 얼마인가?
3. 건전지는 화학 에너지를 통해 7.50 J의 일을 하여 5.00 C을 전지 단자 사이에 전달한다. 두 단자 사이의 전위는 얼마인가?
4. 도선에 흐르는 전류는 2.00초마다 6.00 C이다. 이 전류의 크기는 얼마인가?
5. 1.00 A 전류는 초당 몇 개의 전자가 도선에 흐르는 전하에 해당하는가?
6. 120.0 V 회로에 연결된 토스터에 4.00 A의 전류가 흐른다. 토스터의 저항은 얼마인가?
7. 60.0 Ω 저항에 걸린 전위차가 120.0 V일 때 그 저항에 흐르는 전류는 얼마인가?
8. 저항이 10.0 Ω인 전구는 전지에 연결되면 1.20 A 전류가 흐른다. (a) 전지의 전압은 얼마인가? (b) 전구의 전력은 얼마인가?
9. 소형 라디오는 3.00 V에서 작동하며, 그 저항은 15.0 Ω이다. 이 라디오가 전기 에너지를 사용하는 비율은 얼마인가?
10. 1,200 W 헤어드라이어를 120 V 회로에서 15분 동안 사용했다. 전기 요금이 kWh당 0.10달러라면, 헤어드라이어 사용 비용은 얼마인가?
11. 2.00 hp 정격의 자동차 시동기가 12.0 V 전지에서 끌어내는 전류는 얼마인가?
12. 평균 크기의 가정용 냉장고에는 내부 냉각 코일 위로 공기를 불어 넣기 위한 1/3 hp의 팬 모터, 외부 콘덴서 코일 위로 공기를 불어 넣기 위한 1/3 hp의 팬 모터, 3.70 hp의 압축기 모터가 있다. (a) 세 모터 모두 어떤 비율로 전기 에너지를 사용하는가? (b) 전기 요금이 \$0.10/kWh일 경우, 시간(h)당 가동비용은 얼마인가? (c) 30일 동안 하루에 12시간씩 냉장고를 운영하는 데 드는 비용은 얼마인가?
13. 0.20 hp 모터, 100 W 전구 3개, 600 W 전기다리미가 이미 켜져 있는 회로에서 15 Ω 토스터가 켜진다. 이 때문에 15 A 회로 차단기가 작동할지 설명하시오.
14. 발전소가 발전기로 1,200 V, 40 A의 교류를 생성하여 고압선을 통해 전송하기 전에 승압 변압기로 보낸다. 변압기는 200 대 1 비율의 도선 고리를 가지고 있다. 전송된 전력의 (a) 전압은 얼마인가? (b) 전류는 얼마인가?
15. 강압 변압기는 120 V 전선에 연결되었을 때 출력이 12 V, 0.5 A이다. 손실은 없다고 가정한다. (a) 이차 고리 대 일차 고리의 비율은 얼마인가? (b) 변압기가 전선에서 끌어오는 전류는 얼마인가? (c) 변압기의 전력 출력은 얼마인가?
16. 120 V 전선의 승압 변압기는 일차 고리 50개와 이차 고리 150개가 있으며 5.0 A의 전류를 끌어온다. 손실은 없다고 가정한다. (a) 이차 전압은 얼마인가? (b) 이차 전류는 얼마인가? (c) 전력 출력은 얼마인가?
17. 8.0 Ω 전구 두 개가 12 V 직렬 회로에 연결되어 있다. 두 전구의 전력은 얼마인가?

B형

1. 부풀려진 고무풍선에 10억 개의 전자가 있을 때까지 풍선을 털실로 문질렀다. 풍선에 있는 전하의 크기는 얼마인가?
2. 1.6×10^{-10} C의 음전하가 있는 두 풍선이 5.0 cm 간격으로 떨어져 있을 경우에 두 풍선 사이의 힘은 얼마인가?
3. 총 100,000 C에 해당하는 전하를 전달할 수 있는

12 V 축전지로부터 얼마나 많은 에너지를 이용할 수 있는가?

4. 2.0 A의 전류가 흐르는 도선이 있다. 전하가 흐르는 비율은 얼마인가?
5. 이론적으로 존재할 수 있는 최소 전류의 크기는 얼마인가?
6. 120 V 회로의 전구를 통해 0.83 A의 전류가 흐른다. 이 전구의 저항은 얼마인가?
7. 전류가 $3\frac{1}{3}$ A인 60.0 Ω 저항기에 걸린 전압은 얼마인가?
8. 10.0 Ω 전구가 12.0 V 전지에 연결되어 있다. (a) 전구를 통해 흐르는 전류는 얼마인가? (b) 전구의 전력은 얼마인가?
9. 120.0 V 회로에서 작동하도록 설계된 전구의 저항은 192 Ω이다. 전구가 사용하는 전기 에너지의 비율은 얼마인가?
10. 전기 요금이 kWh당 0.10달러인 경우 60 W 전구를 계속 켜두면 매달 전기 비용은 얼마인가?
11. 어떤 전기 모터는 240 V 회로에서 11.5 A의 전류를 끌어온다. 이 모터의 동력은 몇 와트인가?
12. 물을 여과하고 순환시키기 위해 2.0 hp 모터가 필요한 수영장은 하루에 18시간 동안 운영된다. 전기 요금이 kWh당 0.10달러인 경우 이 수영장 펌프를 가동하기 위한 월간 전기 비용은 얼마인가?
13. 15 A 회로 차단기를 작동시키지 않고 동일한 120 V 회로에서 두 사람이 1,300 W 헤어드라이어를 동시에 사용할 수 있는지 설명하시오.
14. 100개의 고리가 있는 일차 코일과 1,500개의 고리가 있는 이차 코일로 이루어진 승압 변압기가 있다. 일차 코일에 120 V, 15 A의 가정용 전류가 공급되는 경우에 이차 회로에 (a) 생성되는 전압은 얼마인가? (b) 흐르는 전류는 얼마인가?
15. 어느 마을의 강압 변압기는 전압을 7,200 V에서 120 V로 줄인다. (a) 이차 코일에 125개의 고리가 있는 경우, 일차 코일에 있는 고리는 몇 개인가? (b) 이차 코일의 전류가 36 A이면 변압기가 전선에서 끌어오는 전류는 얼마인가? (c) 전력 입력과 출력은 얼마인가?
16. 120 V 전기 발전기에 연결된 강압 변압기는 이차측 고리마다 일차측 고리가 30개씩 있다. (a) 이차 전압은 얼마인가? (b) 변압기의 일차 전류가 90.0 A이면 이차 전류는 얼마인가? (c) 전력 입력과 출력은 얼마인가?
17. 8.0 Ω 전구 3개를 12 V 직렬 회로에 연결했을 때 그러한 전구 1개의 전력은 얼마인가?

7
빛

이 광섬유들은 전선 내 전자의 이동을 통한 정보량보다 훨씬 더 많은 양의 정보를 적외선에서 빛의 펄스 형태로 전달한다. 우리에게 친숙한 전자와 전선의 "전자공학"을 대체하는 하이브리드 "광전자공학" 시대를 열어줄 극적인 변화의 일부이다. 출처: ©Photodisc/SuperStock

핵심 개념 빛은 물질과 상호작용하는 전자기 복사, 즉 에너지이다.

차례

빛과 물질의 상호작용
물질과 상호작용하는 빛은 반사, 흡수, 투과를 할 수 있다.

굴절
빛이 투명한 매질에서 다른 매질로 진행할 때 진행방향이 변화를 겪는데 이를 굴절이라 한다.

입자의 증거
광전효과와 에너지 양자화는 빛이 입자라는 것을 증명한다.

반사
반사법칙은 입사하는 광선의 입사각과 반사하는 광선의 반사각이 항상 같음을 의미한다.

파동의 증거
간섭과 편광은 빛이 파동임을 증명한다.

현대 이론
빛은 때로는 파동처럼 행동하고 때로는 입자처럼 행동하는 이중적 성질을 가지고 있다.

개요

우리는 주변 환경에 대한 정보를 얻기 위해 다른 감각보다 빛과 눈을 사용한다. 대부분의 정보는 빛에 의해 알 수 있지만, 촉각, 미각, 청각 및 후각과 같은 다른 모든 감각은 물질과 관련 있다. 그러나 빛은 물질보다 신비한 것처럼 보인다. 물질은 직접 연구하고, 치수를 측정하고, 분해하고, 그것을 배우기 위해 모아 놓을 수 있는 반면에 빛은 작동 방식 측면에서 간접적으로만 연구할 수 있다. 일단 빛의 성질을 이해하게 되면 빛에 대해 알아야 할 모든 것을 알게 되며, 그 다음으로 그 성질의 의미에 대해 생각하는 것이다.

빛의 성질은 수백 년 동안 사고, 과학적 조사 및 토론을 활발하게 했다. 빛을 직접 관찰할 수 없어 빛의 정확한 특성을 찾기가 매우 어려웠기 때문에 과학적 조사와 토론이 항상 일어났다. 예를 들어, 빛이 한 곳에서 다른 곳으로 에너지를 이동한다는 것을 알고 있다. 햇빛이 따뜻해지면 태양으로부터 에너지를 느낄 수 있으며, 빛이 수백만 마일의 빈 공간을 가로질러 에너지를 전달했다는 것을 알고 있다. 이와 같이 빛이 에너지를 이동시키는 능력은 (1) 음파가 음원으로부터 에너지를 운반하는 것처럼 파동에 의해 전달되는 에너지로서, 또는 (2) 입자들이 표면에 부딪칠 때 에너지를 잃어버리며 움직이는 입자 흐름의 운동 에너지로서 설명될 수 있다. 한 장소에서 다른 장소로 에너지의 이동은 빛의 파동 모형이나 빛의 입자 모형에 의해 동일하게 잘 설명될 수 있다. 과학에서 이와 같이 두 가지 가능성이 존재하는 경우 실험이 설계되고 그 실험의 측정 결과를 통해 한 이론 모형은 지지되고 다른 모형은 배제된다. 그러나 빛은 매우 당황스러운 딜레마를 안겨준다. 일부 실험은 빛이 움직이는 입자의 흐름이 아니라 파동으로 구성되어 있다는 증거를 제공하는 반면, 다른 실험은 빛이 파동이 아니라 입자의 흐름이라는 반대의 증거를 제공한다. 파동 또는 입자 모형을 수용한다는 증거는 어떤 실험이 고려되는지에 달려있는 것처럼 보인다.

모형을 사용하는 목적은 이미 알려진 것의 관점에서 새로운 것을 이해할 수 있게 하는 것이다. 이러한 새로운 것들이 빛과 관련이 있을 때 다음과 같은 세 가지 모형이 별도의 행동을 시각화하는 데 유용하다. 전자기파 모형은 광원에서 빛이 생성되는 방식을 설명하는 데 사용된다. 또 다른 모형인 광선 모형은, 빛의 반사 및 굴절 또는 휨과 같은 일반적인 빛의 특성을 논의하는 데 사용된다. 마지막으로, 입자 모형에 대한 증거를 제공하는 빛의 속성은 앞서 간략히 언급한 빛의 이해에 대한 논의가 끝나기 전에 더 깊이 논의될 것이다.

7.1 빛의 원천

태양과 다른 별들, 전구, 타는 물질 모두 빛을 방출한다. 어떤 것이 빛을 방출할 때 그 현상을 **발광(luminous)**한다고 표현한다. 태양은 지구에 거의 모든 자연광(natural light)을 제공하는 발광하는 물체이다. 매우 적은 양이지만 달빛이 없는 곳에서 보기에 충분한 빛이 별들로부터 지구에 도달한다. 달과 행성은 반사된 빛에 의해 빛나고 그들 스스로 빛을 생산하지 못하기 때문에 발광체가 아니다.

불타는 것은 수천 년 동안 인공(artificial) 광원으로서 사용되었다. 장작불과 촛불은 높은 온도로 타기 때문에 발광체이다. 높은 온도에서 가시광선이 발생할 때, 그 광원을 **백열광원(incandescent)**이라 한다. 고온으로 인해 발생하는 연소원(burning source), 백열전구 및 태양의 불꽃은 모두 백열광원이다.

백열광원은 빛을 어떻게 생성하는가? 전자기파 모형으로 설명할 수 있다. 이 모형은 전기, 자기, 빛의 관계를 설명하고, 어떤 외력에 의해 전하가 가속될 때마다 전자기파가 형성되는 것으로 묘사한다. 연못에 던져진 돌맹이가 물을 교란시키고 돌맹이에서 퍼져나가는 수면파를 생성하는 것처럼 가속 전하가 주위 공간의 전기적 특성을 교란시켜 전기장과 자기장으로 구성된 파동을 생성한다(그

사례 연구

생물 발광

무언가가 빛을 발산할 때 발광(luminous)한다고 표현한다. 식물이나 동물이 빛을 발산하면 생물 발광(bioluminous)이라 한다. 개똥벌레와 반딧불이는 육지의 생물 발광 동물의 일반적인 예이다. 생물 발광 해양 생물에는 일부 종의 어류, 크릴, 해파리 및 오징어가 포함되며, 심해 생물의 약 90%는 생물 발광이다. 표면 근처에서, 와편모조류(dinoflagellates)라는 단일 세포 플랑크톤은 파도 또는 해양 생물에 의해 방해받을 때 빛을 낸다.

생물 발광 유기체는 유기체 내부에서 일어나는 화학 반응을 통해 빛을 생성하며, 일반적으로 그 반응은 루시페린이라는 화학 물질과 루시페라제라는 효소가 포함된다. 루시페린은 산소와 반응하여 빛을 생성하고 루시페라제는 반응 속도를 높인다. 또한 화학 반응은 아데노신 트리포스페이트(ATP)를 포함할 수 있다. 대부분의 해양 생물은 해수를 통해 쉽게 움직이는 파장인 파란색과 녹색의 스펙트럼 부분에 해당하는 빛을 방출하고, 육지에 있는 개똥벌레는 연한 노란색에서 녹색의 스펙트럼 부분을 방출한다.

개똥벌레는 특정 섬광 패턴을 사용하여 짝을 유혹한다. 수컷 개똥벌레는 저녁의 특정 시간에 날아다니며 종이 구별 가능하도록 섬광 패턴을 만든다. 암컷은 땅위의 식물 위에서 기다린다. 특정 수컷의 번쩍이는 패턴에, 암컷이 응답하면서 둘만의 대화가 이루어진다. 개똥벌레가 어떻게 온-오프 스위칭을 제어하는지는 알려져 있지 않다.

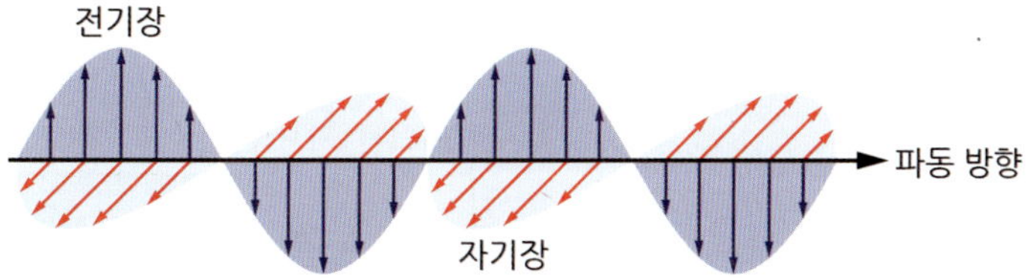

그림 7.1 전자기파의 전기장과 자기장은 서로 변한다. 여기서 장은 장의 강도와 방향을 나타내는 화살표로 표시된다. 전기장과 자기장은 서로 수직이며 파동 방향에 수직이다.

림 7.1). 이 파동은 물질과 상호 작용하여 에너지를 잃어버릴 때까지 우주 공간을 퍼져나간다.

전자기파의 주파수는 전하의 가속에 달려 있는데, 가속도가 클수록 생성되는 파동의 주파수가 높아진다. 전체 주파수 범위를 전자기 스펙트럼(electromagnetic spectrum)이라 하고(그림 7.2), 스펙트럼의 범위는 저주파 끝의 라디오파에서 고주파 끝의 감마선까지이다. 가시광선은 전체 스펙트럼의 중간 부분의 작은 부분만 차지한다.

가시광선은 고온의 백열광원에서 방출되지만 실제로 전자기 에너지는 모든 온도에서 물질로부터 자연적으로 방출된다. 이 방출 에너지를 **흑체 복사(blackbody radiation)**라고 하며, 전자기 에너지를 완벽하게 흡수하고 방출하는 이상적인 물질(흑체)이다. 전자기파 모형에서 방출된 에너지는 물체 표면 근처의 하전 입자의 가속에서 비롯되며, 흑체 복사의 주파수는 물체의 온도에 의해 결정된다. 절대 온도 영점 근처에서는 가용 에너지가 거의 없으며 방사선이 방출되지 않는데, 물체의 온도가 올라감에 따라 더 많은 에너지를 사용할 수 있으므로, 이 에너지는 일정 범위의 값으로 분산되어 하나 이상의 에너지 주파수가 방출된다. 따라서 가용 에너지 범위에서 방출되는 주파수의 그래프는 종 모양을 보여준다.

곡선의 가파름과 정점의 위치는 온도에 따라 다르고(그림 7.3), 물체의 온도가 상승함에 따라 방

과학 스케치

태양의 온도인 5,777K 만큼 뜨거운 물체가 방출하는 흑체 복사를 그림 7.3(또는 종이)에 그리시오.

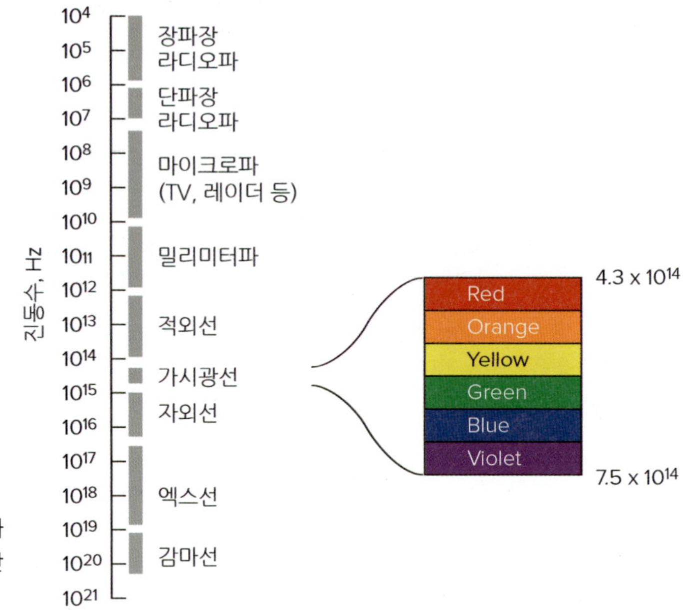

그림 7.2 전자기 스펙트럼. 진공에서 모든 전자기파는 동일한 기본 특성과 동일한 속도를 갖지만 물질 내에서 많은 측면들이 주파수에 의존한다.

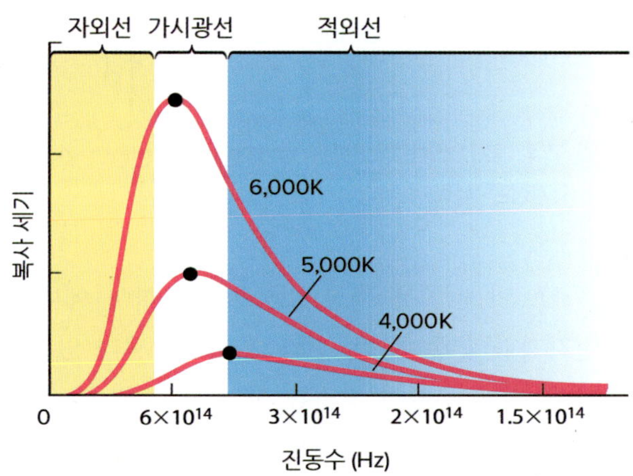

그림 7.3 세 가지 다른 온도에서 흑체 복사의 형태로 에너지를 방출하는 세 가지 다른 물체. 곡선의 정점 주파수(점으로 표시된)는 더 높은 온도에서 더 높은 주파수로 이동한다.

출되는 에너지의 양이 증가하고 방출되는 정점의 에너지는 점차 더 높은 주파수로 이동한다.

실온에서 물체에서 나오는 대부분의 에너지는 적외선 영역에 있으며 사람의 눈에는 보이지 않는다(그림 7.4). 물체의 온도가 약 700℃(약 1,300°F)에 도달하면 방출된 정점 에너지는 여전히 적외선 영역에 있지만 정점은 약간의 가시광선이 흐릿한 빨간색으로 방출되도록 높은 주파수 쪽으로 충분히 이동하게 된다. 물체의 온도가 계속 증가함에 따라 에너지의 양이 증가하고 정점은 더 짧은 파장으로 계속 이동하게 되며, 따라서 개체가 더 밝게 빛나기 시작하고 색상이 빨간색, 주황색, 노란색, 결국 흰색으로 바뀌게 된다.

양초 또는 화재의 백열 불꽃은 탄소 입자의 흑체 복사로 인해 발생한다. 1,500℃(약 2,700°F)의 흑체 온도에서 탄소 입자는 빨간색에서 노란색 주파수 범위로 가시광선을 방출하고, 백열전구의 텅

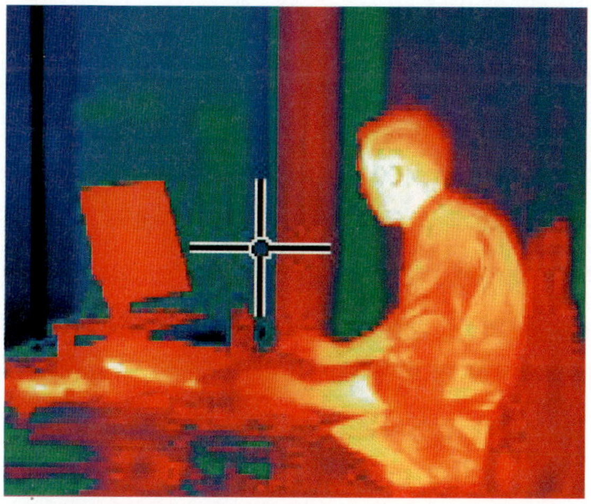

그림 7.4 특수 카메라는 책상에 앉아 있는 사무실 직원이 방출하는 적외선 에너지를 감지할 수 있으며, 이 빛은 육안으로 볼 수 없다.

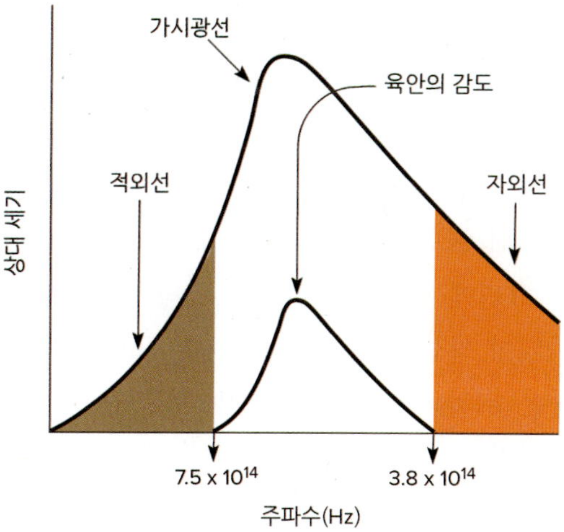

그림 7.5 햇빛은 지구 대기권을 통과하기 전에 약 9%의 자외선 에너지 및 40%의 가시광선과 5%의 적외선 에너지를 가지고 있다.

스텐 필라멘트는 전류에 의해 약 2,200℃(약 4,000°F)로 가열되며 이 온도에서 방출되는 가시광선은 황적색, 황백색이다.

태양 또는 태양에 의해 방출된 에너지는 약 5,700℃(약 10,000°F)의 온도를 가진 태양 표면에서 나온다. 그림 7.5에서 볼 수 있듯이 햇빛은 황록색 주파수 근처에 광범위한 스펙트럼을 가지고 있다. 사람의 눈은 햇빛의 주파수에 가장 민감하며, 지구 대기를 통과하기 전의 햇빛 스펙트럼은 적외선(약 51%), 가시광선(약 40%) 및 자외선(약 9%)이다.

7.2 빛의 속성

발광체가 방출하는 빛을 통해 발광체를 볼 수 있고, 비발광체의 경우 반사된 빛을 통해 비발광물체를 볼 수 있지만 빛 자체의 경로는 볼 수 없다. 예를 들어 분필 먼지나 연기로 공기를 채우지 않으면 손전등 빛을 볼 수 없지만, 먼지나 연기 입자에 의해 빛이 반사되어 광선의 경로를 볼 수 있게 된다. 공상과학 영화 제작자들이 우주 공간을 뚫고 나오는 레이저 광선이 항상 보이도록 영화를 만든 것을 보면 위의 단순한 관찰 결과가 공상과학 영화 제작자들에게 잘 알려져 있지 않은 것 같다.

보이지 않는 빛의 진행을 나타내는 방법은 빛의 속성 중 일부를 논의하기 위해 필요하며, 역사적으로 광선이 이동하는 과정을 설명하기 위해 **광선 모형(light ray model)**이 사용되었다. 이 모형의 의미는 시간이 지남에 따라 변했지만 항상 "무언가"가 직선 경로(straight-line paths)로 이동한다고 제안되었으며, 빛의 이동 경로를 설명할 때 광선은 빛의 직선 이동을 나타내는 선으로 도면에서 표현된다. 광선은 반사 법칙(거울에서)과 굴절 법칙(렌즈를 지나갈 때)을 설명하기 위해 가상의 선으로 그려진다. 광선의 일부 속성을 설명하기 위해 광선을 사용하는 데에는 한계가 있지만 거울, 프리즘 및 렌즈를 설명하는 데 매우 효과적이다.

빛과 물질의 상호작용

광선은 어떤 물체나 물질 입자를 만나기 전까지 광원에서 직선으로 이동하다가(그림 7.6), 그들을 만나게 되면 (1) 표면의 매끈함, (2) 재료의 특성 및 (3) 광선이 표면에 닿는 각도를 포함한 여러 가지 요인에 따라 다음에 일어날 다양한 일들이 발생하게 된다.

물체 표면의 매끄러움(smoothness)은 완벽하게 매끄러움에서 매우 거칠기까지 범위가 있다. 모든 표면에서 빛이 반사되는 걸 볼 수 있지만 표면이 완벽하게 매끄럽다면 광선이 거의 완벽하게 반사되어 광선들이 서로 평행하게 표면으로부터 반사된다. 거울, 잠잠한 호수 표면, 빛나는 금속 표면 등은 위와 같이 광선들을 반사시키는 매우 매끄러운 표면의 좋은 예들이다(그림 7.7A). 표면이 매끄럽지 않다면, 광선은 수많은 무작위적인 방향으로 반사가 일어나는 확산 반사(diffuse reflection)를 겪게 된다(그림 7.7B). 거칠고 불균일한 표면 그리고 공기의 먼지들은 이러한 확산 반사를 야기한다. 확산 반사를 통해 테이블이나 나무 아래와 같이 빛이 직접 닿지 못하는 곳에 빛이 도달할 수 있게 되며, 만약 확산 반사가 일어나지 않는다면 테이블이나 나무 아래와 같은 그늘진 영역은 매우 어두워지게 된다.

일부 물질들은 물질 위로 입사하는 빛이 물질을 투과하도록 하는데, 이때 이 물질을 투명(transparent)하다고 표현한다. 깨끗한 물은 반사 없이 빛을 투과시키는 전형적인 투명한 물질의 예이고, 반면, 유리는 일부 빛을 반사하는 투명한 물질의 예이다.

대부분의 재료는 빛의 투과를 허용치 않으며 이를 불투명(opaque)이라 한다. 불투명 재료는 빛을 반사하거나 흡수하거나, 혹은 빛을 동시에 부분적으로 흡수 및 반사 한다(그림 7.8). 반사되는 빛은 파장에 따라 달라지고, 곧 논의될 색상에 대한 인식을 야기한다. 흡수된 빛은 물질에 에너지

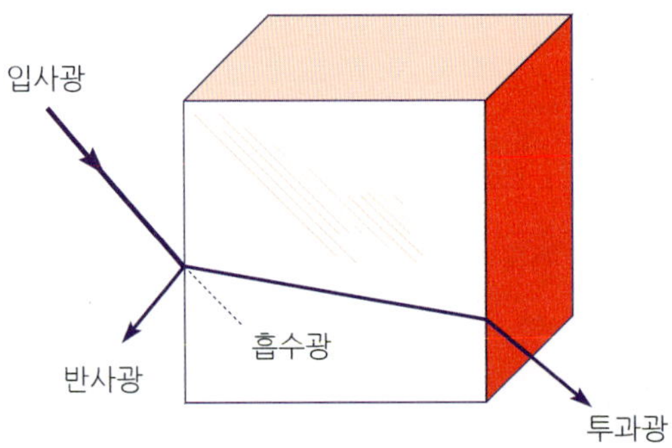

그림 7.6 물질과 상호작용하는 빛은 투명한 물질에서 반사, 흡수, 그리고 투과될 수 있다. 이러한 모든 상호작용 현상들이 일어날 수 있지만, 특정 물질은 빛에 미치는 영향으로 그 물질의 성질이 주어진다.

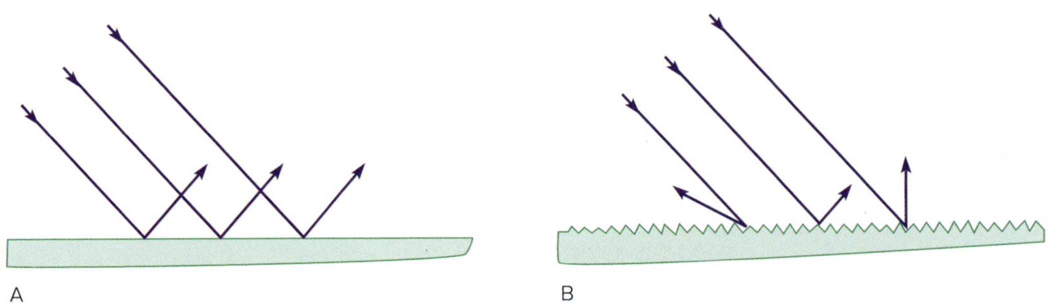

그림 7.7 (A) 완벽하게 매끄러운 표면에서 반사된 광선들은 서로 평행하다. (B) 거친 표면에서 일어나는 확산 반사는 수많은 무작위적 방향으로 빛이 반사되도록 한다. 반사법칙은 각 광선들에 각각 적용된다.

그림 7.8 빛은 직선으로 진행하고 물체의 색상은 물체가 어떤 빛의 파장을 반사시키는지에 의존한다. 각각의 꽃들은 대부분의 색상을 흡수하고 우리가 볼 수 있는 색상을 반사한다. 출처: ©McGraw-Hill Education/Bill Tillery, photographer

를 제공하고 물질로부터 다른 파장의 빛을 재방출하거나 혹은 물질의 온도 상승 현상이 일어날 수 있다.

물질 표면과 광선사이의 입사각과 물질의 성질은 빛이 흡수될지, 투과될지, 혹은 반사될지를 결정한다. 물체의 표면에 거의 수직으로 입사하는 광선은 일부 반사와 흡수와 함께 거의 대부분 투명한 물질을 투과한다. 그러나 광선이 특정 각도에서 표면에 닿으면 훨씬 더 많은 빛이 표면에서 반사된다. 따라서, 태양이 직접 머리 위로 내려 쬘 때보다 늦은 오후에 광선이 얕은 각도로 수면에 닿을 때 수면 주위에서 반사된 햇빛의 눈부심이 훨씬 크다.

물질과 상호작용하는 빛은 반사, 투과 그리고 흡수되어지며, 이 모든 상호작용이 동시에 일어날 수 있다. 물질의 특징은 이 상호작용 현상 중 어느 것이 주로 더 잘(mostly) 일어나는지에 의해 결정되는데, 이때 다른 상호작용들이 전혀 일어나지 않는다는 것을 의미하는 것은 아니다. 예를 들어 창문은 보통 빛을 투과시키는 성질을 가지고 있다고 알려져 있지만, 약 4%정도의 빛이 항상 반사(reflect)를 하고 있다. 창문 바깥으로부터 들어오는 밝은 빛 때문에 이 반사광을 알아차릴 수 없지만, 바깥이 어두울 때는 창문이 거울처럼 보이기 때문에 반사광을 알아차릴 수 있다. 단방향 거울은 반사와 투과가 발생하는 또 다른 예이다(그림 7.9).

거울은 보통 빛을 반사한다고 알려져 있다. 그러나 단방향 거울은 대부분의 빛을 반사하지만 빛을 약간 투과시키도록 매우 얇은 은도금이 되어 있다. 조명이 있는 방에서는 다른 거울과 마찬가지로 단방향 거울이 빛을 반사하는 것처럼 보이지만 어두운 방에서는 거울 뒤에 있는 사람은 투과된 빛을 통해 조명이 켜진 방 안을 볼 수 있다. 이와 같이 거울은 빛을 투과하고 반사한다는 것을 알게 되었다. 단방향 거울은 많은 사업체에서 좀도둑을 조심스럽게 감시하는 데 사용되기도 한다.

그림 7.9 단방향 거울은 대부분의 빛을 반사 그리고 일부 빛을 투과시킨다. 그러므로 보이지 않는 관찰자는 방 안의 사람들로부터 보이지 않는 반면, 방 안을 볼 수 있는 보이지 않는 관찰자가 있을 수 있다. 출처: ©Marmaduke St. John/Alamy Stock Photo

미신, 착각, 오해

광선검(The light saber)

영화 스타워즈에서 나오는 광선검은 불행히도 가능하지 않다. 광선검이 레이저 빔이라고 생각하면, 레이저 빔이 다른 레이저 빔을 멈출 수가 없다. 광선들은 그냥 서로를 지나칠 뿐이다. 더욱이 일정한 길이로 고정된 레이저 빔은 검처럼 보이게 그럴듯하게 만들어 놓은 빛을 산란시킬 수 있는 렌즈 시스템 없이는 가능하지 않다. 게다가 반사표면으로부터 산란된 레이저 빔은 광선검을 쥐고 있는 사람에게 상처를 입힐 수 있다.

반사

우리가 볼 수 있는 물체의 대부분은 확산 반사를 통해 보는 것이다. 화창한 낮에 볼 수 있는 나무를 예를 들어 보면, 나무 위의 모든 점(point)들은 모든 방향으로 빛을 반사하며, 그렇기 때문에 어떤 각도에서든지 나무의 부분들을 볼 수 있는 것이다(그림 7.10). 나무를 볼 수 있도록 우리의 눈으로 들어오는 광선 다발을 생각해보자. 반사광선의 다른 다발들이 나무의 다른 부분들에서부터 우리 눈에 들어오기 때문에 어떤 각도에서든지 나무의 부분들을 볼 수 있다는 것을 의미한다.

확산 반사된 광선은 모든 방향으로 진행하지만 거울과 같은 매끄러운 표면에서 반사된 광선은 훨씬 더 일정한 방향으로 진행한다. 거울을 통해 나무를 본다고 생각해보자. 거울에는 나무의 한 부분만 보이는 곳이 하나뿐이다. 빛은 나무의 모든 부분에서 거울에 반사되지만 눈에 닿는 광선은 보는 곳에서 특정 각도로 반사되는 광선이다. 나무에서 진행하는 광선과 거울에서 반사되어 눈에 닿는 방향의 관계는 세 줄을 그려서 이해할 수 있다: (1) 입사광선(incident ray)이라고 하는 나무로부터 반사된 광선을 나타내는 선, (2) 표면에 반사되는 반사광선(reflected ray)을 나타내는 선, (3) 반사면에 수직이고 입사광선이 표면에 닿은 점에 위치한 기준선. 이 선을 법선(normal)이라 한다. 입사광선과 법선의 사잇각을 입사각(angle of incidence, θ_i)이라 하고 반사광선과 법선의 사잇각을 반사각(angle of incidence, θ_r)이라 한다(그림 7.11). 고대 그리스인들에게 알려진 반사 법칙(law of reflection)은 입사각과 반사각이 같다는 것이다.

그림 7.10 광선 다발은 한 물체의 모든 점들로부터 모든 방향으로 확산 반사한다. 그림에는 오직 몇 가닥의 선만 표시되어 있다. 우리의 눈에 도달하는 광선들은 반사가 일어난 특정 지점을 볼 수 있도록 한다.

$$\theta_i = \theta_r \qquad \text{식 7.1}$$

그림 7.12는 우리가 평면거울을 볼 때 반사 법칙이 어떻게 작용될지를 보여준다. 빛은 사각토막의 모든 지점에서 반사되며 물론 눈에 도달하는 광선만 감지된다. 이 광선들은 입사각과 반사각이 동일하다는 반사법칙에 따라 반사된다. 머리를 약간 움직이면 다른 광선 다발이 눈에 닿는다. 눈에 닿는 모든 광선 다발 중 한 지점에서 두 개의 광선만 그림에 표시되어 있다. 이 두 광선이 반사된 후에는 반사 전에 확산되는 것과 동일한 속도로 계속 확산된다. 눈과 뇌는 광선이 반사되었음을 알지 못하고 점선이 보여주는 것처럼 발산 광선이 거울 뒤에서 나오는 것처럼 보인다. 따라서 상(image)은 사각토막이 거울의 정면에서 오는 것과 거울 뒤의 거리와 동일한 것으로 보이며 따라서, 광선이 발생하는 것처럼 보이는 거울상이 형성된다. 이것을 **허상(virtual image)**이라 하며, 허상은 외부 세계에서 실상을 형성하는 실제 광선의 결과가 아니다. 오히려, 허상은 뇌가 당신의 눈에 의해 수집되는 빛을 이해하려고 시도한 결과이다. 다른 종류의 상에서 비롯된 광선을 **실상(real image)**이라고 한다. 실상은 상에서 나오는 빛으로 영화 화면에 표시되는 이미지와 같지만, 허상은 해석의 결과이므로 화면에 표시할 수 없다.

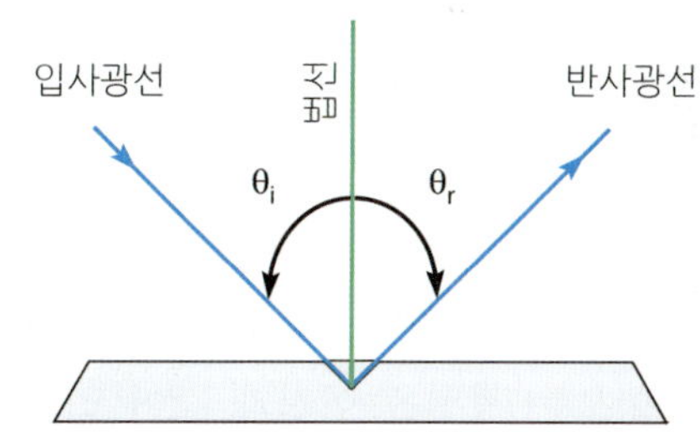

그림 7.11 입사각(θ_i)과 반사각(θ_r)이 같음을 나타내는 반사 법칙. 두 각들은 반사가 일어나는 지점의 평면에 수직인 기준선인 법선에서 측정된다.

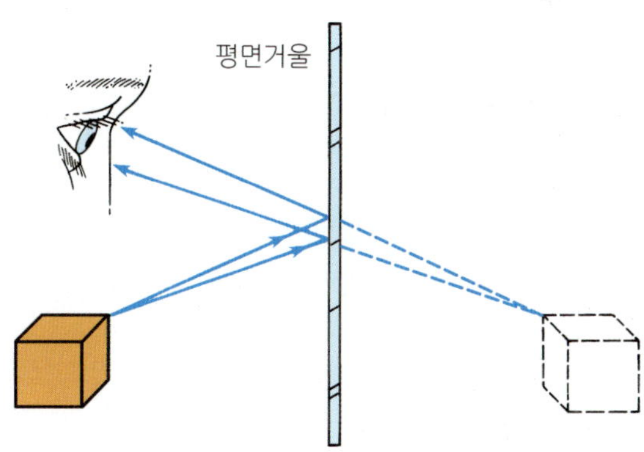

그림 7.12 사각토막의 한 지점을 떠나는 광선은 반사 법칙에 따라 반사되며 눈에 도달하는 광선이 보인다. 반사 후에도 같은 비율로 광선이 계속 퍼지며, 이것을 거울 뒤의 같은 거리에 있는 사각토막으로 해석한다. 광선이 실제로 상에서 이동하지 않기 때문에 사각토막의 허상을 보게 된다.

구부러진 거울은 중앙 부분이 안쪽으로 구부러진 오목한(concave) 모양이거나 중앙 부분이 바깥쪽으로 튀어 나온 볼록한(convex) 모양이다. 오목 거울은 면도 또는 화장 거울과 같은 확대된 허상을 형성하기 위해 사용되거나, 반사 망원경에서와 같이 실상을 형성하기 위해 사용될 수 있다. 트럭과 밴과 같은 차 측면에 설치된 볼록 거울은 종종 시야를 늘리기 위해 사용되며(그림 7.13), 차도에서 더 넓은 영역을 보여주기 위해 사용된다.

그림 7.13 볼록 거울은 시야각을 넓히는 광각 시야를 제공한다. 출처: ©image 100/Alamy

굴절

공기와 물에 부분적으로 놓여있는 물체는 공기와 물이 만나는 곳에서 부러지거나 구부러져있는 것처럼 보일 수 있다. 광선이 하나의 투명한 물질에서 다른 물질로, 예를 들어 물을 통해 공기로 이동할 때, 광선은 두 물질 사이의 경계에서 진행 방향의 변화를 겪는다. 경계에서 광선의 방향 변화를 **굴절(refraction)**이라 한다. 변화량은 반사각과 마찬가지로 법선으로부터의 각도로 측정한다. 들어오는 광선을 이전과 같이 입사 광선(incident ray)이라고 하며 새로운 방향으로 이동하는 광선을 굴절 광선(refracted ray)이라 한다. 두 광선의 각도는 법선에서 측정된다(그림 7.14).

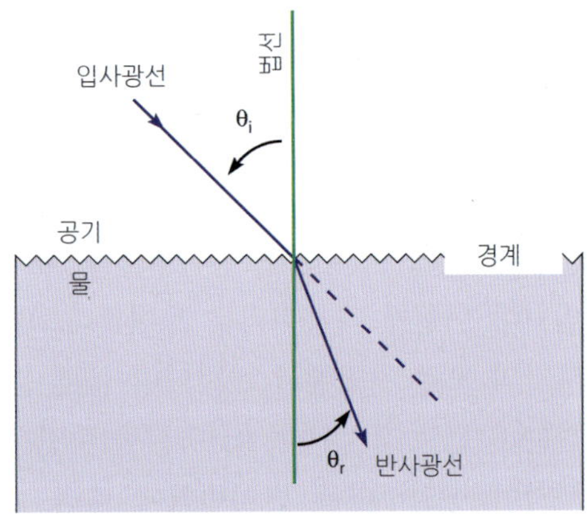

그림 7.14 광선이 공기를 통해 물을 지나갈 때 공기와 물의 경계에서 굴절되는 것을 보여준다. 입사각(θ_i)은 굴절각(θ_r)과 다르다.

개념 활용

유용한 반사

머리카락과 발을 동시에 보려면 전신 거울이 필요한가? 거울에서 신체의 일부가 얼마나 보이는지는 거울에서 얼마나 멀리 떨어져 있는지에 달려 있는가? 오른쪽 눈을 윙크하면 상의 오른쪽 또는 왼쪽 눈 중 어느 눈이 윙크하는가?

벽에 큰 거울, 마스킹 테이프, 미터 막대 및 도움을 줄 사람을 통해 위의 질문에 대한 답변을 확인할 수 있다. 거울을 향하여 서서 머리 위에 표시하기 위해 거울에 마스킹 테이프를 놓을 위치를 도우미에게 정확하게 알려준다. 그리고 벨트의 상단이나 옷의 다른 부분을 표시하기 위해 거울에 두 번째 테이프를 놓는다.

이제 우리는 당신과 거울에 대한 측정이 필요하다. 먼저 머리 윗쪽에서 벨트 윗쪽 또는 표시된 다른 옷까지의 실제 거리를 측정하고 기록한다. 둘째, 거울의 두 마스킹 테이프 사이의 거리를 측정하고 기록한다.

이제 뒤로 물러서서 거울에서 거리를 두 배로 늘리고 절차를 반복한다. 거울과의 거리와 보이는 상에 대해 무엇을 결론지을 수 있는가? 당신이 볼 수 있는 상 크기의 차이가 있는가? 머리부터 발끝까지 자신을 볼 수 있는 거울의 높이는 얼마인가? 마지막으로, 상이 당신과 같은 눈으로 윙크할 수 있는 방법이 있는가?

과학 스케치

순수한 물보다 밀도가 높은 짠 바닷물에서 광선의 경로가 어떻게 다른지를 그림 7.14(또는 종이)에 그림을 그리시오.

굴절은 빛이 투명한 물질에서 다른 물질로 지나갈 때 생기는 속도변화에 의해 생긴다. 진공에서 빛의 속도는 3.00×10^8 m/s이지만 투명한 물질을 통과할 때는 속도가 느려진다. 예를 들어, 물속에서 빛의 속도는 약 2.30×10^8 m/s로 줄어든다. 빛이 다이아몬드 내에서는 물속에서의 빛의 속도의 절반이 되는 속도로 진행한다. 빛의 속도는 다양한 투명 물질들에서 특정한 크기를 갖는다.

빛의 속도가 더 빠른 투명한 물질에서 빛의 속도가 더 느린(slower) 다른 투명한 물질로 빛이 진행할 때, 광선은 법선을 향해 굴절한다(그림 7.15A). 예를 들어, 빛은 물속에서보다 공기 중에서 더 빠르게 진행한다. 그러므로 공기 중에서 물속으로 진행하는 빛은 물속으로 진행할 때 법선을 향해 굴절한다. 반면 새로운 물질에서 빛의 속도가 더 빠르다면 광선은 법선으로부터 멀어지도록 굴절한다. 따라서 물에서 공기로 진행하는 빛은 공기 중으로 진행할 대 법선으로부터 멀어지도록 굴절한

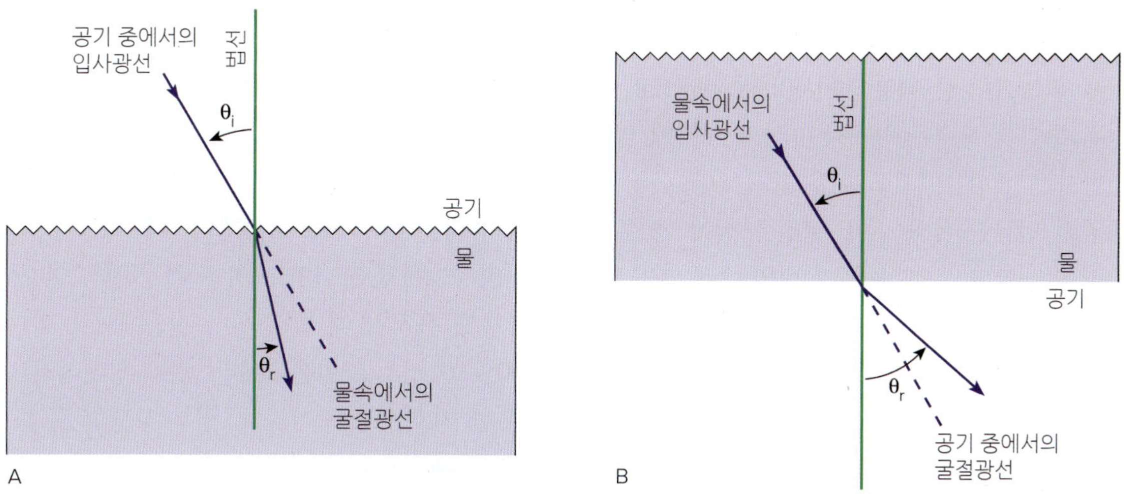

그림 7.15 (A) 빛의 속도보다 더 늦은 속도로 새로운 물질에서 진행하는 광선은 법선을 향해($\theta_i > \theta_r$) 굴절한다. (B) 빛의 속도보다 더 빠른 속도로 새로운 물질에서 진행하는 광선은 법선으로부터 멀리($\theta_i < \theta_r$) 굴절한다.

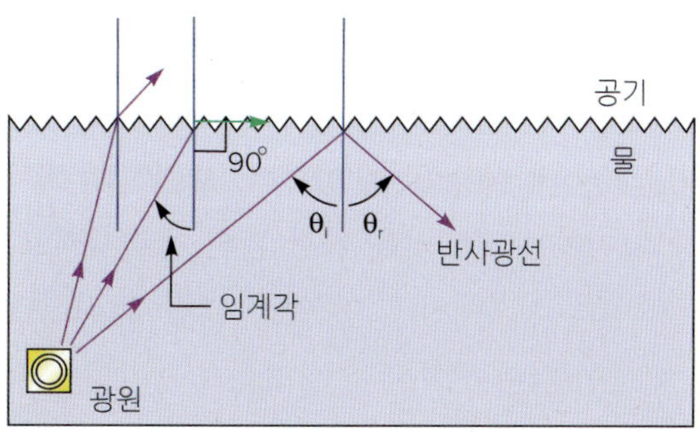

그림 7.16 법선으로부터 굴절각이 90°가 되도록 광선의 입사각이 형성되면, 굴절광선은 수면을 따라 굴절한다. 굴절각이 90°가 되도록 하는 물질에 대한 입사각을 임계각(critical angle)이라 한다. 입사광선이 임계각이거나 혹은 그보다 더 클 때, 광선은 내부로 반사된다. 물의 임계각은 약 49°이고 다이아몬드는 약 25°이다.

개념 활용

내부 반사

손전등을 투명한 비닐 봉지에 밀봉하여 방수 처리한 다음 수영장, 유아용 튜브 또는 큰 물통에서 임계각과 내부 반사를 측정하시오. 어두운 방이나 밤에 물 아래에서 손전등을 똑바로 비추고 표면 아래에서 거의 수평으로 빛날 때까지 다른 각도로 바꾸시오. 사용한 물의 관측된 임계각을 작성하시오.

다(그림 7.15B). 빛이 공기에서 물로 진행할 때 생기는 굴절은 물컵에서 빨대가 겉으로 구부러지는 것과 같은 매우 흔하게 관측되는 하지만 매우 흥미로운 현상들의 원인이 된다.

굴절의 크기는 (1) 빛이 표면에 닿는 각도와 (2) 두 투명 물질에서 빛의 속도의 비율에 달려 있다. 표면에 수직(90°)인 입사광선은 전혀 굴절되지 않으며, 입사각이 증가함에 따라 굴절각도 증가한다. 그러나 굴절 각도가 법선에 대해 90°이거나 또는 수면을 따라 형성될 때 발생하는 한계가 있다. 그림 7.16은 다양한 각도에서 물에서 공기로 이동하는 광선을 보여준다. 입사광선이 약 49°일 때 굴절각은 90°가 된다.

굴절각이 90°가 되게 하는 입사각의 한계를 임계각(critical angle)이라 한다(그림 7.16). 임계각보다 더 큰 어떤 입사각에서 빛은 물에서 공기로 진행하지 않고 거울과 같이 물과 공기 표면에서 반사되어 물속으로 진행한다. 이와 같이 빛의 입사각이 임계각과 같거나 더 클 때 빛이 내부에 갇혀 있게 되는 현상을 **내부 전반사(total internal reflection)**라 한다. 다이아몬드와 같은 작은 면으로 구성된 투명한 보석은 임계각이 작고 내부에 많은 빛을 반사하기 때문에 화려하게 보인다. 또한 내부 전반사는 광섬유에서도 매우 중요하다.

앞서 언급한 바와 같이, 굴절은 빛이 한 투명 재료에서 다른 투명 재료로 통과할 때 속도 변화로 인해 발생한다. 두 재료에서 빛의 속도 비율은 주어진 입사각에서 굴절의 크기를 결정하다. 현재의 이론에 따르면, 가능한 가장 빠른 속도는 빛이 진공을 통해 움직일 때 발생하며, 진공에서 빛의 속도는 정확히 9자리까지 알려져 있지만 일반적으로 3.00×10^8 m/s로 반올림된다. 진공 상태에서 빛의 속도는 물리 과학에서 매우 중요한 상수이므로 고유한 기호 c로 주어진다. 일부 투명한 물질에서의 속도 v에 대한 c의 비율을 **재료의 굴절률(index of refraction)** n이라고 한다.

$$n = \frac{c}{v} \qquad \text{식 7.2}$$

c의 값은 상수이다. 빛이 상당히 느리게 이동하는 다이아몬드와 같은 물질은 v에 대해 작은 값을 가지므로 해당 물질에 대한 굴절률 n이 커진다. 빛이 빠른 속도로 이동하는 물과 같은 물질은 상대적으로 작은 굴절률을 갖는다. 일부 물질의 굴절률은 표 7.1에 나와 있다. 나열된 값은 일정한 물리적 특성이며 특정 물질을 식별하는 데 사용할 수 있으며, 값이 클수록 주어진 각도에서 더 큰 굴절을 의미한다. 나열된 재료 중 다이아몬드는 빛을 가장 많이 굴절시키고 공기는 가장 적게 굴절시킨다. 공기의 굴절률은 거의 1이므로 공기에서 빛이 아주 약간 느려진다.

자세히 알아보기

광학

역사가들은 고대 광학 장치의 개발에 관한 많은 초기 이야기와 전설이 있다고 말한다. 첫 번째 유리 용기는 기원전 1500년경에 만들어졌으며, 깨끗하고 투명한 유리 샘플을 곧 얻을 수 있었다. 한 전설은 고대 중국인이 기원전 500년 초에 안경을 발명했다고 주장했으며, 기원전 424년경에 기록된 고대 그리스 연극에서 화경(burning glass)이 언급되었다. 몇몇 작가들은 아르키메데스가 기원전 214년경 화경으로 자신의 고향인 시라쿠사를 어떻게 구했는지 설명했다. 시라쿠사는 로마의 배들에 의해 포위되었다. 아르키메데스는 아마도 화경을 이용하여 배에 햇빛을 비추어 불을 피웠을 것이다. 이 이야기가 사실인지는 알려져 있지 않지만, 로마인들이 실제로 화경을 가지고 있는 것으로 알려져 있다. 로마 유적지에서 아마도 불을 피우기 위해 사용되었던 유리 구체가 폼페이의 재에서 회수된 볼록 렌즈를 포함하여 발견되었다.

오늘날 렌즈는 더 이상 불을 피우기 위해 사용되지 않지만 카메라, 스캐너, 광학 현미경, 안경, 레이저, 쌍안경 및 기타 여러 광학 장치에서 일반적으로 사용된다. 렌즈는 더 이상 유리로만 만들어지지 않고 오늘날 렌즈 형태의 투명하고 단단한 플라스틱으로 만들어진다.

렌즈의 주요 기능은 들어오는 평행 광선을 굴절시켜 실제 물체의 상을 형성하는 것이다. 렌즈는 표면의 중심이 밖으로 혹은 안으로 튀어 나오는 두 가지 기본 모양이 있다. 바깥쪽으로 튀어 나오는 모양은 바깥쪽 가장자리보다 중앙에서 두껍고 이를 볼록 렌즈(convex lens)라고 한다(상자 그림 7.1A). 다른 기본 렌즈 모양은 반대로 중앙에서보다 바깥쪽 가장자리에서 더 두꺼운 오목 렌즈(concave lens)라고 한다(상자 그림 7.1B).

볼록 렌즈는 돋보기, 카메라, 안경, 프로젝터, 망원경 및 현미경에서 상을 형성하는 데 사용된다(상자 그림 7.2). 오목 렌즈는 결함을 수정하기 위해 일부 안경에 그리고 볼록 렌즈와 함께 사용된다. 볼록 렌즈가 가장 일반적으로 사용되는 렌즈 모양이다.

우리 눈은 볼록 렌즈가 있는 광학 장치이다. 상자 그림 7.3에서 기본 구조를 확인해보자. 먼저, 동공(pupil)이라고 하는 투명한 구멍은 빛이 눈에 들어오도록 하며, 동공의 크기는 색상을 띠는 근육 횡격막인 홍채에 의해 제어된다. 수정체(iris)는 눈의 뒷면, 망막(retina)에 선명한 상을 집중시킨다. 망막은 수백만 개의 감광성 구조로 구성되어 있으

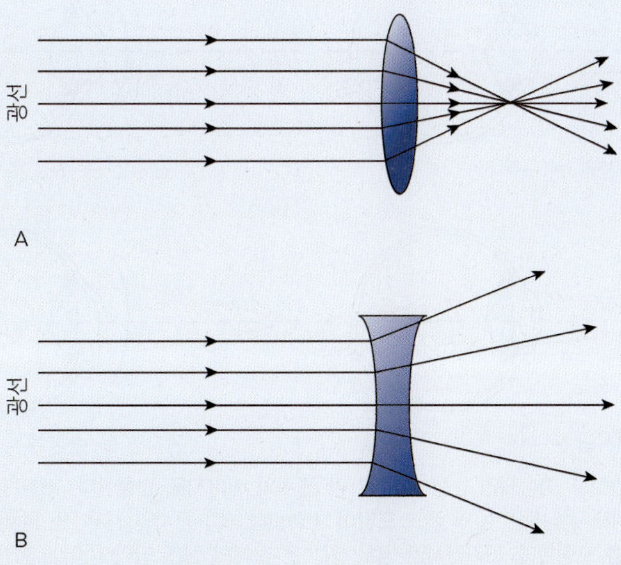

상자 그림 7.1 (A) 볼록 렌즈는 평행 광선을 모으거나 수렴하기 때문에 수렴 렌즈라고 한다. (B) 오목 렌즈는 평행 광선을 분산시키거나 발산하기 때문에 발산 렌즈라고 한다. 근시를 교정하기 위해 오목 렌즈가 종종 사용된다.

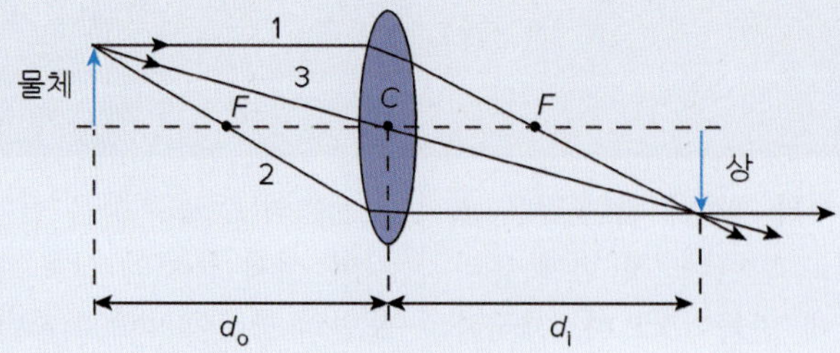

상자 그림 7.2 볼록 렌즈는 초점 밖의 물체의 굴절된 광선으로부터 역상을 형성한다. 볼록 렌즈는 주로 카메라, 파일 또는 오버헤드 프로젝터, 돋보기 및 안경에 상을 형성하는 데 사용된다.

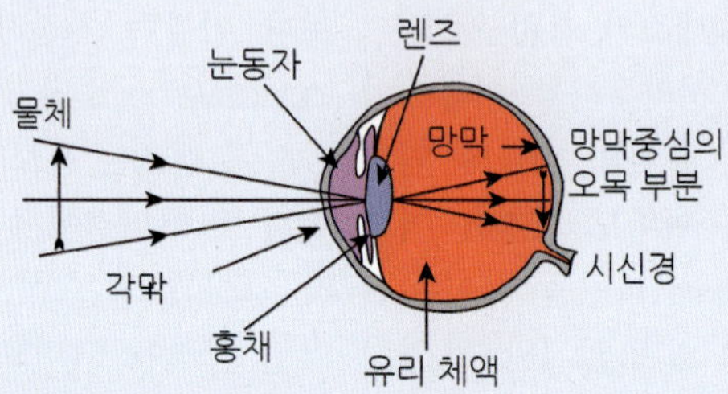

상자 그림 7.3 멀리 있는 물체의 광선은 렌즈를 통해 눈 뒤쪽의 작은 영역인 망막에 초점을 맞춘다.

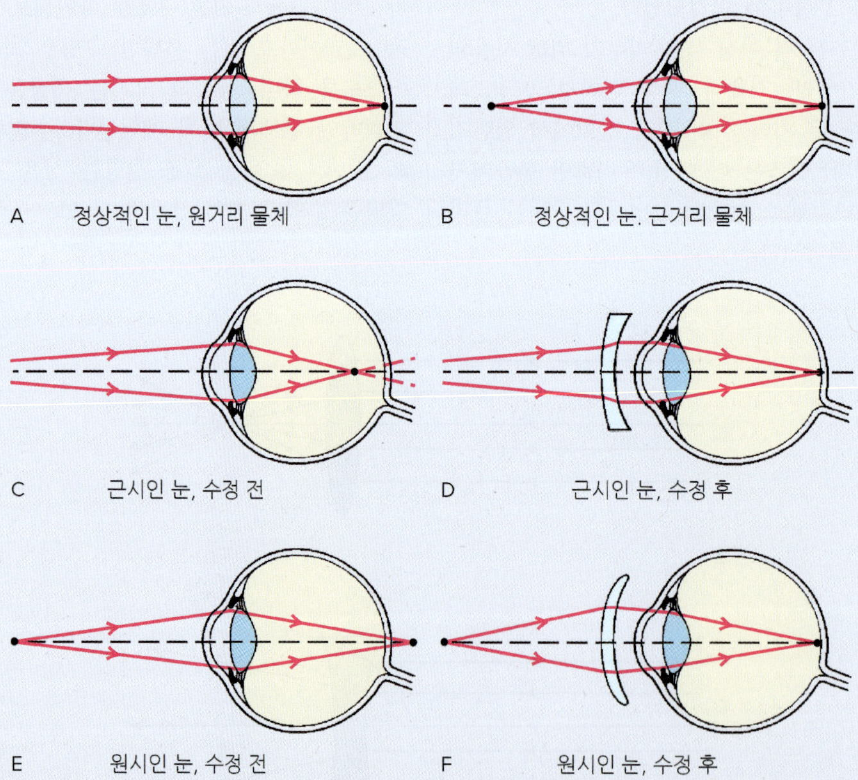

상자 그림 7.4 (A) 편안하고 정상적인 눈은 망막에 먼 물체의 이미지를 형성한다. (B) 가까운 물체의 경우, 망막에 이미지의 초점을 맞추기 위해 정상적인 눈의 렌즈 모양이 변화한다. (C) 근시인 경우, 먼 물체의 상은 망막 앞에 형성된다. (D) 발산 렌즈는 근시를 교정한다. (E) 원시인 경우, 가까운 물체의 상은 망막 너머에 형성된다. (F) 수렴 렌즈가 원시를 교정한다.

며 신경은 망막에서 시신경, 그 다음 뇌로 전기 신호를 전달한다.

수정체는 볼록하고 유연한 물질로 섬모 근육(ciliary muscle)에 의해 제자리에 고정되거나 모양을 변화시킨다. 눈이 먼 물체에 집중되면 섬모 근육이 완전히 이완되는 반면 더 가까운 물체를 보면 렌즈의 곡률을 변경하기 위해 섬모 근육을 수축한다. 섬모 근육의 작용에 의한 초점의 조정을 조절(accommodation)이라고 한다. 가장 가까운 거리에서 흐릿한 상이 보이지 않게 물체를 볼 수 있을 때 이를 근점(near point)이라고 하며, 이는 조절의 한계라 한다.

렌즈의 유연성이 떨어짐에 따라 나이가 들면 근거리는 바깥으로 움직인다. 중년에는 근거리가 이전 거리의 두 배 이상일 수 있으며, 원시로 알려진 상태를 만든다. 원근감 또는 원시 상태(hyperopia)는 노년과 관련된 문제(노안이라고 함)이다. 원시는 너무 짧은 눈 또는 망막 뒤의 이미지에 초점을 맞추는 각막 또는 렌즈의 문제로 인해 조기에 발생할 수 있다. 상자 그림 7.4F에 표시된 것처럼 볼록 렌즈로 원시를 보정할 수 있다.

근시(myopia)는 눈이 너무 길거나 망막 앞에 상의 초점을 맞추는 각막 또는 렌즈의 문제로 인해 발생하는 문제이다. 상자 그림 7.4D에 표시된 것처럼 오목 렌즈로 근시를 보정할 수 있다.

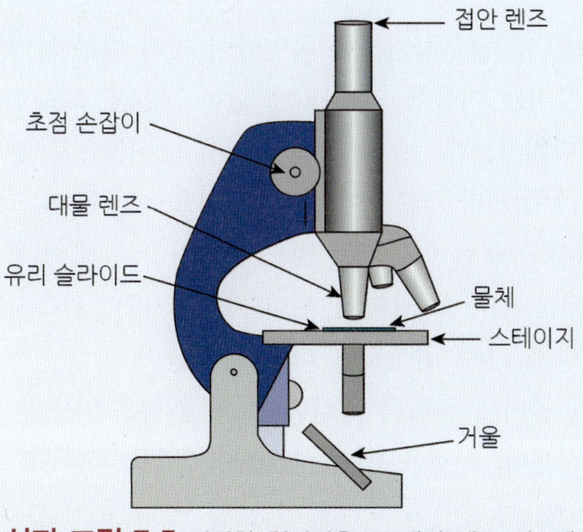

상자 그림 7.5 간단한 현미경은 두 개의 렌즈 시스템을 사용한다. 표본의 이미지를 확대하는 대물 렌즈와 그 확대된 이미지를 확대하는 접안 렌즈이다.

현미경은 물건을 더 크게 보이게 하는 데 사용되는 광학 장치이다. 본질적으로 두 개의 렌즈 시스템으로, 하나는 연구 대상의 이미지를 생성하고, 다른 하나는 돋보기 역할을 하여 이미지를 확대하는 시스템이다. 현미경의 배율은 기본적으로 대물렌즈(objective lens)에 의해 결정되며, 대물 렌즈는 현미경의 스테이지 위에 있는 표본에 가깝게 위치된다. 표본을 통해 빛이 투사되고, 대물 렌즈가 두 렌즈 사이에 있는 튜브 내부에서 표본의 이미지를 확대한다. 접안 렌즈(eyepiece lens)를 위 아래로 조정하여 대물 렌즈로 생성된 상을 선명하게 확대한다(상자 그림 7.5).

망원경은 근거리 및 원거리에 있는 물체의 상을 확대하는 데 사용되는 광학기기이다. 망원경에는 두 가지 주요 유형이 있다. 두 개의 렌즈를 사용하는 굴절 망원경과 거울들의 조합 또는 거울과 렌즈의 조합을 사용하는 반사 망원경이다. 굴절 망원경은 2개의 렌즈를 가지는데, 대물 렌즈를 통해 축소된 상을 형성하고, 그 다음 접안 렌즈로 그 상을 확대시킨다. 반사 망원경에서 렌즈 대신 거울을 사용하여 빛을 모은다(상자 그림 7.6).

마지막으로, 디지털 카메라(digital camera)는 보다 최근에 개발된 집광 및 사진 촬영 광학 장치이다. 이 카메라에는 수렴 렌즈 뒤편 초점 거리에 배열되어 있는 수많은 작은 광전지 그룹으로 구성되어 있다. 상은 이 광전지가 배열된 표면에 맺히게 되고, 각각의 광전지는 그 위로 떨어지는 광량에 비례하는 전하를 저장한다. 마이크로프로세서는 각 광전지에 의해 등록된 전하량을 측정하여 전체 상의 작은 비트인 픽셀로 간주하게 된다. 회색 또는 색상의 음영이 각 픽셀에 할당되고 상이 향상되거나, 화면으로 전송되거나, 인쇄되거나, 혹은 나중에 사용하기 위해 자기적으로 저장될 준비가 된다.

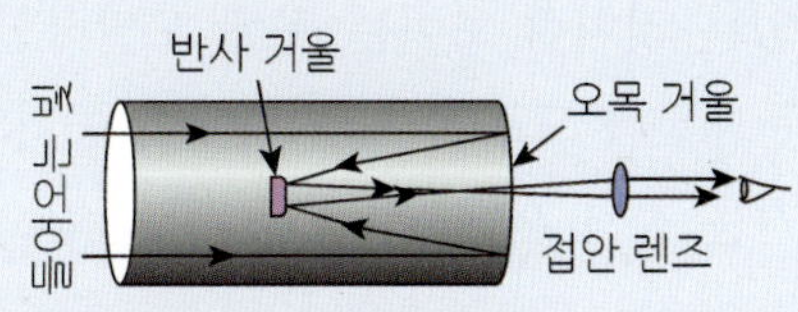

상자 그림 7.6 빛의 경로가 간단한 반사 천문 망원경을 통해 어떻게 움직이는지를 보여준다. 여러 가지 다른 디자인과 거울 배치가 가능하다.

예제 7.1

다이아몬드를 통과하는 빛의 속력은 얼마인가?

풀이

물질 안에서의 빛의 속도(v), 진공에서의 빛의 속도($c = 3.00 \times 10^8$ m/s) 및 굴절률 사이의 관계는 식 7.2에 주어진다. 다이아몬드의 굴절률은 표 7.1($n = 2.42$)에 나와 있다.

$n_{\text{diamond}} = 2.42$

$c = 3.00 \times 10^8$ m/s

$v = ?$

$$n = \frac{c}{v} \qquad \therefore\ v = \frac{c}{n}$$

$$v = \frac{3.00 \times 10^8 \text{ m/s}}{2.42}$$

$$= \boxed{1.24 \times 10^8 \text{ m/s}}$$

표 7.1 굴절률

재료	$n = c/v$
유리	1.50
다이아몬드	2.42
얼음	1.31
물	1.33
벤젠	1.50
탄소 사염화물	1.46
에틸알코올	1.36
공기(0℃)	1.00029
공기(30℃)	1.00026

표 7.1은 0℃(32°F)의 차가운 공기가 30℃(86°F)의 따뜻한 공기보다 굴절률이 높기 때문에 따뜻한 공기에서 빛이 더 빨리 이동함을 나타낸다. 이 차이는 여름에 먼 거리에 있는 "젖은" 고속도로를 잘 설명한다. 맑은 날에는 도로 근처의 공기가 더워지는데, 이 더운 공기에서 당신쪽으로 향하는 광선은 더 차가운 공기로 들어가면서 윗쪽으로 굴절된다. 뇌는 이 굴절된 빛을 반사된 빛으로 해석하지만 반사는 일어나지 않았다. 다른 자동차에서 아래로 이동하는 빛도 관측자를 향해 윗쪽으로 굴절되며 젖은 고속도로에서 자동차가 "반사"되는 것처럼 보이게 된다(그림 7.17). 관측자가 "물"이 있는 것처럼 보이는 곳에 도달하면 사라졌다가 다시 멀어지면 다시 나타난다.

때로는 대류가 도로 근처의 따뜻한 공기와 시원한 공기의 혼합을 생성한다. 이 혼합은 따뜻한 공기와 차가운 공기 혼합으로 빛을 한 방향으로 굴절시킨다. 이것은 어떤 사람들이 "열을 본다"고 부

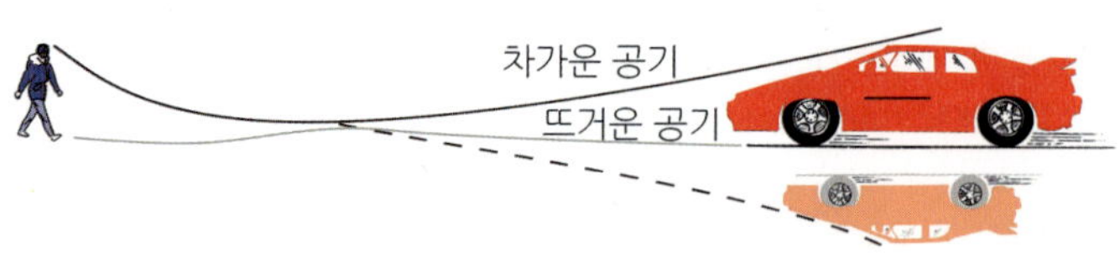

그림 7.17 신기루는 먼 관측자의 눈을 향한 광선을 굴절 또는 휘어지도록 하는 지면 근처의 뜨거운 열기로 인해 발생한다. 관측자는 자신이 고속도로 위의 물에서 반사된 거꾸로 뒤집힌 이미지를 보고 있다고 믿고 있다.

르는 반짝임이나 떨림을 일으킨다. 그들은 실제로 굴절이 변하는 것을 보고 있는데, 이것은 가열과 대류의 결과로부터 발생한다. 먼 거리의 물체가 떨리는 것 외에도 별의 광원이 반짝 거리는 것 역시 동일한 효과이다. 더 가까운 행성들로부터의 빛은 디스크와 같은 광원에서 빛이 나오는 것과 같기 때문에 별의 점광원으로부터의 적은 수의 광선들처럼 쉽게 굴절되지 않기 때문에 반짝이지 않는다. 그러나 대기의 난기류가 크면 행성의 빛이 떨리는 것처럼 보인다.

개념 활용

모퉁이를 보면

빈 컵에 동전을 넣어라. 동전이 컵 가장자리에 있는 것처럼 잘 안보이게 시야 밖에 조금 벗어나도록 컵을 놓아라. 다른 사람이 컵에 물을 천천히 부을 때 움직이지 않는다. 동전이 보이기 시작하면서 컵에 떠오르는 것처럼 보이는 이유를 설명하고, 자세한 설명을 위해 그림 7.15와 같이 그림으로 설명한다.

분산과 색상

전자기파는 다양한 주파수와 파장을 갖는 파동의 전체 스펙트럼으로써 빛의 속도로 이동한다. 전자기파의 속도(c)는 파장(λ) 및 주파수(f)와 관련이 있다.

$$c = \lambda f \qquad \text{식 7.3}$$

가시광선은 우리 눈으로 감지할 수 있는 약 7.90×10^{-7} m에서 3.90×10^{-7} m의 좁은 파장 범위에 해당하는 전자기파 스펙트럼의 일부분이다. 일반적으로 가시광선 영역은 우리가 색상으로 인식할 수 있는 파장 범위로 세분화될 수 있다(그림 7.18). 무지개색이 바로 이것이며, 한 색을 다른 색과 섞을 수 있는

일곱 개의 뚜렷이 구별되는 색상들로 구성되어 있다. 가장 긴 파장에서 짧은 파장순으로 빨강색, 주황색, 노란색, 초록색, 파란색, 남색, 보라색과 같이 색을 나열할 수 있다. 각 색의 파장과 주파수는 표 7.2에 나타나 있다.

일반적으로 빛은 태양 스펙트럼과 동일한 색상의 혼합을 갖는 경우 흰색이 된다. 햇빛은 구성 요소 색상으로 구성되어 아이작 뉴턴(Isaac Newton)(1642–1727)에 의해 자세히 연구되었다. 뉴턴이

그림 7.18 사진 속의 꽃은 7.9×10^{-7} m에서 6.2×10^{-7} m 파장 범위의 빛을 반사하기 때문에 빨간색으로 보인다.

표 7.2 가시광선 색상의 파장 및 주파수 범위

색상	파장(나노미터)	주파수(테라헤르츠)
Red	~700–635 nm	~430–480 THz
Orange	~635–590 nm	~480–510 THz
Yellow	~590–560 nm	~510–540 THz
Green	~560–520 nm	~540–580 THz
Blue	~520–490 nm	~580–610 THz
Indigo	~490–450 nm	~610–670 THz
Violet	~450–400 nm	~670–750 THz

대학생이었을 때 렌즈 연마, 빛 그리고 색에 대한 관심을 갖게 되었다. 23세 나이에 뉴턴은 지역 박람회를 방문하여 여러 개의 삼각형 유리 프리즘을 구입하였고, 자신의 방에서 태양 광선으로 일련의 실험을 진행하였다. 1672년에 그는 프리즘과 색상에 대한 실험 결과를 보고했으며, 백색광은 모든 독립 색상의 혼합이라는 결론을 내렸다. 뉴턴은 어두운 방에서 유리 프리즘에 떨어지는 태양 광선이 스펙트럼(spectrum)이라고 불리는 색상의 띠를 생성한다는 것을 발견하였다. 또한 두 번째 유리 프리즘은 각각의 개별 색상을 세분화하지 않고 모든 색상을 다시 흰색 햇빛으로 결합한다는 것을 발견하였다. 뉴턴은 햇빛이 7가지 색상의 혼합으로 구성되었다고 결론지었다. 무지개 색상에 사용하는 이름은 특정 이름의 의미가 시간이 지남에 따라 변화되고 있음에도 불구하고 뉴턴 시대 이후로 일관성이 있었다는 사실은 매우 흥미롭다. 뉴턴이 "남색"이라고 불렀던 색은 오늘날 가장 진한 파란색에 해당하며, 그가 "파랑"이라고 불렀던 색은 우리가 "청록색"이라고 부르는 색에 더 가깝다. 무지개 색상은 가장 긴 파장에서 가장 짧은 파장까지 순서대로 표시되며, 서양에서는 "ROY G BIV"라는 무지개의 각 색의 첫 글자에서 만들어진 문구를 통해 무지개 색상을 기억하기 쉽게 하였다.

예제 7.2

스펙트럼의 색상은 색상을 설명하는 대체 방법인 진동수, 에너지, 또는 파장 단위로 측정할 수 있다. 사람의 눈은 황록색인 5.60×10^{-7} m 파장의 빛에 가장 민감하다. 이 파장의 주파수는 얼마인가?

풀이

파장(λ), 주파수(f) 그리고 진공에서의 빛의 속도(c) 사이의 관계는 식 7.3($c=\lambda f$)과 같다.

$c = 3.00\times10^{8}$ m/s　　$c=\lambda f$　　$\therefore\ f=\dfrac{c}{\lambda}$

$\lambda = 5.60\times10^{-7}$ m

$f = ?$

$$f=\frac{3.00\times10^{8}\,\frac{\text{m}}{\text{s}}}{5.60\times10^{-7}\,\text{m}}$$

$$=\frac{3.00\times10^{8}}{5.60\times10^{-7}}\,\frac{\cancel{\text{m}}}{\text{s}}\times\frac{1}{\cancel{\text{m}}}$$

$$=5.40\times10^{14}\,\frac{1}{\text{s}}$$

$$=\boxed{5.40\times10^{14}\ \text{Hz}}$$

자세히 알아보기

무지개

무지개는 결코 손에 잡히지 않는 화려한 자연의 색의 배열이다. 무지개가 발생하는 이유와 방법을 이해하려면 물방울에 대한 정보와 빛의 반사와 굴절에 대한 지식이 필요하다.

이 정보를 통해 당신이 움직일 때 손에 잡히지 않도록 무지개가 움직이는 것처럼 보이는 이유를 설명한다.

먼저 무지개를 볼 때 발생하는 조건들의 패턴에 주목하시오. 일반적으로 태양이 하늘의 한 부분에서 낮게 비추고 비가 반대편에서 떨어지면 나타난다. 태양을 등지고 있는 당신은 모든 종류의 붉은 빛을 보여주는 빗방울 영역, 모든 종류의 보라색 빛을 보여주는 다른 영역, 그리고 무지개색 사이의 다른 색상들을 보여주는 영역들을 보게 된다. 무지개가 이렇게 형성되려면 구형 빗방울에 의해 형성되는 조건인 햇빛을 굴절시키고 반사하는 표면을 필요로 한다.

물 분자는 양극과 음극을 갖도록 결합되어 있어 강력한 분자 인력을 형성하며, 잘 알려진 표면 장력 현상은 물 분자들 간의 강한 인력 때문에 발생한다. 표면 장력(surface tension)은 수축하는 초박형 탄성막으로 덮인 것처럼 작용하는 물 표면에 부여된 이름이다. 빗방울이 공기를 통해 떨어질 때 구형으로 끌어당겨지는 것은 표면 장력 때문이다.

상자 그림 7.7은 햇빛의 광선이 물방울의 상단 근처에 단일 구형 빗방울로 입사했을 때 발생하는 현상을 보여준다. 일부 햇빛이 반사되고 일부는 빗방울로 굴절된다. 굴절은 빛을 스펙트럼 색상으로 분산시키며, 보라색 빛은 가장 많이 굴절되고 붉은색 빛은 가장 적게 굴절된다. 굴절된 빛은 빗방울을 통해 반대쪽으로 이동하며, 그중 일부는 방울로 다시 반사된다. 반사된 빛의 일부는 다시 빗방울을 통과하여 빗방울의 앞면을 통해 밖으로 나간다. 즉, 떠날 때 빛은 두 번 굴절된다. 굴절, 반사 및 두 번째 굴절의 결합을 통해 무지개에서 보이는 색상 영역을 볼 수 있게 된다. 또한 이러한 현상을 통해 태양 반대편 하늘 부분에 무지개가 보이는 이유도 설명할 수 있다.

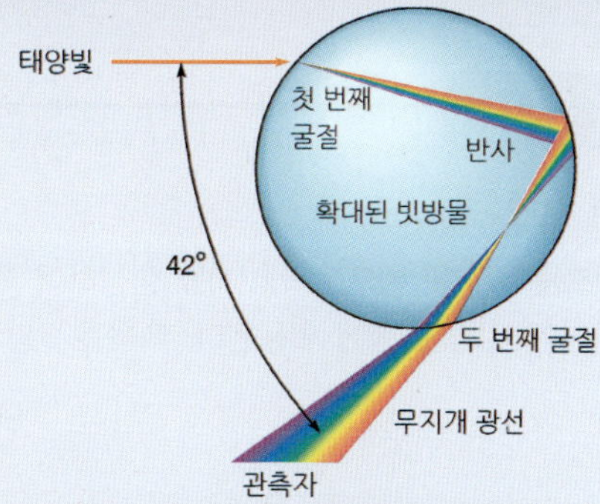

상자 그림 7.7 빗방울에 들어가고 나갈 때 빛이 굴절된다. 우리가 보는 무지개 광선은 수많은 빗방울들의 전면 부분을 통해 나오는 빛에 의해 생성된다.

어떤 빗방울에서 나오는 빛은 한 가지 색이며, 그 색은 들어오는 빛과 굴절된 빛 사이의 특정 각도인 원호의 모든 방울에서 나온다. 따라서 적색 영역의 빗방울은 42° 의 각도로 눈을 향하여 적색광을 굴절시키고 다른 모든 색들은 물방울에 의해 머리 위로 굴절된다. 보라색 영역의 빗방울들은 40° 의 각도로 눈을 향하여 보라색 빛을 굴절시키고, 빨강과 다른 색은 당신의 발로 향하게 된다. 따라서 한 빗방울로부터 나오는 빛은 하나의 색으로 보이며, 이와 같은 색을 나타내는 모든 빗방울은 원호에 있다. 각 구면 방울들에 대한 햇빛과 굴절된 특정 색상의 빛 사이의 각도가 동일하기 때문에 호가 형성된다.

때때로 색이 반전된 희미한 보조 무지개가 있는데, 방울 아래로 햇빛이 들어와서, 두 번 반사한 후 방울 상단에서 굴절할 때 형성된다. 이중 반사는 색상을 반전시키며 각도는 빨간색의 경우 50° 이고 보라색의 경우 54° 이다(그림 1.15 참조).

굴절률은 투명한 물질에서의 빛의 속도와 관련이 있다. 이로 인해 들어오는 광원이 효과적으로 파장별로 분류되고 분리되는 분산이라는 효과가 나타난다. 유리 프리즘은 굴절률이 빛의 파장에 따라 다르기 때문에 햇빛을 여러 색상으로 분리한다. 투명한 물질에서 빛의 속도를 늦추는 동일한 과정은 장파장보다 단파장에 더 큰 영향을 미친다. 결과적으로, 보라색 빛이 가장 많이 굴절되고, 붉은 빛이 가장 적게 굴절되며, 다른 색들은 이들 극단 사이에서 굴절된다. 그러므로 백색광이 굴절될 때 스펙트럼으로 분리되거나 분산된다. 얼음 결정에 의한 빛의 분산은 때때로 태양과 달 주위에 색깔의 후광을 생성한다.

개념 활용

색상과 굴절

볼록 렌즈는 굴절된 빛으로 이미지를 형성하여 확대할 수 있다. 이를 통해 이미지 확대에 이용할 수도 있고 또한 설명을 찾기 위한 실험에 활용된다. 다음은 3쌍의 단어이다:

SCIENCE BOOK
RAW HIDE
CARBON DIOXIDE

돋보기를 사용하여 3쌍의 단어 위에 원통형 고체 유리 막대를 붙인다. 투명하고 견고한 투명한 플라스틱 막대 또는 손잡이를 돋보기로 사용할 수도 있다. 어떤 단어는 거꾸로 보이지만 다른 단어는 그렇지 않다. 빨간색 글자가 파란색 글자와 다르게 굴절되기 때문에 이런 현상이 발생하는가? 설명을 테스트하기 위해 빨간색과 파란색 글자로 단어를 만들고, 관찰한 결과에 대해 설명한다.

7.3 파동의 증거

빛의 속성은 아이작 뉴턴이 빛의 입자 이론을 발표한 1600년대 말에 뜨거운 논쟁의 주제였다. 그는 빛의 직선 이동은 광원으로부터 큰 속도로 이동하는 작은 물질 입자로 더 잘 설명될 수 있다고 믿었다.

뉴턴이 생각하는 입자는 운동 법칙에 따라 직선을 따라야했던 반면, 연못의 물결파가 방해물로부터 멀어질 때 원형으로 구부러지는 것처럼 파동은 움직일 때 구부러져야 했었다. 뉴턴이 빛의 입자 이론을 개발한 것과 비슷한 시기에 **크리스티안 하위헌스**(Christiaan Huygens, 1629-1695)는 빛이 입자의 흐름이 아니라 종파라는 결론을 내렸다.

두 이론 모두 1700년대에 옹호자들이 있었지만 대다수는 뉴턴의 입자 이론을 선호했다. 1800년대 초반에 파동 이론에 유리한 새로운 증거, 파동 외에는 설명할 수 없는 증거가 발견되었다.

간섭

1801년에 **토마스 영**(Thomas Young, 1773-1829)은 빛의 파동 모형에서만 설명할 수 있는 빛의 행동에 대한 증거를 발표했다. 영의 실험은 그림 7.19에 설명되어 있다. 영은 카드에 있는 아주 작은 슬릿을 통해 빛을 투사하여 실험을 수행하였다. 슬릿을 통해 들어오는 빛은 두 개의 매우 작은 슬릿이 있는 카드를 통해 투사되었고, 투사된 빛의 패턴은 다른 카드에 나타났다. 이 실험이 그토록 놀라운 이유는 결과로 나타나는 빛의 패턴이 빛의 본성에 대한 뉴턴의 추론이 옳다면 예상되어야 하는 결과와 전혀 다르기 때문이다. 뉴턴이 제안한 것처럼 빛이 단순히 입자라면, 최종 카드에서 보이는 빛의 패턴은 두 번째 카드의 슬릿 바로 맞은편에 두 개의 밝은 띠가 나타나야 한다. 이

자세히 알아보기

광섬유

광섬유의 통신 용량은 엄청나다. 완벽히 개발된 광섬유를 이용했을 때 사람의 모발 크기의 단일 광섬유는 원리적으로 신호들 간의 간섭 현상 없이 미국의 모든 인터넷 전송 및 모든 라디오 및 텔레비전 방송을 한 번에 수행할 수 있다. 이 거대한 용량은 광선의 엄청난 범위의 주파수 영역 때문에 가능하다. 이 범위는 정보 전송 용량(대역폭이라고 함)을 결정한다. 표 7.2를 보면 알 수 있듯이 빛은 다양한 주파수가 있다. 광섬유는 라디오 방송국에서 사용하는 주파수보다 약 백만 배 더 큰 대역폭을 갖는다. 물리적으로 광섬유에는 두 가지 주요 부분이 있다. 코어(core)라고 불리는 중심 부분은 약 1.6의 굴절률을 갖는 순수한 실리카 유리(silica glass)이다. 모발의 크기 혹은 그 이상인 섬유는 내부 전반사에 의해 빛을 투과시킨다. 광선은 이러한 15 cm 길이의 광섬유 코어에서 약 1,000회 정도 앞뒤로 반사된다. 광파장의 크기에 가까운 더 작은 광섬유는 광선이 코어를 통해 직선으로 이동하는 도파관 역할을 한다. 클래딩이라고 하는 투명한 재료층이 코어를 덮는 데 사용된다. 클래딩의 굴절률은 1.50으로 낮으며 코어 내부의 빛을 유지하는 데 도움이 된다.

현재 광섬유 시스템은 놀라운 방식으로 사용되고 있다. 전화 또는 인터넷을 통해 다른 대륙에 있는 사람과 대화한 적이 있다면, 해당 신호는 광섬유 케이블을 통해 전달된 것일 것이다. 광섬유의 대규모 케이블이 대서양과 태평양을 가로질러 설치되어 거의 빛의 속도로 국제 통신이 이루어지고 있다. 이와 같은 기술이 크리스마스트리와 매장 디스플레이를 밝히고 또한 수술을 안내하고 수행하는 데 사용된다.

예측은 슬릿을 통과하는 입자가 직선으로 이동해야 하기 때문에 예상되는 당연한 결과였다. 예상과는 다르게 영은 일련의 어둡고 밝은 띠를 관찰했으며, 가장 밝은 띠는 두 슬릿의 중간에, 두 개의 어두운 띠는 슬릿에서 바로 앞에 나타났다. 이것은 빛이 입자 이외의 것 즉, 슬릿을 통과할 때 방향을 바꿀 수 있는 것이어야 한다고 제안했다.

영은 파동이 가장자리를 만나면 구부러지고, 슬릿을 통과하는 빛은 결국 두 개의 팽창하는 호라고 생각했다. 이 두 개의 호가 서로 만나면 파동은 보강과 상쇄 방식으로 상호 작용한다. 카드의 밝은 띠는 보강 간섭의 결과이며, 어두운 띠는 상쇄 간섭의 결과이다. 밝은 선과 어두운 영역의 무늬를 간섭무늬(interference pattern)라 한다(그림 7.19). 영은 **간섭(interference)**이라 불리는 빛의 현상을 발견하였고, 간섭은 파동으로만 설명할 수 있다. 또한 영은 1, 2, 3, 4 파장 등의 경로 차이를 나타내는 위치에서 중앙의 밝은 선의 위와 아래에 밝은 띠들이 발생한다는 것을 발견하였다. 마찬가지로, 어두운 영역은 $\frac{1}{2}$, $1\frac{1}{2}$, $2\frac{1}{2}$, $3\frac{1}{2}$ 파장 등의 경로 차이를 나타내는 위치에서 중앙의 밝은 선 위와 아래에 어두운 띠가 발생한다. 영은 이와 같은 모든 실험 데이터가 빛의 파동 이론 예측과 완전히 일치하는 것을 발견하였다. 약 15년 후, 오귀스탱 장 프레넬(A. J. Fresnel, 1788-1827)은 회절과 빛의 다른 행동들이 파동 이론으로 완전히 설명될 수 있다는 것을 수학적으로 증명하였다. 1821년 프레넬은 적색광의 파장이 약 8×10^{-7} m, 보라색광의 파장이 약 4×10^{-7} m이며, 이 두 극단 사이에 다른 색이 있다고 판단했다. 영과 프레넬의 연구는 빛이 입자의 흐름인지 아니면 파동인지에 대한 문제를 해결하는 것처럼 보였으며, 일반적으로 빛은 파동이어야 한다는 데 동의하였다.

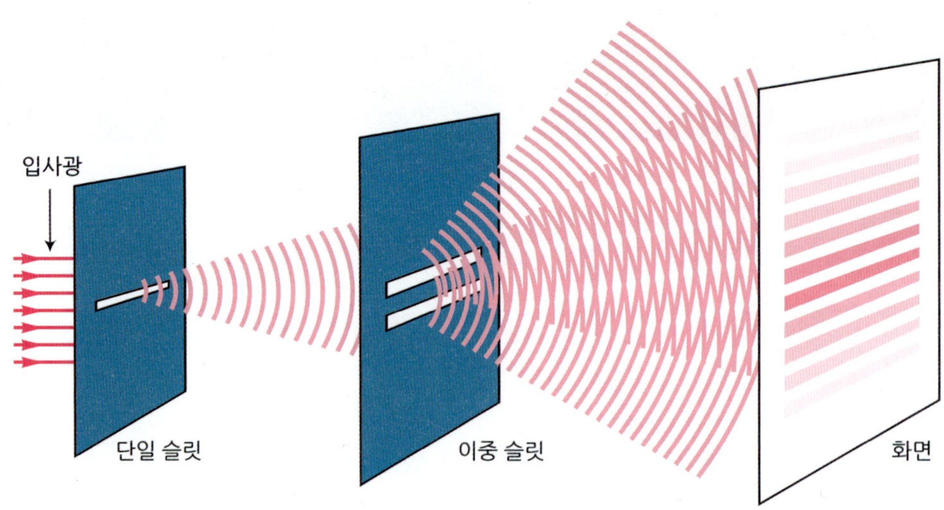

그림 7.19 영의 이중 슬릿 실험을 위한 준비. 첫 번째 슬릿을 통과하는 결맞은 햇빛은 서로 가까운 두 슬릿으로 입사하며, 두 슬릿을 지나는 빛은 화면에 간섭 무늬를 생성한다.

편광

하위헌스의 파동 이론과 뉴턴의 입자 이론은 빛의 일부 행동을 만족스럽게 설명할 수 있지만 기존 이론으로는 설명할 수 없는 행동이 있었다. 두 이론 모두 특정 투명 결정을 통과하는 빛의 행동을 설명하지 못했다. 예를 들어, 광물 전기석의 조각은 저강도(law-intensity) 녹색에 가까운 빛을 투과시킨다. 그러나 전기석의 두 번째 조각이 첫 번째 전기석 위에 배치되고 회전되면, 두 조각을 통과하는 투과광이 흐려지기 시작한다. 투과된 빛은 두 번째 조각이 90° 회전될 때 실질적으로 0이 된다. 뉴턴은 이 거동이 편향된 성질과 관련이 있다고 제안했으며 현재 사용되고 있는 빛의 편광(polarization)이라는 개념을 소개했다.

하위헌스 파동 이론에서 파동은 이동방향으로 진행하는 파면이 음파처럼 종 방향으로 움직이는 것으로 기술되었다. 이러한 종파는 빛의 편광 거동을 설명할 수 없었다. 1817년, 영은 파동을 가로방향(transverse)으로 묘사하고 이동 방향에 직각으로 진동함으로써 하위헌스의 이론을 수정하였다. 이 수정은 두 결정을 통해 투과된 빛의 편광 거동을 설명하는 데 도움이 되었으며, 빛이 횡파라는 확실한 증거를 제공하였다.

그림 7.20A에 표시된 바와 같이, **비편광(unpolarized light)**은 모든 가능한 임의의 방향으로 진동하는 횡파로 구성되는 것으로 가정된다. 전기석 결정과 같은 편광 물질은 그림 7.20B의 수직 방향과 같이 한 방향으로만 진동하는 빛을 투과시킨다. 이러한 파동은 하나의 평면에서만 진동하므로 **편광된(polarized)** 또는 평면 편광(plane-polarized)되었다 한다. 단결정 편광은 특정 방향에 평행한 진동을 하는 파동만 투과시키면서 다른 모든 방향으로 진동하는 파동을 선택적으로 흡수하여 빛을

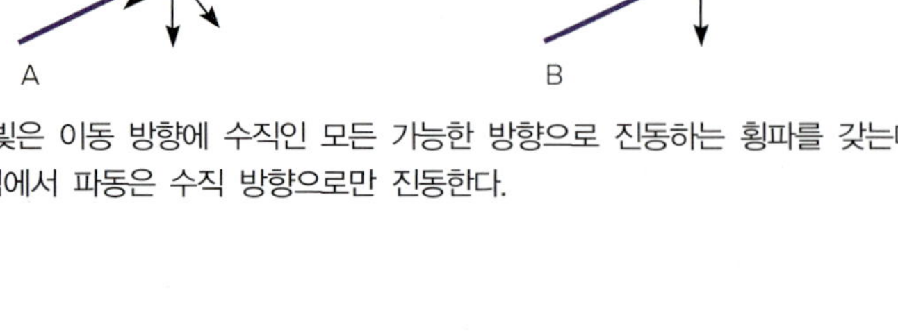

그림 7.20 (A) 비편광 빛은 이동 방향에 수직인 모든 가능한 방향으로 진동하는 횡파를 갖는다. (B) 편광 빛은 오직 한 평면에서만 진동한다. 그림에서 파동은 수직 방향으로만 진동한다.

자세히 알아보기

레이저

레이저(Laser)라는 단어는 복사의 유도 방출에 의한 광 증폭(Light amplification by stimulated emission of radiation)에서 비롯된다. 레이저는 단일 진동수 및 동일 위상을 갖는 결맞는 빛을 생성하는 장치이다. 광선은 전기에 의해 자극된 원자에서 나온다. 대부분의 일반 광원은 다른 진동수로 무작위로 방출되는 빛의 특징을 갖는 결어긋난 빛을 생성한다. 레이저의 결맞는 빛은 진동수, 위상 그리고 방향이 동일하므로 퍼지지 않으며 세기가 매우 강하다. 이로 인해 많은 특수 응용이 가능해졌으며 사용 목록이 계속 증가하고 있다. 다양한 종류의 레이저가 사용되고 있으며 새로운 레이저가 개발 중에 있다. 일반적인 유형의 레이저는 양쪽 끝에 거울이 있는 가스로 채워진 튜브이다. 한쪽 끝에 있는 거울은 부분적으로만 은색으로 코팅되어 있어 빛이 빠져나갈 수 있다. 거울 사이의 거리는 생성된 빛의 공명 진동수와 일치하므로 갇힌 빛은 광 정상파를 형성한다. 방전은 튜브 내 특정 기체 원자의 전자 에너지 준위를 높이는 빠른 전자를 생성한다. 에너지가 공급된 기체 원자의 전자는 더 낮은 에너지 준위로 다시 떨어질 때 특정 진동수의 빛을 방출하며, 이 방출된 빛은 정상파를 형성한다. 정상파는 기체의 다른 원자를 자극하여 동일한 진동수와 위상을 갖는 더 많은 빛을 방출하게 한다. 레이저는 오늘날 어디에나 있으며 다양한 기술과 연관되어 있다. 슈퍼마켓에서는 레이저 및 검출기 장치가 각 식료품 품목의 바코드를 읽어, 레이저는 이 패턴을 컴퓨터로 보내고, 레지스터에 품목의 가격을 보내고 매장 재고를 추적한다. 대부분의 레이저 프린터는 레이저를 사용하며 레이저는 광섬유 통신 시스템의 일부분이다. 강력한 레이저는 절단, 드릴링 및 용접에 사용되기도 하며, 분리된 망막 용접에서 무혈 수술에 이르기까지 다양한 의료 절차에서 광범위하게 사용된다.

편광시킨다. 두 번째 결정이 첫 번째 결정에 놓일 때, 투과되는 빛의 양은 두 결정의 정렬에 달려 있게 된다(그림 7.21). 두 결정이 정렬될 때, 첫 번째 결정으로부터의 편광된 빛은 거의 흡수되지 않고 두 번째 결정을 통과한다. 두 결정이 90° 로 교차될 때, 첫 번째 결정을 투과한 빛은 두 번째 결정에 의해 흡수되어 평면에서 진동하고, 실질적으로 모든 빛이 흡수된다. 다른 각도에서, 첫 번째

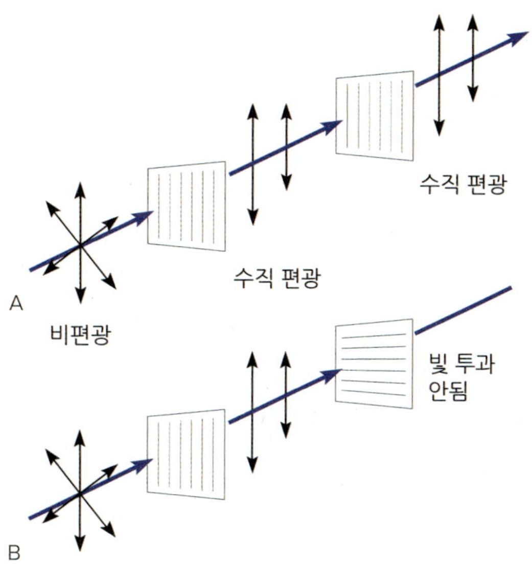

그림 7.21 (A) 정렬된 두 개의 결정은 다른 빛처럼 보이는 수직 편광을 투과시킨다. (B) 결정이 교차되면 빛은 투과되지 않는다.

자세히 알아보기

왜 하늘은 푸른가?

대기 중으로 들어오는 햇빛은 공기 분자와의 상호 작용에 의해 산란되거나 방향이 바뀐다. 햇빛은 인간의 눈에 흰색으로 보이지만 실제로는 무지개의 모든 색이 섞여 있다. 스펙트럼의 파란색과 보라색 부분은 빨간색과 주황색 부분보다 파장이 짧다. 단파장 파란색 및 보라색 빛은 적색 및 주황색 빛보다 더 강하게 산란된다. 하늘을 보면 대기에 의해 시야로 방향이 전환된 빛이 보이게 된다. 파란색과 보라색 빛이 빨간색과 주황색 빛보다 효율적으로 산란되므로 하늘이 파란색으로 나타납니다. 일출 또는 일몰을 볼 때 빛은 다른 방향으로 산란하지 않는다. 햇빛의 붉은 색과 주황색 부분은 대기의 최대 길이를 통과하지만 파란색과 보라색은 산란한다. 그래서 멀리 일출 또는 일몰이 더 주황색과 붉은 색으로 나타나게 된다.

결정으로부터의 편광의 일부만이 두 번째 결정에 의해 투과된다.

한 방향으로 진동하는 파동을 제외한 모든 파동이 제거되면 빛이 완전히 편광된다. 일부 파동이 특정 방향에 있을 때 빛은 부분적으로 편광되며, 임의의 양의 편광이 가능하다. (1) 선택적 흡수, (2) 반사 및 (3) 산란을 포함하여 부분적으로 또는 완전히 편광된 빛을 생성하는 몇 가지 방법이 있다.

선택적 흡수(selective absorption)는 한 평면에서 빛이 투과되고 다른 모든 평면에서 빛이 흡수되는 전기석과 같은 특정 결정에서 발생하는 과정이다. 편광 필름을 제조하는 방법은 1930년대 에드윈 H. 랜드(Edwin H. Land, 1909-1991)에 의해 개발되었다. 이 필름을 폴라로이드(Polaroid)라고 합니다. 오늘날, 폴라로이드는 필름에 정렬된 탄화수소 분자의 긴 사슬로 만들어진다. 이 긴 사슬 분자는 길이에 평행한 모든 광파를 이상적으로 흡수하고 길이에 수직인 광을 투과시킨다. 한 방향으로 정렬된 분자 사슬에 수직인 방향을 편광 방향 또는 투과축(transmission axis)이라고 한다.

반사 표면에 평행한 파동이 다른 파동보다 더 많이 반사되기 때문에 1°에서 89° 사이의 입사각을 갖는 반사광(reflected light)은 부분적으로 편광된다. 모든 파동이 표면에 평행한 완전 편광은 특정 입사각에서 발생한다. 이 각도는 반사 물질의 특성을 포함한 여러 변수에 따라 다르게 된다. 그림 7.22는 반사에 의한 편광을 보여준다. 태양으로부터의 빛은 완전 비편광이지만 호수와 같은 물이나 땅에서 반사될 때 반사되는 빛의 편광은 주로 표면에 수평으로 정렬된다. 그 결과 부분적으로 편광된 빛은 사람의 눈에 눈부심으로 나타난다. 편광 선글라스는 수직으로 향하는 투과축을 가지고 있기 때문에 반사광의 눈부심을 줄이고, 수평 방향으로 편광된 반사광을 흡수하다. 반사광을 보면서 선글라스를 회전시키기 위해 머리를 좌우로 돌리면 반사된 빛의 강도가 변하는 것을 볼 수 있다.

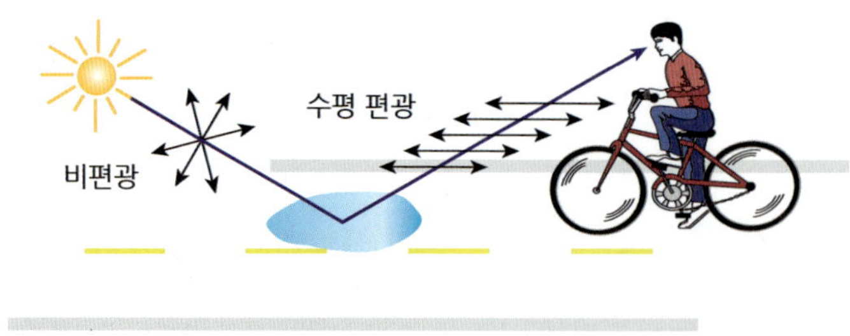

그림 7.22 반사되는 빛은 입사각 및 기타 변수에 따라 수평 방향으로 부분 또는 완전 편광된다.

산란 현상(scattering)은 공기를 구성하는 기체 분자 크기 정도의 입자에 의해 빛이 흡수되어 재방출될 때 발생한다. 햇빛은 처음에 비편광되어 있다. 햇빛이 분자에 부딪히면 전자가 가속되면서 수평 및 수직으로 진동하고 진동하는 전자는 편광된 빛을 재방출한다. 따라서 한 쌍의 편광 선글라스로 푸른 하늘을 보고 회전하면 하늘빛이 편광되었다는 것을 알 수 있다. 꿀벌은 편광된 하늘빛을 감지하여 그들의 비행 방향을 결정하는 데 사용할 수 있다.

7.4 입자의 증거

빛의 회절, 간섭 및 편광으로부터의 증거는 파동 이론을 받아들일 때 매우 중요했는데, 그 이유는 입자 이론으로는 이러한 행동을 설명할 방법이 없었기 때문이다. 그런 다음 1850년에 J.L. 푸코(J.L. Foucault, 1819-1868)는 빛이 공기보다 투명 물질에서 훨씬 느리게 이동한다는 것을 증명하였고, 이는 파동 이론과는 완전히 일치하지만 입자 이론과는 완전히 반대임을 보여주었다. 1800년대 말, 제임스 맥스웰(James Maxwell, 1831-1879)의 이론은 전기장과 자기장에 대한 빛의 개념을 역학적 파동에서 변화하는 전기장과 자기장의 파동으로 바꾸었다. 더욱이 파동이 이동하는데 필요한 가상의 물질인 에테르의 필요성을 제거하였다. 빛은 이제 빈 공간을 통해 이동할 수 있는 전자기파로 간주되었다. 이때까지는 빈 공간이나 물질을 진행하는 빛의 모든 행동을 파동 이론으로 설명할 수 있었다. 그러나 파동 이론이 설명할 수 없는 까다로운 문제가 있었는데, 물질에 의해 흡수되거나 방출되는 빛에 관한 것이었다.

개념 활용

편광

1. 두 쌍의 편광 선글라스의 편광 여부를 확인하는 실험 방법을 설명하시오.
2. 한 쌍의 편광 선글라스 렌즈를 회전시키면서 자동차 앞 유리를 살펴보시오. 앞 유리창이 편광되었거나 편광되지 않았다는 증거는 무엇인가? 편광되었다면 편광 방향은 어디이며, 그 이유는 무엇인가?
3. 렌즈를 회전시키면서 한 쌍의 편광 선글라스 렌즈를 통해 하늘을 보자. 하늘빛이 편광되어 있거나 편광되어 있지 않다는 증거는 무엇인가? 편광 방향과 태양의 위치 사이에 어떤 관계가 있는가?
4. 태양의 고도가 낮을 때 태양과 관찰자 사이에 젖은 거리나 물웅덩이가 위치하도록 서 있는다. 물에 반사된 눈부심을 보면서 한 쌍의 편광 선글라스 렌즈를 돌린다. 이 선글라스가 어떻게 반사된 눈부심을 제거할 수 있는지 설명하시오.

광전 효과

빛은 에너지의 한 형태이며, 흡수될 때 에너지를 물질에 제공한다. 일반적으로 흡수된 빛의 에너지는 흡수된 햇빛에서 느끼는 따뜻함과 같은 온도 상승을 야기한다. 그러나 때로는 흡수된 빛의 에너지는 다른 영향을 줄 수 있다. 일부 물질에서는 에너지가 전자에 의해 흡수되고 일부 전자는 물질 밖으로 빠져나가기에 충분한 에너지를 획득하게 된다. 빛에서 얻은 에너지의 결과로 생기는 이러한 전자의 움직임을 **광전 효과**(photoelectric effect)라 한다. 광전 효과는 태양 전지에서 실용화되어 빛의 에너지를 전류로 변환한다(그림 7.23).

빛의 에너지는 매우 정확하게 측정될 수 있다. 전자가 빛을 흡수한 후의 운동 에너지도 매우 정확하게 측정할 수 있다. 이러한 측정이 광전 효과와 관련된 빛과 전자에서 수행되어지는 경우, 예상치 못한 결과가 관찰되었다. 단일 고정 주파수를 갖는 빛인 단색광이 광전 효과를 생성하는 데 사용되었다. 먼저, 저강도(low-intensity) 또는 희미한 빛을 사용하여 방출된 전자의 수와 에너지를 측정하였다. 그 후, 고강도 빛을 사용하고, 방출된 전자의 수 및 에너지를 다시 측정하였다. 측정 결과, (1) 저강도 빛은 더 적은 전자 방출을 유도하였고, 고강도 빛은 많은 전자 방출을 야기하였으며, (2) 저강도 또는 고강도 빛으로부터 방출된 모든 전자는 동일한 운동 에너지를 가짐을 보여주었다. 놀랍게도, 방출된 전자의 운동 에너지는 빛 강도와 무관한 것으로 밝혀졌다. 이는 빛이 더 강할수록 더 많은 에너지를 가진 파동이 전자에 더 많은 에너지를 전달해야 하는 빛의 파동 이론의 예측과 상반된 것이었다. 여기에 파동 이론이 설명할 수 없는 빛의 행동이 있다.

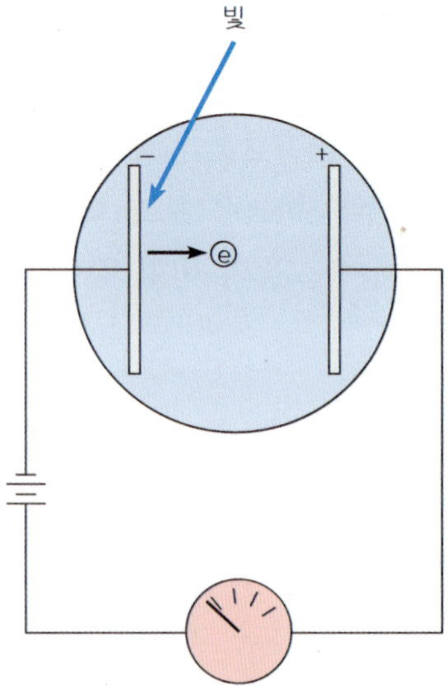

그림 7.23 광전 효과를 관찰하기 위한 실험장치. 음으로 대전된 판에 빛이 닿으면 전자가 방출되며, 방출된 전자는 양으로 대전된 판으로 이동하고 회로에서 전류로 측정한다.

에너지 양자화

광전 효과의 문제 외에도 뜨거운 물체에서 방출되는 빛의 형태인 흑체복사 문제가 있었다. 이 흑체복사 실험 측정은 이론 예측과 일치하지 않았다. 1900년에 독일 물리학자 막스 플랑크(Max Planck, 1858-1947)는 빛을 방출하는 진동 분자가 불연속적인(discrete amount) 에너지만 가질 수 있다고 가정함으로써 실험 측정과 이론이 일치함을 발견하였다. 플랑크는 연속적인 에너지 범위 대신에 진동 분자가 특정 양의 배수에 해당하는 에너지만을 가질 수 있다는 것 즉, 에너지가 **양자화(quanta)**("불연속적인 양"을 의미)되어 있음을 발견하였다.

양자화된 에너지 상태에 대한 플랑크의 발견은 급진적이고 혁신적인 발전이었지만, 플랑크를 포함한 대부분의 과학자들은 당시에 이를 믿지 않았다. 플랑크는 실제로 자신의 발견을 반증하려고 많은 시간과 노력을 들였지만, 양자 이론의 시작은 결국 물리학에 혁명을 일으켰다.

5년 후인 1905년 알베르트 아인슈타인(Albert Einstein, 1879-1955)은 플랑크의 양자 개념을 광전 효과 문제에 적용하였다. 아인슈타인은 광파의 에너지를 **광자(photons)**라고 하는 에너지의 양으로 묘사하였다. 각 광자는 플랑크 상수(h)를 통해 빛의 주파수(f)와 관련된 에너지(E)를 갖는다.

$$E = hf \qquad \text{식 7.4}$$

플랑크 상수 값은 6.63×10^{-34} J·s이다.

이 관계는 고주파수 빛(예: 6.50×10^{14} Hz의 청색광)이 저주파 빛(예: 4.00×10^{14} Hz의 적색광)보다 더 많은 에너지를 가지고 있다는 것을 의미한다. 이러한 고주파 및 저주파 빛의 에너지는 실험에 의해 검증될 수 있다.

광자 이론은 또한 광전 효과를 설명했다. 이 이론에 따르면, 빛은 움직이는 광자의 흐름이며, 이 광자의 흐름에서 빛이 희미하거나 강렬한지를 결정하는 것은 광자수이다. 고강도 빛은 많은 수의 광자를 갖고, 저강도 빛은 소수의 광자를 갖는다. 특정 고정 주파수에서 모든 광자는 동일한 에너지, 주파수와 플랑크 상수(hf)의 곱을 갖고, 광자가 물질과 상호 작용하면 흡수되어 모든 에너지를 잃게 된다. 광전 효과에서의 상호 작용은 광자와 전자 사이에서 발생한다. 강한 빛을 사용하면 전자와 상호 작용할 수 있는 광자가 더 많아져 더 많은 전자가 방출된다. 각 광자에 주어진 에너지는 빛의 주파수의 함수이므로 고정된 주파수에서 각 광자의 에너지 hf는 동일하며, 각각 방출된 전자들의 운동 에너지는 동일하다. 따라서 광자 이론은 측정된 광전 효과의 실험 결과를 설명한다.

광전 효과는 빛이 연속 에너지의 파동이 아니라 에너지 양자화를 갖는 광자인 것으로 간주함으로써 설명된다. 이것이 빛의 양자화 특성에 대한 유일한 증거는 아니며 8장에서 더 제시될 것이다. 그러나 보시다시피 딜레마가 존재한다. 전자기파 이론과 광자 이론은 상충되는 것처럼 보인다. 일부 실험은 파동 이론으로 설명할 수 없으며 광자 이론을 지지하는 것으로 보이지만, 다른 실험은 파동 이론을 뒷받침하고 광자 이론을 부정하는 모순된 증거를 보여준다.

예제 7.3

진동수가 4.00×10^{14} Hz인 적색광의 광자 에너지는 얼마인가?

풀이

광자 에너지(E)와 진동수(f) 사이의 관계는 식 7.4에 나와 있다. 플랑크 상수(h)는 6.63×10^{-34} J · s이다.

$f = 4.00 \times 10^{14}$ Hz

$h = 6.63 \times 10^{-34}$ J · s

$E = ?$

$$\begin{aligned} E &= hf \\ &= (6.63 \times 10^{-34}\ \text{J}\cdot\text{s})\left(4.00 \times 10^{14}\frac{1}{\text{s}}\right) \\ &= (6.63 \times 10^{-34})(4.00 \times 10^{14})\ \text{J}\cdot\text{s} \times \frac{1}{\text{s}} \\ &= 2.65 \times 10^{-19}\frac{\text{J}\cdot\cancel{\text{s}}}{\cancel{\text{s}}} \\ &= \boxed{2.65 \times 10^{-19}\ \text{J}} \end{aligned}$$

예제 7.4

진동수가 7.00×10^{14} Hz인 보라색 광자의 에너지는 얼마인가?(답: 4.64×10^{-19} J)

7.5 현대 이론

오늘날 빛은 이중적 성질을 가진 것으로 때로는 파동처럼, 때로는 입자처럼 행동한다. 파동 모형은 빛이 공간을 통과하는 방법과 굴절, 간섭 및 회절과 같은 현상을 설명하는 데 유용하다. 입자 모형은 물질이 빛을 방출하고 흡수하는 방법 그리고 흑체복사 및 광전 효과와 같은 현상을 설명할 때 유용하다. 이 두 모형은 빛이 입자와 파동 특성을 모두 갖는 것으로 묘사하는 빛 이론의 일부이다. 일부 속성은 관측된 빛의 행동을 설명할 때 더 유용하고 다른 속성은 다른 빛의 행동을 설명할 때 더 유용하게 된다.

주파수는 파동의 성질이며, 광자의 에너지는 입자의 성질이다. 광자의 주파수와 에너지는 식 7.4, $E = hf$와 관련이 있다. 따라서 빛을 주파수(또는 파장) 또는 에너지 양으로 설명할 수 있다. 따라서 전자기 스펙트럼의 임의의 부분은 빛을 설명하는 대체 수단인 주파수, 파장 또는 에너지의 단위로 기술될 수 있다. 스펙트럼의 전파 복사 부분은 저주파, 저에너지 및 장파장 복사이다. 에너지 준위가 낮기 때문에 전파복사는 더 많은 파동 특성을 가지며 실질적으로 입자 특성이 없다. 반면 감마선은 고주파, 고에너지 및 단파장 복사이다. 매우 짧은 파장은 에너지 준위가 매우 높기 때문에 감마선은 더 많은 입자 특성을 갖는다. 스펙트럼에서 더 친숙한 가시광선은 두 극단 사이에 있으며 파동과 입자 특성을 모두 나타내지만 동일한 실험에서 동시에 두 특성을 나타내지 않는다.

빛의 정확한 성질에 대한 개념이나 상상적인 이미지를 형성하는 데 있어 일부 문제가 발생하는데 그것은 이미 알려진 것의 관점에서 빛의 성질을 이해하는 것이다. 우리가 이미 알고 있는 것은 입자 또는 물체로 보이거나 파동으로 관측된다는 것이다. 우리는 일상생활 속에서 야구공이나 축구공처럼 공중에서 움직이는 물체를 볼 수 있으며 물이나 잔디밭에서 파동을 볼 수 있다. 어떤 상황에서는 움직이는 물체로 다른 상황에서는 파동처럼 행동하는 것은 없다. 물체는 물체이고 파동은 파동이지만, 물체가 파동이 되지 않으며 파동이 물체가 되지 않는다. 이러한 이중성이 존재한다면 매우 이상하게 보일 것이다. 예를 들어 호수 위의 특정 높이에서 책을 들고 있다고 상상해보자(그림 7.24). 책이 호수에 떨어졌을 때 책의 운동 에너지를 측정하고 계산할 수 있다. 책이 물에 부딪히면 책이 사라지고 수면파가 물을 가로질러 움직이는 원형 무늬로 충격 지점에서 멀어진다. 파동이 호수를 가로질러 다른 사람에게 닿으면 떨어뜨린 책과 동일한 책이 물 위에 떠오른다. 책이 호수를 가로질러 물에서 나올 때, 그 책은 물에 부딪쳤을 때와 같은 운동 에너지를 가진다. 당신과 다른 사람은 책에 관한 것을 측정할 수도, 파동에 관한 것을 측정할 수도 있지만, 동시에 두 가지를 측정할 수는 없다. 이것은 매우 이상할 뿐만 아니라 불가능하다고 말할 수도 있다. 그러나 위의 묘사는 관찰된 빛의 행동과 유사하다.

언급한 바와 같이, 빛은 이중성을 가지며 때로는 파동의 특성을, 때로는 움직이는 입자의 특성을 나타내지만 동시에 두 특성을 나타내지는 않는다. 파동과 입자의 성질은 오늘날 한 모형의 일부로

그림 7.24 책이 동일한 운동 에너지로 물에 빠지거나 물 밖으로 나온다면 매우 이상하게 보이겠지만 이는 빛의 본질에 기인한다.

받아들여지고 있으며, 빛의 정확한 성질은 일상적인 크기의 세계에 존재하는 것으로 묘사될 수 없다. 인간으로서 우리는 사물과 현상을 별개의 범주로 분류하려고 한다. 빛은 입자와 파동이 뚜렷이 구분되지 않는 매우 작은 세계에서 일어나는 현상이다. 극히 작은 세계에서 일어나는 현상의 이상하고 낯선 성질에 대한 증거는 8장에서 양자 물질 이론을 소개할 때 다시 다뤄질 것이다.

7.6 상대론

전자기파 모형은 전기 및 자기 현상을 종합하여 보여주고 빛을 전자기파로 생각할 수 있다고 설명하였다(그림 7.1 참조). 그러나 알베르트 아인슈타인(Albert Einstein)이 혁신적인 새로운 이론을 개발할 때까지 대답할 수 없는 의문이 남아 있었다(그림 7.25). 아인슈타인은 17세의 나이에 그의 새로운 이론을 세우게 될 아이디어에 대해 이미 생각하고 있었다. 예를 들어, 그는 사람이 빛의 속도로 움직이면서 빛을 좇는 것에 대해 궁금해 했다. 정지해 있는 빛이 진동하는 전기장과 자기장으로 보일까? 그는 경험에 비추어 보거나 맥스웰의 전자기파 이론에 따르면 그런 것이 없다는 것을 깨달았다. 1905년, 아인슈타인은 26세의 나이에 관측자와 측정 대상 간의 움직임에 의해 공간과 시간이 어떻게 영향을 받는지에 대한 연구 결과를 발표하였다. 이 연구를 바로 특수 상대성 이론(special theory of relativity)이라고 한다. 11년 후 아인슈타인은 중력의 해석을 시공간 구조의 왜곡으로 해석했으며, 이를 일반 상대성 이론(general theory of relativity)이라고 한다. 이 이론에 근거하여 많은 주목할 만한 예측이 이루어졌으며, 많은 실험에 의해 모두 검증되었다.

그림 7.25 아마도 가장 유명한 과학자는 알베르트 아인슈타인(Albert Einstein, 1879-1955)일 것이다. 아인슈타인의 특수 상대성 이론과 일반 상대성 이론은 시공간의 본질에 대한 과학적 사고를 재정의하였다.

특수 상대론

특수 상대성 이론은 다른 관점이나 다른 기준틀(reference frame)에서 관찰되는 사건과 관련 있다. 예를 들면 다음과 같다: 버스를 타고 100 km/h로 고속도로를 직진한다. 곤충은 버스 뒤에서 앞으로 5 km/h로 날아가는 것을 관찰하였으므로, 버스의 기준틀에서 곤충은 5 km/h로 날고 있다. 그러나 지상에서 관찰하는 사람의 기준틀에서 곤충의 속도는 100 km/h + 5 km/h 또는 105 km/h이다. 곤충이 버스 뒤쪽으로 날아가는 속도는 지구 지표면에서 100 km/h − 5 km/h 또는 95 km/h이다. 일반적으로 여기서 다루는 기준틀은 지구이지만 항상 언급되지는 않는다. 그럼에도 불구하고 속력이나 속도가 측정될 때에는 기준틀을 지정해야 한다.

아인슈타인의 상대성 이론은 두 가지 원리를 기반으로 한다. 첫 번째는 "기준틀"과 "모든 운동이 선택된 기준틀에 상대적이라는 사실"을 고려해야 한다는 것이다. 이 원리를 **물리 법칙의 일관성 원리(consistent law principle)**이라 한다.

물리 법칙은 서로에 대해 일정한 속도로 움직이는 모든 기준틀에서 동일하다.

창문이 없는 버스에서 차의 진동을 무시하면 버스가 일정한 속도로 움직이고 있는지 또는 전혀 움직이지 않고 있는지 알 수 없다. 움직이는 버스에 열쇠를 떨어뜨리면 멈춰있는 버스에서와 마찬가지로 똑바로 떨어진다. 두 경우 모두 버스 관점에서 열쇠가 똑바로 떨어진다. 다른 기준틀에 있는 버스 외부 관찰자에게 열쇠는 초기 속도를 가지고 있기 때문에 곡선 경로로 떨어지는 것처럼 보인다. 일정한 속도로 움직이는 버스나 일정한 속도로 움직이는 다른 기준틀에서나, 움직이는 물체는 동일한 법칙을 따른다.

두 번째 원리는 속도 불변성 원리라는 빛의 속도와 관련 있다.

빈 공간에서 빛의 속도는 속도에 관계없이 모든 관찰자에 대해 동일한 값을 갖는다.

이 원리는 물리 법칙의 일관성 원리와 직접적으로 대립하는 것처럼 보인다. 위의 예에서 작은 곤충은 자신의 기준틀에서 같은 속도로 날고 있었지만 관찰자의 움직임에 따라 다양한 속도로 움직이는 것으로 관찰된다. 그러나 앞에서 살펴본 바와 같이 빛은 우리의 일반적인 경험을 지배하는 규칙에 따라 행동하지 않는다.

빈 공간에서 빛의 속도는 3.00×10^8 m/s(186,000 mi/s)이다. 광원 쪽으로 이동하는 관찰자는 빈 공간에서 빛의 속도를 3.00×10^8 m/s로 측정한다. 광원에 대해 움직이지 않는 관찰자도 같은 속도를 측정한다. 이는 버스에서 움직이는 곤충의 경우와 다르다. 빛의 속도에서 광원의 속도를 더하거나 빼지 않는다. 빛의 속도는 관찰자의 속도와 광원의 속도에 관계없이 모든 관찰자에 대해 항상 3.00×10^8 m/s이다. 빛은 일상 경험과는 다르게 행동한다.

특수 상대성이론은 전적으로 물리 법칙의 일관성 원리와 속도 불변성 원리에 기초한다. 매우 빠른 비행기의 길이, 시간 및 질량을 기준으로 측정한 값과 비행기를 타고 이동하는 사람이 측정한 값을 비교하면 이러한 원리를 통해 매우 흥미로운 결과를 얻을 수 있다. 여러분은 지상에서 매우 빠르게 움직이는 물체에 대해 다음의 결과를 얻게 된다.

- 물체가 움직일 때 길이가 짧아진다.
- 움직이는 시계가 더 느리게 간다.
- 움직이는 물체의 질량이 증가한다.

특수 상대성 이론은 길이, 시간 및 질량의 측정값이 움직이는 다른 기준틀에서 다르다는 것을 보여준다. 아인슈타인은 위에서 설명한 각 변화를 설명하는 방정식을 개발하였고, 이러한 변화는 소립자 실험으로 셀 수 없이 검증되었으며, 데이터는 항상 예상된 결과인 아인슈타인의 방정식과 일치한다.

일반 상대론

아인슈타인의 **일반 상대성 이론**(general theory of relativity)은 아인슈타인의 중력 이론이라고도 한다. 아인슈타인에 따르면 중력이라는 상호 작용은 중력이라는 신비한 힘에서 비롯되지 않는다. 대신, 상호 작용은 질량과 질량이 있는 공간 및 시간의 기하학 사이에 작용한다. 시공간은 4차원 "시공간"구조로 결합될 수 있다. 질량은 시공간과 상호 작용하여 시공간이 어떻게 구부러지는지, 또한 시공간은 질량과 상호 작용하여 질량이 어떻게 움직이는지를 알려준다. 중력 상호 작용은 곡선 시

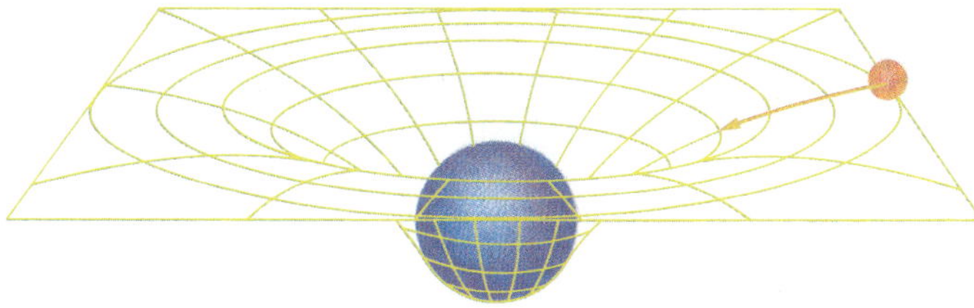

그림 7.26 일반 상대성 이론은 물질의 존재로 인한 공간과 시간의 구조 왜곡으로 중력을 묘사한다. 구슬이 바닥에 난 접시 모양 구멍을 향해 굴러가는 것처럼, 시공간에서의 이러한 왜곡의 결과로 인해 그 근처에 있는 물체가 인력 경험한다.

공간에서 측지선(곡선 표면의 두 점 사이의 최단 거리)을 따라 이동하는 국소적 사건으로 간주된다(그림 7.26). 이러한 이해는 훨씬 더 정확한 측정을 가능하게 했으며 천문학의 많은 사건들에 의해 테스트 되었다.

상대론 응용

휴대전화에서 위치탐사장치를 사용하거나 차량 내비게이션 시스템에서 경로를 추적할 때 GPS(Global Positioning System)를 사용한다. GPS는 24개의 위성으로 구성된 전 세계 네트워크로 구성되며 각 위성은 3나노초(0.000000003초) 이내의 정확도를 유지하는 원자시계를 갖추고 있다. 위성은 전송 위치 및 시간과 함께 무선 신호를 보낸다. 내비게이션 시스템과 같이 지구 표면의 수신기는 4개의 위성 신호를 사용하여 위치, 속도 및 시간을 결정한다. 수신기의 컴퓨터 칩은 위성으로부터의 이러한 데이터를 사용하여 위도 및 경도를 계산하는데, 이는 지도제작에서 사용될 수 있다.

GPS 위성은 표면 위의 높은 고도에서 고속으로 움직이는데, 이로 인해 위성 속도(특수 상대성 오차)와 지구 중력장의 높은 위치(일반 상대성 오차)에 의한 오차들이 발생한다. 고속으로 움직이는 시계는 지구 표면의 동일한 시계에 비해 느리게 흘러가는데, 14,000 km/h로 움직이는 위성의 경우 하루에 7,200 나노초씩 느려진다.

더 높은 고도에 위치한 시계는 지구 표면의 동일한 시계보다 빠르게 흘러간다. 26,000 km의 위성의 경우 하루에 45,900 나노초씩 빠르게 흘러간다. 특수 및 일반 상대성 오류를 결합하면 GPS 시계가 38,700 nanoseconds/day로 빠르게 흘러가며, 이로 인해 10 km/day이상의 위치 오류가 발생시킨다. 높은 고도에서 빠른 속도로 움직이는 GPS 위성 시계가 지구 표면의 동일한 시계와 동일한 속도로 흘러가도록 시계 속도를 조절하여 상대성 오류를 수정한다.

과학 인물

제임스 클러크 맥스웰(1831-1879)

제임스 맥스웰(James Maxwell)은 빛이 전자기파로 구성되어 있고 기체 동역학 이론을 확립한 영국 물리학자였다. 그는 또한 토성의 고리의 본질을 증명하고 색 식별을 지배하는 원리를 보여주었다.

맥스웰은 1831년 11월 13일 스코틀랜드 에딘버러에서 태어났다. 1841년에서 1847년까지 에딘버러 아카데미에서 교육을 받은 후 에딘버러 대학에 입학했다. 그는 1850년에 케임브리지 대학에 입학하여 1854년에 졸업했다. 1856년 애버딘의 Marischal College에서 자연 철학 교수가 되었고 1860년 런던으로 이주하여 King's college에서 자연 철학과 천문학 교수직을 맡았다. 1865년 아버지가 사망하자 맥스웰은 스코틀랜드에 있는 가족의 집으로 돌아와 연구에 전념했다. 그러나 1871년에 그는 케임브리지로 이주하여 실험 물리학의 최초 교수가 되었고 1874년에 개설된 Cavendish Laboratories를 설립했다. 맥스웰은 그가 암에 걸렸을 때인 1879년까지 이 직책을 계속하였고, 그는 1879년 11월 5일, 케임브리지에서 48세의 나이로 사망했다.

맥스웰의 빛의 전자기 이론 개발은 몇 년이 걸렸다. 맥스웰은 전기와 자기 효과는 도체와 자석을 감싸는 역선이라는 장에 의해 발생한다는 마이클 패러데이(1791-1867)의 견해를 바탕으로 "페러데이의 역선에 대해"라는 논문을 작성하기 시작하였다. 맥스웰은 역선의 거동과 비압축성 액체의 흐름 사이에 비유를 통해 알려진 전기 및 자기 효과를 나타내는 방정식을 도출했다. 전자기 이론을 향한 다음 단계는 "물리적 역선에 대해"이라는 논문(1861-1862)을 발표하면서 이루어졌다. 맥스웰은 전기 및 자기 효과가 발생할 수 있는 매질에 대한 모형을 개발했다.

전자기장 동역학 이론(1864)에서 맥스웰은 전자기장을 설명하는 기본 방정식을 개발했다. 이 방정식은 빛이 두 개의 파동, 즉 자기와 전기로 구성된 두 개의 파동이 서로 직각으로 그리고 파동의 진행 방향에 수직으로 진동한다는 것을 보여주었다. 이 것은 맥스웰의 빛의 전자기 이론(1868)에서 확인되었는데, 이는 동역학적 공식화 대신에 전기 유도 이론을 사용했으며, 그 주제에 대한 맥스웰의 모든 연구는 1873년에 발표한 전기 및 자기에 관한 논문에서 요약되어있다.

이 논문은 또한 빛이 방사선 압력을 가짐을 밝히고 전체 전자기 복사 군이 존재해야 한다고 제안했으며, 그 중 빛은 하나에 불과했다. 이것은 1888년에 하인리히 루돌프 헤르츠(Heinrich Hertz, 1857-1894)에 의해 놀라운 전파 발견으로 확인되었다. 슬프게도 맥스웰은 그의 승리에 대한 증거를 볼만큼 오래 살지 못했다.

선구자 패러데이(Faraday)가 가장 위대한 실험 물리학자였기 때문에 맥스웰은 일반적으로 1800년대의 가장 위대한 물리학자로 여겨진다. 그의 엄격한 수학적 능력은 위대한 통찰력과 결합되어 당시 물리학의 가장 중요한 두 분야에서 뛰어난 지식의 결합을 달성할 수 있었다. 맥스웰은 패러데이가 발견한 빛의 전자기 특성 연구를 바탕으로 전자기학을 설명했을 뿐만 아니라 현대 물리학을 특징짓는 전자기복사의 전체 스펙트럼의 응용과 발견의 길을 닦았다.

출처: ©Pixtal/AGE Fotostock

출처: 허친슨 과학 전기사전(Hutchinson Dictionary of Scientific Biography에서 수정. ©Research Machines plc 2003. 무단 전재 금지. 헬리콘 출판사(Helicon Publishing)는 리서치 머신(Research Machines) 회사의 한 부문이다.

요약

전자기파 복사는 절대 온도가 0보다 높은 모든 물질에서 방출되며 온도가 증가함에 따라 더 많은 복사와 더 짧은 파장이 방출된다. 가시광선은 약 700℃보다 뜨거운 물질에서 방출되며, 이 물질을 백열광원이라고 한다. 태양, 불, 백열등은 백열광원이다.

빛의 거동은 빛의 직선 경로를 보여주도록 직선을 사용하는 광선 모형에 의해 표현된다. 물질과 상호 작용하는 빛은 평행 광선으로 반사되거나, 점에서 확산 반사로 임의의 방향으로 진행하거나, 혹은 물질에 흡수되어 온도를 상승시킨다. 물질은 빛을 반사시켜 불투명하거나,

빛을 투과시켜 투명하다.

반사가 일어날 때 입사광 또는 입사 광선은 법선이라 불리는 반사가 일어나는 지점에서 입사표면에 수직한 수직선으로부터 측정될 때 반사광과 동일한 각도를 가진다. 두 각도가 같다는 것을 반사 법칙이라 하고, 반사 법칙은 평면거울이 물체로부터 직접 오는 광선이 아닌 다른 방법으로 어떻게 허상을 형성하는지 설명한다. 광선은 허상이 아닌 즉, 실상에서 비롯된다.

한 투명 물질에서 다른 투명 물질로 통과할 때 광선은 경계에서 구부러지거나 굴절된다. 굴절량은 입사각 및 굴절률, 진공에서의 광속도 대 물질에서의 광속도의 비에 의존한다. 굴절각이 90° 인 경우 내부 전반사가 발생한다. 입사각에 한계가 존재하는데 이를 임계각이라 하며, 이 각도 이상의 입사각을 갖는 모든 광선은 내부로 반사된다.

각 빛의 색상은 빨간색에서 보라색까지 스펙트럼을 형성하는 파장 범위를 갖는다. 유리 프리즘은 백색광을 스펙트럼으로 분리하는 분산 특성을 가지고 있다. 분산은 굴절률이 각 색상 범위마다 다르고 짧은 파장은 긴 파장보다 더 굴절되기 때문에 발생한다.

빛의 파동 모형을 사용하여 간섭과 편광을 설명할 수 있다. 빛이 두 개의 작은 슬릿이나 구멍을 통과하여 밝은 선과 어두운 선의 간섭무늬를 생성할 때 간섭이 발생한다. 편광은 평면에서 한 방향으로만 진동하는데, 빛은 특정 물질, 반사 또는 산란에 의해 편광될 수 있으며, 횡파 모형으로만 설명할 수 있다.

파동 모형은 광전 효과와 흑체복사에서 빛의 거동에 대한 관찰 결과를 설명하지 못한다. 막스 플랑크(Max Planck)는 진동 분자들이 불연속적인 에너지 즉, 에너지 양자화를 갖는다고 가정함으로써 흑체복사를 설명하기 위한 파동 이론을 수정할 수 있다는 것을 발견했으며, 양자화된 에너지는 오늘날 잘 알려진 플랑크 상수와 주파수가 관련이 있음을 발견하였다. 알베르트 아인슈타인은 플랑크의 양자 개념을 광전 효과에 적용하고 광자라고 하는 에너지의 양으로 빛의 파동을 묘사하였다. 각 광자는 주파수와 플랑크 상수가 관련된 에너지를 가지고 있다.

오늘날 빛의 특성은 빛의 파동과 입자 특성을 모두 포함하는 모형으로 설명된다. 빛은 파동과 입자 특성 모두 갖는 것으로 간주되며 일상적인 크기의 세계에서 알려진 것만으로는 설명될 수 없다.

특수 상대성 이론은 관측자와 측정 대상 간의 움직임에 의해 공간과 시간이 어떻게 영향을 받는지를 논의하며, 일반 상대성 이론은 중력을 시공간 구조에 연관시킨다.

방정식 요약

7.1 입사각 = 반사각

$$\theta_i = \theta_r$$

7.2

$$굴절률 = \frac{진공에서의\ 빛의\ 속도}{물질에서의\ 빛의\ 속도}$$

$$n = \frac{c}{v}$$

7.3 진공에서의 빛의 속도 = (파장)(진동수)

$$c = \lambda f$$

7.4 광자 에너지 = (플랑크 상수)(진동수)

$$E = hf$$

핵심 용어

간섭 (191쪽)
광선 모형 (181쪽)
광자 (195쪽)
광전 효과 (194쪽)
굴절 (184쪽)
굴절률 (188쪽)
물리 법칙의 일관성 원리 (197쪽)
발광 (179쪽)
백열 광원 (179쪽)
비편광 (192쪽)
속도 불변성 (197쪽)
실상 (184쪽)
양자 (195쪽)
일반 상대성 이론 (199쪽)
전반사 (188쪽)
편광 (193쪽)
허상 (184쪽)
흑체복사 (180쪽)

개념 적용

1. 다음 중 어느 것이 발광체인가?
   a. 달
   b. 화성
   c. 태양
   d. 모두
2. 고온으로 인해 발산하는 광원은 무엇인가?
   a. 발광
   b. 흑체복사
   c. 백열광원
   d. 전자기복사

3. 전자기복사를 완전히 방출하고 흡수하는 이상적인 물질은 무엇인가?
   a. 별
   b. 흑체
   c. 전자기파
   d. 광자
4. 전자기복사는 온도를 갖는 물질에서 방출된다. 이 복사를 무엇이라 하는가?
   a. 발광
   b. 흑체복사
   c. 백열광원
   d. 전자기복사
5. 빛은 어떤 과정에 의해 물질과 상호작용하는가?
   a. 흡수
   b. 투과
   c. 반사
   d. 모두
6. 빛의 투과시키지 않는 물질을 무엇이라 하는가?
   a. 투명
   b. 불투명
   c. 채색
   d. 흑체
7. 빛은 물질과 상호작용할 때까지 광선으로 직선 결로를 따라 이동한다. 물질과 상호작용하기 전에 원래 광선을 나타내는 선을 무엇이라 하는가?
   a. 들어오는 광선
   b. 입사광선
   c. 반사광선
   d. 수직광선
8. 거울에 보이는 상을 무엇이라 하는가?
   a. 실상
   b. 허상
   c. 상이 아니다.
9. 빛의 굴절은 언제 일어나는가?
   a. 표면에서의 반사가 일어날 때
   b. 두 투명한 물질사이에서 속도 변화가 일어 날때
   c. 임계각을 통해 이동할 때
   d. 입사각이 90° 일 때
10. 진공에서의 빛의 속도 대 투명한 물질에서의 빛의 속도 비를 무엇이라 하는가?
   a. 편향률
   b. 반사율
   c. 굴절률
   d. 확산률
11. 눈으로 측정할 수 있는 전자기파 스펙트럼의 부분들은 무엇인가?
   a. 자외선 영역
   b. 적외선 영역
   c. 가시광선 영역
   d. 모두
12. 햇빛의 구성 요소 색상을 연구한 사람은 누구인가?
   a. 줄
   b. 갈릴레오
   c. 뉴턴
   d. 와트
13. 가시광선 영역 중 더 긴 파장에서 더 작은 파장의 색상 순서는 무엇인가?
   a. 빨간색, 주황색, 노란색, 녹색, 파란색, 보라색
   b. 빨간색, 보라색, 파란색, 노란색, 녹색
   c. 보라색, 파란색, 녹색, 노란색, 주황색, 빨간색
   d. 보라색, 빨간색, 파란색, 녹색, 노란색, 주황색
14. 백색광이 구성 요소 색상으로 분리되는 현상을 무엇이라 하는가?
   a. 반사
   b. 굴절
   c. 분산
   d. 투과
15. 다음 보기 중 빛의 편광을 가장 잘 설명하는 것은?
   a. 한 평면에서 진동하는 파동
   b. 한 평면에서 움직이는 입자
   c. 모두 아님
16. 한 평면의 빛이 투과되고 다른 모든 평면의 빛은 흡수된다. 이는 무엇인가?
   a. 선택흡수
   b. 편광흡수
   c. 반사
   d. 산란
17. 다음 보기 중 광전효과를 가장 잘 설명하는 것은?
   a. 진동하는 파동
   b. 움직이는 파동
   c. 모두 아님
18. 진동하는 분자가 불연속적인 에너지를 갖는 빛을 방출한다는 양자 개념을 누가 제안하였나?
   a. 뉴턴
   b. 프레넬
   c. 플랑크
   d. 맥스웰
19. 막스플랑크의 연구를 참고하여 광전효과를 설명한 사람은 누구인가?
   a. 플랑크
   b. 아인슈타인
   c. 맥스웰
   d. 영
20. 오늘날 빛은 그 에너지와 관련된 진동수를 갖는 에

너지 묶음으로 간주된다. 이 묶음을 무엇이라 부르는가?

a. 중력자
b. 글루온
c. 광자
d. 쿼크

21. 광섬유는 무엇을 통해 정보 전달을 하는가?
a. 소리
b. 컴퓨터
c. 빛
d. 모두

22. 발광체에 대해 맞는 것은?
a. 어둠 속에서 희미한 청록색 빛을 반사한다.
b. 어떤 방법으로든 자체 조명을 생성한다.
c. 달과 같은 반사광만으로 빛난다.
d. 빛이 없을 때만 빛난다.

23. 물체가 칙칙하고 붉은 빛을 발할 만큼 뜨겁다. 이때 이 물체가 더 많이 가열되면 다음 중 어떤 빛이 방출되는가?
a. 단파장, 고주파 방사선
b. 장파장, 저주파 방사선
c. 더 많은 에너지와 동일한 파장을 갖는 빛
d. 같은 파장의 더 많은 빛

24. 촛불, 백열 전구 및 태양에서 방출되는 빛의 차이는 기본적으로 무엇에 의해 야기되는가?
a. 에너지 원천
b. 물질
c. 온도
d. 물질의 상

25. 나무 아래의 그늘진 영역에서 볼 수 있는 이유는 다음 중 무엇 때문인가?
a. 굴절
b. 입사 휨
c. 속도의 변화
d. 확산 반사

26. 상에서 나오는 광선에 의해 생성되지는 않지만 뇌가 광선을 해석한 결과인 상을 무엇이라 하는가?
a. 실상
b. 상상 이미지
c. 허상
d. 가짜 이미지

27. 가시광선 색상을 포함한 전자기 스펙트럼의 일부분은 다음 중 어떤 단위로 측정되는가?
a. 파장
b. 진동수
c. 에너지
d. 모두

28. 다음 중 무엇에 의해 프리즘은 햇빛의 색상을 스펙트럼으로 분리하는가?
a. 각 파장의 빛은 자체 굴절률을 갖는다.
b. 더 긴 파장은 더 짧은 파장보다 더 굴절된다.
c. 붉은 빛이 가장 많이 굴절되고, 보라색이 가장 작게 굴절된다.
d. 모두

29. 다음 중 파동 모형으로만 설명할 수 있는 것은 무엇인가?
a. 반사
b. 굴절
c. 간섭
d. 광전 효과

30. 빛의 편광 거동은 다음 중 무엇으로 잘 기술되는가?
a. 종파
b. 횡파
c. 입자
d. 극이 있는 입자

31. 막스 플랑크는 흑체복사에 관여하는 진동 분자의 에너지가 다음 중 어떤 특징을 갖고 있다고 하였나?
a. 특정 고정된 양의 배수
b. 연속적으로 변하는 양
c. 모든 상황에서 동일하고 일정한 양의 에너지
d. 실험마다 달라지는 일관되지 않은 양

32. 오늘날 빛은 다음 중 무엇으로 간주되는가?
a. 파동 특성이 없는 공간을 통해 움직이는 작은 물질 입자
b. 입자의 특성이 없는 전자기파
c. 입자 특성과 파동 특성의 뚜렷한 구분이 없는 소규모 현상
d. 완전히 알려지지 않은 것

33. 다음 중 백열 물체의 온도가 상승함에 따라 일어나는 현상은?
a. 적은 양의 UV와 더 많은 양의 적외선이 방출된다.
b. 방출되는 방사선의 빈도가 감소한다.
c. 방출된 방사선은 적외선 쪽으로 이동한다.
d. 더 높은 주파수로 이동하면서 더 많은 방사선이 방출된다.

34. 빛이 물질과 상호 작용하지 않고 빛을 볼 수 있는가?
a. 예
b. 아니오
c. 오직 불투명한 물체에서만
d. 오직 투명한 물체에서만

35. 전자기파 모형은 전자기파가 다음 중 어떤 속성을 갖고 있다고 정의하였나?
a. 속도
b. 자기장
c. 전기장
d. 모두

36. 다음 중 가장 짧은 파장의 전자기파는 무엇인가?
a. 전파
b. 적외선 빛
c. 자외선 빛
d. X선

37. 다음 중 가장 작은 에너지는 갖는 전자기파는 무엇인가?
a. 전파
b. 적외선 빛
c. 자외선 빛
d. X선

38. 푸른 잔디는 다음 중 어떤 색상의 빛을 반사하는가?
a. 노란색
b. 초록색
c. 파란색
d. 백색

39. 푸른 잔디는 다음 중 어떤 색상의 빛을 흡수하는가?
a. 노란색
b. 오직 초록색
c. 파란색
d. 초록색이 아닌 모든 색

40. 다음 중 우리가 푸른 하늘을 보는 이유는?
a. 공기 분자는 푸른 빛을 흡수한다.
b. 공기 분자는 붉은 빛을 반사한다.
c. 공기 분자와 먼지에 의한 빛의 산란은 파장이 길수록 더 효율적이다.
d. 공기 분자와 먼지에 의한 빛의 산란은 파장이 짧을 때 더 효율적이다.

41. 물이 담긴 물컵에 연필을 넣으면 연필이 구부러져 보인다. 이것은 다음 중 무엇 때문에 일어나는 현상인가?
a. 반사
b. 굴절
c. 분산
d. 편광

42. 단방향 거울은 다음 중 무엇 때문에 작동하는가?
a. 그 위에 떨어지는 모든 빛을 투과시킨다.
b. 그 위에 떨어지는 모든 빛을 반사한다.
c. 동시에 빛을 반사하고 투과한다.
d. 빛을 반사하거나 투과시키지 않는다.

43. 신기루는 다음 중 빛의 어떤 결과에 의해 일어나는 현상인가?
a. 반사
b. 굴절
c. 흡수
d. 수많은 산란

44. 다음 중 무엇 때문에 유리 프리즘은 햇빛을 다양한 색상으로 분리되는가?
a. 짧은 파장이 가장 많이 굴절된다.
b. 크리스탈 유리에서 반사되면 빛이 색으로 분리된다.
c. 프리즘에서 빛이 흡수된다.
d. 빛을 반사하는 세 개의 표면이 있다.

45. 다음 중 폴라로이드 선글라스가 눈부심을 제거하는데 가장 효과적인 이유는?
a. 반사된 빛은 위로 굴절된다.
b. 비편광은 모든 가능한 방향으로 진동한다.
c. 반사된 빛은 분산된다.
d. 반사된 빛은 수평 방향으로만 편광된다.

46. 다음 중 무엇을 이용하면 원시라는 시력 질환을 보정할 수 있는가?
a. 오목 렌즈
b. 볼록 렌즈
c. 접안 렌즈
d. 볼록 렌즈와 오목 렌즈의 조합

47. 오늘날 빛은 에너지와 관련된 주파수를 가진 광자 다발로 간주된다. 다음 중 광자의 에너지와 주파수 간의 관계 중 옳은 것은 무엇인가?
a. 스펙트럼 중간 부근의 주파수는 더 많은 에너지를 가진다.
b. 더 많은 에너지를 갖는 빛은 항상 더 낮은 주파수의 빛이다.
c. 고주파수 빛은 더 많은 에너지를 가지고 있다.
d. 저주파수 빛은 더 많은 에너지를 가지고 있다.

48. 다음 중 단일 주파수 및 동일한 위상을 갖는 결맞은 빔을 생성하는 기기는 무엇인가?
a. 망원경
b. 레이저
c. 카메라
d. 태양 전지

49. 특수 상대성 이론은 무엇을 설명하는가?
a. 중력에 대한 새로운 설명
b. 운동에 의해 공간과 시간이 어떻게 변하는지에 대한 분석
c. 빠르게 움직이는 시계의 시간이 얼마나 빨리 흐르는지에 대한 분석

d. 빛의 속도 변화에 대한 설명

50. 일반 상대성 이론은 무엇을 설명하는가?
   a. 공간과 시간의 변화로서 중력
   b. 빛의 속도가 관찰자의 속도에 따라 변하는 이유 설명
   c. 물리 법칙이 운동의 변화에 따라 어떻게 변하는지에 대한 설명
   d. 뉴턴의 운동 법칙

51. 지상에서 이루어진 측정과 매우 빠른 비행기에서의 측정을 비교하였을 때 일어나는 현상은 무엇인가?
   a. 객체의 길이가 더 짧다.
   b. 시계가 더 느리게 실행된다.
   c. 물체의 질량이 증가한다.
   d. 위의 모든 예는 사실이다.

[답]

1. c 2. c 3. b 4. b 5. d 6. c 7. b 8. b 9. b 10. c 11. c 12. c 13. a 14. c 15. a 16. a 17. b 18. c 19. b 20. c 21. c 22. b 23. a 24. c 25. d 26. c 27. d 28. a 29. c 30. b 31. a 32. c 33. d 34. b 35. d 36. d 37. a 38. b 39. d 40. d 41. b 42. c 43. b 44. a 45. d 46. b 47. c 48. b 49. b 50. a 51. d

개념 문제

1. 물체에서 방출되는 전자기파가 가시광선 또는 적외선인지 여부는 어떻게 결정되는가?
2. 빛의 편광은 어떤 빛 모형을 뒷받침하는가? 설명하시오.
3. 적색광 또는 청색광 중 어느 것이 더 많은 에너지를 갖는가? 색상에 따른 에너지 차이가 경고등과 신호등의 선호된 색상에 대한 어떤 의미를 부여하는가? 설명하시오.
4. 광전 효과를 뒷받침하는 빛의 모형은 무엇인가? 설명하시오.
5. 물질에 의해 흡수되는 빛은 어떻게 되는가?
6. 한 별은 붉고 다른 별은 푸르다. 두 별의 상대 온도에 대해 알고 있는 게 있는가? 설명하시오.
7. 내부 전반사는 언제 발생하는가? 왜 다른 보석보다 다이아몬드에서 이런 현상이 발생하는가?
8. 마른 고속도로가 더운 여름날에 고속도로가 젖는 것처럼 보이는 이유는 무엇인가?
9. 선글라스가 편광인지 아닌지를 어떻게 알 수 있는가?
10. 두 개의 빛이 밝은 선과 어두운 영역의 간섭 패턴을 형성하려면 어떤 조건이 필요한가?
11. 편광 선글라스를 착용한 상태에서 머리를 좌우로 기울이면 반사광의 강도가 변하는 이유를 설명하시오.
12. 왜 지구 주위를 도는 우주 비행사는 별이 반짝이지 않는 검은 하늘과 푸른 지구를 보게 되는가?
13. 흑체복사에 대한 플랑크의 발견에서 매우 흥미로운 것은 무엇인가? 왜 이 발견이 혁명적인 것으로 평가되는가?
14. 오늘날 광자 모형과 전자기파 모형이 단일 이론으로 채택되는 이유는 무엇인가? 사람들이 처음에 받아들이기 어려운 이유는 무엇인가?

분석 문제

1. 명확하고 분명한 예를 통해 빛의 반사와 빛의 굴절을 각각 구별하시오.
2. 뜨거운 포장 위에 보이는 희미한 빛이 열이 아니라는 것을 누군가가 이해시킬 수 있는 질문을 만들어 보시오.
3. 가시광선이 파, 입자 또는 둘 다라는 증거에 대한 논의를 자문자답하시오.
4. 볼록 렌즈와 오목 렌즈를 통과하는 빛의 경로를 비교 및 대조하시오. 각 렌즈에 몇 가지 용도를 제공하고 렌즈의 모양이 특정 용도에 어떤 영향을 미치는지 설명하시오.
5. 방정식 $E = hf$가 가시광선이 동시에 입자와 파동임을 의미할 수 있는 방법을 분석하시오.
6. 가시광선과 전파는 어떤 면에서 다르고 혹은 동일한가?

탐구 문제

최고의 선글라스?

여러 종류의 선글라스를 구매한 뒤 최고의 선글라스에서 찾을 수 있는 특징들의 조합을 결정하기 위한 실험을 설계하시오. 먼저 반사된 눈부심이 가장 적은 것을 결정하는 실험을 설계하고, 선글라스가 자외선을 차단할 수 있는지 알아보시오. 당신의 실험과 연구에 따라, "최고의" 선글라스를 설명하시오.

동형 연습문제

A형과 B형 연습문제는 동일한 개념을 포함한다. A형 연습문제에 대한 해답은 부록 E에 있다.
참고: 모든 운동에서 모든 마찰력을 무시하시오.

A형

1. (a) 물과 (b) 얼음을 통과할 때 빛의 속도는 얼마인가?
2. 태양과 지구 사이의 거리가 1.50×10^8 km인 경우 햇빛이 지구에 도달하는 데 몇 분이 필요한가?
3. 명왕성 근처의 우주 탐사선의 무선 신호가 6.00×10^9 km 떨어진 지구에 도달하기까지 몇 시간이 필요한가?
4. 광선은 법선과 10° 각도로 거울에서 반사된다. 입사각은 무엇인가?
5. 빛이 2.20×10^8 m/s의 속력으로 투명 물질을 통과한다. 이 물질은 무엇입니까?
6. 단색 광원의 파장은 회절 실험에서 6.00×10^{-7} m인 것으로 측정되었다. (a) 진동수는 얼마인가? (b) 이 빛의 광자 에너지는 얼마인가?
7. 특정 위치와 시간에서 1,000 W의 전력으로 1 m^2 태양열 집열기에서 햇빛을 측정한다. 햇빛이 5.60×10^{-7} m 파장에서 봉우리 세기를 가지고 있는 경우 초당 몇 개의 광자가 도착하는가?
8. 광파는 초당 4.90×10^{14} 주기의 진동수를 갖는다. (a) 파장은 무엇인가? (b) 어떤 색이 관찰되는가(표 7.2 참조)?
9. 진동수 5.00×10^{20} Hz인 감마선 광자의 에너지는 얼마인가?
10. 파장이 1.00 mm인 마이크로파 광자의 에너지는 얼마인가?
11. 유리를 통과하는 빛의 속도는 얼마인가?
12. 파장이 5.00×10^{-7} m인 빛의 진동수는 무엇인가?
13. 진동수가 5.00×10^{14} Hz인 주황색 광자의 에너지는 무엇인가?
14. 진동수가 6.50×10^{14} Hz인 푸른 빛의 광자 에너지는 무엇인가?
15. 특정 위치와 시간에서 1,000.0 와트의 세기를 가진 햇빛은 1 m^2인 태양열 집열기에서 측정된다. 햇빛이 5.60×10^{-7} m의 파장에서 봉우리 세기를 갖을 때, 초당 몇 개의 광자가 도착하는가?

B형

1. (a) 진공, (b) 30℃의 공기 및 (c) 0℃의 공기를 통과하는 동안 빛의 속도는 얼마인가?
2. 지구와 달 사이의 거리가 3.85×10^5 km인 경우 반사된 햇빛이 달에서 지구로 이동하는 데 얼마나 많은 시간이 필요한가?
3. 지구와 화성 사이의 거리는 7.83×10^7 km이다. 지구에서 화성의 우주 정거장으로 전파가 이동하는 데 몇 분이 소요되는가?
4. 입사 광선이 거울 표면에 대해 30° 의 각도로 거울에 부딪친다. 반사 광선의 각도는 얼마인가?
5. 투명한 물질을 통한 빛의 속도는 2.00×10^8 m/s이다. 이 물질은 무엇인가?
6. 회절 실험에 사용되는 단색 광원은 4.60×10^{-7} m의 파장을 갖는다. 이 빛의 광자의 에너지는 무엇인가?
7. 흑백 사진에서, 필름에 사용되는 화합물의 변화를 가져 오려면 약 4.00×10^{-19} J의 광자 에너지가 필요하다. 암실에서 사용되는 적색광이 현상 중에 필름에 영향을 미치지 않는 이유를 설명하시오.
8. 단색 광원에서 나오는 빛의 파장이 6.80×10^{-7} m인 것으로 측정되었다. (a) 이 빛의 진동수는 무엇인가? (b) 어떤 색을 관찰하게 되는가?
9. 자외선($\lambda = 3.00 \times 10^{-7}$ m)의 광자 에너지는 햇빛의 광자 평균 에너지($\lambda = 5.60 \times 10^{-7}$ m)보다 얼마나 큰가?
10. 전선내의 전자가 1.00 mm의 파장을 갖는 전자기파를 방출하기 위해서 얼마나 빨리 진동해야 하는가?
11. 얼음의 빛의 속도는 얼마인가?
12. 회절 실험에서 사용되는 4.60×10^{-7} m의 파장을 갖는 단색광의 진동수는 얼마인가?
13. 진동수가 4.3×10^{14} Hz인 붉은 빛의 광자 에너지는 무엇인가?
14. 파장이 3.00×10^{-7} m인 자외선 광자 에너지는 무엇인가?
15. 특정 위치와 시간에서 500.0 와트의 세기를 가진 햇빛은 1 m^2인 태양열 집열기에서 측정된다. 햇빛이 5.60×10^{-7} m의 파장에서 봉우리 세기를 갖을 때, 초당 몇 개의 광자가 도착하는가?

8

원자와 주기적 특성

이 그림은 지구에서 발견되는 89개의 자연 발생 원소 중 하나인 순수 리튬을 보여준다.
출처: ©McGraw-Hill Education/Charles D. Winters/Timeframe Photography, Inc.

핵심 개념 다른 연구 분야가 원자 모형의 개발에 기여하였다.

차례

전자의 발견
전자는 전기실험에서 발견되었다.

원자핵
핵과 양성자는 방사능 실험에서 발견되었다.

보어이론
빛과 선 스펙트럼을 사용한 실험과 양자 개념의 적용은 원자의 보어 모형으로 이어졌다.

양자역학모형
전자의 파동 특성의 적용은 원자의 양자 역학 모형으로 이어졌다.

주기율표
주기율표에서 원소의 배열은 원자 구조와 화학적 반응에 대한 의미를 갖는다.

개요

현대 원자 모형의 개발은 현대 과학의 이해가 어떻게 다양한 연구 분야에서 비롯되는지 보여준다. 예를 들어, 전기 연구를 통해 원자가 전자라는 아원자 부분을 가지고 있다는 사실을 알게 되었고, 방사능 발견을 통해 양성자와 중성자를 포함하는 더 많은 아원자를 갖는 원자핵을 발견하게 되었다. 빛의 흡수와 방출에 관한 정보는 원자 속의 아원자들이 어떻게 구성되는지에 대한 모형과 원자핵을 둘러싸고 있는 전자를 소형 태양계와 유사한 모형으로 구성하는 데 사용되었다. 태양계 모형은 초기에 제한적인 성공을 거두었을 뿐, 물질과 에너지에 대한 다른 이해와 일치하지 않았다. 이 초기 원자 모형에 대한 수정이 시도되었지만 아무도 문제를 해결하지 못하였다. 그 후 물질의 파동 특성을 발견하면서 완전히 새로운 원자 모형이 탄생하였다(그림 8.1). 원자 모형은 수많은 물질의 다양성과 물질의 변화를 설명하기 위해 사용되며, 약물에서 세라믹에 이르기까지 새로운 물질을 만들기 위해 이러한 변화를 조작하는 방법이 연구되었다. 요컨대, 원자와 원자의 모든 변화를 이해하는 것이 삶에 직접적으로 영향을 줄 뿐만 아니라 문명의 모든 부분을 형성하고 영향을 미치는 방법을 배우게 될 것이다.

8.1 원자구조 발견

과학자들이 가장 강력한 광학 현미경으로도 볼 수 없는 작은 물체를 어떻게 알 수 있는지 궁금한 적이 있는가? 원자는 아주 작은 물질 단위이므로 1 g의 수소에는 약 600,000,000,000,000,000,000,000 (6×10^{23})개의 원자가 들어 있으며, 더 믿을 수 없는 것은 원자가 개별 단위가 아니라 훨씬 더 작은 입자로 구성되어 있다는 것이다.

과학자들은 볼 수 없을 정도로 작은 물체의 부분에 대해 어떻게 말할 수 있는가? 이에 대한 답은 이러한 것들을 직접적으로 관찰할 수는 없지만 실험적 증거로부터 유추될 수 있다는 것이다. 다음 이야기는 과학자들이 전자, 핵, 양성자, 그리고 중성자를 연구하는 방법과 이 요소들이 원자에 배열되는 방법 그리고 그 과학적 증거들에 대해 설명한다.

원자 개념은 2,500년 전에 고대 그리스 철학자들로 거슬러 올라가는 아주 오래된 개념이다. 고대 그리스인들은 또한 순수한 물질들이 모이는 방식에 대해 추론하였다. 예를 들어 물 한 잔은 전체적으로 같은 것으로 보이는데, 정말 그런가? 지적 사고 과정을 통해 그럴듯하지만 상충되는 두 가지 발상이 가능하다. 물은 연속적인 구조를 가질 수 있다. 즉, 물이 작고 작은 부분으로 무한히 절단 될 수 있으며 모든 부분이 동일하다는 것을 의미한다. 다른 발상은 물은 연속적인 것처럼 보이지만 실제로는 불연속적이라는 것이다. 즉, 물을 계속해서 더 작은 양으로 나누면 결국에는 더 이상 나눌 수 없는 한계에 도달하게 되며, 궁극적으로 더 이상 세분화될 수 없는 물 입자이거나, 그 입자가 세분화 될 경우, 결과적으로 조각은 물 이외의 다른 것이 될 것이다. 그리스 철학자 데모크리토스(Democritus, 기원전 460-362년)는 그의 교사인 레

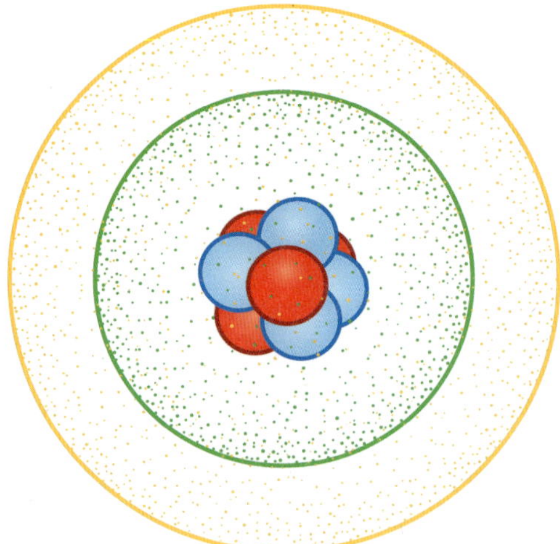

그림 8.1 이것은 베릴륨 원자에 대한 상상도로 핵과 주변 전자의 위치를 보여준다. 이 구성은 주기율표의 정보로부터 예측할 수 있다. 출처: ©Ken Eward/Science Source/Photo Researchers.

우키피테스(Leucippus)와 함께 이 두 번째 모형을 개발하였다. 그는 불가분의 입자를 "절단 불가능" 또는 "비가시적"이라는 그리스어 단어에서 유래한 원자(atom)라고 불렀다. 그러나 플라톤(Plato)과 아리스토텔레스(Aristotle)라는 두 명의 강력한 그리스 철학자들은 물질의 이론을 거부했으며, 약 2,000년이 지난 후에야 물질의 원자 개념이 다시 도입되었다.

1800년대 초, 영국의 화학자 존 돌턴(John Dalton)은 화학 반응을 설명하기 위해 고대 그리스에서 유래한 단단하고 분리할 수 없는 원자 개념을 도입하였다.

그의 이론은 다섯 가지로 요약되며, 곧 보겠지만, 오늘날 두 번째 진술은 엄밀하게는 옳지 않다는 것을 알고 있다.

1. 원자라고 하는 불가분의 미세한 입자가 모든 물질을 구성한다.
2. 한 원소의 모든 원자들은 모양과 질량이 정확히 동일하다.
3. 다른 원소의 원자는 질량이 서로 다르다.
4. 원자는 정수 비율로 화학적으로 결합하여 화합물을 형성한다.
5. 화학 반응에서 원자는 생성되거나 파괴되지 않는다.

1800년대에 돌턴의 단단하고 불가분의 원자 개념은 대부분의 과학자들에게 친숙했다. 그러나 원자의 존재가 모든 과학자들에 의해 일반적으로 수용되는 것은 아니었는데, 직접 관찰할 수 없는 것에 대한 회의가 있었기 때문이다. 이상하게도, 원자를 완전히 수용하는 것은 1900년대 초반에 원자가 결국 불가분의 관계가 아니라는 것을 발견하면서부터였다. 원자는 원자의 내부 구조를 구성하는 입자들을 가지고 있고, 처음으로 발견된 원자 내부의 입자는 전기연구를 통해 발견된 전자(electron)였다.

전자의 발견

1800년대 후반의 과학자들은 그 당시 발견된 전류의 본질을 이해하는 데 관심이 있었다. 전류를 직접 관찰하기 위해 전선을 이용하지 않고 튜브에서 많은 공기를 제거한 다음 희박한 공기를 통해 흐르는 전류를 생성하려고 하였다. 튜브 내부의 금속판이 고전압 전원의 음극 및 양극 단자에 연결된 경우(그림 8.2) 빈 튜브 안에서 음극(음극 단자)에서 양극(양극 단자)으로 움직이는 것처럼 보이는

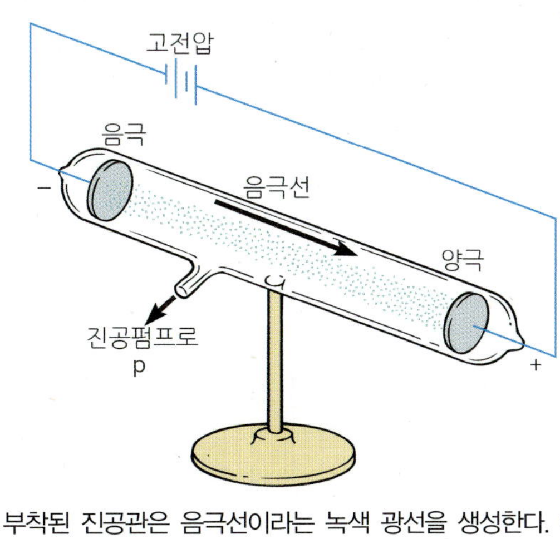

그림 8.2 고전압원에 금속판이 부착된 진공관은 음극선이라는 녹색 광선을 생성한다. 이 광선은 음극(음전하)에서 양극(양전하)으로 이동한다.

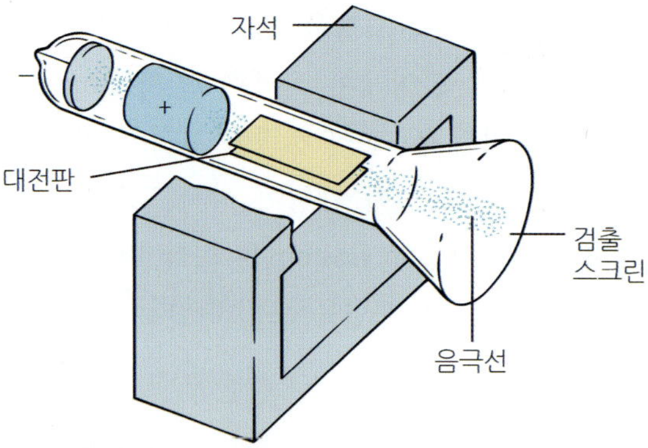

그림 8.3 2개의 하전된 판 사이를 통과한 음극선이 양으로 하전된 판으로 휘어지게 되며, 또한 자기장에 의해 휘게 된다. 조지프 존 톰슨은 이 두 경우에 의한 경로의 변화를 측정함으로써 전하 대 질량의 비율을 계산할 수 있었다. 그는 하전 입자에 부딪쳤을 때 가시광선을 생성하는 물질인 황화아연으로 코팅된 검출 스크린을 이용해 음극선의 편향을 측정할 수 있었다.

녹색 광선이 관찰되었으며, 이 신비한 광선이 음극에서 나오는 것처럼 보였기 때문에 음극선이라고 부른다.

영국 물리학자인 조지프 존 톰슨(J. J. Thomson)은 1897년에 음극선이 무엇인지 알아냈다. 그는 빔이 지나가는 옆면에 대전된 금속판을 놓고(그림 8.3) 빔이 음극판으로부터 멀리 편향된 것을 발견했다. 동일한 전하들은 서로 반발하는 것으로 알려져 있었기 때문에, 이는 빔이 음으로 하전된 입자로 구성되었음을 의미하였다.

음극선은 자석의 극 사이를 통과할 때 편향되었다. 톰슨은 자석에 의한 편향과 전기장에 의한 편향의 균형을 유지함으로써 개별 입자에 대한 전하 대 질량의 비율을 결정할 수 있었다. 오늘날 질

사례 연구

전자의 발견

1870년경 영국 물리학자 윌리엄 크룩스(William Crookes)의 이름을 딴 크룩스 튜브는 초기 전기 연구에 사용된 실험용 방전튜브였다. 두 개의 금속 단자가 있는 부분적으로 진공 처리된 유리 튜브로 구성되어 있으며, 음의 단자와 양의 단자를 각각 음극과 양극으로 명명하였다. 이 이름은 마이클 페러데이(Michael Faraday)가 초기 전기 실험을 설명하기 위해 만들었다. 단자에 고전압이 가해 졌을 때 음극선이 음극에서 양극으로 이동하는 것이 관찰되었다. 과학자들은 광선이 전자파의 형태인지 또는 하전 입자의 흐름인지 알아내려고 노력했다. 실험은 조지프 존 톰슨(J. J. Thomson)이 입자의 전하와 질량을 측정하여 음으로 대전된 입자임을 증명할 때까지 계속되었으며, 이 입자는 나중에 전자라고 불렸다.

톰슨의 전자 발견과 관련된 두 가지 중요한 관련성이 있으며 둘 다 전하와 관련이 있다. 전하는 물질의 물리적 특성으로, 다른 전하가 있는 물질 근처에서 물질이 힘을 경험하게 된다. 전하에는 음전하와 양전하의 두 가지 종류가 있으며, 이러한 전하는 서로 상호 작용하여 전기력을 받게 된다. 양전하와 양전하 혹은 음전하와 음전하의 쌍과 같이 서로 같은 전하를 띄는 입자는 서로 밀어내려고 하는 전기적 척력을 생성하며, 이와 반대로 서로 다른 전하를 갖는 양전하와 음전하는 서로를 잡아당기는 전기적 인력을 생성한다. 그러므로 일반적으로 같은 전하는 서로 밀어내고 다른 전하들은 서로 잡아당기는 법칙을 따른다. 두 번째 중요한 관계는 움직이고 있는 전하와 관련이 있다. 일반적으로 움직이는 전하는 자기장을 생성하며, 크룩스 튜브 실험에서 움직이는 전하의 자기장은 다른 자기장과 상호 작용한다.

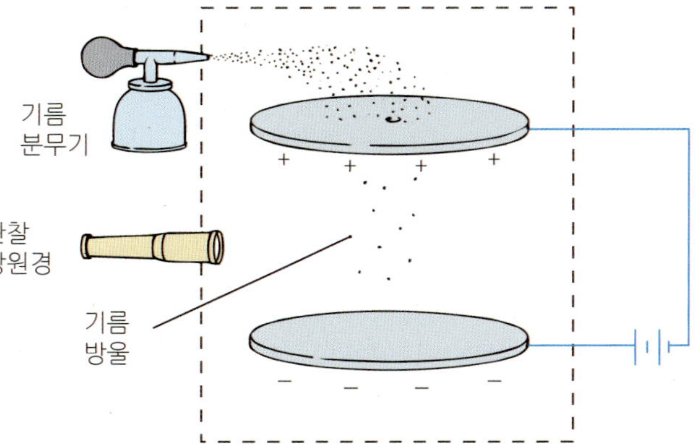

그림 8.4 밀리컨은 기름방울의 아래로의 중력과 위로의 전기력 사이의 균형을 이루어 전자의 전하를 측정했다. 톰슨이 계산한 전하 대 질량 비율을 이용해 밀리컨은 각 기름방울의 전하량을 계산할 수 있었다. 그는 모든 물방울이 1.60×10^{-19} 쿨롱의 전하 또는 그 전하의 배수에 해당하는 전하를 가짐을 발견하였고, 이를 통해 측정된 최소 전하는 전자의 것이어야 한다는 결론에 도달하게 되었다.

량 대 전하 비율은 1.7584×10^{11} 쿨롱/킬로미터로 간주된다(6장의 "전하량 측정" 참조). 톰슨의 실험에서 중요한 부분은 튜브에 기체가 있거나 전극이 만들어진 재료에 관계없이 전하 대 질량 비율이 동일하다는 것을 발견하였다는 것이다. 기체 또는 금속의 임의의 조합에 의해 생성된 음극선은 동일한 것으로 관찰되었으며, 톰슨은 물질의 기본 입자인 **전자(electron)**를 발견했다.

1906년경 미국 물리학자 로버트 앤드루스 밀리컨(Robert A. Millikan)이 전자의 전하와 질량을 측정하는 방법을 연구하였다. 밀리컨은 그림 8.4에 표시된 것과 같은 장치를 사용하여 작은 기름방울의 전하를 측정하였다. 밀리컨은 그 어떤 방울도 하나의 특정 값(1.60×10^{-19} coulomb)보다 작은 전하를 갖지 않았으며 다양한 방울들에서 측정된 더 큰 전하는 항상 이 전하의 배수인 것을 발견하였다. 모든 기름방울은 단일 전하 단위 또는 단일 전하 단위의 배수를 수반하기 때문에, 전하 단위는 단일 전자의 전하인 것으로 이해되었다.

단일 전자의 전하와 톰슨이 측정한 전하 대 질량비를 알면 이제 단일 전자의 질량을 계산할 수 있게 되었다. 따라서 전자의 질량은 약 9.11×10^{-31} kg 또는 가장 가벼운 원자 질량인 수소의 약 1/1,840배인 것으로 결정되었다.

톰슨은 음으로 하전된 전자를 발견하였고, 밀리컨은 전자의 전하와 질량을 측정하였다. 그러나 원자 자체는 전기적으로 중성이므로, 전자가 원자의 일부라면, 전자의 음전하를 상쇄하는 양전하를 띠는 다른 것이 있어야 한다. 원자 구조를 이해하는 순서의 다음 단계는 음전하를 중화시키는 것이 무엇인지 찾고 모든 구성 입자들이 어떻게 원자를 구성하는지 알아내는 것이다.

톰슨은 당시 원자에 대해 알려진 모형을 제안했다. 그는 원자가 질량이 없고 양으로 하전된 물질의 덩어리에 전자가 "매실 푸딩의 건포도"처럼 붙어있다고 제안했다. 수소 원자의 질량이, 질량이 없고 양으로 하전된 푸딩에 붙어 있는 전자에 기인한다면, 전자가 수소 원자의 질량의 1/1,840을 갖기 때문에 원자를 전기적으로 중성으로 만들기 위해서는 1,840개의 전자가 필요하다. 연구를 더 진행하는 동안, 이 원자 모형은 톰슨 자신에게조차 불만족스러웠으며, 영국의 물리학자인 어니스트 러더퍼드(Ernest Rutherford)는 더 만족할 만한 다른 원자 모형을 곧 제안하였다.

원자핵

방사능과 물질의 본질은 톰슨의 노벨상 수상자인 8명의 학생들 중 한 명인 러더퍼드의 연구 관심사였다. 1909년 러더퍼드는 다양한 재료에 대한 방사선 영향의 연구에 참여하였다. 그림 8.5에서 볼 수 있듯이, 황화 아연 스크린 표면에 미치는 영향을 관찰하면서 양으로 하전된 방사성 알파 입자의 움직임을 추적하였다. 각 입자가 스크린을 때리면서 작은 빛의 섬광이 방출되었다. 매우 얇은 금박판을 포함하는 얇은 재료 샘플을 입자 방출기와 스크린 사이에 두었다. 두 명의 학생들이 어두운 방에 앉아 스크린에 번쩍이는 빛을 보고 각 위치를 손으로 기록하였다.

러더퍼드는 톰슨의 원자에 대한 자두 푸딩 모형을 감안할 때, 금에는 양전하와 음전하가 균등하게 분포되어 있고, 무겁고 양전하로 하전된 입자의 영향은 없을 것이라 가정하였다. 그는 종이에 발사되는 총알처럼 무거운 알파 입자가 가끔 작은 궤도 각도 변화를 야기하면서 금박을 통과할 것이라고 예측했다. 러더퍼드는 대부분의 입자가 호일을 궤도 변화 없이 그냥 지나가는 것을 발견하였다. 그러나 그는 일부가 매우 큰 각도로 방향을 바꾼다는 사실에 놀랐으며, 전담 연구 조교의 도

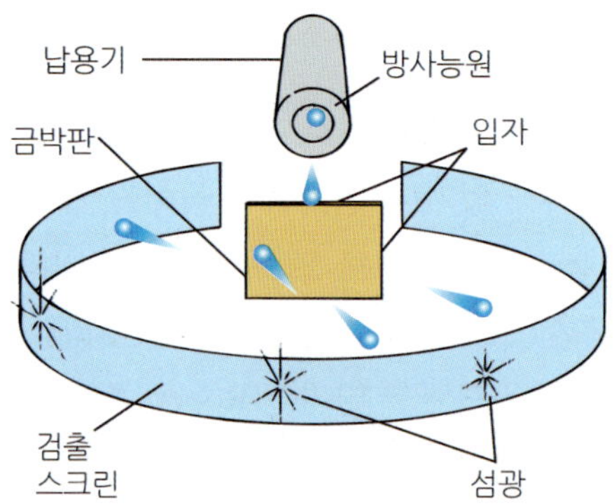

그림 8.5 러더퍼드와 그의 동료들은 얇은 금속 호일에서 알파 입자 산란을 연구했다. 알파 입자가 감지 스크린에 부딪힐 때 가시광선을 방출했다. 섬광, 금속판 및 알파 입자 공급원 사이의 각도 측정을 통해 입자가 공급원을 향해 되반사되고 또한 모든 방향으로 산란되는 것을 관측하였다.

사례 연구
기름방울 실험

조지프 존 톰슨(J.J. Thomson)은 진공관에서 음극선을 실험하였고("사례 연구: 전자 발견" 참조), 실험을 통해 다음과 같은 결론에 도달하였다.

1. 음극선은 빛과 같은 파동이 아닌 하전 입자이다.
2. 음의 입자가 원자들 사이를 이동하기 때문에 원자는 불가분의 것이 아니다.
3. 음극선 입자는 모두 동일한 전하를 가지며 질량이 모두 동일하다.
4. 음극선 입자의 질량은 수소 원자 질량의 1/1,837 미만이다.

톰슨(Thomson)은 음극선 입자를 "미소체"라고 불렀지만 곧 전자라고 알려졌다. 약 1909년 물리학자 로버트 밀리컨(Robert Millikan)은 다른 사람들과 협력하여 전자의 전하를 매우 정밀하게 측정하는 방법을 고안했다. 작은 기름방울에 대한 그의 실험은 다음을 증명하였다.

1. 각 전자의 전하는 정확히 동일하다.
2. 가 기름방울의 전하는 단일 전자 전하의 배수(1.60×10^{-19}C의 배수)인 것으로 밝혀졌다.
3. 전자의 질량은 9.11×10^{-31} kg인 것으로 밝혀졌다.

움으로 20,000개의 입자 중 1개가 금박에서 튕겨져 마치 단단한 벽에 부딪힌 것처럼 보였다. 그는 무겁고 양으로 하전된 입자가 원자의 작은 영역에 집중된 무거운 양전하에 의해 튕겨졌다고 가정함으로써 이것을 설명할 수 있었다(그림 8.6). 그는 원자는 전자로 둘러싸인 작고 무거운 양으로 하전된 **핵(nucleus)**을 가져야 한다고 결론지었다.

산란의 측정으로부터 러더퍼드는 전자가 핵의 반경의 100,000배 거리에서 핵 주위를 움직여야 한다고 추정하였으며, 이것은 원자의 부피가 대부분 빈 공간임을 의미한다. 몇 년 후 러더퍼드는 우리가 **양성자(proton)**라고 부르는 개별 양전하 단위를 찾게 되었다. 러더퍼드는 또한 **중성자(neutron)**라 불리는 핵 안의 중성 입자가 존재한다고 추측했으며, 1932년 제임스 채드윅(James Chadwick)에 의해 확인되었다.

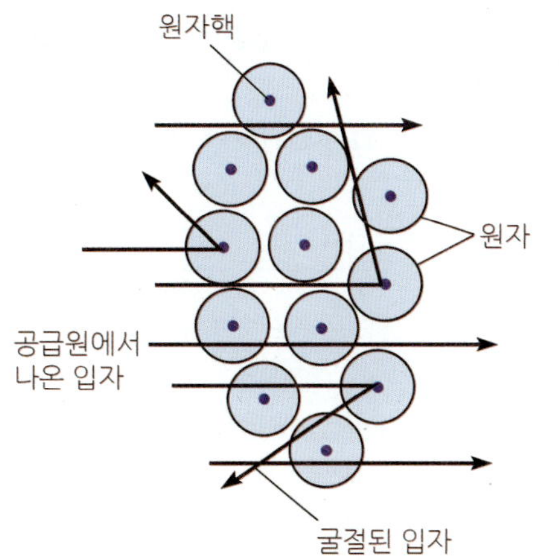

그림 8.6 러더퍼드 원자핵 모형은 양전하를 띤 입자가 양전하를 띤 핵으로부터 반발력을 경험하는 것으로 산란 결과를 설명했다. 직선으로 통과하는 입자의 비율과 핵에 가까운 입자의 다양한 산란 각도의 비율을 측정함으로써 러더퍼드는 핵의 크기를 추정할 수 있는 수단을 얻게 되었다.

오늘날 원자의 핵에 있는 양성자의 수를 **원자번호(atomic number)**라고 한다. 특정 원소의 모든 원자는 핵에 같은 수의 양성자를 가지므로 원소의 모든 원자는 같은 원자 번호를 갖는다. 수소는 원자 번호가 1이므로, 핵에 하나의 양성자가 있는 원자는 수소 원소의 원자이다. 중성 원자에서 양성자의 수는 전자의 수와 같으므로 수소 중성 원자는 하나의 양성자와 하나의 전자를 갖는다. 오늘날 과학자들은 각각 다른 수의 양성자를 가진 118가지의 다른 원소를 찾았다.

핵의 중성자와 양성자는 원자의 질량에 기여한다. 원소의 모든 원자가 핵에 같은 수의 양성자를 가져야하지만 중성자의 수는 다를 수 있다. 다른 수의 중성자를 가진 원소의 원자를 **동위 원소(isotopes)**라 한다. 그림 8.7에 예시된 세 가지 수소 동위 원소는 모두 같은 수의 양성자와 전자를 갖지만, 중성자가 없는 경우, 하나의 중성자(중수소)가 있는 경우, 혹은 두 개의 중성자(삼중 수소)가 있는 경우로 구분된다.

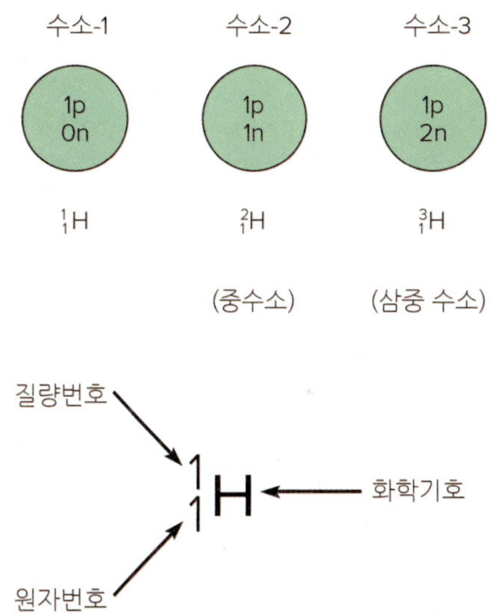

그림 8.7 수소의 3개 동위 원소는 양성자의 수는 같지만 중성자의 수는 서로 다르다. 수소-1이 가장 일반적인 동위 원소이며, 추가적인 중성자를 가진 수소-2는 중수소로, 수소-3은 삼중 수소로 불린다.

원자는 매우 작기 때문에 주어진 원자의 질량을 찾는 것은 불가능하다. 그러나 한 원자의 질량을 다른 원자의 질량과 비교할 수 있다. 임의의 원자의 질량은 특정 탄소 동위 원소의 원자의 질량과 비교할 수 있다. 이 특정 탄소 동위 원소는 정확하게 원자 질량이 12.00이며 그 단위는 **원자 질량 단위(atomic mass units)**(u)로 주어진다. 이 동위 원소는 정확히 12 u로 정의되므로 무한한 수의 유효 숫자를 가질 수 있다. 탄소-12라고 하는 이 동위 원소는 다른 모든 동위 원소 질량과 비교 시 기준을 제공하므로, 동위 원소의 상대 질량은 탄소-12 동위 원소의 질량을 기준으로 한다.

표 8.1 질량 및 동위 원소로부터 계산된 선택된 원자량

안정 동위 원소	C-12에 비교한 동위원소 질량	존재비(%)	원자량
$^{1}_{1}H$	1.007	99.985	
$^{2}_{1}H$	2.0141	0.015	1.0079
$^{9}_{4}Be$	9.01218	100.	9.01218
$^{14}_{7}N$	14.00307	99.63	
$^{15}_{7}N$	15.00011	0.37	14.0067
$^{16}_{8}O$	15.99491	99.759	
$^{17}_{8}O$	16.99914	0.037	
$^{18}_{8}O$	17.00016	0.204	15.9994
$^{19}_{9}F$	18.9984	100.	18.9984
$^{20}_{10}Ne$	19.99244	90.92	
$^{21}_{10}Ne$	20.99395	0.257	
$^{22}_{10}Ne$	21.99138	8.82	20.179
$^{27}_{13}Al$	26.9815	100.	26.9815

중성자가 없는 수소 동위 원소의 상대 질량은 탄소-12와 비교할 때 1.007이며, 하나의 중성자를 가진 수소 동위 원소의 상대 질량은 탄소-12와 비교할 때 2.0141이다. 원소는 동위 원소의 혼합물로 자연계에 존재하며 각각의 기여도는 원자량으로 계산된다. 원소의 **원자량(atomic weight)**은 각 동위 원소의 상대적 존재비를 고려하여 원소의 모든 동위원소의 질량 평균을 계산하여 찾는다. 그런 다음 탄소-12 질량과 비교하게 된다. 예를 들어, 모든 수소 동위 원소 중 99.985%는 중성자가 없는 동위 원소이며, 나머지 0.015%는 한 개의 중성자가 있는 동위 원소로 자연계에서 발견된다(다른 동위 원소는 방사성이므로 고려하지 않음). 표 8.1은 수소의 원자량이 1.0079인 계산결과를 보여준다.

원자핵의 양성자와 중성자 수의 합을 그 원자의 **질량수(mass number)**라고 하며, 이 질량수는 동위 원소를 식별하는 데 사용된다. 1개의 양성자와 1개의 중성자를 갖는 수소 원자는 1 + 1 또는 2의 질량수를 가지며, 수소-2로 나타낸다. 1개의 양성자와 2개의 중성자를 갖는 수소 원자는 1 + 2 또는 3의 질량수를 가지며, 수소-3으로 나타낸다. 기호를 사용해서 수소-3을 아래와 같이 표현할 수 있다.

$$^{3}_{1}H$$

여기서 H는 수소의 화학 기호이고 왼쪽 하단의 첨자는 원자번호이고 왼쪽 상단의 첨자는 질량수이다.

전자가 핵 주위를 어떻게 움직이는가? 러더퍼드, 일본 과학자 나가오카 한타로(Hangaro Nagaoka) 및 기타 사람들도 떠올렸던 것처럼 원자가 소형 태양계와 유사할지도 모른다고 여러분도 상상했을 것이다. 이와 같은 유사성을 기반으로 핵은 태양처럼, 전자는 궤도를 도는 행성처럼, 중력의 인력은 핵과 전자 사이의 전기적 인력으로 다루게 된다.

그러나 이 아이디어에는 큰 문제가 있다. 전자가 원형 궤도로 움직이고 있다면, 이동 방향이 계

개념 활용

원자 구성

$^{16}_{8}O$원자의 양성자, 중성자 및 전자의 수를 구별하고, 다음 단락에서 답을 읽기 전에 답을 쓰시오. 왼쪽 하단의 아래 첨자는 원자번호이다. 원자번호는 핵의 양성자수로 정의되므로 이 숫자는 양성자수를 나타낸다. 8개의 양성자를 갖는 원자는 산소 원자이며, O로 표시된다. 좌측 상단의 위첨자는 산소 동위 원소의 질량번호인 16을 나타낸다. 질량번호는 핵의 양성자수와 중성자수의 합으로 정의된다. 이미 양성자수가 8(원자번호에서)임을 알고 있으므로 16에서 8을 빼면 중성자수는 8개이다. 중성 원자는 양성자와 동일한 수의 전자를 갖기 때문에, 산소 동위 원소의 원자는 8개의 양성자, 8개의 중성자 및 8개의 전자를 갖는다. $^{17}_{8}O$원자에 몇 개의 양성자, 중성자 및 전자가 있는지 설명하고 친구와 비교하여 확인하시오.

속 바뀌어 가속된다. 맥스웰 전자기 복사 모형에 따르면, 가속 전하는 빛과 같은 전자기복사를 방출하게 되며, 이때 전자가 빛을 방출하면서 에너지를 잃게 된다. 이러한 에너지 손실은 전자가 궤도를 유지할 수 없다는 것을 의미하며 반대 전하를 띤 핵으로 끌려가게 된다. 즉, 전자는 나선 궤도를 따라 핵으로 끌려 들어가면서 원자는 붕괴될 것이다. 하지만 실제로 원자는 이와 같이 붕괴되지 않기 때문에 원자의 태양계 모형에는 중대한 문제가 있다.

8.2 보어 모형

닐스 보어는 1912년 러더퍼드의 실험실을 방문한 어린 물리학자였으며 원자의 태양계 모형에 대해 매우 관심을 가졌다. 그는 전자 궤도의 크기와 전자 에너지를 결정한 것이 무엇인지 궁금했으며, 궤도 전자가 왜 전자기 복사를 방출하지 않는지 알고 싶어 하였다. 이러한 질문에 대한 답을 찾고자 보어는 플랑크와 아인슈타인의 양자 개념을 러더퍼드의 모형과 결합하여 원자 외부의 전자를 묘사하였다. 보어의 수소 원자 모형이 어떻게 개발되었는지 알아보기 전에 이 양자 개념에 대해 간단히 살펴보겠다.

양자 개념

1890년대 후반 막스 플랑크는 스펙트럼과 관련된 실험 결과를 전자기파 이론의 예측과 일치시키려고 했다. 그의 관찰을 이해하기 위해서는 특정한 불연속적 에너지양들이 전자기복사의 다른 주파수들과 관련이 있다고 가정해야했다. 1900년에 플랑크는 물질이 불연속적 단위로 에너지를 방출하고 흡수한다는 **양자**(quanta)라는 개념을 도입하였다. 1905년에 알베르트 아인슈타인은 양자 개념을 빛으로 확장하여 빛이 현재 **광자**(photons)라고 하는 불연속적인 에너지 단위로 구성되어 있다고 진술하였다. 광자의 에너지는 진동 주파수에 정비례하며, 빛의 주파수가 높을수록 개별 광자의 에너지는 더 커진다. 또한, 광자와 물질과의 상호 작용은 "전부 또는 전무" 문제이다. 즉, 물질은 전체 광자를 흡수하거나 혹은 전혀 흡수하지 않으며, 주파수(f)와 에너지(E)의 관계는 다음과 갖는다.

$$E = hf \qquad \text{식 8.1}$$

여기서 h는 플랑크 상수(6.63×10^{-34} J · s)로 알려진 비례 상수이다. 이 관계는 자외선과 같은 고주파 빛이 적색 빛과 같은 저주파 빛보다 더 많은 에너지를 가짐을 의미한다.

예제 8.1

주파수가 4.60×10^{14} Hz인 적색광의 광자 에너지는 무엇인가?

풀이

$f=4.60\times10^{14}$ Hz

$h=6.63\times10^{-34}$ J·s

$E=?$

$$
\begin{aligned}
E &= hf \\
&= (6.63\times10^{-34}\ \mathrm{J\cdot s})\left(4.60\times10^{14}\frac{1}{\mathrm{s}}\right) \\
&= (6.63\times10^{-34})(4.60\times10^{14})\ \mathrm{J\cdot s}\times\frac{1}{\mathrm{s}} \\
&= \boxed{3.05\times10^{-19}\ \mathrm{J}}
\end{aligned}
$$

예제 8.2

주파수가 7.30×10^{14} Hz인 보라색광의 광자 에너지는 무엇인가?(답: 4.84×10^{-19} J)

원자 스펙트럼

플랑크는 전자기 복사를 방출하는 고온 고체에 관심이 많았다. 흑체 복사(blackbody radiation)라고 하는 이 복사의 특징은 광원의 온도에 따라 다르다. 이 빛이 프리즘을 통과할 때, 무지개처럼 하나의 색이 다음 색으로 점진적으로 조합되면서 연속적인 스펙트럼(continuous spectrum)으로 분산된다. 오늘날 원자가 상호 작용하고 온도 결정 범위 내의 모든 주파수가 방출되기 때문에 고체, 액체 및 밀도가 높은 기체에서 연속 스펙트럼이 발생한다고 알려져 있다. 반면에 가열되고 얇은 백열 기체의 빛은 선 사이에 빛이 없는 좁은 선 색상의 **선 스펙트럼(line spectrum)**으로 분산된다(그림 8.8). 백열 기체의 원자는 임의의 고유한 주파수를 방출할 수 있으며 각 주파수는 일정한 에너지 값을 나타내는 선 색상이다.

선 스펙트럼은 물질에 따라 다르며 온도의 증가 또는 감소에 따라 선 색상의 강도만 바뀌게 된다. 따라서 수소는 항상 같은 위치에서 같은 선 색상을 생성한다. 다른 물질과 마찬가지로 헬륨도 선 색상들로 이루어진 고유한 집합을 가지고 있다. 선 스펙트럼은 기체를 식별하는 데 사용할 수 있는 일종의 지문이다. 선 스펙트럼은 가시광선을 넘어 자외선, 적외선 및 기타 전자기 영역으로 확장될 수도 있다.

1885년에 요한 야코프 발머(J. J. Balmer)라는 스위스 수학 교사가 수소 선 스펙트럼 간격의 규칙성을 연구하고 있었다. 발머는 모든 가시광선에 맞는 방정식을 개발하였으며, 3, 4, 5, 6의 값(n)을 4개의 선에 할당함으로써 파장이 방정식과 잘 일치하는 것을 알게 되었다.

$$\frac{1}{\lambda}=R\left(\frac{1}{2^2}-\frac{1}{n^2}\right) \qquad \text{식 8.2}$$

R이 1.097×10^7 1/m의 상수이며, 발머의 연구 결과는 다음과 같다.

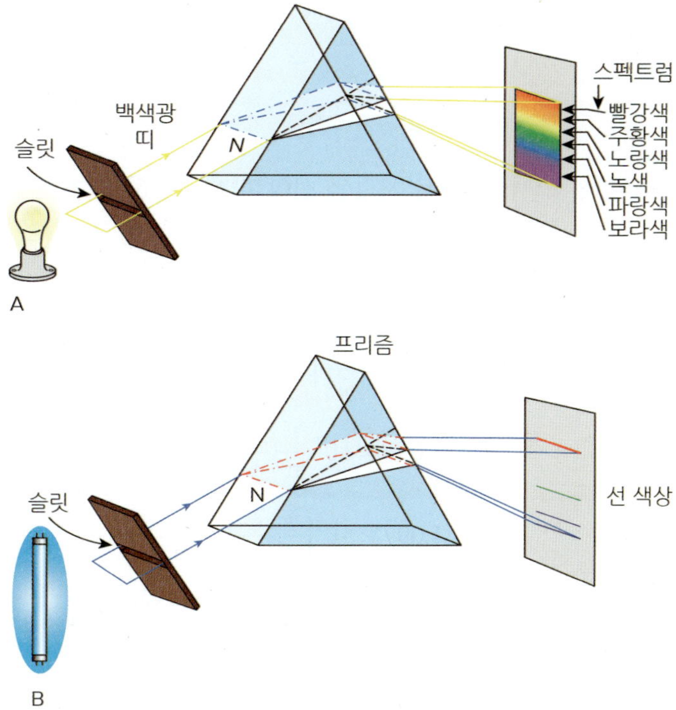

그림 8.8 (A) 백열 고체, 액체 또는 고밀도 기체로부터의 빛은 원자가 상호 작용하여 가시광선의 모든 주파수를 방출할 때 연속적인 스펙트럼을 생성한다. (B) 백열 기체의 빛은 원자가 각 원소의 특징적인 특정 주파수를 방출하기 때문에 선 스펙트럼을 생성한다.

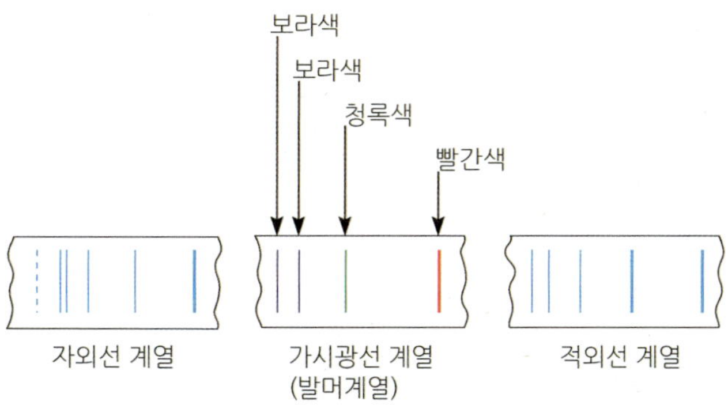

그림 8.9 수소원자는 전체 스펙트럼의 자외선, 가시광선 및 적외선 부분에서 일련의 특징적인 선 스펙트럼을 생성한다. 가시광선 스펙트럼은 항상 두 개의 보라색 선, 청록색 선 그리고 밝은 빨간색 선으로 구성된다.

보라색 선 $(n = 6)$ $\lambda = 4.1 \times 10^{-7}$ m

보라색 선 $(n = 5)$ $\lambda = 4.3 \times 10^{-7}$ m

청록색 선 $(n = 4)$ $\lambda = 4.8 \times 10^{-7}$ m

빨간색 선 $(n = 3)$ $\lambda = 6.6 \times 10^{-7}$ m

이 네 줄은 발머 계열로 알려져 있다. 다른 계열은 스펙트럼의 가시광선 영역 밖에서 나중에 발견되었으며(그림 8.9), 다른 계열의 방정식은 방정식 분모에 있는 n의 값과 숫자만 다를 뿐이었다.

관측 가능한 선 스펙트럼의 이러한 규칙성은 원자에서 보이지 않는 규칙성을 반영해야 한다. 그 당시 수소에는 전자가 하나 밖에 없는 것으로 알려져 있었다. 어떻게 하나의 전자가 그러한 규칙성을 갖는 일련의 선 스펙트럼을 생성할 수 있을까?

예제 8.3

발머 방정식에 따라 수소의 선 스펙트럼에서 보라색 선의 파장($n = 6$)을 계산하시오.

풀이

$n = 6$

$R = 1.097 \times 10^7\ 1/\text{m}$

$\lambda = ?$

$$\frac{1}{\lambda} = R\left(\frac{1}{2^2} - \frac{1}{n^2}\right)$$

$$= 1.097 \times 10^7 \frac{1}{\text{m}}\left(\frac{1}{2^2} - \frac{1}{6^2}\right)$$

$$= 1.097 \times 10^7\left(\frac{1}{4} - \frac{1}{36}\right)\frac{1}{\text{m}}$$

$$= 1.097 \times 10^7 (0.222)\frac{1}{\text{m}}$$

$$\frac{1}{\lambda} = 2.44 \times 10^6 \frac{1}{\text{m}}$$

$$\lambda = \boxed{4.11 \times 10^{-7}\ \text{m}}$$

보어 이론

수용 가능한 수소원자 모형은 발머에 의해 기술된 바와 같이 고유한 선 스펙트럼과 그 규칙성을 설명해야 한다. 실제로 성공적인 모형은 각 선 색상의 발생을 예측하고 그 원인을 설명할 수 있어야 한다. 1913년까지 보어는 양자 개념을 원자의 태양계 모형에 적용함으로써 이것을 할 수 있었다. 그는 단일 수소 전자가 핵 주위를 원형 궤도로 회전하는 단일 "행성"인 것으로 간주함으로써 이론을 전개하였으며, 이 전자를 설명하는 세 가지 규칙은 다음과 같다:

1. **허용된 궤도** 전자는 특정한 "허용된" 궤도에서만 원자를 중심으로 공전할 수 있다. 보어는 전자가 알려진 질량을 가진 입자인 것으로 간주하고 핵 주위에서 허용된 궤도의 거리를 계산하기 위해 뉴턴 역학을 사용했다. 다른 모든 궤도는 불안정하며, 보어 모형에 따르면 전자는 이러한 허용된 궤도들 중에서만 존재할 수 있으며 다른 곳에서는 존재할 수 없다.
2. **복사 없는 궤도** 허용된 궤도의 전자는 궤도에 남아있는 한 복사 에너지를 방출하지 않는다. 맥스웰의 전자기 복사 이론에 따르면 가속 전자는 빛과 같은 전자기파를 방출해야 한다. 보어는 원형 궤도에서 움직이는 전자가 방향이 계속 변하기 때문에 가속화되고 있음을 인식했다. 그러나 수소 원자는 정상 상태에서 빛을 방출하지 않는다. 따라서 보어는 전자가 궤도를 돌 때 상황이 달라져야하고 전자가 허용된 궤도에 머물면 빛을 발산하지 않을 수 있다고 결론지었다.
3. **양자 도약** 전자는 하나의 허용된 궤도에서 다른 궤도로 이동할 때만 에너지를 얻거나 잃게 된다(그림 8.10). 보어 모형에서 전자가 가진 에너지는 그것이 허용 가능한 궤도에 달려 있다. 전자가 에너지를 바꿀 수 있는 유일한 방법은 양자 "도약"에서 하나의 허용된 궤도에서 다른 궤도로 도약하는 것이다. 전자는 더 낮은 궤도에서 더 높은 궤도로 도약하기 위해 에너지를

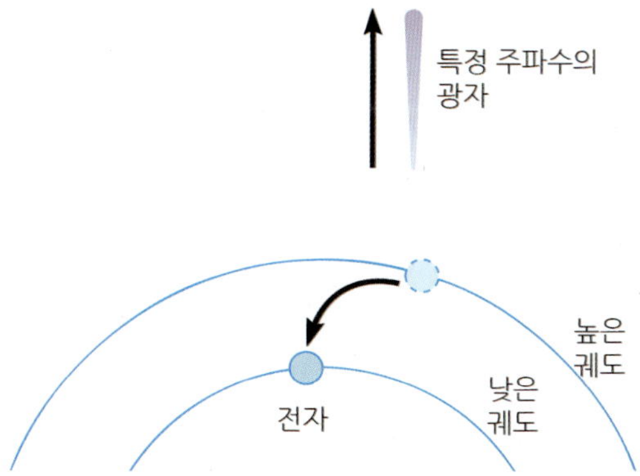

그림 8.10 전자가 더 높은 에너지 궤도에서 더 낮은 에너지 궤도로 이동할 때 "양자 도약"을 할 때마다 전자는 특정 주파수와 에너지 값의 광자를 방출한다.

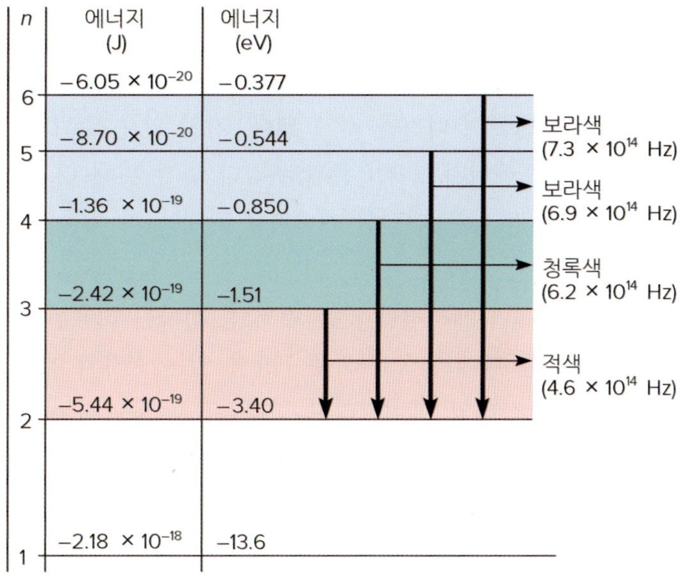

그림 8.11 수소 원자에 대한 에너지 준위 도표. 에너지 준위(n)는 왼쪽에 나열되고 J와 eV로 각 준위 에너지가 표시된다. 방출된 가시광선 광자의 색상과 주파수가 오른쪽에 표시되고 화살표는 전자가 궤도를 오가는 것을 나타낸다.

획득해야하는데, 마찬가지로 전자는 더 높은 궤도에서 더 낮은 궤도로 도약할 때 에너지를 포기하게 된다. 그러한 도약은 부분적으로나 점진적으로 발생하지 않고 한 번에 이루어져야 한다.

전자는 고온 또는 방전을 통해 더 높은 궤도로 도약하기 위한 필요한 에너지를 얻는다. 높은 궤도에서 낮은 궤도로 도약하는 전자는 빛의 형태로 에너지를 방출한다. 에너지가 더 낮은 상태로 도약이 일어나면 단일 광자가 방출되고 광자의 에너지는 두 궤도의 에너지 준위의 차이와 정확히 같게 된다.

그림 8.11의 에너지 준위 도표는 수소 원자 궤도에 대한 에너지 상태를 보여준다. 가장 낮은 에너지 상태를 **바닥 상태(ground state)**(또는 정상 상태), 높은 에너지 상태를 **들뜸 상태(excited states)**라 부른다. 수소 원자의 전자는 일반적으로 바닥상태를 차지하지만, 고온 또는 다른 에너지 주입에 의해 전자는 여러 들뜸 상태들 중 하나로 도약하기에 충분한 에너지를 얻을 수 있다. 들뜸 상태에 도달하면 전자는 그림의 화살표로 표시된 것처럼 즉시 더 낮은 상태로 되돌아간다. 화살표

과학 스케치

에너지 준위 $n=5$와 $n=3$ 사이를 이동할 때 원자에서 방출되는 4.26×10^{-15} Hz의 자외선 광자 그림을 그림 8.11(또는 종이)에 그리시오.

의 길이는 이러한 과정에서 전자가 방출하는 광자의 주파수를 나타낸다. 수소 원자는 하나의 전자만을 갖기 때문에 한 번에 하나의 광자를 방출할 수 있으며, 수소 선 스펙트럼의 많은 선들은 많은 원자에서 동시에 많은 광자를 방출하는 것을 나타낸다.

전자가 원자에서 제거될 때 전자의 퍼텐셜 에너지에 대한 기준 준위를 0으로 간주한다. 따라서 전자는 핵에 더 가까운 거리에 있을수록 더 낮은 퍼텐셜 에너지를 갖게 되며 일부 허용 궤도에 있을 때 음의 값을 갖는다. 이와 유사한 방법으로 바닥 준위를 일부 물체의 퍼텐셜 에너지가 0인 기준 준위로 간주할 수 있다. 예를 들어 바닥 밑에 지하 2층이 있다고 가정하자. 지하층에 있는 물체는 중력 퍼텐셜 에너지가 0보다 작을 것이고, 물체를 0으로 갖다놓으려면 각 물체에 일을 수행해야 한다. 따라서 각 물체는 음의 퍼텐셜 에너지를 갖게 된다. 가장 낮은 준위의 물체는 가장 큰 음의 에너지 값을 가지게 되는데, 다시 에너지가 0인 준위로 갖다 놓기 위해 더 많은 일이 필요하다. 따라서 가장 낮은 준위의 물체는 가장 낮은 퍼텐셜 에너지를 갖게 되며 이는 가장 큰 음의 값으로 표현된다.

다른 지하층의 물체가 음의 퍼텐셜 에너지를 갖는 것처럼, 전자는 허용된 각 궤도에서 명확한 음의 퍼텐셜 에너지를 갖는다. 보어는 핵에 가장 가까운 궤도에 있는 전자의 에너지를 -2.18×10^{-18} J로 계산하였고, 이를 가장 낮은 상태의 에너지라고 한다. 전자 에너지는 **전자볼트(electron volt)**(eV) 단위로 표현될 수 있으며, 전자볼트는 1 볼트의 퍼텐셜을 통해 이동하는 전자의 에너지로 정의된다. 이 에너지는 전하와 전압의 곱으로 나타내므로(식 6.3, $V=W/q$), 1.00 eV는 1.60×10^{-19} J와 같다. 따라서 가장 안쪽 궤도의 전자 에너지는 줄 단위의 에너지를 1.60×10^{-19} J/eV으로 나눈 값 혹은 또는 -13.6 eV이다.

보어는 아래와 같은 간단한 관계식으로부터 허용된 각 궤도의 에너지를 찾을 수 있음을 발견하였다.

$$E_n = \frac{E_1}{n^2} \qquad \text{식 8.3}$$

여기서 E_1은 가장 안쪽 궤도의 에너지(-13.6 eV)이고 n은 궤도의 양자수 또는 1, 2, 3, … 등이다. 따라서 두 번째 궤도($n=2$)에 대한 에너지는 $E_2 = -13.6 \text{ eV}/4 = -3.40$ eV이며, 세 번째 궤도($n=3$)의 에너지는 $E_3 = -13.6 \text{ eV}/9 = -1.51$ eV 그리고 다른 궤도도 이와 마찬가지로 나타난다(그림 8.11). 따라서 각 궤도의 에너지는 양자화되어 한정된 값만을 갖는다.

보어 모형에서 전자의 에너지는 전자가 점유한 어떤 허용 가능한 궤도에 의해 결정된다. 전자가 에너지를 변화시킬 수 있는 유일한 방법은 양자 "도약"에서 하나의 허용된 궤도에서 다른 궤도로 도약하는 방법뿐이다.

전자는 더 낮은 궤도에서 더 높은 궤도로 도약하기 위해서는 에너지를 얻어야만 한다. 마찬가지로 전자는 더 높은 궤도에서 더 낮은 궤도로 도약할 때 에너지를 방출해야 한다. 그러한 도약은 한

번에 이루어져야하며, 부분적으로나 점진적이지 일어나지 않는다. 계단을 위아래로 이동할 때 겪는 중력 퍼텐셜 에너지와 매우 유사하게 설명할 수 있다. 여러분은 맨 아래 계단에서 가장 낮은 퍼텐셜을 가지고 있고 맨 위 계단에서 가장 큰 퍼텐셜을 갖게 된다. 여러 계단을 올라가거나 내려감으로써 퍼텐셜을 증가 또는 감소시킬 수 있지만 각 계단 사이에 멈춰 있을 수 없기 때문에 퍼텐셜 에너지가 양자화된다.

전자는 고온 또는 다른 에너지 주입에 의해 에너지를 획득하여 더 높은 궤도로 도약하며, 높은 궤도에서 낮은 궤도로 도약하는 전자는 빛의 형태로 에너지를 방출한다. 더 낮은 에너지 상태로의 도약이 발생하면 단일 광자가 방출되고, 광자의 에너지는 두 궤도의 에너지 준위 차이와 정확히 동일하게 된다.

그림 8.12 그림의 긴 형광등 튜브는 튜브 내부의 수은 원자의 전자가 전류로부터 에너지를 얻을 때 빛을 방출한다. 가능한 한 전자는 낮은 에너지 궤도로 떨어지고 이때 자외선 주파수를 가진 광자를 방출하며, 자외선은 튜브 내부의 형광 화학 코팅에 부딪히게 되어 화학작용에 의해 가시광선 방출을 자극한다. 출처: ©Weiss/Jerrican/Photo Researchers.

E_L이 낮은 에너지 준위(핵에 가장 가까운)를 나타내고 E_H가 높은 에너지 준위(핵에서 가장 먼)를 나타내는 경우 방출된 광자의 에너지는 아래와 같다.

$$hf = E_H - E_L \qquad \text{식 8.4}$$

여기서 h는 플랑크 상수이고 f는 방출된 빛의 주파수이다(그림 8.12).

보이는 바와 같이 그림 8.11의 에너지 준위 도표는 알려진 궤도에서 알려진 에너지 준위의 변화가 발머 계열에서 선 색상의 정확한 에너지를 얻는 방법을 보여준다. 보어의 이론은 수소 선 스펙트럼에 대해 놀라울 정도로 정확하게 설명하였다. 그러나 이 모형은 더 큰 원자에 대해서는 큰 성공을 거두지 못했다. 더 큰 원자는 단일 양자수를 가진 보어 모형으로 설명할 수 없는 선 스펙트럼을 가지고 있었다. 독일 물리학자인 아르놀트 조머펠트(A. Sommerfeld)는 보어의 원형 궤도 외에 타원형 궤도를 추가하여 보어의 모형을 수정하려했다. 이런 임시변통의 모형도 충분하지 않다는 것이 곧 명백히 밝혀졌으며, 보어는 아무런 설명 없이 복사가 없는 궤도가 존재한다는 규칙과 양자화된 궤도에 대한 설명이 없었기 때문에 보어 모형은 근본적으로 불완전한 것이었다.

예제 8.4

수소 원자의 전자는 들뜸 에너지 준위 $n = 4$에서 $n = 2$로 도약한다. 방출된 광자의 주파수는 얼마인가?

풀이

방출된 광자의 주파수는 식 8.4, $hf = E_H - E_L$로부터 계산될 수 있다. 두 에너지 준위에 대한 값은 그림 8.11에서 볼 수 있다(참고: E_H 및 E_L은 줄(joule) 단위이다. 전자볼트 단위를 줄로 환산하기 위해서는 전자볼트(eV) 당 줄의 비율에 전자볼트를 곱한다$(1.60 \times 10^{-19}\ \text{J/eV}) = \text{joules}$).

$E_H = -1.36 \times 10^{-19}$ J

$E_L = -5.44 \times 10^{-19}$ J

$h = 6.63 \times 10^{-34}$ J·s

$f = ?$

$hf = E_H - E_L \qquad \therefore f = \dfrac{E_H - E_L}{h}$

$$f = \frac{(-1.36 \times 10^{-19}\ \text{J}) - (-5.44 \times 10^{-19}\ \text{J})}{6.63 \times 10^{-34}\ \text{J}\cdot\text{s}}$$

$$= \frac{4.08 \times 10^{-19}}{6.63 \times 10^{-34}} \frac{\cancel{\text{J}}}{\cancel{\text{J}}\cdot\text{s}}$$

$$= 6.15 \times 10^{14} \frac{1}{\text{s}}$$

$$= \boxed{6.15 \times 10^{14}\ \text{Hz}}$$

이것은 대략 수소 선 스펙트럼에서 청록색 선에 해당한다.

8.3 양자역학

원자의 보어 모형은 수소의 선 스펙트럼을 성공적으로 설명하고 원자에 의한 광자의 방출에 대한 이해 가능한 메커니즘을 제공하였지만 수소보다 큰 원자의 스펙트럼을 예측하지 못하였기에 새롭고 더 나은 이론이 필요했다. 새로운 이론의 뿌리는 다시 빛을 이용한 실험에서 태동하게 된다. 빛에 대한 실험을 통해 빛이 입자의 흐름처럼, 다른 경우에는 파동처럼 행동한다는 빛의 이중성을 확립시키게 된다(7장 참조). 결국 과학자들은 빛이 파동성과 입자성을 모두 가지고 있다는 것을 받아들이기 시작하게 되었으며, 이 개념을 빛의 파동과 입자의 이중성이라고 한다. 아인슈타인이 플랑크의 양자 개념을 식 8.1, $E = hf$ 관계식에 광자 에너지에 적용했을 무렵인 1905년에 이 빛의 이중성이 공식적으로 받아들여지기 시작했다. 여기서 E는 광자 입자의 에너지이고, f는 파동의 주파수, 그리고 h는 플랑크 상수입니다.

물질파

1923년 프랑스 물리학자 **루이 드 브로이(Louis De Broglie)**는 일반적으로 자연에서 대칭이 발견되므로 빛의 입자가 이중적 성질을 가진다면 전자와 같은 입자도 마찬가지라고 추론했다. 드 브로이는 이것이 사실이라면 핵 주위의 원형 궤도에 있는 전자는 궤도의 원주에 맞는 특정 파장을 가져야 한다고 추론했다(그림 8.13). 드 브로이는 빛과 에너지에 관한 방정식으로부터 다음의 관계를 도출했다.

$$\lambda = \frac{h}{mv} \qquad \text{식 8.5}$$

여기서 λ는 파장, m은 질량, v는 속도, h는 플랑크의 상수이다. 이 방정식은 모든 움직이는 입자는

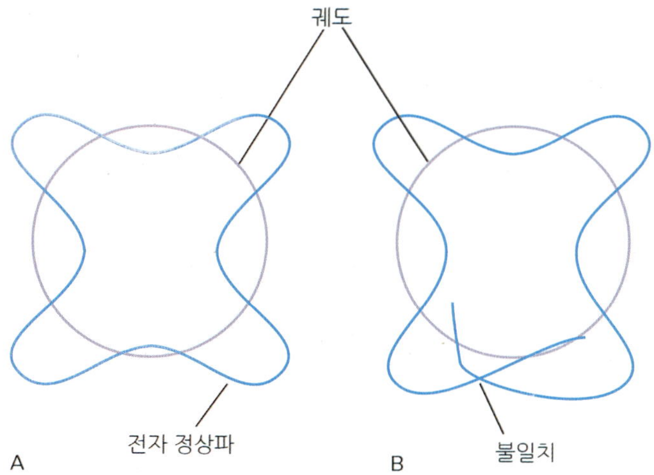

그림 8.13 (A) 정상파 무늬가 궤도의 원주에 딱 맞는 드 브로이 파의 개략도로 이 궤도는 허용된 궤도이다. (B) 이 궤도는 전체 파장수와 일치하는 원주를 가지고 있지 않다. 이 궤도는 허용된 궤도가 아니다.

입자의 질량 및 속도와 관련된 파장을 가짐을 의미한다. 다시 말해, 드 브로이는 물질의 파동-입자 이중성, 즉 물질파의 존재를 제안하였다. 방정식 8.5에 따르면, 움직이는 물체는 파동 특성을 나타낸다. 그러나 물체의 질량이 커지면 파장이 너무 작아서 본질적으로 보이지 않을 때까지 파장이 작아지게 되며, 질량이 매우 작은 전자 및 기타 입자의 경우, 실험에서 관찰할 수 있을 만큼 파장이 충분히 커지게 된다.

예제 8.5

50.0 m/s의 속도를 가진 0.150 kg 야구공의 파장은 무엇인가?

풀이

$m = 0.150\text{ kg}$

$v = 50.0\text{ m/s}$

$h = 6.63 \times 10^{-34}\text{ J}\cdot\text{s}$

$\lambda = ?$

$$\lambda = \frac{h}{mv} = \frac{6.63 \times 10^{-34}\text{ J}\cdot\text{s}}{(0.150\text{ kg})\left(50.0\frac{\text{m}}{\text{s}}\right)} = \frac{6.63 \times 10^{-34}}{(0.150)(50.0)}\,\frac{\text{J}\cdot\text{s}}{\text{kg}\times\frac{\text{m}}{\text{s}}} = \frac{6.63 \times 10^{-34}}{7.50}\,\frac{\frac{\text{kg}\cdot\text{m}^2}{\text{s}^2}\cdot\text{s}}{\frac{\text{kg}\cdot\text{m}}{\text{s}}} = \boxed{8.84 \times 10^{-35}\text{ m}}$$

예제 8.6

6.00×10^6 m/s의 속도를 가진 전자의 파장은 무엇인가?

풀이

$m = 9.11 \times 10^{-31}$ kg

$v = 6.00 \times 10^6$ m/s

$h = 6.63 \times 10^{-34}$ J·s

$\lambda = ?$

$$\lambda = \frac{h}{mv}$$

$$= \frac{6.63 \times 10^{-34}\ \text{J}\cdot\text{s}}{(9.11 \times 10^{-31}\ \text{kg})\left(6.00 \times 10^6 \frac{\text{m}}{\text{s}}\right)}$$

$$= \frac{6.63 \times 10^{-24}}{(5.47 \times 10^{-34})} \frac{\text{J}\cdot\text{s}}{\text{kg} \times \frac{\text{m}}{\text{s}}}$$

$$= 1.21 \times 10^{-10} \frac{\frac{\text{kg}\cdot\text{m}^2}{\text{s}^2}\cdot\text{s}}{\frac{\text{kg}\cdot\text{m}}{\text{s}}}$$

$$= \boxed{1.21 \times 10^{-10}\ \text{m}}$$

8.84×10^{-35} m의 야구공 파장은 너무 작아서 감지하거나 측정할 수 없다. 반면에 1.21×10^{-10} m의 전자 파장은 결정체 내의 원자 간 거리와 비슷하므로 결정체를 통과한 전자 빔은 회절을 생성하게 된다.

드브로이가 그의 이론을 발표한 후 물질파에 대한 실험이 곧 수행되었다. 날카로운 모서리의 가장자리를 통과하는 광선으로 실험하면 간섭 패턴이 생성되었으며, 이것은 빛의 파동 특성에 대한 증거의 일부였다. 왜냐하면 그러한 결과는 입자가 아닌 파동으로만 설명할 수 있기 때문이다. 전자 빔으로 유사한 실험을 수행했을 때, 동일한 파동 성질이 관측되었다. 이 실험과 많은 관련 실험은 전자가 파동성과 입자성을 모두 가지고 있음을 의심할 여지없이 보여 주었다. 그리고 광파의 경우와 같이, 전자 간섭무늬의 측정은 전자파동의 파장을 측정하는 수단을 제공하였다. 물질이 물질 뿐만 아니라 에너지라는 놀라운 개념은 과학적으로나 철학적으로 매우 특별하다.

고정된 줄에 갇혀있는 파동은 정상파(standing waves)라고 하는 공진 진동 모드를 형성한다(5장 참조). 줄에는 특정 기본 주파수 및 배음만 존재할 수 있으며 기본 및 배음의 조합은 현악기에 특정한 품질을 제공한다. 공진 진동 모드의 동일한 결과는 파동이 고정된 공간에 국한된 모든 상황에서 관측된다. 정상파 무늬의 특성은 제한된 공간 내의 모든 종류의 파동 또는 밀폐된 공기 기둥에 있는 줄에 형성된 파동의 파장과 파동 속도에 따라 달라진다. 전자는 핵 근처의 공간에 구속되어 있으며 전자는 파동 특성을 가지므로 원자 내의 전자는 정상파여야 한다. 전자가 고유한 파동 무늬를 형성할까? 이것은 1925년에 하이젠베르크, 슈뢰딩거, 디락 등이 전자파동의 성질을 적용하여 전자기역학에 기초한 새로운 원자 모형을 개발할 때 제기된 질문이었으며, 현재 이 새로운 이론을 **파동역학**(wave mechanics) 또는 **양자역학**(quantum mechanics)이라 부른다.

파동역학

오스트리아 물리학자인 에르빈 슈뢰딩거(Erwin Schrödinger)는 원자를 3차원계의 파동으로 간주하여 현재의 슈뢰딩거 방정식(Shrödinger equation)을 유도하였다. 보어 모형의 단순한 원형 행성 궤도 대신에 슈뢰딩거 방정식을 풀면 전자가 핵에 의해 결합될 때 발생하는 파동 무늬의 3차원 모양을 기술할 수 있다. 슈뢰딩거는 먼저 수소 원자를 고려하여 수소 핵에 의해 구속된 단일 전자 파동이 가질 수 있는 진동 상태를 계산했다. 그는 이러한 진동의 주파수에 플랑크 상수를 곱한 경우 수소 원자의 양자 상태($E = hf$)의 관측된 에너지가 마지막 소수점까지 정확히 일치함을 발견하였으며, 전자의 파동 특성이 원자의 성공적인 모형을 위해 고려해야 할 중요한 특성이라는 결론을 얻게 된다.

원자의 양자역학 이론은 매우 성공적인 것으로 판명되었다. 그것은 알려진 모든 실험적 사실을 확인하고 과학적 이론을 정의하는 두 가지 특성인 새로운 발견을 예측하였다. 이론은 보어 모형과 동일한 양자 개념을 가지고 있다. 예를 들어 전자는 더 높은 상태에서 더 낮은 상태로 도약할 때 광자를 방출한다. 그러나 보어 모형은 주어진 시간에 위치가 명확하게 지정된 원형 궤도에서 움직이는 전자의 입자 특성을 고려하였다. 양자역학은 전자의 파동 특성을 고려하기 때문에 전자를 잘 정의된 모양과 주파수를 갖는 한정된 파동으로 기술한다. 파동은 입자처럼 국한되지 않고 공간에 퍼져 있다. 따라서 양자역학 모형은 전자가 발견 될 수 있는 일련의 궤도 자국들 또는 알쏭달쏭한 통계적 표현이다.

양자역학 모형

양자역학 모형은 고도의 수학적 기술을 통해 물질파의 역학적 문제를 다룬다. 파동 특성은 3차원 문제로 간주되며 흐릿한 전자구름을 설명하기 위해 3개의 양자수가 필요하다. 수학적 세부 사항은 여기에서 다루지 않고 양자역학 모형의 주요 개념에 대한 정성적 설명을 다룰 것이다. 수학의 결과를 설명하고 그것이 의미하는 바에 대한 심상을 제공하고자 한다.

먼저, 양자역학 이론은 보어 모형을 단순히 확장하거나 개선한 것이 아니다. 보어 모형은 전자를 핵으로부터의 임의의 거리에 있을 수 있는 원형 궤도의 입자로 간주한 반면, 양자역학 모형은 전자를 파동으로 간주하고 정상파의 배음 또는 모드의 에너지를 고려한다. 보어 모형에서 전자의 위치는 궤도 내에 명확하게 존재하지만, 양자역학 모형에서 전자는 퍼져있는 파동으로 기술된다.

보어 모형은 궤도상의 작은 축소된 구슬처럼 전자의 위치를 확실하게 고려했다. 양자역학 모형은 전자를 파동으로 간주하고 그 위치에 대한 지식이 매우 불확실하다. **하이젠베르크 불확실성 원리(Heisenberg uncertainty principle)**는 파동이 퍼져있기 때문에 파동의 정확한 위치를 측정할 수 없다고 말한다. 즉, 퍼져있는 전자의 위치와 운동량을 정확하게 기술할 수 없으며, 전자의 위치는 주어진 순간에 있을 수 있는 확률의 관점에서만 설명될 수 있다. 이와 같은 매우 이상한 생각들은 깊이 곱씹을 만한 가치가 있다. 우리는 드브로이, 슈뢰딩거 및 하이젠 베르크의 연구들을 결합하여 물질을 구성하는 입자가 운동의 에너지 파동으로 생각될 수 있다는 관념에 직면해 있으며, 그 파동이 어디에 있는지 혹은 무엇을 하는지를 명확하게 알 수 없다.

위치 확률은 **궤도(orbital)**라고 하는 흐릿한 공간 영역으로 설명된다. 궤도는 전자가 발견될 수 있는 공간을 정의한다. 궤도는 고유의 3차원 모양과 크기를 가지며 고유 에너지 준위의 전자로 식별된다. 궤도 모양은 전자가 특정 순간에 위치할 수 있는 위치를 나타낸다. 마찬가지로 이 "확률구름"

과학과 사회

원자 연구

과학 연구에는 기본과 응용의 두 가지 유형이 있다. 기본 연구는 이해를 위한 탐색에 의해 주도되며 실제 적용이 있을 수도 있고 없을 수도 있다. 응용 연구는 단지 답을 찾는 것이 아니라 실제적인 문제를 해결하는 목표를 가지고 있다. 어떤 사람들은 모든 연구가 실질적인 결과를 가져야 한다고 생각하므로 모든 연구를 적용해야 한다고 생각한다. 이 장에서 논의된 다음 연구가 기본 연구에 해당하는지 아니면 응용 연구에 해당하는지 고려하면서 앞의 의견을 생각해보자.

1. 톰슨은 음극선을 조사한다.
2. 밀리컨이 전자의 전하를 측정한다.
3. 어니스트 러더퍼드는 금박을 치는 방사성 입자를 연구한다.
4. 닐슨 보어는 양자 개념을 적용하여 원자의 태양계 모형을 제안한다.
5. 슈뢰딩거는 전자의 파동 특성에 기초한 원자 모형을 제안한다.

논의할 문제

1. 다섯 가지 연구 주제가 기본 또는 응용 연구인가?
2. 모든 연구가 실용적이라면 원자 모형을 개발했을 것인가?

은 공간에서 특정 방향을 가질 수 있지만 이 방향의 위치는 확실하지 않다.

양자역학은 4개의 양자수를 가진 전자 파동의 에너지 상태를 기술한다.

1. **핵으로부터의 거리(Distance from the Nucleus).** 주양자수(principal quantum number)는 핵으로부터 가장 가능한 거리와 관련하여 전자의 주에너지 준위를 설명한다. 가능한 가장 낮은 에너지 상태는 핵에 가장 가깝고 이때 주양자수($n=1$)가 1이 된다. 더 높은 상태에는 $n=2$, $n=3$, $n=4$ 등의 양의 정수가 점진적으로 주어진다. 주양자수가 높은 전자는 더 높은 에너지를 가지며 핵에서 멀리 떨어져 있게 된다.
2. **에너지 부준위(Energy Sublevel).** 각운동량 양자수(angular momentum quantum)는 주양자수로 표현되는 주에너지 준위 내의 에너지 부준위를 나타낸다. 각 부준위는 문자로 식별되는데, 이 문자들 중 첫 번째 네 글자는 에너지가 증가하는 순서인 s, p, d와 f이다. s는 가장 낮은 부준위를 나타내며 f는 가장 높은 부준위를 나타낸다. 전자의 주에너지 상태와 에너지 부준위를 구분하기 위해 각 운동량 양자수를 나타내는 문자들과 주양자수가 결합된다. 가장 낮은 주에너지 준위 $n=1$과 가장 낮은 부준위 s에 있는 전자의 상태는, 1s로 표기된다. 따라서 1s는 가능한 가장 낮은 에너지 부준위에서 가능한 한 핵에 가까운 전자를 나타낸다.

   각 주에너지 준위를 차지할 수 있는 부준위수에는 제한이 있다. 오직 가장 낮은 주에너지 준위만이 가장 낮은 부준위를 가질 수 있으며, 주에너지 준위가 증가할 때 다른 부준위들이 추가된다. 따라서 가장 낮은 주에너지 준위 $n=1$은 s 부준위만 가질 수 있고, $n=2$ 주에너지 준위는 s 및 p 부준위를 가질 수 있으며, $n=3$ 주에너지 준위는 s, p 및 d 부준위를 갖게 된다. 마지막으로, $n=4$ 주에너지 준위는 s, p, d 및 f와 함께 4개의 부준위를 모두 갖게 되며, 가능한 부준위의 개수는 주양자수와 동일하다.
3. **공간 방향(Orientation in Space).** 공간에서 궤도의 방향은 자기 양자수(magnetic quantum number)로 설명된다. 이 수는 외부 자기장에 대해 공간에서 방향이 정해져 있기 때문에 궤도

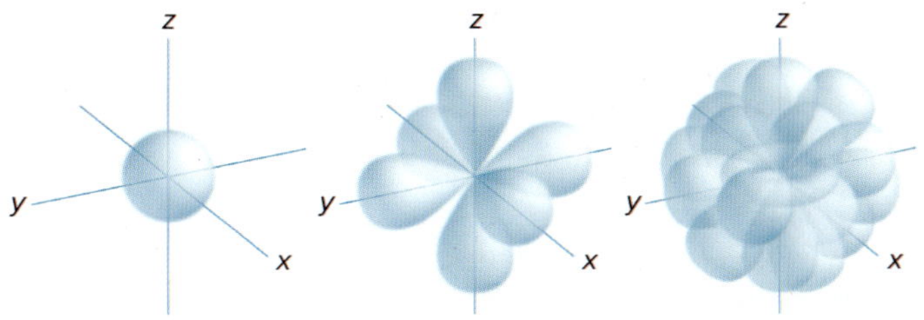

그림 8.14 전자가 발견될 수 있는 원자핵 주위의 공간 영역인 s, p 및 d 궤도의 일반적인 모양(f 궤도는 묘사하기가 매우 어렵다).

표 8.2 $n=4$**에 대한 양자수와 전자 분포**

주요 에너지 준위	에너지 부준위	최대 전자 수	주요 에너지 준위 당 최대 전자 수
$n=1$	s	2	2
$n=2$	s	2	
	p	6	8
$n=3$	s	2	
	p	6	
	d	10	18
$n=4$	s	2	
	p	6	
	d	10	
	f	14	32

의 에너지와 관련이 있게 되는데, 이는 일종의 부-부준위(sub-sublevel) 에너지이다. 일반적으로, 가장 낮은 에너지 부준위(s)는 하나의 궤도 방향만을 갖는다. 다음 더 높은 에너지 부준위(p)는 3개의 궤도 방향을 가질 수 있고(그림 8.14), d 부준위는 5개의 궤도 방향을 가질 수 있으며, 가장 높은 부준위 f는 총 7개의 다른 방향을 가질 수 있다(표 8.2).

4. **스핀 방향**(Direction of Spin). 연구에 따르면 외부 자기장에서 한 방향으로 자전하는 전자(즉, 시계 방향)는 다른 방향으로 자전하는 전자(즉, 시계 반대 방향)와 다른 에너지를 갖으며, 스핀 양자수(spin quantum number)는 두 스핀의 방향을 나타낸다(그림 8.15).

전자스핀은 원자의 전자 구조를 결정하는 데 도움이 되는 전자의 중요한 특성으로, 결과적으로 **전자쌍**(electron pair)이라고 불리는 반대 방향으로 자전하는 두 개의 전자가 동일한 궤도를 차지할 수 있습니다. 이것은 1924년 오스트리아 물리학자인 볼프강 파울리(Wolfgang Pauli)에 의해 설명 가능하게 되었다. 현재 **파울리 배타 원리**(Pauli exclusion principle)로 알려진 그의 원리는 원자 내의 두 전자가 동일한 4개의 양자수를 가질 수 없다고 말한다. 다시 말해, 같은 장소에 동시에 두 개의 전자가 있을 수는 없다는 것을 의미하며, 이것은 원자의 전자 구조를 이해하는 열쇠를 제공한다.

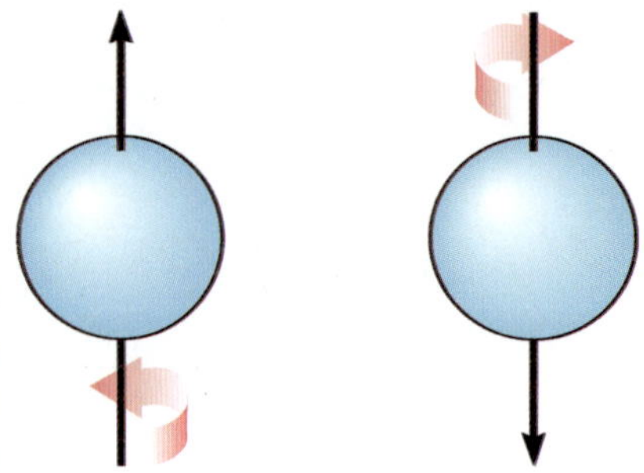

그림 8.15 실험적 증거는 전자가 외부 자기장에서 궤도를 따라 움직일 때 전자가 한 방향 혹은 그 반대 방향으로 회전하는 것으로 간주될 수 있다는 개념을 뒷받침한다.

8.4 전자 배열

궤도에서의 전자 배치를 전자 배열(electron configuration)이라고 한다. 전자 배열을 설명하기 전에 원자에 몇 개의 전자가 있는지 알아야 하는데, 원자가 전기적으로 중성인 경우, 양성자 수(양전하)는 전자 수(음전하)와 같아야 한다. 따라서 원자 번호는 전자 수와 중성 원자의 양성자 수를 나타낸다. 전자 수를 구할 수 있는 방법이 있으므로 전자 배열이 어떻게 결정되는지 보려면 다양한 에너지 준위를 고려해야 한다.

파울리 배타 원리에 따르면, 원자내의 두 전자가 모두 동일한 네 개의 양자수를 가질 수 없으며, 이에 따라 주어진 궤도에 최대 두 개의 전자만 있을 수 있음을 의미한다. 고려해야 할 사항은 (1) 주에너지 준위, (2) 에너지 부준위, (3) 궤도 방향의 수, (4) 전자스핀이다. 가장 낮은 에너지 준위는 $n=1$이며, 그 다음의 연속적인 숫자들은 점차 높은 에너지 준위를 나타낸다. 또한 에너지 증가 순서에 따라 에너지 부준위는 s, p, d 및 f의 순서를 따른다. 전자 배열은 약자로 표현되며 1s는 첫 번째 에너지 준위의 가장 낮은 에너지 부준위를 나타내며, 위첨자는 부준위에 존재하는 전자 수를 의미한다. 따라서 두 개의 전자를 갖는 헬륨 원자의 전자 배열은 $1s^2$로 표시되며, 이 기호 조합은 첫 번째 주에너지 준위의 s 부준위에 두 개의 전자가 있는 원자를 의미한다.

표 8.3은 처음 20개의 원소에 대한 전자 배열을 보여준다. p 에너지 부준위 배열이 표에서 요약되어있다. p 궤도의 가능한 방향은 세 가지이며, 각 궤도에 두 개의 전자가 있다. p^6는 가능한 세 가지 p 방향에 있는 전체 전자 수를 나타내며, 모든 궤도에서 전자의 합은 원자 번호와 같다. 더 낮은 원자 번호에서 더 높은 원자 번호로 진행할수록, 더 높은 원소는 하나 이상의 전자가 추가되기 전의 원소와 동일한 구성을 갖는다. 일반적으로 가장 간단한 원자인 수소로 시작하여 한 번에 하나의 전자를 에너지 부준위 순서로 추가하고 모든 원소에 대한 전자 배열을 얻을 수 있다.

궤도의 에너지는 각 원소마다 다르며, 에너지에 영향을 미치는 몇 가지 요소가 있다. 첫 번째 궤도는 1s, 2s, 2p, 3s에 이어 3p 순서로 채워진다. 그러면 순서가 예상한 것과 상반된다. 궤도가 채워지는 순서를 알아내는 한 가지 유용한 방법이 그림 8.16에 나와 있다. 이 행렬의 각 행은 가능한 에너지 부준위가 왼쪽에서 오른쪽으로 증가하는 주에너지 준위를 나타내며, 채우기 순서는 대각선 화살표로 표시된다. 행렬로 표시되는 채우기 순서에는 예외가 있지만 대부분의 원소에 적용된다.

표 8.3 처음 20개 원소들에 대한 전자 배열

원자 번호	원소	원자 배열
1	Hydrogen	$1s^1$
2	Helium	$1s^2$
3	Lithium	$1s^22s^1$
4	Beryllium	$1s^22s^2$
5	Boron	$1s^22s^22p^1$
6	Carbon	$1s^22s^22p^2$
7	Nitrogen	$1s^22s^22p^3$
8	Oxygen	$1s^22s^22p^4$
9	Fluorine	$1s^22s^22p^5$
10	Neon	$1s^22s^22p^6$
11	Sodium	$1s^22s^22p^63s^1$
12	Magnesium	$1s^22s^22p^63s^2$
13	Aluminum	$1s^22s^22p^63s^23p^1$
14	Silicon	$1s^22s^22p^63s^23p^2$
15	Phosphorus	$1s^22s^22p^63s^23p^3$
16	Sulfur	$1s^22s^22p^63s^23p^4$
17	Chlorine	$1s^22s^22p^63s^23p^5$
18	Argon	$1s^22s^22p^63s^23p^6$
19	Potassium	$1s^22s^22p^63s^23p^64s^1$
20	Calcium	$1s^22s^22p^63s^23p^64s^2$

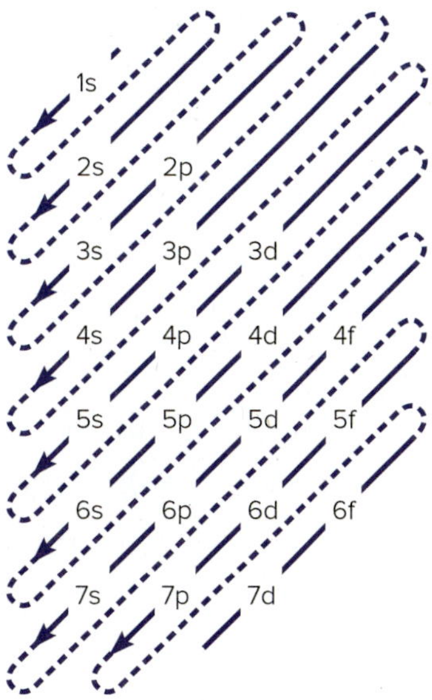

그림 8.16 궤도가 채워지는 순서를 나타내는 행렬. 왼쪽 상단에서 시작한 다음 각 화살표의 머리에서 바로 아래의 꼬리로 이동한다. 이 순서는 각 궤도에 대해 가장 낮은 에너지 준위에서 다음으로 높은 에너지 준위로 이동한다.

개념 활용

불꽃놀이 구성

특정 스트론튬(원자 번호 38) 화학 물질은 불꽃 놀이 및 불꽃에 순수한 붉은 색을 더하는 데 사용된다. 스트론튬의 전자 배열을 작성하고 다음 해답을 보기 전에 이를 수행하시오.

먼저, 원자 번호 38은 총 38개의 전자를 의미한다. 둘째, 그림 8.16의 매트릭스 채우기 순서를 참조하시오. 두 개의 전자만이 궤도를 차지할 수 있지만 총 6개의 전자에 대한 p 궤도의 3가지 방향이 있다는 것을 기억하시오. 마찬가지로 총 10개의 전자에 대한 d궤도의 5가지 가능한 방향이 있다. 가장 낮은 에너지 준위에서 시작하여 2개의 전자가 1s에 들어가 $1s^2$를 만들고, 그 다음 2개의 전자가 2s로 가서 $2s^2$가 된다. 지금까지 총 4개의 전자가 고려되었다. 다음 $2p^6$과 $3s^2$는 8개 전자를 더 사용하여 총 12개의 전자를 사용한다. $3p^6$, $4s^2$, $3d^{10}$ 및 $4p^6$은 24개의 전자를 더 사용하여 총 36개의 전자를 사용한다. 나머지 2개 전자들은 다음 부준위인 $5s^2$로 이동하게 되고, 스트론튬의 전자 배열은 $1s^2 2s^2 2p^6 3s^2 3p^6 4s^2 3d^{10} 4p^6 5s^2$이다.

8.5 주기율표

주기율표는 행과 열로 배열된 칸으로 구성되어 있으며, 각 원소는 특정 위치의 칸에 배치된다. 칸은 대칭적으로 배열되어 있지 않다. 배열은 원자 구조와 화학적 거동에 대한 의미를 가지며, 다음 논의에서 주기율표를 참조하면 유용하다(그림 8.17).

원소는 각 칸에 있는 화학적 기호로 구분된다. 기호 위의 숫자는 원소의 원자 번호이고 기호 아래의 숫자는 원소의 원자량이다. 원소의 수평 행은 원자 번호가 증가함에 따라 왼쪽에서 오른쪽으로 진행된다. 각 행을 주기(period)라고 하며, 주기율표 왼쪽에 1에서 7까지 표시된다. 원소의 세로 열을 원소의 족(family)(또는 그룹)이라고 한다. 모든 족이 아닌 일부 족의 경우에 해당되지만 각 족의 원소는 유사한 특성을 갖는다. 주기율표는 A 및 B족으로 세분화되며, A족의 구성원을 기본 그룹(main group) 또는 **대표 원소(representative elements)**라 하며, B족의 구성원을 **전이원소(transition elements)**(또는 금속)라고 한다. 일부 과학 기관은 그림 8.17에 표시된 것처럼 A 및 B 그룹에 1에서 18까지 숫자로 지정하여 사용하기도 하지만, 본 교재에서는 A 및 B로 그 명칭을 사용한다.

주기율표의 각 주기는 새로운 궤도에서 단일 전자로 시작하며, 각 주기는 주에너지 준위를 꽉 채우는 최대 전자수로 궤도를 채우면서 끝난다. 첫 번째 A족은 IA로 표시하고 이 족의 모든 원자들은 외부 궤도에 하나의 전자가 있고, IIA족의 모든 원자는 바깥 궤도에 두 개의 전자가 있게 된다. 이 패턴은 VIIIA족까지 계속되며, 헬륨을 제외한 원소의 모든 원자는 외곽 궤도에 8개의 전자가 있다. 따라서 헬륨을 제외하고 A족을 구분하는 수는 외부 궤도의 전자수를 나타낸다. 헬륨은 2개의 전자만을 가지고 있으며, 한 개의 궤도를 채우고 있다. 그럼에도 불구하고 헬륨은 모두 외부 궤도를 채웠기 때문에 이 족의 다른 원소와 유사하다.

화학 결합의 전자 이론은 원자의 최외곽 궤도에 있는 전자들만이 화학 반응에 관여한다고 설명함으로 외부 궤도 전자는 대부분 원소의 화학적 성질을 담당한다. 그러므로 족의 원소들은 모두 유사한 외부 배열을 갖기 때문에 유사한 화학적 행동을 기대할 수 있다.

표 8.4와 같이, 제1열의 모든 원소는 단일 전자의 외부 전자 배열을 갖는다.

원소 주기율표

알칼리 금속: IA (1) / 알칼리 토금속: IIA (2) / 전이 원소: IIIB (3) – IIB (12) / 할로젠: VIIA (17) / 불활성 기체: VIIIA (18)

주기	IA (1)	IIA (2)	IIIB (3)	IVB (4)	VB (5)	VIB (6)	VIIB (7)	VIIIB (8)	VIIIB (9)	VIIIB (10)	IB (11)	IIB (12)	IIIA (13)	IVA (14)	VA (15)	VIA (16)	VIIA (17)	VIIIA (18)
1	Hydrogen 1 **H** 1.008																	Helium 2 **He** 4.003
2	Lithium 3 **Li** 6.941	Beryllium 4 **Be** 9.012											Boron 5 **B** 10.81	Carbon 6 **C** 12.01	Nitrogen 7 **N** 14.01	Oxygen 8 **O** 16.00	Fluorine 9 **F** 19.00	Neon 10 **Ne** 20.18
3	Sodium 11 **Na** 22.99	Magnesium 12 **Mg** 24.31											Aluminum 13 **Al** 26.98	Silicon 14 **Si** 28.09	Phosphorus 15 **P** 30.97	Sulfur 16 **S** 32.07	Chlorine 17 **Cl** 35.45	Argon 18 **Ar** 39.95
4	Potassium 19 **K** 39.10	Calcium 20 **Ca** 40.08	Scandium 21 **Sc** 44.96	Titanium 22 **Ti** 47.88	Vanadium 23 **V** 50.94	Chromium 24 **Cr** 52.00	Manganese 25 **Mn** 54.94	Iron 26 **Fe** 55.85	Cobalt 27 **Co** 58.93	Nickel 28 **Ni** 58.69	Copper 29 **Cu** 63.55	Zinc 30 **Zn** 65.39	Gallium 31 **Ga** 69.72	Germanium 32 **Ge** 72.61	Arsenic 33 **As** 74.92	Selenium 34 **Se** 78.96	Bromine 35 **Br** 79.90	Krypton 36 **Kr** 83.80
5	Rubidium 37 **Rb** 85.47	Strontium 38 **Sr** 87.62	Yttrium 39 **Y** 88.91	Zirconium 40 **Zr** 91.22	Niobium 41 **Nb** 92.91	Molybdenum 42 **Mo** 95.94	Technetium 43 **Tc** (98)	Ruthenium 44 **Ru** 101.1	Rhodium 45 **Rh** 102.9	Palladium 46 **Pd** 106.4	Silver 47 **Ag** 107.9	Cadmium 48 **Cd** 112.4	Indium 49 **In** 114.8	Tin 50 **Sn** 118.7	Antimony 51 **Sb** 121.8	Tellurium 52 **Te** 127.6	Iodine 53 **I** 126.9	Xenon 54 **Xe** 131.3
6	Cesium 55 **Cs** 132.9	Barium 56 **Ba** 137.3	Lanthanum 57 **La** 138.9	Hafnium 72 **Hf** 178.5	Tantalum 73 **Ta** 180.9	Tungsten 74 **W** 183.8	Rhenium 75 **Re** 186.2	Osmium 76 **Os** 190.2	Iridium 77 **Ir** 192.2	Platinum 78 **Pt** 195.1	Gold 79 **Au** 197.0	Mercury 80 **Hg** 200.6	Thallium 81 **Tl** 204.4	Lead 82 **Pb** 207.2	Bismuth 83 **Bi** 209.0	Polonium 84 **Po** (209)	Astatine 85 **At** (210)	Radon 86 **Rn** (222)
7	Francium 87 **Fr** (223)	Radium 88 **Ra** (226)	Actinium 89 **Ac** (227)	Rutherfordium 104 **Rf** (261)	Dubnium 105 **Db** (262)	Seaborgium 106 **Sg** (266)	Bohrium 107 **Bh** (264)	Hassium 108 **Hs** (277)	Meitnerium 109 **Mt** (268)	Darmstadtium 110 **Ds** (281)	Roentgenium 111 **Rg** (280)	Copernicium 112 **Cn** (285)	Ununtrium 113 **Uut** (284)	Flerovium 114 **Fl** (289)	Ununpentium 115 **Uup** (288)	Livermorium 116 **Lv** (293)	Ununseptium 117 **Uus** (294)	Ununoctium 118 **Uuo** (294)

내부 전이원소

*란타넘족 6	Cerium 58 **Ce** 140.1	Praseodymium 59 **Pr** 140.9	Neodymium 60 **Nd** 144.2	Promethium 61 **Pm** (145)	Samarium 62 **Sm** 150.4	Europium 63 **Eu** 152.0	Gadolinium 64 **Gd** 157.3	Terbium 65 **Tb** 158.9	Dysprosium 66 **Dy** 162.5	Holmium 67 **Ho** 164.9	Erbium 68 **Er** 167.3	Thulium 69 **Tm** 168.9	Ytterbium 70 **Yb** 173.0	Lutetium 71 **Lu** 175.0
‡악티늄족 7	Thorium 90 **Th** 232.0	Protactinium 91 **Pa** 231.0	Uranium 92 **U** 238.0	Neptunium 93 **Np** (237)	Plutonium 94 **Pu** (244)	Americium 95 **Am** (243)	Curium 96 **Cm** (247)	Berkelium 97 **Bk** (247)	Californium 98 **Cf** (251)	Einsteinium 99 **Es** (252)	Fermium 100 **Fm** (257)	Mendelevium 101 **Md** (258)	Nobelium 102 **No** (259)	Lawrencium 103 **Lr** (262)

금속
반도체
비금속

Key

원소이름 — Hydrogen
원자 번호 — 1
원소기호 — H
원자량 — 1.008

괄호 안의 값은 가장 안정적이고 가장 잘 알려진 동위 원소의 질량수이다.

그림 8.17 원소 주기율표

표 8.4 알칼리 금속 계열의 전자구조

원소	전자배열	주요 에너지 준위의 전자수						
		1st	2nd	3rd	4th	5th	6th	7th
Lithium (Li)	$[He]^1\ 2s^1$	2	1	–	–	–	–	–
Sodium (Na)	$[Ne]\ 3s^1$	2	8	1	–	–	–	–
Potassium (K)	$[Ar]\ 4s^1$	2	8	8	1	–	–	–
Rubidium (Rb)	$[Kr]\ 5s^1$	2	8	18	8	1	–	–
Cesium (Cs)	$[Xe]\ 6s^1$	2	8	18	18	8	1	–
Francium (Fr)	$[Rn]\ 7s^1$	2	8	18	32	18	8	1

표 8.5 불활성기체 계열의 전자구조

원소	전자배열	주요 에너지 준위의 전자수						
		1st	2nd	3rd	4th	5th	6th	7th
Helium(He)	$1s^2$	2	–	–	–	–	–	–
Neon(Ne)	$[He]\ 2s^2 2p^6$	2	8	–	–	–	–	–
Argon(Ar)	$[Ne]\ 3s^2 3p^6$	2	8	8	–	–	–	–
Krypton(Kr)	$[Ar]\ 4s^2 3d^{10} 4p^6$	2	8	18	8	–	–	–
Xenon(Xe)	$[Kr]\ 5s^2 4d^{10} 5p^6$	2	8	18	18	8	–	–
Radon(Rn)	$[Xe]\ 6s^2 4f^{14} 5d^{10} 6p^6$	2	8	18	32	18	8	–

제1열의 원소들은 최외곽 궤도에 하나의 전자만을 가지고 있다. 수소를 제외하고 첫 번째 열의 원소는 반짝이는 저밀도 금속으로 매우 부드럽고 칼로 쉽게 자를 수 있으며, 물과 격렬하게 반응하여 알칼리성 용액을 형성하기 때문에 알칼리 금속(alkali metals)이라고 한다. 알칼리 금속은 실제로 반응성이 높기 때문에 자유 원소처럼 자연적으로 발생하지 않는다. 수소는 주기율표에서 고유한 원소인데 그 이유는 알칼리 금속이 아니며 외부 궤도에 하나의 전자가 있기 때문에 거기에 맞는 것처럼 보이므로 그 족에 배치된 것이기 때문이다.

두 번째 열의 원소는 모두 두 전자의 외부 배열을 가지며 알칼리 토금속(alkaline earth metals)이라고 한다. 알칼리 금속만큼은 아니지만 알칼리 토금속 역시 부드럽고 반응성이 좋다. 그들은 두 개의 전자로 외부 s 궤도가 가득 차있기 때문에 반응성이 떨어진다. 수많은 화합물 형태의 칼슘 및 마그네슘이 이 그룹의 친숙한 예이다.

VIIA족의 원소들은 모두 7개 전자의 외부 배열을 가지고 있으며, 외부(p) 궤도를 완전히 채우려면 하나의 전자만 필요하기 때문에, 결과적으로 할로겐(halogen)이라고 하는 이들 원소는 반응성이 매우 높은 비금속이다. 할로겐 불소 및 염소는 녹색 기체, 브롬은 적갈색 액체이며, 요오드는 진한 자주색 고체이다. 할로겐은 소독제 및 표백제로 사용되며 금속과 결합하여 할로겐 조명에서 광원으로 사용된다. 할로겐은 금속과 반응하여 염화나트륨과 같은 염(salts)이라는 화학 물질 그룹을 형성하며, 사실, 할로겐이라는 단어는 그리스어로 "염전(salt former)"을 의미합니다.

표 8.5에 나타난 바와 같이, VIIIA족의 원소는 전자로 꽉 채워진 궤도를 갖는다. 결과적으로 이 원소들은 전자를 주고받거나 공유할 이유가 없게 된다. 이러한 원소는 무색의 무취의 기체로 다른 원소와 반응하지 않아 화합물을 형성하지 않는다. 때때로 그들은 화학적으로 반응이 없고, 기체로

개념 활용

주기율표 연습

원소 실리콘의 주기와 족을 확인하시오. 다음 단락에서 해결책을 읽기 전에 답을 쓰시오.

그림 8.17에 나와 있는 원소 표에 따르면 실리콘은 기호 Si와 원자 번호 14를 갖는다. 기호 Si와 원자 번호 14가 표시된 정사각형 칸이 세 번째 주기(세 번째 열)와 IVA(14)로 표시된 열에 위치해 있다. 이제, 철분(Fe)의 주기와 족을 식별할 수 있는가? 답을 반 친구와 비교하여 확인하시오.

서 다른 원소들보다 항상 위에 있기 때문에 귀족 기체(noble gases)라고 불린다. 또한 자연계에 많지 않기 때문에 희가스(rare gases)라고 부르며 화합물을 형성하지 않고 대부분 화학적으로 불활성이기 때문에 불활성 기체(inert gases)라고도 부른다.

8.6 금속, 비금속 및 반도체

앞서 지적한 바와 같이, 화학적 거동은 대부분 외부 궤도 전자와 관련이 있다. 외부 궤도 전자, 즉 가장 높은 에너지 준위에 있는 전자는 외부 궤도 전자의 수를 나타내는 점으로 화학 기호를 씀으로써 **전자 점 표기법(electron dot notation)**으로 편리하게 표현된다. 그림 8.18은 대표 원소들에 대한 전자 점 표기법을 나타낸다. 모든 그룹 IA원소(알칼리 금속)에는 하나의 점이 있고 모든 IIA 원소에는 두 개의 점이 표시되어 있으며, 이 패턴을 통해 금속, 비금속 및 중간 원소인 세 번째 그룹에 해당하는 반도체들 간의 차이를 설명할 것이다.

물질을 분류하는 한 가지 방법은 광택, 전도성, 가단성 및 연성과 같은 금속 및 비금속의 물리적 특성에 따르는 것이다. 금속 및 비금속은 또한 주기율표에서의 위치와 관련된 특정 화학적 특성을

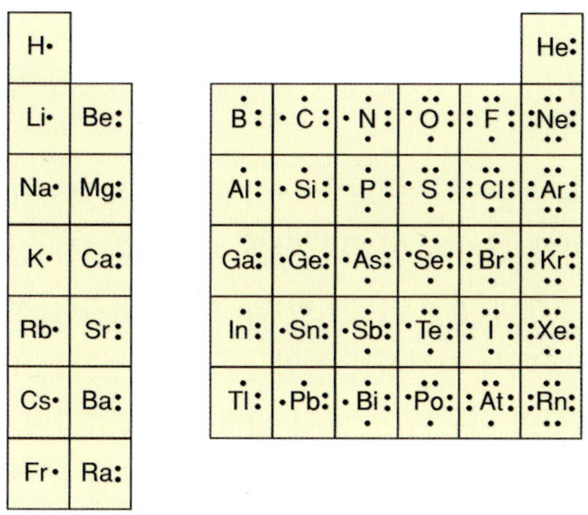

그림 8.18 대표적인 원소에 대한 전자 점 표기법

과학 스케치

원자 번호 113에서 118까지의 원소에 대한 전자 점 표기법의 그림을 그림 8.18에(또는 종이에) 추가하시오.

자세히 알아보기

희토류

희토류의 화합물은 1700년대 후반에 흔하지 않은 광물로부터 분리될 때 처음 발견되었다. 이 원소는 반응성이 높고 화학적 성질이 유사하므로 50년이 지난 후에야 원소로 인식되었다. 따라서 그들은 실제로 금속 물질이지만 처음에는 비금속 물질로 인식되었다. 그 당시에는 드물게 광물에서만 발생하는 것으로 알려졌기 때문에 희귀한 것으로 간주되었다. 오늘날 이러한 금속 원소는 금, 은, 수은 또는 텅스텐보다 지구상에서 더 풍부한 것으로 알려져 있다. 희토류 중 가장 희귀한 툴륨은 은의 2배의 양으로 풍부하다. 희토류 원소는 사실 명칭과 부합되지 않으며, 유리, 전자 및 야금 산업에서 중요한 재료이다.

주기율표의 가장 낮은 두 행에서 희토류를 식별할 수 있다. 이 행에는 실제로 주기 6과 7에 속하는 두 개의 일련의 원소가 포함되어 있지만 전체 테이블을 너무 넓게 하지 않도록 아래로 이동시켰다. 두 계열을 내부 전이 원소(inner transition elements)라고 한다. 첫 행에 있는 계열은 원소 58부터 71까지 14개의 원소이다. 이 계열은 원소 57 란타넘 다음부터 해당하기 때문에 때로는 란탄족 계열이라고 하며, 이 계열을 희토류라고 한다. 다음 14개의 원소로 구성된 두 번째 계열을 악티늄 계열이라고 하는데, 이들은 대부분 자연적으로 발생하지 않고 인공적으로 만들어지는 원소들이다.

여러분은 희토류 원소에 대해 들어본 적이 없겠지만 많은 첨단 또는 첨단 기술 제품의 핵심 재료들이다. 예를 들어, 란타넘은 유리에 특수 굴절 특성을 제공하며 광섬유 및 고가의 카메라 렌즈에 사용된다. 사마륨, 네오디뮴 및 디스프로슘은 레이저에 사용되는 결정을 제조하는 데 사용된다.

사마륨, 이터븀 및 터븀은 새로운 전기 모터 설계, 컴퓨터의 자기 광학 장치 및 세라믹 초전도체 제작을 가능하게 하는 특별한 자기 특성을 가지고 있다. 고온 초전도 물질에 사용하기 위해 다른 희토류 금속이 연구되고 있다. 많은 희토류가 금속 합금에 사용되는데, 예를 들어, 세륨 합금은 내열 제트 엔진 부품을 제조하는 데 사용되며, 어븀은 고성능 금속 합금에 사용된다. 디스프로슘 및 홀뮴은 중성자 흡수 특성을 가지며 핵분열을 제어하기 위한 제어봉에 사용되며, 유로퓸은 컬러 텔레비전 화면의 붉은색을 만드는 역할로 알려져 있다. 희토류는 상대적으로 풍부한 금속 성분으로, 많은 일반적인 첨단 기술 응용 분야에서 핵심적인 역할을 한다. 또한 초전도 연구에서 중요한 역할을 할 수 있다.

가지고 있으며, 그림 8.19는 금속, 비금속 및 반도체의 위치를 보여주며, 모든 원소의 약 80%가 금속이다.

원소들은 불활성 기체처럼 꽉 채워진 최외곽 에너지 준위를 달성하기 위해 전자를 얻거나 잃어버리는 화학적 반응을 한다. 원자가 전자를 잃거나 얻을 때, 불균형한 전자 전하를 갖는 **이온(ion)**이 된다. 예를 들어, 리튬 원자는 3개의 양성자(양전하)와 3개의 전자(음전하)를 가지고 있다. 세 개의 전자 중 한 개의 전자는 2s 궤도에서 자전하는 동안, 두 개의 전자는 1s 궤도에 위치하게 된다. 홀로 남겨진 전자는 다소 불안정하며 다른 원자의 더 안정적인 보금자리로 기꺼이 떠날 것이다. 리튬 원자가 외부 전자를 잃으면 완전하고 안정적인 1s 궤도를 갖게 된다. 알짜전하가 1+인 경우 2개의 전자 (2−)와 3개의 양성자 (3+)를 가지므로, 리튬 이온은 1+ 전하를 갖는다(그림 8.20A 참조).

1, 2 또는 3개의 외부 전자를 가진 원소는 전자를 잃어 양이온을 형성하는 경향이 있다. 금속은 이와 같이 전자를 잃는다. 즉, 금속은 전자를 잃고 양이온을 형성하는 원소이다. 반면 비금속은 외부 궤도를 채우기 위해 전자를 얻으려하는 경향이 있는 5-7개의 외부 전자를 가진 원소이다(그림 8.20B 참조). 즉, 비금속은 전자를 얻음으로써 음이온을 형성하는 원소이다. 일반적으로 주기율표

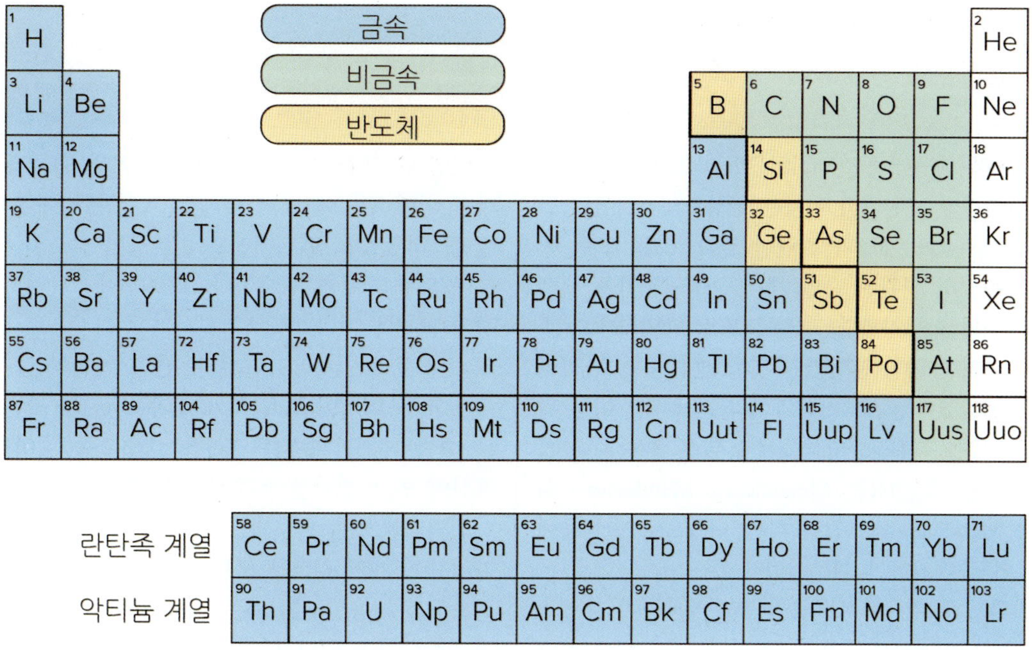

그림 8.19 주기율표에서 금속, 비금속 및 반도체의 위치

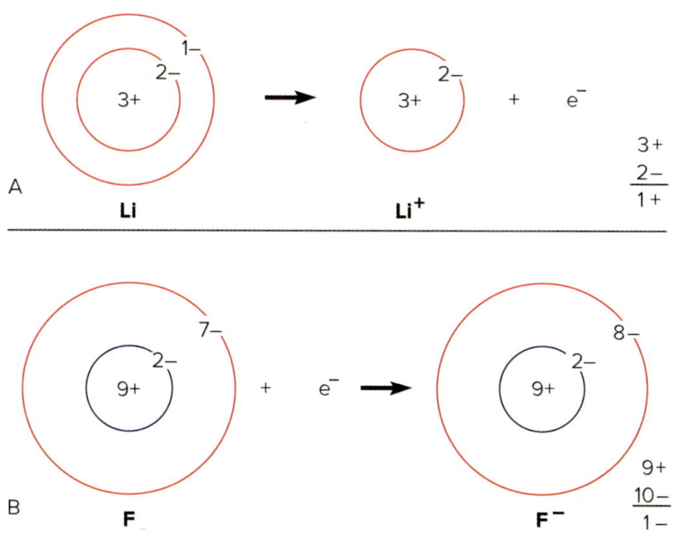

그림 8.20 (A) 금속은 불활성 기체 구조를 얻기 위해 외부 전자를 잃고 양이온이 된다. 리튬은 하나의 외부 전자를 잃어 1+ 이온이 된다. (B) 비금속은 전자를 획득하여 외부 궤도에 불활성 기체 구조를 갖게 되고 음이온이 된다. 불소는 단일 전자를 얻음으로써 1− 이온이 된다.

왼쪽 2/3 정도에 있는 원소는 금속이며, 비금속은 주기율표 오른쪽에 있다(그림 8.19).

대표 원소 족은 모두 같은 전하로 이온을 형성한다. 예를 들어 알칼리 금속은 모두 전자를 잃어 1+ 이온을 형성한다. 반면 전이 원소는 전하가 변하기도 한다. 예를 들어 일부 전이 요소는 외부 전자 하나를 잃어 1+ 이온(구리, 은)을 형성하지만 구리와 같은 특수한 전자 배열로 인해 추가 전자를 잃어 2+ 이온을 형성할 수 있다. 따라서 구리는 1+ 이온 또는 2+ 이온을 형성할 수 있다. 대부분의 전이 원소는 외부 s 궤도에 두 개의 전자를 가지고 있으며 2+ 이온(철, 코발트, 니켈)을 형성하기 위해 둘 다 잃지만, 이들 원소 중 일부는 또한 더 많은 전자를 잃을 수 있는 특별한 전자

과학 인물

드미트리 멘델레예프(1834-1907)

드미트리 멘델레예프(Dmitri Mendeleyev)는 러시아 화학자였으며 그의 이름은 항상 그의 뛰어난 업적인 주기율표 개발과 관련이 있다. 그는 모든 원소가 긴밀히 연관된 단일 체계 구성원들임을 이해한 최초의 화학자였다. 그는 고도로 단편화되고 추측에 근거한 화학 분야였던 것을 진정한 논리 과학으로 전환했다. 그의 이름의 철자는 1세기 이상 편집자들에게 좌절을, 학생들에게 많은 혼란을 야기하였는데, 그 이유는 Mendeléeff, Mendeléev, 심지어 Mendelejeff와 같은 다른 이름으로 인쇄물에 이름이 출판되었기 때문이었다.

멘델레예프는 1834년 2월 7일 시베리아 토볼스크에서 태어났으며, 지역 고등학교 교장 17명의 자녀 중 막내였다. 그의 아버지는 멘델레예프가 어렸을 때 장님이 되었고, 가족을 부양하기 위해 점점 더 어머니에게 의존해야했다. 그는 현지에서 교육을 받았지만 지방에서 교육받은 사람들의 낮은 교육 성취도에 대한 편견 때문에 러시아 대학에 입학할 수 없었다. 1855년, 그는 마침내 세인트 피터스버그의 교육학 연구소의 교사 자격을 얻었다. 그는 화학에서 고급 학위 과정을 밟았다.

1859년에 그는 하이델베르크 대학에서 추가 연구를 위해 정부로부터 파견되었으며, 1861년 상트 페테르부르크로 돌아와 1864년 기술 연구소에서 일반 화학 교수가 되었다. 그는 학생들에게 꼭 필요한 교과서를 찾을 수 없어서 직접 교과서를 만들기로 결정했다. 그 결과 《화학 원리(Principles of Chemistry)》(1868-1870)는 그에게 국제적인 명성을 안겨주었으며, 1891년과 1897년에 영어로 번역되었다.

멘델레예프가 주기율에 대한 법칙을 만들기 전까지 화학 원소에 대한 이해는 오랫동안 애매하고 실망스러웠었다. 멘델레예프에 따르면 원소의 특성은 원자량의 주기 함수이다. 1869년에 그는 "원자량의 크기에 따라 배열된 원소는 주기적으로 성질의 변화를 보인다"고 말했다. 한편 독일의 줄리어스 로타르 메이어(Julius Lothar Meyer)와 같은 다른 화학자들도 비슷한 결론을 내렸으며 메이어는 자신의 연구 결과를 독자적으로 발표했다.

멘델레예프는 최초의 실제 주기율표를 만들어 알려진 63개의 원소를 모두 나열하였다. 그 당시의 원자량을 사용할 때 모든 원소가 알맞게 "일치"하지 않았을 수 있었기 때문에, 인듐을 76에서 114(현대 값 114.8)로, 베릴륨을 13.8에서 9.2(현대 값 9.013)로 변경했다. 1871년에 17개의 원소를 올바르게 재배열하는 개정지를 제작하였다.

표 작업을 수행하기 위해 멘델레예프는 빈 칸을 남겨야했으며 결국에는 더 많은 원소가 채워질 것으로 예상했다. 이러한 예측은 주기율에 대한 가장 강력한 지지를 제공하였으며, 멘델레예프의 생애 동안 갈륨(1871), 스칸듐(1879), 게르마늄(1886) 등 세 가지가 발견되었다.

선견지명이 있는 멘델레예프였지만, 원소 목록에서 유사한 성질의 주기적인 반복이 원자 구조에 어떤 것을 반영하는지에 대한 개념은 없었다. 1920년대가 되어서야 주기적인 시스템의 핵심 매개 변수가 원자량이 아니라 원자의 양성자수 양인 원소의 원자 번호라는 것을 깨달았다. 그 이후로 원자와 분자의 전자 구조 측면에서 주기율표를 설명하는 데 큰 진전이 있었다.

배열을 가지고 있다. 따라서 철 및 코발트는 2+ 이온 또는 3+ 이온을 형성할 수 있다. 이와 같이 주기율표를 통해 더 많은 것을 이해할 수 있게 된다.

금속과 비금속 사이의 경계는 IIIA족의 왼쪽 상단에서 VIIA족의 왼쪽 하단까지의 계단형 선이다. 이것은 금속과 비금속 사이의 날카로운 분리선으로 구별되지 않으며, 이 선을 따르는 원소는 때로는 금속 혹은 비금속으로 그리고 때로는 둘 다의 역할을 한다. 이렇게 분류하기 어려운 원소를 **반도체(semiconductors)**(또는 준금속(metalloids))라 한다. 실리콘, 게르마늄, 비소는 비금속의 물

개념 활용

금속 및 충전

스트론튬은 금속, 비금속 또는 반도체 중 어느 것에 해당하는가? 스트론튬 이온의 전하는 얼마인가? 그림 8.17에 나와 있는 원소는 스트론튬에 대한 기호를 Sr(원자 번호 38)로 표시한다. 주기율표에서 Sr은 IIA족에 위치하고 있으며, 이는 스트론튬 원자가 외부 궤도에 2개의 전자를 가지고 있음을 의미한다. 다음과 같은 여러 가지 이유로 스트론튬은 금속이라는 것을 알고 있다.

(1) 스트론튬 원자는 외부 궤도에 2개의 전자가 있고 1, 2 또는 3개의 외부 전자를 가진 원자는 금속으로 구분된다. (2) 스트론튬은 IIA 계열, 알칼리 토금속에 위치하고, (3) 스트론튬은 주기율표의 왼쪽에 위치하고 일반적으로 테이블의 왼쪽 3분의 2에 위치한 원소는 금속이다. 1, 2 또는 3개의 외부 전자를 가진 원소는 전자를 잃어 양이온을 형성하는 경향이 있다. 스트론튬의 원자 번호는 38이므로 38개의 양성자 (38+)와 38개의 전자 (38−)를 가지고 있다는 것을 알고 있다. 2개의 외부 궤도 전자를 잃을 때, 2+의 전하가 되므로 38+와 36−를 가진다.

자세히 알아보기

반도체

반도체는 오늘날 우리의 삶에서 중요한 역할을 한다. 모든 전자 부품 및 제품의 대부분은 설계에서 반도체에 의존한다. 미래에는 태양 전지와 발광다이오드(LED)의 사용이 증가함에 따라 반도체가 더 큰 역할을 하게 될 것이다.

친환경 방식으로 전기를 생산할수록 태양 전지 사용은 점점 더 증가할 것이다. LED가 더 많은 혁신을 가능하게 할 뿐만 아니라 보다 전통적인 광원을 대체함에 따라 LED 사용이 증가할 것이다. 콘서트와 축구 경기장에서 볼 수 있는 거대한 TV 화면이 혁신적인 LED 사용의 한 예이다. LED는 수백 시간의 백열전구에 비해 수천 시간 동안 지속되므로 기존 백열전구를 대체한다. 또한 백열전구처럼 열이 소비되지 않기 때문에 더욱 효율적이다.

개념 활용

외부 궤도

(a) 산소, (b) 칼슘 및 (c) 알루미늄 원자들에서 발견되는 외부 궤도 전자의 수는 몇 개인가? 다음 단락에서 답을 읽기 전에 답을 쓰시오.

(a) 그림 8.17에 표시된 원소에 따라 산소는 기호 O와 원자 번호는 8이다. 정사각형 칸 안의 기호 O와 원자 번호 8은 VIA로 식별된 열에 있다. A족 번호는 외부 궤도의 전자 수와 동일하기 때문에 산소에는 6개의 외부 궤도 전자를 갖는다.

(b) 칼슘은 기호 Ca(원자 번호 20)를 가지며 열 IIA에 위치하므로, 칼슘 원자에는 2개의 외부 궤도 전자를 갖는다.

(c) 알루미늄은 기호 A1(원자 번호 13)을 가지며 열 IIIA에 위치하므로, 알루미늄 원자는 3개의 외부 궤도 전자를 갖는다.

리적 특성을 가지고 있다. 예를 들어, 새로운 형태로 변형될 수 없는 부서지기 쉬운 재료이다. 그러나 이러한 원소는 특정 조건에서 전류를 흐르게 한다. 전류를 흐르게 하는 능력은 금속의 성질이며 비연성(nonmalleability)은 비금속의 성질이다.

모든 금속인 전이 원소는 B족에 있다. 유사한 특성을 갖는 수직으로 배열된 족을 형성하는 대표 원소와 달리, 전이 요소는 유사한 특성을 가진 수평으로 배열된 원소 그룹을 형성하는 경향이 있다. 예를 들어 VIIIB족의 철(Fe), 코발트(Co) 및 니켈(Ni)은 자기 특성을 나타내는 3개의 수평으로 배열된 금속 원소이다.

요약

물질을 이해하려는 시도는 물질을 요소 또는 단순한 물질로 구성된 것으로 본 고대 그리스 철학자들로 거슬러 올라간다. (1) 원자라고 불리는 입자로 구성된 연속적이거나 무한히 나눌 수 있는 (2) 혹은 불연속적인 것으로 간주되는 두 가지 모형이 개발되었다.

1800년대 초, 돌턴은 물질이 화학적 변화 동안 함께 결합되거나 분리된 단단하고 불가분의 원자로 구성되어 있다고 추론하는 원자 이론을 발표하였다.

음극선이 비워진 유리관의 음극 단자에서 움직이는 것으로 관찰되었다. 음극선의 본질은 미스터리였고, 미스터리는 1897년 톰슨이 현재 전자라고 알려진 음전하 입자라는 것을 발견했을 때 해결되었다. 톰슨은 원자가 만들어지는 최초의 기본 입자를 발견하여 전하 대 질량 비율을 측정했다.

러더퍼드는 얇은 금속판에서 산란되는 알파 입자 실험을 기반으로 태양계 모형을 개발하였다. 이 모형은 움직이는 전자들로 둘러싸인 작고, 무겁고, 양으로 하전된 핵으로 묘사된다. 이 전자들은 핵으로부터 핵의 반경 100,000배의 거리에 있고, 원자의 부피는 대부분 빈 공간이다. 나중에 러더퍼드는 핵에 양전하를 가진 양성자와 전하가 없는 중성자인 2개의 기본 입자가 포함되어 있다고 제안했다. 원자 번호는 원자의 양성자수이다. 다른 수의 중성자를 가진 원소의 원자를 동위 원소라고 한다. 각 동위 원소의 질량은 정확히 12.00원자 질량 단위의 질량으로 할당된 탄소-12의 질량을 기준으로 결정된다. 원소의 존재비에 따른 한 원소의 동위 원소의 질량 기여를 원자량이라고 한다. 동위 원소는 질량수로 식별되는데, 이는 핵의 양성자와 중성자수의 합이다. 동위 원소는 원자 번호를 아랫 첨자로, 질량수를 윗 첨자로 하는 화학 기호로 식별된다.

보어는 수소에서 방출되는 특정한 선 스펙트럼을 설명하기 위해 수소 원자 모형을 개발하였다. 그의 모형은 (1) 전자는 허용된 궤도에서만 움직일 수 있고, (2) 전자는 궤도에 있을 때 복사 에너지를 방출하지 않으며, (3) 전자는 에너지를 얻거나 잃을 때 하나의 허용된 궤도에서 다른 궤도로 이동한다. 전자가 더 높은 궤도에서 더 낮은 궤도로 이동할 때, 단일 광자 형태로 에너지를 잃으며, 광자의 에너지는 두 준위 사이의 에너지 차이에 해당한다. 보어 모형은 수소에 대해서는 잘 작동했지만 다른 원자에는 적합하지 않았다.

드브로이는 움직이는 물질 입자(전자)가 빛의 움직이는 입자(광자)와 같은 파동 특성을 가져야 한다고 제안하였다. 그의 방정식 $\lambda = h/mv$는 이러한 물질파가 전자와 같은 매우 작은 입자에 대해서만 측정될 수 있음을 보여주었다. 드브로이의 제안은 실험적으로 테스트 되었으며, 실험 결과 전자에는 파동 특성이 있음이 확인되었다.

슈뢰딩거와 다른 사람들은 전자의 파동 특성을 이용하여 파동 역학 또는 양자 역학이라고 하는 새로운 원자 모형을 개발하였다. 이 모형은 모든 실험 데이터를 정확하게 확인하고 새로운 데이터를 예측하였다. 양자 역학 모형은 전자의 파동 성질에 기초한 양자수로 전자의 에너지 상태를 기술한다. 양자수는 궤도라고 불리는 흐릿한 공간의 영역으로 전자의 위치 확률을 정의하였다.

주기율표에는 주기라는 원소의 가로 행과 족이라는 원소의 세로 열로 구성된다. 주어진 족의 원자들은 동일한 외부 궤도 전자 배열을 가지며, 이는 주로 원소의 화학적 특성을 담당하는 전자 배열이다.

방정식 요약

8.1

$$\text{에너지} = (\text{플랑크 상수})(\text{진동수})$$

$$E = hf$$

$$h = 6.63 \times 10^{-34}\ \text{J}\cdot\text{s}$$

8.2

$$\frac{1}{\text{파장}} = \text{상수}\left(\frac{1}{2^2} - \frac{1}{\text{번호}^2}\right)$$

$$\frac{1}{\lambda} = R\left(\frac{1}{2^2} - \frac{1}{n^2}\right)$$

$$\text{여기서,}\ R = 1.097 \times 10^{7}\ \frac{1}{\text{m}}$$

8.3

$$\text{궤도수의 에너지 상태} = \frac{\text{가장 안쪽 궤도의 에너지 상태}}{\text{제곱수}}$$

$$E_n = \frac{E_1}{n^2}$$

$$\text{여기서,}\ E_1 = -3.6\ \text{eV},\quad n = 1, 2, 3, \cdots$$

8.4 $$광자에너지 = \begin{pmatrix} 가장 높은 \\ 궤도의 \\ 에너지 상태 \end{pmatrix} - \begin{pmatrix} 가장 낮은 \\ 궤도의 \\ 에너지 상태 \end{pmatrix}$$

$$hf = E_H - E_L$$

여기서, $h = 6.63 \times 10^{-34}$ J·s; E_H와 E_L는 줄(joules) 단위이다.

8.5 $$파장 = \frac{플랑크 상수}{(질량)(속도)}$$

$$\lambda = \frac{h}{mv}$$

$$h = 6.63 \times 10^{-34}\ \text{J} \cdot \text{s}$$

핵심 용어

광자 (211쪽)
궤도 (216쪽)
대표 원소 (219쪽)
동위원소 (209쪽)
들뜸 상태 (213쪽)
물질파 (215쪽)
바닥 상태 (213쪽)
반도체 (224쪽)
발머계열 (212쪽)
선 스펙드럼 (211쪽)
양성자 (209쪽)
양자 (211쪽)
양자역학 (216쪽)
원자 번호 (209쪽)
원자량 (209쪽)
원자질량단위 (209쪽)
원자핵 (209쪽)
이온 (222쪽)
전이원소 (219쪽)
전자 (207쪽)
전자 볼트 (213쪽)
전자 점 표기법 (221쪽)
전자쌍 (218쪽)
중성자 (209쪽)
질량수 (210쪽)
파동역학 (216쪽)
파울리 베타 원리 (218쪽)
하이젠베르크의 불확정성 원리 (216쪽)

개념 적용

1. 톰슨은 다음과 같은 증거에서 아원자 입자인 전자를 발견했다고 확신했다.
   a. 질량 대 전하 비율은 모든 물질에서 동일하다.
   b. 음극선은 진공을 통해 이동할 수 있다.
   c. 전자는 음극판 쪽으로 이끌린다.
   d. 전하가 항상 1.60×10^{-19} 쿨롱이다.
2. 작고, 무겁고, 양전하를 띤 핵의 존재는
   a. 빠르고, 무겁고, 양으로 대전된 방사성 입자는 모두 금속 호일을 통해 직선으로 이동한다.
   b. 방사성 입자는 자기장에 의해 휘어진다.
   c. 일부 방사성 입자는 금속 호일에 의해 휘어진다.
   d. 위의 어느 것도 맞지 않다.
3. 러더퍼드의 계산에 따르면 원자의 부피는 대부분은
   a. 양성자와 중성자로 채워진다.
   b. 전자로 가득 차 있다.
   c. 단단히 결합된 양성자, 전자 및 중성자로 채워진다.
   d. 빈 공간이다.
4. 밀리컨은 기름방울의 전하를 측정하여 모든 방울이 다음과 같음을 찾았다.
   a. 다른 전하
   b. 패턴이 없는 무작위적인 전하
   c. 다른 전하의 5개 그룹
   d. 같은 전하 혹은 정수배 전하
5. 원자핵의 반경에 대한 러더퍼드의 추정치는 다음을 기반으로 한다.
   a. 전기장에서 기름방울의 표류
   b. 금박의 예측되는 대칭성에 대한 추측
   c. 금박으로부터의 방사성 입자 편향 측정
   d. 방사성 입자와의 충돌에 의한 질소 원자의 분해 측정
6. 원자 번호는 다음의 개수이다.
   a. 양성자
   b. 양성자 + 중성자
   c. 양성자 + 전자
   d. 원자의 양성자, 중성자 및 전자
7. 한 원소의 모든 중성 원자들은 동일한 다음을 갖는다.
   a. 원자 번호
   b. 전자의 수
   c. 양성자의 수
   d. 위 모두 맞다.
8. 원자의 태양계 모형의 주요 문제는 다음과 같다.
   a. 전자는 타원형 궤도가 아닌 원형으로 움직인다.
   b. 전자는 가속되기 때문에 에너지를 잃어야 한다.
   c. 반대 전하는 서로를 끌어당겨야 한다.
   d. 핵 대 전자의 질량비가 틀렸다.
9. 다른 수의 중성자를 가진 원소의 원자를 무엇이라 하는가?

a. 동소체
b. 이성질체
c. 동위 원소
d. 방사성

10. 원자핵의 양성자와 중성자 수의 합은
a. 핵 수
b. 질량 번호
c. 원자량
d. 동위 원소 번호

11. 원자량은
a. 개별 원자의 무게를 측정함으로써 결정된다.
b. 원소의 동위 원소 평균 무게
c. 핵에 있는 양성자와 중성자의 수
d. 존재비에 기초한 원소의 동위 원소 질량의 가중 평균

12. 다음 중 동위 원소는 다른 모든 동위 원소의 질량이 비교되는 표준을 제공한다.
a. 탄소-12
b. 산소-16
c. 수소-1
d. 금-197

13. 1910년 막스 플랑크는 다음과 같이 물질이 에너지를 방출하고 흡수한다는 아이디어를 도입하였다.
a. 광파
b. 양자라는 불연속적 단위
c. 특별한 패턴이 없는 펄스
d. 시간이 지남에 따라 크기가 변하는 펄스

14. 전자의 에너지는 다음과 같은 단위로 표현된다.
a. 전자 볼트
b. 전자 와트
c. 양자 도약
d. 궤도 번호

15. 보어 이론의 주요 성공은 다음과 같은 설명에 있었다.
a. 전자가 원형 궤도에서 움직이는 방법
b. 복사 방출 없는 궤도가 존재하는 이유
c. 수소 선 스펙트럼의 색상
d. 전자의 각운동량이 궤도 양자수에 의해 이루어지는 이유

16. 백열 기체의 빛이 선 사이에 빛이 없는 좁은 선 색상으로 분산되는데, 이를 ____라 한다.
a. 불가능한 스펙트럼
b. 선 스펙트럼
c. 발머 스펙트럼
d. 뉴턴 스펙트럼

17. 원자의 최저 에너지 상태 또는 준위를 ____라 한다.
a. 바닥 상태(bottom state)
b. 가장 낮은 준위
c. 바닥 상태(ground state)
d. 지하실 상태(basement state)

18. 원자의 양자 역학 이론의 기초는
a. 전자 질량의 스핀 및 양자 도약
b. 전자의 타원형 궤도
c. 전자 입자가 궤도에서 움직이는 방법
d. 전자의 파동 특성

19. 다음 중 들뜸 상태에서 바닥 상태로 이동하는 전자가 보이는 결과는 무엇인가?
a. 광자를 방출한다.
b. 광자를 얻는다.
c. 전하를 얻는다.
d. 전하를 잃는다.

20. 물질파의 존재는 누가 제안하였나?
a. 플랑크
b. 보어
c. 드브로이
d. 아인슈타인

21. 움직이는 입자는 질량과 속도와 관련된 파장을 갖는다. 이것은 다음 중 어떤 존재를 제안하기 위한 진술인가?
a. 광전 효과
b. 물질파
c. 양자
d. 광자

22. 다음 중 궤도에서의 전자 배치 나타내는 것은?
a. 전자 배열
b. 주기율표
c. 양자 번호
d. 에너지 준위

23. 다음 중 그룹 IIA 원소는?
a. 알칼리 금속
b. 알칼리 토금속
c. 알칼리성 염
d. 베릴륨 금속

24. 다음 중 그룹A의 원소는?
a. 알칼리 원소
b. 전이 원소
c. 대표 원소
d. 금속

25. 염소 원소는 어느 그룹에 속하는가?
a. 알칼리 금속
b. 란탄족
c. 할로겐
d. 기체

26. 원자가 전자를 잃거나 얻게 되는 경우 무엇이 되는

가?

a. 이온
b. 금속
c. 반도체
d. 동위 원소

27. 다음 중 금속과 비금속의 특성을 갖는 원소는?
a. 반금속
b. 전이 원소
c. 반도체
d. 불활성 기체

28. 전이 원소는
a. 금속이다.
b. 그룹B에 속한다.
c. 가변 전하를 가진다.
d. 위 모두 맞다.

29. 광자의 에너지
a. 주파수에 반비례한다.
b. 주파수에 직접 비례한다.
c. 속도에 따라 직접 변한다.
d. 속도에 반비례한다.

30. 다음 중 가장 많은 에너지를 가진 광자는?
a. 빨간색 빛
b. 주황색 빛
c. 초록색 빛
d. 파란색 빛

31. 주어진 원소에서 생성된 선 스펙트럼의 선 색상은
a. 온도 변화에 따라 색상이 변한다.
b. 항상 동일하고 규칙적인 간격 패턴을 갖는다.
c. 임의의 간격을 두며, 특정 패턴이 없다.
d. 온도에 따라 변하는 간격 패턴과 동일한 색상을 갖는다.

32. 하나의 전자를 가진 수소는 가시광선 영역에서 다음과 같은 선 스펙트럼을 생성한다.
a. 하나의 선 색상
b. 두 선 색상
c. 세 선 색상
d. 네 선 색상

33. 보어 모형에 따르면 전자는 다음에 의해서만 에너지를 얻거나 잃는다.
a. 허용된 궤도에서 더 빠르게 또는 느리게 이동할 경우
b. 하나의 허용된 궤도에서 다른 궤도로 도약할 경우
c. 원자에서 완전히 제거될 경우
d. 한 원자에서 다른 원자로 도약할 경우

34. 보어 모형에 따르면, 수소 원자의 전자가 핵에서 더 먼 궤도에서 핵에 더 가까운 궤도로 도약 할 때,
a. 두 궤도의 에너지 차이와 동일한 에너지로 단일 광자를 방출한다.
b. 수소의 선 스펙트럼에서 관찰된 각 선 색상마다 하나씩 4개의 광자를 방출한다.
c. 도약한 궤도 준위의 수에 따라 많은 광자를 방출한다.
d. 위 어느 것도 맞지 않다.

35. 원자의 보어 모형은
a. 수소 스펙트럼의 선 색상을 설명했다.
b. 수소보다 더 큰 원자의 선 스펙트럼을 설명 할 수 없었다.
c. 구체적인 설명 없이 일부 규칙을 만들었다.
d. 위 모두 맞다.

36. 원자의 보어 모형은 하나의 양자수를 가진 전자의 에너지 상태를 기술했다. 양자 역학 모형은 전자의 에너지 상태를 설명하기 위해 얼마나 많은 양자수를 사용하는가?
a. 1
b. 2
c. 4
d. 10

37. 두 번째 주에너지 준위와 두 번째 부준위의 전자는 다음과 같이 기호로 표시된다.
a. 1s
b. 2s
c. 1p
d. 2p

38. 전자가 발견 될 가능성이 있는 공간은 다음 중 무엇인가?
a. 원형 궤도
b. 타원형 궤도
c. 궤도
d. 지구 중심 궤도

39. 같은 원소의 두 가지 동위 원소는
a. 같은 수의 양성자, 중성자 및 전자를 갖는다.
b. 같은 수의 양성자와 중성자이지만 다른 수의 전자를 갖는다.
c. 같은 수의 양성자와 전자이지만 다른 수의 중성자를 갖는다.
d. 같은 수의 중성자와 전자이지만 다른 수의 양성자를 갖는다.

40. 주어진 원소의 동위 원소는 항상
a. 같은 질량과 같은 화학적 거동을 한다.
b. 같은 질량과 다른 화학적 행동을 한다.
c. 다른 질량과 다른 화학 작용을 한다.
d. 다른 질량과 동일한 화학 작용을 한다.

41. 주어진 원소의 원자에 있는 양성자의 수를 알고 싶

을 때, 다음 중 살펴봐야 할 것은?
a. 질량 번호
b. 원자 번호
c. 원자량
d. 질량수에 비해 동위 원소의 존재비

42. 주어진 원소의 원자에 있는 중성자 수를 알고 싶다면,
a. 원자량을 가장 가까운 정수로 반올림한다.
b. 질량 번호와 원자 번호를 추가한다.
c. 질량수에서 원자 번호를 뺀다.
d. 질량수와 원자수를 더한 다음 2로 나눈다.

43. 다음 중 항상 정수는 무엇인가?
a. 동위 원소의 원자 질량
b. 동위 원소의 질량수
c. 원소의 원자량
d. 위의 어느 것도 맞지 않다.

44. 다음 중 원자의 양자 역학과 보어 모형 모두 동의하는 내용은?
a. 드브로이 파장과 궤도의 원주의 중요성
b. 궤도 크기를 결정할 때 운동량의 중요성
c. 전자가 빛을 방출하는 방법
d. 위의 어느 것도 맞지 않다.

45. 하나의 전자를 갖는 수소는 4가지 가시적 색인 선 스펙트럼을 생성할 수 있는데, 그 이유는 다음 중 무엇인가?
a. 수소의 동위 원소는 4개의 전자를 가진다.
b. 전자는 네 가지 색상을 자연스럽게 발생한다.
c. 전자가 차지할 수 있는 여러 에너지 준위가 있다.
d. 전자는 쉽게 흩어진다.

46. 다음 중 전자가 어떤 행동을 했을 때 광자가 전자 구조로부터 방출되는가?
a. 더 높은 에너지 준위에서 더 낮은 에너지 준위로 도약한다.
b. 낮은 에너지 준위에서 높은 에너지 준위로 도약한다.
c. 전장의 스핀을 180° 뒤집힌다.
d. 높은 에너지에 의해 원자에서 제거된다.

47. 다음 중 수소 동위 원소를 나타내는 것은 무엇인가?
a. ${}^{1}_{1}H$
b. ${}^{2}_{1}H$
c. ${}^{3}_{1}H$
d. 위 모두 맞다.

48. ${}^{12}_{6}C$와 ${}^{14}_{6}C$의 원자는 어떤 면에서 다른가?
a. 양성자의 수
b. 중성자 수
c. 전자 수
d. 위의 어느 것도 맞지 않다.

49. 원자에 6개의 양성자, 6개의 전자, 6개의 중성자가 있는 동위 원소 기호는?
a. ${}^{18}_{12}Mg$
b. ${}^{12}_{12}Mg$
c. ${}^{12}_{6}C$
d. ${}^{18}_{6}C$

[답]

1. a **2.** c **3.** d **4.** d **5.** c **6.** a **7.** d **8.** b **9.** c **10.** b **11.** d **12.** a **13.** b **14.** a **15.** c **16.** b **17.** c **18.** d **19.** a **20.** c **21.** b **22.** a **23.** b **24.** c **25.** c **26.** a **27.** c **28.** d **29.** b **30.** d **31.** b **32.** d **33.** b **34.** a **35.** d **36.** c **37.** d **38.** c **39.** c **40.** d **41.** b **42.** c **43.** b **44.** c **45.** c **46.** a **47.** d **48.** b **49.** c

개념 문제

1. 러더퍼드를 원자핵의 개념으로 이끈 실험적 증거를 설명하시오.
2. 원자의 태양계 모형의 주요 문제점은 무엇인가?
3. 원자의 크기와 핵의 크기를 비교하시오.
4. 한 원자가 핵에 11개의 양성자를 가지고 있다. 원자 번호는 무엇인가? 이 원소의 이름은 무엇인가? 이 원자의 전자 배열은 무엇인가?
5. 원자에서 전자의 에너지가 왜 음의 값을 갖는가? (힌트: 전자의 전하 때문이 아니다.)
6. 원자의 보어 모형과 양자 역학 모형사이의 비슷한 점은 무엇인가? 근본적인 차이점은 무엇인가?
7. 바닥 상태의 수소 원자와 들뜸 상태의 수소 원자의 차이는 무엇인가?
8. 다음 중 어느 것이 정수이고 어느 것이 정수가 아닌가? 각각의 이유를 설명하시오.
   a. 원자 번호
   b. 동위 원소 질량
   c. 질량수
   d. 원자량
9. 왜 탄소-12 동위 원소만 정수인 질량을 갖고 다른 동위 원소는 갖지 않는가?
10. 불활성 기체 구성원의 공통점은 무엇인가? 차이점은 무엇인가?
11. 원소의 동위 원소는 어떻게 비슷한가? 또한 어떻게 다른가?
12. 주기율표에서 주기와 족에서 발견되는 원소의 전자 구조에서 어떤 패턴에 주목해야하나?

분석 문제

1. 전자의 전하를 찾는 밀리컨의 방법에 대해 평가하시오. 이 기술을 사용한 결과에 대해 의문이 있는가?
2. 특정 원소의 동위 원소들 사이의 중요한 유사점과 차이점은 무엇인가?
3. 톰슨의 실험은 전자의 발견으로 이어졌다. 그가 전자를 발견했다는 것을 어떻게 아는지 분석하시오.
4. 원자량이 중력과 관련이 있다는 신념을 바로 잡을 때 나누었던 다른 사람과의 대화를 서술하시오.
5. 물질이 불연속적 단위로만 에너지를 방출하고 흡수한다는 관측의 중요성을 분석하시오.
6. 원자의 보어(Bohr)와 양자 역학 모형 사이의 몇 가지 기본 차이점을 설명하시오.

탐구 문제

보기에 너무 작은가?

러더퍼드는 방사성 입자와 금박으로 유명한 실험을 수행했을 때 원자의 구조가 너무 작아서 다른 관측에서 추론해야 한다는 것을 알고 있었다. 이 과정을 설명하기 위해 95% 에틸 알코올의 50 mL(또는 다른 거의 순수한 알코올)을 눈금 실린더에 붓는다. 두 번째 눈금 실린더에서 물 50 mL를 측정한다. 완전히 혼합하고 혼합된 액체의 부피를 기록하시오. 증발이 발생하지 않았다고 가정하면 결과가 예상과 반대되는가? 결과에 대해 어떤 질문을 할 수 있는가?

보이지 않는 것에 대한 질문에 대답하려면 종종 관찰할 수 있는 모형이 필요하다. 예를 들어, 모형은 알코올 분자에 콩을 사용하고 물 분자에 모래를 사용하여 물과 알코올 분자를 나타낼 수 있다. 50 mL의 콩과 50 mL의 모래를 혼합하면 100 mL의 혼합 모래와 콩이 생성되는가? 콩과 모래를 섞은 것을 관찰한 결과와 알코올과 물을 섞은 결과를 설명하시오.

이 질문을 계속하려면 물 유리에 물을 가득 채우시오. 물에 소량의 소금을 첨가하시오. 두 재료가 동시에 같은 공간을 차지할 수 없다는 것을 알고 있다. 소금은 어떻게 되었는가? 보기에 너무 작은 것들에 대한 아이디어를 어떻게 테스트할 수 있는가?

동형 연습문제

A형과 B형 연습문제는 동일한 개념을 포함한다. A형 연습문제에 대한 해답은 부록 E에 있다.

A형

1. 질량이 1.68×10^{-27} kg인 중성자는 3.22×10^3 m/s의 속도로 원자로에서 나온다. 중성자의 드브로이 파장은 무엇인가?
2. 수소 원자의 여섯 번째 에너지 준위($n=6$)에 대한 에너지를 (a) 전자 볼트(eV)와 (b) 줄(joules) 단위로 계산하시오.
3. 수소 원자의 전자를 $n=2$에서 $n=6$으로 옮기려면 얼마나 많은 에너지가 필요한가? (a) 줄로 (b) 전자볼트로 계산하시오(필요한 값은 그림 8.11을 참조하시오).
4. 수소 원자의 전자가 $n=6$에서 $n=2$로 도약 할 때 어떤 주파수의 빛이 방출되는가? 어떤 색을 볼 수 있는가?
5. 바닥 상태의 수소 원자로부터 전자를 완전히 제거하기 위해 얼마나 많은 에너지가 필요한가?
6. 톰슨은 전자의 전하-대-질량비가 -1.76×10^{11} 쿨롱/킬로그램인 것으로 결정하였다. 밀리컨은 전자의 전하가 -1.60×10^{-19} 쿨롱임을 확인하였다. 이 발견에 따르면 전자의 질량은 얼마인가?
7. 수소 원자에서 정상파를 만드는 전자 파동의 파장이 1.67×10^{-10} m라고 가정하자. 전자의 질량이 9.11×10^{-31} kg인 것을 고려하고, 드브로이 방정식을 사용하여 이 궤도에서 전자의 속도를 계산하시오.
8. 원하는 참조를 사용하여 (a) 붕소, (b) 알루미늄 및 (c) 칼륨에 대한 완전한 전자 배열을 작성하시오.
9. 8a, 8b 및 8c에 대한 답에 정확한 총 전자수가 있다는 것을 어떻게 알 수 있는지 설명하시오.
10. 그림 8.16 만 참조하고 (a) 아르곤, (b) 아연 및 (c) 브롬에 대한 완전한 전자 배열을 작성하시오.
11. 리튬에는 자연적으로 발생하는 동위 원소인 리튬-6과 리튬-7이 있다. 리튬-6은 탄소-12에 대해 6.01512의 질량을 가지며 모든 자연 발생 리튬의 7.42%를 구성한다. 리튬-7은 탄소-12에 비해 7.016의 질량을 가지며 나머지 92.58%를 구성한다. 이 정보에 따르면, 리튬의 원자량은 얼마인가?
12. 다음 동위 원소의 양성자, 중성자 및 전자 수를 확인하시오.
    a. $^{12}_{6}C$
    b. $^{1}_{1}H$
    c. $^{40}_{18}Ar$

d. $^{2}_{1}H$

e. $^{197}_{79}Au$

f. $^{235}_{92}U$

13. 주기율표에서 다음 원소의 주기와 족을 나타내시오.
    a. 라돈
    b. 나트륨
    c. 구리
    d. 네온
    e. 요오드
    f. 납.
14. 다음의 원자에서 몇 개의 외부 궤도 전자가 발견되는가?
    a. 리튬?
    b. 질소?
    c. 플루오린?
    d. 염소?
    e. 라듐?
    f. 베릴륨?
15. 다음 원소들의 전자 점 표기법을 쓰시오.
    a. 붕소
    b. 브롬
    c. 칼슘
    d. 칼륨
    e. 산소
    f. 황
16. 다음 이온의 전하를 확인하시오.
    a. 붕소
    b. 브롬
    c. 칼슘
    d. 칼륨
    e. 산소
    f. 질소
17. 주기율표를 사용하여 다음이 금속인지 비금속 또는 반도체인지 확인하시오.
    a. 크립톤
    b. 세슘
    c. 규소
    d. 황
    e. 몰리브덴
    f. 플루토늄
18. 아래 이온의 전하를 통해 주기율표의 족 번호를 예측하시오.
    a. Br^{1-}
    b. K^{1+}
    c. Al^{3+}
    d. S^{2-}
    e. Ba^{2+}
    f. O^{2-}
19. 아래 동위 원소를 구분하기 위해 화학 기호 및 숫자를 사용하시오.
    a. 산소-16
    b. 나트륨-23
    c. 수소-3
    d. 염소-35

B형

1. 질량이 9.11×10^{-31} kg인 전자는 속도가 수소 원자의 가장 안쪽 궤도에서 4.3×10^{6} m/s이다. 전자의 드브로이 파장은 무엇인가?
2. 수소 원자의 세 번째 에너지 준위($n=3$)의 에너지를 (a) 전자볼트(eV) 및 (b) 줄(joule) 에너지 단위로 계산하시오.
3. 수소 원자의 전자를 바닥 상태($n=1$)에서 $n=3$으로 옮기려면 얼마나 많은 에너지가 필요한가? (a) 줄 및 (b) 전자볼트 단위로 계산하시오.
4. 수소 원자의 전자가 $n=2$에서 바닥 상태($n=1$)로 도약 할 때 어떤 빛의 진동수가 방출되는가?
5. 수소 원자에서 $n=2$에서 전자를 완전히 제거하기 위해 얼마나 많은 에너지가 필요한가?
6. 양성자의 전하 대 질량비가 9.58×10^{7} 쿨롱/킬로그램이고 전하가 1.60×10^{-19} 쿨롱인 경우, 양성자의 질량은 얼마인가?
7. 수소 원자에 정상파를 만드는 전자파동은 8.33×10^{-11} m의 파장을 갖는다. 전자의 질량이 9.11×10^{-31} kg인 경우, 드브로이 방정식을 사용하여 전자의 속도를 계산하시오.
8. 원하는 참조를 사용하여 (a) 질소, (b) 인 및 (c) 염소에 대한 완전한 전자 배열을 작성하시오.
9. 8a, 8b 및 8c에 대한 답에 정확한 총 전자 수가 있다는 것을 어떻게 알 수 있는지 설명하시오.
10. 그림 8.16만 참조하여 (a) 네온, (b) 황 및 (c) 칼슘에 대한 완전한 전자 배열을 작성하시오.
11. 붕소에는 자연적으로 발생하는 동위 원소인 붕소-10과 붕소-11이 있다. 붕소-10은 탄소-12에 비해 질량이 10.0129이고 모든 자연 발생 붕소의 19.78%를 구성한다. 붕소-11은 탄소-12에 비해 11.00931의 질량을 가지며 나머지 80.22%를 구성합니다. 붕소의 원자량은 얼마인가?
12. 다음 동위 원소에서 양성자, 중성자 및 전자의 수를 확인하시오.
    a. $^{14}_{7}N$
    b. $^{7}_{3}Li$

c. $^{35}_{17}C$

d. $^{48}_{20}Ca$

e. $^{63}_{29}Cu$

f. $^{230}_{92}U$

13. 주기율표에서 다음 원소의 주기와 족을 나타내시오.

a. 크세논

b. 칼륨

c. 크롬

d. 아르곤

e. 브롬

f. 바륨

14. 다음의 원자에서 몇 개의 외부 궤도 전자가 발견되는가?

a. 나트륨

b. 인

c. 브로민

d. 아이오딘

e. 텔루륨

f. 스트론튬

15. 다음 원소에 대한 전자 점 표기법을 쓰시오.

a. 알루미늄

b. 불소

c. 마그네슘

d. 나트륨

e. 탄소

f. 염소

16. 다음 이온의 전하를 확인하시오.

a. 알루미늄

b. 염소

c. 마그네슘

d. 나트륨

e. 황

f. 수소

17. 주기율표를 사용하여 다음이 금속인지 비금속 또는 반도체인지 확인하시오.

a. 라돈

b. 프랑슘

c. 비소

d. 인

e. 하프늄

f. 우라늄

18. 아래 이온의 전하를 통해 주기율표의 족 번호를 예측하시오.

a. F^{1-}

b. Li^{1+}

c. B^{3+}

d. O^{2-}

e. Be^{2+}

f. Si^{4+}

19. 아래 동위 원소를 구분하기 위해 화학 기호 및 숫자를 사용하시오.

a. 칼륨-39

b. 네온-22

c. 텅스텐-184

d. 요오드-127

부록 A

수학 개관

A.1 방정식

과학의 많은 문제들은 자연에서 관찰되는 패턴과 관계를 묘사하는 간단한 방법인 방정식을 포함한다. 방정식은 성질을 식별하고 특정 개념을 정의하는 데도 사용되지만, 모든 용도는 잘 확립된 의미, 관습에 의해 사용되는 기호, 그리고 수학적 연산을 허용한다. 이 부록은 문제풀이과정에서 방정식의 조작과 관련된 추론을 더 잘 이해하는 데 도움을 줄 것이다.

배경지식

수학 연산을 수행하기 위한 규칙에 대한 지식 외에도, 방정식을 사용할 때 특정 정량적 아이디어와 개념에 대한 이해는 매우 유용할 수 있다. 이러한 유용한 개념들 중에는 (1) 역과 역수의 의미, (2) 비율의 개념, (3) 분수의 개념이 있다.

역(inverse)이라는 용어는 어떤 것의 반대, 또는 역(逆)을 의미한다. 예를 들어 덧셈은 뺄셈의 반대, 즉 역행이며, 나눗셈은 곱셈의 역행이다. 역수(reciprocal)는 두 숫자 사이의 역 곱셈 관계로 정의된다.

예를 들어, 기호 n이 임의의 숫자(0 제외)를 나타내는 경우 n의 역수는 $1/n$이다. 숫자$(1/n)$에 그 숫자(n)를 곱하면 항상 1의 값을 얻는다. 따라서 5가 1의 값을 얻기 위해 곱하는 숫자는 $1/5(5\times 1/5=5/5=1)$이다. 즉, 1/5은 5의 역수이고, 5는 1/5의 역수다. 각 숫자는 다른 숫자의 역이다.

분수 1/5은 1을 5로 나눈 것을 의미하며, 나눗셈을 하면 소수점 0.2를 얻는다. $1/x$ 버튼이 있는 계산기는 자동으로 작업을 수행한다. 5를 입력한 다음 $1/x$ 버튼을 누르면 0.2의 결과가 나온다. $1/x$ 버튼을 다시 누르면 5의 답이 나온다. 이 숫자들은 각각 다른 숫자와 상호적이다.

비율은 두 숫자의 비교다. 기호 m과 n을 사용하여 두 숫자를 나타내는 경우, 숫자 m 대 숫자 n의 비율은 분수 m/n이다. 이 표현은 m을 n으로 나눈다는 뜻이다. 예를 들어 m이 10이고 n이 5인 경우 10대 5의 비율은 10/5 또는 2:1이다.

분수(fraction)를 이용한 작업은 문제풀이 연습에서 필요한 경우가 있으며, 단위 계산을 수행하기 위해서는 이러한 작업에 대한 이해가 필요하다. 숫자(또는 단위)를 그 자체로 나눈 값이 1과 같다는 것을 기억하는 것은 이러한 작업에서 많은 도움이 된다. 예를 들어,

$$\frac{5}{5}=1 \qquad \frac{\text{inch}}{\text{inch}}=1 \qquad \frac{5\ \text{inches}}{5\ \text{inches}}=1$$

하나의 분수를 다른 분수로 나눌 때 공통적으로 적용되는 연산은 "분모를 반전시켜 곱하기"이다. 예를 들어 2/5를 1/2로 나누면

$$\frac{\frac{2}{5}}{\frac{1}{2}} = \frac{2}{5} \times \frac{2}{1} = \frac{4}{5}$$

더 큰 분수의 분모를 뒤집고 곱하는 것은 분모(1/2)를 1과 같게 만들기 위함이다. 분자(2/5)와 분모(1/2) 모두 2/1을 곱하여 전체 식의 값을 바꾸지 않는다. 완전한 연산은 다음과 같다.

$$\frac{\frac{2}{5}}{\frac{1}{2}} \times \frac{\frac{2}{1}}{\frac{2}{1}} = \frac{\frac{2}{5} \times \frac{2}{1}}{\frac{1}{2} \times \frac{2}{1}} = \frac{\frac{4}{5}}{\frac{2}{2}} = \frac{\frac{4}{5}}{1} = \frac{4}{5}$$

기호와 연산

기호를 사용하는 것은 산술에 대한 일반적인 경험과는 다르게 보이기 때문에 일부 학생들에게 혼란을 야기하는 것처럼 보인다. 규칙은 숫자와 마찬가지로 기호에 대해서도 동일하지만, 기호가 어떤 값을 나타내는지 알기 전에는 기호로 연산을 할 수 없다. +, ÷, ×, −와 같은 연산 기호는 그 값을 알고 있을 경우 수행하는 연산을 나타내는 기호와 함께 사용된다. 수학적 연산의 일부는 몇 가지 방법으로 표시된다. 예를 들어 $a \times b$, $a \cdot b$, ab은 모두 같은 것을 나타내며, a를 b로 곱해야 한다. 마찬가지로 $a \div b$, a/b, $a \times 1/b$는 모두 a를 b로 나눈다는 것을 나타낸다. 기호만으로는 작업을 수행할 수 없기 때문에 지시연산(indicated operations)이라고 한다.

방정식 연산

방정식은 간단한 문장을 기호로 표현하는 속기법이다. 이 방정식은 (1) 왼쪽, (2) 양쪽의 등가성을 나타내는 등호(=), (3) 오른쪽의 3부분으로 되어 있다. 왼쪽은 오른쪽과 같은 값과 단위를 가지고 있지만, 양쪽의 외형은 매우 다를 수 있다. 또한 양쪽에는 수학적 연산(+, −, × 등)을 나타내는 기호가 있을 수 있으며, 연산(a/b, ab 등)을 나타내는 일정한 형태일 수 있다. 어쨌든 이 방정식은 왼쪽이 오른쪽과 같은 값과 단위를 가지고 있다는 것을 나타내는 완전한 표현이다.

방정식은 각각 미지의 양을 나타내는 다른 기호를 포함할 수 있다. 과학에서 "방정식을 푸시오(solve the equation)."라는 구절은 방정식의 한쪽 면에 하나의 기호(일부 변수를 나타냄)로 특정 연산을 수행하는 것을 의미한다. 이 단일 기호는 보통 왼쪽에는 있고, 반대쪽에는 없지만, 꼭 그렇지는 않다. 예를 들어 $F = ma$ 방정식의 왼쪽에는 기호 F가 있다. 과학에서, 당신은 이 방정식이 F에 대해 풀었다고 말할 것이다. 그것은 또한 m이나 a로도 해결될 수 있는데, 그것은 곧 고려될 것이다. F에 대해 $F = ma$라는 방정식을 풀었고, 표시된 연산은 형식 ma에 있기 때문에 m에 a를 곱하는 것으로, $m \times a$와 같은 것을 의미한다. 이것은 이 방정식에서 유일하게 지시된 연산이다.

풀이된 방정식은 지시 연산으로 이루어진 집합체이다. 예를 들어 ℃에 대해 풀이된 화씨온도와 섭씨온도 사이의 관계식은 $C = 5/9(F - 32)$이다. 이 방정식의 지시연산 목록은 다음과 같다.

1. 주어진 화씨온도에서 32°를 뺀다.

2. (1)의 결과에 5를 곱한다.
3. (2)의 결과를 9로 나눈다.

왜 지시연산은 이 순서로 되었는가? 왜냐하면 괄호는 $(F-32°)$ 양(quantity)의 5/9를 의미하기 때문이다. 확장된 형태에서 $5/9(F-32°)$는 실제로 $5/9(F)-\ 5/9(32°)$를 의미한다는 것을 알 수 있다. 따라서 $(F-32°)$의 양을 찾을 때까지 5를 곱하거나 9로 나눌 수 없다. 연산 순서를 파악한 후에는 숫자와 단위 모두에 필요한 작업을 완료하면 문제에 대한 답을 찾는 일이 거의 일상화된다.

A.2 방정식 풀이

때로는 다른 기호를 한쪽으로 이동시키기 위해 방정식을 재정렬할 필요가 있다. 이것은 미지의 양에 대한 방정식을 푸는 것으로 알려져 있다. 그러나 단순히 기호를 방정식의 한쪽으로 옮길 수는 없다. 방정식은 등가성의 식이기 때문에 오른쪽은 왼쪽과 같은 값을 갖는다. 기호를 이동하면 양쪽이 동일하게 유지되는 방식으로 작업을 수행해야 한다. 이것은 당신이 한쪽에 미지의 것을 가질 때까지 "제거" 기호로 수용된다. 제거 연산을 이해하려면 분모, 분자의 숫자(또는 단위)가 같은 분수는 1과 같다는 점을 기억해야 한다. 예를 들어 F에 대해 풀이된 $F=ma$ 방정식을 생각해 보자. F와 m이 주어지는 문제를 고려하고 있는데, 미지의 값은 a라고 가정해보자. a에 대한 방정식을 풀어서 한쪽으로 치우쳐야 한다. m을 제거하려면 m에 표시된 연산을 역순(inverse)으로 수행하고, 양쪽을 m로 나눈다. 그러므로

$$F=ma$$

$$\frac{F}{m}=\frac{\cancel{m}a}{\cancel{m}}$$

$$\frac{F}{m}=a$$

m/m은 1과 같기 때문에 우측에 a가 저절로 남는다. 편의를 위해 미지의 기호를 왼쪽으로 이동시키기 위해 전체 방정식을 뒤집을 수도 있다.

$$a=\frac{F}{m}$$

따라서 곱셈(ma)을 나타내는 수량은 m으로 나누는 역연산에 의해 한쪽에서 제거되었다.

방정식의 한쪽에서 수량을 다른 쪽으로 이동시켜 "제거"할 때는 다음과 같은 역연산을 고려한다.

제거할 기호의 지시연산이 있는 경우:	**방정식 양쪽에서 역 연산 수행:**
곱셈	나눗셈
나눗셈	곱셈
덧셈	뺄셈
뺄셈	덧셈
제곱	제곱근
제곱근	제곱

예제 A.1

움직이는 신체의 운동 에너지를 찾는 방정식은 $KE = \frac{1}{2}mv^2$이다. 속도 v에 대해 방정식을 푸시오.

풀이

방정식의 지시연산 순서는 다음과 같다.

1. v를 제곱한다.
2. v^2에 m을 곱한다.
3. (2)값을 2로 나눈다.

v에 대해 풀기 위해 "제거"를 사용하면 이 순서가 반대로 된다.

Step 1: 양변에 2를 곱한다.

$$KE = \frac{1}{2}mv^2$$

$$2KE = \frac{2}{2}mv^2$$

$$2KE = mv^2$$

Step 2: 양변을 m으로 나눈다.

$$\frac{2KE}{m} = \frac{mv^2}{m}$$

$$\frac{2KE}{m} = v^2$$

Step 3: 양변에 제곱근을 취한다.

$$\sqrt{\frac{2KE}{m}} = \sqrt{v^2}$$

$$\sqrt{\frac{2KE}{m}} = v$$

or

$$v = \sqrt{\frac{2KE}{m}}$$

이 방정식은 v에 대해 풀이되었으며, 이제 양(quantity)을 대체하고 필요한 작업을 수행할 준비가 되었다(이 주제에 대한 자세한 내용은 1장의 예시 문제 참조).

A.3 유효숫자

어떤 측정값도 항상 약간의 불확실성을 포함할 것이다. 예를 들어, 그림 A.1에 표시된 것처럼 사각형 종이의 한 면을 측정한다고 가정하자. 확대된 눈금을 보면 종이의 폭이 약 3.5 cm이고 정확하다고 할 수 있다. 그러나 이러한 측정은 여러 가지 목적을 위해 만족스럽지 못할 것이다. 길이의 실제 값에 접근하지 않고 너무 많은 불확실성을 포함하고 있다. 종이 폭은 3.4 cm보다 크지만 3.5 cm보다 좁다는 것은 분명해 보인다. 하지만 3.4 cm보다 얼마나 클까? 종이가 3.44 cm, 3.45 cm 또는 3.46 cm인지 확신할 수 없다. 당신이 가장 잘 추정할 때, 당신은 그 종이의 폭이 3.45 cm라고 말할지도 모른다. 처음 두 개의 숫자(3.4)에 대해 확신할 수 있다는 것에 모두가 동의할 것이며, 그 숫자들은 기록되어야 한다. 마지막 숫자(0.05)는 추정되었고 확실하지 않다. 두 개의 특정 숫자는 하나의 불확실한 숫자와 함께, 자로 사용될 때 가능한 가장 큰 정확도를 나타낸다. 종이의 폭은 3.45 cm라고 한다.

그림 A.1 이 종이의 폭은 얼마인가? 본문을 읽기 전에 답안을 쓰시오.

유효숫자(significant figure)는 마지막 자리에서만 일부 불확실성으로 정확하다고 여겨지는 숫자다. 종이 폭의 값인 3.45 cm는 3개의 유효숫자를 나타낸다. 보시다시피 유효숫자는 사용 중인 측정기의 정확도에 따라 결정할 수 있다. 그러나 당신이 그 종이의 면적을 계산해야 한다고 가정하자. 당신은 3.45 cm×3.45 cm를 곱하고, 그 면적은 11.9025 cm^2가 될 것이다. 이것은 당신이 측정기로 얻을 수 있었던 것보다 더 큰 정밀도를 갖는다. 계산 결과는 처리되는 값보다 정확할 수 없다. 측정값에는 유효숫자가 3개(확정 2개, 불확실한 1개)밖에 없었기 때문에, 해답은 유효숫자를 3개만 가질 수 있다. 면적은 11.9 cm^2로 정확하게 표현된다.

보고된 측정에 포함된 유효숫자를 결정하는 데 도움이 되는 몇 가지 간단한 규칙이 있다.

1. 측정의 직접적인 결과로 보고된 모든 자릿수는 유효하다.
2. 0은 0이 아닌 숫자 사이에 발생할 때 유효하다. 예를 들어, 607은 3개의 유효숫자를 가지고 있으며, 0은 유효숫자 중 하나이다.
3. 1보다 더 큰 값에서 숫자 0은 뒤에 0이 아닌 숫자들이 자릿수를 나타내기 위해 있을 때 유효숫자가 아니다. 예를 들어 '락콘서트 참석자 23,000명'이라는 보고서에서 숫자 2와 3은 유효하지만 0은 유효하지 않다. 이런 상황에서 23은 수치에서 측정된 부분이고, 3개의 0은 콘서트에 얼마나 많은 사람들이 참석했는지, 즉 2만 3천 명이 참석했는지에 대한 추정치를 알려준다. 수치가 추정치가 아닌 측정치일 경우 마지막 0 뒤에 소수점으로 표기해 0이 유의하다는 것을 나타낸다. 따라서 23,000에는 두 개의 유효숫자(2, 3)가 있지만, 23,000에는 다섯 개의 유효한 수치가 있다. 숫자 23,000은 '약 2만3000'을 의미하지만 23,000.은 22,999나 23,001이 아니라 23,000을 의미한다.
4. 1보다 더 작은 값에서 0이 아닌 숫자 앞에 오는 소수점 뒤의 0은 유효하지 않으며 자리 표시자 역할만 한다. 예를 들어 0.0023에는 2와 3이라는 두 개의 유효숫자가 있다. 소수점 뒤의

0이나 0이 아닌 자리 뒤의 0만 측정값을 나타내지만, 이러한 0은 유효하다. 예를 들어, 그림 0.00230은 229나 231이 아니라 230을 의미하기 때문에 3개의 유효숫자를 가지고 있다. 마찬가지로 그림 3.000 cm에는 4개의 유효숫자가 있는데, 이는 3개의 0이 존재한다는 것은 측정치가 2.999나 3.001이 아니라 실제로 3.000이었음을 의미하기 때문이다.

곱셈과 나눗셈

측정값을 곱하거나 나눌 때, 답은 곱하거나 나눌 수 있는 수치의 최소 유효숫자보다 더 유효숫자가 없을 수 있다. 이는 단순히 답이 계신에 입력되는 가장 정확한 측정값보다 정확할 수 없으며, 계산을 통해 측정의 정확도를 향상시킬 수 없다는 것을 의미한다. 예를 들어 총 이동 거리를 알아내기 위해 54.2 mi/h×4.0 h를 계산할 때 첫 번째 수치(54.2)는 3개의 유효수치를 갖지만 두 번째 수치(4.0)는 2개의 유효숫자만 가진다. 유효숫자 중 2개가 더 적으므로 답은 단지 두 개의 유효숫자만을 포함할 수 있다. 따라서 정답은 216.8 mi가 아니라 220 mi이다. 두 숫자를 곱하면 216.8 mi의 답이 되기 때문에 이것은 이상하게 보일 수 있다. 그러나 이 답은 가능한 한 높은 정확도를 의미하며, 계산에 관련된 가장 적은 숫자에 비해 정확도를 향상시킬 수 없다. 숫자(4.0)는 유효숫자가 두 개에 불과하므로 답 역시 유효숫자가 두 개뿐이어야 하는데, 이는 220 mi이다.

계산 결과는 계산에 관련된 측정값의 최소 개수와 동일한 유효숫자로 반올림된다. 숫자를 반올림할 때 이후 숫자가 5 이상일 경우 마지막 유효숫자가 1씩 증가한다. 마지막 유효숫자 이후의 숫자가 4 이하일 경우, 유효숫자는 그냥 삭제된다. 따라서 앞의 예제에서 두 개의 유효숫자가 요구될 경우, 두 유효숫자 뒤의 마지막 숫자는 6(5보다 큰 숫자)이기 때문에 216.8은 220까지 반올림된다. 계산 결과가 214.8이었다면, 반올림된 숫자는 210마일이 될 것이다.

측정 수치(measurement figure)는 답변에 포함된 유효숫자의 수에 관련된 유일한 수치라는 점에 유의한다. 계수되거나 정의된 숫자는 답에서 유효숫자를 결정하는 데 포함되지 않는다. 예를 들어 평균을 찾기 위해 2로 나눌 때 유의한 숫자의 수를 고려할 때 2는 무시된다. 숫자는 정확하게 정의되며 유효숫자에서는 사용되지 않는다. 1 kg은 정확히 1,000 g으로 규정(defined)돼 있기 때문에 이런 변환은 측정치가 아니다.

덧셈과 뺄셈

곱셈, 나눗셈과 마찬가지로 측정을 포함하는 덧셈과 뺄셈 연산은 계산 전에 가졌던 측정치보다 더 큰 정확성을 내포하는 답을 도출할 수 없다. 측정에서 오른쪽의 마지막 자릿수가 불확실하다는 것을 상기하자. 즉, 추정의 결과이다. 덧셈이나 뺄셈 계산에 대한 답은 계산에 관련된 가장 적은 숫자보다 소수점 이하에서 이 불확실한 숫자를 더 이상 가질 수 없다. 따라서 4.926에 8.4를 더하면 약한 수가 8.4이고, 불확실한 수가 .4로 소수점 오른쪽에 한 자리씩 있다. 따라서 13.326의 합은 13.3으로 반올림되어 이 가장 약한 미심쩍은 숫자의 위치를 반영한다.

0을 세는 규칙은 우리에게 203과 0.200이 모두 3개의 유효숫자를 가지고 있다는 것을 알려준다. 마찬가지로 숫자 230과 0.23은 두 개의 유효숫자만 가지고 있다. 일단 규칙을 기억하면, 유효숫자의 계산은 간단하다. 반면에, 때때로 여러분은 규칙을 따르는 것을 불가능하게 만드는 것 같은 숫자를 발견한다. 예를 들어, 두 개의 유효숫자로 3,000을 어떻게 쓸 수 있나? 이와 같은 문제를 처리하기 위해 사용 중인 몇 가지 특수 시스템이 있으며, 여기에는 마지막 유효숫자자리 위에 작은 막대를 배치하는 것이 포함된다. 어려운 숫자에 대해 유효숫자를 표시하는 편리한 방법 중 하나는 이 부록의 과학적 표기법에서 논의되는 과학적 표기법을 사용하는 것이다. 유효숫자를 쓰는 관례는 십진수 왼쪽에 한 자리 표시한다. 과학 표기법에서 유효숫자의 수를 표시할 때는 지수를 고려하지 않는다. 따라서 하나의 유효숫자를 나타내며 3천 개를 쓰려면 3×10^3을 쓴다. 두 개의 유효숫자를 나타내려면 3.0×10^3이며, 유효숫자 3개에 대해서는 3.00×10^3이 된다. 보시다시피, 과학적 표기법을 올바르게 사용하는 것은 얼마나 많은 중요한 인물들이 의도된 것인지에 대해 의심할 여지가 거의 없다.

예제 A.2

어떤 문제에서는 0.0039 km에 15.0 km를 곱해야 한다. 계산기의 결과는 0.0585 km²이다. 이 계산에 관련된 최소 유효숫자는 2이다(0.0039는 2개의 유효숫자를 가지고 있다. 15.0은 3개를 가지고 있다. 이유를 알기 위해 규칙을 다시 읽는다). 따라서 계산기 결과는 두 개의 유효숫자만 가지도록 반올림되며, 그 대답은 0.059 km²로 기록된다.

예제 A.3

10.3 cal, 10.15 cal, 16.234 cal의 양이 더해진다. 계산기의 결과는 36.684 cal이다. 소수점 중 가장 작은 숫자는 소수점 오른쪽의 한 자리수여서 정답은 36.7 cal로 반올림한다.

A.4 단위 변환

대부분의 성질을 측정하면 수치와 단위가 모두 나온다. 한 잔에 50 cm³의 액체가 들어 있다는 진술은 두 가지 중요한 개념, 즉 50의 숫자 값과 1입방 센티미터의 기준 단위를 나타낸다. 액체의 부피를 정확하게 전달하기 위해서는 수치와 단위가 모두 필요하다.

측정 단위를 포함하는 계산으로 작업할 때, 수치와 단위는 모두 수학적으로 처리된다. 다른 수학적 연산과 마찬가지로 따라야 할 일반적인 규칙이 있다.

1. 유사한 단위를 가진 속성만 추가하거나 뺄 수 있다. 5달러와 10센트를 서로 더하는 것은 의미가 없다는 것이다. 추가 또는 빼기 전에 먼저 같은 단위로 변환해야 한다.
2. 유사하거나 다른 단위는 곱하거나 나누어서 숫자와 같은 방식으로 처리할 수 있다. 이 규칙은 면적(길이×길이=길이², $\text{cm} \times \text{cm} = \text{cm}^2$)과 부피(길이×길이×길이=길이³)를 다룰 때 사용하였다.

이 두 규칙을 사용하여 한 단위를 다른 단위로 변경하는 데 도움이 되는 변환 비율을 만들 수 있다. 2.3 kg을 그램으로 변환해야 한다고 가정한다. 첫째, 킬로그램과 그램의 관계를 다음과 같이 쓴다.

$$1{,}000 \text{ g} = 1 \text{ kg}$$

다음으로 변환할 항목(여기서는 kg)으로 양쪽을 나눈다.

$$\frac{1,000\ \text{g}}{1} = \frac{1\ \text{kg}}{1\ \text{kg}}$$

10을 10으로 나누면 1이 되는 것처럼 1 kg을 1 kg으로 나누면 1이 된다. 따라서 관계의 오른쪽은 1이 되고 방정식은 1이 된다.

$$\frac{1,000\ \text{g}}{1\ \text{kg}} = 1$$

1은 보통 표기를 생략하며, 이 연산을 제거(canceling)라고 한다. 제거하면 1,000 g/1 kg의 분수가 남게 되는데, 이것은 킬로그램에서 그램으로 변환하는 데 사용할 수 있는 변환 비율이다. 변환 비율을 변환할 숫자 값과 단위에 곱하면 다음과 같다.

$$\begin{aligned} &= 2.3\ \text{kg} \times \frac{1,000\ \text{g}}{1\ \text{kg}} \\ &= \frac{2.3 \times 1,000}{1} \frac{\text{kg} \times \text{g}}{\text{kg}} \\ &= \boxed{2,300\ \text{g}} \end{aligned}$$

kg 단위는 없어진다. 전체 연산을 단위만 사용하여 표시하면 올바른 g 단위가 어떻게 되는지 알 수 있다.

$$\text{kg} \times \frac{\text{g}}{\text{kg}} = \frac{\text{kg} \cdot \text{g}}{\text{kg}} = \text{g}$$

올바른 단위를 얻었으므로 올바른 변환 비율을 사용했다는 것을 알 수 있다. 실수로 역전환율을 사용했다면, 다음과 같은 답이 나온다.

$$2.3\ \text{kg} \times \frac{1\ \text{kg}}{1,000\ \text{g}} = .0023\ \frac{\text{kg}^2}{\text{g}}$$

의미 없고 부정확한 단위인 kg^2/g를 산출한다. 숫자와 단위에 대한 수학적 연산을 수행하면 항상 정확한 변환 비율을 사용했는지 여부를 알려준다.

예제 A.4

100.0 km 거리는 마일 단위로 얼마나 되는가?

풀이

우선 교재나 참고서에서 변환 계수(conversion factor)를 구해야 하는데, 보통 속성표에서 변환 계수를 찾을 수 있다. 그러한 표는 킬로미터와 마일, 즉 (1) 1 km = 0.621 mi 및 (2) 1 mi = 1.609 km의 두 가지 변환 계수를 보여준다. 여기서, 문제와 동일한 형식의 요인을 선택해야 한다. 예를 들어, 문제는 100.0 km = ? mi이면, 이 형식의 변환 계수는 1 km = 0.621 mi이다.

둘째, 이 변환 계수를 변환하고자 하는 계수로 나누어 변환 비율(conversion ratio)로 변환해야 한다.

변환 계수:	$1\ \text{km} = 0.621$
변환할 계수를 다음으로 나눈다.	$\frac{1\ \text{km}}{1\ \text{km}} = \frac{0.621\ \text{mi}}{1\ \text{m}}$
최종 변환율:	$\frac{0.621\ \text{mi}}{\text{km}}$

1 mi = 1.609 km 계수를 사용했다면 결과 단위는 의미가 없다는 점에 유의한다. 이제 변환 비율에 변환할 숫자 값과 단위가 곱해진다.

$$100.0\ \text{km} \times \frac{0.621\ \text{mi}}{\text{km}}$$

$$(100.0)(0.621)\frac{\text{km} \cdot \text{mi}}{\text{km}}$$

$$62.1\ \text{mi}$$

예제 A.5

주유소는 휘발유를 리터 단위로 팔고, 당신은 탱크에 72리터를 채운다. 이는 몇 갤런인가? (답: 19 gal)

A.5 과학 표기법

일상생활에서 측정할 수 있는 사물의 대부분의 성질은 몇몇 표준 단위와 함께 작은 범위의 수치값으로 표현될 수 있다. 대부분의 사물에 대한 수치값의 범위는 단위(1초), 10개(10초), 수백 개(100초), 수천 개(1000초)를 사용하여 다루어질 수 있다.

그러나 실제 우주에는 아주 큰 숫자들이 필요한 엄청나게 큰 크기의 물체들이 포함되어 있다. 예를 들어, 태양은 약 1,970,000,000,000,000,000,000 kg의 질량을 가지고 있다. 반면에 원자의 크기와 부분을 측정하기 위해서는 매우 작은 숫자들이 필요하다. 예를 들어 수소 원자의 반지름은 약 0.0000000000005 m이다. 이렇게 엄청나게 크고 작은 숫자들은 조심스레 모든 0을 세는 데 성공하더라도 추적해야 할 0이 너무 많기 때문에 번거롭고 불편하다. 극도로 크거나 작은 숫자를 보다 응축된 형태로 다루는 방법이 존재한다. 이 방법은 과학 표기법(scientific notation)이라고 부르지만, 10의 지수를 바탕으로 하기 때문에 10의 제곱수(powers of ten) 또는 지수 표기법(exponential notation)이라고도 부르기도 한다. 무엇이든지 간에, 이 방법은 숫자를 다루는 콤팩트한 방법으로, 0을 추적하는 데 도움을 줄 뿐만 아니라 계산하는 간단한 방법도 제공한다.

대수학에서는 a^5로 $(a \times a \times a \times a \times a)$를 써서 (종이뿐만 아니라) 많은 시간을 절약한다. 글자나 숫자 위에 오른쪽 위에 쓰인 작은 숫자는 지수(exponent)라고 불리는 위첨자 이다. 지수란 문자나 숫자를 그 자체로 여러 번 곱해야 한다는 것을 의미한다. 예를 들어, a^5는 그 자체로 다섯 번 곱한 것을 의미하거나, $a \times a \times a \times a \times a$를 의미한다. 보다시피 이 작전의 기하급수적인 형식을 길게 쓰는 것보다 훨씬 쉽게 쓸 수 있다. 과학적 표기법은 지수를 사용하여 밑 10의 제곱수를 나타낸다. 지수는 기준인 10을 그 자체로 곱한 횟수를 말한다. 예를 들면

$$10{,}000 = 10^4$$
$$1{,}000 = 10^3$$
$$100 = 10^2$$
$$10 = 10^1$$
$$1 = 10^0$$
$$0.1 = 10^{-1}$$
$$0.01 = 10^{-2}$$
$$0.001 = 10^{-3}$$
$$0.0001 = 10^{-4}$$

이 표는 무한정 확장할 수 있지만, 다소 짧은 예시는 이 방법이 어떻게 작동하는지 알려 줄 것이다. 10^4는 "10의 4승"로 읽으며 $10 \times 10 \times 10 \times 10$을 의미한다. 10배를 4번하면, 10,000배이므로 10^4는 10,000배의 과학적 표기법이다. 또한 1과 소수점 사이의 0의 수와 같다. 즉, 10^4의 긴 형식을 쓰려면 1을 쓰고, 소수점을 오른쪽으로 4자리 이동하면 되고, 10의 4제곱은 10,000이다.

또한 10의 제곱수 표는 음의 지수를 가지면 1보다 작아진다는 것을 보여준다. 음수 지수는 역수를 의미한다.

$$10^{-1} = \frac{1}{10} = 0.1$$

$$10^{-2} = \frac{1}{100} = 0.01$$

$$10^{-3} = \frac{1}{1{,}000} = 0.001$$

10^{-4}의 긴 형식을 쓰려면 1을 쓰고 나서 소수점을 왼쪽으로 4자리 이동하면 된다. 10의 -4제곱수는 0.0001이다. 항상 그런 것은 아니지만, 과학적인 표기법은 대개 (1) 계수(coefficient)라고 불리는 1과 10 사이의 숫자와 (2) 지수(exponent)라고 불리는 10의 제곱수라는 두 개의 숫자의 곱으로 표현된다. 예를 들어, 앞에서 긴 형태로 주어진 태양의 질량은

$$1.97 \times 10^{30}\ \text{kg}$$

으로 과학적 표기법으로 표현되며, 수소 원자의 반경은

$$5.0 \times 10^{-11}\ \text{m}$$

이다. 이러한 표현에서 계수는 1.97과 5.0이며, 10의 승수는 지수다. 이 두 예제에서 지수는 긴 형식으로 숫자를 끝까지 쓰려면 소수점을 어디에 두어야 하는지 알려준다는 점에 유의해야 한다. 때로는 과학적인 표기법이 계수 없이 쓰여 지수만을 보여준다. 이 경우 명시되지 않았지만, 1.0의 계수가 있다. 계산기에 과학 표기법을 입력하려고 하면 1.0을 입력해야 하며 그렇지 않으면 계산기가 제대로 작동하지 않는다. 또한 1.97×10^{30} kg 및 0.197×10^{31} kg 및 19.7×10^{29} kg의 표현은 모두 태양의 질량을 정확하게 나타낸다는 점에 유의한다. 그러나 관례에 따라 십진수 왼쪽에 한 자릿수가 있는 형식을 사용한다.

예제 A.6

26,000,000의 과학적 표기법은 무엇인가?

풀이

한 자릿수가 소수점 왼쪽으로 남을 때까지 소수점을 몇 번 이동해야 하는지 세어보자. 숫자 1보다 큰 숫자의 경우, 이동한 횟수는 지수가 얼만큼 증가했는지 알려주기 때문에 정답은 2.6×10^7로 계수 2.6을 10×7배로 곱한다는 뜻이다.

예제 A.7

0.000732의 과학적 표기법은 무엇인가? (답: 7.32×10^{-4})

과학적 표기법은 매우 크거나 매우 적은 숫자들을 다루는 실제적인 방법을 제공한다고 앞서 언급되었지만, 그것은 또한 간단히 계산하는 방법을 제공한다. 과학적 표기법을 사용하는 것은 이러한 계산을 어떻게 단순화하는지를 설명할 수 있는 몇 가지 수학적 규칙이 있다. 두 개의 과학적 표기법을 곱하기(multiply) 위해, 평소와 같이 계수를 곱하고, 지수를 대수적으로 더한다. 예를 들어, (2×10^2)에 (3×10^3)을 곱하려면 먼저 계수를 지수로부터 분리하고 $(2 \times 3) \times (10^2 \times 10^3)$를 곱한 후 지수를 더한다.

$$6 \times 10^{(2+3)} = 6 \times 10^5$$

$10^2 \times 10^3$은 $(10 \times 10) \times (10 \times 10 \times 10) \times (10 \times 10) \times (100) \times (1000) \times (100) \times (1{,}000)$과 같은 것을 의미하기 때문에 지수를 추가하는 것이 가능하며, 과학적 표기법에서는 10^5로 표현된다. 두 개의 음수 지수가 대수적으로 추가된다는 점에 유의한다. 예를 들어 $10^{-2} \times 10^{-3} = 10^{[(-2)+(-3)]} = 10^{-5}$. 음수와 양수의 지수는 $10^5 \times 10^{-3} = 10^{[(+5)+(-3)]} = 10^2$와 같이 대수적으로 더해진다.

두 개의 과학적으로 표기된 숫자를 포함한 계산 결과가 기존의 한 자리 숫자를 소수점 왼쪽으로 가지 않으면 소수점을 소수점 왼쪽으로 이동하여 어느 방향으로, 그리고 소수점 얼마만큼 이동시키는지에 따라 지수를 변경한다. 지수가 왼쪽으로 이동할 때마다 1자리씩 증가한다는 점에 유의한다. 마찬가지로, 지수는 오른쪽으로 이동하는 소수점마다 1개의 숫자가 감소한다. 예를 들어, 9.38×10^3은 소수점이 왼쪽으로 두 자리 이동하면 9.38×10^5가 된다. 두 개의 과학적 표기법 숫자를 나누기 위해 계수를 평소와 같이 나누고, 지수를 뺀다. 예를 들어 (6×10^6)을 (3×10^2)로 나누려면 먼저 계수를 지수에서 분리하고 $(6 \div 3) \times (10^6 \div 10^2)$를 나눈 다음, 계수를 분할하여 지수에서 뺀다.

$$2 \times 10^{(6-2)} = 2 \times 10^4$$

예를 들어, $10^{[(3)-(-2)]}$에서 음수 지수를 빼면, 부호를 바꾸고 더해서, $10^{(3-2)} = 10^5$가 되는 것에 유의한다.

예제 A.8

과학적 표기법에 관한 다음 문제를 풀어보시오.

$$\frac{(2\times 10^{4})\times(8\times 10^{-6})}{8\times 10^{4}}$$

풀이

먼저 지수로부터 계수를 분리한다.

$$\frac{2\times 8}{8}\times\frac{10^{4}\times 10^{-6}}{10^{4}}$$

계수를 곱하고 나누어 문제가 요구하는 대로 지수를 더하고 뺀다.

$$2\times 10^{[(4)+(-6)]-[4]}$$

계수의 나머지 덧셈과 뺄셈 문제를 풀면, 2×10^{-6}이 된다.

A.6 단순 선그래프

방정식은 변수 간의 관계를 설명하고, 그래프는 이러한 관계를 그려내는 데 도움이 된다. 선 그래프는 한 변수의 변화가 두 번째 변수의 변화와 어떻게 대응하는지, 즉 두 변수가 함께 어떻게 변화하는지를 보여준다. 보통 한 가지 변수는 쉽게 연산될 수 있다. 다른 변수는 첫 번째 변수의 연산에 의해 수치가 변한다. **조작변수**(manipulated variable)는 다양한 이름(독립변수, 입력변수 또는 원인변수)으로 알려져 있으며, **대응변수**(responding variable)는 다양한 관련 이름(의존변수, 출력변수 또는 효과변수)으로 알려져 있다. 조작변수는 보통 그래프의 수평축, 즉 x축에 위치하기 때문에 x 변수로 식별할 수도 있다. 대응 변수는 수직축 또는 y축에 배치된다. 이 변수는 y 변수로 식별된다.

그림 A.2는 상온에서 서로 다른 부피의 물의 질량을 나타낸다. 물의 부피가 쉽게 조작되기 때문에 부피가 x축에 놓이고, 부피의 값 변화에 따라 질량 값이 변하기 때문이다. 두 변수 모두 이름이 지정되며 각 변수의 측정 단위는 그래프에서 식별된다는 점에 유의한다.

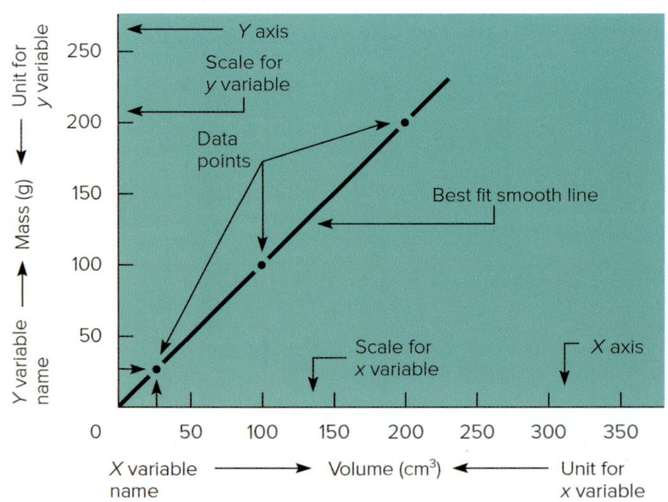

그림 A.2 그래프의 부분. 이 그래프에서 부피는 x축에, 질량은 y축에 위치한다.

또한 그림 A.2는 각 변수의 값 변화를 나타내는 각 축의 숫자 척도(scale)를 보여준다. 항상 그런 것은 아니지만, 척도는 보통 선형이다. **선형 척도**(linear sacle)는 변수 값의 동일한 증가를 나타내는 동일한 구간을 가진다. 따라서 오른쪽 x축의 특정 거리는 x 변수의 특정 값 증가를 나타낸다. 마찬가지로 y축의 특정 거리는 y 변수 값의 특정 증가를 나타낸다. **원점**(origin)은 x 변수와 y 변수의 값이 동시에 0인 유일한 점이다.

그림 A.2는 세 가지 **데이터 점**(data point)를 보여준다. 데이터 점은 동시에 만들어진 두 개의 관련 변수의 측정을 나타낸다. 예를 들어, 25 cm^3의 물의 부피는 25 g의 질량을 가지고 있는 것으로 밝혀졌다. x축에 25 cm^3를 위치시키고 눈금의 이 지점에서 직선으로 움직이는 선을 상상하라. y축에 25 g을 위치시키고 눈금의 이 지점에서 직선으로 움직이는 선을 상상한다. 선이 만나는 곳은 25 cm^3 및 25 g 측정의 데이터 지점이다. 데이터 점은 보통 작은 점이나 x로 표시된다(점은 그림 A.2의 그래프에서 사용된다).

모든 데이터 점에 가능한 한 가깝게 가장 적합한 매끄러운 선이 그려진다. 모든 데이터 점을 통해 직선을 그릴 수 없는 경우 선의 양쪽에 동일한 수의 데이터 점이 있는 직선을 그린다. 그러한 선은 두 변수 사이의 관계에 대한 가장 좋은 근사치를 나타낼 것이다. 0의 부피는 0의 질량을 가지기 때문에 출처는 이 예에서 데이터 점으로도 사용된다.

매끄러운 선은 두 변수가 어떻게 합쳐지는지를 알려준다. 동일한 x축 척도와 y축 척도로 45° 선은 정확히 직접적인 비율로 증가하고 있음을 의미한다. 더 평평하거나 더 똑바른 선은 한 변수가 다른 변수보다 더 빨리 증가하고 있다는 것을 의미한다. 그래프로 작업하면 할수록 '그림'이 의미하는 바가 무엇인지 분석하기가 쉬워진다. 그래프에서 정보를 추출하는 더 정확한 방법이 있으며, 다음으로는 이러한 기술 중 하나가 논의된다.

직선으로 그래프로 표시된 두 변수 사이의 관계를 결정하는 한 가지 방법은 기울기를 계산하는 것이다. 기울기는 한 변수의 변화와 다른 변수의 변화 사이의 비율이다. 비율은 x 변수 값의 변화와 y 변수 값의 변화 사이에 있다. 기호 Δ(그리스 문자 대문자 델타)는 "변화"를 의미하므로 기호 Δx는 "x의 변화"를 의미한다는 것을 상기하라. 기울기를 계산하는 첫 번째 단계는 y 변수가 얼마나 변화하고 있는지(Δx)를 알아보는 것이다(Δy). x 변수가 어떤 편리한 단위(그림 A.3)만큼 증가하도록 직선의 오른쪽에 먼저 점선을 그리면 이러한 관계를 찾을 수 있다. 이 점선을 시작하거나 끝내는 곳은 그래프 선의 모든 곳에서 변수 사이의 비율이 같기 때문에 문제가 되지 않는다. Δx는 파선 x_f 또는 $\Delta x = x_f - x_i$의 x 변수의 최종 값에서 파선(x_i)에 대한 x 변수의 초기 값을 빼서 결정된다. 그림 A.3에서 점선은 x_f가 200 cm^3이고 x_i가 100 cm^3이므로 Δx는 200 cm^3 − 100 cm^3 또는 100 cm^3이다. Δx에는 숫자 값과 단위가 모두 있다.

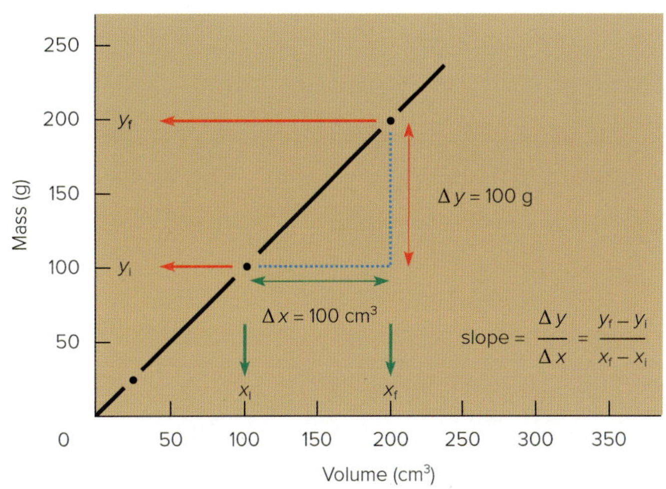

그림 A.3 기울기는 y 변수의 변화와 x 변수 또는 $\Delta y/\Delta x$의 변화 사이의 비율이다.

이제 Δy를 찾아야한다. 그림 A.3의 예는 x 변수 점선에서 그래프 선까지 다시 그리는 점선을 보여준다. Δy의 값은 $y_f - y_i$이다. 시험에서 $\Delta y = 200\ \text{g} - 100\ \text{g}$ 또는 100 g.

직선 그래프 선의 기울기는 Δy 대 Δx의 비율이다.

$$\text{기울기} = \frac{\Delta y}{\Delta x}$$

예를 들어,

$$\text{기울기} = \frac{100\ \text{g}}{100\ \text{cm}^3}$$
$$= 1\ \frac{\text{g}}{\text{cm}^2}\ \text{or}\ 1\ \text{g/cm}^3$$

따라서 기울기는 1 g/cm^3이며, 이것은 변수가 함께 어떻게 변하는지 알려준다. g/cm^3도 밀도 단위인 만큼, 방금 그래프에서 물의 밀도를 계산한 것을 알 수 있다.

기울기는 함께 증가하는 두 변수, 즉 직접 비례하여 위와 오른쪽으로 이동하는 선이 있는 변수에 대해서만 계산할 수 있다는 점에 유의한다. 변수가 다른 방식으로 변경될 경우 수학 연산을 수행하여 변수를 이 관계로 변경해야 한다. 그러한 필요한 변화의 예로는 한 변수의 역행, 한 변수의 제곱, 역제곱을 취하는 등이 있다.

부록 B

용해도 표

	Acetate	Bromide	Carbonate	Chloride	Fluoride	Hydroxide	Iodide	Nitrate	Oxide	Phosphate	Sulfate	Sulfide
Aluminum	S	S	—	S	s	i	S	S	i	i	S	d
Ammonium	S	S	S	S	S	S	S	S	—	S	S	S
Barium	S	S	i	S	s	S	S	S	S	i	i	d
Calcium	S	S	i	S	i	s	S	S	s	i	s	d
Copper (I)	—	s	i	s	i	—	i	—	i	—	d	i
Copper (II)	S	S	i	S	S	i	S	S	i	i	S	i
Iron (II)	S	S	i	S	s	i	S	S	i	i	S	i
Iron (III)	S	S	i	S	s	i	S	S	i	i	S	d
Lead	S	s	i	s	i	i	s	S	i	i	i	i
Magnesium	S	S	i	S	i	i	S	S	i	i	S	d
Mercury (I)	s	i	i	i	d	d	i	S	i	i	i	i
Mercury (II)	S	s	i	S	d	i	i	S	i	i	i	i
Potassium	S	S	S	S	S	S	S	S	S	S	S	i
Silver	s	i	i	i	S	—	i	S	i	i	i	i
Sodium	S	S	S	S	S	S	S	S	d	S	S	S
Strontium	S	S	s	S	i	s	S	S	—	i	i	i
Zinc	S	S	i	S	S	i	S	S	i	i	S	i

S–soluble
i–insoluble
s–slightly soluble
d–decomposes

부록 C

상대습도 표

Dry-Bulb Temperature (°C)	Difference Between Wet-Bulb and Dry-Bulb Temperatures (°C)																			
	1	2	3	4	5	6	7	8	9	10	11	12	13	14	15	16	17	18	19	20
0	81	64	46	29	13															
1	83	66	49	33	17															
2	84	68	52	37	22	7														
3	84	70	55	40	26	12														
4	86	71	57	43	29	16														
5	86	72	58	45	33	20	7													
6	86	73	60	48	35	24	11													
7	87	74	62	50	38	26	15													
8	87	75	63	51	40	29	19	8												
9	88	76	64	53	42	32	22	12												
10	88	77	66	55	44	34	24	15	6											
11	89	78	67	56	46	36	27	18	9											
12	89	78	68	58	48	39	29	21	12											
13	89	79	69	59	50	41	32	23	15	7										
14	90	79	70	60	51	42	34	26	18	10										
15	90	80	71	61	53	44	36	27	20	13	6									
16	90	81	71	63	54	46	38	30	23	15	8									
17	90	81	72	64	55	47	40	32	25	18	11									
18	91	82	73	65	57	49	41	34	27	20	14	7								
19	91	82	74	65	58	50	43	36	29	22	16	10								
20	91	83	74	66	59	51	44	37	31	24	18	12	6							
21	91	83	75	67	60	53	46	39	32	26	20	14	9							
22	92	83	76	68	61	54	47	40	34	28	22	17	11	6						
23	92	84	76	69	62	55	48	42	36	30	24	19	13	8						
24	92	84	77	69	62	56	49	43	37	31	26	20	15	10	5					
25	92	84	77	70	63	57	50	44	39	33	28	22	17	12	8					
26	92	85	78	71	64	58	51	46	40	34	29	24	19	14	10	5				
27	92	85	78	71	65	58	52	47	41	36	31	26	21	16	12	7				
28	93	85	78	72	65	59	53	48	42	37	32	27	22	18	13	9	5			
29	93	86	79	72	66	60	54	49	43	38	33	28	24	19	15	11	7			
30	93	86	79	73	67	61	55	50	44	39	35	30	25	21	17	13	9	5		
31	93	86	80	73	67	61	56	51	45	40	36	31	27	22	18	14	11	7		
32	93	86	80	74	68	62	57	51	46	41	37	32	28	24	20	16	12	9	5	
33	93	87	80	74	68	63	57	52	47	42	38	33	29	25	21	17	14	10	7	
34	93	87	81	75	69	63	58	53	48	43	39	35	30	28	23	19	15	12	8	5
35	94	87	81	75	69	64	59	54	49	44	40	36	32	28	24	20	17	13	10	7

부록 D

예제 해답

Note: Solutions that involve calculations of measurements are rounded up or down to conform to the rules for significant figures as described in appendix A.

CHAPTER 1

Example 1.2, p. 9

$m = 15.0\text{ g}$
$V = 4.50\text{ cm}^3$
$\rho = ?$

$$\rho = \frac{m}{v} = \frac{15.0\text{ g}}{4.50\text{ cm}^3} = \boxed{3.33\ \frac{\text{g}}{\text{cm}^3}}$$

CHAPTER 2

Example 2.2, p. 28

$\bar{v} = 8.00\text{ km/h}$
$t = 10.0\text{ s}$
$d = ?$

The bicycle has a speed of 8.00 km/h and the time factor is 10.0 s, so km/h must be converted to m/s:

$$\bar{v} = \frac{0.2778\ \frac{\text{m}}{\text{s}}}{\frac{\text{km}}{\text{h}}} \times 8.00\ \frac{\text{km}}{\text{h}}$$

$$= (0.2778)(8.00)\ \frac{\text{m}}{\text{s}} \times \frac{\cancel{\text{h}}}{\cancel{\text{km}}} \times \frac{\cancel{\text{km}}}{\cancel{\text{h}}}$$

$$= 2.22\ \frac{\text{m}}{\text{s}}$$

$$\bar{v} = \frac{d}{t}$$

$$\bar{v}t = \frac{dt}{t}$$

$$d = \bar{v}t$$

$$= \left(2.22\ \frac{\text{m}}{\text{s}}\right)(10.0\text{ s})$$

$$= (2.22)(10.0)\ \frac{\text{m}}{\cancel{\text{s}}} \times \frac{\cancel{\text{s}}}{1}$$

$$= \boxed{22.2\text{ m}}$$

Example 2.4, p. 30

$v_i = 0\ \frac{\text{m}}{\text{s}}$
$v_f = ?$
$a = 5\ \frac{\text{m}}{\text{s}^2}$
$t = 6\text{ s}$

$$a = \frac{v_f - v_i}{t} \quad \therefore \quad v_f = at + v_i$$

$$= 5\left(\frac{\text{m}}{\text{s}^2}\right)(6\text{ s})$$

$$= (5)(6)\ \frac{\text{m}}{\cancel{\text{s}^2}} \times \frac{\cancel{\text{s}}}{1}$$

$$= \boxed{30\ \frac{\text{m}}{\text{s}}}$$

Example 2.6, p. 32

$v_i = 25.0\ \frac{\text{m}}{\text{s}}$
$v_f = 0\ \frac{\text{m}}{\text{s}}$
$t = 10.0\text{ s}$
$a = ?$

$$a = \frac{v_f - v_i}{t}$$

$$= \frac{0\ \frac{\text{m}}{\text{s}} - 25.0\ \frac{\text{m}}{\text{s}}}{10.0\text{ s}}$$

$$= \frac{-25.0}{10.0}\ \frac{\text{m}}{\text{s}} \times \frac{1}{\text{s}}$$

$$= \boxed{-2.50\ \frac{\text{m}}{\text{s}^2}}$$

Example 2.9, p. 43

$m = 20\text{ kg}$
$F = 40\text{ N}$
$a = ?$

$$F = ma \quad \therefore \quad a = \frac{F}{m}$$

$$= \frac{40\ \frac{\text{kg}\cdot\text{m}}{\text{s}^2}}{20\text{ kg}}$$

$$= \frac{40}{20}\ \frac{\cancel{\text{kg}}\cdot\text{m}}{\text{s}^2} \times \frac{1}{\cancel{\text{kg}}}$$

$$= \boxed{2\ \frac{\text{m}}{\text{s}^2}}$$

Example 2.11, p. 45

$m = 60.0\text{ kg}$
$w = 100.0\text{ N}$
$g = ?$

$$w = mg \quad \therefore \quad g = \frac{w}{m}$$

$$= \frac{100.0\ \frac{\text{kg}\cdot\text{m}}{\text{s}^2}}{60.0\text{ kg}}$$

$$= \frac{100.0}{60.0}\ \frac{\cancel{\text{kg}}\cdot\text{m}}{\text{s}^2} \times \frac{1}{\cancel{\text{kg}}}$$

$$= \boxed{1.67\ \frac{\text{m}}{\text{s}^2}}$$

Example 2.13, p. 47
Astronaut:

$a = 0.500\ \text{m/s}^2$
$t = 1.50\ \text{s}$
$v_i = 0\ \text{m/s}$
$v_f = ?$

$$a = \frac{v_f - v_i}{t} \quad \therefore \quad v_f = at + v_i$$
$$= \left(0.500\ \frac{\text{m}}{\text{s}^2}\right)(1.50\ \text{s}) + 0\ \frac{\text{m}}{\text{s}}$$
$$= (0.500)(0.50)\ \frac{\text{m}}{\cancel{\text{s}^2}} \times \frac{\cancel{\text{s}}}{1}$$
$$= \boxed{0.750\ \frac{\text{m}}{\text{s}}}$$

Spacecraft:

$a = 0.250\ \text{m/s}^2$
$t = 1.50\ \text{s}$
$v_i = 0\ \text{m/s}$
$v_f = ?$

$$a = \frac{v_f - v_i}{t} \quad \therefore \quad v_f = at + v_i$$
$$= \left(0.250\ \frac{\text{m}}{\text{s}^2}\right)(1.50\ \text{s}) + 0\ \frac{\text{m}}{\text{s}}$$
$$= (0.250)(1.50)\ \frac{\text{m}}{\cancel{\text{s}^2}} \times \frac{\cancel{\text{s}}}{1}$$
$$= \boxed{0.375\ \frac{\text{m}}{\text{s}}}$$

Example 2.15, p. 48
Student and boat $m = 100.0$ kg
Student and boat $v = ?$
Rock $m = 5.0$ kg
Rock $v = 5.0$ m/s
rock momentum − student and boat momentum = 0

$$(mv)_r - (mv)_{s\&b} = 0$$
$$(5.0\ \text{kg})\left(5.0\ \frac{\text{m}}{\text{s}}\right) - (100.0\ \text{kg})(v_{s\&b}) = 0$$
$$\left(25\ \text{kg} \cdot \frac{\text{m}}{\text{s}}\right) - (100.0\ \text{kg})(v_{s\&b}) = 0$$
$$\left(25\ \text{kg} \cdot \frac{\text{m}}{\text{s}}\right) = (100.0\ \text{kg})(v_{s\&b})$$
$$v_{s\&b} = \frac{25\ \text{kg} \cdot \frac{\text{m}}{\text{s}}}{100.0\ \text{kg}}$$
$$= \frac{25}{100.0}\ \frac{\cancel{\text{kg}}}{1} \times \frac{1}{\cancel{\text{kg}}} \times \frac{\text{m}}{\text{s}}$$
$$= \boxed{0.25\ \frac{\text{m}}{\text{s}}}$$

Example 2.17, p. 50

$m = 0.25$ kg
$r = 0.25$ m
$v = 2.0$ m/s
$F = ?$

$$F = \frac{mv^2}{r}$$
$$= \frac{(0.25\ \text{kg})\left(2.0\ \frac{\text{m}}{\text{s}}\right)^2}{0.25\ \text{m}}$$
$$= \frac{(0.25\ \text{kg})\left(\frac{4.0\ \text{m}^2}{\text{s}^2}\right)}{0.25\ \text{m}}$$
$$= \frac{(0.25)(4.0)}{0.25}\ \frac{\text{kg} \cdot \cancel{\text{m}^2}}{\text{s}^2} \times \frac{1}{\cancel{\text{m}}}$$
$$= 4.0\ \frac{\text{kg} \cdot \text{m}}{\text{s}^2}$$
$$= \boxed{4.0\ \text{N}}$$

Example 2.20, p. 52
$G = 6.67 \times 10^{-11}\ \text{N} \cdot \text{m}^2/\text{kg}^2$
$m_e = 6.0 \times 10^{24}$ kg
$d = 12.8 \times 10^6$ m
$g = ?$

$$g = \frac{Gm_e}{d^2}$$
$$= \frac{\left(6.67 \times 10^{-11}\ \frac{\text{N} \cdot \text{m}^2}{\text{kg}^2}\right)(6.0 \times 10^{24}\ \text{kg})}{(12.8 \times 10^6\ \text{m})^2}$$
$$= \frac{\left(6.67 \times 10^{-11}\ \frac{\text{N} \cdot \text{m}^2}{\text{kg}^2}\right)(6.0 \times 10^{24}\ \text{kg})}{1.64 \times 10^{14}\ \text{m}^2}$$
$$= \frac{(6.67 \times 10^{-11})(6.0 \times 10^{24})}{1.64 \times 10^{14}}\ \frac{\text{N} \cdot \cancel{\text{m}^2}}{\cancel{\text{kg}^2}} \times \frac{\cancel{\text{kg}}}{1} \times \frac{1}{\cancel{\text{m}^2}}$$
$$= 2.44\ \frac{\frac{\cancel{\text{kg}} \cdot \text{m}}{\text{s}^2}}{\cancel{\text{kg}}}$$
$$= \boxed{2.4\ \frac{\text{m}}{\text{s}^2}}$$

CHAPTER 3

Example 3.2, p. 65
$w = 50$ lb
$d = 2$ ft
$W = ?$

$$W = Fd$$
$$= (50\ \text{lb})\ (2\ \text{ft})$$
$$= (50)(2)\ \text{ft} \cdot \text{lb}$$
$$= \boxed{100\ \text{ft} \cdot \text{lb}}$$

Example 3.4, p. 68

$w = 150$ lb
$h = 15$ ft
$t = 10.0$ s
$P = ?$

$$P = \frac{wh}{t}$$
$$= \frac{(150\ \text{lb})(15\ \text{ft})}{10.0\ \text{s}}$$
$$= \frac{(150)(15)}{10.0}\ \frac{\text{ft} \cdot \text{lb}}{\text{s}}$$
$$= 225\ \frac{\text{ft} \cdot \text{lb}}{\text{s}}$$
$$= \frac{225\ \frac{\text{ft} \cdot \text{lb}}{\text{s}}}{550\ \frac{\frac{\text{ft} \cdot \text{lb}}{\text{s}}}{\text{hp}}}$$
$$= 0.41\ \frac{\cancel{\text{ft} \cdot \text{lb}}}{\cancel{\text{s}}} \times \frac{\cancel{\text{s}}}{\cancel{\text{ft} \cdot \text{lb}}} \times \text{hp}$$
$$= \boxed{0.41\ \text{hp}}$$

Example 3.6, p. 69

$m = 5.00$ kg
$g = 9.8$ m/s^2
$h = 5.00$ m
$W = ?$

$$W = Fd$$
$$W = mgh$$
$$= (5.00\text{ kg})\left(9.8\,\frac{\text{m}}{\text{s}^2}\right)(5.00\text{ m})$$
$$= (5.00)(9.8)(5.00)\,\frac{\text{kg}\cdot\text{m}}{\text{s}^2}\times\text{m}$$
$$= 245\text{ N}\cdot\text{m}$$
$$= \boxed{250\text{ J}}$$

Example 3.8, p. 70

$m = 100.0$ kg
$v = 6.0$ m/s
$W = ?$

$$W = KE$$
$$KE = \frac{1}{2}mv^2$$
$$= \frac{1}{2}(100.0\text{ kg})\left(6.0\,\frac{\text{m}}{\text{s}}\right)^2$$
$$= \frac{1}{2}(100.0\text{ kg})\left(36\,\frac{\text{m}}{\text{s}^2}\right)^2$$
$$= \frac{1}{2}(100.0)(36)\,\frac{\text{kg}\cdot\text{m}}{\text{s}^2}\times\text{m}$$
$$= 1{,}800\text{ N}\cdot\text{m}$$
$$= \boxed{1{,}800\text{ J}}$$

Example 3.10, p. 75

$m = 1.0$ kg
$g = 9.8$ m/s^2
$h = 1.0$ m
$KE = ?$

$$V_f = \sqrt{2gh}$$
$$= \sqrt{2\left(9.8\,\frac{\text{m}}{\text{s}^2}\right)(1.0\text{ m})}$$
$$= \sqrt{2(9.8)(1.0)\,\frac{\text{m}}{\text{s}^2}\times\text{m}}$$
$$= \sqrt{19.6\,\frac{\text{m}^2}{\text{s}^2}}$$
$$= 4.4\,\frac{\text{m}}{\text{s}}$$
$$KE = \frac{1}{2}mv^2$$
$$= \frac{1}{2}(1.0\text{ kg})\left(4.4\,\frac{\text{m}}{\text{s}}\right)^2$$
$$= \frac{1}{2}(1.0\text{ kg})\left(19.4\,\frac{\text{m}^2}{\text{s}^2}\right)$$
$$= \frac{1}{2}(1.0)(19.4)\frac{\text{kg}\cdot\text{m}}{\text{s}^2}\times\text{m}$$
$$= 9.7\text{ N}\cdot\text{m}$$
$$= \boxed{9.7\text{ J}}$$

CHAPTER 4

Example 4.2, p. 93

$T_C = 20°$
$T_F = ?$

$$T_F = \frac{9}{5}T_C + 32°$$
$$= \frac{9}{5}20° + 32°$$
$$= \frac{180°}{5} + 32°$$
$$= 36° + 32°$$
$$= \boxed{68°}$$

Example 4.6, p. 98

$m = 2$ kg
$Q = 1.2$ kcal
$\Delta T = 20°$C
$C = ?$

$$Q = mc\,\Delta T \quad \therefore \quad c = \frac{Q}{m\,\Delta T}$$
$$= \frac{1.2\text{ kcal}}{(2\text{ kg})(20.0\text{C°})}$$
$$= \frac{1.2}{(2)(20.0)}\,\frac{\text{kcal}}{\text{kgC°}}$$
$$= \boxed{0.03\,\frac{\text{kcal}}{\text{kgC°}}}$$

CHAPTER 5

Example 5.3, p. 122

$f = 2{,}500$ Hz
$v = 330$ m/s
$\lambda = ?$

$$v = \lambda f \quad \therefore \quad \lambda = \frac{v}{f}$$
$$= \frac{330\,\frac{\text{m}}{\text{s}}}{2{,}500\,\frac{1}{\text{s}}}$$
$$= \frac{330}{2{,}500}\,\frac{\text{m}}{\not{\text{s}}}\times\frac{\not{\text{s}}}{1}$$
$$= \boxed{0.13\text{ m} \quad \text{or} \quad 13\text{ cm}}$$

Example 5.5, p. 125

$T_F = 86.0°$
$v = ?$

$$T_C = \frac{5}{9}(T_F - 32°)$$
$$= \frac{5}{9}(86.0° - 32°)$$
$$= \frac{5}{9}(54.0°)$$
$$= \frac{270\ 0°}{9}$$
$$= 30.0°$$
$$v_{T_p} = v_0 + \left(\frac{2.00\text{ ft/s}}{°\text{C}}\right)(T_p)$$
$$= 1{,}087\text{ ft/s} + \frac{2.00\text{ ft/s}}{°\text{C}}(30.0°\text{C})$$
$$= 1{,}087\text{ ft/s} + 60.0\text{ ft/s}$$
$$= \boxed{1{,}147\text{ ft/s}}$$

Example 5.7, p. 126

$t = 1.00$ s
$v = 1{,}147$ ft/s
$d = ?$

$$v = \frac{d}{t} \quad \therefore \quad d = vt$$
$$= \left(1{,}147\,\frac{\text{ft}}{\text{s}}\right)(1.00\text{ s})$$
$$= (1{,}147)(1.00)\,\frac{\text{ft}}{\not{\text{s}}}\times\frac{\not{\text{s}}}{1}$$
$$= \boxed{1{,}147\text{ ft}}$$

Sound traveled from the source to a reflecting surface, then back to the source, so the distance is

$$1{,}147\text{ ft}\times\frac{1}{2} = \boxed{574\text{ ft}}$$

Example 5.9, p. 131

$L = 0.5$ m
$v = 400$ m/s
$F_2 = ?$

$$f_n = \frac{nv}{2L} = \frac{(2)\left(400\,\frac{\text{m}}{\text{s}}\right)}{(2)(0.5\ \text{m})} = \frac{(2)(400)}{(2)(0.5)}\frac{\cancel{\text{m}}}{\text{s}} \times \frac{1}{\cancel{\text{m}}} = \frac{800}{1}\frac{1}{\text{s}} = \boxed{800\ \text{Hz}}$$

CHAPTER 6

Example 6.4, p. 152

$V = 120$ V
$R = 30\ \Omega$
$I = ?$

$$V = IR \quad \therefore \quad I = \frac{V}{R} = \frac{120\ \text{V}}{30\,\frac{\text{V}}{\text{A}}} = \frac{120}{30}\frac{\cancel{\text{V}}}{1} \times \frac{\text{A}}{\cancel{\text{V}}} = \boxed{4\ \text{A}}$$

Example 6.6, p. 154

$I = 0.5$ A
$V = 120$ V
$P = ?$

$$P = IV = (0.5\ \text{A})(120\ \text{V}) = (0.5)(120)\frac{\cancel{\text{C}}}{\text{s}} \times \frac{\text{J}}{\cancel{\text{C}}} = 60\,\frac{\text{J}}{\text{s}} = \boxed{60\ \text{W}}$$

Example 6.8, p. 156

$I = 0.5$ A
$V = 120$ V
$p = IV = 60$ W
Rate = \$0.10/kWh
Cost = ?

$$\text{Cost} = \frac{(\text{watts})(\text{time})(\text{rate})}{1{,}000\,\frac{\text{W}}{\text{kW}}} = \frac{(60\ \text{W})(1.00\ \text{h})\$0.10\,\frac{\text{W}}{\text{kW}}}{1{,}000\,\frac{\text{W}}{\text{kW}}} = \frac{(60)(1.00)(0.10)}{1{,}000}\frac{\cancel{\text{W}}}{1} \times \frac{\cancel{\text{h}}}{1} \times \frac{\$}{\cancel{\text{kWh}}} \times \frac{\cancel{\text{kW}}}{\cancel{\text{W}}} = \boxed{\$0.006 \text{ or } 0.6 \text{ of a cent per hour}}$$

CHAPTER 7

Example 7.4, p. 196

$f = 7.00 \times 10^{14}$ Hz
$h = 6.63 \times 10^{-34}$ J · s
$E = ?$

$$E = hf = (6.63 \times 10^{-34}\ \text{J}\cdot\text{s})\left(7.00 \times 10^{14}\,\frac{1}{\text{s}}\right) = (6.63 \times 10^{-34})(7.00 \times 10^{14})\ \text{J}\cdot\cancel{\text{s}} \times \frac{1}{\cancel{\text{s}}} = \boxed{4.64 \times 10^{-19}\ \text{J}}$$

CHAPTER 8

Example 8.2, p. 211

$f = 7.30 \times 10^{14}$ Hz
$h = 6.63 \times 10^{-34}$ J · s
$E = ?$

$$E = hf = (6.63 \times 10^{-34}\ \text{J}\cdot\text{s})(7.30 \times 10^{14}\,\frac{1}{\text{s}}) = (6.63 \times 10^{-34})(7.30 \times 10^{14})\ \text{J}\cdot\cancel{\text{s}} \times \frac{1}{\cancel{\text{s}}} = \boxed{4.84 \times 10^{-19}\ \text{J}}$$

부록 E

A형 연습문제 해답

Note: Solutions that involve calculations of measurements are rounded up or down to conform to the rules for significant figures described in appendix A.

CHAPTER 1

1.1 Answers will vary but should have the relationship of 100 cm in 1 m, for example, 178 cm = 1.78 m.

1.2 Since density is given by the relationship $\rho = m/V$, then

$$\rho = \frac{m}{V} = \frac{272 \text{ g}}{20.0 \text{ cm}^3} = \frac{272}{20.0}\frac{\text{g}}{\text{cm}^3} = \boxed{13.6 \frac{\text{g}}{\text{cm}^3}}$$

1.3 The volume of a sample of lead is given and the problem asks for the mass. From the relationship of $\rho = m/V$, solving for the mass (m) gives you the density (ρ) times the volume (V), or $m = \rho V$. The density of lead, 11.4 g/cm^3, can be obtained from Table 1.3, so

$$\rho = \frac{m}{V}$$

$$V\rho = \frac{m\cancel{V}}{\cancel{V}}$$

$$m = \rho V$$

$$m = \left(11.4 \frac{\text{g}}{\text{cm}^3}\right)(10.0 \text{ cm}^3)$$

$$= 11.4 \times 10.0 \frac{\text{g}}{\text{cm}^3} \times \text{cm}^3$$

$$= 114 \frac{\text{g} \cdot \cancel{\text{cm}^3}}{\cancel{\text{cm}^3}}$$

$$= \boxed{114 \text{ g}}$$

1.4 Solving the relationship $\rho = m/V$ for volume gives $V = m/\rho$, and

$$\rho = \frac{m}{V}$$

$$V\rho = \frac{m\cancel{V}}{\cancel{V}}$$

$$\frac{V\cancel{\rho}}{\cancel{\rho}} = \frac{m}{\rho}$$

$$V = \frac{m}{\rho}$$

$$V = \frac{600 \text{ g}}{3.00 \frac{\text{g}}{\text{cm}^3}}$$

$$= \frac{600}{3.00}\frac{\text{g}}{1} \times \frac{\text{cm}^3}{\text{g}}$$

$$= 200 \frac{\cancel{\text{g}} \cdot \text{cm}^3}{\cancel{\text{g}}}$$

$$= \boxed{200 \text{ cm}^3}$$

1.5 A 50.0 cm^3 sample with a mass of 34.0 grams has a density of

$$\rho = \frac{m}{V} = \frac{34.0 \text{ g}}{50.0 \text{ cm}^3} = \frac{34.0}{50.0}\frac{\text{g}}{\text{cm}^3} = \boxed{0.680 \frac{\text{g}}{\text{cm}^3}}$$

According to Table 1.3, 0.680 g/cm^3 is the density of gasoline, so the substance must be gasoline.

1.6 The problem asks for a mass and gives a volume, so you need a relationship between mass and volume. Table 1.3 gives the density of water as 1.00 g/cm^3, which is a density that is easily remembered. The volume is given in liters (L), which should first be converted to cm^3 because this is the unit in which density is expressed. The relationship of $\rho = m/V$ solved for mass is ρV, so the solution is

$$\rho = \frac{m}{V} \quad \therefore \quad m = \rho V$$

$$m = \left(1.000 \frac{\text{g}}{\text{cm}^3}\right)(40{,}000 \text{ cm}^3)$$

$$= 1.00 \times 40{,}000 \frac{\text{g}}{\text{cm}^3} \times \text{cm}^3$$

$$= 40{,}000 \frac{\text{g} \cdot \cancel{\text{cm}^3}}{\cancel{\text{cm}^3}}$$

$$= 40{,}000 \text{ g}$$

$$= \boxed{40 \text{ kg}}$$

1.7 From Table 1.3, the density of aluminum is given as 2.70 g/cm^3. Converting 2.1 kg to the same units as the density gives 2,100 g. Solving $\rho = m/V$ for the volume gives

$$V = \frac{m}{\rho} = \frac{2{,}100 \text{ g}}{2.70 \dfrac{\text{g}}{\text{cm}^3}}$$

$$= \frac{2{,}100}{2.70} \frac{\text{g}}{1} \times \frac{\text{cm}^3}{\text{g}}$$

$$= 777.78 \frac{\cancel{\text{g}} \cdot \text{cm}^3}{\cancel{\text{g}}}$$

$$= \boxed{780 \text{ cm}^3}$$

1.8 The length of one side of the box is 0.1 m. Reasoning: Since the density of water is 1.00 g/cm^3, the volume of 1,000 g of water is 1,000 cm^3. A cubic box with a volume of 1,000 cm^3 is 10 cm (since $10 \times 10 \times 10 = 1{,}000$). Converting 10 cm to m units, the cube is 0.1 m on each edge. See Figure A.4.

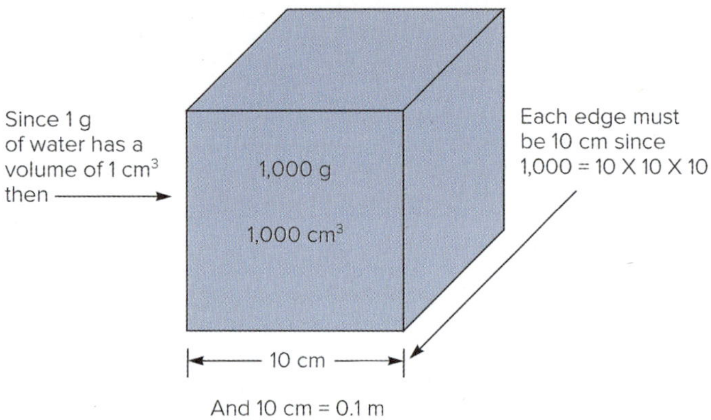

FIGURE A.4 Visualize the reasoning in 1.8.

1.9 The relationship between mass, volume, and density is $\rho = m/V$. The problem gives a volume but not a mass. The mass, however, can be assumed to remain constant during the compression of the bread, so the mass can be obtained from the original volume and density, or

$$\rho = \frac{m}{V} \quad \therefore \quad m = \rho V$$

$$m = \left(0.2 \frac{\text{g}}{\text{cm}^3}\right)(3{,}000 \text{ cm}^3)$$

$$= 0.2 \times 3{,}000 \frac{\text{g}}{\text{cm}^3} \times \text{cm}^3$$

$$= 600 \frac{\text{g} \cdot \cancel{\text{cm}^3}}{\cancel{\text{cm}^3}}$$

$$= 600 \text{ g}$$

A mass of 600 g and the new volume of 1,500 cm^3 means that the new density of the crushed bread is

$$\rho = \frac{m}{V}$$

$$= \frac{600 \text{ g}}{1{,}500 \text{ cm}^3}$$

$$= \frac{600}{1{,}500} \frac{g}{cm^3}$$

$$= \boxed{0.4 \frac{\text{g}}{\text{cm}^3}}$$

1.10 According to Table 1.3, lead has a density of 11.4 g/cm^3. Therefore, a 1.00 cm^3 sample of lead will have a mass of

$$\rho = \frac{m}{V} \quad \therefore \quad m = \rho V$$

$$m = \left(11.4 \frac{\text{g}}{\text{cm}^3}\right)(1.00 \text{ cm}^3)$$

$$= 11.4 \times 1.00 \frac{\text{g}}{\text{cm}^3} \times \text{cm}^3$$

$$= 11.4 \frac{\text{g} \cdot \cancel{\text{cm}^3}}{\cancel{\text{cm}^3}}$$

$$= 11.4 \text{ g}$$

Also according to Table 1.3, copper has a density of 8.96 g/cm^3. To balance a mass of 11.4 g of lead, a volume of this much copper is required:

$$\rho = \frac{m}{V} \quad \therefore \quad V = \frac{m}{\rho}$$

$$V = \frac{11.4 \text{ g}}{8.96 \dfrac{\text{g}}{\text{cm}^3}}$$

$$= \frac{11.4}{8.96} \frac{g}{1} \times \frac{\text{cm}^3}{\text{g}}$$

$$= 1.27 \frac{\cancel{\text{g}} \cdot \text{cm}^3}{\cancel{\text{g}}}$$

$$= \boxed{1.27 \text{ cm}^3}$$

CHAPTER 2

2.1 The distance and time are known and the problem asked for the average velocity. Listing these quantities with their symbols, we have

$$d = 160 \text{ km}$$
$$t = 2 \text{ h}$$
$$\bar{v} = ?$$

These are the quantities involved in the average speed equation, which is already solved for the unknown average speed:

$$\bar{v} = \frac{d}{t}$$

$$= \frac{160 \text{ km}}{2 \text{ h}}$$

$$= \boxed{80 \frac{\text{km}}{\text{h}}}$$

2.2 Listing the quantities given in this problem, we have

$$d = 50.0 \text{ km}$$
$$t = 40.0 \text{ min}$$
$$\bar{v} = ?$$

The problem specifies that the answer should be in km/h. We see that 40 minutes is 40/60, or 2/3, or 0.667 of an hour, and the appropriate units are

$$d = 50.0 \text{ km}$$
$$t = 0.667 \text{ h}$$
$$\bar{v} = ?$$

Substituting the known quantities, we have

$$\bar{v} = \frac{d}{t}$$

$$= \frac{50.0 \text{ km}}{0.667 \text{ h}}$$

$$= \boxed{75.0 \frac{\text{km}}{\text{h}}}$$

2.3 Weight is the gravitational force on an object. Newton's second law of motion is $F = ma$, and since weight (w) is a force (F), then $F = w$ and the second law can be written as $w = ma$. The acceleration (a) is the acceleration due to gravity (g), so the equation for weight is $w = mg$. A kilogram is a unit of mass and g is known to be 9.8 m/s^2, so

$$w = mg$$

$$= (5.2 \text{ kg})\left(9.8 \frac{\text{m}}{\text{s}^2}\right)$$

$$= (5.2)(9.8) \frac{\text{kg} \cdot \text{m}}{\text{s}^2}$$

$$= 50.96 \text{ N}$$

$$= \boxed{51 \text{ N}}$$

2.4 List the known and unknown quantities.

$$m = 40.0 \text{ kg}$$

$$a = 2.4 \frac{\text{m}}{\text{s}^2}$$

$$F = ?$$

These are the quantities found in Newton's second law of motion, $F = ma$, which is already solved for force (F). Thus,

$$F = ma$$

$$= (40.0 \text{ kg})\left(2.4 \frac{\text{m}}{\text{s}^2}\right)$$

$$= (40.0)(2.4) \frac{\text{kg} \cdot \text{m}}{\text{s}^2}$$

$$= \boxed{96 \text{ N}}$$

2.5 List the known and unknown quantities.

$F = 100.0$ N

$m = 5.00$ kg

$a = ?$

$$F = ma \quad \therefore \quad a = \frac{F}{m}$$

$$= \frac{100.0 \frac{\text{kg} \cdot \text{m}}{\text{s}^2}}{5.00 \text{ kg}}$$

$$= \frac{100.0}{5.00} \frac{\cancel{\text{kg}} \cdot \text{m}}{\text{s}^2} \times \frac{1}{\cancel{\text{kg}}}$$

$$= \boxed{20.0 \frac{\text{m}}{\text{s}^2}}$$

2.6 Listing these quantities given in this problem, with their symbols, we have

$$d = 22 \text{ km}$$

$$t = 15 \text{ min}$$

$$\bar{v} = ?$$

The usual units for a speed problem are km/h or m/s, and the problem specifies that the answer should be in km/h. We see that 15 minutes is 15/60, or 1/4, or 0.25 of an hour.

We will now make a new list of the quantities with the appropriate units:

$$d = 22 \text{ km}$$

$$t = 0.25 \text{ h}$$

$$\bar{v} = ?$$

These quantities are related in the average speed equation, which is already solved for the unknown average velocity:

$$\bar{v} = \frac{d}{t}$$

Substituting the known quantities, we have

$$\bar{v} = \frac{22 \text{ km}}{0.25 \text{ h}}$$

$$= \boxed{88 \frac{\text{km}}{\text{h}}}$$

2.7 List the quantities with their symbols.

$$\bar{v} = 3.0 \times 10^8 \text{ m/s}$$

$$t = 20.0 \text{ min}$$

$$d = ?$$

We see that the velocity units are meters per second, but the time units are minutes. We need to convert minutes to seconds, and

$$\bar{v} = 3.0 \times 10^8 \text{ m/s}$$

$$t = 1.20 \times 10^3 \text{s}$$

$$d = ?$$

These relationships can be found in the average speed equation, which can be solved for the unknown:

$$\bar{v} = \frac{d}{t} \quad \therefore \quad d = \bar{v}t$$

$$d = \left(3.0 \times 10^8 \frac{\text{m}}{\text{s}}\right)(1.20 \times 10^3 \text{ s})$$

$$= (3.0)(1.20) \times 10^{8+3} \frac{\text{m}}{\cancel{\text{s}}} \times \cancel{\text{s}}$$

$$= 3.6 \times 10^{11} \text{ m}$$

$$= \boxed{3.6 \times 10^8 \text{ km}}$$

2.8 Listing the quantities with their symbols, we can see the problem involves the quantities found in the definition of average speed:

$\bar{v} = 350.0$ m/s

$t = 5.00$ s

$d = ?$

$$\bar{v} = \frac{d}{t} \quad \therefore \quad d = \bar{v}t$$

$$d = \left(350.0 \frac{\text{m}}{\text{s}}\right)(5.00 \text{ s})$$

$$= (350.0)(5.00) \frac{\text{m}}{\cancel{\text{s}}} \times \cancel{\text{s}}$$

$$= \boxed{1{,}750 \text{ m}}$$

2.9 Note that the two speeds given (100.0 km/h and 50.0 km/h) are *average* speeds for two different legs of a trip. They are not initial and final speeds of an accelerating object, so you cannot add them and divide by 2. The average speed for the total (entire) trip can be found from the definition of average speed; that is, average speed is the *total* distance covered divided by the *total* time elapsed. So, we start by finding the distance covered for each of the two legs of the trip:

$$\bar{v} = \frac{d}{t} \quad \therefore \quad d = \bar{v}t$$

$$\text{Leg 1 distance} = \left(100.0\,\frac{\text{km}}{\text{h}}\right)(2.00\ \text{h})$$
$$= 200.0\ \text{km}$$

$$\text{Leg 2 distance} = \left(50.0\,\frac{\text{km}}{\cancel{\text{h}}}\right)(1.00\ \cancel{\text{h}})$$
$$= 50.0\ \text{km}$$

Total distance (leg 1 plus leg 2) = 250.0 km
Total time = 3.00 h

$$\bar{v} = \frac{d}{t} = \frac{250.0\ \text{km}}{3.00\ \text{h}} = \boxed{83.3\ \text{km/h}}$$

2.10 The initial velocity, final velocity, and time are known, and the problem asked for the acceleration. Listing these quantities with their symbols, we have

$$v_i = 0$$
$$v_f = 15.0\ \text{m/s}$$
$$t = 10.0\ \text{s}$$
$$a = ?$$

These are the quantities involved in the acceleration equation, which is already solved for the unknown:

$$a = \frac{v_f - v_i}{t}$$

$$a = \frac{15.0\ \text{m/s} - 0\ \text{m/s}}{10.0\ \text{s}}$$
$$= \frac{15.0}{10.0}\,\frac{\text{m}}{\text{s}} \times \frac{1}{\text{s}}$$
$$= \boxed{1.50\,\frac{\text{m}}{\text{s}^2}}$$

2.11 The initial velocity, final velocity, and acceleration are known, and the problem asked for the time. Listing these quantities with their symbols, we have

$$v_i = 20.0\ \text{m/s}$$
$$v_f = 25.0\ \text{m/s}$$
$$a = 3.0\ \text{m/s}^2$$
$$t = ?$$

These are the quantities involved in the acceleration equation, which first must be solved for the unknown time:

$$a = \frac{v_f - v_i}{t} \quad \therefore \quad t = \frac{v_f - v_i}{a}$$

$$t = \frac{25.0\,\frac{\text{m}}{\text{s}} - 20.0\,\frac{\text{m}}{\text{s}}}{3.0\,\frac{\text{m}}{\text{s}^2}}$$

$$= \frac{5.00\,\frac{\text{m}}{\text{s}}}{3.0\,\frac{\text{m}}{\text{s}^2}}$$

$$= \frac{5.00}{3.0}\,\frac{\cancel{\text{m}}}{\cancel{\text{s}}} \times \frac{\cancel{\text{s}}\cdot\text{s}}{\cancel{\text{m}}}$$
$$= \boxed{1.7\ \text{s}}$$

2.12 The relationship between average velocity ($\bar{v}$), distance (d), and time (t) can be solved for time:

$$\bar{v} = \frac{d}{t}$$
$$\bar{v}t = d$$
$$t = \frac{d}{v}$$
$$t = \frac{1{,}609\ \text{m}}{720\ \text{m/s}}$$
$$= \frac{1{,}609}{720}\,\frac{\text{m}}{1} \times \frac{\text{s}}{\text{m}}$$
$$= 2.23\,\frac{\cancel{\text{m}}\cdot\text{s}}{\cancel{\text{m}}}$$
$$= \boxed{2.2\ \text{s}}$$

2.13 The relationship between average velocity ($\bar{v}$), distance (d), and time (t) can be solved for distance:

$$\bar{v} = \frac{d}{t} \quad \therefore \quad d = \bar{v}t$$

$$d = \left(40.0\,\frac{\text{m}}{\text{s}}\right)(0.4625\ \text{s})$$
$$= 40.0 \times 0.4625\,\frac{\text{m}\cdot\cancel{\text{s}}}{\cancel{\text{s}}}$$
$$= \boxed{18.5\ \text{m}}$$

2.14 "How many minutes …" is a question about time, and the distance is given. Since the distance is given in km and the speed in m/s, a unit conversion is needed. The easiest thing to do is to convert km to m. There are 1,000 m in 1 km, and

$$(1.50 \times 10^8\ \text{km}) \times (1 \times 10^3\ \text{m/km}) = 1.50 \times 10^{11}\ \text{m}$$

The relationship between average velocity ($\bar{v}$), distance (d), and time (t) can be solved for time:

$$\bar{v} = \frac{d}{t} \quad \therefore \quad t = \frac{d}{v}$$

$$t = \frac{1.50 \times 10^{11}\ \text{m}}{3.00 \times 10^8\,\frac{\text{m}}{\text{s}}}$$
$$= \frac{1.50}{3.00} \times 10^{11-8}\,\frac{\text{m}}{1} \times \frac{\text{s}}{\text{m}}$$
$$= 0.500 \times 10^3\,\frac{\cancel{\text{m}}\cdot\text{s}}{\cancel{\text{m}}}$$
$$= 5.00 \times 10^2\ \text{s}$$

$$\frac{500\ \text{s}}{60\,\frac{\text{s}}{\text{min}}} = \frac{500}{60}\,\frac{\text{s}}{1} \times \frac{\text{min}}{\text{s}}$$
$$= 8.33\,\frac{\cancel{\text{s}}\cdot\text{min}}{\cancel{\text{s}}}$$
$$= \boxed{8.33\ \text{min}}$$

(Information on how to use scientific notation [also called powers of ten or exponential notation] is located in appendix A, Mathematical Review.)

All significant figures are retained here because the units are defined exactly, without uncertainty.

2.15 The initial velocity (v_i) is given as 100.0 m/s, the final velocity (v_f) is given as 51.0 m/s, and the time is given as 5.00 s. Acceleration, including a deceleration or negative acceleration, is found from a change of velocity during a given time. Thus,

$$a = \frac{v_f - v_i}{t}$$

$$= \frac{\left(51.0\,\frac{m}{s}\right) - \left(100.0\,\frac{m}{s}\right)}{5.00\ s}$$

$$= \frac{-49.0\,\frac{m}{s}}{5.00\ s}$$

$$= -9.80\,\frac{m}{s} \times \frac{1}{s}$$

$$= \boxed{-9.80\,\frac{m}{s^2}}$$

(The negative sign means a negative acceleration, or deceleration.)

2.16 A ball thrown straight up decelerates to a velocity of zero, then accelerates back to the surface, just as a dropped ball would do from the height reached. Thus, the time required to decelerate upward is the same as the time required to accelerate downward. The ball returns to the surface with the same velocity with which it was thrown (neglecting friction). Therefore,

$$a = \frac{v_f - v_i}{t}$$

$$at = v_f - v_i$$

$$v_f = at + v_i$$

$$= \left(9.8\frac{m}{s^2}\right)(3.0\ s)$$

$$= (9.8)(3.0)\,\frac{m}{s^2} \times s$$

$$= 29\,\frac{m \cdot \cancel{s}}{s \cdot \cancel{s}}$$

$$= \boxed{29\ m/s}$$

2.17 These three questions are easily answered by using the three sets of relationships, or equations, that were presented in this chapter:

a. $v_f = at + v_i$, and when v_i is zero.

$$v_f = at$$

$$v_f = \left(9.8\frac{m}{s^2}\right)(4\ s)$$

$$= 9.8 \times 4\,\frac{m}{s^2} \times s$$

$$= 39\,\frac{m \cdot \cancel{s}}{s \cdot \cancel{s}}$$

$$= \boxed{40\ m/s}$$

b. $\bar{v} = \dfrac{v_f + v_i}{2} = \dfrac{40\ m/s + 0}{2} = \boxed{20\ m/s}$

c. $\bar{v} = \dfrac{d}{t} \quad \therefore \quad d = \bar{v}t = \left(20\,\dfrac{m}{s}\right)(4\ s)$

$$= 20 \times 4\,\frac{m}{s} \times s$$

$$= 80\,\frac{m \cdot \cancel{s}}{\cancel{s}}$$

$$= \boxed{80\ m}$$

2.18 Note that this problem can be solved with a series of three steps as in the previous problem. It can also be solved by the equation that combines all the relationships into one step. Either method is acceptable, but the following example of a one-step solution reduces the possibilities of error since fewer calculations are involved:

$$d = \frac{1}{2}gt^2 = \frac{1}{2}\left(9.8\,\frac{m}{s^2}\right)(5.00\ s)^2$$

$$= \frac{1}{2}\left(9.8\,\frac{m}{s^2}\right)(25.0\ s^2)$$

$$= \left(\frac{1}{2}\right)(9.8)(25.0)\,\frac{m}{s^2} \times s^2$$

$$= 4.90 \times 25.0\,\frac{m \cdot \cancel{s^2}}{\cancel{s^2}}$$

$$= 122.5\ m$$

$$= \boxed{120\ m}$$

2.19 Listing the known and unknown quantities gives

$$F = 100\ N$$

$$m = 5\ kg$$

$$a = ?$$

These are the quantities of Newton's second law of motion, $F = ma$, and

$$F = ma \quad \therefore \quad a = \frac{F}{m}$$

$$= \frac{100\,\frac{kg \cdot m}{s^2}}{5\ kg}$$

$$= \frac{100}{5}\,\frac{\cancel{kg} \cdot m}{s^2} \times \frac{1}{\cancel{kg}}$$

$$= \boxed{20\,\frac{m}{s^2}}$$

2.20 List the known and unknown quantities:

$$m = 100\ kg$$

$$v = 6\ m/s$$

$$p = ?$$

These are the quantities found in the equation for momentum, $p = mv$, which is already solved for momentum (p). Thus,

$$p = mv$$

$$= (100\ kg)\left(6\,\frac{m}{s}\right)$$

$$= \boxed{600\,\frac{kg \cdot m}{s}}$$

2.21 List the known and unknown quantities:

$$w = 13{,}720\ N$$

$$v = 91\ km/h$$

$$p = ?$$

The equation for momentum is $p = mv$, which is already solved for momentum (p). The weight unit must be first converted to a mass unit:

$$w = mg \quad \therefore \quad m = \frac{w}{g}$$

$$= \frac{13{,}720 \frac{\text{kg}\cdot\text{m}}{\text{s}^2}}{9.8 \frac{\text{m}}{\text{s}^2}}$$

$$= \frac{13{,}720}{9.8} \frac{\text{kg}\cdot\cancel{\text{m}}}{\cancel{\text{s}^2}} \times \frac{\cancel{\text{s}^2}}{\cancel{\text{m}}}$$

$$= 1{,}400 \text{ kg}$$

The km/h unit should be converted to m/s next. Using the conversion factor that 1 kph equals 0.277 m/s listed in the first few pages of the text gives

$$\frac{0.2778 \frac{\text{m}}{\text{s}}}{\frac{\text{km}}{\text{h}}} \times 91 \frac{\text{km}}{\text{h}}$$

$$0.2778 \times 91 \frac{\text{m}}{\text{s}} \times \frac{\cancel{\text{h}}}{\cancel{\text{km}}} \times \frac{\cancel{\text{km}}}{\cancel{\text{h}}}$$

$$25 \frac{\text{m}}{\text{s}}$$

Now, list the converted known and unknown quantities

$$m = 1{,}400 \text{ kg}$$

$$v = 25 \text{ m/s}$$

$$p = ?$$

and solve for momentum (p).

$$p = mv$$

$$= (1{,}400 \text{ kg})\left(25 \frac{\text{m}}{\text{s}}\right)$$

$$= \boxed{35{,}000 \frac{\text{kg}\cdot\text{m}}{\text{s}}}$$

2.22 List the known and unknown quantities:

Bullet $\longrightarrow m = 0.015$ kg   Rifle $\longrightarrow m = 6$ kg

Bullet $\longrightarrow v = 200$ m/s   Rifle $\longrightarrow v = ?$ m/s

Note the mass of the bullet was converted to kg. This is a conservation of momentum question, where the bullet and rifle can be considered as a system of interacting objects:

Bullet momentum = rifle momentum

$$(mv)_b = (mv)_r$$

$$(mv)_b - (mv)_r = 0$$

$$(0.015 \text{ kg})\left(200 \frac{\text{m}}{\text{s}}\right) - (6 \text{ kg})v_r = 0$$

$$\left(3 \text{ kg}\cdot\frac{\text{m}}{\text{s}}\right) - (6 \text{ kg}\cdot v_r) = 0$$

$$3 \text{ kg}\cdot\frac{\text{m}}{\text{s}} = 6 \text{ kg}\cdot v_r$$

$$v_r = \frac{3 \text{ kg}\cdot\frac{\text{m}}{\text{s}}}{6 \text{ kg}}$$

$$= \frac{3}{6} \frac{\cancel{\text{kg}}}{1} \times \frac{1}{\cancel{\text{kg}}} \times \frac{\text{m}}{\text{s}}$$

$$= \boxed{0.5 \frac{\text{m}}{\text{s}}}$$

The rifle recoils with a velocity of 0.5 m/s.

2.23 List the known and unknown quantities:

Astronaut $\longrightarrow w = 2{,}156$ N   Wrench $\longrightarrow m = 5.0$ kg

Astronaut $\longrightarrow v = ?$ m/s   Wrench $\longrightarrow v = 5.0$ m/s

Note that the astronaut's weight is given, but we need mass for the conservation of momentum equation. Mass can be found because the weight on Earth was given, where we know $g = 9.8$ m/s^2. Thus, the mass is

$$w = mg \quad \therefore \quad m = \frac{w}{g}$$

$$= \frac{2{,}156 \frac{\text{kg}\cdot\text{m}}{\text{s}^2}}{9.8 \frac{\text{m}}{\text{s}^2}}$$

$$= \frac{2{,}156}{9.8} \frac{\text{kg}\cdot\cancel{\text{m}}}{\cancel{\text{s}^2}} \times \frac{\cancel{\text{s}^2}}{\cancel{\text{m}}}$$

$$= 220 \text{ kg}$$

So the converted known and unknown quantities are

Astronaut $\longrightarrow m = 220$ kg   Wrench $\longrightarrow m = 5.0$ kg

Astronaut $\longrightarrow v = ?$ m/s   Wrench $\longrightarrow v = 5.0$ m/s

This is a conservation of momentum question, where the astronaut and wrench can be considered as a system of interacting objects:

Wrench momentum = astronaut momentum

$$(mv)_w = (mv)_a$$

$$(mv)_w - (mv)_a = 0$$

$$(5.0 \text{ kg})\left(5.0\frac{\text{m}}{\text{s}}\right) - (220 \text{ kg})v_a = 0$$

$$\left(25 \text{ kg}\cdot\frac{\text{m}}{\text{s}}\right) - (220 \text{ kg}\cdot v_a) = 0$$

$$v_a = \frac{25 \text{ kg}\cdot\frac{\text{m}}{\text{s}}}{220 \text{ kg}}$$

$$= \frac{25}{220} \frac{\cancel{\text{kg}}}{1} \times \frac{1}{\cancel{\text{kg}}} \times \frac{\text{m}}{\text{s}}$$

$$= \boxed{0.11 \frac{\text{m}}{\text{s}}}$$

The astronaut moves away with a velocity of 0.11 m/s.

2.24 **a.** Weight (w) is a downward force from the acceleration of gravity (g) on the mass (m) of an object. This relationship is the same as Newton's second law of motion, $F = ma$, and

$$w = mg = (1.25 \text{ kg})\left(9.8\frac{\text{m}}{\text{s}^2}\right)$$

$$= (1.25)(9.8) \text{ kg} \times \frac{\text{m}}{\text{s}^2}$$

$$= 12.25 \frac{\text{kg}\cdot\text{m}}{\text{s}^2}$$

$$= \boxed{12 \text{ N}}$$

b. First, recall that a force (F) is measured in newtons (N) and a newton has units of $N = \frac{kg \cdot m}{s^2}$. Second, the relationship between force (F), mass (m), and acceleration (a) is given by Newton's second law of motion, force = mass times acceleration, or $F = ma$. Thus,

$$F = ma \quad \therefore \quad a = \frac{F}{m} = \frac{10.0\,\frac{kg \cdot m}{s^2}}{1.25\ kg}$$

$$= \frac{10.0}{1.25}\frac{kg \cdot m}{s^2} \times \frac{1}{kg}$$

$$= 8.00\,\frac{\cancel{kg} \cdot m}{\cancel{kg} \cdot s^2}$$

$$= 8.00\,\frac{m}{s^2}$$

(Note how the units were treated mathematically in this solution and why it is necessary to show the units for a newton of force. The resulting unit in the answer *is* a unit of acceleration, which provides a check that the problem was solved correctly.)

2.25

$$F = ma = (1.25\ kg)\left(5.00\,\frac{m}{s^2}\right)$$

$$= (1.25)(5.00)\ kg \times \frac{m}{s^2}$$

$$= 6.25\,\frac{kg \cdot m}{s^2}$$

$$= \boxed{6.25\ N}$$

(Note that the solution is correctly reported in *newton* units of force rather than $kg \cdot m/s^2$.)

2.26 The bicycle tire exerts a backward force on the road, and the equal and opposite reaction force of the road on the bicycle produces the forward motion. (The motion is always in the direction of the applied force.) Therefore,

$$F = ma = (70.0\ kg)\left(2.0\,\frac{m}{s^2}\right)$$

$$= (70.0)(2.0) kg \times \frac{m}{s^2}$$

$$= 140\,\frac{kg \cdot m}{s^2}$$

$$= \boxed{140\ N}$$

2.27 The question requires finding a force in the metric system, which is measured in newtons of force. Since newtons of force are defined in kg, m, and s, unit conversions are necessary, and these should be done first.

$$1\,\frac{km}{h} = \frac{1{,}000\ m}{3{,}600\ s} = 0.2778\,\frac{m}{s}$$

Dividing both sides of this conversion factor by what you are converting *from* gives the conversion ratio of

$$\frac{0.2778\,\frac{m}{s}}{\frac{km}{h}}$$

Multiplying this conversion ratio by the two velocities in km/h will convert them to m/s as follows:

$$\left(\frac{0.2778\,\frac{m}{s}}{\frac{km}{h}}\right)\left(80.0\,\frac{km}{h}\right)$$

$$= (0.2778)(80.0)\,\frac{m}{s} \times \frac{\cancel{h}}{\cancel{km}} \times \frac{\cancel{km}}{\cancel{h}}$$

$$= 22.2\,\frac{m}{s}$$

$$\left(\frac{0.2778\,\frac{m}{s}}{\frac{km}{h}}\right)\left(44.0\,\frac{km}{h}\right)$$

$$= (0.2778)(44.0)\,\frac{m}{s} \times \frac{\cancel{h}}{\cancel{km}} \times \frac{\cancel{km}}{\cancel{h}}$$

$$= 12.2\,\frac{m}{s}$$

Now you are ready to find the appropriate relationship between the quantities involved. This involves two separate equations: Newton's second law of motion and the relationship of quantities involved in acceleration. These may be combined as follows:

$$F = ma \quad \text{and} \quad a = \frac{v_f - v_i}{t} \quad \therefore \quad F = m\left(\frac{v_f - v_i}{t}\right)$$

Now you are ready to substitute quantities for the symbols and perform the necessary mathematical operations:

$$= (1{,}500\ kg)\left(\frac{22.2\ m/s - 12.2\ m/s}{10.0\ s}\right)$$

$$= (1{,}500\ kg)\left(\frac{10.0\ m/s}{10.0\ s}\right)$$

$$= 1{,}500 \times 1.00\,\frac{kg \cdot \frac{m}{s}}{s}$$

$$= 1{,}500\,\frac{kg \cdot m}{s} \times \frac{1}{s}$$

$$= 1{,}500\,\frac{kg \cdot m}{s \cdot s}$$

$$= 1{,}500\,\frac{kg \cdot m}{s^2}$$

$$= 1{,}500\ N = \boxed{1.5 \times 10^3\ N}$$

2.28 A unit conversion is needed as in the previous problem:

$$\left(90.0\,\frac{km}{h}\right)\left(\frac{0.2778\,\frac{m}{s}}{\frac{km}{h}}\right) = 25.0\ m/s$$

a. $F = ma \quad \therefore \quad m = \dfrac{F}{a}$ and $a = \dfrac{v_f - v_i}{t}$, so

$$m = \frac{F}{\dfrac{v_f - v_i}{t}} = \frac{5{,}000.0\ \dfrac{kg \cdot m}{s^2}}{\dfrac{25.0\ m/s - 0}{5.0\ s}}$$

$$= \frac{5{,}000.0\ \dfrac{kg \cdot m}{s^2}}{5.0\ \dfrac{m}{s^2}}$$

$$= \frac{5{,}000.0}{5.0}\ \frac{kg \cdot m}{s^2} \times \frac{s^2}{m}$$

$$= 1{,}000\ \frac{kg\ \cancel{m} \cdot \cancel{s^2}}{\cancel{m} \cdot \cancel{s^2}}$$

$$= \boxed{1.0 \times 10^3\ kg}$$

b. $w = mg$

$$= (1.0 \times 10^3\ kg)\left(9.8\ \frac{m}{s^2}\right)$$

$$= (1.0 \times 10^3)\ (9.8)\ kg \times \frac{m}{s^2}$$

$$= 9.8 \times 10^3\ \frac{kg \cdot m}{s^2}$$

$$= \boxed{9.8 \times 10^3\ N}$$

2.29 $w = mg$

$$= (70.0\ kg)\left(9.8\ \frac{m}{s^2}\right)$$

$$= 70.0 \times 9.8\ kg \times \frac{m}{s^2}$$

$$= 686\ \frac{kg \cdot m}{s^2}$$

$$= \boxed{690\ N}$$

2.30 $F = \dfrac{mv^2}{r}$

$$= \frac{(0.20\ kg)\left(3.0\ \dfrac{m}{s}\right)^2}{1.5\ m}$$

$$= \frac{(0.20\ kg)\left(9.0\ \dfrac{m^2}{s^2}\right)}{1.5\ m}$$

$$= \frac{0.20 \times 9.0}{1.5}\ \frac{kg \cdot m^2}{s^2} \times \frac{1}{m}$$

$$= 1.2\ \frac{kg \cdot m \cdot \cancel{m}}{s^2 \cdot \cancel{m}}$$

$$= \boxed{1.2\ N}$$

2.31 **a.** Newton's laws of motion consider the resistance to a change of motion, or mass, and not weight. The astronaut's mass is

$$w = mg \quad \therefore \quad m = \frac{w}{g} = \frac{1{,}960.0\ \dfrac{kg \cdot m}{s^2}}{9.8\ \dfrac{m}{s^2}}$$

$$= \frac{1{,}960.0}{9.8}\ \frac{kg \cdot m}{s^2} \times \frac{s^2}{m} = 200\ kg$$

b. From Newton's second law of motion, you can see that the 100 N rocket gives the 200 kg astronaut an acceleration of

$$F = ma \quad \therefore \quad a = \frac{F}{m} = \frac{100\ \dfrac{kg \cdot m}{s^2}}{200\ kg}$$

$$= \frac{100\ \cancel{kg} \cdot m}{200\ s^2} \times \frac{1}{\cancel{kg}} = 0.5\ m/s^2$$

c. An acceleration of $0.5\ m/s^2$ for 2.0 s will result in a final velocity of

$$a = \frac{v_f - v_i}{t} \quad \therefore \quad v_f = at + v_i$$

$$= (0.5\ m/s^2)(2.0\ s) + 0\ m/s$$

$$= \boxed{1\ m/s}$$

CHAPTER 3

3.1 List the known and unknown quantities:

$$F = 200\ N$$
$$d = 3\ m$$
$$W = ?$$

These are the quantities found in the equation for work, $W = Fd$, which is already solved for work (W). Thus,

$$W = Fd$$

$$= \left(200\ \frac{kg \cdot m}{s^2}\right)(3\ m)$$

$$= (200)(3)\ N \cdot m$$

$$= \boxed{600\ J}$$

3.2 List the known and unknown quantities:

$$F = 440\ N$$
$$d = 5.0\ m$$
$$w = 880\ N$$
$$W = ?$$

These are the quantities found in the equation for work, $W = Fd$, which is already solved for work (W). As you can see in the equation, the force exerted and the distance the box was moved are the quantities used in determining the work accomplished. The weight of the box is a different variable, and one that is not used in this equation. Thus,

$$W = Fd$$

$$= 440\left(\frac{kg \cdot m}{s^2}\right)(5.0\ m)$$

$$= 2{,}200\ N \cdot m$$

$$= \boxed{2{,}200\ J}$$

3.3 Note that 10.0 kg is a mass quantity, and not a weight quantity. Weight is found from $w = mg$, a form of Newton's second law of motion. Thus, the force that must be exerted to lift the backpack is its weight, or (10.0 kg) × (9.8 m/s^2), which is 98 N. Therefore, a force of 98 N was exerted on the backpack through a distance of 1.5 m, and

$$\begin{aligned} W &= Fd \\ &= \left(98\ \frac{\text{kg}\cdot\text{m}}{\text{s}^2}\right)(1.5\ \text{m}) \\ &= 147\ \text{N}\cdot\text{m} \\ &= \boxed{150\ \text{J}} \end{aligned}$$

3.4 Weight is defined as the force of gravity acting on an object, and the greater the force of gravity, the harder it is to lift the object. The force is proportional to the mass of the object, as the equation $w = mg$ tells you. Thus, the force you exert when lifting is $F = w = mg$, so the work you do on an object you lift must be $W = mgh$.

You know the mass of the box, and you know the work accomplished. You also know the value of the acceleration due to gravity, g, so the list of known and unknown quantities is

$$\begin{aligned} m &= 102\ \text{kg} \\ g &= 9.8\ \text{m/s}^2 \\ W &= 5{,}000\ \text{J} \\ h &= ? \end{aligned}$$

The equation $W = mgh$ is solved for work, so the first thing to do is to solve it for h, the unknown height in this problem (note that height is also a distance):

$$W = mgh \quad \therefore \quad h = \frac{W}{mg}$$

$$\begin{aligned} &= \frac{5{,}000\ \frac{\text{kg}\cdot\text{m}}{\text{s}^2} \times \text{m}}{(102\ \text{kg})\left(9.8\ \frac{\text{m}}{\text{s}^2}\right)} \\ &= \frac{5{,}000}{102 \times 9.8}\ \frac{\cancel{\text{kg}}\cdot\text{m}}{\cancel{\text{s}^2}} \times \frac{\cancel{\text{m}}}{1} \times \frac{1}{\cancel{\text{kg}}} \times \frac{\cancel{\text{s}^2}}{\cancel{\text{m}}} \\ &= \frac{5{,}000}{999.6}\ \text{m} \\ &= \boxed{5\ \text{m}} \end{aligned}$$

3.5 A student running up the stairs has to lift herself, so her weight is the required force needed. Thus, the force exerted is $F = w = mg$, and the work done is $W = mgh$. You know the mass of the student, the height, and the time. You also know the value of the acceleration due to gravity, g, so the list of known and unknown quantities is

$$\begin{aligned} m &= 60.0\ \text{kg} \\ g &= 9.8\ \text{m/s}^2 \\ h &= 5.00\ \text{m} \\ t &= 3.92\ \text{s} \\ P &= ? \end{aligned}$$

The equation $p = \dfrac{mgh}{t}$ is already solved for power, so

$$\begin{aligned} P &= \frac{mgh}{t} \\ &= \frac{(60.0\ \text{kg})\left(9.8\ \frac{\text{m}}{\text{s}^2}\right)(5.00\ \text{m})}{3.92\ \text{s}} \\ &= \frac{(60.0)(9.8)(5.00)}{3.92}\ \frac{\left(\frac{\text{kg}\cdot\text{m}}{\text{s}^2}\right)\times\text{m}}{\text{s}} \\ &= \frac{2{,}940}{3.92}\ \frac{\text{N}\cdot\text{m}}{\text{s}} \\ &= 750\ \frac{\text{J}}{\text{s}} \\ &= \boxed{750\ \text{W}} \end{aligned}$$

3.6 **a.** $\dfrac{1.00\ \text{hp}}{746\ \text{W}} \times 1{,}400\ \text{W}$

$\dfrac{1{,}400}{746}\ \dfrac{\text{hp}\cdot\cancel{\text{W}}}{\cancel{\text{W}}}$

$\boxed{1.9\ \text{hp}}$

b. $\dfrac{746\ \text{W}}{1.00\ \text{hp}} \times 3.5\ \text{hp}$

$746 \times 3.5\ \dfrac{\text{W}\cdot\cancel{\text{hp}}}{\cancel{\text{hp}}}$

2,611 W

$\boxed{2{,}600\ \text{W}}$

3.7 List the known and unknown quantities.

$$\begin{aligned} m &= 2{,}000\ \text{kg} \\ v &= 72\ \text{km/h} \\ KE &= ? \end{aligned}$$

These are the quantities found in the equation for kinetic energy, $KE = 1/2\ mv^2$, which is already solved. However, note that the velocity is in units of km/h, which must be changed to m/s before you do anything else. (It must be m/s because all energy and work units are in units of the joule [J]. A joule is a newton-meter, and a newton is a kg·m/s^2.) Using the conversion factor listed in the first few pages of the text gives

$$\frac{0.2778\ \frac{\text{m}}{\text{s}}}{\frac{\text{km}}{\text{h}}} \times 72\ \frac{\text{km}}{\text{h}}$$

$$(0.2778)(72)\ \frac{\text{m}}{\text{s}} \times \frac{\cancel{\text{h}}}{\cancel{\text{km}}} \times \frac{\cancel{\text{km}}}{\cancel{\text{h}}}$$

$$20\ \frac{\text{m}}{\text{s}}$$

and

$$\begin{aligned} KE &= \frac{1}{2}mv^2 \\ &= \frac{1}{2}(2{,}000\ \text{kg})\left(20\ \frac{\text{m}}{\text{s}}\right)^2 \\ &= \frac{1}{2}(2{,}000\ \text{kg})\left(400\ \frac{\text{m}^2}{\text{s}^2}\right)^2 \\ &= \frac{1}{2} \times 2{,}000 \times 400\ \frac{\text{kg}\cdot\text{m}^2}{\text{s}^2} \\ &= 400{,}000\ \frac{\text{kg}\cdot\text{m}}{\text{s}^2} \times \text{m} \\ &= 400{,}000\ \text{N}\cdot\text{m} \\ &= \boxed{4 \times 10^5\ \text{J}} \end{aligned}$$

Scientific notation is used here to simplify a large number and to show one significant figure.

3.8 Recall the relationship between work and energy—that you do work on an object when you throw it, giving it kinetic energy, and the kinetic energy it has will do work on something else when stopping. Because of the relationship between work and energy, you can calculate (1) the work you do, (2) the kinetic energy a moving object has as a result of your work, and (3) the work it will do when coming to a stop, and all three answers should be the same. Thus, you do not have a force or a distance to calculate the work needed to stop a moving car, but you can simply calculate the kinetic energy of the car. Both answers should be the same.

Before you start, note that the velocity is in units of km/h, which must be changed to m/s before you do anything else. (It must be m/s because all energy and work units are in units of the joule [J]. A joule is a newton-meter, and a newton is a kg · m/s^2.) Using the conversion factor listed on the table in the first few pages of the text gives

$$\frac{0.2778\,\frac{\text{m}}{\text{s}}}{\frac{\text{km}}{\text{h}}} \times 54.0\,\frac{\text{km}}{\text{h}}$$

$$0.2778 \times 54.0\,\frac{\text{m}}{\text{s}} \times \frac{\cancel{\text{h}}}{\cancel{\text{km}}} \times \frac{\cancel{\text{km}}}{\cancel{\text{h}}}$$

$$15.0\,\frac{\text{m}}{\text{s}}$$

and

$$KE = \frac{1}{2}mv^2 \quad = \frac{1}{2}(1{,}000.0\text{ kg})\left(15.0\,\frac{\text{m}}{\text{s}}\right)^2$$

$$= \frac{1}{2}(1{,}000.0\text{ kg})\left(225\,\frac{\text{m}^2}{\text{s}^2}\right) \quad = \frac{1}{2} \times 1{,}000.0 \times 225\,\frac{\text{kg}\cdot\text{m}^2}{\text{s}^2}$$

$$= 112{,}500\,\frac{\text{kg}\cdot\text{m}}{\text{s}^2} \times \text{m} \quad = 112{,}500\text{ N}\cdot\text{m}$$

$$= \boxed{1.13 \times 10^5\text{ J}}$$

Scientific notation is used here to simplify a large number and to easily show three significant figures. The answer could likewise be expressed as 113 kJ.

3.9 **a.**

$$\begin{aligned} W &= Fd \\ &= (10\text{ lb})(5\text{ ft}) \\ &= (10)(5)\text{ ft} \times \text{lb} \\ &= 50\text{ ft}\cdot\text{lb} \end{aligned}$$

b. The distance of the bookcase from some horizontal reference level did not change, so the gravitational potential energy does not change.

3.10 The force (F) needed to lift the book is equal to the weight (w) of the book, or $F = w$. Since $w = mg$, then $F = mg$. Work is defined as the product of a force moved through a distance, or $W = Fd$. The work done in lifting the book is therefore $W = mgd$, and

a.

$$\begin{aligned} W &= mgd \\ &= (2.0\text{ kg})(9.8\text{ m/s}^2)(2.00\text{ m}) \\ &= (2.0)(9.8)(2.00)\,\frac{\text{kg}\cdot\text{m}}{\text{s}^2} \times \text{m} \\ &= 39.2\,\frac{\text{kg}\cdot\text{m}^2}{\text{s}^2} \\ &= 39.2\text{ J} = \boxed{39\text{ J}} \end{aligned}$$

b. $PE = mgh = \boxed{39\text{ J}}$

c. $PE_{\text{lost}} = KE_{\text{gained}} = mgh = \boxed{39\text{ J}}$

(or)

$$\begin{aligned} v &= \sqrt{2gh} = \sqrt{(2)(9.8\text{ m/s}^2)(2.00\text{ m})} \\ &= \sqrt{3.92\text{ m}^2/\text{s}^2} \\ &= 6.26\text{ m/s} \end{aligned}$$

$$\begin{aligned} KE &= \frac{1}{2}mv^2 = \left(\frac{1}{2}\right)(2.0)(6.26\text{ m/s})^2 \\ &= \left(\frac{1}{2}\right)(2.0\text{ kg})(39\text{ m}^2/\text{s}^2) \\ &= (1.0)(39)\,\frac{\text{kg}\cdot\text{m}^2}{\text{s}^2} \\ &= \boxed{39\text{ J}} \end{aligned}$$

3.11 Note that the gram unit must be converted to kg to be consistent with the definition of a newton-meter, or joule unit of energy:

$$\begin{aligned} KE = \frac{1}{2}mv^2 &= \left(\frac{1}{2}\right)(0.15\text{ kg})(30.0\text{ m/s})^2 \\ &= \left(\frac{1}{2}\right)(0.15\text{ kg})(900\text{ m}^2/\text{s}^2) \\ &= \left(\frac{1}{2}\right)(0.15)(900)\frac{\text{kg}\cdot\text{m}^2}{\text{s}^2} \\ &= 67.5\text{ J} = \boxed{68\text{ J}} \end{aligned}$$

3.12 The km/h unit must first be converted to m/s before finding the kinetic energy. Note also that the work done to put an object in motion is equal to the energy of motion, or the kinetic energy that it has as a result of the work. The work needed to bring the object to a stop is also equal to the kinetic energy of the moving object.

Unit conversion:

$$1\,\frac{\text{km}}{\text{h}} = 0.2778\,\frac{\frac{\text{m}}{\text{s}}}{\frac{\text{km}}{\text{h}}} \quad \therefore \quad \left(90.0\,\frac{\text{km}}{\text{h}}\right)\left(0.2778\,\frac{\frac{\text{m}}{\text{s}}}{\frac{\text{km}}{\text{h}}}\right) = 25.0\text{ m/s}$$

a.

$$\begin{aligned} KE = \frac{1}{2}mv^2 &= \frac{1}{2}(1{,}000.0\text{ kg})\left(25.0\,\frac{\text{m}}{\text{s}}\right)^2 \\ &= \frac{1}{2}(1{,}000.0\text{ kg})\left(625\frac{\text{m}^2}{\text{s}^2}\right) \\ &= \frac{1}{2}(1{,}000.0)(625)\,\frac{\text{kg}\cdot\text{m}^2}{\text{s}^2} \\ &= 312.5\text{ kJ} = \boxed{313\text{ kJ}} \end{aligned}$$

b. $W = Fd = KE = \boxed{313\text{ kJ}}$

c. $\tilde{}KE = W = Fd = \boxed{313\text{ kJ}}$

3.13

$$\begin{aligned} KE &= \frac{1}{2}mv^2 \\ &= \frac{1}{2}(60.0\text{ kg})\left(2.0\,\frac{\text{m}}{\text{s}}\right)^2 \\ &= \frac{1}{2}(60.0\text{ kg})\left(4.0\,\frac{\text{m}^2}{\text{s}^2}\right) \\ &= 30.0 \times 4.0\text{ kg} \times \left(\frac{\text{m}^2}{\text{s}^2}\right) \\ &= \boxed{120\text{ J}} \end{aligned}$$

$$KE = \frac{1}{2}mv^2$$
$$= \frac{1}{2}(60.0\text{ kg})\left(4.0\frac{\text{m}}{\text{s}}\right)^2$$
$$= \frac{1}{2}(60.0\text{ kg})\left(16\frac{\text{m}^2}{\text{s}^2}\right)$$
$$= 30.0 \times 16\text{ kg} \times \frac{\text{m}^2}{\text{s}^2}$$
$$= \boxed{480\text{ J}}$$

Thus, doubling the speed results in a fourfold increase in kinetic energy.

3.14
$$KE = \frac{1}{2}mv^2$$
$$= \frac{1}{2}(70.0\text{ kg})(6.00\text{ m/s})^2$$
$$= (35.0\text{ kg})(36.0\text{ m}^2/\text{s}^2)$$
$$= 35.0 \times 36.0\text{ kg} \times \frac{\text{m}^2}{\text{s}^2}$$
$$= \boxed{1{,}260\text{ J}}$$
$$KE = \frac{1}{2}mv^2$$
$$= \frac{1}{2}(140.0\text{ kg})(6.00\text{ m/s})^2$$
$$= (70.0\text{ kg})(36.0\text{ m}^2/\text{s}^2)$$
$$= 70.0 \times 36.0\text{ kg} \times \frac{\text{m}^2}{\text{s}^2}$$
$$= \boxed{2{,}520\text{ J}}$$

Thus, doubling the mass results in a doubling of the kinetic energy.

3.15 **a.** The force needed is equal to the weight of the student. The English unit of a pound is a force unit, so

$$W = FD$$
$$= (170.0\text{ lb})(25.0\text{ ft})$$
$$= \boxed{4{,}250\text{ ft}\cdot\text{lb}}$$

b. Work (W) is defined as a force (F) moved through a distance (d), or $W = Fd$. Power (P) is defined as work (W) per unit of time (t), or $P = W/t$. Therefore,

$$P = \frac{Fd}{t}$$
$$= \frac{(170.0\text{ lb})(25.0\text{ ft})}{10.0\text{ s}}$$
$$= \frac{(170.0)(25.0)}{10.0}\frac{\text{ft}\cdot\text{lb}}{\text{s}}$$
$$= 425\frac{\text{ft}\cdot\text{lb}}{\text{s}}$$

One hp is defined as 500 $\frac{\text{ft}\cdot\text{lb}}{\text{s}}$ and

$$\frac{425\text{ ft}\cdot\text{lb/s}}{550\frac{\text{ft}\cdot\text{lb/s}}{\text{hp}}} = \boxed{0.77\text{ hp}}$$

Note that the student's power rating (425 ft · lb/s) is less than the power rating defined as 1 horsepower (550 ft · lb/s). Thus, the student's horsepower must be *less* than 1 hp. A simple analysis such as this will let you know if you inverted the ratio or not.

3.16 **a.** The force (F) needed to lift the elevator is equal to the weight of the elevator. Since the work (W) is equal to Fd and power (P) is equal to W/t, then

$$P = \frac{Fd}{t} \quad \therefore \quad t = \frac{Fd}{P}$$
$$= \frac{(2{,}000.0\text{ lb})(20.0\text{ ft})}{\left(550\frac{\frac{\text{ft}\cdot\text{lb}}{\text{s}}}{\text{hp}}\right)(20.0\text{ hp})}$$
$$= \frac{40{,}000}{11{,}000}\frac{\text{ft}\cdot\text{lb}}{\frac{\text{ft}\cdot\text{lb}}{\text{s}}} \times \frac{1}{\cancel{\text{hp}}} \times \cancel{\text{hp}}$$
$$= \frac{40{,}000}{11{,}000}\frac{\text{ft}\cdot\text{lb}}{1} \times \frac{\text{s}}{\text{ft}\cdot\text{lb}}$$
$$= 3.64\frac{\cancel{\text{ft}}\cdot\cancel{\text{lb}}\cdot\text{s}}{\cancel{\text{ft}}\cdot\cancel{\text{lb}}}$$
$$= \boxed{3.6\text{ s}}$$

b. $\bar{v} = \frac{d}{t}$
$$= \frac{20.0\text{ ft}}{3.6\text{ s}}$$
$$= \boxed{5.6\text{ ft/s}}$$

3.17 Since $PE_{\text{lost}} = KE_{\text{gained}}$, then $mgh = \frac{1}{2}mv^2$. Solving for v,

$$v = \sqrt{2gh} = \sqrt{(2)(32.0\text{ ft/s}^2)(9.8\text{ ft})}$$
$$= \sqrt{(2)(32.0)(9.8)\text{ft}^2/\text{s}^2}$$
$$= \sqrt{627\text{ ft}^2/\text{s}^2}$$
$$= \boxed{25\text{ ft/s}}$$

3.18
$$KE = \frac{1}{2}mv^2 \quad \therefore \quad v = \sqrt{\frac{2KE}{m}}$$
$$= \sqrt{\frac{(2)\left(200{,}000\frac{\text{kg}\cdot\text{m}^2}{\text{s}^2}\right)}{1{,}000.0\text{ kg}}}$$
$$= \sqrt{\frac{400{,}000}{1{,}000.0}\frac{\text{kg}\cdot\text{m}^2}{\text{s}^2} \times \frac{1}{\text{kg}}}$$
$$= \sqrt{\frac{400.000}{1{,}000.0}\frac{\cancel{\text{kg}}\cdot\text{m}^2}{\cancel{\text{kg}}\cdot\text{s}^2}}$$
$$= \sqrt{400\text{ m}^2/\text{s}^2}$$
$$= \boxed{20\text{ m/s}}$$

3.19 The maximum velocity occurs at the lowest point with a gain of kinetic energy equivalent to the loss of potential energy in falling 3.0 in (which is 0.25 ft), so

$$KE_{\text{gained}} = PE_{\text{lost}}$$

$$\frac{1}{2}mv^2 = mgh$$

$$\begin{aligned} v &= \sqrt{2gh} \\ &= \sqrt{(2)(32\ \text{ft/s}^2)(0.25\ \text{ft})} \\ &= \sqrt{(2)(32)(0.25)(\text{ft/s}^2 \times \text{ft})} \\ &= \sqrt{16\ \text{ft}^2/\text{s}^2} \\ &= \boxed{4.0\ \text{ft/s}} \end{aligned}$$

3.20 **a.** $W = Fd$ and the force F that is needed to lift the load upward is mg, so $W = mgh$. Power is W/t, so

$$\begin{aligned} P &= \frac{mgh}{t} \\ &= \frac{(250.0\ \text{kg})(9.8\ \text{m/s}^2)(80.0\ \text{m})}{39.2\ \text{s}} \\ &= \frac{(250.0)(9.8)(80.0)}{39.2}\ \frac{\text{kg}}{1} \times \frac{\text{m}}{\text{s}^2} \times \frac{\text{m}}{1} \times \frac{1}{\text{s}} \\ &= \frac{196{,}000}{39.2}\ \frac{\text{kg}\cdot\text{m}^2}{\text{s}^2} \times \frac{1}{\text{s}} \\ &= 5{,}000\ \frac{\text{J}}{\text{s}} \\ &= \boxed{5.0\ \text{kW}} \end{aligned}$$

b. There is 746 watts per horsepower, so

$$\begin{aligned} \frac{5{,}000\ \text{W}}{746\ \frac{\text{W}}{\text{hp}}} &= \frac{5{,}000}{746}\ \frac{\text{W}}{1} \times \frac{\text{hp}}{\text{W}} \\ &= 6.70\ \frac{\cancel{\text{W}}\cdot\text{hp}}{\cancel{\text{W}}} \\ &= \boxed{6.7\ \text{hp}} \end{aligned}$$

CHAPTER 4

4.1 List the known and unknown quantities:

$$T_F = 98.6^\circ$$
$$T_C = ?$$

These are the quantities found in the equation for conversion of Fahrenheit to Celsius, $T_C = \frac{5}{9}(T_F - 32^\circ)$ where T_F is the temperature in Fahrenheit and T_C is the temperature in Celsius. This equation describes a relationship between the two temperature scales and is used to convert a Fahrenheit temperature to Celsius. The equation is already solved for the Celsius temperature, T_C. Thus,

$$\begin{aligned} T_C &= \frac{5}{9}(T_F - 32^\circ) \\ &= \frac{5}{9}(98.6^\circ - 32^\circ) \\ &= \frac{333^\circ}{9} \\ &= \boxed{37^\circ\text{C}} \end{aligned}$$

4.2

$$\begin{aligned} Q &= mc\,\Delta T \\ &= (221\ \text{g})\left(0.093\frac{\text{cal}}{\text{gC}^\circ}\right)(38.0^\circ\text{C} - 20.0^\circ\text{C}) \\ &= (221)(0.093)(18.0)\text{g} \times \frac{\text{cal}}{\text{gC}^\circ} \times \text{C}^\circ \\ &= 370\ \frac{\cancel{\text{g}}\cdot\text{cal}\cdot\cancel{\text{C}^\circ}}{\cancel{\text{gC}^\circ}} \\ &= \boxed{370\ \text{cal}} \end{aligned}$$

4.3 First, you need to know the energy of the moving bike and rider. Since the speed is given as 36.0 km/h, convert to m/s by multiplying by 0.2778 m/s per km/h:

$$\begin{aligned} &\left(36.0\frac{\text{km}}{\text{h}}\right)\left(0.2778\frac{\text{m/s}}{\text{km/h}}\right) \\ &= (36.0)(0.2778)\frac{\cancel{\text{km}}}{\cancel{\text{h}}} \times \frac{\cancel{\text{h}}}{\cancel{\text{km}}} \times \frac{\text{m}}{\text{s}} \\ &= 10.0\ \text{m/s} \end{aligned}$$

Then

$$\begin{aligned} KE &= \frac{1}{2}mv^2 \\ &= \frac{1}{2}(100.0\ \text{kg})(10.0\ \text{m/s})^2 \\ &= \frac{1}{2}(100.0\ \text{kg})(100\ \text{m}^2/\text{s}^2) \\ &= \frac{1}{2}(100.0)(100)\ \frac{\text{kg}\cdot\text{m}^2}{\text{s}^2} \\ &= 5{,}000\ \text{J} \end{aligned}$$

Second, this energy is converted to the calorie heat unit through the mechanical equivalent of heat relationship, that 1.0 kcal = 4,184 J, or that 1.0 cal = 4.184 J. Thus,

$$\frac{5{,}000\ \text{J}}{4{,}184\ \text{J/kcal}}$$

$$1.195\ \frac{\cancel{\text{J}}}{1} \times \frac{\text{kcal}}{\cancel{\text{J}}}$$

$$\boxed{1.20\ \text{kcal}}$$

4.4 First, you need to find the energy of the falling bag. Since the potential energy lost equals the kinetic energy gained, the energy of the bag just as it hits the ground can be found from

$$\begin{aligned} PE &= mgh \\ &= (15.53\ \text{kg})(9.8\ \text{m/s}^2)(5.50\ \text{m}) \\ &= (15.53)(9.8)(5.50)\frac{\text{kg}\cdot\text{m}}{\text{s}^2} \times \text{m} \\ &= 837\ \text{J} \end{aligned}$$

In calories, this energy is equivalent to

$$\frac{837\ \text{J}}{4{,}184\ \text{J/kcal}} = 0.20\ \text{kcal}$$

Second, the temperature change can be calculated from the equation giving the relationship among a quantity of heat (Q), mass (m), specific heat of the substance (c), and the change of temperature:

$$Q = mc\,\Delta T \quad \therefore \quad \Delta T = \frac{Q}{mc}$$

$$= \frac{0.20 \text{ kcal}}{(15.53 \text{ kg})\left(0.200 \frac{\text{kcal}}{\text{kgC}^\circ}\right)}$$

$$= \frac{0.20}{(15.53)(0.200)} \frac{\text{kcal}}{1} \times \frac{1}{\text{kg}} \times \frac{\text{kgC}^\circ}{\text{kcal}}$$

$$= 0.0644 \frac{\cancel{\text{kcal}} \cdot \cancel{\text{kg}}\text{C}^\circ}{\cancel{\text{kcal}} \cdot \cancel{\text{kg}}}$$

$$= \boxed{6.4 \times 10^{-2} \text{ C}^\circ}$$

4.5 The Calorie used by dietitians is a kilocalorie; thus, 250.0 Cal is 250.0 kcal. The mechanical energy equivalent is 1 kcal = 4,184 J, so (250.0 kcal)(4,184 J/kcal) = 1,046,250 J.

Since $W = Fd$ and the force needed is equal to the weight (mg) of the person, $W = mgh = 75.0 \text{ kg} \times 9.8 \text{ m/s}^2 \times 10.0 \text{ m} = 7{,}350 \text{ J}$ for each stairway climb.

A total of 1,046,250 J of energy from the French fries would require (1,046,250 J) ÷ (7,350 J per climb), or $\boxed{\text{142 trips}}$ up the stairs.

4.6 For unit consistency,

$$T_C = \frac{5}{9}(T_F - 32^\circ) = \frac{5}{9}(68^\circ - 32^\circ) = \frac{5}{9}(36^\circ) = 20\text{C}^\circ$$

$$= \frac{5}{9}(32^\circ - 32^\circ) = \frac{5}{9}(0^\circ) = 0\text{C}^\circ$$

Glass bowl:

$$Q = mc\,\Delta T$$

$$= (0.5 \text{ kg})\left(0.2 \frac{\text{kcal}}{\text{kgC}^\circ}\right)(20\text{C}^\circ)$$

$$= (0.5)(0.2)(20) \frac{\cancel{\text{kg}}}{1} \times \frac{\text{kcal}}{\cancel{\text{kgC}^\circ}} \times \frac{\cancel{\text{C}^\circ}}{1}$$

$$= \boxed{2 \text{ kcal}}$$

Iron pan:

$$Q = mc\,\Delta T$$

$$= (0.5 \text{ kg})\left(0.11 \frac{\text{kcal}}{\text{kgC}^\circ}\right)(20\text{C}^\circ)$$

$$= (0.5)(0.11)(20) \text{ kg} \times \frac{\text{kcal}}{\text{kgC}^\circ} \times \text{C}^\circ$$

$$= \boxed{1 \text{ kcal}}$$

4.7 Note that a specific heat expressed in cal/gC° has the same numerical value as a specific heat expressed in kcal/kgC° because you can cancel the k units. You could convert 896 cal to 0.896 kcal, but one of the two conversion methods is needed for consistency with other units in the problem.

$$Q = mc\,\Delta T \quad \therefore \quad m = \frac{Q}{c\,\Delta T}$$

$$= \frac{896 \text{ cal}}{\left(0.056 \frac{\text{cal}}{\text{gC}^\circ}\right)(80.0\text{C}^\circ)}$$

$$= \frac{896}{(0.056)(80.0)} \frac{\cancel{\text{cal}}}{1} \times \frac{\text{g}\cancel{\text{C}^\circ}}{\cancel{\text{cal}}} \times \frac{1}{\cancel{\text{C}^\circ}}$$

$$= 200 \text{ g}$$

$$= \boxed{0.20 \text{ kg}}$$

4.8 Since a watt is defined as a joule/s, finding the total energy in joules will tell the time:

$$Q = mc\,\Delta T$$

$$= (250.0 \text{ g})\left(1.00 \frac{\text{cal}}{\text{gC}^\circ}\right)(60.0\text{C}^\circ)$$

$$= (250.0)(1.00)(60.0)\cancel{\text{g}} \times \frac{\text{cal}}{\cancel{\text{gC}^\circ}} \times \cancel{\text{C}^\circ}$$

$$= 1.50 \times 10^4 \text{ cal}$$

This energy in joules is

$$(1.50 \times 10^4 \text{ cal})\left(4.184 \frac{\text{J}}{\text{cal}}\right) = 62{,}800 \text{ J}$$

A 300 watt heater uses energy at a rate of 300 $\frac{\text{J}}{\text{s}}$, so $\frac{62{,}800 \text{ J}}{300 \text{ J/s}} = 209$ s is required, which is $\frac{209 \text{ s}}{60 \frac{\text{s}}{\text{min}}} = 3.48$ min, or

$$\boxed{\text{about } 3\tfrac{1}{2} \text{ min}}$$

4.9

$$Q = mc\,\Delta T \quad \therefore \quad c = \frac{Q}{m\,\Delta T}$$

$$= \frac{60.0 \text{ cal}}{(100.0 \text{ g})(20.0\text{C}^\circ)}$$

$$= \frac{60.0}{(100.0)(20.0)} \frac{\text{cal}}{\text{gC}^\circ}$$

$$= \boxed{0.0300 \frac{\text{cal}}{\text{gC}^\circ}}$$

4.10 Since the problem specified a solid changing to a liquid without a temperature change, you should recognize that this is a question about a phase change only. The phase change from solid to liquid (or liquid to solid) is concerned with the latent heat of fusion. For water, the latent heat of fusion is given as 80.0 cal/g, and

$m = 250.0$ g

$L_{f(\text{water})} = 80.0$ cal/g

$Q = ?$

$$Q = mL_f$$

$$= (250.0 \text{ g})\left(80.0 \frac{\text{cal}}{\text{g}}\right)$$

$$= 250.0 \times 80.0 \frac{\cancel{\text{g}} \cdot \text{cal}}{\cancel{\text{g}}}$$

$$= 20{,}000 \text{ cal} = \boxed{20.0 \text{ kcal}}$$

4.11 To change water at 80.0°C to steam at 100.0°C requires two separate quantities of heat that can be called Q_1 and Q_2. The quantity Q_1 is the amount of heat needed to warm the water from 80.0°C to the boiling point, which is 100.0°C at sea level pressure ($\Delta T = 20.0\text{C}^\circ$). The relationship between the variables involved is $Q_1 = mc\,\Delta T$. The quantity Q_2 is the amount of heat needed to take 100.0°C water through the phase change to steam (water vapor) at 100.0°C. The phase change from a liquid to a gas (or gas to liquid) is concerned with the latent heat of vaporization. For water, the latent heat of vaporization is given as 540.0 cal/g.

$m = 250.0$ g

$L_{v(\text{water})} = 540.0$ cal/g

$Q = ?$

$$Q_1 = mc\,\Delta T$$

$$= (250.0 \text{ g})\left(1.00 \frac{\text{cal}}{\text{gC}^\circ}\right)(20.0\text{C}^\circ)$$

$$= (250.0)(1.00)(20.0) \text{ g} \times \frac{\text{cal}}{\text{gC}^\circ} \times \text{C}^\circ$$

$$= 5{,}000 \frac{\cancel{\text{g}} \cdot \text{cal} \cdot \cancel{\text{C}^\circ}}{\cancel{\text{gC}^\circ}}$$

$$= 5{,}000 \text{ cal}$$

$$= 5.00 \text{ kcal}$$

$$Q_2 = mL_V$$
$$= (250.0\text{ g})\left(540.0\frac{\text{cal}}{\text{g}}\right)$$
$$= 250.0 \times 540.0\,\frac{\cancel{g}\cdot\text{cal}}{\cancel{g}}$$
$$= 135{,}000\text{ cal}$$
$$= 135.0\text{ kcal}$$
$$Q_{Total} = Q_1 + Q_2$$
$$= 5.00\text{ kcal} + 135.0\text{ kcal}$$
$$= \boxed{140.0\text{ kcal}}$$

4.12 To change 20.0°C water to steam at 125.0°C requires three separate quantities of heat. First, the quantity Q_1 is the amount of heat needed to warm the water from 20.0°C to 100.0°C ($\Delta T = 80.0\text{C}°$). The quantity Q_2 is the amount of heat needed to take 100.0°C water to steam at 100.0C°. Finally, the quantity Q_3 is the amount of heat needed to warm the steam from 100.0°C to 125.0°C. According to Table 4.4, the c for steam is 0.480 cal/gC°.

$m = 100.0$ g
$\Delta T_{water} = 80.0\text{C}°$
$\Delta T_{steam} = 25.0\text{C}°$
$L_{V(water)} = 540.0$ cal/g
$c_{steam} = 0.480$ cal/gC°

$$Q_1 = mc\,\Delta T$$
$$= (100.0\text{ g})\left(1.00\frac{\text{cal}}{\text{gC}°}\right)(80.0\text{C}°)$$
$$= (100.0)(1.00)(80.0)\text{g} \times \frac{\text{cal}}{\text{gC}°} \times \text{C}°$$
$$= 8{,}000\,\frac{\cancel{g}\cdot\text{cal}\cdot\cancel{C°}}{\cancel{gC°}}$$
$$= 8{,}000\text{ cal}$$
$$= 8.00\text{ kcal}$$
$$Q_2 = mL_V$$
$$= (100.0\text{ g})\left(540.0\,\frac{\text{cal}}{\text{g}}\right)$$
$$= 100.0 \times 540.0\,\frac{\cancel{g}\cdot\text{cal}}{\cancel{g}}$$
$$= 54{,}000\text{ cal}$$
$$= 54.00\text{ kcal}$$
$$Q_3 = mc\,\Delta T$$
$$= (100.0\text{ g})\left(0.480\frac{\text{cal}}{\text{gC}°}\right)(25.0\text{C}°)$$
$$= (100.0)(0.480)(25.0)\text{ g} \times \frac{\text{cal}}{\text{gC}°} \times \text{C}°$$
$$= 1{,}200\,\frac{\cancel{g}\cdot\text{cal}\cdot\cancel{C°}}{\cancel{g}\cdot\cancel{C°}}$$
$$= 1{,}200\text{ cal}$$
$$= 1.20\text{ kcal}$$
$$Q_{total} = Q_1 + Q_2 + Q_3$$
$$= 8.00\text{ kcal} + 54.00\text{ kcal} + 1.20\text{ kcal}$$
$$= \boxed{63.20\text{ kcal}}$$

4.13 **a. Step 1:** Cool the water from 18.0°C to 0°C.

$$Q_1 = mc\,\Delta T$$
$$= (400.0\text{ g})\left(1.00\frac{\text{cal}}{\text{gC}°}\right)(18.0\text{C}°)$$
$$= (400.0)(1.00)(18.0)\text{g} \times \frac{\text{cal}}{\text{gC}°} \times \text{C}°$$
$$= 7{,}200\,\frac{\cancel{g}\cdot\text{cal}\cdot\cancel{C°}}{\cancel{gC°}}$$
$$= 7{,}200\text{ cal}$$
$$= 7.20\text{ kcal}$$

b. Step 2: Find the energy needed for the phase change of water at 0°C to ice at 0°C.

$$Q_2 = mL_f$$
$$= (400.0\text{ g})\left(80.0\,\frac{\text{cal}}{\text{g}}\right)$$
$$= 400.0 \times 80.0 \times \frac{\cancel{g}\cdot\text{cal}}{\cancel{g}}$$
$$= 32{,}000\text{ cal}$$
$$= 32.0\text{ kcal}$$

c. Step 3: Cool the ice from 0°C to ice at −5.00°C.

$$Q_3 = mc\,\Delta T$$
$$= (400.0\text{ g})\left(0.500\,\frac{\text{cal}}{\text{gC}°}\right)(5.00\text{C}°)$$
$$= 400.0 \times 0.500 \times 5.00\text{ g} \times \frac{\text{cal}}{\text{gC}°} \times \text{C}°$$
$$= 1{,}000\,\frac{\cancel{g}\cdot\text{cal}\cdot\cancel{C°}}{\cancel{g}\cdot\cancel{C°}}$$
$$= 1{,}000\text{ cal}$$
$$= 1.00\text{ kcal}$$
$$Q_{total} = Q_1 + Q_2 + Q_3$$
$$= 7.20\text{ kcal} + 32.0\text{ kcal} + 1.00\text{ kcal}$$
$$= \boxed{40.2\text{ kcal}}$$

d. $Q = mL_V \quad \therefore \quad m = \dfrac{Q}{L_V}$

$$= \frac{40{,}200\text{ cal}}{40.0\,\frac{\text{cal}}{\text{g}}}$$
$$= \frac{40{,}200}{40.0}\,\frac{\text{cal}}{1} \times \frac{\text{g}}{\text{cal}}$$
$$= 1{,}005\,\frac{\cancel{cal}\cdot\text{g}}{\cancel{cal}}$$
$$= \boxed{1.01 \times 10^3\text{ g}}$$

4.14
$$W = J(Q_H - Q_L)$$
$$= 4{,}184\,\frac{\text{J}}{\text{kcal}}(0.3000\text{ kcal} - 0.2000\text{ kcal})$$
$$= 4{,}184\,\frac{\text{J}}{\text{kcal}}(0.1000\text{ kcal})$$
$$= 4{,}184 \times 0.1000\,\frac{\text{J}\cdot\cancel{kcal}}{\cancel{kcal}}$$
$$= \boxed{418.4\text{ J}}$$

4.15
$$W = J(Q_H - Q_L)$$
$$= 4{,}184\,\frac{\text{J}}{\text{kcal}}(55.0\text{ kcal} - 40.0\text{ kcal})$$
$$= 4{,}184\,\frac{\text{J}}{\text{kcal}}(15.0\text{ kcal})$$
$$= 4{,}184 \times 15.0\,\frac{\text{J}\cdot\cancel{kcal}}{\cancel{kcal}}$$
$$= 62{,}760\text{ J}$$
$$= \boxed{62.8\text{ kJ}}$$

CHAPTER 5

5.1 a.

$f = 3$ Hz
$\lambda = 2$ cm
$T = ?$

$$T = \frac{1}{f} = \frac{1}{3\,\frac{1}{s}} = \frac{1}{3}\frac{s}{1} = \boxed{0.3\ s}$$

b.

$f = 3$ Hz
$\lambda = 2$ cm
$T = ?$

$$v = \lambda f = (2\ cm)\left(3\frac{1}{s}\right) = 2 \times 3\ cm \times \frac{1}{s} = \boxed{6\ \frac{cm}{s}}$$

5.2 Step 1:

$t = 20.0°C$
$f = 20{,}000$ Hz
$v = ?$
$\lambda = ?$

$$v_{TP(m/s)} = v_0 + \left(\frac{0.600\ m/s}{°C}\right)(T_P) = 331\ \frac{m}{s} + \left(\frac{0.600\ m/s}{°\not{C}}\right)(20.0°\not{C}) = 331\ \frac{m}{s} + 12.0\ \frac{m}{s} = 343\ \frac{m}{s}$$

Step 2:

$$v = \lambda f \quad \therefore \quad \lambda = \frac{v}{f} = \frac{343\ \frac{m}{s}}{20{,}000\ \frac{1}{s}} = \frac{343}{20{,}000}\frac{m}{\not{s}} \times \frac{\not{s}}{1} = 0.01715\ m = \boxed{0.02\ m}$$

5.3

$f_1 = 440$ Hz
$f_2 = 446$ Hz
$f_b = ?$

$$f_b = f_2 - f_1 = (446\ Hz) - (440\ Hz) = \boxed{6\ Hz}$$

Note that the smaller frequency is subtracted from the larger one to avoid negative beats.

5.4 Step 1: Assume room temperature (20.0°C) to obtain the velocity:

$f = 2.00 \times 10^7$ Hz
$\lambda = ?$
$v = ?$

$$v_{TP(m/s)} = v_0 + \left(\frac{0.600\ \frac{m}{s}}{°C}\right)(T_P) = 331\ \frac{m}{s} + \left(\frac{0.600\ \frac{m}{s}}{°C}\right)(20.0°C) = 331\ \frac{m}{s} + 12.0\ \frac{m}{s} = 343\ \frac{m}{s}$$

Step 2:

$$v = \lambda f \quad \therefore \quad \lambda = \frac{v}{f} = \frac{343\ \frac{m}{s}}{2.00 \times 10^7\ \frac{1}{s}} = \frac{343}{2.00 \times 10^7}\frac{m}{\not{s}} \times \frac{\not{s}}{1} = 1.715 \times 10^{-5}\ m = \boxed{1.72 \times 10^{-5}\ m}$$

5.5 Step 1: Assume room temperature (20.0°C) to obtain the velocity (yes, you can have room temperature outside a room):

$d = 150$ m
$t = ?$
$v = ?$

$$v_{TP(m/s)} = v_0 + \left(\frac{0.600\ \frac{m}{s}}{°C}\right)(T_P) = 331\ \frac{m}{s} + \left(\frac{0.600\ \frac{m}{s}}{°\not{C}}\right)(20.0°\not{C}) = 331\ \frac{m}{s} + 12.0\ \frac{m}{s} = 343\ \frac{m}{s}$$

Step 2:

$$v = \frac{d}{t} \quad \therefore \quad t = \frac{d}{v} = \frac{150.0\ m}{343\ \frac{m}{s}} = \frac{150.0}{343}\frac{\not{m}}{1} \times \frac{s}{\not{m}} = 0.4373177\ s = \boxed{0.437\ s}$$

5.6 Step 1: Find the velocity of sound in ft/s at a temperature of 20.0°C:

$t = 0.500$ s
$T = 20.0°C$
$d = ?$
$v = ?$

$$v_{TP(ft/s)} = v_0 + \left(\frac{2.00\ \frac{ft}{s}}{°C}\right)(T_P) = 1{,}087\ \frac{ft}{s} + \left(\frac{2.00\ \frac{ft}{s}}{°\not{C}}\right)(20.0°\not{C}) = 1{,}087\ \frac{ft}{s} + 40.0\ \frac{ft}{s} = 1{,}127\ \frac{ft}{s}$$

Step 2:

$$v = \frac{d}{t} \quad \therefore \quad d = vt$$

$$= \left(1{,}127\,\frac{\text{ft}}{\text{s}}\right)(0.500\ \text{s})$$

$$= 1{,}127 \times 0.500\,\frac{\text{ft}}{\cancel{\text{s}}} \times \cancel{\text{s}}$$

$$= 563.5\ \text{ft}$$

$$= 564\ \text{ft}$$

Step 3: The distance to the building is one-half the distance the sound traveled, so

$$\frac{564}{2} = \boxed{282\ \text{ft}}$$

5.7 **Step 1:**

$t = 1.75$ s
$v = 1{,}530$ m/s
$d = ?$

$$v = \frac{d}{t} \quad \therefore \quad d = vt$$

$$= \left(1{,}530\,\frac{\text{m}}{\text{s}}\right)(1.75\ \text{s})$$

$$= 1{,}530 \times 1.75\,\frac{\text{m}}{\cancel{\text{s}}} \times \cancel{\text{s}}$$

$$= 2{,}677.5\ \text{m}$$

Step 2: The sonar signal traveled from the ship to the bottom, then back to the ship, so the distance to the bottom is one-half of the distance traveled:

$$\frac{2{,}667.5\ \text{m}}{2} = 1{,}338.75\ \text{m}$$

$$= 1{,}340\ \text{m}$$

5.8 $f = 660$ Hz
$\lambda = 9.0$ m
$v = ?$

$$v = \lambda f$$

$$= (9.0\ \text{m})\left(660\,\frac{1}{\text{s}}\right)$$

$$= 9.0 \times 660\ \text{m} \times \frac{1}{\text{s}}$$

$$= 5{,}940\,\frac{\text{m}}{\text{s}}$$

$$= \boxed{5{,}900\,\frac{\text{m}}{\text{s}}}$$

5.9 **Step 1:**

$t = 2.5$ s
$T = 20.0°\text{C}$
$d = ?$
$v = ?$

$$v_{TP(\text{m/s})} = v_0 + \left(\frac{0.600\,\frac{\text{m}}{\text{s}}}{°\text{C}}\right)(T_P)$$

$$= 331\,\frac{\text{m}}{\text{s}} + \left(\frac{0.600\,\frac{\text{m}}{\text{s}}}{\cancel{°\text{C}}}\right)(20.0\cancel{°\text{C}})$$

$$= 331\,\frac{\text{m}}{\text{s}} + 12.0\,\frac{\text{m}}{\text{s}}$$

$$= 343\,\frac{\text{m}}{\text{s}}$$

Step 2:

$$v = \frac{d}{t} \quad \therefore \quad d = vt$$

$$= \left(343\frac{\text{m}}{\text{s}}\right)(2.5\ \text{s})$$

$$= 343 \times 2.5\,\frac{\text{m}}{\cancel{\text{s}}} \times \cancel{\text{s}}$$

$$= 857.5\ \text{m}$$

$$= \boxed{860\ \text{m}}$$

5.10 According to Table 5.1, sound moves through air at 0°C with a velocity of 331 m/s and through steel with a velocity of 5,940 m/s. Therefore,

a. $v = 331$ m/s
$t = 8.00$ s
$d = ?$

$$v = \frac{d}{t} \quad \therefore \quad d = vt$$

$$= \left(331\,\frac{\text{m}}{\text{s}}\right)(8.00\ \text{s})$$

$$= 331 \times 8.00\,\frac{\text{m}}{\cancel{\text{s}}} \times \cancel{\text{s}}$$

$$= 2{,}648\ \text{m}$$

$$= \boxed{2.65\ \text{km}}$$

b. $v = 5{,}940$ m/s
$t = 8.00$ s
$d = ?$

$$v = \frac{d}{t} \quad \therefore \quad d = vt$$

$$= \left(5{,}940\,\frac{\text{m}}{\text{s}}\right)(8.00\ \text{s})$$

$$= 5{,}940 \times 8.00\,\frac{\text{m}}{\cancel{\text{s}}} \times \cancel{\text{s}}$$

$$= 47{,}520\ \text{m}$$

$$= \boxed{47.5\ \text{m}}$$

5.11

$$v = f\lambda$$

$$= \left(10\,\frac{1}{\text{s}}\right)(0.50\ \text{m})$$

$$= \boxed{5\,\frac{\text{m}}{\text{s}}}$$

5.12 The distance between two *consecutive* condensations (or rarefactions) is one wavelength, so $\lambda = 3.00$ m and

$$v = f\lambda$$

$$= \left(112.0\,\frac{1}{\text{s}}\right)(3.00\ \text{m})$$

$$= \boxed{336\,\frac{\text{m}}{\text{s}}}$$

5.13 **a.** One complete wave every 4.0 s means that $T = 4.0$ s.

b.

$$f = \frac{1}{T}$$

$$= \frac{1}{4.0\ \text{s}}$$

$$= \frac{1}{4.0}\,\frac{1}{\text{s}}$$

$$= 0.25\,\frac{1}{\text{s}}$$

$$= \boxed{0.25\ \text{Hz}}$$

5.14 The distance from one condensation to the next is one wavelength, so

$$v = f\lambda \quad \therefore \quad \lambda = \frac{v}{f}$$

$$= \frac{330 \frac{\text{m}}{\text{s}}}{260 \frac{1}{\text{s}}}$$

$$= \frac{330}{260} \frac{\text{m}}{\cancel{\text{s}}} \times \frac{\cancel{\text{s}}}{1}$$

$$= \boxed{1.3 \text{ m}}$$

5.15 **a.** $v = f\lambda = \left(256 \frac{1}{\text{s}}\right)(1.34 \text{ m}) = \boxed{343 \text{ m/s}}$

b. $= \left(440.0 \frac{1}{\text{s}}\right)(0.780 \text{ m}) = \boxed{343 \text{ m/s}}$

c. $= \left(750.0 \frac{1}{\text{s}}\right)(0.457 \text{ m}) = \boxed{343 \text{ m/s}}$

d. $= \left(2{,}500.0 \frac{1}{\text{s}}\right)(0.137 \text{ m}) = \boxed{343 \text{ m/s}}$

5.16 The speed of sound at 0.0°C is 1,087 ft/s, and

a. $v_{T_F} = v_0 + \left[\frac{2.00 \text{ ft/s}}{°\text{C}}\right][T_P]$

$$= 1{,}087 \text{ ft/s} + \left[\frac{2.00 \text{ ft/s}}{°\text{C}}\right][0.0°\text{C}]$$

$$= 1{,}087 + (2.00)(0.0) \text{ ft/s} + \frac{\text{ft/s}}{°\cancel{\text{C}}} \times °\cancel{\text{C}}$$

$$= 1{,}087 \text{ ft/s} + 0.0 \text{ ft/s}$$

$$= \boxed{1{,}087 \text{ ft/s}}$$

b. $v_{20°} = 1{,}087 \text{ ft/s} + \left[\frac{2.00 \text{ ft/s}}{°\cancel{\text{C}}}\right][20.0°\cancel{\text{C}}]$

$$= 1{,}087 \text{ ft/s} + 40.0 \text{ ft/s}$$

$$= \boxed{1{,}127 \text{ ft/s}}$$

c. $v_{40°} = 1{,}087 \text{ ft/s} + \left[\frac{2.00 \text{ ft/s}}{°\cancel{\text{C}}}\right][40.0°\cancel{\text{C}}]$

$$= 1{,}087 \text{ ft/s} + 80.0 \text{ ft/s}$$

$$= \boxed{1{,}167 \text{ ft/s}}$$

d. $v_{80°} = 1{,}087 \text{ ft/s} + \left[\frac{2.00 \text{ ft/s}}{°\cancel{\text{C}}}\right][80.0°\cancel{\text{C}}]$

$$= 1{,}087 \text{ ft/s} + 160 \text{ ft/s}$$

$$= \boxed{1{,}247 \text{ ft/s}}$$

5.17 For consistency with the units of the equation given, 43.7°F is first converted to 6.50°C. The velocity of sound in this air is

$$v_{T_F} = v_0 + \left[\frac{2.00 \text{ ft/s}}{°\text{C}}\right][T_P]$$

$$= 1{,}087 \text{ ft/s} + \left[\frac{2.00 \text{ ft/s}}{°\cancel{\text{C}}}\right][6.50°\cancel{\text{C}}]$$

$$= 1{,}087 \text{ ft/s} + 13.0 \text{ ft/s}$$

$$= 1{,}100 \text{ ft/s}$$

The distance that a sound with this velocity travels in the given time is

$$v = \frac{d}{t} \quad \therefore \quad d = vt$$

$$= (1{,}100 \text{ ft/s})(4.80 \text{ s})$$

$$= (1{,}100)(4.80) \frac{\text{ft} \cdot \cancel{\text{s}}}{\cancel{\text{s}}}$$

$$= 5{,}280 \text{ ft}$$

$$= \frac{5{,}280 \text{ ft}}{2}$$

$$= \boxed{2{,}640 \text{ ft}}$$

Since the sound traveled from the rifle to the cliff and then back, the cliff must be about one-half mile away.

5.18 This problem requires three steps: (1) conversion of the °F temperature value to °C, (2) calculation of the velocity of sound in air at this temperature, and (3) calculation of the distance from the calculated velocity and the given time:

$$v_{T_F} = v_0 + \left[\frac{2.00 \text{ ft/s}}{°\text{C}}\right][T_P]$$

$$= 1{,}087 \text{ ft/s} + \left[\frac{2.00 \text{ ft/s}}{°\cancel{\text{C}}}\right][26.67°\cancel{\text{C}}]$$

$$= 1{,}087 \text{ ft/s} + 53.0 \text{ ft/s} = 1{,}140 \text{ ft/s}$$

$$v = \frac{d}{t} \quad \therefore \quad d = vt$$

$$= (1{,}140 \text{ ft/s})(4.63 \text{ s})$$

$$= \boxed{5{,}280 \text{ ft (1 mile)}}$$

5.19 **a.** $v = f\lambda \quad \therefore \quad \lambda = \frac{v}{f}$

$$= \frac{1{,}125 \frac{\text{ft}}{\text{s}}}{440 \frac{1}{\text{s}}}$$

$$= \frac{1{,}125}{440} \frac{\text{ft}}{\text{s}} \times \frac{\text{s}}{1}$$

$$= 2.56 \frac{\text{ft} \cdot \cancel{\text{s}}}{\cancel{\text{s}}}$$

$$= \boxed{2.6 \text{ ft}}$$

b. $v = f\lambda \quad \therefore \quad \lambda = \frac{v}{f}$

$$= \frac{5{,}020}{440} \frac{\text{ft}}{\cancel{\text{s}}} \times \frac{\cancel{\text{s}}}{1}$$

$$= 11.4 \text{ ft} = \boxed{11 \text{ ft}}$$

CHAPTER 6

6.1 First, recall that a negative charge means an excess of electrons. Second, the relationship between the total charge (q), the number of electrons (n), and the charge of a single electron (e) is $q = ne$. The fundamental charge of a single ($n = 1$) electron (e) is 1.60×10^{-19} C. Thus,

$$q = ne \quad \therefore \quad n = \frac{q}{e}$$
$$= \frac{1.00 \times 10^{-14}\ \text{C}}{1.60 \times 10^{-19}\ \dfrac{\text{C}}{\text{electron}}}$$
$$= \frac{1.00 \times 10^{-14}}{1.60 \times 10^{-19}}\ \frac{\text{C}}{1} \times \frac{\text{electron}}{\text{C}}$$
$$= 6.25 \times 10^{4}\ \frac{\cancel{\text{C}} \cdot \text{electron}}{\cancel{\text{C}}}$$
$$= \boxed{6.25 \times 10^{4}\ \text{electrons}}$$

6.2 **a.** Both balloons have negative charges, so the force is repulsive, pushing the balloons away from each other.
b. The magnitude of the force can be found from Coulomb's law:

$$F = \frac{kq_1q_2}{d^2}$$
$$= \frac{(9.00 \times 10^9\ \text{N} \cdot \text{m}^2/\text{C}^2)(3.00 \times 10^{-14}\ \text{C})(2.00 \times 10^{-12}\ \text{C})}{(2.00 \times 10^{-2}\ \text{m})^2}$$
$$= \frac{(9.00 \times 10^9)(3.00 \times 10^{-14})(2.00 \times 10^{-12})}{4.00 \times 10^{-4}}\ \frac{\dfrac{\text{N} \cdot \text{m}^2}{\text{C}^2} \times \text{C} \times \text{C}}{\text{m}^2}$$
$$= \frac{5.40 \times 10^{-16}}{4.00 \times 10^{-4}}\ \frac{\text{N} \cdot \cancel{\text{m}^2}}{\cancel{\text{C}^2}} \times \cancel{\text{C}^2} \times \frac{1}{\cancel{\text{m}^2}}$$
$$= \boxed{1.35 \times 10^{-12}\ \text{N}}$$

6.3

$$\text{potential difference} = \frac{\text{work}}{\text{charge}}$$

or

$$V = \frac{W}{q}$$
$$= \frac{7.50\ \text{J}}{5.00\ \text{C}}$$
$$= 1.50\ \frac{\text{J}}{\text{C}}$$
$$= \boxed{1.50\ \text{V}}$$

6.4

$$\text{electric current} = \frac{\text{charge}}{\text{time}}$$

or

$$I = \frac{q}{t}$$
$$= \frac{6.00\ \text{C}}{2.00\ \text{s}}$$
$$= 3.00\ \frac{\text{C}}{\text{s}}$$
$$= \boxed{3.00\ \text{A}}$$

6.5 A current of 1.00 amp is defined as 1.00 coulomb/s. Since the fundamental charge of the electron is 1.60×10^{-19} C/electron,

$$\frac{1.00\ \dfrac{\text{C}}{\text{s}}}{1.60 \times 10^{-19}\ \dfrac{\text{C}}{\text{electron}}}$$
$$= 6.25 \times 10^{18}\ \frac{\cancel{\text{C}}}{\text{s}} \times \frac{\text{electron}}{\cancel{\text{C}}}$$
$$= \boxed{6.25 \times 10^{18}\ \frac{\text{electrons}}{\text{s}}}$$

6.6

$$R = \frac{V}{I}$$
$$= \frac{120.0\ \text{V}}{4.00\ \text{A}}$$
$$= 30.0\ \frac{\text{V}}{\text{A}}$$
$$= \boxed{30.0\ \Omega}$$

6.7

$$R = \frac{V}{I} \quad \therefore \quad I = \frac{V}{R}$$
$$= \frac{120.0\ \text{V}}{60.0\ \dfrac{\text{V}}{\text{A}}}$$
$$= \frac{120.0}{60.0}\ \cancel{\text{V}} \times \frac{\text{A}}{\cancel{\text{V}}}$$
$$= \boxed{2.00\ \text{A}}$$

6.8 **a.** $R = \dfrac{V}{I} \quad \therefore \quad V = IR$

$$= (1.20\ \cancel{\text{A}})\left(10.0\ \frac{\text{V}}{\cancel{\text{A}}}\right)$$
$$= 12.0\ \text{V}$$

b. Power = (current)(potential difference)

or

$$P = IV$$
$$= \left(1.20\ \frac{\text{C}}{\text{s}}\right)\left(12.0\ \frac{\text{J}}{\text{C}}\right)$$
$$= (1.20)(12.0)\frac{\cancel{\text{C}}}{\text{s}} \times \frac{\text{J}}{\cancel{\text{C}}}$$
$$= 14.4\ \frac{\text{J}}{\text{s}}$$
$$= \boxed{14.4\ \text{W}}$$

6.9 Note that there are two separate electrical units that are rates: (1) the amp (coulomb/s) and (2) the watt (joule/s). The question asked for a rate of using energy. Energy is measured in joules, so you are looking for the power of the radio in watts. To find watts ($P = IV$), you will need to calculate the current (I) since it is not given. The current can be obtained from the relationship of Ohm's law:

$$I = \frac{V}{R}$$
$$= \frac{3.00\ \text{V}}{15.0\ \dfrac{\text{V}}{\text{A}}}$$
$$= 0.200\ \text{A}$$

$$P = IV$$
$$= (0.200\ \text{C/s})(3.00\ \text{J/C})$$
$$= \boxed{0.600\ \text{W}}$$

6.10 $$\text{cost} = \frac{(\text{watts})(\text{time})(\text{rate})}{1{,}000\ \frac{\text{W}}{\text{kW}}}$$

$$= \frac{(1{,}200\ \text{W})(0.25\ \text{h})\left(\frac{0.10}{\text{kWh}}\right)}{1{,}000\ \frac{\text{W}}{\text{kW}}}$$

$$= \frac{(1{,}200)(0.25)(0.10)}{1{,}000}\ \frac{\cancel{\text{W}}}{1} \times \frac{\cancel{\text{h}}}{1} \times \frac{\$}{\cancel{\text{kWh}}} \times \frac{\cancel{\text{kW}}}{\cancel{\text{W}}}$$

$$= \boxed{\$0.03\ (3\ \text{cents})}$$

6.11 The relationship between power (P), current (I), and voltage (V) will provide a solution. Since the relationship considers power in watts, the first step is to convert horsepower to watts. One horsepower is equivalent to 746 watts, so

$$(746\ \text{W/hp})(2.00\ \text{hp}) = 1{,}492\ \text{W}$$

$$P = IV \quad \therefore \quad I = \frac{P}{V}$$

$$= \frac{1{,}492\ \frac{\text{J}}{\text{s}}}{12.0\ \frac{\text{J}}{\text{C}}}$$

$$= \frac{1{,}492}{12.0}\ \frac{\cancel{\text{J}}}{\text{s}} \times \frac{\text{C}}{\cancel{\text{J}}}$$

$$= 124.3\ \frac{\text{C}}{\text{s}}$$

$$= 124\ \text{A}$$

6.12 **a.** The rate of using energy is joule/s, or the watt. Since 1.00 hp = 746 W,

inside motor: (746 W/hp)(1/3 hp) = 249 W

outside motor: (746 W/hp)(1/3 hp) = 249 W

compressor motor: (746 W/hp)(3.70 hp) = 2,760 W

249 W + 249 W + 2,760 W = $\boxed{3{,}258\ \text{W}}$

b. $$\frac{(3{,}258\ \text{W})(1.00\ \text{h})\left(\frac{0.10}{\text{kWh}}\right)}{1{,}000\ \frac{\text{W}}{\text{kW}}} = \$0.33\ \text{per hour}$$

c. (\$0.33/h)(12 h/day)(30 day/mo) = $\boxed{\$118.80}$

6.13 The solution is to find how much current each device draws and then to see if the total current is less or greater than the breaker rating.

$$\text{Toaster: } I = \frac{V}{R} = \frac{120\ \text{V}}{15\ \text{V/A}} = 8.0\ \text{A}$$

$$\text{Motor: } (0.20\ \text{hp})(746\ \text{W/hp}) = 150\ \text{W}$$

$$I = \frac{P}{V} = \frac{150\ \text{J/s}}{120\ \text{J/C}} = 1.3\ \text{A}$$

$$\text{Three 100 W bulbs: } 3 \times 100\ \text{W} = 300\ \text{W}$$

$$I = \frac{P}{V} = \frac{300\ \text{J/s}}{120\ \text{J/C}} = 2.5\ \text{A}$$

$$\text{Iron } I = \frac{P}{V} = \frac{600\ \text{J/s}}{120\ \text{J/C}} = 5.0\ \text{A}$$

The sum of the currents is 8.0 A + 1.3 A + 2.5 A + 5.0 A = 16.8 A, so the total current is greater than 15.0 A and the circuit breaker will trip.

6.14 **a.** $V_P = 1{,}200$ V
$N_P = 1$ loop
$N_s = 200$ loops
$V_s = ?$

$$\frac{V_P}{N_P} = \frac{V_s}{N_s} \quad \therefore \quad V_s = \frac{V_P N_s}{N_P}$$

$$V_s = \frac{(1{,}200\ \text{V})(200\ \text{loop})}{1\ \text{loop}}$$

$$= \boxed{240{,}000\ \text{V}}$$

b. $I_P = 40$ A $\quad V_P I_P = V_s I_s \quad \therefore \quad I_s = \frac{V_P I_P}{V_s}$
$I_s = ?$

$$I_s = \frac{1{,}200\ \text{V} \times 40\ \text{A}}{240{,}000\ \text{V}}$$

$$= \frac{1{,}200 \times 40}{240{,}000} = \frac{\cancel{\text{V}} \cdot \text{A}}{\cancel{\text{V}}}$$

$$= \boxed{0.2\ \text{A}}$$

6.15 **a.** $V_s = 12$ V
$I_s = 0.5$ A
$V_P = 120$ V

$$\frac{V_p}{N_p} = \frac{V_s}{N_s} \quad \therefore \quad \frac{N_p}{N_s} = \frac{V_p}{V_s}$$

$$\frac{N_p}{N_s} = \frac{120\ \cancel{\text{V}}}{12\ \cancel{\text{V}}} = \frac{10}{1}$$

$\boxed{10\ \text{primary to 1 secondary}}$

b. $I_P = ?$ $\quad V_P I_P = V_s I_s \quad \therefore \quad I_P = \frac{V_s I_s}{V_P}$

$$I_P = \frac{(12\ \text{V})(0.5\ \text{A})}{120\ \text{V}}$$

$$= \frac{12 \times 0.5}{120}\ \frac{\cancel{\text{V}} \cdot \text{A}}{\cancel{\text{V}}}$$

$$= \boxed{0.05\ \text{A}}$$

c. $P_s = ?$

$$P_s = I_s V_s$$
$$= (0.5\ \text{A})(12\ \text{V})$$
$$= 0.5 \times 12\ \frac{\cancel{\text{C}}}{\text{s}} \times \frac{\text{J}}{\cancel{\text{C}}}$$
$$= 6\ \frac{\text{J}}{\text{s}}$$
$$= \boxed{6\ \text{W}}$$

6.16 **a.** $V_P = 120$ V
$N_P = 50$ loops
$N_s = 150$ loops
$I_P = 5.0$ A
$V_s = ?$

$$\frac{V_P}{N_P} = \frac{V_s}{N_s} \quad \therefore \quad V_s = \frac{V_P N_s}{N_P}$$

$$V_s = \frac{120\ \text{V} \times 150\ \text{loops}}{50\ \text{loops}}$$

$$= \frac{120 \times 150}{50}\ \frac{\text{V} \cdot \cancel{\text{loops}}}{\cancel{\text{loops}}}$$

$$= \boxed{360\ \text{V}}$$

b. $I_s = ?$ $\quad V_P I_P = V_s I_s \quad \therefore \quad I_s = \frac{V_P I_P}{V_s}$

$$I_s = \frac{(120\text{ V})(5.0\text{ A})}{360\text{ V}}$$

$$= \frac{120 \times 5.0}{360} \frac{\cancel{\text{V}}\cdot\text{A}}{\cancel{\text{V}}}$$

$$= \boxed{1.7\text{ A}}$$

c. $P_s = ?$ $\quad P_s = I_s V_s$

$$= \left(1.7\frac{\text{C}}{\text{s}}\right)\left(360\frac{\text{J}}{\text{C}}\right)$$

$$= 1.7 \times 360 \frac{\cancel{\text{C}}}{\text{s}} \times \frac{\text{J}}{\cancel{\text{C}}}$$

$$= 612\frac{\text{J}}{\text{s}}$$

$$= \boxed{610\text{ W}}$$

6.17 List the known and unknown quantities:

resistance (R)	8.0 Ω
voltage (V)	12 V
power (P)	? W
current (I)	? A

For one bulb: The resistance (R) is given as 8.0 ohms (which is 8.0 volt/amp, by definition). The voltage source (V) is 12 V, and the power of the glowing bulb is to be determined. Power can be calculated from $P = IV$. This equation requires the current (I), which is not provided but can be calculated from Ohm's law, $V = IR$.

$$V = IR \quad \therefore \quad I = \frac{V}{R}$$

$$= \frac{12\text{ V}}{8.0\frac{\text{V}}{\text{A}}}$$

$$= \frac{12}{8.0}\frac{\cancel{\text{V}}}{1} \times \frac{\text{A}}{\cancel{\text{V}}}$$

$$= 1.5\text{ A}$$

Now that we have the current, we can find the power:

$$P = IV$$

$$= \left(1.5\frac{\text{C}}{\text{s}}\right)\left(12\frac{\text{J}}{\text{C}}\right)$$

$$= 1.5 \times 12 \frac{\cancel{\text{C}}}{\text{s}} \times \frac{\text{J}}{\cancel{\text{C}}}$$

$$= 18\frac{\text{J}}{\text{s}}$$

$$= 18\text{ W}$$

For two 8.0 ohm bulbs in series: Since the bulbs are connected one after another, the current encounters resistance from each in turn, and the total resistance is equal to the sum of the individual resistances, or $R_{total} = R_1 + R_2$. Therefore,

$$R_{total} = 8.0 + 8.0 = 16.0$$

We can now find the current flowing through the entire circuit, which will be the same as the current flowing through each of the resistances.

$$I = \frac{V}{R_{total}}$$

$$= \frac{12\text{ V}}{16.0\ \Omega}$$

$$= \frac{12}{16.0}\frac{\text{V}}{\frac{\text{V}}{\text{A}}}$$

$$= 0.75\frac{\text{V}}{1} \times \frac{\text{A}}{\text{V}}$$

$$= 0.75\text{ A}$$

The current through each bulb is 0.75 amp. The voltage drop across each lamp can be calculated from Ohm's law, and $V = IR = (0.75\text{ A})(8.0\text{ V/A}) = 6.0\text{ V}$. As a check, you know this is correct because the voltage drop equals the voltage rise and 6.0 V + 6.0 V = 12.0 V. The power of each glowing bulb can now be calculated from $P = IV$ and $P = (0.75\text{ A})(6.0\text{ V}) = 4.5\text{ W}$. Two lamps connected in a series circuit, as compared to one lamp in a simple circuit, thus decreases the current by one-half and decreases the voltage by one-half, resulting in one-fourth the power for each lamp.

CHAPTER 7

7.1 The relationship between the speed of light in a transparent material (v), the speed of light in a vacuum ($c = 3.00 \times 10^8$ m/s), and the index of refraction (n) is $n = c/v$. According to Table 7.1, the index of refraction for water is $n = 1.33$ and for ice is $n = 1.31$.

a. $c = 3.00 \times 10^8$ m/s $\quad n = \frac{c}{v} \quad \therefore \quad v = \frac{c}{n}$

$n = 1.33$

$v = ?$

$$v = \frac{3.00 \times 10^8\text{ m/s}}{1.33}$$

$$= \boxed{2.26 \times 10^8\text{ m/s}}$$

b. $c = 3.00 \times 10^8$ m/s

$n = 1.31$

$v = ?$

$$v = \frac{3.00 \times 10^8\text{ m/s}}{1.31}$$

$$= \boxed{2.29 \times 10^8\text{ m/s}}$$

7.2 $d = 1.50 \times 10^8$ km $\quad v = \frac{d}{t} \quad \therefore \quad t = \frac{d}{v}$

$= 1.50 \times 10^{11}$ m

$c = 3.00 \times 10^8$ m/s

$t = ?$

$$t = \frac{1.50 \times 10^{11}\text{ m}}{3.00 \times 10^8\frac{\text{m}}{\text{s}}}$$

$$= \frac{1.50 \times 10^{11}}{3.00 \times 10^8}\text{ m} \times \frac{\text{s}}{\text{m}}$$

$$= 5.00 \times 10^2 \frac{\cancel{\text{m}}\cdot\text{s}}{\cancel{\text{m}}}$$

$$= \frac{5.00 \times 10^2\text{s}}{60.0\frac{\text{s}}{\text{min}}}$$

$$= \frac{5.00 \times 10^2}{60.0}\cancel{\text{s}} \times \frac{\text{min}}{\cancel{\text{s}}}$$

$$= \boxed{8.33\text{ min}}$$

7.3 $d = 6.00 \times 10^9$ km $= 6.00 \times 10^{12}$ m, $c = 3.00 \times 10^8$ m/s, $t = ?$

$$v = \frac{d}{t} \quad \therefore \quad t = \frac{d}{v}$$

$$t = \frac{6.00 \times 10^{12}\,\text{m}}{3.00 \times 10^8\,\frac{\text{m}}{\text{s}}} = \frac{6.00 \times 10^{12}}{3.00 \times 10^8}\cancel{\text{m}} \times \frac{\text{s}}{\cancel{\text{m}}} = 2.00 \times 10^4\,\text{s}$$

$$= \frac{2.00 \times 10^4\,\text{s}}{3{,}600\,\frac{\text{s}}{\text{h}}} = \frac{2.00 \times 10^4}{3{,}600 \times 10^3}\cancel{\text{s}} \times \frac{\text{h}}{\cancel{\text{s}}} = \boxed{5.56\,\text{h}}$$

7.4 From equation 7.1, note that both angles are measured from the normal and that the angle of incidence (θ_i) equals the angle of reflection (θ_r), or

$$\theta_i = \theta_r \quad \therefore \quad \boxed{\theta_i = 10°}$$

7.5 $v = 2.20 \times 10^8$ m/s, $c = 3.00 \times 10^8$ m/s, $n = ?$

$$n = \frac{c}{v} = \frac{3.00 \times 10^8\,\frac{\text{m}}{\text{s}}}{2.20 \times 10^8\,\frac{\text{m}}{\text{s}}} = 1.36$$

According to Table 7.1, the substance with an index of refraction of 1.36 is $\boxed{\text{ethyl alcohol.}}$

7.6 **a.** From equation 7.3:
$\lambda = 6.00 \times 10^{-7}$ m
$c = 3.00 \times 10^8$ m/s
$f = ?$

$$c = \lambda f \quad \therefore \quad f = \frac{c}{\lambda}$$

$$f = \frac{3.00 \times 10^8\,\frac{\text{m}}{\text{s}}}{6.00 \times 10^{-7}\,\text{m}} = \frac{3.00 \times 10^8}{6.00 \times 10^{-7}}\frac{\cancel{\text{m}}}{\text{s}} \times \frac{1}{\cancel{\text{m}}} = 5.00 \times 10^{14}\,\frac{1}{\text{s}} = \boxed{5.00 \times 10^{14}\,\text{Hz}}$$

b. From equation 7.4:
$f = 5.00 \times 10^{14}$ Hz
$h = 6.63 \times 10^{-34}$ J·s
$E = ?$
$E = hf$

$$= (6.63 \times 10^{-34}\,\text{J}\cdot\text{s})\left(5.00 \times 10^{14}\,\frac{1}{\text{s}}\right) = (6.63 \times 10^{-34})(5.00 \times 10^{14})\,\text{J}\cdot\cancel{\text{s}} \times \frac{1}{\cancel{\text{s}}} = \boxed{3.32 \times 10^{-19}\,\text{J}}$$

7.7 First, you can find the energy of one photon of the peak intensity wavelength (5.60×10^{-7} m) by using equation 7.3 to find the frequency, then equation 7.4 to find the energy:

Step 1: $c = \lambda f \quad \therefore \quad f = \frac{c}{\lambda}$

$$= \frac{3.00 \times 10^8\,\frac{\text{m}}{\text{s}}}{5.60 \times 10^{-7}\,\text{m}} = 5.36 \times 10^{14}\,\text{Hz}$$

Step 2: $E = hf$

$$= (6.63 \times 10^{-34}\,\text{J}\cdot\text{s})(5.36 \times 10^{14}\,\text{Hz}) = 3.55 \times 10^{-19}\,\text{J}$$

Step 3: Since one photon carries an energy of 3.55×10^{-19} J and the overall intensity is 1,000.0 W, each square meter must receive an average of

$$\frac{1{,}000.0\,\frac{\text{J}}{\text{s}}}{3.55 \times 10^{-19}\,\frac{\text{J}}{\text{photon}}}$$

$$\frac{1.000 \times 10^3}{3.55 \times 10^{-19}}\frac{\cancel{\text{J}}}{\text{s}} \times \frac{\text{photon}}{\cancel{\text{J}}}$$

$$\boxed{2.82 \times 10^{21}\,\frac{\text{photon}}{\text{s}}}$$

7.8 **a.** $f = 4.90 \times 10^{14}$ Hz, $c = 3.00 \times 10^8$ m/s, $\lambda = ?$

$$c = \lambda f \quad \therefore \quad \lambda = \frac{c}{f}$$

$$\lambda = \frac{3.00 \times 10^8\,\frac{\text{m}}{\text{s}}}{4.90 \times 10^{14}\,\frac{1}{\text{s}}} = \frac{3.00 \times 10^8}{4.90 \times 10^{14}}\frac{\text{m}}{\cancel{\text{s}}} \times \frac{\cancel{\text{s}}}{1} = \boxed{6.12 \times 10^{-7}\,\text{m}}$$

b. According to Table 7.2, this is the frequency and wavelength of orange light.

7.9 $f = 5.00 \times 10^{20}$ Hz
$h = 6.63 \times 10^{-34}$ J·s
$E = ?$

$$E = hf = (6.63 \times 10^{-34}\,\text{J}\cdot\text{s})\left(5.00 \times 10^{20}\,\frac{1}{\text{s}}\right) = (6.63 \times 10^{-34})(5.00 \times 10^{20})\,\text{J}\cdot\cancel{\text{s}} \times \frac{1}{\cancel{\text{s}}} = \boxed{3.32 \times 10^{-13}\,\text{J}}$$

7.10 $\lambda = 1.00\text{ mm}$ $= 0.001\text{ m}$ $f = ?$ $c = 3.00 \times 10^8\text{ m/s}$ $h = 6.63 \times 10^{-34}\text{ J·s}$ $E = ?$

Step 1: $c = \lambda f \quad \therefore \quad f = \dfrac{c}{\lambda}$

$$f = \frac{3.00 \times 10^8 \frac{\text{m}}{\text{s}}}{1.00 \times 10^{-3}\text{ m}} = \frac{3.00 \times 10^8}{1.00 \times 10^{-3}} \frac{\cancel{\text{m}}}{\text{s}} \times \frac{1}{\cancel{\text{m}}} = 3.00 \times 10^{11}\text{ Hz}$$

Step 2: $E = hf$

$$= (6.63 \times 10^{-34}\text{ J}\cdot\text{s})\left(3.00 \times 10^{11}\frac{1}{\text{s}}\right)$$

$$= (6.63 \times 10^{-34})(3.00 \times 10^{11})\text{ J}\cdot\cancel{\text{s}} \times \frac{1}{\cancel{\text{s}}}$$

$$= \boxed{1.99 \times 10^{-22}\text{ J}}$$

7.11 The index of refraction is found from $n = \dfrac{c}{v}$, where n is the index of refraction of a transparent material, c is the speed of light in a vacuum, and v is the speed of light in the material. The index of refraction of glass is found in Table 7.1 ($n = 1.50$).

$n = 1.50$ $c = 3.00 \times 10^8\text{ m/s}$ $v = ?$

$n = \dfrac{c}{v} \quad \therefore \quad v = \dfrac{c}{n}$

$$v = \frac{3.00 \times 10^8 \frac{\text{m}}{\text{s}}}{1.50} = \boxed{2.00 \times 10^8 \frac{\text{m}}{\text{s}}}$$

7.12 List the known and unknown quantities:

wavelength $\lambda = 5.00 \times 10^{-7}\text{ m}$
speed of light $c = 3.00 \times 10^{-8}\text{ m/s}$
frequency $f = ?$

The relationship between the wavelength (λ), frequency (f), and speed of light in a vacuum (c) is found in equation 7.3, $c = \lambda f$.

$$c = \lambda f \quad \therefore \quad f = \frac{c}{\lambda}$$

$$= \frac{3.00 \times 10^8 \frac{\text{m}}{\text{s}}}{5.00 \times 10^{-7}\text{ m}} = \frac{3.00 \times 10^8}{5.00 \times 10^{-7}} \frac{\cancel{\text{m}}}{\text{s}} \times \frac{1}{\cancel{\text{m}}} = 6 \times 10^{14}\frac{1}{\text{s}} = \boxed{6.00 \times 10^{14}\text{ Hz}}$$

7.13 List the known and unknown quantities:

frequency $f = 5.00 \times 10^{14}\text{ Hz}$
Planck's constant $h = 6.63 \times 10^{-34}\text{ J·s}$
energy $E = ?$

The relationship between the frequency (f) and energy (E) of a photon is found in equation 7.4, $E = hf$.

$$E = hf$$

$$= (6.63 \times 10^{-34}\text{ J}\cdot\text{s})\left(5.00 \times 10^{14}\frac{1}{\text{s}}\right)$$

$$= (6.63 \times 10^{-34})(5.00 \times 10^{14})\text{ J}\cdot\text{s} \times \frac{1}{\text{s}}$$

$$= 3.32 \times 10^{-19}\frac{\text{J}\cdot\cancel{\text{s}}}{\cancel{\text{s}}}$$

$$= \boxed{3.32 \times 10^{-19}\text{ J}}$$

7.14 List the known and unknown quantities:

frequency $f = 6.50 \times 10^{14}\text{ Hz}$
Planck's constant $h = 6.63 \times 10^{-34}\text{ J·s}$
energy $E = ?$

The relationship between the frequency (f) and energy (E) of a photon is found in equation 7.4, $E = hf$.

$$E = hf$$

$$= (6.63 \times 10^{-34}\text{ J}\cdot\text{s})\left(6.50 \times 10^{14}\frac{1}{\text{s}}\right)$$

$$= (6.63 \times 10^{-34})(6.50 \times 10^{14})\text{ J}\cdot\text{s} \times \frac{1}{\text{s}}$$

$$= 4.31 \times 10^{-19}\frac{\text{J}\cdot\cancel{\text{s}}}{\cancel{\text{s}}}$$

$$= \boxed{4.31 \times 10^{-19}\text{ J}}$$

7.15 List the known and unknown quantities:

wavelength $\lambda = 5.60 \times 10^{-7}\text{ m}$
Planck's constant $h = 6.63 \times 10^{-34}\text{ J·s}$
speed of light $c = 3.00 \times 10^8\text{ m/s}$
frequency $f = ?$

First, you can find the energy of one photon of the peak intensity wavelength (5.60×10^{-7} m) by using the relationship between the wavelength (λ), frequency (f), and speed of light in a vacuum (c), $c = \lambda f$; then use the relationship between the frequency (f) and energy (E) of a photon, $E = hf$, to find the energy:

Step 1: $c = \lambda f \quad \therefore \quad f = \dfrac{c}{\lambda}$

$$= \frac{3.00 \times 10^8 \frac{\text{m}}{\text{s}}}{5.60 \times 10^{-7}\text{ m}} = \frac{3.00 \times 10^8}{5.60 \times 10^{-7}} \frac{\cancel{\text{m}}}{\text{s}} \times \frac{1}{\cancel{\text{m}}} = 5.36 \times 10^{14}\frac{1}{\text{s}} = 5.36 \times 10^{14}\text{ Hz}$$

Step 2: $E = hf$

$$= (6.63 \times 10^{-34}\text{ J}\cdot\text{s})\left(5.36 \times 10^{14}\frac{1}{\text{s}}\right)$$

$$= (6.63 \times 10^{-34})(5.36 \times 10^{14})\text{J}\cdot\text{s} \times \frac{1}{\text{s}}$$

$$= 3.55 \times 10^{-19}\frac{\text{J}\cdot\cancel{\text{s}}}{\cancel{\text{s}}}$$

$$= 3.55 \times 10^{-19}\text{ J}$$

Step 3: Since one photon carries an energy of 3.55×10^{-19} J and the overall intensity is 1,000.0 W, for each square meter there must be an average of

$$\frac{1{,}000.0\ \frac{\text{J}}{\text{s}}}{3.55 \times 10^{-19}\ \frac{\text{J}}{\text{photon}}}$$

$$\frac{1.000 \times 10^{-3}\ \text{J}}{3.55 \times 10^{-19}\ \text{s}} \times \frac{\text{photon}}{\text{J}}$$

$$\boxed{2.82 \times 10^{21}\ \frac{\text{photons}}{\text{s}}}$$

CHAPTER 8

8.1 $m = 1.68 \times 10^{-27}$ kg
$v = 3.22 \times 10^{3}$ m/s
$h = 6.63 \times 10^{-34}$ J·s
$\lambda = ?$

$$\lambda = \frac{h}{mv}$$

$$= \frac{6.63 \times 10^{-34}\ \text{J}\cdot\text{s}}{(1.68 \times 10^{-27}\ \text{kg})\left(3.22 \times 10^{3}\ \frac{\text{m}}{\text{s}}\right)}$$

$$= \frac{6.63 \times 10^{-34}\ \ \text{J}\cdot\text{s}}{(1.68 \times 10^{-27})(3.22 \times 10^{3})\ \text{kg} \times \frac{\text{m}}{\text{s}}}$$

$$= \frac{6.63 \times 10^{-34}}{5.41 \times 10^{-24}} \frac{\frac{\text{kg}\cdot\text{m}^2}{\text{s}\cdot\text{s}} \times \text{s}}{\text{kg} \times \frac{\text{m}}{\text{s}}}$$

$$= 1.23 \times 10^{-10} \frac{\cancel{\text{kg}}\cdot\text{m}\cdot\cancel{\text{m}}}{\cancel{\text{s}}} \times \frac{1}{\cancel{\text{kg}}} \times \frac{\cancel{\text{s}}}{\cancel{\text{m}}}$$

$$= \boxed{1.23 \times 10^{-10}\ \text{m}}$$

8.2 **a.** $n = 6$
$E_L = -13.6$ eV
$E_6 = ?$

$$E_n = \frac{E_L}{n^2}$$

$$E_6 = \frac{-13.6\ \text{eV}}{6^2}$$

$$= \frac{-13.6\ \text{eV}}{36}$$

$$= \boxed{-0.378\ \text{eV}}$$

b. $$= (-0.378\ \text{eV})\left(1.60 \times 10^{-19} \frac{\text{J}}{\text{eV}}\right)$$

$$= (-0.378)(1.60 \times 10^{-19})\ \cancel{\text{eV}} \times \frac{\text{J}}{\cancel{\text{eV}}}$$

$$= \boxed{-6.05 \times 10^{-20}\ \text{J}}$$

8.3 **a.** Energy is related to the frequency and Planck's constant in equation 8.1, $E = hf$. From equation 8.4,

$$hf = E_H - E_L \quad \therefore \quad E = E_H - E_L$$

For $n = 6$, $E_H = 6.05 \times 10^{-20}$ J

For $n = 2$, $E_L = 5.44 \times 10^{-19}$ J

$E = ?$ J

$$E = E_H - E_L$$

$$= (-6.05 \times 10^{-20}\ \text{J}) - (-5.44 \times 10^{-19}\ \text{J})$$

$$= \boxed{4.84 \times 10^{-19}\ \text{J}}$$

b. $E_H = -0.377$ eV*
$E_L = -3.40$ eV*
$E = ?$ eV

$$E = E_H - E_L$$

$$= (-0.377\ \text{eV}) - (-3.40\ \text{eV})$$

$$= \boxed{3.02\ \text{eV}}$$

8.4 **a.** For $n = 6$, $E_H = -6.05 \times 10^{-20}$ J

For $n = 2$, $E_L = -5.44 \times 10^{-19}$ J

$h = 6.63 \times 10^{-34}$ J·s

$f = ?$

$$hf = E_H - E_L \quad \therefore \quad f = \frac{E_H - E_L}{h}$$

$$f = \frac{(-6.05 \times 10^{-20}\ \text{J}) - (-5.44 \times 10^{-19}\ \text{J})}{6.63 \times 10^{-34}\ \text{J}\cdot\text{s}}$$

$$= \frac{4.84 \times 10^{-19}}{6.63 \times 10^{-34}} \frac{\cancel{\text{J}}}{\cancel{\text{J}}\cdot\text{s}}$$

$$= 7.29 \times 10^{14} \frac{1}{\text{s}}$$

$$= \boxed{7.29 \times 10^{14}\ \text{Hz}}$$

b. According to Table 7.2, this is the frequency and wavelength of violet light.

8.5 $(n = 1) = -13.6$ eV
$E = ?$

$$E_n = \frac{E_1}{n^2}$$

$$= \frac{-13.6\ \text{eV}}{1^2}$$

$$= -13.6\ \text{eV}$$

Since the energy of the electron is −13.6 eV, it will require 13.6 eV (or 2.17×10^{-18} J) to remove the electron.

8.6 $q/m = -1.76 \times 10^{11}$ C/kg
$q = -1.60 \times 10^{-19}$ C
$m = ?$

$$\text{mass} = \frac{\text{charge}}{\text{charge/mass}}$$

$$= \frac{-1.60 \times 10^{-19}\ \text{C}}{-1.76 \times 10^{11}\ \frac{\text{C}}{\text{kg}}}$$

$$= \frac{-1.60 \times 10^{-19}}{-1.76 \times 10^{-11}} \cancel{\text{C}} \times \frac{\text{kg}}{\cancel{\text{C}}}$$

$$= \boxed{9.09 \times 10^{-31}\ \text{kg}}$$

8.7 $\lambda = 1.67 \times 10^{-10}$ m
$m = 9.11 \times 10^{-31}$ kg
$v = ?$

$$\lambda = \frac{h}{mv} \quad \therefore \quad v = \frac{h}{m\lambda}$$

$$v = \frac{6.63 \times 10^{-34}\ \text{J} \cdot \text{s}}{(9.11 \times 10^{-31}\ \text{kg})(1.67 \times 10^{-10}\ \text{m})}$$

$$= \frac{6.63 \times 10^{-34}}{(9.11 \times 10^{-31})(1.67 \times 10^{-10})} \frac{\text{J} \cdot \text{s}}{\text{kg} \cdot \text{m}}$$

$$= \frac{6.63 \times 10^{-34}}{1.52 \times 10^{-40}} \frac{\frac{\text{kg} \cdot \text{m}^2}{\text{s} \cdot \cancel{\text{s}}} \times \cancel{\text{s}}}{\text{kg} \cdot \text{m}}$$

$$= 4.36 \times 10^{6} \frac{\cancel{\text{kg}} \cdot \text{m} \cdot \cancel{\text{m}}}{\text{s}} \times \frac{1}{\cancel{\text{kg}}} \times \frac{1}{\cancel{\text{m}}}$$

$$= \boxed{4.36 \times 10^{6}\ \frac{\text{m}}{\text{s}}}$$

8.8 **a.** Boron: $1s^22s^22p^1$
b. Aluminum: $1s^22s^22p^63s^23p^1$
c. Potassium: $1s^22s^22p^63s^23p^64s^1$

8.9 **a.** Boron is atomic number 5 and there are 5 electrons.
b. Aluminum is atomic number 13 and there are 13 electrons.
c. Potassium is atomic number 19 and there are 19 electrons.

8.10 **a.** Argon: $1s^22s^22p^63s^23p^6$
b. Zinc: $1s^22s^22p^63s^23p^64s^23d^{10}$
c. Bromine: $1s^22s^22p^63s^23p^64s^23d^{10}4p^5$

8.11 Atomic weight is the weighted average of the isotopes as they occur in nature. Thus,

Lithium-6: 6.1512 u × 0.0742 = 0.446 u

Lithium-7: 7.016 u × 0.9258 = 6.4054 u

Lithium-6 contributes 0.446 u of the weighted average and lithium-7 contributes 6.4954 u. The atomic weight of lithium is therefore

$$\begin{array}{r} 0.446\ \text{u} \\ +6.4954\ \text{u} \\ \hline 6.941\text{u} \end{array}$$

8.12 Recall that the subscript is the atomic number, which identifies the number of protons. In a neutral atom, the number of protons equals the number of electrons, so the atomic number tells you the number of electrons, too. The superscript is the mass number, which identifies the number of neutrons and the number of protons in the nucleus. The number of neutrons is therefore the mass number minus the atomic number.

	Protons	Neutrons	Electrons
(a)	6	6	6
(b)	1	0	1
(c)	18	22	18
(d)	1	1	1
(e)	79	118	79
(f)	92	143	92

8.13

	Period	Family
(a) Radon (Rn)	6	VIIIA
(b) Sodium (Na)	3	IA
(c) Copper (Cu)	4	IB
(d) Neon (Ne)	2	VIIIA
(e) Iodine (I)	5	VIIA
(f) Lead (Pb)	6	IVA

8.14 Recall that the number of outer shell electrons is the same as the family number for the representative elements:
a. Li: 1 **d.** Cl: 7
b. N: 5 **e.** Ra: 2
c. F: 7 **f.** Be: 2

8.15 The same information that was used in question 8.14 can be used to draw the dot notation (see Figure 8.18):

a. B with 3 dots **c.** Ca with 2 dots **e.** O with 6 dots
b. Br with 7 dots **d.** K with 1 dot **f.** S with 6 dots

8.16 The charge is found by identifying how many electrons are lost or gained in achieving the noble gas structure:
a. Boron 3^+ **d.** Potassium 1^+
b. Bromine 1^- **e.** Oxygen 2^-
c. Calcium 2^+ **f.** Nitrogen 3^-

8.17 Metals have one, two, or three outer electrons and are located in the left two-thirds of the periodic table. Semiconductors are adjacent to the line that separates the metals and nonmetals. Look at the periodic table provided in the last few pages of the text and you will see
a. krypton—nonmetal **d.** sulfur—nonmetal
b. cesium—metal **e.** molybdenum—metal
c. silicon—semiconductor **f.** plutonium—metal

8.18 **a.** Bromine gained an electron to acquire a 1− charge, so it must be in family VIIA (the members of this family have seven electrons and need one more to acquire the noble gas structure).
b. Potassium must have lost one electron, so it is in IA.
c. Aluminum lost three electrons, so it is in IIIA.
d. Sulfur gained two electrons, so it is in VIA.
e. Barium lost two electrons, so it is in IIA.
f. Oxygen gained two electrons, so it is in VIA.

8.19 **a.** $^{16}_{8}\text{O}$ **b.** $^{23}_{11}\text{Na}$ **c.** $^{3}_{1}\text{H}$ **d.** $^{35}_{17}\text{Cl}$

찾아보기

ㅅ

ㅇ

인물색인

Conversion Factors

Length

1 in = 2.54 cm
1 cm = 0.394 in
1 ft = 30.5 cm
1 m = 39.4 in = 3.281 ft
1 km = 0.621 mi
1 mi = 5,280 ft = 1.609 km
1 light-year = 9.461×10^{15} m

Mass

1 lb = 453.6 g (where $g = 9.8$ m/s^2)
1 kg = 2.205 lb (where $g = 9.8$ m/s^2)
1 atomic mass unit u = 1.66061×10^{-27} kg

Volume

1 liter = 1.057 quarts
1 in^3 = 16.39 cm^3
1 gallon = 3.786 liter
1 ft^3 = 0.02832 m^3

Energy

1 cal = 4.184 J
1 J = 0.738 ft·lb = 0.239 cal
1 ft·lb = 1.356 J
1 Btu = 252 cal = 778 ft·lb
1 kWh = 3.60×10^6 J = 860 kcal
1 hp = 550 ft·lb/s = 746 W
1 W = 0.738 ft·lb/s
1 Btu/h = 0.293 W
Absolute zero (0K) = −273.15°C
1 J = 6.24×10^{18} eV
1 eV = 1.6022×10^{-19} J

Speed

1 km/h = 0.2778 m/s = 0.6214 mi/h
1 m/s = 3.60 km/h = 2.237 mi/h = 3.281 ft/s
1 mi/h = 1.61 km/h = 0.447 m/s = 1.47 ft/s
1 ft/s = 0.3048 m/s = 0.6818 mi/h

Force

1 N = 0.2248 lb
1 lb = 4.448 N

Pressure

1 atm = 1.013 bar = 1.013×10^5 N/m^2 = 14.7 lb/in^2
1 lb/in^2 = 6.90×10^3 N/m^2

Metric Prefixes

Prefix	Symbol	Meaning	Unit Multiplier
exa-	E	quintillion	10^{18}
peta-	P	quadrillion	10^{15}
tera-	T	trillion	10^{12}
giga-	G	billion	10^{9}
mega-	M	million	10^{6}
kilo-	k	thousand	10^{3}
hecto-	h	hundred	10^{2}
deka-	da	ten	10^{1}
unit			
deci-	d	one-tenth	10^{-1}
centi-	c	one-hundredth	10^{-2}
milli-	m	one-thousandth	10^{-3}
micro-	μ	one-millionth	10^{-6}
nano-	n	one-billionth	10^{-9}
pico-	p	one-trillionth	10^{-12}
femto-	f	one-quadrillionth	10^{-15}
atto-	a	one-quintillionth	10^{-18}

Physical Constants

Quantity	Approximate Value
Gravity (Earth)	$g = 9.8$ m/s^2
Gravitational law constant	G = 6.67×10^{-11} N·m^2/kg^2
Earth radius (mean)	6.38×10^6 m
Earth mass	5.97×10^{24} kg
Earth-Sun distance (mean)	1.50×10^{11} m
Earth-Moon distance (mean)	3.84×10^8 m
Fundamental charge	1.60×10^{-19} C
Coulomb law constant	$k = 9.00 \times 10^9$ N·m^2/C^2
Electron rest mass	9.11×10^{-31} kg
Proton rest mass	1.6726×10^{-27} kg
Neutron rest mass	1.6750×10^{-27} kg
Bohr radius	5.29×10^{-11} m
Avogadro's number	6.022045×10^{23}/mol
Planck's constant	6.62×10^{-34} J·s
Speed of light (vacuum)	3.00×10^8 m/s
Pi	$\pi = 3.1415926536$

Greek Letters

Alpha	Α	α	Nu	Ν	ν
Beta	Β	β	Xi	Ξ	ξ
Gamma	Γ	γ	Omicron	Ο	ο
Delta	Δ	δ	Pi	Π	π
Epsilon	Ε	ε	Rho	Ρ	ρ
Zeta	Ζ	ζ	Sigma	Σ	σ
Eta	Η	η	Tau	Τ	τ
Theta	Θ	θ	Upsilon	Υ	υ
Iota	Ι	ι	Phi	Φ	φ
Kappa	Κ	κ	Chi	Χ	χ
Lambda	Λ	λ	Psi	Ψ	ψ
Mu	Μ	μ	Omega	Ω	ω

제12판

Tillery의 **기초물리학** Physical Science

2020년 7월 21일 12판 1쇄 발행

지은이 BILL W. TILLERY · STEPHANIE J. SLATER · TIMOTHY F. SLATER

옮긴이 이지우 · 심경무 · 문걸

펴낸이 류원식 | **펴낸곳** **교문사**

편집팀장 모은영 | **책임편집** 신가영 | **표지디자인** 신나리 | **본문편집** 홍익 m&b

주소 (10881) 경기도 파주시 문발로 116(문발동 536-2)

전화 1644-0965(대표) | **팩스** 070-8650-0965

등록 1968. 10. 28. 제406-2006-000035호

홈페이지 www.cheongmoon.com | E-mail genie@cheongmoon.com

ISBN 978-89-363-1985-4 (93420)

값 27,000원